普通高等教育机电类规划教材

流体机械原理

上　册

主　编：张克危
副主编：瞿伦富　齐学义　蔡兆林
参　编：区颖达　吴　刚　张师帅
主　审：常近时

机械工业出版社

本书系统地讲述了各种流体机械的工作原理，分上、下两册出版。上册介绍叶片式流体机械，下册介绍容积式流体机械。

上册包括：绪论、第一章叶片式流体机械概述、第二章叶片式流体机械中的能量转换、第三章流体机械的相似理论、第四章流体机械的空蚀第五章径流式流体机械的设计计算、第六章轴流式流体机械的设计计算、第七章流体机械的特性曲线与运行调节、第八章流体机械的选型。

本书是高等工科院校“热能与动力工程”专业的规划教材，也可作为其他相关专业流体机械的教学参考书，还可供从事流体机械的研究、设计和生产的工程技术人员参考。

图书在版编目（CIP）数据

流体机械原理（上册）/张克危主编. —北京：机械工业出版社，2000.5（2025.8重印）
普通高等教育机电类规划教材
ISBN 978-7-111-07596-7

Ⅰ.流…　Ⅱ.张…　Ⅲ.流体机械—高等学校—教材　Ⅳ.TH3

中国版本图书馆 CIP 数据核字（1999）第 50274 号

机械工业出版社（北京市百万庄大街 22 号　邮政编码 100037）
责任编辑：邓海平　版式设计：霍永明　责任校对：孙志筠
封面设计：姚　毅　责任印制：常天培
河北虎彩印刷有限公司印刷
2025 年8月第 1 版 · 第14次印刷
184mm×260mm · 22.75 印张 · 558 千字
标准书号：ISBN 978-7-111-07596-7
定价：65.00 元

电话服务　　　　　　　　网络服务
客服电话：010-88361066　机　工　官　网：www.cmpbook.com
　　　　　010-88379833　机　工　官　博：weibo.com/cmp1952
　　　　　010-68326294　金　　书　　网：www.golden-book.com
封底无防伪标均为盗版　　　机工教育服务网：www.cmpedu.com

前　言

流体机械是动力工程中最重要、应用最广泛的一类机械设备。目前，在我国高等工科院校的动力工程类专业中，有关流体机械的课程和教材为数相当多，这种分散的情况已难以适应我国高校的教学改革和专业调整的需要。为适应我国高等教育改革和专业调整的需要，全国高等学校动力工程类专业教学指导委员会于 1996 年 11 月在西安会议上决定编写一本统一讲述各种流体机械的教材，继而在 1997 年 4 月的镇江会议上，由流体机械教学指导小组审定了本书的编写大纲。原机械工业部于 1998 年批准将本书列为机械工业部“九五”重点规划教材。

本书系统讲述了各种流体机械的工作原理，对应用最广泛的泵、风机、压缩机和水轮机的设计计算也以适当的篇幅作了介绍。

本书上册由华中理工大学张克危教授担任主编，由清华大学瞿伦富教授、甘肃工业大学齐学义教授和华中理工大学蔡兆林教授担任副主编。参加本书编写的人员还有华中理工大学的区颖达副教授以及吴刚副教授和张师帅讲师。其中张克危编写绪论、第一章、第二章和第八章的一部分；齐学义编写第三章；瞿伦富编写第四章和第八章的一部分；蔡兆林编写第五章；区颖达编写第六章；吴刚和张师帅共同编写第七章。全书由张克危统稿，由中国农业大学常近时教授主审。

本书的编写过程中，得到了各兄弟院校以及流体机械教学指导小组的大力支持，编者在这里衷心地表示感谢。

在一本篇幅有限的教材中统一讲解各种流体机械的原理，这对编者来说还是一种新的尝试。尽管我们为此付出了很大的努力，但错误和不尽人意之处在所难免，恳请读者予以指正。

编者

于武汉

目 录

常用符号一览表

A	面积，m^2
a	加速度，m/s^2
a_0	导叶开口，m
b	叶道宽度、叶高，m
C	空化比转数
c	绝对速度，m/s
c_a	声速，m/s
c_p	质量定压热容，J/（kg·K）
c_V	质量定容热容，J/（kg·K）
D	直径，m
$\overline{d}_h$	轮毂比
Eu	欧拉数
F	力，N
F_f	摩擦力，N
F_m	质量力，N
F_s	表面力，N
Fr	弗劳德数
g	重力加速度，m/s^2
H	水头、扬程，m
H_s	吸出高度，m
H_a	大气压力（水柱高），m
H_{va}	汽化压力（水柱高），m
H_v	吸入真空高度，m
h	比焓，能量头，J/kg
i	叶片进口冲角，(°)
K	比值、系数、型式数、空化指数
l	长度，翼型弦长，m
L	动量矩，$kg \cdot m^2/s$
l/t	叶栅稠（密）度
M	力矩，N·m
Ma	马赫数
Ma_c	绝对速度马赫数
Ma_w	相对速度马赫数
Ma_u	圆周速度马赫数
m	多变指数
n	转速，r/min
n_s	比转速
n_q	比转速
n_{11}	单位转速，
NPSH	汽蚀余量，m
$NPSH_a$	有效汽蚀余量，m
$NPSH_r$	必需汽蚀余量，m
p	压力，Pa
p_{tF}	通风机的全压，Pa
p_{sF}	通风机的静压，Pa
P	功率，kW
P_{11}	单位功率
q_V	体积流量，m^3/s
q_m	质量流量，kg/s
Q	热量，J
Q_{11}	单位流量
q	单位质量流体的热量，J/kg
R	矢径，m；气体常数，J/（kg·K）
Re	雷诺数
r	半径，m
S	吸入比转速
Sr	斯特劳哈尔数
s	比熵，J/（kg·K）
T	热力学温度，K
t	时间，s；温度，℃
u	圆周速度，m/s；质量内能，J/kg
V	体积，m^3
v	质量体积，m^3/kg
W	单位质量介质的功，J/kg
w	相对速度，m/s
Z	叶片数、高度，m
α	绝对流动角、翼型攻角，(°)
α_b	固定叶片安放角，(°)
β	相对流动角，(°)
β_b	叶轮叶片安放角，(°)
ΔH	水头损失
Δh	能量头损失

Δp 压力损失

ΔP_m 机械（功率）损失

ΔP_r 轮盘损失功率

Δq_V 泄漏体积流量

Δq_m 泄漏质量流量

$\Delta\beta$ 翼型转折角，(°)

Γ 环量，m^2/s

δ 叶片厚度，m；落后角，(°)

ε 压缩比

ζ 流动损失系数

η 效率

η_h 流动效率、水力效率

η_V 容积效率

η_m 机械效率

θ 圆周角，(°)

κ 绝热指数，等熵指数

λ 功率系数；滑动角，(°)

μ 动力粘度，Pa·s

修正系数

ν 运动粘度，m^2/s

ρ 密度，kg/m^3

σ 空化系数，滑移系数

τ 排挤系数，阻塞系数

φ 流量系数，叶片转角 (°)

φ_{u2} 周速系数

Ψ 压力系数

Ω 反作用度

ω 角速度

下标

1 机器进口，叶片进口

2 机器出口，叶轮出口

p 高压端，对水轮机指上游水面、机器进口或转轮进口；对泵、风机和压缩机指叶轮出口、机器出口或下游水面；叶片压力面

s 低压端，对水轮机指下游水面、机器出口或转轮出口；对泵、风机和压缩机指叶轮进口、机器进口或上游水面；叶片吸力面。

ad 绝热过程

in 进口

m 轴面，子午面，模型，平均

out 出口

p 原型、真机

pol 多变过程

r 径向

u 周向

s 定熵过程

T 定温过程

th 理论的

tot 总的

z 轴向

v 定容过程，真空

va 汽化

∞ 无穷叶片数

绪　　论

一、流体机械概述

(一) 流体机械的定义与分类

流体机械是指以流体（液体或气体）为工作介质与能量载体的机械设备。流体机械的工作过程，是流体的能量与机械的机械能相互转换或不同能量的流体之间能量传递的过程。由于在几乎所有的技术和生活领域中都需要借助于流体进行能量转换或需要输送流体介质，因此流体机械是一类应用极为广泛的机械设备。

由于流体机械的应用极为广泛，各种不同的应用场合的流体机械的结构型式和工作特点有很大的差别。为便于研究，应该对其进行分类。

根据能量传递的方向不同，可以将流体机械分为原动机和工作机。

原动机将流体的能量转换为机械能用于驱动其他的机械设备，例如水轮机、汽轮机、燃气轮机、风力机、各种液压马达和各种气动工具等。工作机则将机械能转换为流体的能量，以便将流体输送到高处或有更高压力的空间或克服管路阻力将流体输送到远处，例如各种泵、风机和压缩机等。

根据流体与机械相互作用的方式，可将流体机械分成容积式和叶片式流体机械。

容积式流体机械中，工作介质处于一个或多个封闭的工作腔中，工作腔的容积是变化的，机械与流体之间的相互作用力主要是静压力。例如往复活塞式流体机械（图 0-1），活塞与缸体形成一个封闭工作腔，介质与机械间的相互作用力为活塞表面的压力。当介质推动活塞运动时，是原动机，当活塞推动介质流动时，是工作机。

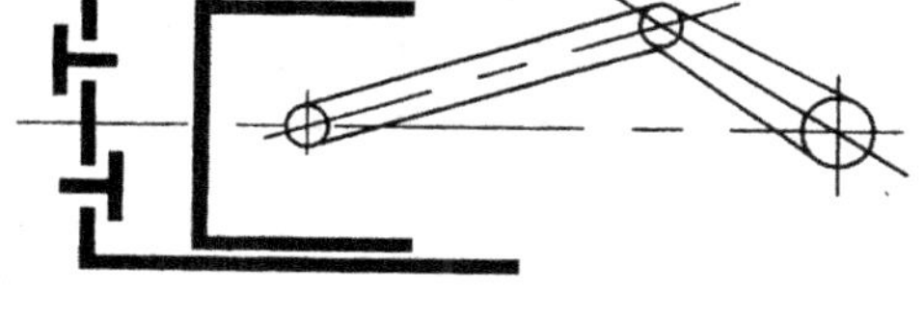

图 0-1　往复活塞式流体机械

叶片式流体机械中，能量转换是在带有叶片的转子及连续绕流叶片的介质之间进行的。叶片与流体的相互作用力是惯性力。叶片使介质的速度（方向或大小）发生变化，由于介质的惯性作用引起作用于叶片的力。该力作用于转动的叶片而产生功率。叶片式流体机械的最简单的例子是风力机（图 0-2），当叶片转动时，空气连续绕流叶片。空气流过叶片后，速度的大小和方向都发生了改变。当流动的空气（风）推动叶片转动时，是原动机（风力机），如果是叶片推动空气流动，就是工作机（风扇）了。

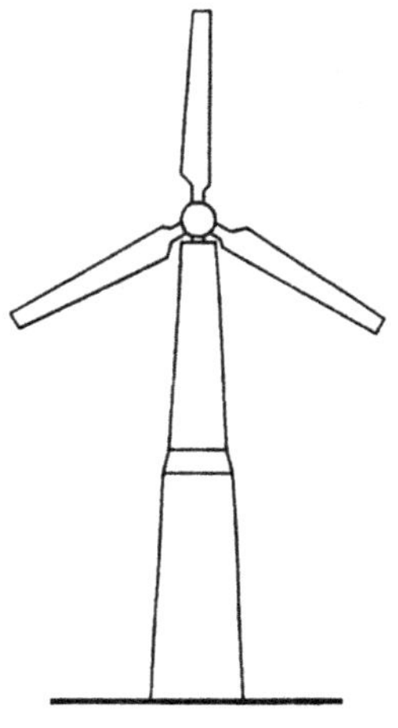

图 0-2　风力机

以上两类是应用最为广泛的流体机械，本书将只限于讨论这两类流体机械。但应该指出，还有一些不属于这两类的流体机械，在这些流体机械中，能量主要是在两种具有不同的能量的流体之间进行传递，例如在射流泵（图 0-3）中，高压流体（液体或气体）与低压流体（液体或气体）在喷嘴后混合，通过动量交换使压力与速度趋于相同，以达到输送低压流体的目的。属于这一类的流体机械还有水锤泵、内燃

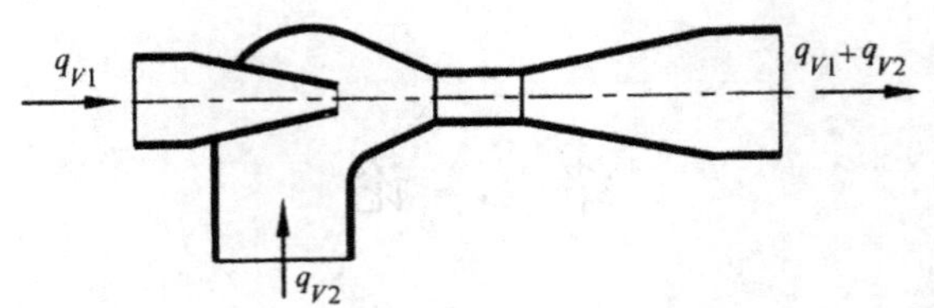

图 0-3　射流泵

泵等。在液环式流体机械（图 0-4）中，叶片将能量传递给液体工作介质，然后液体介质将能量传递给气体，达到压缩气体的目的。

根据工作介质的性质，也可以将流体机械分为两类。以液体为工作介质的流体机械称为水力机械，以气体为工作介质的则称为热力机械。两种介质的主要区别在于，在一般的应用场合下，液体可以认为是不可压缩的，而气体一般是可压缩的。当可压缩介质的体积发生变化时，必然伴随着功的传递及介质内能的变化。应该指出，可压缩性是一个相对的概念，当压力变化极大时（例如在水锤过程中），必须考虑液体的可压缩性。而当压力变化很小的时候（例如在通风机中），也可以不考虑空气的可压缩性。

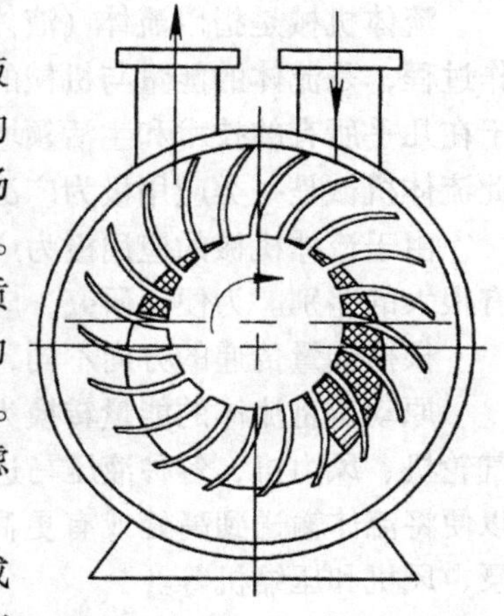

图 0-4　液环式流体机械

在容积式流体机械中，根据运动方式的不同，还可以分成往复式和回转式两类，其中每一类又可以根据结构和形成工作腔的方式不同进一步细分为不同的类型。表 0-1 为容积式流体机械分类的汇总。

在叶片式流体机械中，根据流体在叶轮内的压力与速度的变化，分成反击式和冲击式两类。在反击式机器的叶轮中，流体的压力和速度都发生变化，流体与叶片交换的能量中既有压力能（势能）也有速度能（动能）；在冲击式流体机械的叶轮中，流体的压力是不变的，流体与叶片交换的能量中只有速度能（动能）。在这两种机器中，又都可根据流体在叶轮中流动方向的不同进行进一步细分。表 0-2 为叶片式流体机械分类的汇总。

根据所产生的压力的不同，将用于可压缩介质输送的压缩机械分为：通风机——压力（绝对压力）低于 0.015MPa；鼓风机——压力在 0.015～0.35MPa 范围内；压缩机——压力大于 0.35MPa。

应该指出，还有许多其他的分类方法，例如根据流体机械的用途、结构特点等进行分类和命名，这些内容将在后面适当的地方予以介绍。由于流体机械的种类极其繁多，限于篇幅，本书将主要讨论水轮机、泵、风机和压缩机这几种流体机械。

（二）流体机械在国民经济中的应用

流体机械在国民经济的各部门和社会生活各领域都得到极广泛的应用，而且技术越发展，流体机械的应用也就越广泛、作用越大。可以说，几乎没有哪一个经济或生活领域没有流体机械。现代电力工业中，绝大部分发电量是由叶片式流体机械（汽轮机和水轮机）承担的，其中汽轮机约占 3/4，水轮机约占 1/4。总用电量中，约 1/3 是用于驱动风机、压缩机和水泵的。而且，随着技术的不断发展，各种应用场合对流体机械的参数和可靠性的要求也越来越高。下面列举几个重要的应用例子。

表 0-1 容积式流体机械的分类

往复式	活塞式	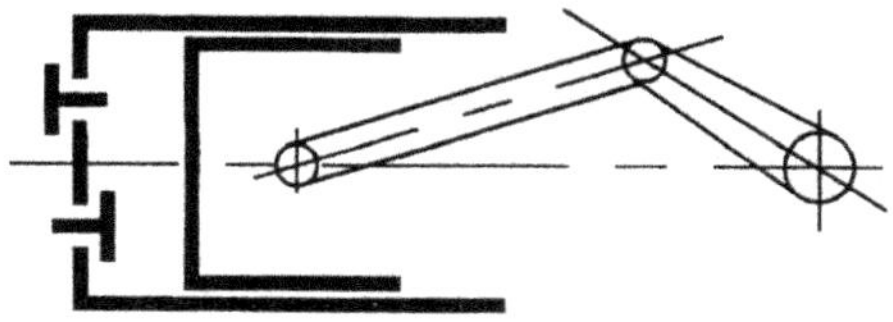	活塞式压缩机 活塞泵
回转式	齿轮式	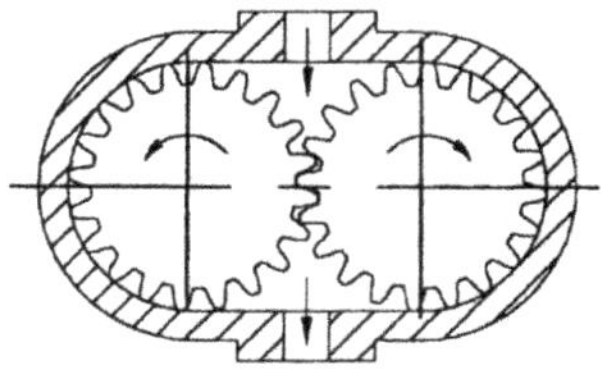	齿轮泵 齿轮压缩机 齿轮液压马达
	螺杆式	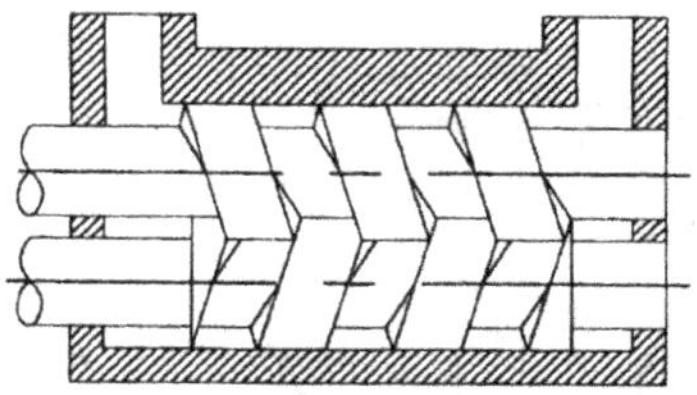	包括单螺杆、双螺杆、三螺杆、五螺杆等型式的压缩机、泵与液压马达
	罗茨式	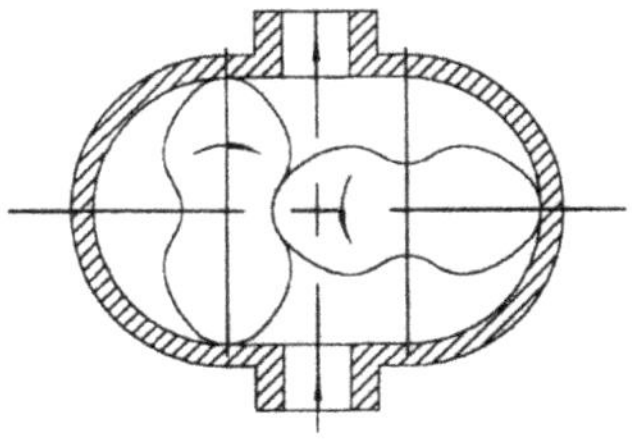	罗茨风机 罗茨泵
	轴向和径向柱塞式	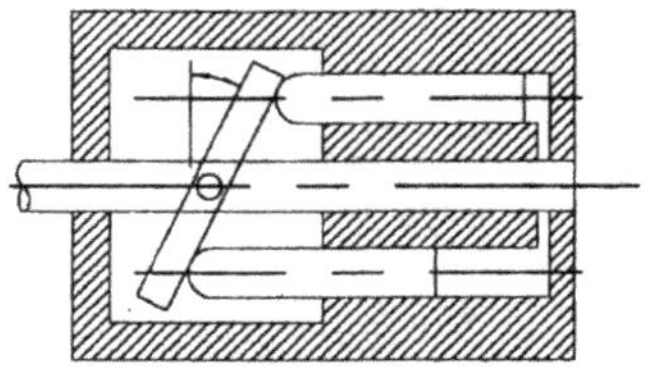	轴向柱塞泵 轴向柱塞液压马达 柱塞泵 径向柱塞液压马达
	滑片式	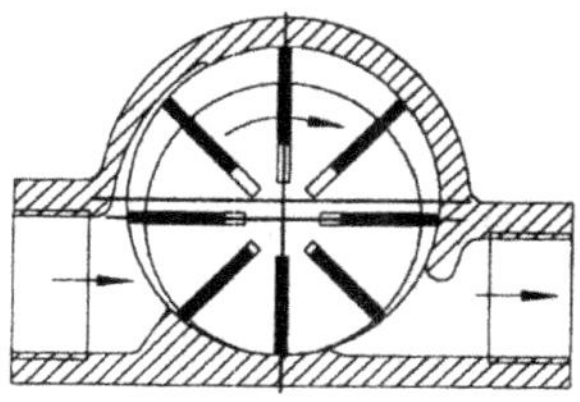	滑片泵 滑片液压马达

表 0-2 叶片式流体机械的分类

冲击式	切击式	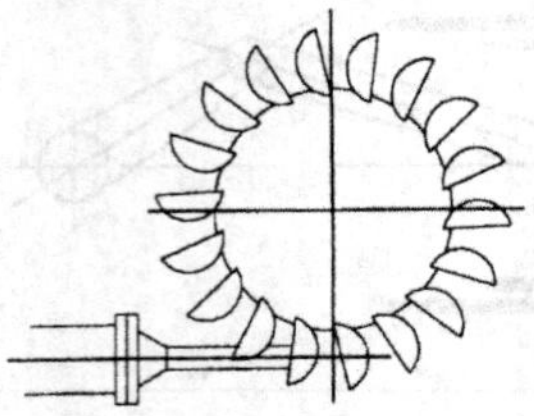	切击式水轮机
	斜击式	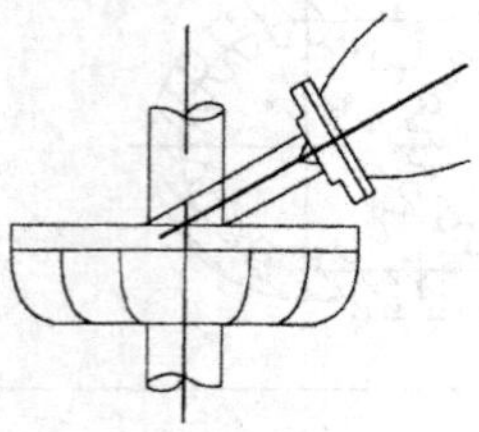	斜击式水轮机
	双击式	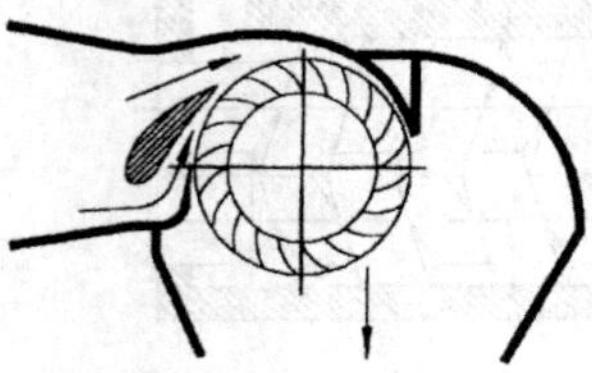	双击式水轮机
反击式	径流式	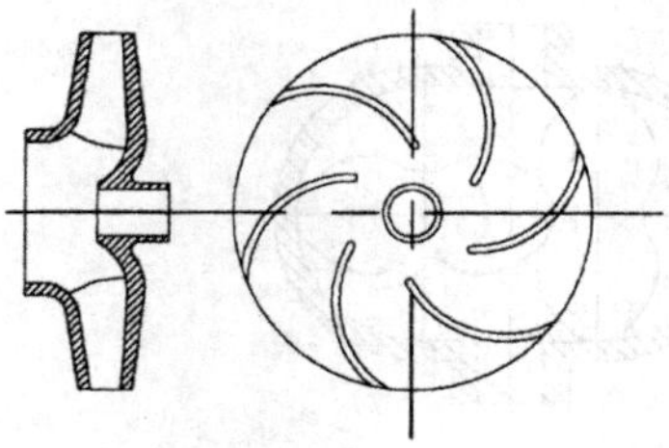	高水头混流式水轮机 离心泵 离心风机 离心压缩机
	混（斜）流式	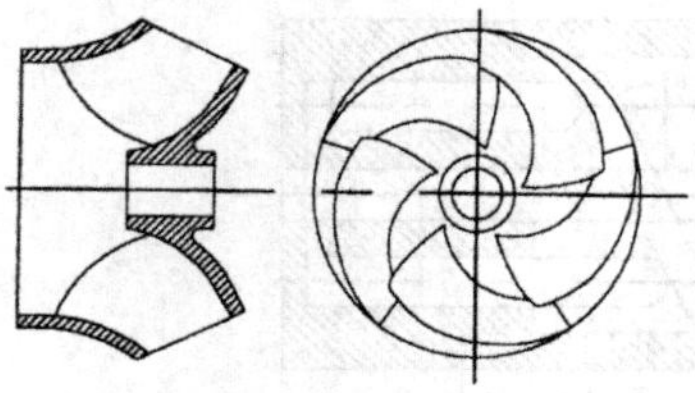	混流式水轮机 斜流式水轮机 混流泵、斜流泵 混流式风机 混流式压缩机 斜流式风机
	轴流式	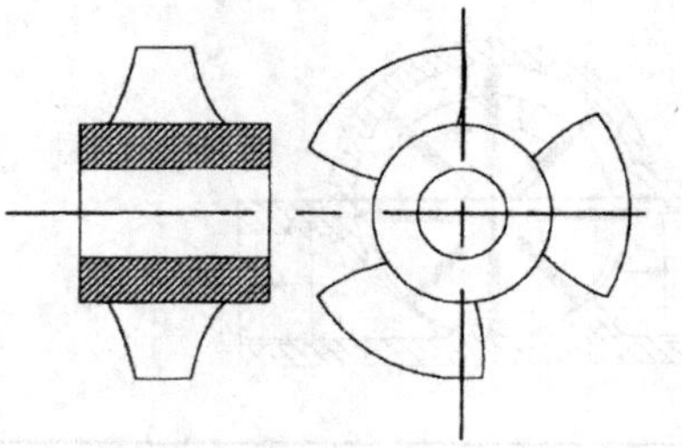	轴流式水轮机 轴流泵 轴流风机 轴流式压缩机

1. 电力工业

目前的电力生产有三种主要的方式：热力发电（火电）、水力发电和核能发电。在这三种发电方式中，流体机械都起着重要的作用。在火电站和核电站中，除用作主机的汽轮机外，还有许多泵和风机（图 0-5）。随着发电机组的大型化，电站用泵也在向大型和高参数发展。目前最大的锅炉给水泵的功率已达 49.3MW，扬程达 3000m。

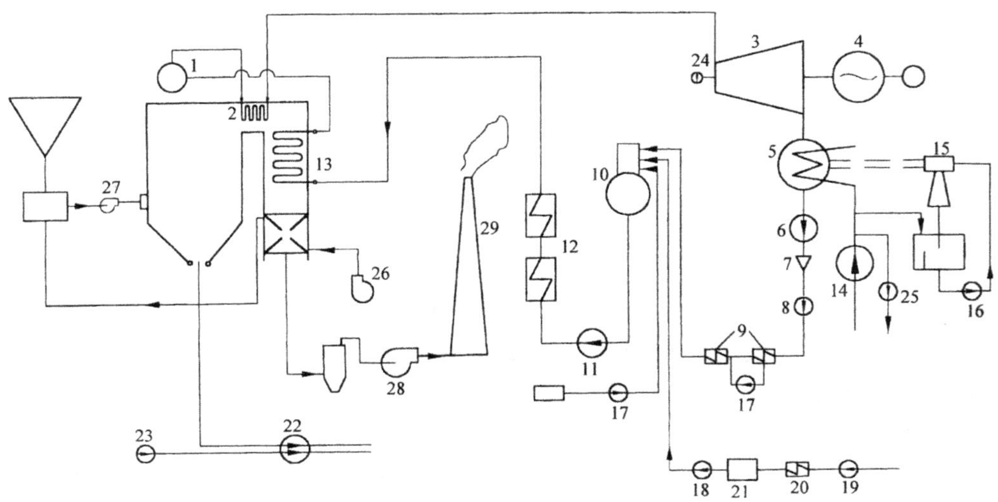

图 0-5 热力发电厂系统简图

1—锅炉汽包 2—过热器 3—汽轮机 4—发电机 5—凝汽器 6—冷凝泵 7—除盐装置 8—升压泵 9—低压加热器 10—除氧器 11—锅炉给水泵 12—高压加热器 13—省煤器 14—循环水泵 15—射流真空泵 16—射水泵 17—疏水泵 18—补给水泵 19—生水泵 20—生水预热器 21—化学水处理设备 22—灰渣泵 23—冲灰水泵 24—液压泵 25—工业水泵 26—送风机 27—排粉风机 28—引风机 29—烟囱

火电站与核电站的厂用电的绝大部分用于驱动水泵、风机等辅机，目前我国热电站的厂用电约占发电量的 12%，而发达国家的厂用电只占 4% ~ 4.5%。可见提高辅机的效率对于节能有重要的意义。同时，泵与风机的可靠性更为重要，特别是当今，汽轮发电机组不断向大容量、单元制发展，对泵和风机等辅机的可靠性与主机有同样的要求。

在核电站中，除了二次蒸汽回路中需要与火电站基本相同的泵以外，一次回路中的主循环泵是一次系统中唯一的回转机械，工作在高温高压的环境下，是核电站的关键设备之一。此外，核电站的安全系统、容积控制系统、废料处理系统中也都要使用很多泵。表 0-3 给出了核电站主要用泵的参数。

水轮机作为水力发电的主要设备，在电力工业中占有特殊的地位。由于煤、石油、天然气等燃料的资源有限，又由于大量使用化石燃料对环境有巨大的破坏作用，所以开发清洁可再生能源（水能、太阳能、风能、海洋能等）是实现可持续发展战略的重要条件。在目前，水力资源是唯一可以大规模开发的清洁可再生能源，而且开发水力资源还能收到防洪、灌溉、航运、水产养殖和旅游等综合利用的效益。据统计，全世界水力资源的总蕴藏量为 38×10^5MW，已开发的仅约 10%。我国的水力资源蕴藏量为 3.78×10^5MW，约占世界总量的 10%，目前已开发的还不到 15%，今后，国家将更加优先开发水力资源。目前正在建设的长江三峡工程，是世界上最大的水电站，也是我国迄今所进行的最大的工程项目。

表 0-3　压水式反应堆 360MW 机组用泵性能参数

名　称	一次冷却剂泵	充填泵	冷凝泵	锅炉给水泵
型　式	立式蜗壳泵（轴封式）	往复活塞泵	立式多级	卧式蜗壳式
口径/mm	700/740	80/80	350/600	200/250
流量/m^3min^{-1}	266	0.25	11.2	21.75
全扬程/m	61	2100	220	780
转速/$r \cdot min^{-1}$	1200	312	900	3570
电动机输出功率/kW	3000	75	580	2810
液体温度/℃	293	70	33	182.8
吸入计示压力/MPa	15.7	0.6	-0.096	1.151
台　数	2	3	3	3

水轮发电机组具有便于调节出力大小的特性，使得水电站在电力系统的调节过程中有着特别重要的地位。由于核电站的负荷不便于调节，太阳能、风能、海洋能等新能源具有不稳定的特点，在开发这些能源时，都需要兴建抽水蓄能电站以保证系统的正常运行。

2. 水利工程

水利不仅是农业的命脉，而且也关系到人民生命财产的安全。我国的人均水资源占有量只有世界平均水平的 1/4，而且时空分布极不均匀，因此水利工程对我国来说尤其重要。水利工程不管是灌溉、排涝还是供水，都需要相应容量的泵。据统计，我国排灌机械的配套功率，在 80 年代已达 57000MW。这虽然是一个很大的数字，但距解决我国的灌溉和排涝问题的要求差距还很大。

为解决我国的水资源问题，开源和节流同样重要。在开源方面，国家已经而且将继续建设许多大型水利工程，如引黄灌溉工程、南水北调工程等。在节流方面，将大力发展节水灌溉技术，如喷灌、滴灌等。不论是开源还是节流，都需要大量的泵。

3. 化学工业

在化工流程中，参与反应的原料、中间产品经常是液体或气体，即使是固体物料，也经常以溶液或熔液的形态参与化学反应，所以输送各种流体的泵和压缩机被称为化工厂的心脏。现代化工装置日益大型化，对泵和压缩机的要求也相应地越来越高。化工流程用泵和压缩机经常需要输送特殊的介质，例如高温或低温，高压，易燃、易爆，剧毒，易结晶、汽化或分解等等，相应地对泵和压缩机的设计、制造提出了特殊的要求。

这里以乙烯和合成氨的生产为例说明流体机械在化工过程中的作用，表 0-4 给出了乙烯流程中泵的使用情况。

表 0-4　乙烯流程用泵

序号	1	2	3	4	5	6	7	8	9	10	11	12
液体种类	油	油	水	汽油	碱液	H.C. C_2 等	H.C. 甲烷	H.C. 乙烷等	H.C. 乙烯	H.C. 丙烷等	H.C. 丙烯	H.C. C_4
泵型式	卧式单级离心	卧式单级离心	卧式单级离心	卧式单级离心	卧式单级离心	卧式单级离心	卧式单级离心	卧式或立式单级离心	卧式或立式单级离心	卧式单级离心	卧式单级离心	卧式单级离心
温度	高温						低温	低温	低温			

图 0-6 为合成氨生产流程示意图，在该流程中使用了 4 种压缩机，这些压缩机的动力消耗占全厂的 70% ~ 80%，投资约占全厂的 20% ~ 30%。合成氨压缩机需要有很高的压力，最高达 42MPa。在小型合成氨厂中，采用活塞式压缩机，在大型（600t/d 以上）装置中，由于流量大，采用离心式压缩机比较有利。在 30×10^4t/a 的装置中，若采用离心式压缩机，则可以降低投资 60% ~ 70%，而且可以采用汽轮机驱动，使装置热效率达到 70%。这种需求曾是推动离心式压缩机高压化的主要动力之一。

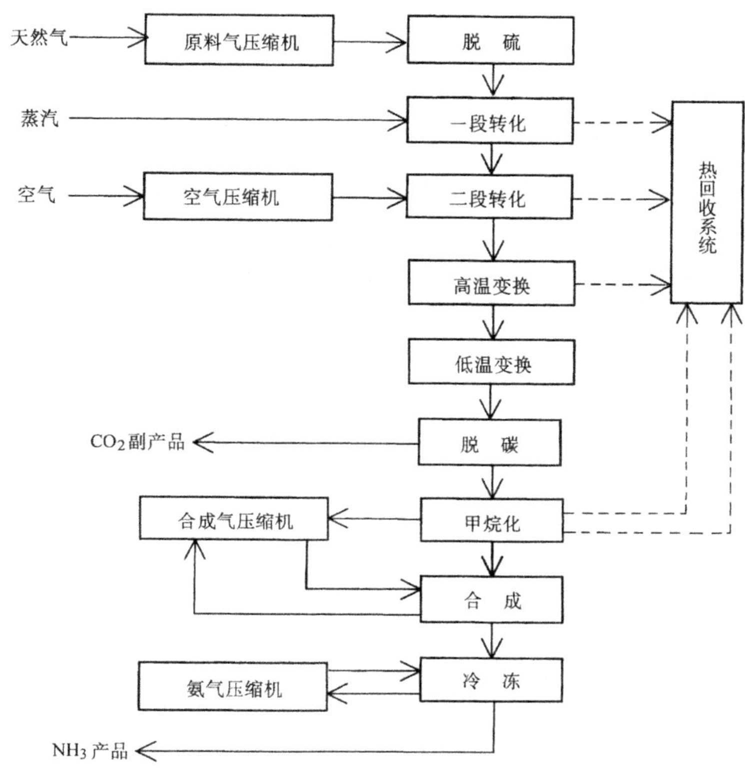

图 0-6　合成氨生产流程示意图

4. 石油工业

在石油和天然气的钻探、开采、集输和加工过程中，泵和压缩机都是重要的设备，其中包括一些为适应特殊使用要求而开发的高技术产品。特别是对于海洋和沙漠油田，由于环境特殊，对设备有着非常特殊的要求。下面是几个典型的例子。

（1）潜油泵　潜油泵可以从很深的油井中将原油输送到地面，用潜水式电动机，泵置于井下。由于受井径的限制，叶轮直径很小，为达到所需的扬程，泵的级数可达数百。由于原油中含有沙子，泵输送的实际上是固液混合物。零件必须具有好的耐磨性。

（2）油田注水泵　用高压向油层中注水，可以提高油层压力，实现原油自喷。在我国的大庆油田，由于开采时间长，油层含油量减少，目前每采 1t 油需要注入 6t 水。因此需要大量的注水泵，总能耗相当大。提高注水泵的效率则可节省可观的能源。

（3）注气压缩机　在海洋油田，将不能直接利用的油田伴生气代替水注入油层以提高压力。当注气量较小时用活塞式压缩机，注气量大时用离心式压缩机。目前离心式注气压缩机的压力已达 71MPa，是离心式压缩机的最高压力等级。

(4) 水下油气混输泵　油田中原油一般是与天然气共生的，通常是将油与气分离后分别用泵和压缩机输送。这需要在每个井口设置油气分离装置，泵与压缩机机组以及两条管路。在海上油田中，这种配置的成本是很高的。使用油气混输泵以后，每个井口只需一台机组和一条管路，使开采成本大大降低。如果将机组直接设置在水下，则采油平台都可以省掉。如果油田不能自喷，泵还必须装置在井下。图 0-7 是一个这样的装置的示意图。一台装置在海底的泵将海水压入井内，用于驱动一台水轮机，该水轮机驱动与之共轴的油气混输泵，将油气输送出去。这种驱动方式的优点是装置的转速可自动随着含气量的变化而变化，从而在含气量的变化范围内保持输出压力比较稳定。

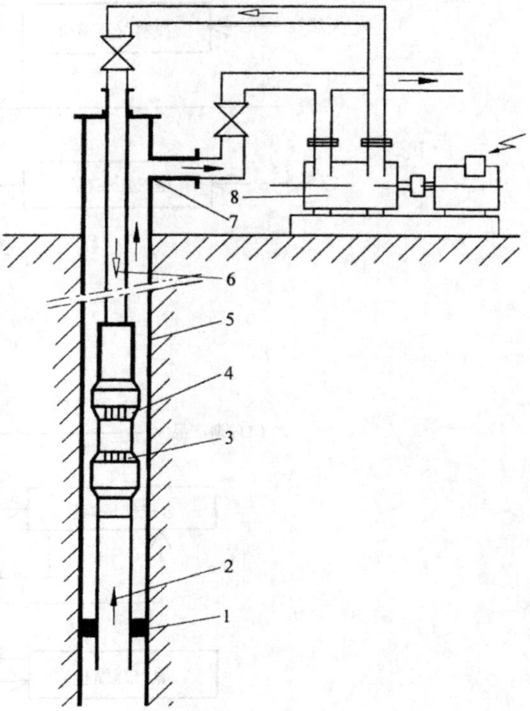

5. 钢铁工业

在钢铁的冶炼过程中需要大量的空气和氧气支持燃烧，因此需要使用风机。随着冶金技术的进步和设备的大型化，对这些设备不断提出新的要求。另外，生产过程中也需消耗大量的水，在供水和水处理方面使用泵的数量也很多。

(1) 高炉鼓风机　现代大型高炉需要的风量很大，故通常使用轴流式压缩机。当高炉容积达 $4000m^3$ 时，风量可达 $10000m^3/min$，功率可达 60MW。

(2) 氧气压缩机　纯氧顶吹转炉是目前常用的炼钢设备，需要用氧气压缩机向炉内输送高压氧，其典型的参数为流量 $72000m^3/h$，压力 3.75MPa，功率 12.15MW。由于纯氧在高压下易于引起爆炸燃烧，因此对压缩机的设计有特别的要求。

图 0-7　水下油气混输泵装置

1—焊接堵头　2—泵吸入　3—泵压出　4—涡轮机出口　5—井壁管　6—涡轮机供水管　7—井口　8—涡轮机供水泵

6. 动力工程

除了汽轮机、水轮机和燃气轮机属于现代最重要的动力装置以外，在动力工程中还广泛地使用压缩机和液力传动装置。例如：

(1) 燃气轮机压缩机　压缩机是燃气轮机的重要组成部分之一，压缩机将空气压入燃烧室，使燃料得以燃烧，产生高温高压的燃气，燃气推动燃气轮机的叶轮转动。轮机轴除输出有效功率外，同时驱动压缩机转动。在大型和移动式燃气轮机（例如喷气式发动机）中，使用轴流式压缩机，而在小型固定式燃气轮机中，则使用离心式压缩机。

(2) 涡轮增压器　涡轮增压器利用内燃机气缸排出的废气驱动涡轮机，涡轮机则驱动一个压缩机压缩空气以提高进入气缸的空气压力，从而增加进入气缸中的空气量。这样在相同的气缸容积下，可以相应增加燃油量，也就提高了发动机功率。使用废气涡轮增压可使功率增加 50%～100%。

(3) 动力风源　在电站、机械工厂、建筑工地、矿井等许多地方，广泛使用着各种风动工具，都需要压缩空气作为动力源，而压缩空气通常是利用活塞式或离心式压缩机获得的。

(4) 液力传动装置　最常使用的原动机（如交流电动机和内燃机）的转速是不能改变的或者只适于在一个不大的转速范围内工作。而通常希望工作机的转速能根据使用要求而不断改变（例如车辆的行驶速度），这就需要使用变速装置（例如齿轮变速箱）。液力传动装置(图 0-8)是一种利用叶片式流体机械进行变速的装置。原动机驱动一个泵轮，泵轮将功率传递给液体工作介质，介质推动一个与泵轮装置在同一壳体中的涡轮，再由涡轮推动工作机。液力传动装置具有从动轴的转速可自动适应作用力矩而变化的特性，因而特别适于在车辆上使用。

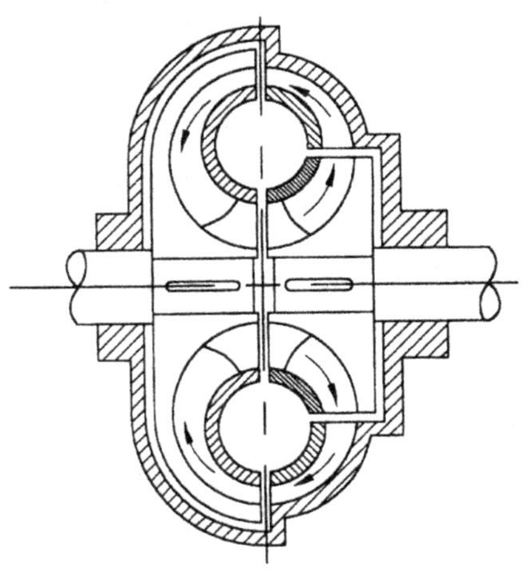

图 0-8　液力变矩器

7. 制冷与低温工程

压缩机是制冷装置中最重要的设备。制冷装置不仅在许多工业和科学领域中有着重要的应用，而且在生活领域中亦日益普及。在小型制冷装置中都使用容积式压缩机，而在大型装置中则使用离心式压缩机。目前世界上最大的离心式压缩机就是化工流程中使用的丙烯冷冻压缩机，功率达 53.7MW。

制冷工程中不仅广泛使用作为工作机的流体机械——压缩机，也常使用作为原动机的流体机械，在制冷装置中称为膨胀机，包括透平膨胀机和活塞式膨胀机。不过这里使用原动机的主要目的不是获得功率，而是使气体（制冷介质）实现绝热等熵膨胀，从而使温度下降。如果不使用膨胀机，就得使工质经过节流阀而使压力降低、体积膨胀。但流体流经节流阀的压力降低是通过流动损失而实现的，这种损失最后转变成热，因而使温度降低较少。在膨胀机中，这些能量成为输出功率，可以拖动泵或发电机，因而可使介质温度得到最大限度的降低，同时节约了能源。

8. 采矿工业

矿井的排水和通风是保证矿井正常工作的重要条件，为此需配备相应的泵与风机。此外，采矿工业还常常利用泵对矿物进行远距离水力输送，例如在选矿厂中用渣浆泵将尾矿通过管道输送到尾矿池等。这类泵输送的介质中含有大量坚硬的固体颗粒，会使过流部件很快磨损，因此泵必须用特殊的耐磨材料制造。

9. 航天技术

燃料输送泵是火箭发动机的重要组成部分。特殊的工作环境对泵的设计提出了特殊的要求。火箭的液体燃料是易燃、易挥发的，有时温度极低（液氢、液氧燃料），而且泵的尺寸和重量受到严格的限制。这些都是设计中必须解决的技术问题。在火箭和飞船的控制与导航系统中，常采用液压装置作为执行元件，而用特殊的离心泵作为整个液压系统的动力源，对这种泵的可靠性有着极高的要求。

10. 生物医学工程

动物体内的液体（例如血液）及气体（例如空气）的循环流动是生命活动的最重要的内容之一。在现代生物医学工程中，人造器官占有重要的地位。由于前述原因，流体机械在人造器官又占有特别重要的地位。图 0-9 是一个心脏辅助装置的示意图。

11. 其他

流体机械的应用领域十分广阔，除以上列举的一些例子外，其他重要的应用也不胜枚举。例如环境工程中的采暖、通风、空调和污水处理、空气净化，船舰的动力装置及喷水推进，轻工和食品工业中各种浆料和固液混合物的输送，用压缩空气输送粮食、型砂等物料，各种机械设备、舰船、飞机、火箭控制系统的液压和气动装置等等，都是应用流体机械的实例。可以说，在所有的技术领域中，凡是需要有气态和液态的物质流动的地方，都需要有泵、风机和压缩机。

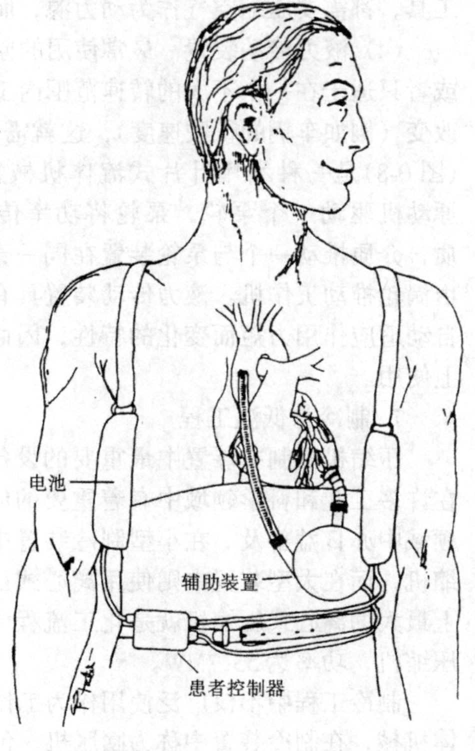

图 0-9　心脏辅助装置

二、流体力学与热力学的基础知识

为便于读者学习，本节简略地给出本课程所用到的一些流体力学和热力学基础知识。

（一）流体介质的物理性质

流体机械的工作介质包括液体和气体，它们共同的特点是易流动性、粘性和可压缩性。

易流动性是指处于静止状态的流体不能抵抗剪切力的作用，即流体在极小的剪切力的作用下也会连续不断地变形，直至剪切力消失为止。

粘性是指流体在剪切力的作用下，将产生连续不断的变形以抵抗外力的特性。亦即流体的剪切变形速率与作用于其上的剪切力的大小有关。对于多数种类的流体，在层流直线运动的条件下，切应力与剪切变形速率之间的关系为

$$\tau = \mu \frac{\mathrm{d}u}{\mathrm{d}y}$$

上式称为牛顿切应力公式，式中各量的意义见图 0-10。符合上式的流体称为牛顿流体。流体机械的工作介质大部分是牛顿流体。一些高分子化合物、浓度较大的固液混合物等是非牛顿流体的例子。

比例系数 μ 称为粘度，又称为动力粘度，是流体粘性大小的度量。其单位为 Pa·s。μ 与流体密度的比值称为运动粘度

$$\nu = \frac{\mu}{\rho}$$

其单位为 m^2/s。流体的粘度与温度有很大的关系，而与压力的关系不大。液体的粘性随温度升高而减小，而气体的粘度随温度的升高而增大。

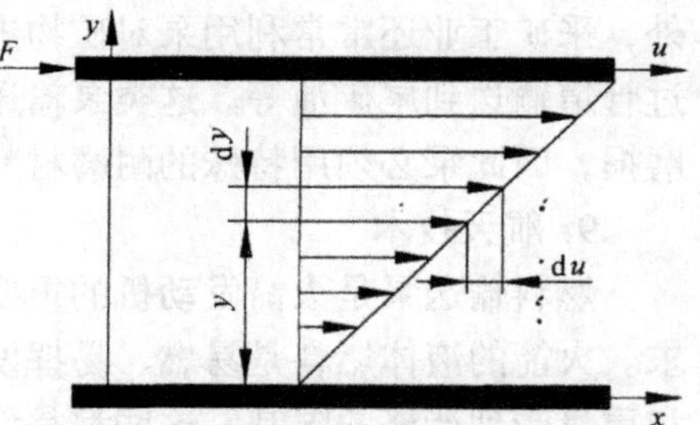

图 0-10　流体的粘度

在多数流体机械中，特别是流动速度较高的叶片式流体机械中，流体粘性的作用仅仅在靠近固壁表面的一薄层（边界层）中才比较显著，而在大部分流场中可以忽略粘性的作用。为简化研究，常引进理想流体的概念。所谓理想流体是粘度为零的流体。当粘度的作用可以

忽略或暂时忽略时，就可以将工作介质视为理想流体。

可压缩性是指流体的体积随外力作用而改变的特性。液体和气体的可压缩性有很大的差别。液体的可压缩性可以用其体积弹性模量来衡量

$$E = \rho \frac{\mathrm{d}p}{\mathrm{d}\rho}$$

E 值越大，液体越不容易被压缩。在常温下，水的弹性模量为 $E_W = 2.1 \times 10^9 \mathrm{Pa}$。由此可见，若压力变化一个标准大气压时，水的密度的相对变化量约为

$$\frac{\Delta\rho}{\rho} = \frac{\Delta p}{E_W} \approx 0.5 \times 10^{-4}$$

可见水的密度变化是极小的。其他液体的可压缩性也是很小的，所以在流体机械中，一般将液体介质视为不可压缩流体，在计算中将密度 ρ 视为常数。

气体介质的可压缩性比液体大得多，而且，气体密度随压力的变化过程是和热力学过程紧密联系在一起的。因为外力压缩气体时，对气体所作的功将增加气体的内能。不同种类气体的热力学性质也不相同，而产生各种气体不同的热力学性质的原因在于气体分子的构造、体积和相互作用力的不同。当考虑以上三种因素以后，气体的性质变得极为复杂。为简化问题的研究，可引入理想气体的概念。理想气体是指其分子体积为零、分子间没有相互作用力的气体。由物理学可知，理想气体的压力、质量体积和温度之间满足以下关系

$$pv = RT \tag{0-1}$$

此式即为理想气体的状态方程。根据上式，假如温度不变（等温过程），当理想气体的压力由一个大气压升高到两个大气压时，气体密度将增加一倍。可见气体的可压缩性比液体大得多。当实际气体的温度较高、压力较低，因而质量体积较大的时候，其分子之间的距离大，因而相互作用力小，分子本身的体积所占据的空间与气体的体积相比很小，这时就可将其视为理想气体。在工程上，氢、氧、氮等气体以及由它们组成的空气，在常温或高温下，当压力在 10MPa 以下的时候，通常可以作为理想气体处理；二氧化碳、乙烯、氨等临界温度接近常温的气体，只有当压力在 3MPa 以下的时候，才能作为理想气体处理；对于制冷工质氟里昂-12、氟里昂-22 及烃类等易液化的气体，则不应作为理想气体处理。

对于不能作为理想气体处理的气体介质，可在状态方程中引入一个修正系数，此时式（0-1）成为

$$pv = zRT \tag{0-2}$$

系数 z 称为气体压缩性系数。显然，对于理想气体，有 $z = 1$，而对于实际气体，z 值与气体的性质、温度和压力有关。工程上常通过试验求得气体的压缩性系数值，作为示例，图 0-11 给出了几种气体在 0℃时 z 与 p 的关系。

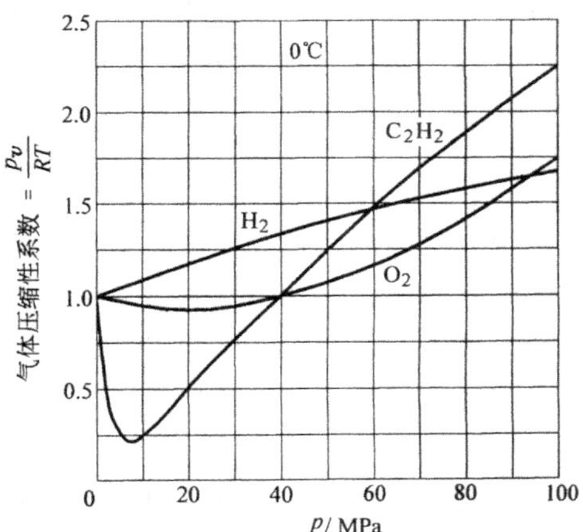

图 0-11　z 与 p 的关系

最后应该指出，以上所谈论的介质的粘性和可压缩性只是一些相对的概念。一种具体的介质在某一具体的应用场合是否能视为理想流体、不可压缩流体或理想气体，取决于对计算精度的要求，应针对具体情况进行分析。例如，通常空气应视为可压

缩介质，但若压力变化很小，忽略密度变化引起的误差是可以接受的时候，也可将空气视为不可压缩介质，或者先采用不可压缩介质的方法进行计算，然后考虑可压缩性对计算结果作些修正。在风机的设计计算中通常是这样处理的。如果压力变化大，密度的变化对计算结果有明显的影响的时候，水也应该视为可压缩介质，在高水头水电站引水系统的水锤计算中，就应该考虑水的可压缩性。

（二）理想气体的热力学性质

1. 状态方程式

对于单位质量（1kg）的理想气体，其质量体积、密度与压力和温度的关系满足状态方程（0-1），该式也可写成

$$p = \rho RT \tag{0-1}$$

气体常数 R 的单位为 J/（kg·K），其值与状态无关，但随气体的种类而异。各种不同气体的 R 值可由热力学手册中查得，也可以用下式计算

$$R = R_0/\mu$$

式中　R_0——通用气体常数，与气体种类无关 $R_0 = 8.3144$ J/mol·K；

μ——气体的摩尔质量，即每 mol 气体的质量，单位为 kg/mol。μ 在数值上等于气体的相对分子质量。

2. 质量热容

单位质量的理想气体的温度升高 1K 所需要的热量称为质量热容。因为气体在热力过程中吸收的热量与过程的性质有关，故同一种气体在不同的过程中质量热容也不相同。工程中一般采用气体在定压和定容两个过程中的质量热容来表示气体的热力性质，分别称为质量定压热容和质量定容热容，用符号 c_p 和 c_V 表示，单位为 J/（kg·K）。理想气体的质量热容是温度的函数，和压力无关。两个质量热容之间存在下列关系

$$c_p - c_V = R$$

$$c_p/c_V = \gamma$$

γ 也是气体的重要热力学参数，称为质量热容比，对于理想气体，γ 也仅是温度的函数。不过温度对 γ 值的影响并不大。在压缩机通常的工作温度范围内，γ 值的变化不超过 1%，所以工程计算中可将其作为常数处理。理想气体的 R、γ、c_p 和 c_V 之间存在下列关系

$$c_p = \frac{R\gamma}{\gamma - 1};\ c_V = \frac{R}{\gamma - 1}$$

3. 内能、焓和熵的计算

内能是物质内部分子运动所具有的微观能量的总和，包括分子热运动所具有的动能及分子相互作用力引起的位能。单位质量介质具有的内能 u 称为质量热力学能，也可称为质量内能。由于假定理想气体的分子之间没有相互作用，显然理想气体的质量内能只有动能。

焓被定义为质量内能与压力和质量体积的乘积的和，即

$$h = u + pv$$

焓的定义并不具有具体的物理意义，但在流体机械的稳定流动过程中，焓为一个具有能量含义的特殊有用的热力状态参数。

理想气体的内能 u 和焓 h 都只是温度的函数，在热力学过程中内能和焓的变化量可用下式计算

$$du = c_V dT; \quad dh = c_p dT$$

熵变则可表示为

$$ds = c_V \frac{dT}{T} + R\frac{dv}{v} = c_p \frac{dT}{T} - R\frac{dp}{p} = c_V \frac{dp}{p} + c_p \frac{dv}{v}$$

（三）开口热力系的能量方程

流体机械的工作过程中，工作介质连续地通过流体机械。当将流体机械作为一个热力系进行研究时，就成为一个开口热力系。容积式流体机械的工作腔（例如气缸与活塞构成的封闭容积）虽然在一定的时间间隔中是封闭的，可以作为一个封闭热力系进行研究，但从工作的全过程来看，仍然有介质不断流入和流出，所以仍应作为开口热力系进行分析。

图 0-12 为一任意流体机械示意图。图中细虚线为控制面，线以内是控制体，图中左、右两端分别为介质的进、出口，控制面以内即为一开口热力系。在叶片式流体机械的正常工作条件下，介质的状态和流动是稳定的，也就是说控制体内和控制面上每一点的所有的特性参数都不随时间变化，特别是进、出口处的参数不随时间变化。容积式流体机械工作过程中，各处的参数都是周期性变化的，但在正常的工作状态下，这种周期变化的平均值仍然是不随时间变化的，也可以作为稳定过程来研究。对于稳定的过程必然有：

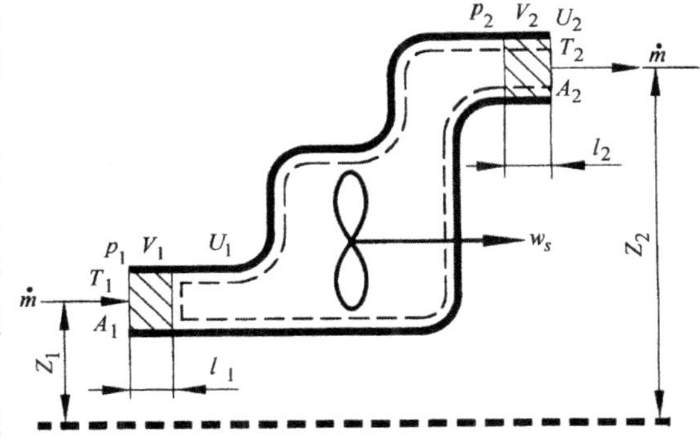

图 0-12 流体机械作为开口热力系

1）介质流过控制面时，各截面上的状态参数（压力 p，质量体积 v，温度 T 和速度 c）不随时间变化，但不同截面上的参数值可以不同。

2）单位时间内流进和流出控制体的介质的质量相等且不随时间变化，即 $m_1 = m_2 = m$。

3）单位时间内通过控制面的热和功保持不变。

在稳定流动的条件下，控制体内的总能量和总质量将是不变的，根据能量守恒定律，输入控制体的总能量应等于从控制体输出的能量。

输入控制体的能量有：

1）流入的介质所具有的能量，包括内能和宏观运动的动能与势能，即为

$$E_1 = m_1(u_1 + c_1^2/2 + gZ_1)$$

2）在进口截面 1 处，质量为 m_1 的介质流入控制体时，必有外力推动它克服该处的压力 p_1 而作功，若该截面面积为 A_1，则外力所作的功为 $p_1 A_1 l_1 = p_1 V_1 = m_1 p_1 v_1$。这一部分外力所作的功称为推动功。

3）外界通过没有介质流过的控制面（即不是进、出口的控制面）向控制体内传递的热量 Q。

从控制体向外输出的能量为：

1）流出控制体的介质所携带的能量

$$E_2 = m_2(u_2 + c_2^2/2 + gZ_2)$$

2）控制体内的介质对流出的质量为 m_2 的介质所作的推动功 $m_2 p_2 v_2$。

3）通过流体机械的轴向外输出的轴功 W_s。

根据以上分析，可将开口热力系的稳流能量方程写成

$$Q = m_2\left(u_2 + \frac{c_2^2}{2} + gZ_2\right) - m_1\left(u_1 + \frac{c_1^2}{2} + gZ_1\right) + m_2p_2v_2 - m_1p_1v_1 + W_s$$

对于单位质量的介质，考虑到焓的定义，上式可写为

$$q = h_2 - h_1 + \frac{c_2^2 - c_1^2}{2} + g(Z_2 - Z_1) + w_s \tag{0-3}$$

上式说明了热力系的能量平衡状况：外界传递给系统的热量，一部分用于增加介质的焓（内能与推动功），一部分用于增加介质的宏观动能和位能，还有一部分成为输出的轴功。

上式还可以写成

$$q - \Delta u = \Delta(pv) + \frac{1}{2}\Delta c^2 + g\Delta Z + w_s$$

对于可逆过程，$q - \Delta u = \int_1^2 pdv$，所以又有

$$\int_1^2 pdv = \Delta(pv) + \frac{1}{2}\Delta c^2 + g\Delta Z + w_s$$

将上式右端后三项外功统称为技术功并以 w_t 表示，则有

$$w_t = w_s + \frac{1}{2}(c_2^2 - c_1^2) + g(Z_2 - Z_1) = \int_1^2 pdv + p_1v_1 - p_2v_2 \tag{0-4}$$

在表示过程变化的 p-v 图上（图 0-13），可以看出

$$\int_1^2 p\mathrm{d}v + p_1v_1 - p_2v_2 = \text{面积 }12341 + \text{面积 }14Oa1 - \text{面积 }23Ob2 = \text{面积 }12ba1$$

所以

$$w_t = w_s + \frac{1}{2}(c_2^2 - c_1^2) + g(Z_2 - Z_1) = -\int_1^2 v\mathrm{d}p \tag{0-5}$$

根据式（0-3），还有

$$q = h_2 - h_1 - \int_1^2 v\mathrm{d}p \tag{0-6}$$

除了带有冷却器的压缩机以外，大多数流体机械工作过程中介质与外界交换的热量很小，这是因为介质在机器内停留的时间很短，机壳的散热面积相对较小。如果忽略 q，则由式（0-6）得

$$\int_1^2 v\mathrm{d}p = h_2 - h_1 \tag{0-7}$$

而由式（0-5）可得

$$w_s = -\int_1^2 v\mathrm{d}p + \frac{1}{2}(c_1^2 - c_2^2) + g(Z_1 - Z_2) \tag{0-8}$$

上式表示了流体机械工作过程中机械能（轴功）与流体介质之间的能量交换，式子右端后两项表示流体宏观的动能与重力势能，第一项则表示压力变化所引起的流体焓（内能与推动功）的变化（见式（0-7）），而这个变化是压力在介质流过流体机械的过程中所作的功，亦即流体静压能的变化量。

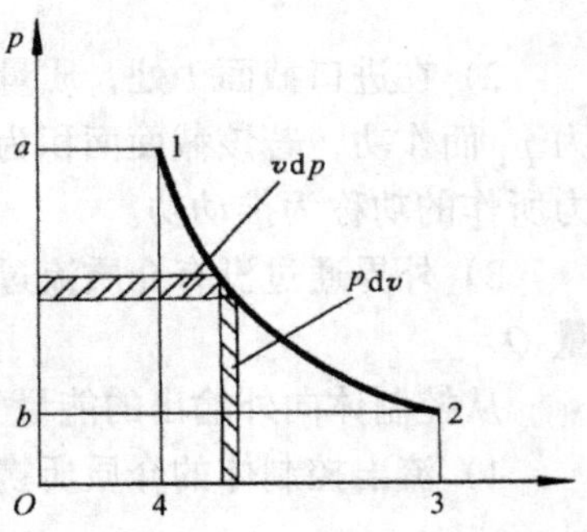

图 0-13　$p\mathrm{d}v$，$v\mathrm{d}p$ 和 pv 的关系

在原动机（如水轮机、汽轮机）中，w_s 为正值，流体介质流过机器后，压力、速度和高度都是减少的，故上式右端三项也为正。在工作机（泵、风机、压缩机）中，w_s 为负，流体流过机器后压力和速度都是增加的，式子右端各项亦为负。在风机、压缩机中，由于重力作用极小，右端最后一项通常忽略不计。

（四）流体机械内的热力学过程与技术功

压力在介质流过流体机械时所作的功 $w_t = -\int_1^2 v\mathrm{d}p$ 是一个重要的参数。在热力学中，被称为技术功，在不同的流体机械中，其名称不相同，同时为了各自的使用方便，其符号也取得不同，例如在水轮机中，$H_{st} = \int_1^2 v\mathrm{d}p/g = (p_1 - p_2)/\rho g$ 被称为静水头；在叶片泵中 $H_{st} = \int_1^2 v\mathrm{d}p/g = (p_2 - p_1)/\rho g$ 称为静扬程；在风机中，$p = \rho\int_1^2 v\mathrm{d}p = p_2 - p_1$ 称为静压升；在透平压缩机中，$w = \int_1^2 v\mathrm{d}p$ 被称为压缩功；在活塞式压缩机中，$w = \int_1^2 v\mathrm{d}p$ 则被称为理论循环指示功。

由式(0-7)可见，在忽略介质与外界的热量交换的条件下，流体机械轴功即等于介质流过机器后的能量改变量，包括静压能、动能和位能的改变量。其中我们最感兴趣的，就是静压能的改变量 $-\int_1^2 v\mathrm{d}p$。当进、出口截面的压力 p_1、p_2 一定时，技术功的大小取决于 v 与 p 的函数关系，而这个关系则随流体机械内发生的热力学过程的种类不同而不同。流体机械内的实际热力学过程是很复杂的，但可根据实际情况进行适当的简化，归结为一种典型的热力学过程。下面讨论流体机械内可能发生的几个典型过程。

1. 定容过程

当介质为不可压缩时（水轮机、泵、通风机），介质的质量体积 v 和密度 ρ 都是常数，因此技术功的计算特别简单，即

$$w_v = \int_1^2 v\mathrm{d}p = v(p_2 - p_1) = \frac{p_2 - p_1}{\rho}$$

$$w_s = \frac{p_1 - p_2}{\rho} + \frac{c_1^2 - c_2^2}{2} + g(Z_1 - Z_2) \tag{0-9}$$

如果在流动过程中外界与介质之间有热量交换，则有

$$q = \int_1^2 c_V\mathrm{d}T = \bar{c}_V(T_2 - T_1) \tag{0-10}$$

这里 $\bar{c}_V$ 表示平均比热容。定容过程的 p-v 图和 T-s 图如图 0-14 所示。两个图上的阴影面积分别代表过程的技术功和热量。

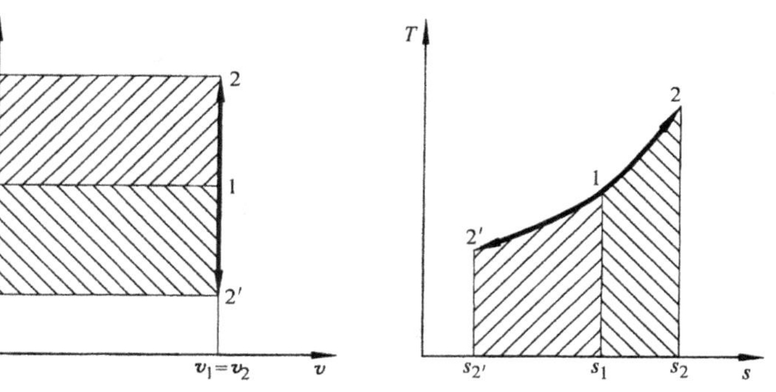

图 0-14 定容过程的 p-v 和 T-s 图

2. 定温过程

在压缩机的压缩过程中，如果气体得到充分的冷却，温度变化很小，就可将压缩过程近似地视为定温过程。在大多数种类的压缩机中，这是难以做到的。但

在液环式压缩机中，由于是利用液体压缩气体，同时工作液体中不断加入冷却液，因此气体的温升很小。这时的压缩过程可视为定温过程。

在定温过程中，根据理想气体的状态方程可知有

$$pv = RT = \text{const}$$

此时 v 与 p 的关系曲线是一条等边双曲线（图 0-15），故技术功可求得为

$$w_t = \int_1^2 v\mathrm{d}p = RT\ln\frac{v_1}{v_2} = p_1v_1\ln\frac{v_1}{v_2} = p_1v_1\ln\frac{p_2}{p_1} \tag{0-11}$$

在定温条件下，理想气体的内能不变，故气体与外界交换的热量为

$$q = RT\ln\frac{p_2}{p_1} = RT\frac{v_1}{v_2} \tag{0-12}$$

在压缩机中，静压力所做的功全部变为热量传出，在涡轮机中，静压力对外所做的功则由外界提供的热量转换而来。定温过程的 p-v 图和 T-s 图如图 0-15 所示。

由于定温过程中介质的内能不变，又由于 pv = 常数，所以由焓的定义知过程中介质焓的变化量为

$$\Delta h = \Delta(u + pv) = \Delta u + p_2v_2 - p_1v_1 = 0$$

3. 绝热过程

在大部分流体机械中，介质在机器内停留的时间很短，与外界交换的热量数量相对较少。作为一种理想的过程，可将其视为绝热定熵过程，即认为介质既不与外界交换热量，内部也没有损耗。此时理想气体的状态方程为

$$pv^\kappa = \text{const} \tag{0-13}$$

式中 κ 为绝热指数，在流体机械的工作范围内，可将其视为常数，但其值随气体种类而变。对理想气体，$\kappa = \gamma$（质量热容比）。绝热过程初、终态参数之间的关系也易于从过程方程中求得为

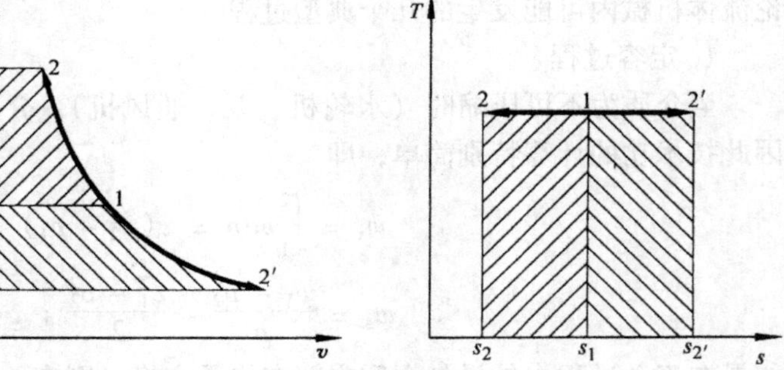

图 0-15　定温过程的 p-v 图和 T-s 图

$$\frac{p_2}{p_1} = \left(\frac{v_1}{v_2}\right)^\kappa \tag{0-14}$$

$$\frac{T_2}{T_1} = \left(\frac{v_1}{v_2}\right)^{\kappa-1} = \left(\frac{p_2}{p_1}\right)^{(\kappa-1)/\kappa} \tag{0-14a}$$

根据以上关系，可求得绝热过程的技术功为

$$w_{ad} = \frac{\kappa R}{\kappa - 1}(T_2 - T_1) = \frac{\kappa}{\kappa - 1}p_1v_1\left[\left(\frac{p_2}{p_1}\right)^{(\kappa-1)/\kappa} - 1\right] \tag{0-15}$$

绝热过程中，由于和外界没有热量交换，介质焓的变化量必等于外界输入的功量，因此

$$\Delta h = h_2 - h_1 = w_{ad} \tag{0-16}$$

绝热过程的 p-v 图和 T-s 图如图 0-16 所示。

4. 定压过程

定压过程的 p-v 图和 T-s 图如图 0-17 所示。根据状态方程，参数之间的关系为

$$\frac{v_1}{T_1} = \frac{v_2}{T_2}$$

由图 0-17 可见，过程的技术功等于零。等压过程中介质的状态发生变化，是由与外界的热量交换引起的，所以过程中焓的增量等于吸收的热量，即

$$h_2 - h_1 = q = c_p(T_2 - T_1) \tag{0-17}$$

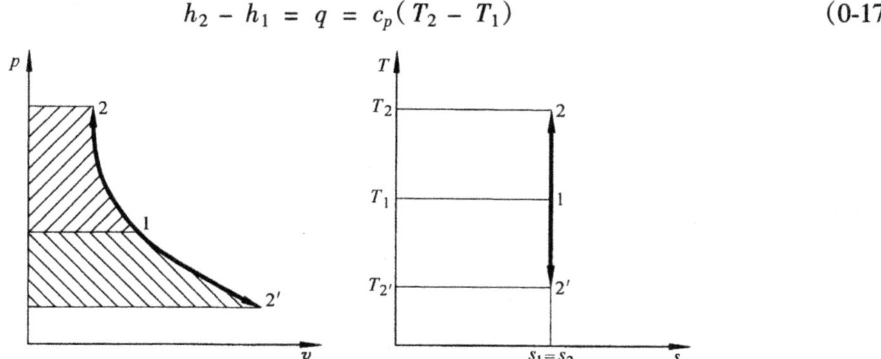

图 0-16 绝热过程的 p-v 图和 T-s 图

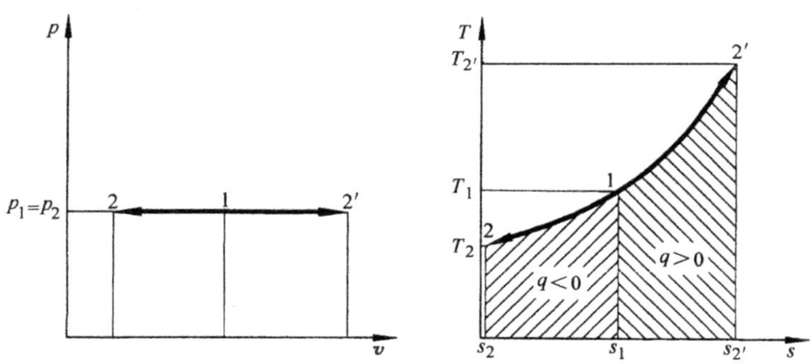

图 0-17 等压过程的 p-v 图和 T-s 图

5. 多变过程

以上讨论的定温和绝热过程，都是实际过程的简化，实际过程中，机壳既不能绝对绝热，也不可能绝对传热，同时介质流动过程总是伴有损耗发生。这样的过程中，所有的状态参数（p、v、T）都是变化的，故称为多变过程。多变过程的方程可写为

$$pv^m = \text{const} \tag{0-18}$$

式中 m 为多变指数，其值在不同的过程中是不同的。在流体机械的工作过程中，m 实际上是一个变数。工程上可用一个平均值进行计算。如果流体机械进、出口处的状态参数为已知，则由于 $p_1v_1^m = p_2v_2^m$，两边取对数即可得

$$m = \frac{\ln p_2 - \ln p_1}{\ln v_1 - \ln v_2} \tag{0-19}$$

此即为流体机械工作过程的平均多变指数值。

实际上，典型的热力过程都可看成是多变过程的特例，即当多变指数：$m=1$ 时，为定温过程；$m=\kappa$ 时，是绝热过程；$m=\pm\infty$ 时，是定容过程。

由于多变过程和绝热过程的过程方程形式相同，故技术功的计算及初、终态参数之间的关系式都与绝热过程的形式相同，只需用多变指数 m 代替式中的绝热指数 κ 即可。

综上所述，介质在通过流体机械时静压能的变化，亦即 p-v 图上阴影部分的面积，是与过程的性质有关的。图 0-18 所示为以压缩机的工作为例对几种不同过程所进行的比较。假定过程的初态均相同，在图上为点 1。不同过程的多变指数不同，过程线在图上的斜率就不相同，假定终态的压力相同，则由图上可以看出，对可压缩介质而言，定温过程所需的功最少，定容过程所需的功最大。所以在压缩机中，为减少功耗，可以采取冷却的措施。对于不可压缩介质，过程既是定容的，也是定温的，由图可以看出，不可压缩介质流过流体机械时，在进、出口压力相同的情况下，静压力所做的功最大。

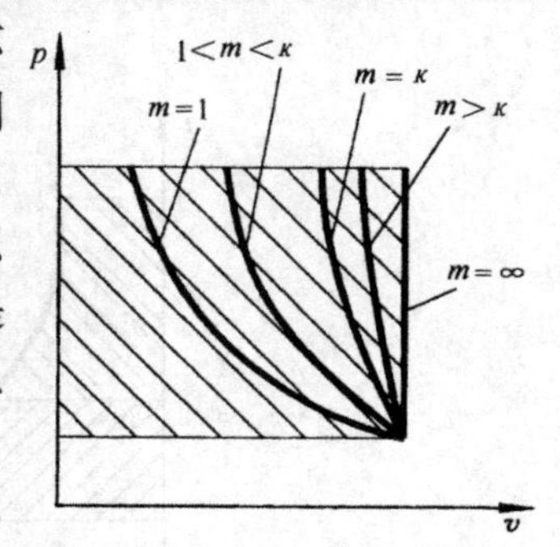

图 0-18　不同过程技术功的比较

前面讨论的都是理想气体的热力学过程，对于真实气体，由于其状态方程与理想气体有不同程度的偏离，因此以上结果都必须修改，具体计算方法请参考文献［5］、［9］和其他专门文献。

上篇　叶片式流体机械

第一章　叶片式流体机械概述

第一节　叶片式流体机械的工作过程

绪论中已经说明叶片式流体机械中的能量转换，是在带有叶片的转子及连续绕流叶片的流体介质之间进行的。叶片与介质间的相互作用力是惯性力。该力作用在转动的叶片上，因而产生了功（正或负，视力与叶片运动的方向而定），此功即为介质与机器之间的能量转换量。显然，能量转换的速率（功率）等于作用于叶片上的力对叶轮轴心线的矩（力矩）与叶轮转动角速度的乘积。

该带有叶片的转子在泵、风机和压缩机中习惯称为叶轮（impeller），而在水轮机中则习惯称为转轮（runner），也称为涡轮。因此叶片式流体机械也称为叶轮机械、涡轮机或透平机（turbine）。叶片式流体机械的主要特征是：①具有一个带有叶片的转子（叶轮或转轮）；②工作时介质对叶片连续绕流；③介质作用于叶片的力是惯性力。

叶片式流体机械最简单的例子是风车（原动机）和电风扇（工作机）。在这两个例子中，转子叶片都在自由空间中转动。经过叶轮的介质，由于叶片力矩的作用而具有一个圆周方向的速度分量。根据动量矩守恒定律，该圆周方向的速度分量对应着一个我们所不希望的力矩，引起了能量损失。为消除这个损失，在大多数流体机械中，将叶轮置于一个封闭的壳体中。其来流和出流均在管道或特制的流道中流动。在壳体中，还引入一个静止的叶栅，用以消除介质圆周分速度。这样的流体机械，除了具有上述三个特征外，第 4 个特征为具有一个静止的叶栅。本课程将主要讨论这样的流体机械。

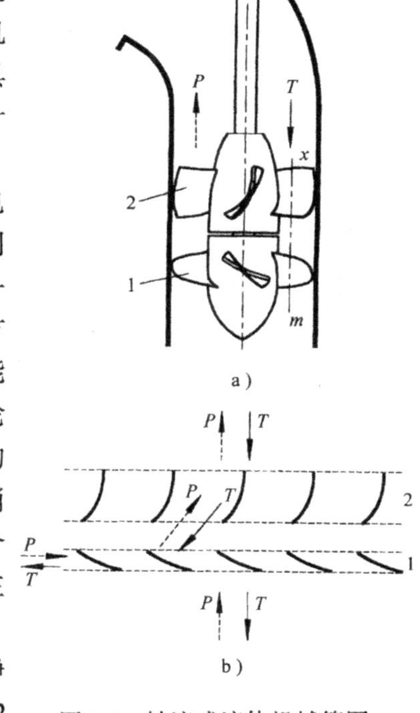

图 1-1　轴流式流体机械简图
1—动叶（叶轮）　2—静叶（导叶）
T—原动机　P—工作机

上述转动的叶片称为动叶，也简称为叶片。而上述静止的叶栅称为静叶，也称为导叶或导向器。图 1-1 和图 1-2 以水力机械为例表示了叶轮、导叶及壳体之间的关系。图 1-1 中叶轮及导叶中的流动方向（轴面速度）m-x 是平行于轴线的，故称为轴流式（参见表 0-2）。将以 m-x 线为母线的回转面展开，可得图 1-1b 所示的两个直列叶栅。一个运动，一个静止。图中用箭头表示了在原动机（T）和工作机（P）中叶片和介质运动的方向。在原动机中，介质从上方沿轴向进入导叶，导叶使介质的速度方向和大小发生改变，一部分压力能转换为圆周方向速度所对应的动能。介质以图中箭头所示的方向进入叶轮，由于转轮叶片的作用，使介质速度方向又变为轴向方向。当速度方向发生变化时，由于惯性作用而引起作用于叶片的力矩使转轮旋转。流出转轮的介质将不再有圆周方向的运动。在工作机中，介质和叶片的运动方向正好相反，介质从轴向进入叶轮，从叶轮流出时带有圆周方向的速度分量，然后在导叶的作用下又回到轴向方向。

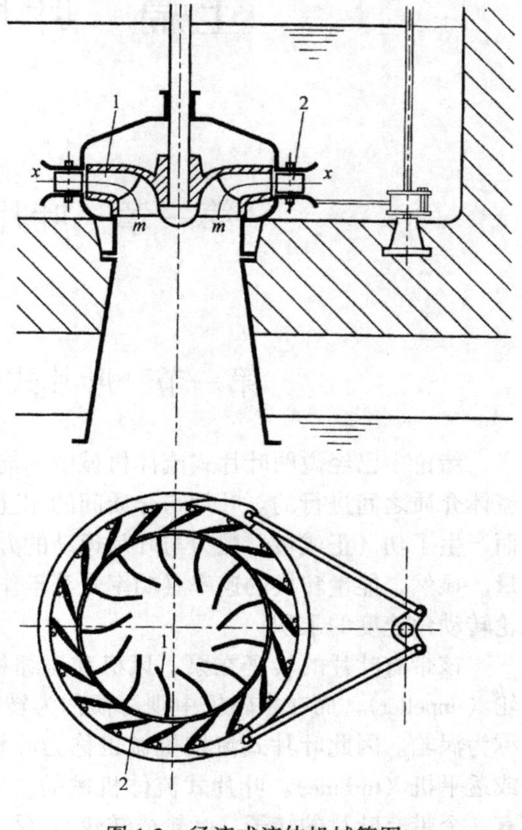

图 1-2　径流式流体机械简图

1—动叶（叶轮）　2—静叶（导叶）

由上面的讨论可知，介质速度的圆周分量的变化，亦即叶轮前后介质动量矩的变化与能量转换过程密切相关。而介质在进入流体机械之前和流出之后，其速度通常都没有圆周方向的分量，即对叶轮轴线的动量矩为零。通过动叶和静叶的联合作用，可以使介质在进出流体机械时动量矩均为零的条件下，在叶轮内部产生动量矩的变化。

图 1-2 中，流线 m-x 在叶轮外径处为径向，而在叶片内径处转为轴向，但在叶片内基本上是径向，所以这种叶轮称为径流式。在 m-x 剖面的水平投影图上，可看到两个环列叶栅，其作用原理与直列叶栅相同。如果 m-x 流线中轴向部分更多一些，或者如图 1-3 所示的叶轮那样，流线 m-x 既不平行、也不垂直于轴线，则称为混流式（参见表 0-2）。应该指出，在径流式和混流式叶轮中，动量矩的变化不仅体现在流体质点的圆周速度的变化上，而且也体现在流体质点距轴线的距离的变化上。

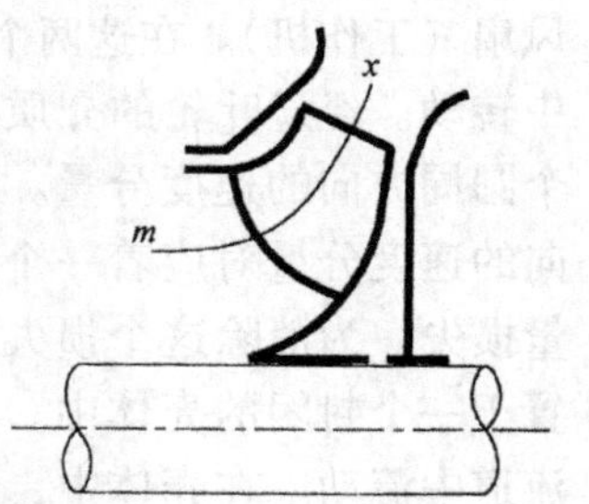

图 1-3　混流式叶轮

在原动机中，介质经过导叶（静叶）后，速度增加而压力降低，一部分压力能转换成为动能。在叶轮（动叶）中，介质的压力能和动能都转变成为机械能，所以压力和速度都进一步降低。这种叶轮机械称为反击式或反动式。在工作机中，流动方向和压力、速度的变化过程正相反。如果原动机导叶出口处压力已降到零，则介质在动叶中将只有速度的变化而无压力变化。这种叶轮机械被称为冲击式或冲动式。在冲击式叶轮机械中，工作介质通常只是从叶轮整个圆周的一部分地方进入叶轮，也就是说，叶轮叶片旋转一周的过程中，只有一部分时间参与能量转换，有一部分时间不参与能量转换。表 0-2 中所示的冲击式水轮机中静叶成为一个喷嘴，出流成为一股自由射流，水流只与少数几个叶片接触。在图 1-4 所示的汽轮机中，喷嘴虽然保留为叶栅形状，但蒸汽仍然只从部分圆周进入动叶片，这种情况称之为部分进水或部分进汽。

图 1-5 所示的水轮，按我们的定义不属于叶片式流体机械。因为水流只是周期性地充满叶片之间的空间，并无对叶片作连续绕流。同时，这里作功的力是重力而非惯性力。

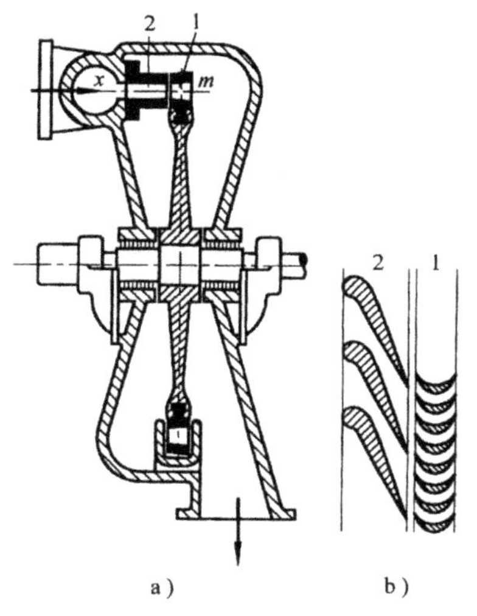

图 1-4　汽轮机简图

a）轴截面　b）圆柱面展开

1—动叶　2—喷嘴（静叶）

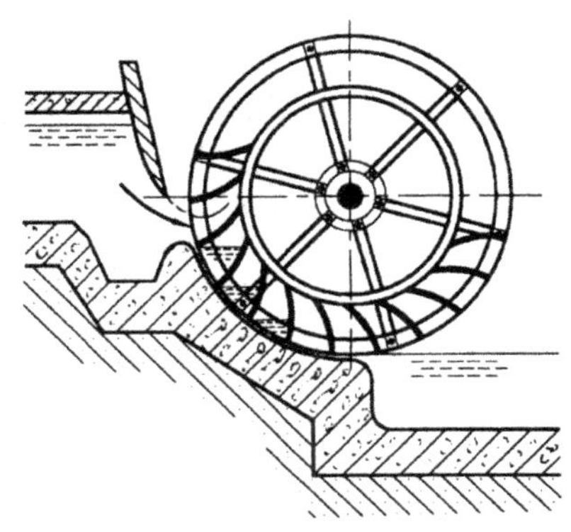

图 1-5　水轮

第二节　叶片式流体机械的主要性能参数

流量、效率等表示流体机械性能的一些参数，称为流体机械的性能参数。在各种不同类型的叶轮机械中，性能参数有一些差别，表述方式也不尽相同，但基本的物理意义是相同的。

一、流量 q

单位时间内通过机器的介质的量（体积或质量）称为流量。体积流量 q_V 的单位为立方米每秒（m^3/s）、升每秒（L/s）或立方米每小时（m^3/h）。质量流量 q_m 的单位为千克每秒（kg/s）、千克每分（kg/min）或千克每小时（kg/h）。根据质量守恒定理，机器在稳定条件下工作时（稳定工况），如果忽略机器内部的泄漏，则通过机器各个过流断面的质量流量是相同的。对不可压缩介质，体积流量也将保持不变。对可压缩介质，体积随压力和温度的变化而变化，所以各断面的体积流量将是不同的。在通风机中，体积流量也称为风量。

二、水头、扬程、压力、能量头、压缩比

介质在通过动叶时与机器交换能量，单位质量（或体积）的介质与叶轮所交换的能量，是叶轮机械最重要的参数之一。这个参数可以通过机器进出口断面单位质量（或体积）介质所具有的能量的差值来表示。在不同的机器中，出于使用方便的考虑，采用的名称和表示方

式均不同，但“机器进、出口断面单位数量介质的能量差值”这个概念是共同的。

(一) 不可压缩介质的情况

水轮机和泵的工作介质为液体。显然，以液柱高度表示单位重力（1N）液体的能量是方便而且直观的。这个以液柱高度表示的进、出口断面单位重力液体能量的差值 H 在水轮机中称为水头，在叶片泵中则称为扬程。单位是 m（N·m/N = m）。对于不可压缩介质，不需要考虑内能的变化，所以能量差值用机器进、出口断面宏观的压力能、位能和动能表示。

图 1-6 中，若以脚标 1 表示机器进口断面，脚标 2 表示出口断面，则有

$$H = \pm \left[\frac{p_2 - p_1}{\rho g} + \frac{c_2^2 - c_1^2}{2g} + (Z_2 - Z_1) \right] \tag{1-1}$$

上面式子中，出现的“±”号是分别用于泵与水轮机的。因为液体通过泵时吸收能量，而通过水轮机时释放能量，因此要采用不同的符号。以后约定，凡是二者符号不同的情况，上面的符号用于泵（工作机），下面的用于水轮机（原动机）。

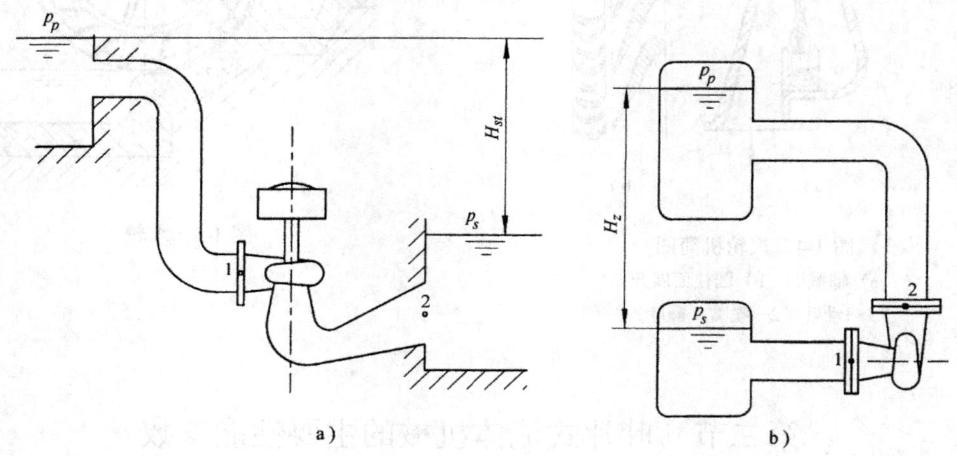

图 1-6　水头与扬程的定义

a) 水电站　b) 泵装置

1—进口截面　2—出口截面　p—上游水面　s—下游水面

对于图 1-6a 的电站装置而言，上、下游水位差 H_{st} 称为电站静水头。由于上、下游水面均为大气压，同时水库水面和下游河道的流速均很低，所以电站水头

$$H' = \frac{p_p - p_s}{\rho g} + \frac{c_p^2 - c_s^2}{2g} + Z_p - Z_s \approx H_{st}$$

考虑到引水管路的损失，水轮机水头与电站水头的关系为

$$H = H_{st} - \Delta H \tag{1-2}$$

式中　ΔH——引水管路中的水力损失。

对于泵装置，定义装置扬程为

$$H_G = \frac{p_p - p_s}{\rho g} + \frac{c_p^2 - c_s^2}{2g} + Z_p - Z_s + \Delta H \tag{1-3}$$

式中　ΔH——全部管路损失的总和。

装置扬程表示泵将单位重力液体介质从下游容器抽送到上游容器所做的功。显然，在系统处于稳定状态时，装置扬程必等于泵的扬程。由于上、下游容器液面上的压力和高度一般是不同的，而容器中液体的流速相对于泵里面的流速总是很小的，所以定义装置静扬程为

$$H_{st} = \frac{p_p - p_s}{\rho g} + Z_d - Z_s$$

于是有

$$H = H_G = H_{st} + \Delta H \tag{1-4}$$

H 具有十分直观的物理意义且使用方便，故在水力机械中被广泛采用。但同一台机器在相同的条件下工作时，其 H 值与重力加速度 g 相关。在不同的重力条件下，H 值将不同。在失重的环境下（例如空间轨道站）H 值将没有意义。

如果用质量作为液体量的度量，就可得到一个与重力无关的能量指标，称为能量头（或者比能、比功），即机器进、出口截面单位质量液体所具有的能量的差值，记为 h，单位为米平方每秒平方（$\mathrm{N\cdot m/kg = m^2/s^2}$），即

$$h = \pm\left[\frac{p_2 - p_1}{\rho} + \frac{c_2^2 - c_1^2}{2} + g(Z_2 - Z_1)\right] = gH \tag{1-5}$$

将式（1-1）、式（1-5）与式（0-8）对比即可发现它们都是等价的，都是热力学定理用于不可压缩介质的结果。

在通风机中，工作介质虽然是气体，但由于压力变化较小，工程上常将其视为不可压介质。显然，用气柱的高度来表示压力或单位重力气体的能量将不如水柱那样直观与方便，所以在风机行业用压升来表示进、出口断面单位体积（$1\mathrm{m^3}$）气体能量的差值，通常也简称为压力，记为 p_{tF}，单位为 Pa（$\mathrm{N\cdot m/m^3 = N/m^2}$）。$P_{tF}$是指气体通过风机后全压的升高量，即

$$p_{tF} = p_2 - p_1 + \rho\frac{c_2^2 - c_1^2}{2} \tag{1-6}$$

上式中 p_1、p_2 为进、出口处的静压，式中没有出现高度 Z 是因为在风机中重力势能可以忽略不计。全压在通风机中也称为风压。

通风机的静压是指全压与出口动能之差，即

$$p_{sF} = p_2 - p_1 + \rho\frac{c_2^2 - c_1^2}{2} - \rho\frac{c_2^2}{2} = p_2 - p_1 - \rho\frac{c_1^2}{2} \tag{1-7}$$

值得注意的是，静压既不是风机出口处静压 p_2，也不是气体通过风机后静压的增加值 $p_2 - p_1$。

（二）可压缩介质的情况

当介质可压缩的时候，介质的能量应包括宏观的动能及介质的内能。在流体机械中，内能与介质的焓值密切相关。介质流过机器后焓值的变化量，不仅和叶轮所做的功有关，而且与机器内部的热力学过程以及热量的传递有关。在透平压缩机中，用能量头 h 表示单位质量（1kg）气体的能量变化量，所以有

$$h = h_2 - h_1 + \frac{c_2^2 - c_1^2}{2} = c_p(T_2 - T_1) + \frac{c_2^2 - c_1^2}{2} \tag{1-8}$$

这里同样忽略了重力所做的功。

当不考虑损失的时候，还可写成

$$h = \int_1^2 v\mathrm{d}p + \frac{1}{2}(c_2^2 - c_1^2) \tag{1-9}$$

叶轮对单位质量气体所做的功，一部分用于使气体压力升高，另一部分使速度增加。而使压力升高所做的功，最后表现为焓的增量。

以上几个参数虽然其数值不同，但意义相同，都表示单位量的介质在通过机器后能量的变化量，它们之间的关系为

$$h = gH = \frac{p_{tF}}{\rho} \tag{1-10}$$

对于可压缩介质，机器的工作状况不仅与进、出口处的压力变化量有关，而且与进口压力的绝对值有关，因为不同压力下的$\int v\mathrm{d}p$值是不同的。同时，进、出口处体积流量的比值与压力的比值有关，所以在透平压缩机中，也常常用压缩比

$$\varepsilon = \frac{p_2}{p_1} \tag{1-11}$$

来表示介质能量提高的程度。以后将会看到，这个表示方法对相似换算是很方便的。

三、转速 n

转速 n 是叶轮（转轮）旋转的速度。单位常用转每分（r/min）。

四、功率 P 与效率 η

功率 P 对工作机而言是指机器的输入功率，而对原动机则指输出功率，单位为 kW。

能量转换过程中不可避免地会产生损失，效率 η 用以衡量损失的大小。介质为可压或不可压缩时，效率的定义不同。这里先讨论介质不可压的情况。根据前面的定义，当给定了单位时间内通过机器的介质总量（q_V 或 q_m）和单位质量（或体积）介质通过机器后能量的变化量（h、H 或 p）以后，单位时间内通过机器的介质的能量变化总量（流体功率）可表示为

$$P_f = hq_m = \rho g q_V H = q_V p_{tF} \tag{1-12}$$

对于工作机，功率 P_f 是有效功率，也常用 P_e 表示。

由于损失的存在，机器功率与流体功率之间有一差值 ΔP。用效率 η 来衡量损失的大小，则有

$$\eta_T = P/P_f, \eta_P = P_f/P \tag{1-13}$$

上式中脚标 T 与 P 分别表示原动机和工作机。写成统一的表达式则为

$$\eta = (P_f/P)^{\pm 1} \tag{1-14}$$

上式给出的是整机的总效率，总损失包括了机器各部分的各种能量损失。为了衡量某一部件或某一类损失的大小，还可以定义相应的效率，这些内容将在后面的章节中进行详细的讨论。

当介质是可压缩的时候，效率的定义比较复杂，具体内容将在以后进行讨论。这里只简单说明二者的区别。机器内部的能量损失最终将转变成热能，使介质的温度升高，改变了介质的内能。对于不可压缩介质，温度的变化对机器的工作没有影响，也不改变介质的宏观动能和势能。但对可压缩介质，内能的变化将使介质的焓值改变，同时也影响了机器内部的热力学过程，从而改变了机器的工作。由于这个区别，当机器利用可压缩介质工作时，其效率

将用其它的方式定义。

五、叶片式流体机械的特性曲线

流体机械的各个性能参数并不是固定的，在机器运行过程中，将随着环境和调节过程而变化。但各参数的变化并不是独立的，而是相互关联的。一般说来，可将能量头 h（H，p）、功率 P 和效率 η 视为转速 n 和流量 q 的函数。目前还难以用理论计算的方法准确表达这个函数关系，工程上通常用试验的方法测定，并用曲线图的方式表达这个关系，这就是流体机械的特性曲线。了解流体机械的特性曲线，对设计和使用流体机械产品都是很重要的。

不同种类流体机械的特性曲线的表达方式也不同，本书第七章将专门讨论这个问题。这里作为示例，给出比较简单的泵与通风机特性曲线（图 1-7）的表达方法。该图表示在一定的转速下扬程 H（全压 p_{tF}）、效率 η 及功率 P 与流量 q_V 的关系。当转速变化时，曲线也发生变化。

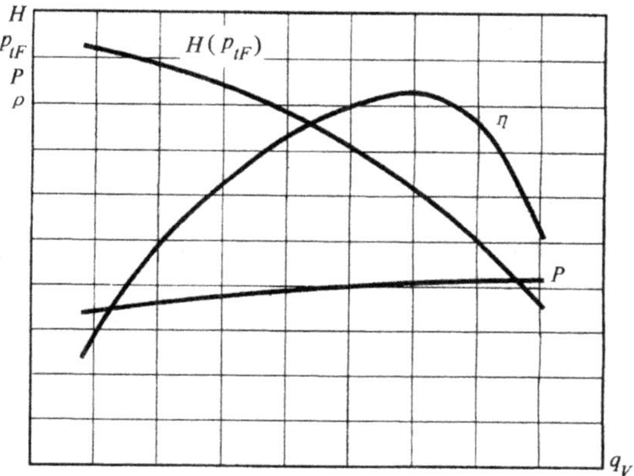

图 1-7　泵与通风机的特性曲线

在一定的转速下，对于每一个确定的 q_V 值，都有相应的 H（p_{tF}）、P 和 η 的值与之对应，这一组参数值代表了机器的一种工作状态，简称工况。由于一组（H，q_V）的值表示图上一个坐标点，所以也称为工况点。对应于最高效率的工况点，称为最优工况。机器设计时给定的工况，称为设计工况。理论上，设计工况与最优工况应该是重合的，但由于目前设计方法还不能完全反映真实的流动状况，因此二者一般并不完全重合。

第三节　叶片式流体机械的结构型式

在流体机械中，工作介质直接在其中流过的部件称为过流部件或通流部件，例如叶轮、导叶、蜗壳等。在不同的应用场合，为适应不同的要求（例如不同的介质、压力、温度、功率等等），过流部件的形态是各种各样的。除过流部件外，其余的结构部件，如轴、轴承、密封、调节、控制部件、壳体等等，为适应不同的要求，其型式也是多样的。由于流体机械使用范围极广，因此结构型式的种类几乎不胜枚举。为了更好地理解过流部件中所发生的流动过程，应该对叶片式流体机械的主要结构型式有所了解。

一、叶轮的配置方式

由于叶片式流体机械中依靠由速度变化引起的惯性力做功，若为了产生很高的能量头（或水头、压力），必然需要很高的速度（叶轮转速）。但最高转速受到强度等条件的限制，所以一个叶轮所能产生的能量头是有限的。在需要很高的能量头（水头、扬程、压力）的情况下，就必须使用多个叶轮并使流体依次通过各个叶轮，每通过一次，流体的能量便升高（或降低）一次，这样整台机器就可以达到极高的能量头。这样的叶轮配置方式为串联，这样的流体机械称为多级。图 1-8 是这样的叶轮配置方式的示意图。每一个叶轮（动叶）和一个导叶（静叶）组成一级。当工作介质为不可压缩时，每一级的工作状态是相同的。所以，单独分析一级的工作与分析整机的工作是一样的。当工作介质为可压缩的时候，由于压力是逐级变化的，因此体积流量和介质密度也是逐级变化的，这时各级的工作状态将是不同的。

如果要求的流量超过了一个叶轮所能提供的流量，也可以采用多个叶轮并联的配置方式，如图 1-9 所示。图中所示的两种情况，左边是两个单独的叶轮并联配置，右边为两个叶轮“背靠背”地组合成一个整体。在工程实践中，多数采用后者。这样的组合叶轮在叶片泵中称为双吸叶轮，在离心式压缩机中则称为双面进气叶轮。这样的组合叶轮的优点是作用在两边叶轮上的轴向力相互抵消，对结构设计有利。

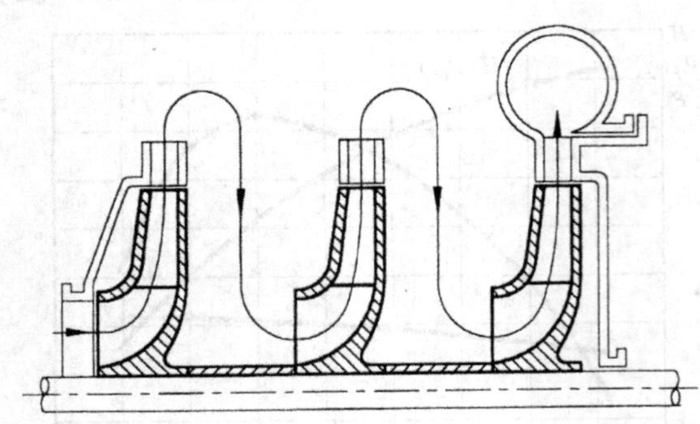

图 1-8　多级配置

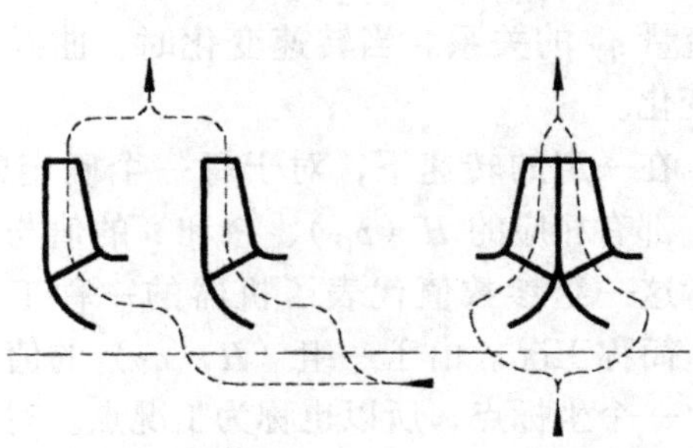

图 1-9　多流配置

一般情况下，一个级由一个动叶栅和一个静叶栅组成的，在原动机中，静叶在前，动叶在后，而在工作机中，动叶在前，静叶在后。但有时候为了改变进入动叶的流体速度方向，也可在工作机的动叶前配置一个静叶栅，而且这个静叶栅的叶片常可以通过一套机构带动绕自身的轴线旋转。图 1-10 中离心式风机的进口导流器就是这样的静叶栅。

在多级流体机械中，每一叶轮后的静叶同时也位于后一级叶轮之前，如将其制成可以调节的，也可以同时起到进口导流器的作用。

二、水轮机的结构

（一）水轮机的整体结构

除贯流式外，大、中型反击式水轮机均用立式结构，卧式只用于小机组。冲击式水轮机中两种结构都很常见。

1. 轴流式水轮机

轴流式水轮机的结构如图 1-11 所示。它的组成部分有引水室（蜗壳）、导水机构、转轮、尾水管等，还有轴、轴承、传动机构等结构部件。水流从蜗壳经导水机构流入转轮，推动转轮作功后从尾水管流出。水流在转轮内的运动方向与机器轴线一致，故称为轴流式。按其叶片是否可在轮毂上转动，又可分为轴流转桨式与轴流定桨式。前者的叶片可通过一套机构带动沿着自身的轴线转动，以适应不同的工况。

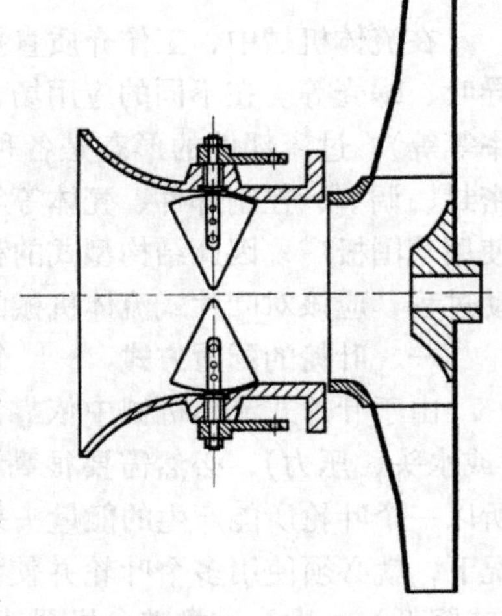

图 1-10　进口导流器

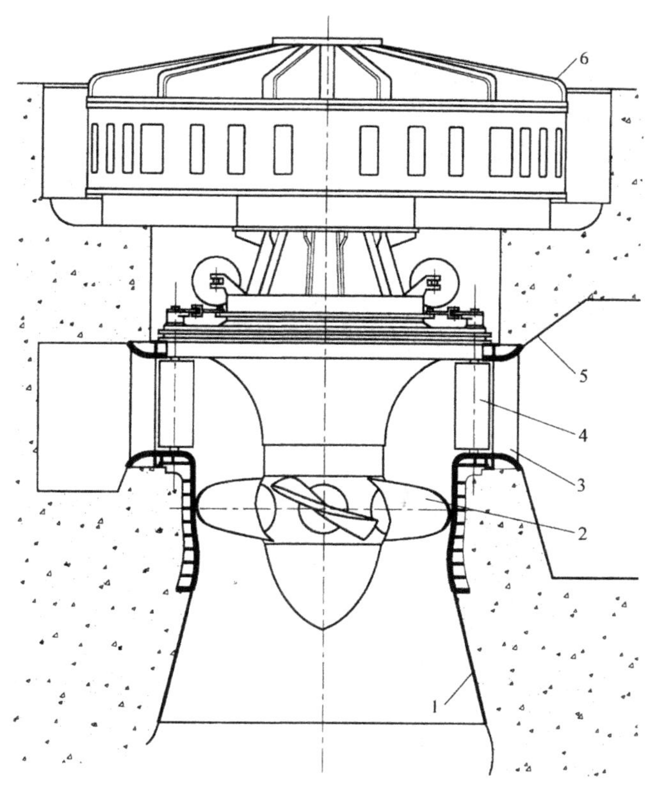

图 1-11　轴流式水轮机

1—尾水管　2—转轮　3—固定导叶　4—活动导叶　5—蜗壳　6—发电机

2. 贯流式水轮机

贯流式水轮机的结构如图 1-12 所示。贯流式水轮机都是卧式。其转轮与轴流式相同，但引水室及尾水管均为直锥形。水流从引水室经导水机构、转轮至尾水管流出，没有明显的转弯，故称为贯流式。水轮机的转轮即为发电机转子的一部分，转子线圈装在叶片外缘。

这种结构的密封部位在转轮的外缘，由于此处直径大，所以线速度高，密封面积也大。因此密封结构的设计是一个困难的技术问题，所以这种贯流式（又称为全贯流式）水轮机用得不多。实践中用得多的是所谓半贯流式水轮机，包括灯泡贯流式（图 1-13）、轴伸贯流式和竖井贯流式水轮机等。

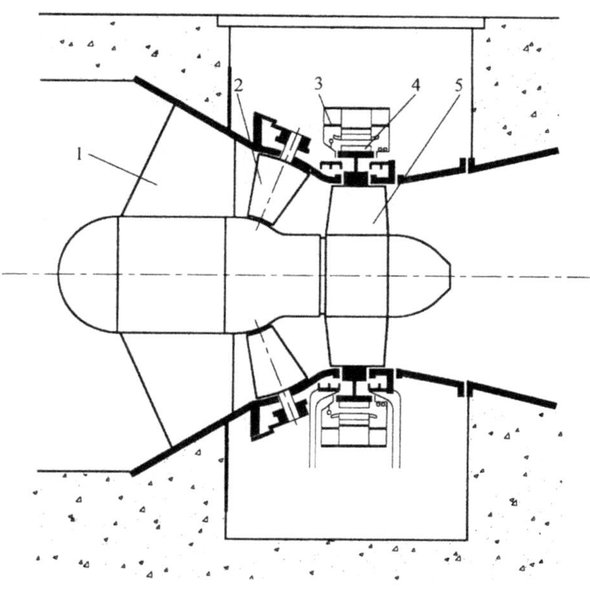

图 1-12　贯流式水轮机

1—固定导叶　2—活动导叶　3—发电机定子
4—发电机转子　5—转轮叶片

3. 混流式水轮机

混流式水轮机的结构如图 1-14 所示，除转轮外，其余部分与轴流式相同。水流在混流式转轮内的运动，先是径向进入，然后轴向流出，混流式名称即由此而来。

4. 斜流式水轮机

图 1-15 所示为斜流式水轮机结构简图。斜流式水轮机结构亦与轴流式类似，不同之处在于轴流式转轮叶片的轴线与机器轴线垂直，而斜流式转轮叶片的轴线与机器轴线成一小于 90°的夹角 $\theta = 30° \sim 60°$，水流在斜流式转轮内的流动方向与机器轴线成夹角 $\alpha = 90° - \theta$。

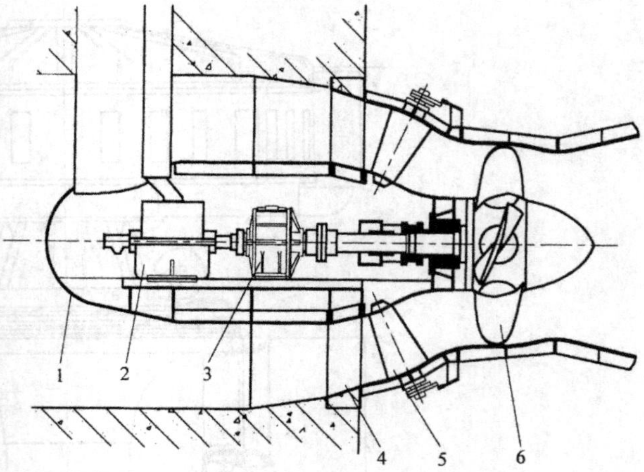

图 1-13 灯泡贯流式水轮发电机组

1—灯泡体 2—发电机 3—增速齿轮箱

4—固定导叶 5—活动导叶 6—转轮

5. 切击式水轮机

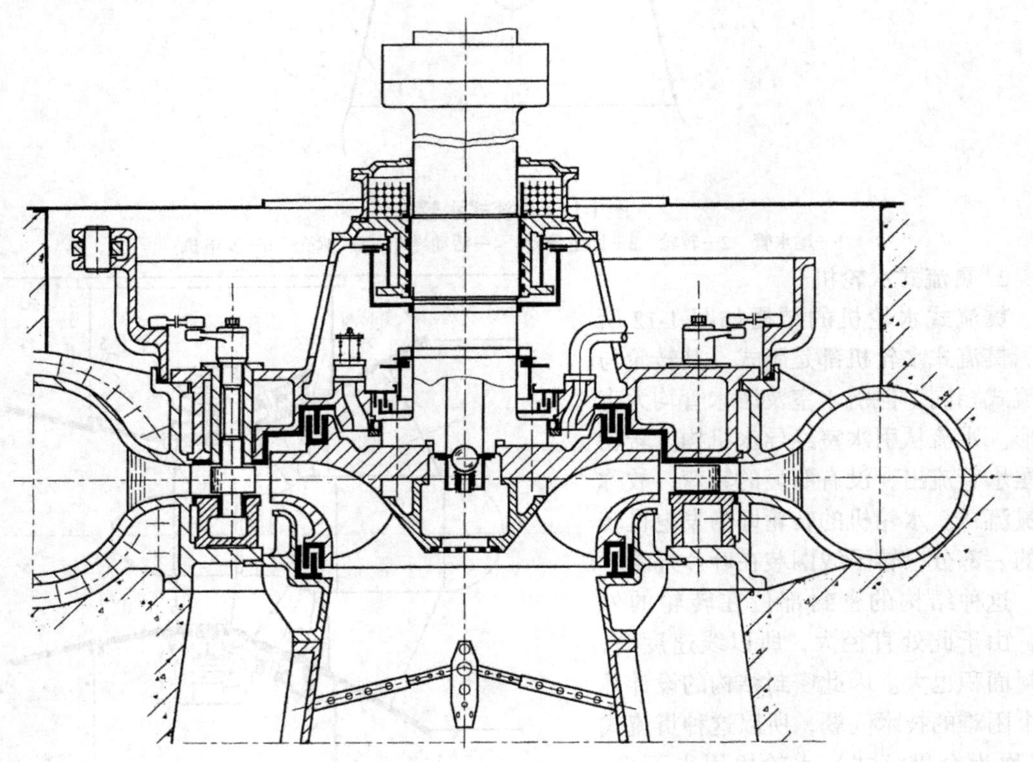

图 1-14 混流式水轮机

切击式水轮机是冲击式水轮机中使用得最多的型式，其结构简图如图 1-16 所示，它的结构与工作原理和上面几种反击式水轮机有较大的不同。水流在压力作用下由喷嘴高速喷出，形成一股自由射流，射流冲击在水斗形的叶片上，将动能传递给叶片作功。因射流沿转轮的切线方向进入叶片，故称为切击式。除切击式外，较小的机组也常采用斜击式和双击式

（参见表 0-2）。冲击式水轮机都没有尾水管，喷嘴起着引水室与导水机构的双重作用，喷嘴内的喷针用以调节流量。

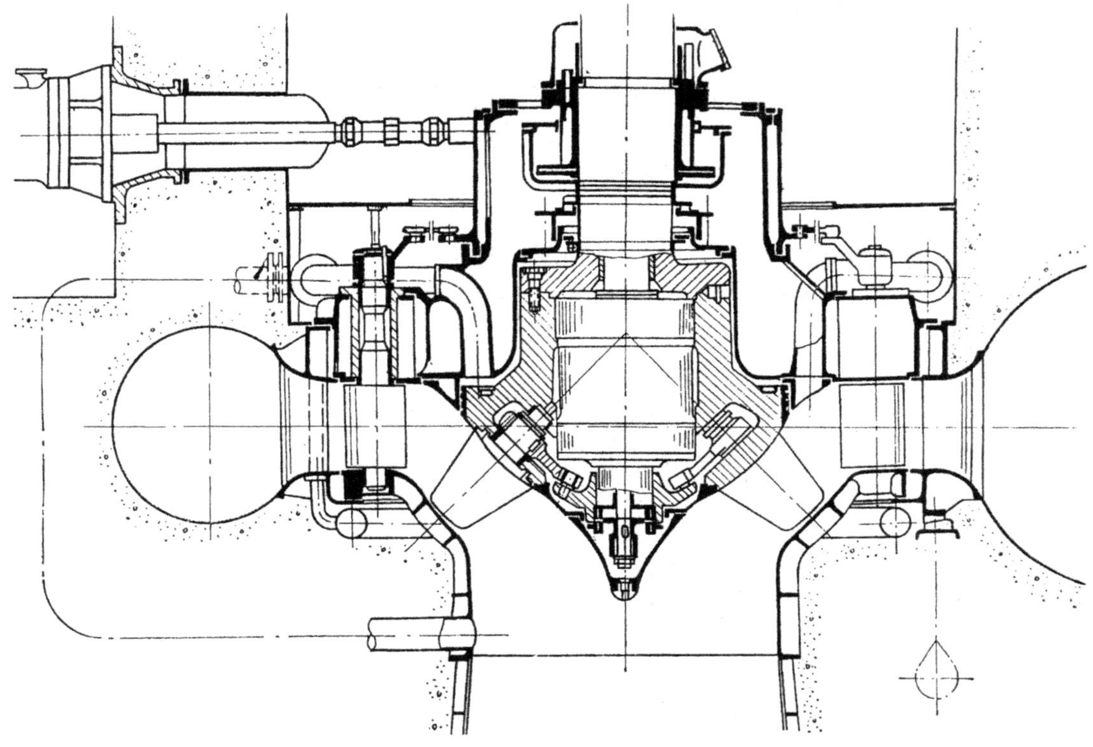

图 1-15　斜流式水轮机

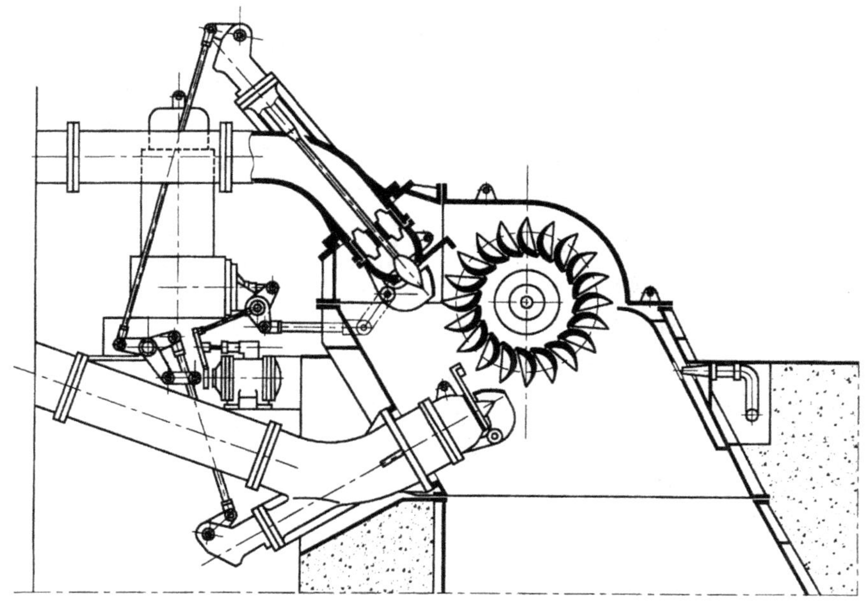

图 1-16　切击式水轮机

（二）水轮机的过流部件

引水室、导水机构、转轮、尾水管等是水轮机的过流部件（也称为通流部件），它们的工作情况及相互配合情况，决定了水轮机的工作性能。

1. 引水室

引水室的作用是将水流按所需要速度（包括大小和方向）引入转轮。水轮机的引水室可分为开式与闭式两种。开式引水室称为明槽式，图 1-2 所示的即为明槽式引水室。明槽式引水室中具有自由液面。该引水室水力损失小，但尺寸大，且只能用于很低的水头，故仅用于很小的机器。

大中型轴流、斜流和混流式水轮机均使用蜗壳式引水室。蜗壳可用金属材料制造，也可用混凝土浇注而成。图 1-17 为蜗壳的外形图。蜗壳内有带流线形支柱的座环，用以支承机器的重量及水的轴向推力。该流线形支柱称为固定导叶。

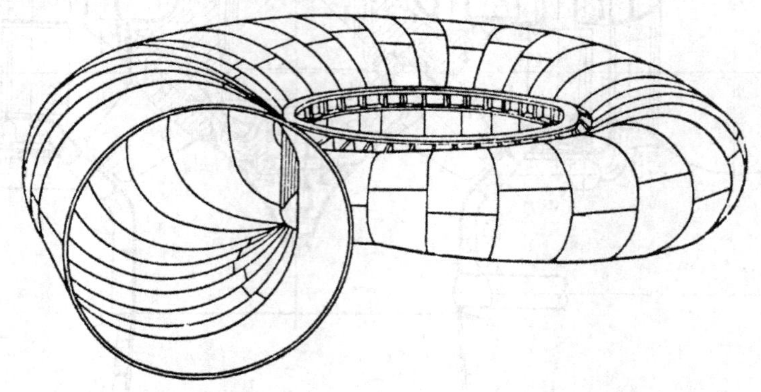

图 1-17　蜗壳外形

2. 导水机构

导水机构用以控制和调节水轮机的流量，以改变水轮机的功率，适应负荷的变化。在非蜗壳式引水室中，导水机构还用来改变水流方向，以适应转轮的需要。现代的导水机构多由若干能绕其轴线转动的叶片（活动导叶）组成。叶片由转臂、连杆、控制环等零件带动，在调速器的控制下绕自身轴线旋转。由于叶片的转动，改变了水流的方向及过水断面的大小，从而改变了流量的大小，直至关闭水轮机（$q_V=0$）。按活动导叶转动轴线与主轴相对位置的不同，可将导水机构分为三种类型，图 1-18 给出了这三种导水机构的简图。第一种导水机构中，水流沿径向进入转轮，故称为径向导水机构。因各叶片的轴线分布在一个圆柱面上，所以又称为圆柱式。同理，第二种称为斜向或圆锥式导水

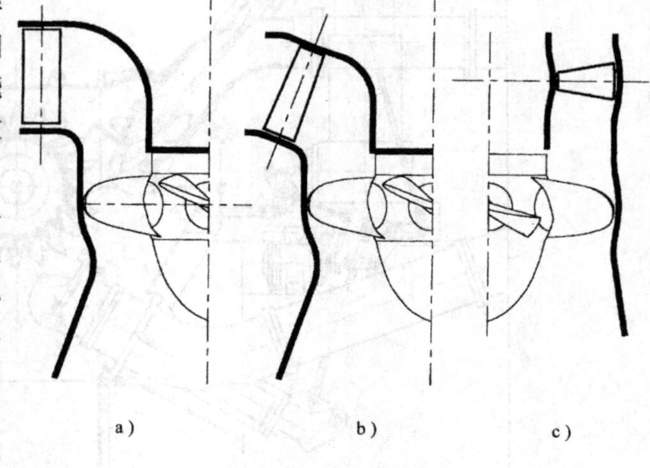

图 1-18　导水机构的类型

a）径向式　b）斜向式　c）轴向式

机构，第三种为轴向或圆盘式导水机构。图 1-19 则表示了蜗壳、固定导叶、活动导叶、转轮的相互位置关系。

3. 转轮

根据水流在转轮内运动的方向，将反击式水轮机转轮分为混流式、斜流式与轴流式三种。其中轴流式又可按叶片能否转动分为定桨式与转桨式两种。在工程实践中，斜流式通常做成转桨式的。图 1-20 是各种转轮的结构。

混流式转轮通常是铸造或焊接的整体结构，包括上冠、下环及叶片三部分。

轴流式转轮由轮毂体、叶片及泄水锥三部分组成。转桨式转轮轮毂内部还装有

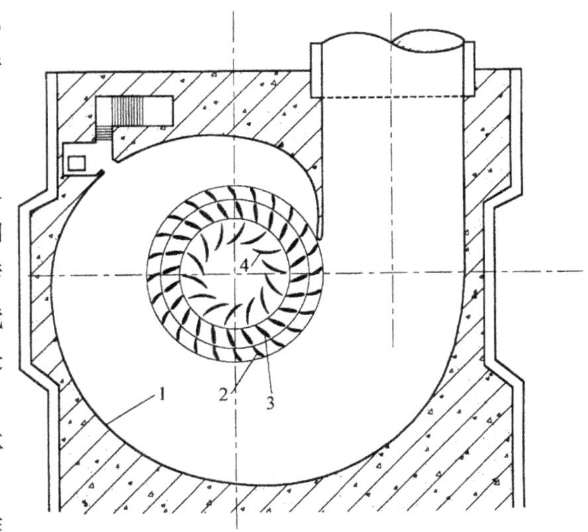

图 1-19　蜗壳、导叶及转轮的相互位置
1—蜗壳　2—固定导叶　3—活动导叶　4—转轮叶片

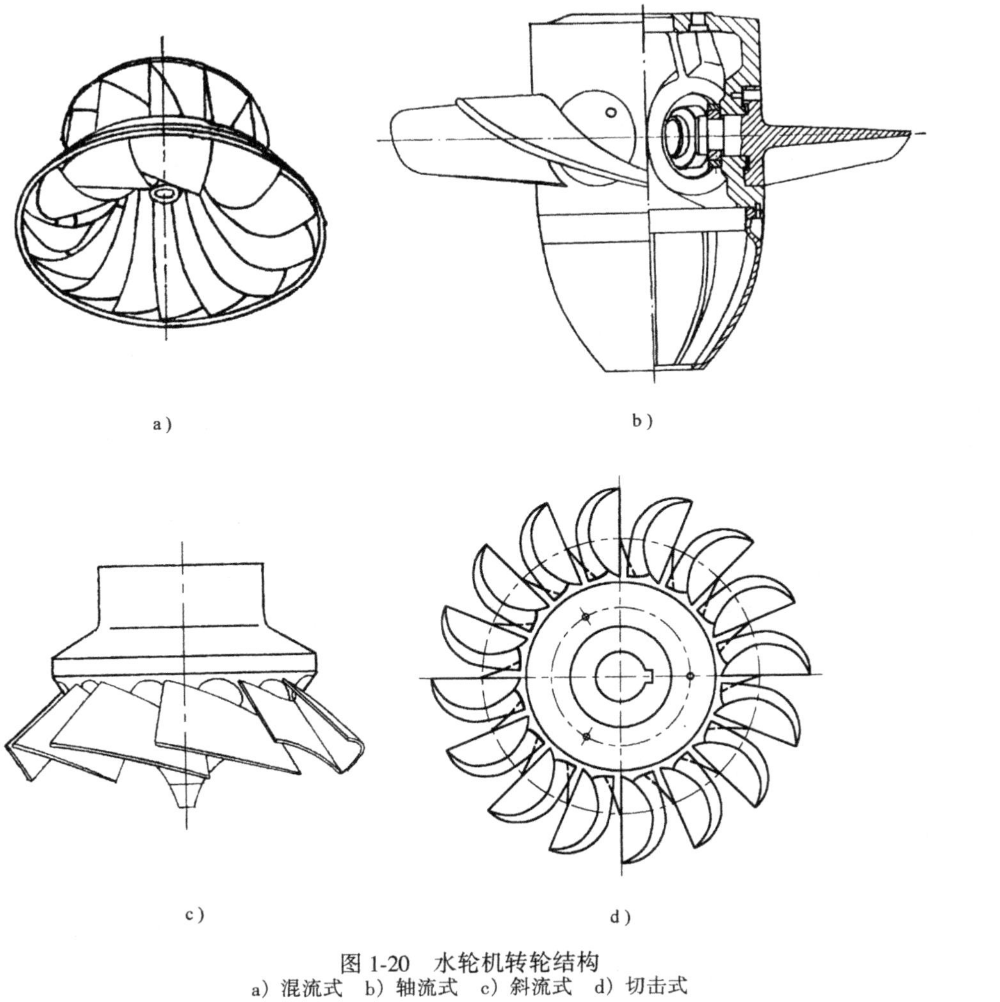

a)　b)

c)　d)

图 1-20　水轮机转轮结构
a) 混流式　b) 轴流式　c) 斜流式　d) 切击式

转叶机构，各部分制成单独的零件，组合而成转轮。定桨式则也可以铸成整体。图 1-21 是转叶机构示意图。

斜流式转轮与轴流式结构相同。不同之处仅仅在于叶片的轴线与转轮的轴线相交成一个锐角。

切击式（水斗式）的转轮是在一个圆盘上安装若干水斗构成的。

图 1-21　转叶机构

4. 尾水管

尾水管用来将离开转轮的水引导至下游并利用转轮出口水流的部分能量。小型水轮机中，通常应用直锥形尾水管（参见图 1-2），这种尾水管水力性能好，但增加了电站的开挖量。大、中型水轮机中广泛采用弯形尾水管，如图 1-22 所示。

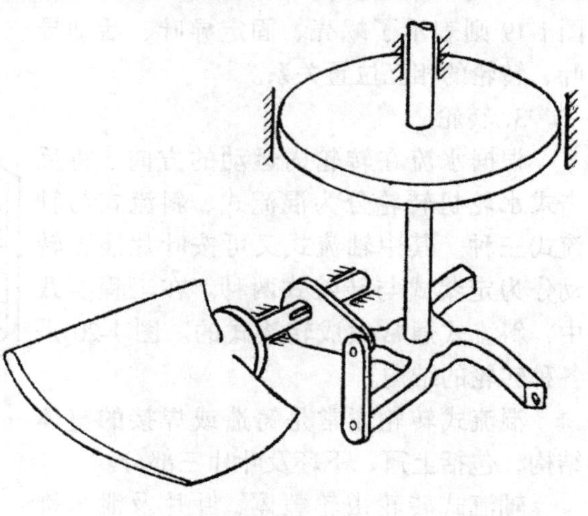

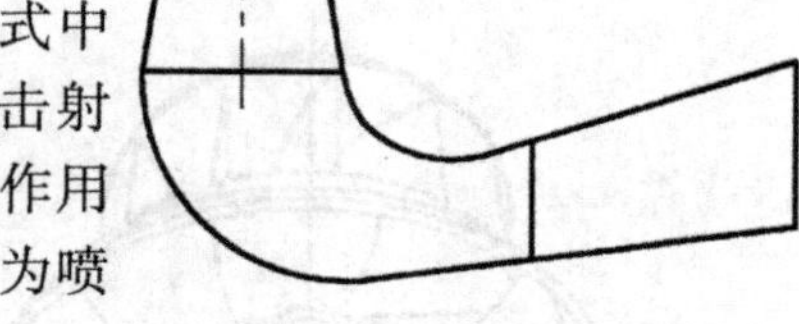
图 1-22　弯形尾水管

5. 喷嘴与喷针

在冲击式水轮机中（切击式与斜击式），相当于反击式中蜗壳与活动导叶作用的是喷嘴与喷针。喷嘴用于形成冲击射流，喷针用来调节流量，见图 1-23。图中 a 为折向器，其作用是在关机时遮断射向转轮的射流，以免转速上升过多。因为喷针只能缓慢地关闭喷嘴，以免压力钢管中发生水锤现象。

三、叶片泵、风机与压缩机的结构

（一）叶片泵、风机与压缩机的整体结构

叶片泵、风机和透平压缩机的结构大体上是相同的，但由于输送介质和使用要求不同，也使它们有一些区别。这主要表现在以下几个方面：

1）泵与风机的能量头（扬程）属于同一数量级，但液体的密度比气体大得多，故泵的排出压力比风机高得多。为承受较高的内压，泵零件的壁厚较大，通常采用铸件或锻件毛坯进行加工。而风机中则广泛采用薄钢板冲压然后焊接的结构。工艺方法的不同使得零件形状也有不同，例如泵蜗壳的断面常为圆形或带圆角的梯形，而风机的蜗壳断面多为矩形。

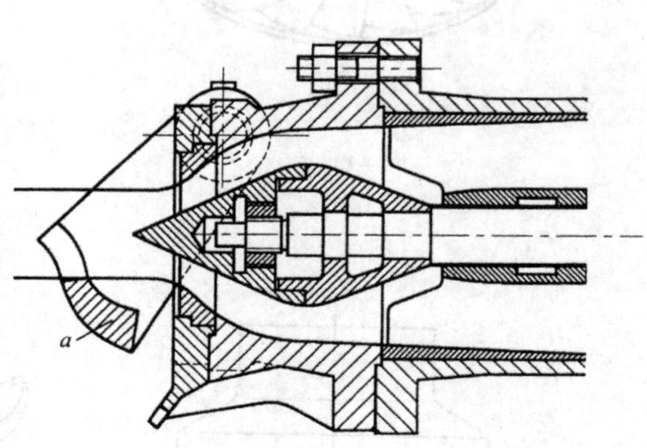

图 1-23　喷嘴和喷针

2）透平压缩机的排出压力与泵属于同一数量级，但由于气体密度小，所以压缩机的能量头比泵高得多。为了达到这样高的能量头，透平压缩机一方面要采用很高的转速，另一方面要采用多级结构。所以单级泵用得很多，而单级压缩机用得较少。

3）气体压缩过程中温度会升高，这一方面会使达到同样的排出压力所需要的功增加，同时也会给压缩机的工作造成损害，甚至使被输送的气体发生化学变化（分解、燃烧、爆炸等），所以需要对气体进行冷却。工程实践中常用的是中间冷却的方法，即将多级压缩机分成若干段，每一段由若干级组成。气体通过一段压缩后，被引入冷却器中冷却，然后再进入下一段继续压缩，这将使压缩机机壳的结构与泵有所不同。

4）在多级泵中，各级的参数（q_V、H、n）与尺寸通常都相同，而在透平压缩机中，由于各级的体积流量不同，因此其参数与尺寸也不同。

泵与风机、压缩机作为通用机械使用范围极广，输送的介质的化学、物理性质各不相同，温度、压力的变化范围也非常大，为了适应不同的使用要求，发展了各种不同的结构型式，因此其结构型式的类型非常多。下面简单介绍几个典型的例子。

1. 单级单吸悬臂式离心泵

图 1-24 是这种泵的总图，轴的支承方式为悬臂式，泵用悬架支承转子部件。这种泵结构十分简单，零件通用性好，但轴的受力情况不好，占地面积大，因此不适用于大型泵。在大型泵中，应该采用立式的结构。

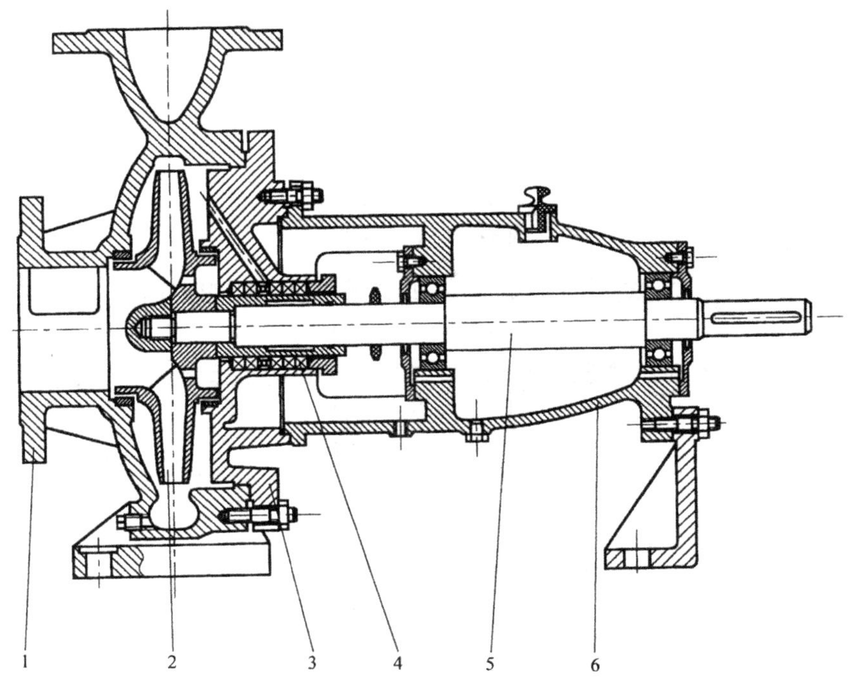

图 1-24　单级单吸悬臂式离心泵

1—泵体　2—叶轮　3—泵盖　4—密封部件　5—轴　6—悬架支承部件

2. 单级离心式风机

图 1-25 所示是一台带进口导流器的单级离心式风机。除了采用焊接结构以外，其余的地方都与前述的单级离心泵相似。

3. 单级双吸水平中开式离心泵

图 1-26 为这种泵的结构简图，此处双吸是指水流从两侧进入叶轮。用通过泵轴线的水平面将泵的固定部分分成上下两半，上为泵盖，下为泵体，故称为水平中开式。转子部件支承在两端的轴承上，受力情况较好。这种结构的零件形状复杂，重量大但安装检修都十分方便。只要打开泵盖，即可取出转子部件。

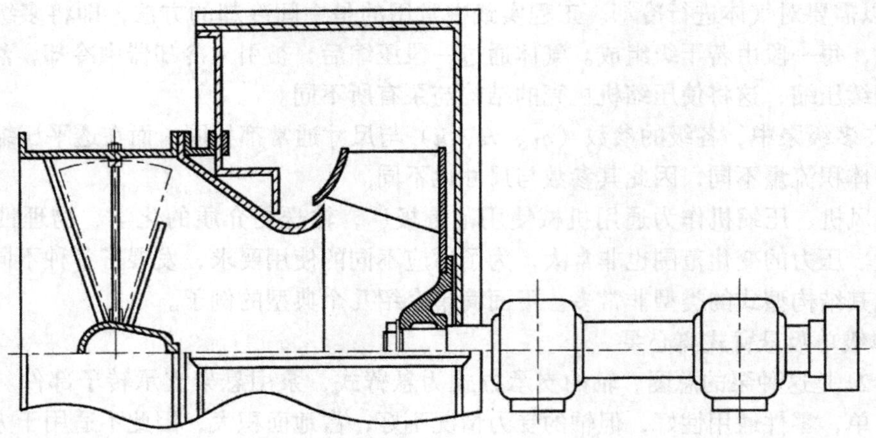

图 1-25　单级风机

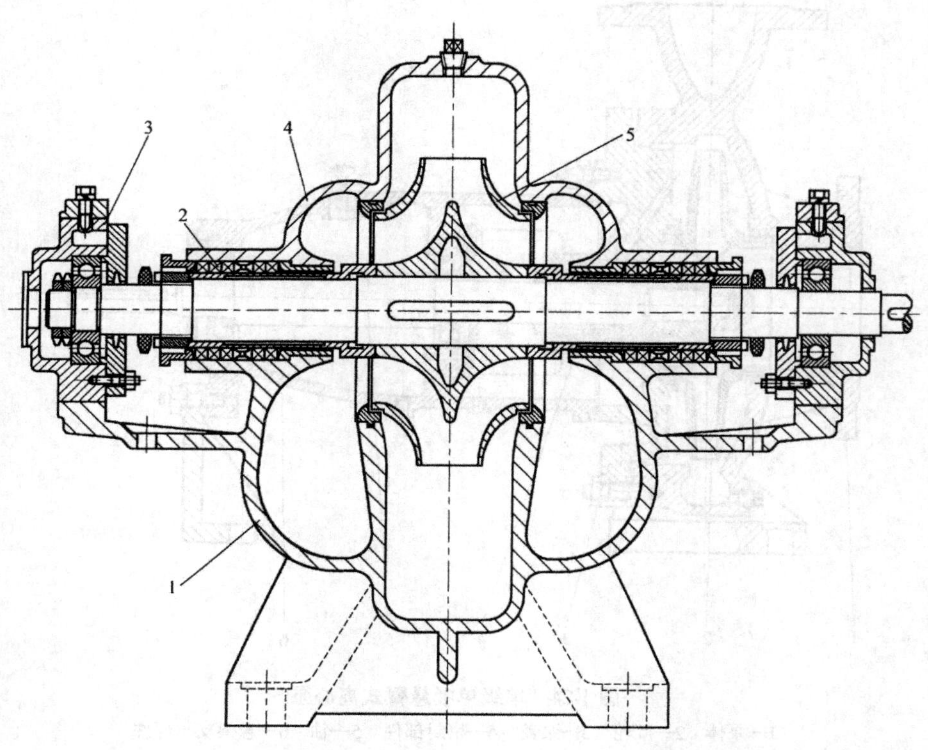

图 1-26　单级双吸水平中开式离心泵
1—泵体　2—密封部件　3—轴承部件　4—泵盖　5—叶轮

4. 废气增压涡轮机组

废气增压涡轮机组（图 1-27）是由一台燃气轮机和一台离心式压缩机组成的，其中燃气轮机利用内燃机废气的能量工作并驱动压缩机以提高进入气缸的空气的压力，以便在相同的气缸容积下吸进更多的空气，使更多的燃油充分燃烧，从而提高内燃机的功率。图中右边是轴流式涡轮机，左边是离心式压缩机。

5. 节段式多级泵

图 1-28 所示的泵有多个叶轮，是多级泵。这种结构的泵分为若干级，每一级都由一个叶轮及一个径向导叶组成。末级的导叶位于出水段中，其余的位于中段内。首级叶轮由进水段吸水。每一级叶轮流出的水都经过导叶及反导叶进入下一级叶轮。末级的水由出水段排出，每一级的结构都相同。各级串联在一起后用穿杠及螺母紧固。这种结构的优点是紧凑，占地面积小，重量轻，可以改变级数以适应不同的扬程。缺点是安装、检修不方便。

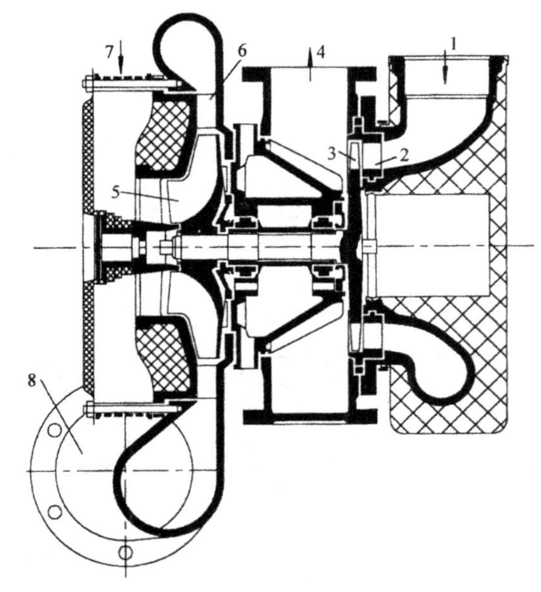

图 1-27　废气增压涡轮机组

1—燃气进口　2—涡轮机喷嘴　3—涡轮　4—燃气出口　5—压缩机叶轮　6—扩压器　7—空气进口　8—空气出口

6. 多级离心式压缩机

图 1-29 为多级离心式压缩机的结构简图。这是一台两缸压缩机的低压部分，共有 8 级，分成 3 段。第一段包括两级，因为前级体积流量大，故采用双流布置。第一段的出口管和第二段的进口管在图上没有表示出来。第二段和第三段的叶轮布置在相反的方向（背靠背），以利于平衡轴向力。在压缩机中，由于体积流量不断减小，叶轮和扩压器的宽度逐渐减小。

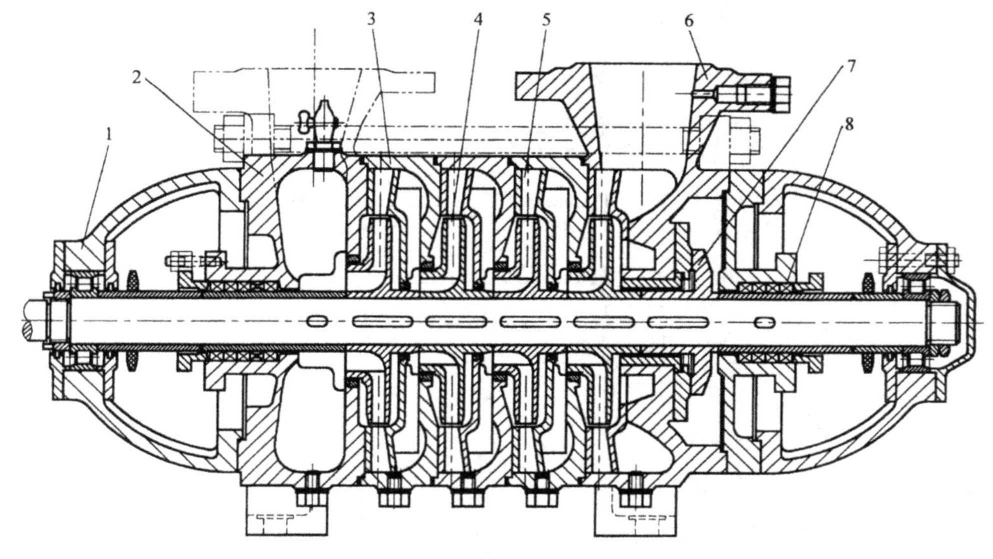

图 1-28　节段式多级泵

1—轴承部件　2—进水段　3—中段　4—叶轮轴　5—导叶　6—出水段　7—平衡盘　8—密封部件

7. 航空发动机用离心压缩机

图 1-30 所示为带两级离心压缩机的涡轮螺旋桨喷气航空发动机。压缩机将空气增压后送入燃烧室。燃料燃烧后使气体温度提高、体积增大。高温燃气推动涡轮旋转，涡轮同时带

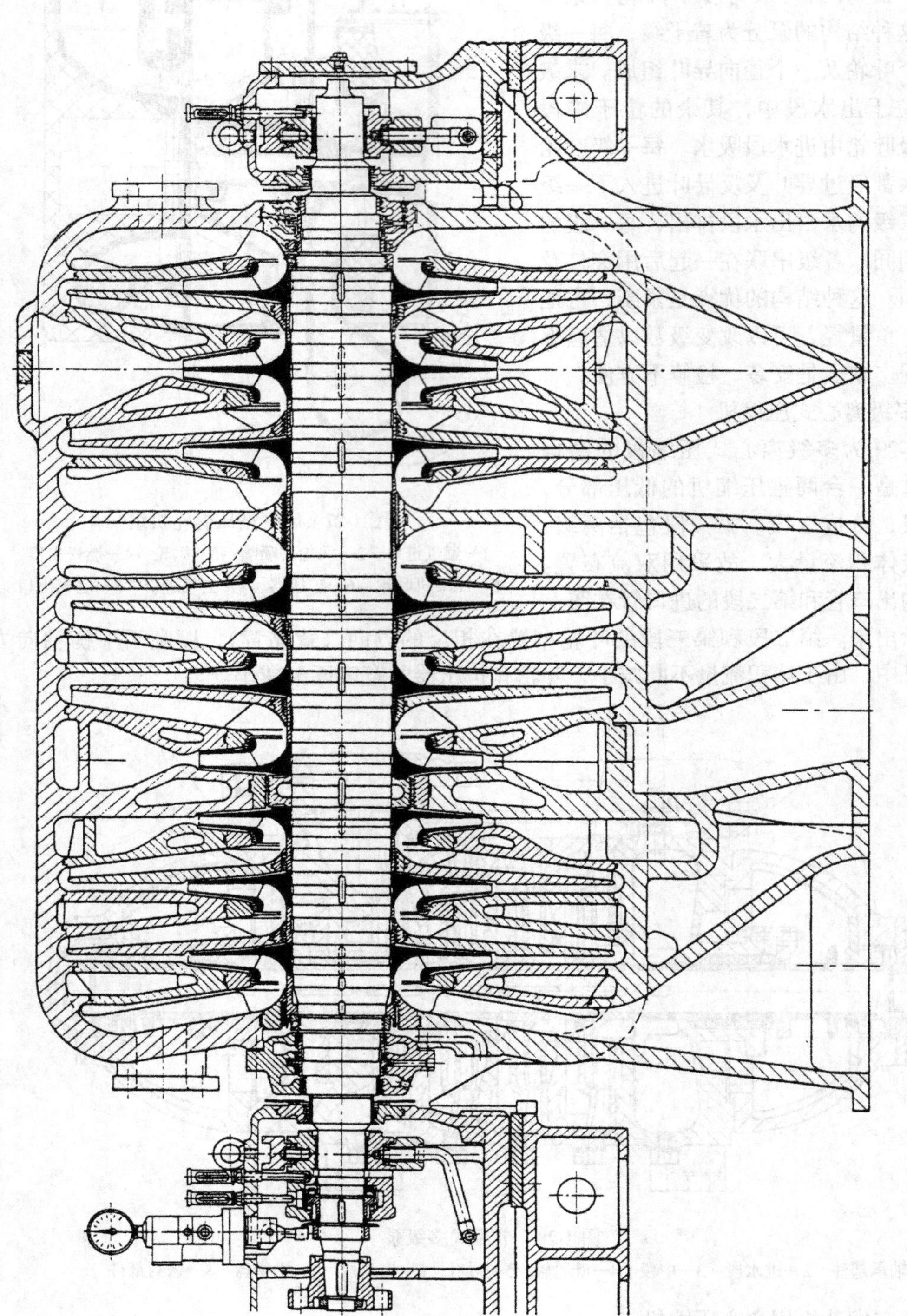

图 1-29　多级离心式压缩机

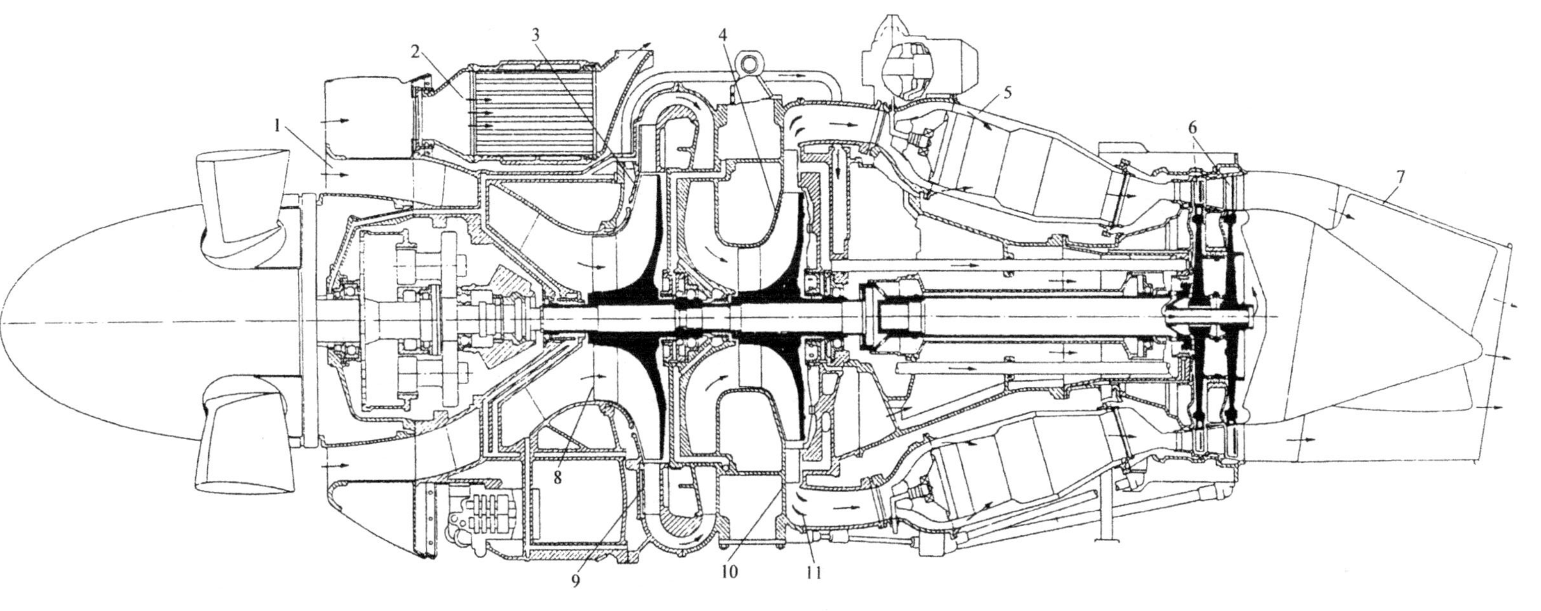

图 1-30　航空发动机用离心压缩机

1—进气口　2—油冷却器　3—第一级压缩机　4—第二级压缩机　5—燃烧室　6—涡轮机
7—喷嘴　8—导风轮　9—第一级扩压器　10—第二级扩压器　11—导向叶片

动螺旋桨和压缩机叶轮旋转。涡轮排出的燃气从喷口喷出，将再产生一部分推力。

8. 立式轴流泵

图 1-31 为立式轴流泵，它的叶轮与轴流式水轮机相同。轴流泵也可分为转桨（可调叶片）与定桨（不可调叶片）两种，实用上，还有一种称为半可调的结构。叶片用螺钉固定在轮毂上，松开螺钉后可用人工调整叶片角度，但不能在运行中调节。轴流泵的压水室多为轴向式导叶，位于叶轮之后。

9. 多级轴流式压缩机

轴流泵通常只用单级，但轴流式压缩机通常是多级的，且级数很多。因为为了达到相同的出口压力，压缩机的能量头将比泵大得多。图 1-32 所示为高炉鼓风用轴流式压缩机，压缩机由转子和定子两部分构成。定子由机壳和镶嵌在机壳上的多排导叶组成，而转子则由转鼓和镶嵌在其上的多排动叶组成。一排动叶和一排静叶组成一级。在第一级动叶前有进口导流器，在末级静叶后还有一排静叶，称出口导流器。机壳有水平和垂直两个剖分面，后者将机壳分成了前、后两个气缸。

（二）叶片泵、风机和压缩机的过流部件

1. 吸入室

吸入室在泵中称为吸水室，而在风机和压缩机中称为吸气室或进气箱，其作用是按要求的速度和方向将流体引入叶轮。

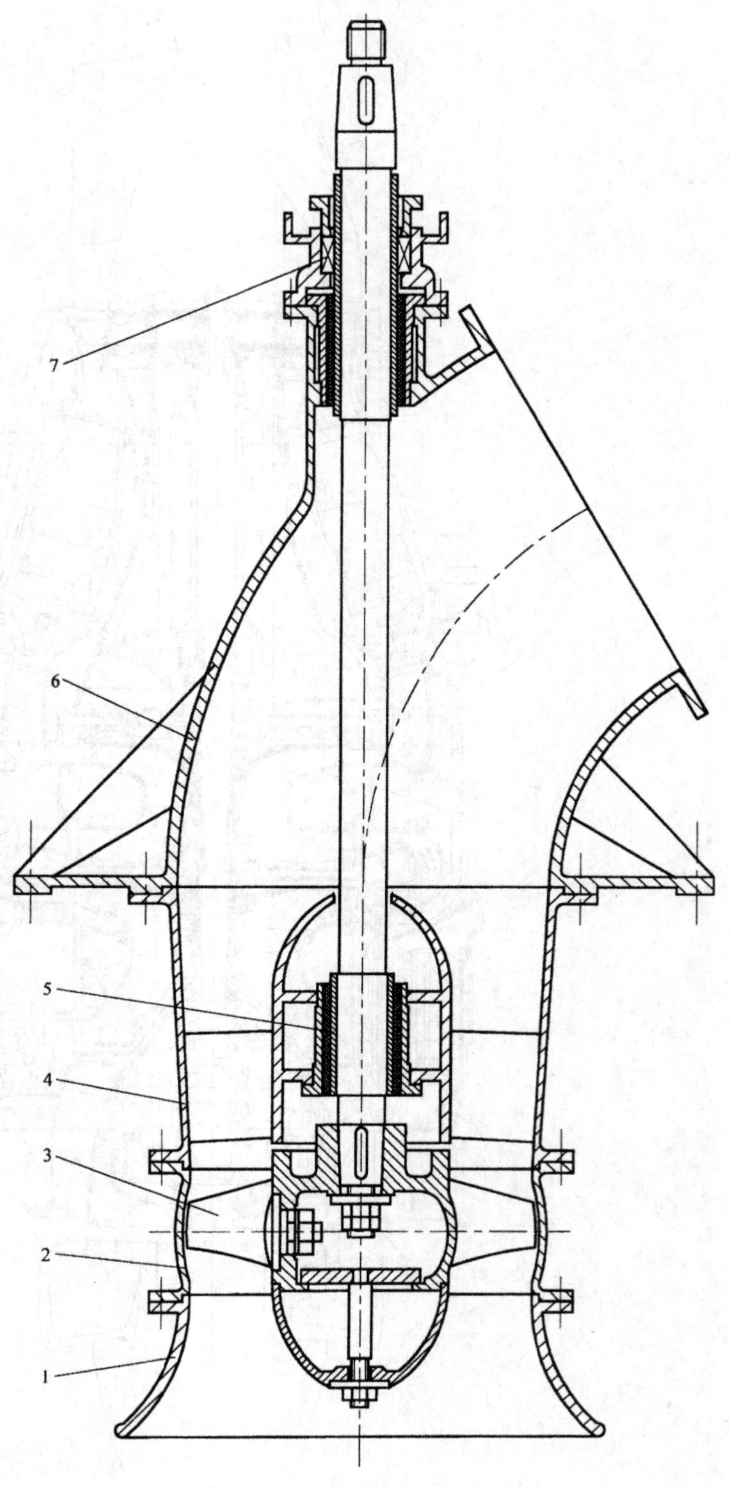

图 1-31 立式轴流泵

1—喇叭管 2—叶轮室 3—叶轮 4—导叶体 5—轴承 6—弯管 7—密封部件

从这一点来说，它相当于水轮机的引水部件。但从其形态及其中水流的能量、运动情况来说，则与水轮机的尾水管相近。因为在水轮机和泵（压缩机）中的流动方向正好相反。吸入室有直锥管形（包括喇叭形）、弯管形、半螺旋形及环形等形状（图 1-33）。

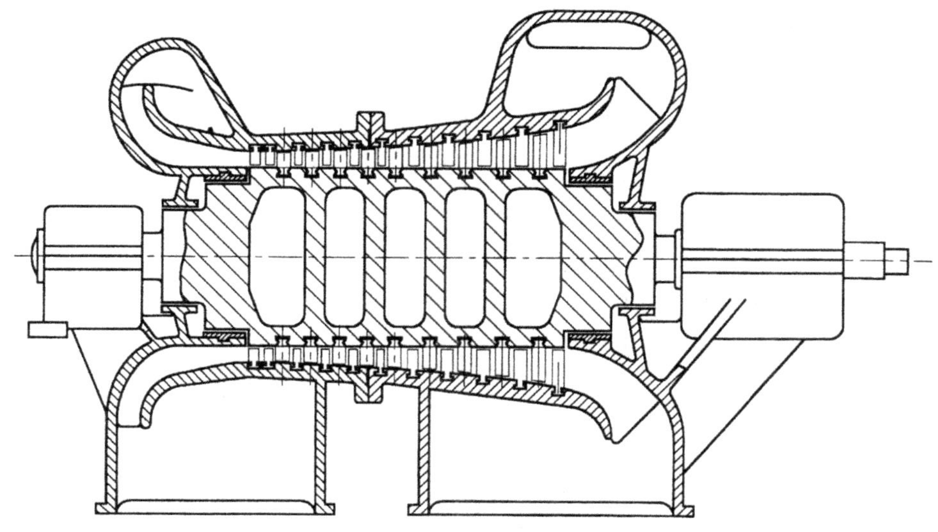

图 1-32　多级轴流式压缩机

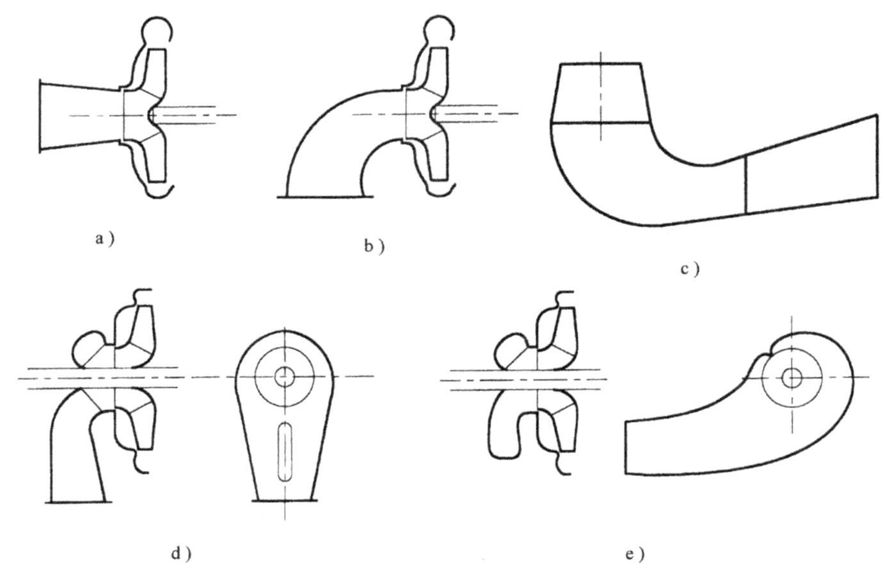

图 1-33　吸入室的类型

a) 直锥管　b) 弯管　c) 肘管　d) 环形　e) 半螺旋

2. 叶轮

泵和压缩机叶轮的基本形态相同，都可分为离心式、混流式（斜流式）和轴流式。但泵叶轮一般为铸造的，而风机和压缩机的叶轮多数为钢板冲压后焊接或铆接而成。这是因为压缩机转速高，由离心力引起的应力很大，所以不宜采用强度较差的铸造材料。对于铸造叶轮，可以采用复杂形状的叶片，而冲压叶片的形状就受到工艺条件的限制。如果压缩机需要采用复杂形状的叶片，则可用高强度的铝合金铸造，以减小离心力的作用。多级轴流式压缩机的叶轮则通常是将叶片通过榫头镶嵌到转鼓或圆盘上的榫槽中而成。泵叶轮的形状与水轮机类似，所以图 1-20 所示的水轮机转轮结构也基本上适用于泵。图 1-34 则为压缩机叶轮结构的例子。

3. 压水室与扩压元件

工作介质以较高的速度从叶轮中流出，需要将其收集起来送往下一级或者管道中，同时应将介质的一部分速度能转换成为压力能以进一步提高压力。起这个作用的过流部件在泵中称为压水室，在不同的压缩机中则有不同的名称，这里统称为扩压元件。图 1-35 为压水室与扩压元件的几种主要的形式，其中图 1-35a 为蜗形室，也称为蜗壳，通常用于单级泵和通风机中。图 1-35b 为环形室，常用于抽送带固体杂质的液体的泵中，也用于多级泵中。图 1-35c 所示的扩压元件用在多级离心泵和压缩机中，它包括两个环列叶栅和联结二者的一个通道。其中第一个叶栅在泵中称为径向导叶，在压缩机中称为叶片式扩压器。第二个叶栅在泵中称为反导叶，在压缩机中则称为回流器。图 1-35d 与图 1-35c 的区别在于没有第一个叶栅，称为无叶扩压器，常用于多级离心压缩机中。图 1-35e由叶片式扩压器和蜗壳组成，

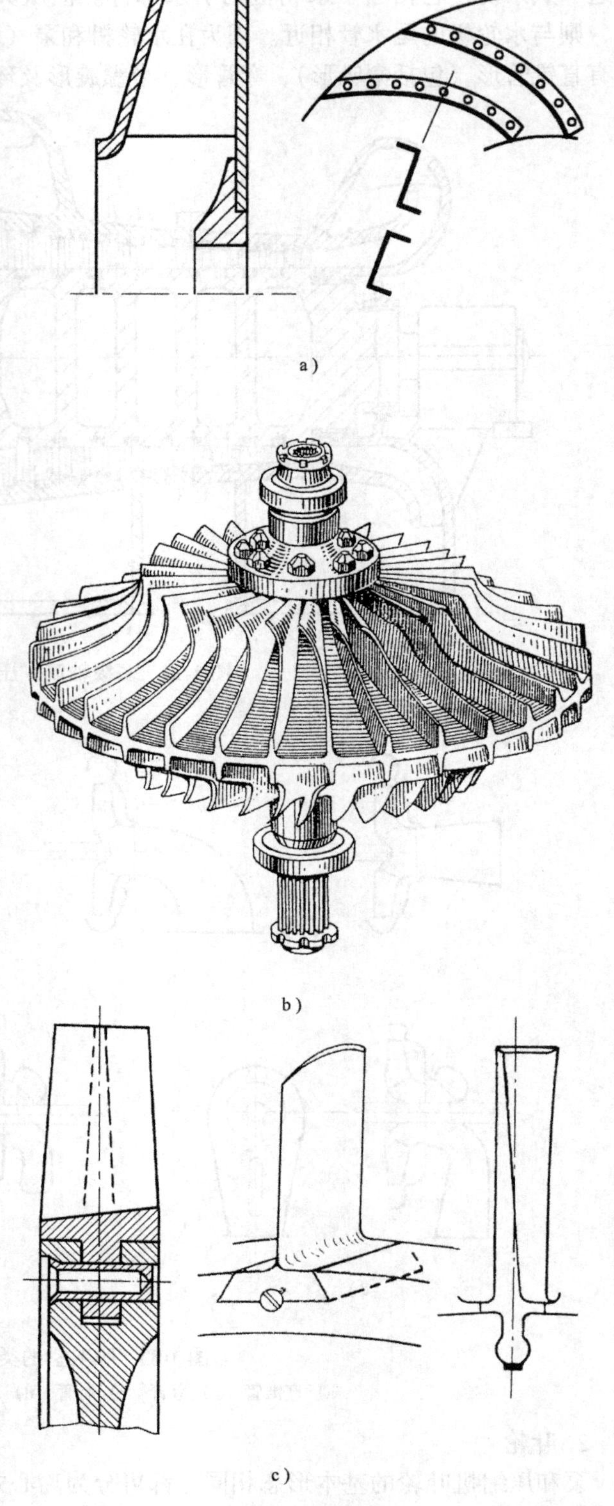

图 1-34　压缩机叶轮
a）铆接离心叶轮　b）铸造离心叶轮　c）轴流式叶片与轮鼓的联接

主要用于多级离心式压缩机中。图 1-35f、g 分别用于混流式和轴流式泵和风机中，在泵中分别称为空间和轴向导叶，在风机中，习惯上将叶片部分称为导叶，而将导叶后面的扩散管称为扩压器。

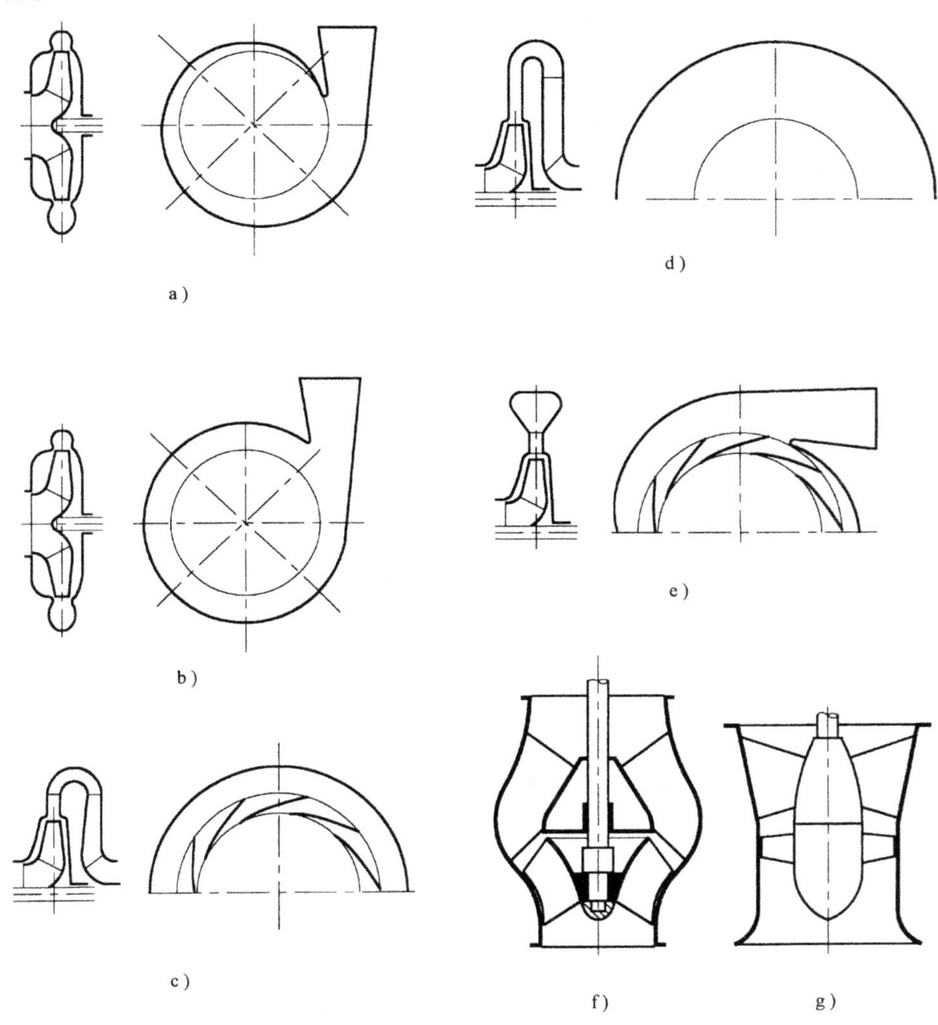

图 1-35　压水室与扩压元件

a) 蜗壳　b) 环形室　c) 叶片式扩压器（径向导叶）　d) 无叶扩压器　e) 组合式　f) 空间导叶　g) 轴向导叶

习　题　一

一、为了满足一个规划中的企业用电高峰的需要，拟在有利地形处建一座具有一台泵及一台水轮机的抽水蓄能电站。该企业每天对电能的需要为：14h 为 $P_1 = 8\text{MW}$；10h 为 $P_2 = 40\text{MW}$。假定该企业从电网中可以取得的电功率 P_V 是常数，已知：水轮机的总效率 $\eta_T = P_{电}/P_{水} = 0.91$，泵的总效率 $\eta_P = P_{水}/P_{电} = 0.86$，压力管路的损失 $\Delta H = 6\text{m}$，电站的静水头 $H_{st} = 200\text{m}$。为简单计，假定 ΔH 和 H_{st} 为常数，其他损失忽略不计。假定该装置中水的总量为常数（即上游无来水，下游不放水，并忽略蒸发泄漏），试求：①必需的 P_V 值。②泵与水轮机的工作参数 q_V、H、$P_{水}$。③上游及下游水池的最小容积 V。

二、水轮机效率实验时在某一导叶开度下测得下列数据；蜗壳进口处压力表读数 $p = 22.16 \times 10^4\text{Pa}$，压

力表中心高程 $H_m=88.7\text{m}$，压力表所在钢管直径 $D=3.35\text{m}$，电站下游水位 $\nabla=84.9\text{m}$，流量 $q_V=33\text{m}^3/\text{s}$，发电机功率 $P_g=7410\text{kW}$，发电机效率 $\eta_g=0.966$。试求水轮机效率及机组效率。

三、某泵装置中，进口管路直径 $D_s=150\text{mm}$，其上真空表读数 $V=6.665\times10^4\text{Pa}$（500mmHg），出口管路直径 $D_p=125\text{mm}$，其上压力表读数 $p=0.22\text{MPa}$，压力表位置比真空表高 1m，输送介质为矿物油，其密度 $\rho=900\text{kg/m}^3$。泵的流量为 $q_V=0.053\text{m}^3/\text{s}$，试求泵的扬程。

四、一台送风机的全压为 1.96kPa，风量为 $40\text{m}^3/\text{min}$，效率为 50%，试求其轴功率。

五、装有进、出风管道的一台送风机，测得其进口静压为 -367.9Pa，进口动压为 63.77Pa，出口静压为 186.4Pa，出口动压为 122.6Pa，求该风机的全压和静压各为多少。

第二章　叶片式流体机械中的能量转换

第一节　流体在叶轮中的运动分析

一、叶轮流道投影图及主要尺寸

流体机械的叶片表面一般是空间曲面，为了研究流体质点在叶轮中的运动，必须用适当的方法描述叶片的空间形状。由于叶轮是绕定轴旋转的，故用圆柱坐标系描述叶轮及叶片的形状比较方便。图 2-1 为叶轮的坐标系，取 z 轴与叶轮轴线重合，r 沿半径方向，θ 为圆周方向。该坐标系下，叶片表面可以表达成一个曲面方程。

$$\theta = \theta(r,z) \tag{2-1}$$

叶片上任一点 A 的空间位置，可以用坐标（r_a，θ_a，z_a）表示。实际上，我们一般不可能获得式 (2-1) 的解析表达式，工程上都是用图形来表示叶片的形状。为了与圆柱坐标系相适应，工程上用“轴面投影图”和“平面投影图”来确定叶片的形状。平面投影图的作法与一般机械图的作法相同，是将叶片投影到与转轴垂直的平面（也称为径向面，方程为 $z = C$）上而得。所谓轴面（也称子午面），是指通过叶轮轴线的平面。轴面投影图的作法不同于一般投影图的作法，它是将每一点绕轴线旋转一定角度到同一轴面而成。为了便于看图，该轴面应取为图纸平面。图 2-1 中，叶片上的点 1234 的轴面投影为 $1'2'3'4'$，平面投影为 $1''2''3''4''$。对于叶片上的任一点（例如点 1），由轴面投影图可以得到坐标值（r_1，z_1）。从平面图上可得到（r_1，θ_1）。于是由这两个图即可得到该点在空间中的位置。

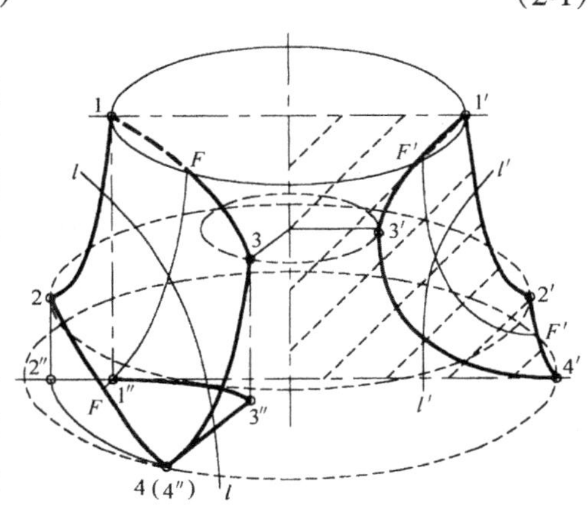

图 2-1　叶片的轴面与平面投影

轴面投影图在研究叶片式流体机械原理时特别重要，因此读者应熟练掌握该图的作法与意义。图 2-2 给出了几种常见的叶轮轴面投影图，图中还标出了几个重要的尺寸，这些尺寸决定了轴面投影图的总体形状，对叶片式机械的性能参数有决定性的影响。在实践中，习惯于用脚标 1 代表叶片的进口边，脚标 2 代表叶片出口边，脚标 0 代表进口前的某处，脚标 3 代表出口后的某处。由于工作机与原动机的流动方向正好相反，工作机叶轮进口边 1 在原动机中即成为出口边 2。为了统一描述二者的方便，本书中常用脚标 p 代表高压边，即泵、风机与压缩机的出口边及水轮机、汽（气）轮机进口边；用脚标 s 代表低压边，即工作机的进口边及原动机的出口边。

二、叶轮中的流动速度

圆柱坐标系中，任意速度矢量都可用其在三个方向上的分量表示。图 2-3 中，速度矢量

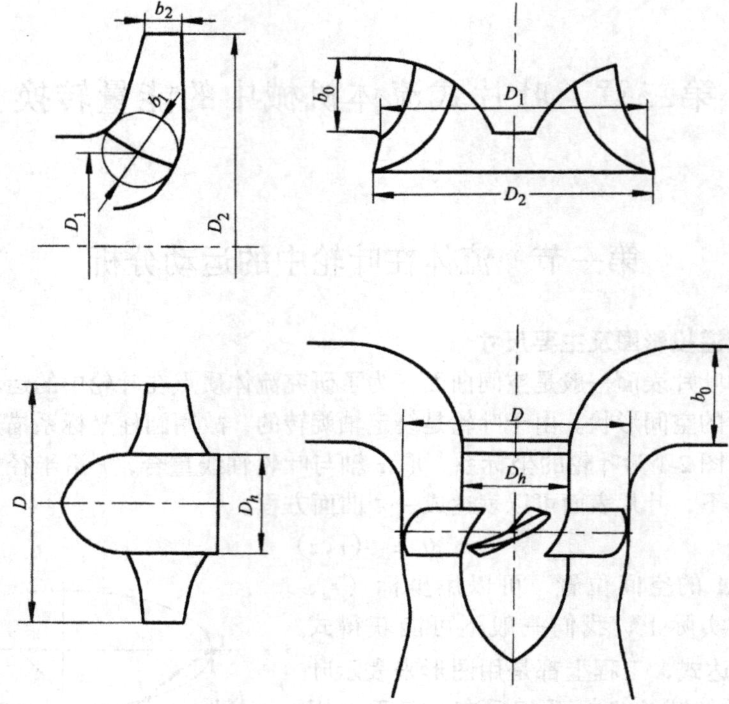

图 2-2　叶轮的轴面投影图

c 分解成了圆周、径向与轴向三个分量

$$c = c_r + c_z + c_u \tag{2-2}$$

其中圆周分量 c_u 沿圆周方向，与轴面垂直，该分量对叶轮与流体之间的能量转换有决定性作用。径向速度 c_r 和轴向速度 c_z 的合成

$$c_m = c_r + c_z \tag{2-3}$$

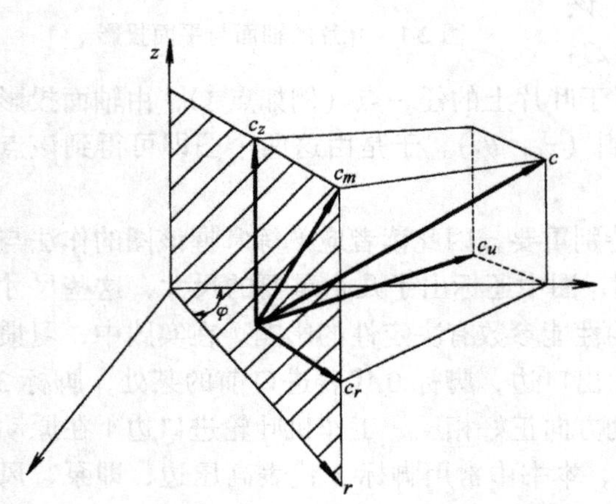

图 2-3　圆柱座标系中速度矢量的分解

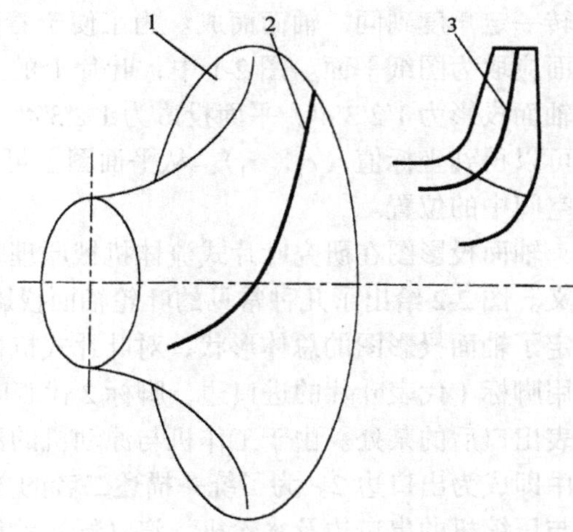

图 2-4　空间流线与轴面流线

1—空间流面　2—空间流线　3—轴面流线

位于轴面内，称为轴面速度。该分量与流量有密切的关系，故一般情况下只研究速度矢量的两个分量

$$\boldsymbol{c} = \boldsymbol{c}_m + \boldsymbol{c}_u \tag{2-4}$$

由于各分量均为正交，故有

$$c = \sqrt{c_u^2 + c_m^2} = \sqrt{c_r^2 + c_z^2 + c_u^2} \tag{2-5}$$

叶轮内的流线是空间曲线，若假定流动是轴对称的，则空间流线绕轴旋转一周所形成的回转面即为流面。该回转面与轴面的交线也就是流线的轴面投影，称为轴面流线（图 2-4）。

在径流式叶轮中，上述流面近似成为一个平面。在轴流式叶轮中，它近似成为一个圆柱面，展开后可以成为一个平面。混流式叶轮中，该流面是不可展开的，为了便于研究，常用一近似的圆锥面代替，而圆锥面是可以展开的（图 2-5）。

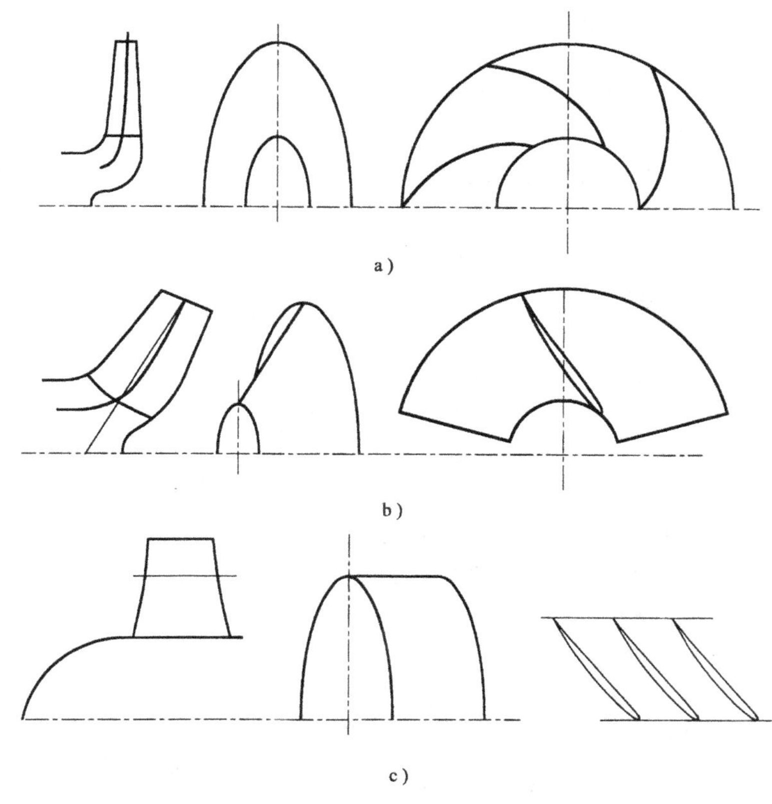

图 2-5　空间流面的展开

a）径流式　b）混流式　c）轴流式

在轴面图上作出若干轴面流线，即可描绘出叶轮内的轴面速度的分布。如果仅仅考虑叶轮中速度矢量的轴面分速度，即可利用这样的轴面流线。当不考虑流动的圆周分量时，我们即获得轴面流动。在轴面图上作一曲线与所有的轴面流线都正交，该线绕轴旋转一周而成的回转面称为轴面流动的过流断面。该断面的面积决定了轴面速度的平均值（图 2-6），其面积为

$$A = 2\pi R_c b \tag{2-6}$$

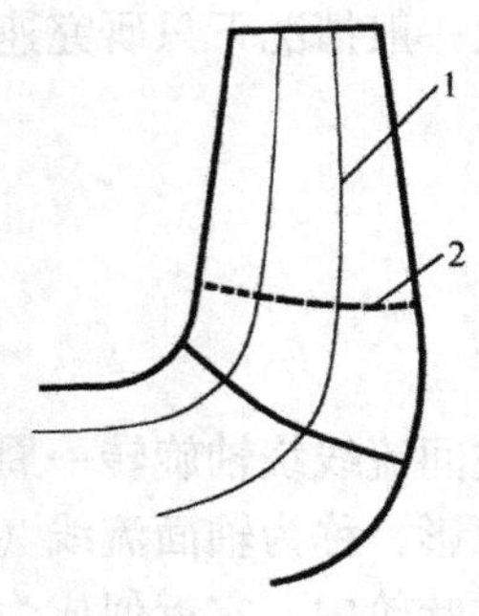

图 2-6 轴面流动的过流断面

1—轴面流线 2—过流断面

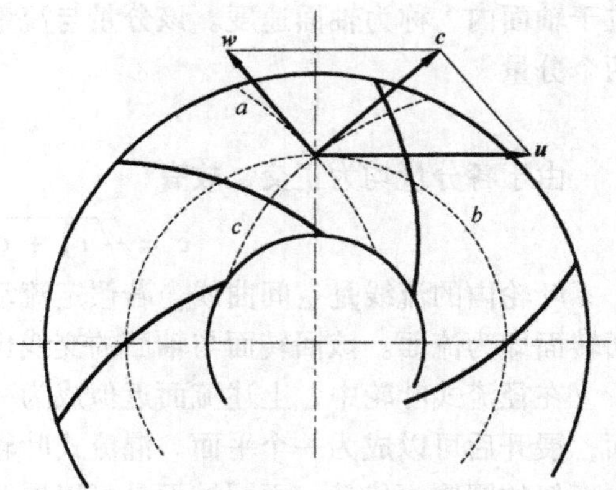

图 2-7 径流式叶轮中的相对运动与绝对运动

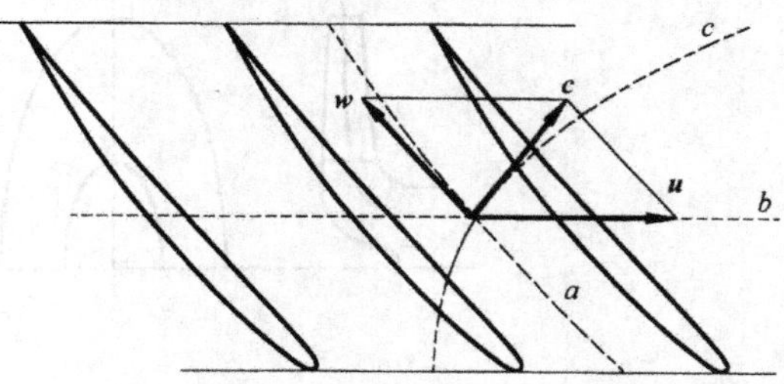

图 2-8 轴流式叶轮内的相对运动与绝对运动

式中 R_c——过流断面线的重心至轴线的距离；

b——过流断面线的长度。

显然在轴流式机器中，轴面流动的过流断面为一圆环面，在径流式机器中，则为一圆柱面。这两种情况下，其面积都是易于计算的。

三、绝对运动与相对运动

由于叶轮是旋转的，故流体质点相对于静坐标系的绝对运动与相对于叶轮的运动是不同的。图 2-7 为一径流式叶轮的叶片中流体的运动情况。a 为叶轮不动时流体在叶片中的流线，b 为叶轮转动时叶片上固体质点运动的轨迹，c 为叶轮中流体绝对运动的流线。图 2-8 则是轴流式叶轮内的相对运动与绝对运动，图中各符号意义同前。根据速度合成定律，绝对运动是相对运动与牵连运动的矢量和

$$\boldsymbol{c} = \boldsymbol{w} + \boldsymbol{u} \tag{2-7}$$

式中 $\boldsymbol{c}$——绝对运动速度；

$\boldsymbol{w}$——流体质点相对于叶轮的速度，称相对速度；

$\boldsymbol{u}$——叶轮上与所考查的流体质点重合点的速度（$\boldsymbol{u} = \omega \cdot \boldsymbol{r}$）。

由于 $\boldsymbol{c}$、$\boldsymbol{w}$ 及 $\boldsymbol{u}$ 在叶轮内不同的点上是不同的，因此应用式（2-7）时应注意三个量必须是同一空间点上的数值。图 2-9 为混流式水轮机内绝对运动与相对运动轨迹，由图中可看到，在静止的部件内两种运动是一致的。

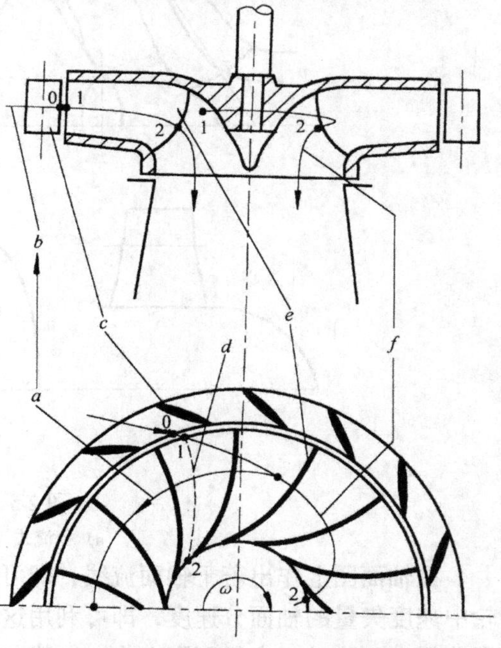

图 2-9 混流式水轮机中的绝对与相对运动

0—导叶出口 1—转轮进口 2—转轮出口

a—点的轴面投影 b—轴面流线 c—导叶

d—相对运动迹线 e—转轮叶片 f—绝对运动迹线

式（2-7）的关系可用一个三角形表示，称为速度三角形（图 2-10），$\boldsymbol{c}$ 和 $\boldsymbol{w}$ 两个矢量都可以分解为圆周分量与轴面分量。由图 2-10 可知

$$c_m = w_m$$

$$u = c_u - w_u \tag{2-8}$$

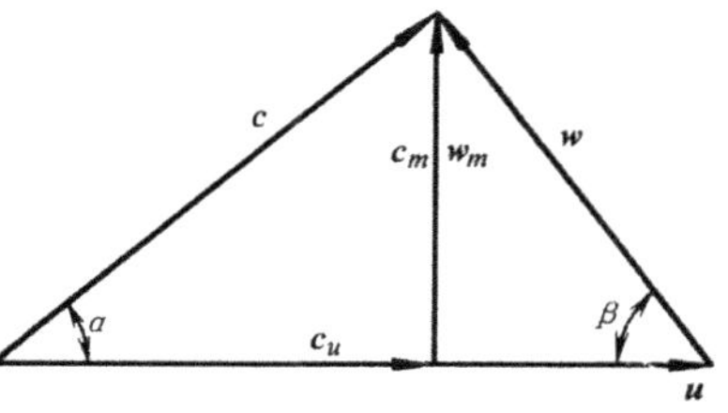

图 2-10　速度三角形

对叶轮内的每一空间点，都可以作出上述速度三角形，但叶片进、出口边处的速度三角形特别重要。速度三角形中 $\boldsymbol{w}$ 和 $-\boldsymbol{u}$ 的夹角 β 称为相对流动角，$\boldsymbol{c}$ 与 $\boldsymbol{u}$ 的夹角 α 称为绝对流动角。速度三角形所在平面是前述回转流面的切平面，切点即为所考察的空间点。$\boldsymbol{c}$、$\boldsymbol{w}$、α、β 等量都必须在流面上测量。同理，叶片的几何尺寸也应在流面上测量。在流面上，叶片骨线沿相对流线方向的切线与 $-\boldsymbol{u}$ 方向的夹角称为叶片安放角，记为 β_b。

当流面为可展开曲面时，展开后可得一直列（轴流式）或环列（纯径流式）叶栅。当流面为不可展曲面时，也可用近似圆锥面代替，展开成环列叶栅。上述速度三角形及叶片角都可以在展开面上度量。若不加说明，以后所有的讨论均在这些展开面上进行。

图 2-11 表示了以上讨论的各量在空间的位置。

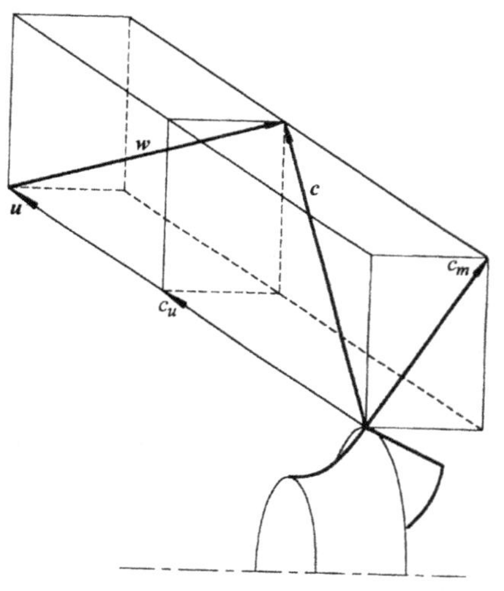

图 2-11　速度三角形在空间中的位置

四、两类相对流面的概念

叶轮内的流动是很复杂的三元非定常的粘性流动，用理论方法计算其中的速度场非常困难。长期以来，流体机械领域中，一直用简化的经验方法来处理叶轮中的流动计算问题。由于技术进步对流体机械的性能提出了越来越高的要求，就需要解决叶轮中的三元流动计算问题。1952 年，吴仲华提出了两类相对流面的理论，建议用两个相关的二元流动计算迭代去逼近三元流动问题，开创了三元流动计算的新纪元。随着计算机技术的飞速发展，目前三元流动的计算方法也已经有了很大的发展并在叶片式流体机械中获得了广泛的应用。虽然后来又发展了其他的三元计算方法，但两类相对流面的概念和基于此概念的方法仍是重要的。

两类相对流面也称 S_1 流面和 S_2 流面。前面已经在不严格的意义上引用了流面的概念，这里再给出流面的严格定义。在流场中，过任一不与流线重合的曲线上每一点的流线的全体，构成一个流面，该曲线称为该流面的生成线。在相对流动的流场中，取 $z = C$ 的平面上以轴线为圆心的圆为生成线，就得到了 S_1 流面。当叶片很多很薄的时候，流动可视为轴对称的，此时 S_1 流面是回转面。该回转面与轴面的交线，即为相对运动的轴面流线。由于绝对运动和相对运动的轴面速度相等，因此相对运动的轴面流线和绝对运动的轴面流线重合。S_1 流面也就是绝对运动的回转流面。由此可见，前面讨论的空间流面就是 S_1 流面。

当叶片数为无穷多时，取叶片表面上从前盖板（轮盖、上冠）到后盖板（轮盘、下环）的任一曲线为生成线，即得到 S_2 流面。可见，此时 S_2 流面即为叶片表面（图 2-12）。

当叶片数不是无穷多且有一定厚度时，流动并不是轴对称的。这时，构造 S_1 流面的方法不变，但除与叶轮前后盖板重合的 S_1 流面外，其余的将不再是回转面，而是有一定程度

的翘曲，但通常仍将 S_1 流面近似看作回转面。在有限叶片数时，S_2 流面需要重新定义。每一个 S_1 流面与叶片表面的交线显然是一条流线，可以设想在每一个 S_1 流面上，在相邻的两叶片之间，再作 n 条流线。每两条相邻的流线之间通过的流量是确定的（例如使相邻流线之间通过的流量彼此相等），这时，各 S_1 流面上相对应的流线的集合形成了 S_2 流面（图 2-12）。这样，除了叶片表面仍保持为 S_2 流面外，两叶片间的 S_2 流面将不再保持叶片表面的

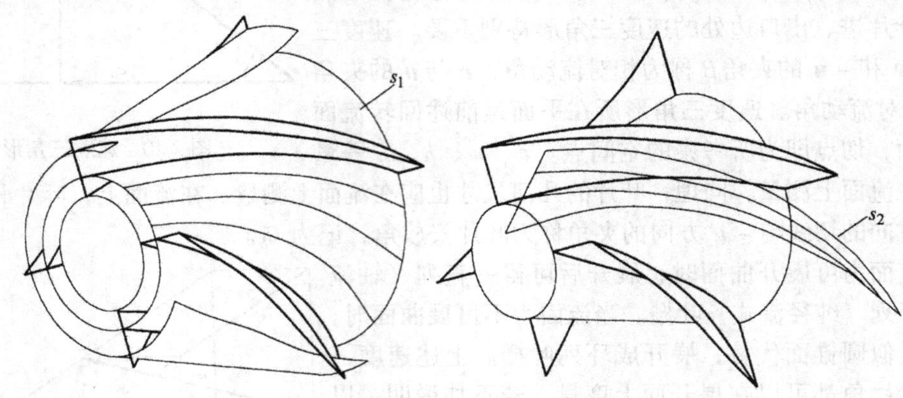

图 2-12　两类相对流面

形状。为了便于计算，也可取叶间流道的几何平均表面为平均 S_2 流面。

给定了 S_1 及 S_2 流面的形状后，三元流动计算即可化为两个相关的二元流动计算通过迭代求解。

第二节　叶片式流体机械的基本方程式

叶片式流体机械内的流动，是可压缩粘性介质的三元非定常运动，描述这样的流动的基本方程组包括运动方程（N—S 方程）、能量方程、连续性方程和状态方程，利用这样的方程组来研究叶轮机械的原理显然是过分复杂了。实际上，研究叶轮机械的基本原理常从一元流动理论（参见本节四）出发，导出比较简单的方程组，用以描述机器的特性，这就是流体机械的基本方程式，其中包括欧拉方程、能量方程和伯努利方程。当然，连续性方程和状态方程也是叶轮机械中的流动必须满足的，但作为一切流动均需满足的方程，这里未将其列入叶轮机械的基本方程之内。

为了分析叶轮内的流动，暂时引入以下基本假设：

1）叶轮的叶片数为无穷多，叶片无限薄。因此叶轮内的流动可以看作是轴对称的，并且相对速度的方向与叶片表面相切；

2）相对流动是定常的；

3）轴面速度在过流断面上均匀分布。

一、进出口速度三角形

为了研究叶片与介质交换的能量，应研究叶片进出口处的流动情况，为此，需先作进出口处的速度三角形。为简单计，以图 2-13 所示的纯径向叶轮为例，但以下的讨论适合任何形状的叶轮。设转速 n 及进、口出处体积流量 q_V 为已知。

（一）工作机的进、出口速度三角形

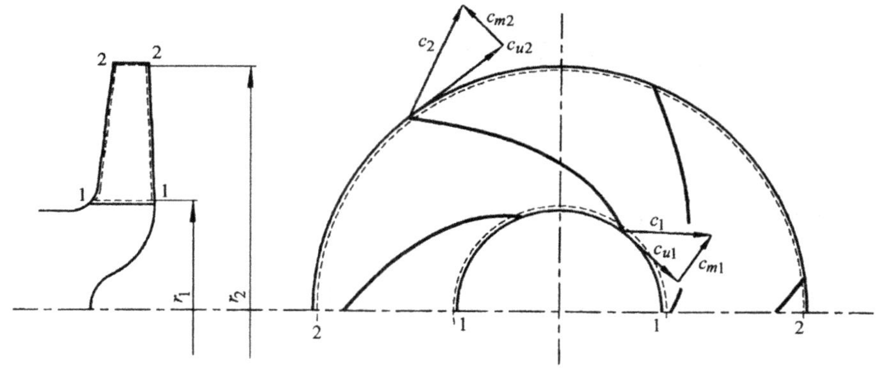

图 2-13　推导欧拉方程式用图

在叶轮进口，作速度三角形可利用以下条件：

1）进口边圆周速度 $u_1 = \pi nr/30$。

2）设进口处轴面流动过流断面 $A_1 = 2\pi r_1 b_1$，由此可求得进口处的轴面速度

$$c_{m1} = \frac{q_{V1}}{A_1} = \frac{q_{m1}}{A_1 \rho_1}$$

实际上，由于叶片厚度以及焊接或铆接叶片的折边等占据了一定的过流面积，过流面积将小于上述 A_1 值，而 c_{m1}的数值将比上式所求的大。引入阻塞系数（排挤系数）的概念

$$\tau = \frac{A'_1}{A_1} \tag{2-9}$$

式中　τ——表示叶片厚度对流体排挤程度的系数；

A'_1——实际过流面积，A_1 为按式（2-6）计算的过流面积。于是

$$c_{m1} = \frac{q_{V1}}{A_1 \tau_1} = \frac{q_{m1}}{A_1 \rho_1 \tau_1} \tag{2-10}$$

τ 的数值可在叶片设计时确定。

3）c_{u1}（或 α_1）的数值取决于吸入室的类型及叶轮前是否有导流器。在没有导流器的情况下，对锥管形、弯管形、环形等吸入室，可认为 $c_{u1} = 0$，而对半螺旋形吸入室或有进口导流器的情况下，c_{u1}的数值可根据吸入室的几何尺寸或导流叶片的角度确定，这里认为是已知的。也就是说，介质进入叶轮时的流动方向取决于吸入室或导流器。

由 u_1、c_{m1}、c_{u1}三个量，可作出进口速度三角形如图 2-14 所示，图中实线为 $c_{u1} = 0$ 的情况，虚线为 $c_{u1} \neq 0$ 的情况。由图可见，相对流动角 β_1 是随 u_1、c_{m1}、c_{u1}等参数变化而变化的。如果这些参数的组合使得相对流动角与叶片安放角相等（$\beta_1 = \beta_{b1}$），则流体进入叶片的流动是最平顺的，没有冲击损失，这种情况称为无冲击进口。

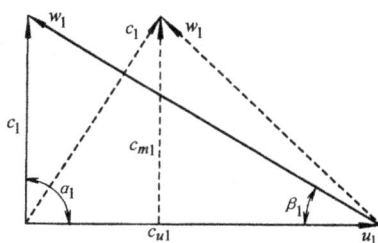

图 2-14　工作机进口速度三角形

在叶轮出口，绘制速度三角形的已知条件为：①出口圆周速度 $u_2 = \pi nr_2/30$；②出口轴面速度 $c_{m2} = q_{V2}/A_2\tau_2 = q_{m2}/A_2\rho_2\tau_2$；③出口流动角 $\beta_2 = \beta_{b2}$。这里第三个条件不同于进口，因为在无限叶片数假定下，介质流动的相对速度方向一定与叶片表面相切，故出口相对流动角与叶片角相等。根据

u_2、c_{m2}、β_2 三个条件可以作出出口速度三角形（图 2-15）。这里可以将出口与进口的情况作一对比，在进口处，流动方向由叶轮前的通流部件决定，因此绝对流动角 α_1 是已知的，在 c_{m1}已定的条件下，c_{u1}也就确定了，而在出口处，流动方向由叶轮叶片决定。由于叶轮是旋转的，叶片决定的是相对流动角 β_2，在 c_{m2}已定的情况下，c_{u2}也就决定了。以后将会看到，这两条对叶片式流体机械的能量特性有着决定性的影响。

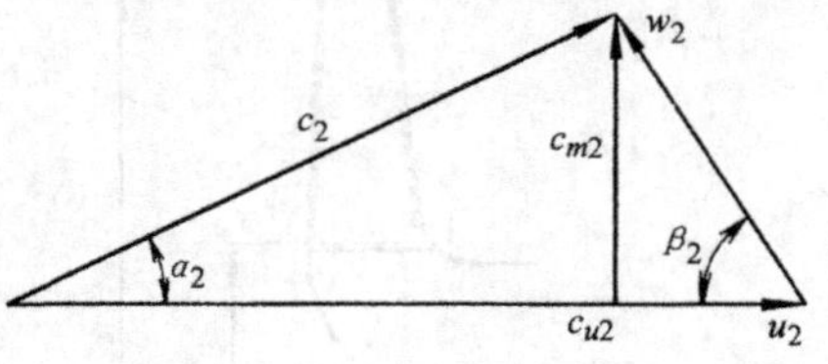

图 2-15　工作机的出口速度三角形

应该注意到，对于可压缩介质，当质量流量和进口处介质的状态给定以后，出口轴面速度 c_{m2}与介质的密度有关，而密度则取决于叶轮对介质所做的功，以后将会看到，叶轮的功又取决于进、出口处的速度。所以，对于可压缩介质，叶轮的计算程序和不可压缩介质不同。

（二）原动机的进、出口速度三角形

这里以水轮机为例分析原动机速度三角形的作法。

1. 反击式水轮机

对水轮机可作与前面类似的分析，进口速度三角形中，已知条件有：① $u_1 = \pi nr/30$；② $c_{m1} = q_{V1}/A_1\tau_1$；③ α_1 或者 c_{u1}为已知。

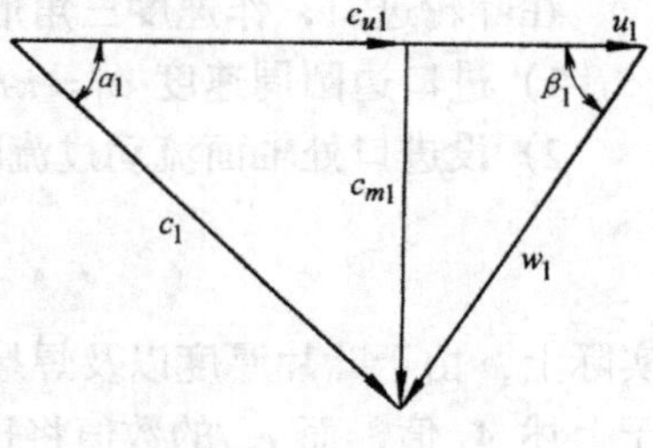

图 2-16　反击型水轮机进口速度三角形

这里前两个条件与泵相同，第三个条件也是类似的。α_1 或 c_{u1}都可以由导水机构（活动导叶）的工作情况确定。由 u_1、c_{m1}及 α_1（或 c_{u1}）三者可作出进口速度三角形，如图 2-16 所示。与泵的情况相同，当 $\beta_1 = \beta_{b1}$时，称无冲击进口。

出口速度三角形与泵完全相同（图 2-7），由 u_2、c_{m2}及 $\beta_2 = \beta_{b2}$ 作出。特别地，在水轮机中，当 $\alpha_2 = 90°$时的出口情况称为法向出口。在一定流量下，法向出口时水流的速度最小（$c_{u2} = 0$，$c_2 = c_{m2}$），带走的动能最小，水轮机具有较高的效率。

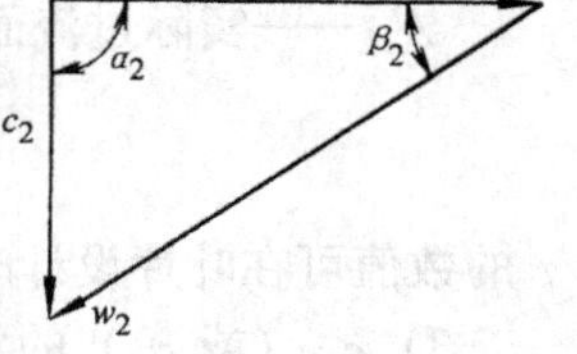

图 2-17　反击型水轮机出口速度三角形

2. 冲击式水轮机

冲击式水轮机转轮进、出口速度三角形的绘制方法与反击式水轮机有所不同。在冲击式水轮机中，水流实际上并不充满叶间流道，因而具有一个自由表面。在这种情况下，轴面速度与叶轮流道的尺寸没有直接的关系。图 2-18 表示了切击式水轮机叶片的工作情况，可以看出，在叶片进口，已知条件有：① $c_{u1} = q_V/A_0$，其中 A_0 为喷嘴出口面积；② $c_{m1} = 0$；③ $u_1 = \pi nr_1/30$。

此时速度三角形退化为一直线，$\boldsymbol{c}$、$\boldsymbol{u}$、$\boldsymbol{w}$ 三矢共线，且有 $w_1 = c_1 - u_1$。

在叶片出口，为作出速度三角形，可利用的条件有：① $u_2 = \pi nr_2/30 = u_1$；② $\beta_2 = \beta_{b2}$；③ $w_2 = w_1$。最后一个条件将在本章第七节中给予解释。根据这三个条件所作的速度三角形如图 2-17 所示。

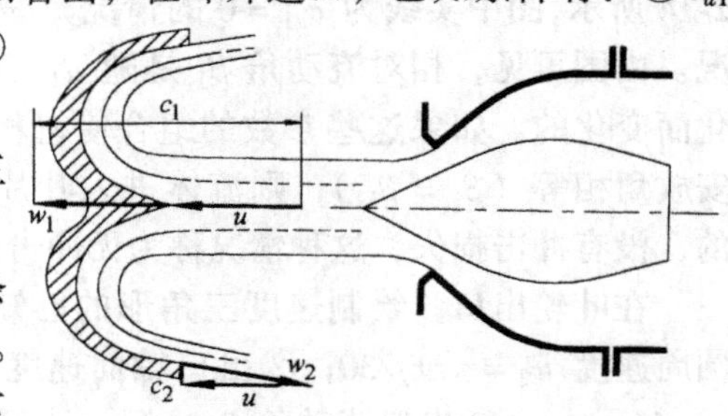

图 2-18　切击式水轮机进出口速度三角形

图 2-19 为斜击式水轮机叶片的工作情况及进、出口速度三角形，其作法与切击式相同，虽然此时绝对速度 c_1 并不再沿切向，但其大小和方向都可由喷嘴确定。

二、欧拉方程式

将动量矩方程式应用于叶轮内的流体，则可求得叶轮与流体相互作用的力矩。取如图 2-13 中虚线所示的控制面，其进出口部分充分靠近叶片的进出口边。单位时间流出控制面的流体的动量矩为 $L_2 = q_m c_{u2} r_2$，流入的动量矩为 $L_1 = q_m c_{u1} r_1$。由于流动是定常的，控制面内的动量矩不变，因此根据动量矩定理有

$$M = \frac{dL}{dt} = \pm q_m (c_{u2} r_2 - c_{u1} r_1)$$

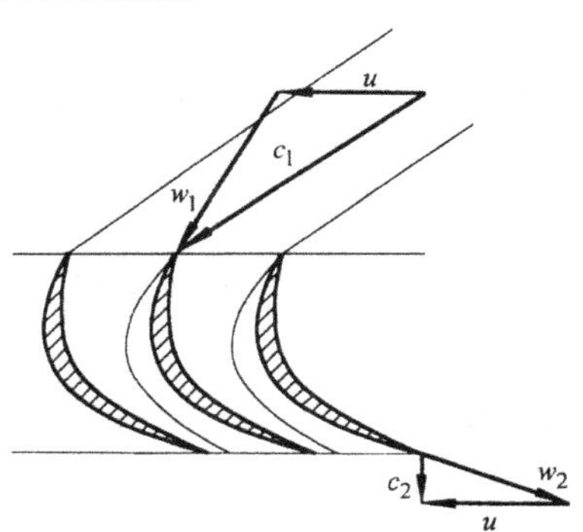

图 2-19　斜击式水轮机进出口速度三角形

式中 M 为作用力矩。从图 2-13 可见，作用于控制面内的流体的力有如下两部分：

1）控制面以外的流体对控制面以内的流体的作用力，这一部分力作用于控制面内、外两个圆柱面上。显然，这部分力对叶轮轴线的力矩为零。

2）叶轮对控制面内流体的作用力，其中叶片对流体的作用力对叶轮转轴的力矩是 M 最主要的部分。叶轮的盖板对流体的正压力对轴的力矩为零，而由粘性摩擦产生的切应力对轴的力矩不为零，因此也是 M 的组成部分，但这一部分的数值通常很小。

在工作机中，流体的动量矩是增加的，而在原动机中是减少的，故上式右端对工作机取正号，对原动机取负号，为统一起见，也可写成

$$M = \frac{dL}{dt} = q_m (c_{up} r_p - c_{us} r_s) \tag{2-11}$$

该力矩的功率为

$$M\omega = q_m \omega (c_{up} r_p - c_{us} r_s) = q_m (u_p c_{up} - u_s c_{us})$$

在不考虑损失时，该功率即为流体从叶片获得的功率，根据式（1-12）有

$$q_m g H_{th} = q_m h_{th} = q_V p_{th} = M\omega = q_m (u_p c_{up} - u_s c_{us})$$

最后得

$$gH_{th} = h_{th} = \frac{p_{th}}{\rho} = u_p c_{up} - u_s c_{us} \tag{2-12}$$

上式即叶片式流体机械的欧拉方程。在实际应用中，对工作机和原动机分别写成

$$\left.\begin{aligned} gH_{th} &= h_{th} = \frac{p_{th}}{\rho} = u_2 c_{u2} - u_1 c_{u1} \quad \text{（工作机）} \\ gH_{th} &= h_{th} = \frac{p_{th}}{\rho} = u_1 c_{u1} - u_2 c_{u2} \quad \text{（原动机）} \end{aligned}\right\} \tag{2-13}$$

式中 H_{th}、h_{th} 和 p_{th} 分别被称为理论扬程（水头）、理论能量头和理论全压，是指在没有损失的情况下每单位量（重力、质量、体积）流体从叶片所获得的能量或者传递给叶片的能量。显然，在有损失的情况下，工作机中流体实际获得的有用能量将比理论值小，而原动机中流体实际付出的能量将比理论值大。

对于 $\alpha_s = 90°$（$c_{us} = 0$）的情况（法向出口或进口），有

$$gH_{th} = h_{th} = \frac{p_{th}}{\rho} = u_p c_{up} \tag{2-14}$$

欧拉方程式也常用速度环量来表示，此时有

$$gH_{th} = h_{th} = \frac{p_{th}}{\rho} = \frac{\omega(\Gamma_p - \Gamma_s)}{2\pi} = \frac{\omega Z\Gamma_b}{2\pi} \tag{2-15}$$

式中 $\Gamma_p = 2\pi r_p c_{up}$，$\Gamma_s = 2\pi r_s c_{us}$——叶轮高压边与低压边处的速度环量；

Z——叶片数；

Γ_b——绕单个叶片的环量。

式（2-12）至式（2-15）是欧拉方程式的几种等价形式。该方程式是从动量矩定理导出的，因而是普遍适用的。以上推导过程引入了无穷叶片数的假定，c_m 在过水断面上均匀分布的假定，并且是针对纯径向叶轮进行的。但实际上欧拉方程式与以上假定均无关，以上假定都是为了便于计算进出口处的速度三角形而引入的。因为在这种情况下，u_1，c_{u1}在进口边上是常量，u_2、c_{u2}在出口边上也是常量。在一般情况下，叶片进出口处的 c_u 及 u 均是变化的。对混流式或轴流式叶轮，进、出口边均不与轴线平行，故 r_1、r_2 的值均是变化的，u_1、u_2 值亦随之变化。c_m 沿过流断面的分布实际上并不均匀，而且进出口边也不一定在同一过流断面上，所以 c_m 在进出口边上的不同点上有不同的值。为了在这种一般性的情况下应用欧拉方程式，可以对不同的轴面流线分别计算 u_1、c_{u1}、u_2，c_{u2}后代入欧拉方程式。例如，图 2-20 所示的轴流式叶轮，应对轮缘（a—a）、轮毂（c—c）以及其他不同半径处的轴面流线（b—b）分别进行计算。也可利用进出口边上的平均值进行计算。

在无穷叶片数的假定下，出口相对流动角与叶片出口角相等，因此出口速度三角形易于求得。而实际上叶片数是有限的，出口流动角与叶片角也有一定的差异。

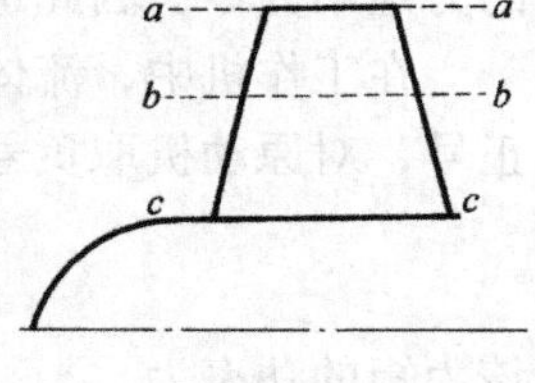

图 2-20 轴流式叶轮

由欧拉方程式可见，动叶片与单位量流体交换的能量，取决于叶片进、出口处速度矩的差值与角速度的乘积 ω（$r_p c_{up} - r_s c_{us}$）$= u_p c_{up} - u_s c_{us}$。为了有效转换能量，在径流和混流式机器中，当然希望有 $r_p > r_s$，所以工作机多为离心流动，而原动机则为向心流动。在水轮机发展的初期，曾有过离心式转轮，显然，这是不利于能量转换的。

在轴流式机器中，由于 $r_p = r_s$，所以有 $h_{th} = u$（$c_{up} - c_{us}$）$= u\Delta c_u$。其中 $\Delta c_u = \Delta w_u$ 称为扭速，是叶轮进、出口处绝对速度或相对速度的圆周分量的差。

欧拉方程式还可以利用相对速度表示。在速度三角形中利用余弦定理，有

$$c^2 = u^2 + w^2 - 2uw\cos\beta = u^2 + w^2 - 2uc_u$$

将此式代入欧拉方程式可得

$$h_{th} = \frac{c_p^2 - c_s^2}{2} + \frac{u_p^2 - u_s^2}{2} + \frac{w_s^2 - w_p^2}{2} \tag{2-16}$$

此式为欧拉方程式的一个常用的形式，称为第二欧拉方程式。此式除在某些场合应用比较方便以外，其主要意义在于将能量头分成了两部分。式子右端第一项显然表示介质通过叶轮后动能的变化量，而后两项则表示介质的静压能或焓的变化量。

叶片式流体机械的欧拉方程式给定了叶片与介质之间传递的能量的大小，建立了叶轮设计计算的基础。当然实际计算时还应该考虑到能量损失以及有限叶片数的影响等因素，关于这些因素的定量的计算，将在随后的章节中详细讨论。

三、能量方程与伯努利方程

叶片对介质所做的功（正或负），将改变介质所具有的能量，包括内能和宏观的动能、势能。能量方程建立了介质的能量与叶片功的关系，这个关系就是热力学第一定律的解析表达式。在绪论中已经给出了该式

$$q = h_2 - h_1 + \frac{c_2^2 - c_1^2}{2} + g(Z_2 - Z_1) + w_s$$

在具体应用上式时，常根据具体情况采用相应的表达式。

除了带有内冷却的压缩机以外，通常忽略介质通过机壳与外界交换的热量，即认为 $q = 0$。对叶轮而言，有 $w_s = \pm h_{th}$，对固定元件，则有 $w_s = 0$，于是对叶轮而言，能量方程为

$$h_{th} = \pm\left[h_2 - h_1 + \frac{c_2^2 - c_1^2}{2} + g(Z_2 - Z_1)\right] \tag{2-17}$$

对于固定元件而言，能量方程为

$$h_2 - h_1 + \frac{c_2^2 - c_1^2}{2} + g(Z_2 - Z_1) = 0 \tag{2-18}$$

实际上，对于可压缩介质，通常不考虑重力的作用，上两式分别成为

$$h_{th} = \pm\left[h_2 - h_1 + \frac{c_2^2 - c_1^2}{2}\right] \tag{2-19}$$

和

$$h_2 - h_1 + \frac{c_2^2 - c_1^2}{2} = 0 \tag{2-20}$$

由于对不可压缩介质不考虑内能的变化，所以能量方程主要应用于可压缩介质。式（2-19）和式（2-20）两式对于有损失的流动也是成立的，因为流动损失所消耗的能量最终会变成热量，从而使介质的温度升高。而介质温度的变化，会反映到焓的变化中，仍在方程的考虑之中。

但应特别指出，这里式（2-19）中的 h_{th}应理解为整个叶轮对介质所做的功。实际上，叶轮的泄漏损失和圆盘损失等能量损失也是叶轮与介质之间传递的能量，但这些能量不是通过叶片与介质的相互作用进行传递的，所以并未包括在欧拉方程式的 h_{th}之中。本章第六节将具体讨论泄漏损失和圆盘损失，在此之前，暂时用 h_{th}表示叶轮与介质间交换的能量。

对于叶片式机械的设计计算，压力是一个重要的参数。但能量方程中没有直接出现压力值，在需要压力值的时候，可将焓的变化量与技术功相联系并将损失视为外加于介质的热量，根据式（0-8），对叶轮和固定元件分别得到

$$h_{th} = \pm\left[\int_1^2 v\mathrm{d}p + \frac{c_2^2 - c_1^2}{2} + g(Z_2 - Z_1) + \Delta h\right] \tag{2-21}$$

$$\int_1^2 v\mathrm{d}p + \frac{c_2^2 - c_1^2}{2} + g(Z_2 - Z_1) + \Delta h = 0 \tag{2-22}$$

对于不可压缩介质，由于 $\int_1^2 v\mathrm{d}p = (p_2 - p_1)/\rho$，所以以上两式分别成为

$$h_{th} = \pm\left[\frac{p_2 - p_1}{\rho} + \frac{c_2^2 - c_1^2}{2} + g(Z_2 - Z_1) + \Delta h\right] \tag{2-23}$$

和

$$\frac{p_2 - p_1}{\rho} + \frac{c_2^2 - c_1^2}{2} + g(Z_2 - Z_1) + \Delta h = 0 \tag{2-24}$$

式（2-21）至（2-24）均为伯努利方程的不同形式，可视需要选用

四、叶片式流体机械设计理论概述

从理论上说，当给定了流体机械的工作参数 q_V、H、n 后，利用欧拉方程式可以决定进出口处的速度三角形，也就可求得与之相适应的叶片几何形状了。但实际上，几何形状与速度分布的关系极为复杂，故设计时不得不引入一些简化。引入不同的简化，就得到不同的理论与方法。目前在工程上应用的有以下三个设计理论：

（1）一元理论　这是古典的设计理论。一元理论采用了无穷叶片数及轴面速度沿过流断面均匀分布的假定。在此假定下，流动状态只是轴面流线长度座标的函数，故称之为“一元理论”，又称之为“流束理论”。两个假设大大简化了流动计算，在流体机械领域广泛使用计算机之前，工程上几乎只能采用一元理论进行设计计算，由于两个假定所带来的计算误差，则用经验方法或根据试验结果加以修正。长期以来，一元理论方法一直是工程中广泛使用的设计方法，在长期实践中也积累了丰富的经验，因此使用一元理论也曾经有过很好的设计。直到今天，工程中仍然在使用一元理论的设计方法。

一元理论方法是一种半理论、半经验的方法。经验的积累主要依靠大量的模型试验。而这些模型试验需要相当大的投资并耗费很多时间，这就使得新产品开发的周期长，成本高，这显然已不适应当前技术发展的要求。

不过，应用一元理论可以非常简单而方便地对流体机械的工作进行定性的分析，用以阐述流体机械的工作原理简洁且易于为初学者理解，所以本书中仍将主要采用一元理论的方法。

（2）二元理论　放弃上述两个基本假设之一，就得到了二元理论的设计方法。例如在宽流道的混流式机器中，轴面速度沿过水断面的分布实际并不均匀，因而应放弃第二个假设。这样，为了应用欧拉方程式，必须先求出 c_m 的分布，若不计粘性，则可用轴对称有势流动求解 c_m。若考虑粘性，计算就较为困难。也有根据经验直接给定 c_m 的分布然后再使用欧拉方程的方法，称为“一元半”理论。在径流式或轴流式叶轮中，若保留 c_m 均匀分布的假定而放弃无穷叶片数的假定，用流体力学理论求解环列或直列叶栅，也是一种二元理论方法。

（3）三元理论　完全放弃上述两个假设，直接研究三维流场，就是三元理论的设计方法。从吴仲华提出两类相对流面理论以来，叶轮机械的三元流动计算的理论和方法已经得到很大的发展，成为计算流体动力学（Computer Fluid Dynamic）的一个重要分支，在流体机械的研究和工程设计上起着越来越大的作用。目前，求解叶片式机械内无粘流动的数值解（Euler 方程解）的方法可以说已经比较成熟。借助于一定的湍流模式，利用 N—S 方程求解叶轮内的有粘流动也取得了很大的进展。

目前三元流动计算并不能完全取代模型试验，但可以在很大的程度上减少模型试验的次数和规模，从而缩短新产品开发周期，降低开发成本并可以显著提高设计质量。三元理论方法是当前叶片式流体机械理论研究的重点，也是设计方法的发展方向。

五、例题

欧拉方程式、能量方程式和伯努利方程式构成了叶轮机械设计计算的基本框架，据此即可建立设计计算的程序。这里通过几个实例说明如何利用这些方程进行计算，同时也通过这些实例说明不同介质性质对机器设计的影响。当然在实际计算时还要解决两个重要问题，其一是能量损失的估算，其二是有限叶片数的影响的计算。这两个问题将在以后进行讨论，在此之前，暂时忽略能量损失并假定叶片数为无穷多。

例 2-1　已知一台离心式通风机叶轮的几何参数为：叶轮直径 $D_2 = 1.5\text{m}$，出口宽度 b_2

$=0.14\text{m}$，出口阻塞系数 $\tau_2=0.98$，叶片出口角 $\beta_2=38°$；叶片进口直径 $D_1=0.79\text{m}$，宽度 $b_1=0.266\text{m}$，阻塞系数 $\tau_1=0.94$。叶轮形状如图 2-21 所示。又已知该风机的运行参数为：转速 $n=960\text{r/min}$，流量 $q_V=42000\text{m}^3/\text{h}$。风机进口处空气的状态为：压力 $p_j=1.013\times10^5\text{Pa}$，温度 $T=293\text{K}$，密度 $\rho=1.2\text{kg/m}^3$。设叶轮进口处气流无预旋（即 $c_{u1}=0$），试求该风机的理论全压 p_{th}、功率 P 以及叶轮出口处的压力 p_2。

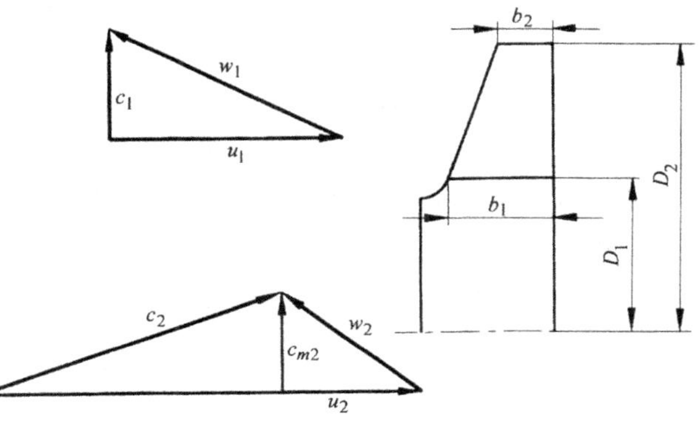

图 2-21　例题 2-1 插图

首先忽略介质的可压缩性，计算叶轮进、出口速度三角形。考虑到流量 $q_V=42000\text{m}^3/\text{h}=11.67\text{m}^3/\text{s}$，在叶轮进口有

$$u_1=\frac{\pi nD_1}{60}=39.71\text{m/s};\quad c_{m1}=\frac{q_V}{\pi D_1b_1\tau_1}=18.8\text{m/s}$$

又由于 $c_{u1}=0$，可作进口速度三角形如图 2-21 所示。由此三角形可求得相对速度为

$$w_1=\sqrt{u_1^2+c_{m1}^2}=43.94\text{m/s}$$

在叶轮出口，有

$$u_2=\frac{\pi nD_2}{60}=75.4\text{m/s};\quad c_{m2}=\frac{q_V}{\pi D_2b_2\tau_2}=18.05\text{m/s}$$

再加上条件 $\beta_2=38°$，可作出出口速度三角形亦如图 2-21 中所示，根据此三角形还可求得

$$c_{u2}=u_2-c_{m2}\cot\beta_2=52.3\text{m/s};\quad c_2=\sqrt{c_{u2}^2+c_{m2}^2}=55.33\text{m/s};\quad w_2=\frac{c_{m2}}{\sin\beta_2}=29.32\text{m/s}$$

根据欧拉方程式即可求得风机的全压

$$p_{th}=\rho(u_2c_{u2}-u_1c_{u1})=4732\text{Pa}$$

以及功率

$$P=q_Vp_{th}=55222\,W\approx55.2\text{kW}$$

为求叶轮出口的压力，可对风机进口和叶片进口以及叶片进口和叶片出口分别利用伯努利方程式（2-24）和式（2-23），最后得

$$p_2=p_j+p_{th}-\rho\frac{c_2^2}{2}=1.031\times10^5\text{Pa}$$

可见压力变化很小，忽略介质的密度变化是可行的。

例 2-2　假如将上述风机作为泵运行，输送密度 $\rho=1000\text{kg/m}^3$ 的水，其余条件不变，试求泵的扬程、功率和叶轮出口处的压力。

当叶轮尺寸、转速和体积流量不变时，进、出口速度三角形将保持不变，前面求得的各个速度将不变。这时利用欧拉方程式可求得泵的扬程为

$$H_{th}=\frac{1}{g}(u_2c_{u2}-u_1c_{u1})=402\text{ m}$$

功率为

$$P = \rho g q_V H_{th} = 46\text{MW}$$

而叶轮出口的压力则为

$$p_2 = p_j + \rho g H_{th} - \rho \frac{c_{m2}^2 + c_{u2}^2}{2} = 2.413\text{MPa}$$

可见，由于水的密度比空气大得多，所以在尺寸和转速相同的时侯，泵的压力要比风机高得多，功率也大得多，这使得泵与风机的结构有很大的差别。

例 2-3 假如有一台单级离心式压缩机，其叶轮进、出口速度三角形与上例保持相似（即各速度的比值相同），如果其进口处介质的状态与例 2-1 相同，同时要求其叶轮出口处的压力与例 2-2 中的泵相同（即 $p_2 = 2.413\text{MPa}$），试问其叶轮出口的圆周速度 u_2 需要提高到多少？这时叶轮出口处的温度又为多少？对于空气介质，气体常数 $R = 287\text{J/(kg}\cdot\text{K)}$，绝热指数 $\kappa = 1.4$，定压比热容 $c_p = 1.02 \times 10^3\text{J/(kg}\cdot\text{K)}$。

为计算所需的速度，需要先确定所需的能量头。叶片所做的功一部分使介质压力提高，另一部分使介质的速度增加。前一部分能量可根据要求的压力增加求得，由于速度尚未求得，故后一部分能量尚不能直接求得。但由于速度三角形与前例相似，这两部分的比例也应与前例相同（请参阅本章第八节）。根据例 2-1，静压升在全压中所占的比例为

$$\Omega = \frac{u_2^2 - u_1^2 + w_1^2 - w_2^2}{2p_{th}} = 0.638$$

假定叶轮内的压缩过程是绝热的，则静压能增加量为

$$h_{st} = \int_1^2 v\text{d}p = \frac{\kappa}{\kappa - 1} p_1 v_1 \left[\left(\frac{p_2}{p_1} \right)^{(\kappa-1)/\kappa} - 1 \right] = 4.355 \times 10^5\text{m}^2/\text{s}^2$$

故所需的能量头为

$$h_{th} = h_{st}/\Omega = 6.826 \times 10^5\text{m}^2/\text{s}^2$$

根据式（0-14a），叶轮出口处的温度为

$$T_2 = T_1 \left(\frac{p_2}{p_1} \right)^{(\kappa-1)/\kappa} = 293 \times \left(\frac{2.413}{0.1013} \right)^{0.286} \text{K} = 724.9\text{K} = 452^\circ\text{C}$$

根据前面的计算结果，叶轮出口轴面速度与圆周速度的比值（流量系数）

$$\varphi_{2r} = \frac{c_{m2}}{u_2} = 0.2394$$

将欧拉方程式表示为

$$h_{th} = u_2^2(1 - \varphi_{2r}\cot\beta_2)$$

于是可求得所需的圆周速度为

$$u_2 = \sqrt{h_{th}/(1 - \varphi_{2r}\cot\beta_2)} = 992\text{m/s}$$

根据前例中速度三角形中各边长的比例，可求得叶轮出口处的速度值

$$c_2 = 55.33 \frac{992}{75.4} \text{m/s} = 727.9\text{m/s}$$

这样高的圆周速度是叶轮的材料不能承受的，气流的速度也超过了音速，所以单级压缩机不可能达到这样高的能量头。从这个例子也可以看出压缩机与泵的设计所面对的不同问题。因为气体的密度低，为了达到一定的压缩比，所需的能量头将比泵大得多。所以压缩机通常采用多级结构，同时必须采用很高的转速，而这将受到材料强度和马赫数的限制。

第三节　过流部件的作用原理

这里所说的过流部件（通流部件）是指除叶轮以外的过流部件，也就是固定元件。由欧拉方程式可见，为了使叶轮完成一定量的能量转换（h_{th}），叶轮前后的速度必须满足一定的条件。叶轮前的过流部件应该按叶轮所要求的速度（大小和方向）将介质引入叶轮，而叶轮后面的元件，则应将从叶轮流出的介质按要求的速度引入下一级或机器的出口管路，虽然从能量转换来说，叶轮是最重要的部件，但过流部件对整机的性能也有很大的影响，同时也决定了机器的尺寸与质量，所以应该给予足够的重视。同时，还应该知道，各过流部件不是相互独立，而是相互影响的，必须将各部件作为一个整体加以考察，才能把握整机的性能。

实际上，叶片式流体机械都是可逆的，任何一台机器，都既可以作为原动机，又可以作为工作机运行。两种情况下，流体流动的方向相反。虽然原动机和工作机的工作原理是相同的，但由于流动方向的不同，又使它们的性能有相当的差别。

一、原动机过流部件的作用原理

这里以水轮机为例，说明原动机过流部件的作用原理。

（一）水轮机的引水室

前面已经说明，为减小水轮机的出口动能损失，应使 $c_{u2}=0$。根据欧拉方程可知，为了使转轮转换一定的能量（H_{th}），必须使水流在进入转轮前具有相应的环量（c_{u1}），引水室的作用即为造成这个环量并将水流均匀（轴对称）地（经过导水机构）引入转轮。水轮机引水室可分为开式与闭式两种。图 1-2 所示即为开式引水室，称为明槽式引水室，这种引水室的水力性能很好，但由于结构上的原因只能用于低水头、小功率的机组。功率稍大或水头较高的机组均使用闭式引水室。在闭式引水室中，使用最多的是蜗壳。尺寸较小的蜗壳可用金属材料铸造，较大的多用钢板焊接。如果水头较低，则可用混凝土浇筑。图 1-17 所示为一焊接结构的蜗壳的外形。

图 2-22 所示为蜗壳中的速度分布。设计时通常希望水流在蜗壳中保持自由流动，即蜗壳不对水流产生切向作用力，所以蜗壳中水流的速度矩将保持不变，即

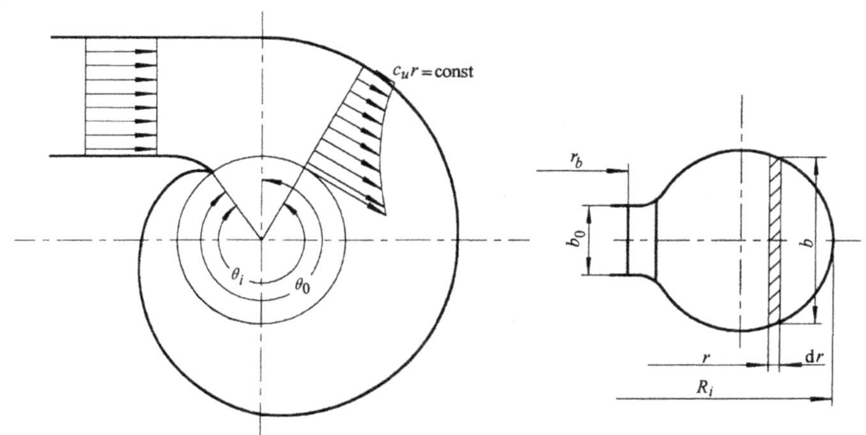

图 2-22　水轮机蜗壳的尺寸和速度分布

$$c_u r = K \tag{2-25}$$

式中 K 为蜗壳常数，其值取决于蜗壳的构造。为使水流均匀进入转轮，通过任意断面 θ_i 处的流量应为

$$q_{Vi} = \frac{q_V \theta_i}{360} = \int_{r_b}^{R_i} c_u b(r) \mathrm{d}r = K \int_{r_b}^{R_i} \frac{b(r)}{r} \mathrm{d}r \tag{2-26}$$

式中 q_{V_i} 为总流量，r_b 和 R_i 的意义见图 2-22。当蜗壳断面的形状确定以后，b 与 r 的函数关系是已知的，式中的积分可以计算。K 值可由进口断面的参数确定

$$K = \frac{\dfrac{q_V \theta_0}{360}}{\displaystyle\int_{r_b}^{R_0} \frac{b(r)}{r} \mathrm{d}r} \tag{2-27}$$

θ_0 称为蜗壳的包角，其值对蜗壳的功能和尺寸有一定的影响，设计时应根据水轮机的流量和水头确定。蜗壳断面的形状对水流的影响很小，设计时主要根据强度条件和工艺方法确定。铸造和焊接蜗壳的断面基本上是圆形，因为这样强度和工艺性均较好。混凝土蜗壳（参见图 1-11）则采用梯形断面以利于模板的制作。

由于蜗壳中圆周速度分量 c_u 与半径 r 成反比，水流由压力水管经蜗壳进入转轮时，半径值是减小的，所以速度值随之增加，压力随之降低，水轮机蜗壳将水流的一部分压力能转换成为速度能。

水轮机的固定导叶（见图 1-11）连同其两端的环形结构（分别称为上环和下环）一起，称为座环。座环是蜗壳的一部分（见图 1-18），铸造和焊接蜗壳中与蜗壳制成一个整体。固定导叶的作用是支承机组转动部分和发电机的重量，并将此载荷传递到基础上去。设计时，通常要求固定导叶仅仅起支承作用，不改变蜗壳所形成的环量，也就是说，水流的速度矩保持不变。由于固定导叶的高度基本上是不变的，所以其中水流的径向速度为

$$c_r = \frac{q_V}{2\pi r b}$$

而圆周速度则为

$$c_u = \frac{K}{r}$$

这样，水流速度与圆周方向的夹角（图 2-23）

$$\alpha = \arctan \frac{c_r}{c_u} = \frac{q_V}{2\pi K b} = \text{const} \tag{2-28}$$

所以固定导叶的骨线应是等角螺线。

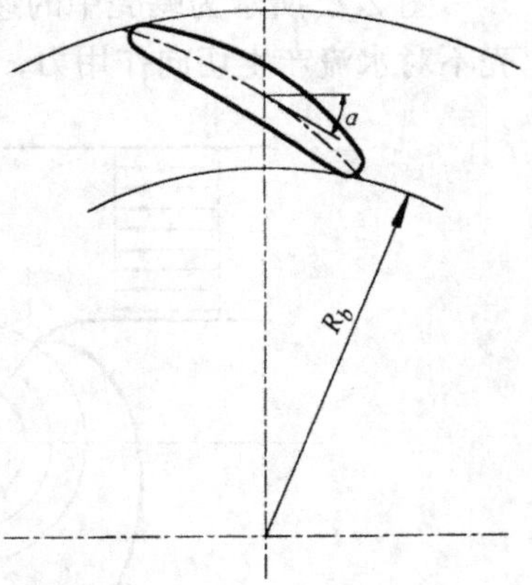

图 2-23　水轮机固定导叶内的流动

（二）水轮机的导水机构（活动导叶）

水轮机的导水机构又称活动导叶，其作用是调节水轮机的流量。前面已介绍了活动导叶的三种类型（图 1-19），这里以径向导叶为例说明其工作原理。导叶出口边处骨线与圆周方向的夹角称为导叶出口角，由于导叶数较多，故导叶出口角即为水流的出流角 α_0。导叶转动时，改变了 α_0，从而改变了水轮机的流量。由于习惯及测量方面的原因，实践中不用 α_0 而用导叶的开口 a_0 作为表征导叶工作位置的参数。a_0 是

指由一个导叶的出口边到相邻导叶表面的最小距离，单位为 mm（图 2-24）。对不同叶型的导叶，a_0 相同时 α_0 并不相同。

可以借助于图 2-25 说明活动导叶的工作原理。导叶出口处水流的轴面速度为

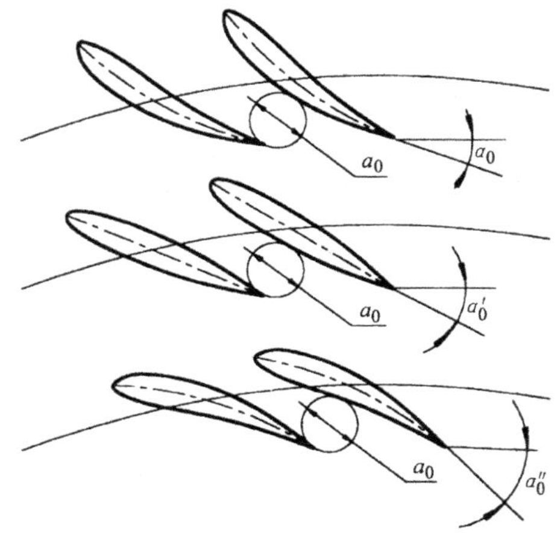

图 2-24　不同叶型导叶的开口与出口角

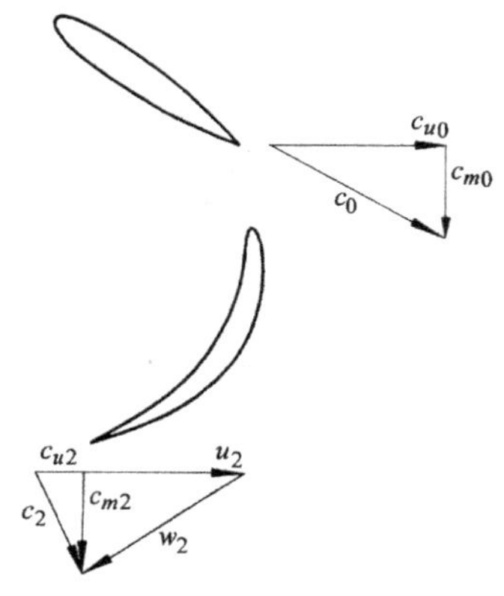

图 2-25　活动导叶工作原理

$$c_{m0} = \frac{q_V}{2\pi r_0 b_0} \tag{2-29}$$

圆周速度则为

$$c_{u0} = c_{m0}\cot\alpha_0 = \frac{q_V}{2\pi r_0 b_0}\cot\alpha_0 \tag{2-30}$$

从导叶出口到转轮进口，水流没有受到叶片的作用，保持速度矩不变，故

$$c_{u1} r_1 = c_{u0} r_0 = \frac{q_V}{2\pi b_0}\cot\alpha_0 \tag{2-31}$$

转轮出口处的速度矩则为

$$c_{u2} r_2 = u_2 r_2 - c_{m2}\cot\beta_{b2} r_2 = r_2^2\omega - \frac{q_V}{A_2}\cot\beta_{b2} r_2 \tag{2-32}$$

式中 A_2 为转轮出口处轴面液流过流面积。将式（2-31）、式（2-32）代入欧拉方程式并解出 q_V，可得

$$q_V = \frac{r_2^2\omega + g\dfrac{H_{th}}{\omega}}{\dfrac{1}{2\pi b_0}\cot\alpha_0 + \dfrac{r_2}{A_2}\cot\beta_{b2}} \tag{2-33}$$

此式即为水轮机的流量调节方程。由此式可见，改变 b_0、α_0、β_{b2}等参数，均可改变流量。现代水轮机中，通常采用改变 α_0 的方法，而在转桨式（轴流、斜流式）水轮机中，则同时改变 α_0 和 β_{b2}。

（三）水轮机尾水管

尾水管的作用有二，其一是将从转轮流出的水流收集起来送入下游河道，其二是回收利用转轮出口水流剩余的能量。

图 2-26 是尾水管的工作原理图。水轮机转轮出口单位重力水流具有的能量为

$$E_2 = \frac{p_2}{\rho g} + \frac{c_2^2}{2g} + Z_2$$

从转轮出口的 2 点到尾水管出口的 5 点列伯努利方程，并考虑到 5 点的静压力为 $p_5 = p_a - \rho g Z_5$，则可得

$$\frac{p_2}{\rho g} = \frac{p_a}{\rho g} - Z_2 - \left(\frac{c_2^2 - c_5^2}{2g} - \Delta H_{2-5}\right) \tag{2-34}$$

式中 ΔH_{2-5}为 2、5 两点间的流动损失。显然，由于尾水管的作用，使 p_2 的值减小了（若无尾水管，则 $p_2 = p_a$）。其减少的值包括两部分，其一是由点 2 与下游水面的高度差 Z_2 引起的，称为静力真空；其二是由 2、5 两点处动能差引起的（扣除损失），称为动力真空。尾水管的主要作用在于造成动力真空（因静力真空可由减小 Z_2 消除），因此定义

$$\eta_V = \frac{\dfrac{c_2^2 - c_5^5}{2g} - \Delta H_{2-5}}{\dfrac{c_2^2}{2g}} \tag{2-35}$$

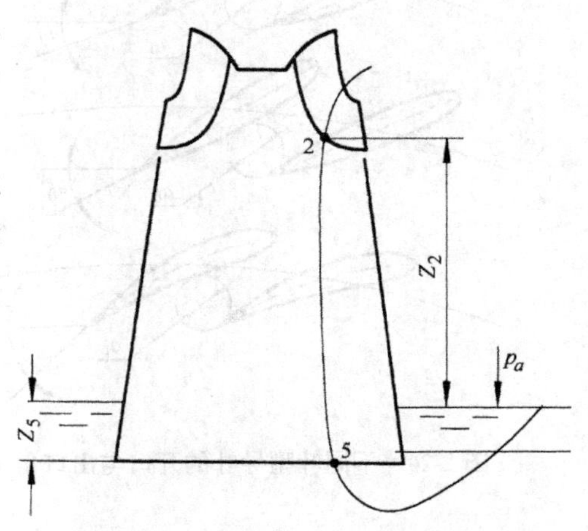

图 2-26　尾水管的作用原理

为尾水管的回能系数或恢复系数，是衡量尾水管作用的指标。尾水管以动力真空的形式将转轮出口动能的一部分变成作用于转轮的压力能（p_2 的减小使作用于转轮进出口的压差增加了），完成了能量回收。从上式可见，为使尾水管能够回收能量，必须使之成为一个扩散管，以使 $c_5 < c_2$。

在低水头的水轮机中，转轮出口动能占了总水头的极大的份额（图 2-27），因此尾水管的工作对低水头水轮机的性能有很大的影响。

应该指出，上面讨论的 c_2 和 c_5 都是指轴面速度。实际上转轮出口速度可能带有圆周分量 c_u，该分量所对应的动能，是难以在尾水管中回收的。同时尾管中过大的 c_u 值将引起尾管中心的压力降低，甚至出现涡带空腔空化。另一方面，涡带在尾管中的不稳定运动，会引起机组的振动。空化与振动，是对水轮机安全运行的两大威胁。因此，设计时一般要求转轮满足法向出口（$c_{u2} = 0$）。不过如果转轮出口速度带有很小的 c_{u2}，水流质点在尾水管中作圆周运动所产生的离心力，有助于减少尾水管管壁边界层内的流动分离倾向，从而减小损失 ΔH_{2-5}。所以严格地说，在最优工况下，水轮机转轮出口水流不是法向，而是略带正环量（c_{u2}略大于零）。

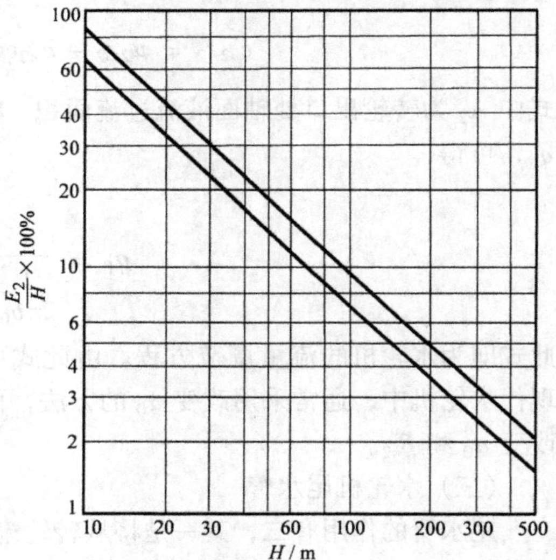

图 2-27　转轮出口动能与水头的关系

（四）喷嘴和喷管

喷嘴和喷管是冲击式原动机（水轮机、汽轮

机、燃气轮机、透平膨胀机等）的重要元件。介质通过喷嘴后，压力和温度降低而速度提高，获得较高的动能，这些动能在叶轮中再转变为机械能输出。冲击式机器的特点将在本章稍后进行分析，在汽轮机和气轮机（燃气、烟气、废气、压缩气体等等）中，冲击式用得特别多。

1. 不可压缩介质

图 2-28 为切击式和斜击式中水轮机应用的喷嘴的流动简图。在没有损失的条件下，其出流的速度应为$\sqrt{2gH}$，但由于损失的存在，实际速度小于该值，用速度系数表示则为

$$c_0 = \varphi\sqrt{2gH} \tag{2-36}$$

其中 $\varphi = 0.95 \sim 0.99$，H 为水轮机的工作水头。

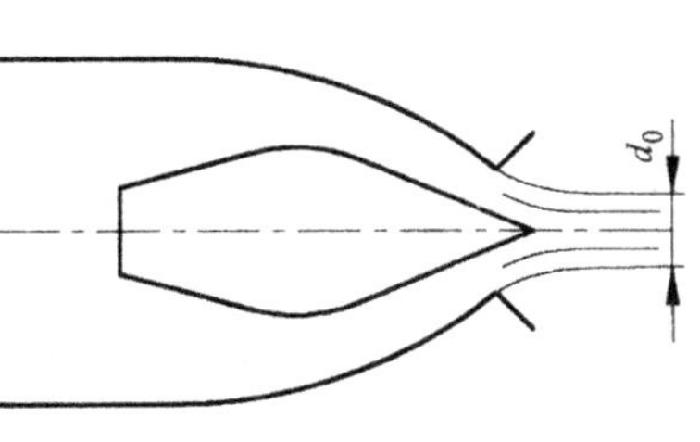

图 2-28　喷嘴流动简图

若射流直径为 d_0，则流量为

$$q_V = \pi d_0^2\varphi\sqrt{2gH} \tag{2-37}$$

喷针用以调节流量，当喷针移动时，改变了喷嘴的过流面积，从而改变了射流直径，于是流量随之变化。通常将关闭位置作为喷针行程的起点，射流直径与喷针行程之间的关系与喷针的形状有关。图 2-29 为喷针行程与流量关系曲线的一个示例，图中纵坐标 Q_{11}为单位流量，表示 $H = 1\text{m}$，喷嘴直径为 $d = 100\text{mm}$ 时的流量。关于单位流量的意义，请参阅第三章“相似理论”。

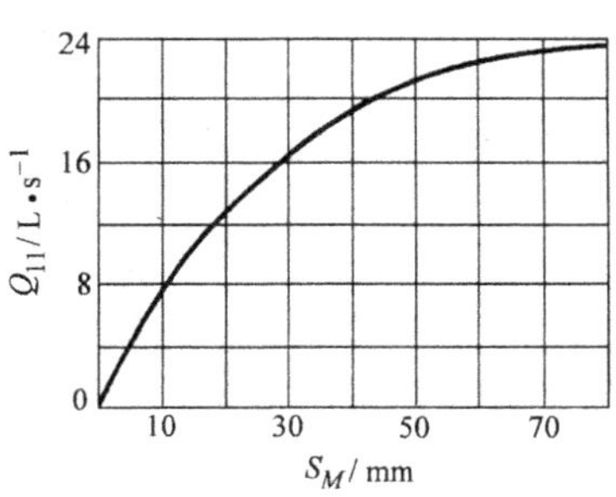

图 2-29　流量与喷针行程的关系

2. 可压缩介质

在汽轮机和气轮机中，喷嘴通常称为喷管，且在多数情况下，喷管被制成叶栅的形式，即由两个相邻的静叶片和上下两块隔板组成一个喷管。图 2-30a 为汽轮机喷管的示意图，我们可将其视为一个锥管（图 2-30b）来研究其中的流动过程。在喷管的流动中，亚音速和超音速流具有完全不同的特性，为简单计，这里将只讨论亚音速流动的情况。关于超音速流，请参阅其他文献。

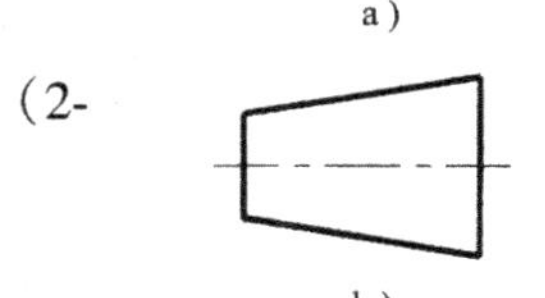

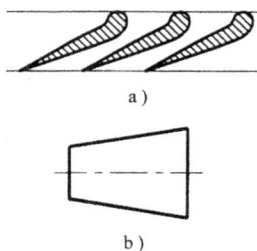

图 2-30　喷管简图
a）叶栅形喷管
b）锥形喷管

用下标 0 表示喷管进口，下标 1 表示出口。根据能量方程（2-20）有

$$\frac{c_1^2 - c_0^2}{2} = h_0 - h_1$$

此式对于任何流动过程均可成立，但不同的流动过程中焓的变化量是不同的。工程计算中通常是给定进口介质的状态和出口处的压力，在这种条件下，如果假定喷管内的流动是绝热等熵的，则可得

$$c_1 = \sqrt{2\frac{\kappa}{\kappa - 1}p_0v_0\left[1 - \left(\frac{p_1}{p_0}\right)^{(\kappa-1)/\kappa}\right] + c_0^2} \tag{2-38}$$

由此式可以看出，当喷管出口的环境压力（背压）p_1 降低时，出口速度将随之增加。但这个增加是有限度的，当出口速度 c_1 达到当地音速时，速度达到极大值。如背压继续降

低，速度也不会继续增加。当 c_1 达到音速时的背压称为临界压力，记为 p_{cr}。临界压力比

$$\beta_{cr} = \frac{p_{cr}}{p_0}$$

是介质绝热指数 κ 的函数。

通过喷管的质量流量为

$$q_m = \frac{A_1 c_1}{v_1}$$

考虑到 $v_1 = v_0\ (p_0/p_1)^{1/\kappa}$和式（2-38），有

$$q_m = A_1 \sqrt{\frac{2\kappa}{\kappa - 1} \frac{p_0}{v_0} \left[\left(\frac{p_1}{p_0} \right)^{2/\kappa} - \left(\frac{p_1}{p_0} \right)^{\kappa + 1/\kappa} \right] + \frac{(p_1/p_0)^{2/\kappa}}{v_0^2} c_0^2} \tag{2-39}$$

当出口速度达到极大值时，流量也达到极大值。

实际流动过程是有损失的，所以实际的出口速度比理想情况的速度小，同样可用速度系数表示实际出口速度

$$c_1 = \varphi \sqrt{2\Delta h_s + c_0^2} \tag{2-40}$$

这里 Δh_s 表示等熵焓降。φ 值取决于喷管的构造和表面粗糙度，其值约为 0.93～0.98。

以上分析喷管流动的方法同样也适用于扩散管（扩压器）的流动，但应注意到损失在二者中所起的作用有着微妙的差别。

在分别考察了水轮机各过流部件的作用原理以后，应该更进一步讨论各部件的相互关系。转轮是进行能量转换的部件，因此其他过流部件的作用都必须服从转轮转换能量的要求。从尾水管的作用原理知，为充分利用水流能量，尾水管出口速度应尽可能低，同时尾水管进口应为法向（$c_{u2} = 0$）。而为了减小水电站压力管路中的流动损失，水轮机进口的速度也不能过高。从转轮的工作来说，为了发出一定的功率，需满足一定的水头与流量条件（$P = \rho g q_V H$），其进口速度（c_{u1}与 c_{m1}）必须为一定的值。为了减小转轮的尺寸，还希望此值不要太小。所以，水流从蜗壳进口到进入转轮之前，必须加速，故引水部件和喷嘴的流道一定是收缩的。反之，尾水管内的水流是减速的，尾水管一定是扩散管。反击式水轮机的完整的工作过程是，具有较高压力的水流，在引水部件中加速，一部分压力能转换为动能。进入转轮的水流仍具有一定的压力，同时有较高的速度。在转轮内，水流推动叶片做功，其压力能和动能都不断减少。在转轮的出口处，压力通常已低于环境的压力，但仍具有一定的速度。在尾水管中，一部分动能再次转换成为压力，使水流能够克服环境的压力排入下游河道。冲击式水轮机与反击式的不同之处在于，在喷嘴中，水流的全部压力能均转换成为动能，所以转轮的进、出口之间没有压力差，在转轮内只有动能转换成机械功。

根据水力学可知，减速的扩压流动比加速的收缩流动损失要大得多（参见本章第六节）。水轮机的引水部件中是加速流动，转轮内的相对运动也是加速的（参见本章第八节），所以损失比较小。尾水管中的流动损失比较大，但由于尾管中水流本身的能量已经很小了，速度较低，所以损失的绝对值并不是很大（请与工作机进行对比，参见本节二）。

二、工作机过流部件的作用原理

（一）吸入室

吸入室在泵中称为吸水室，在风机和压缩机中则称为吸气室或者进气箱，它的作用是向

叶轮提供具有合适大小的、均匀分布的速度的入流。入流速度的分布，对叶轮的工作有很大影响。直锥管形吸入室（图 1-36a）的水力性能最好，能向叶轮提供均匀的、轴向的入流速度，但受结构的限制，只能用在悬臂式结构的泵与压缩机中。弯管形（图 1-36b）吸入室中的速度分布不如直锥管均匀，在必须适应系统管路的布置方式时选用，也可用于双支承的情况。对大型立式泵，则多用肘管形（图 1-36c）。图 1-36d 所示的环形吸入室，便于设置转子支承，所以在多级泵和压缩机中普遍采用。但它不能向叶轮提供均匀轴对称的入流条件，为改善其性能，常在其内设置导向隔离肋板（图 2-31）。当叶轮前没有导流器时，以上几种吸入室内速度的圆周分量的平均值为零，叶轮进口的绝对流动角 $\alpha_1 = 90°$。

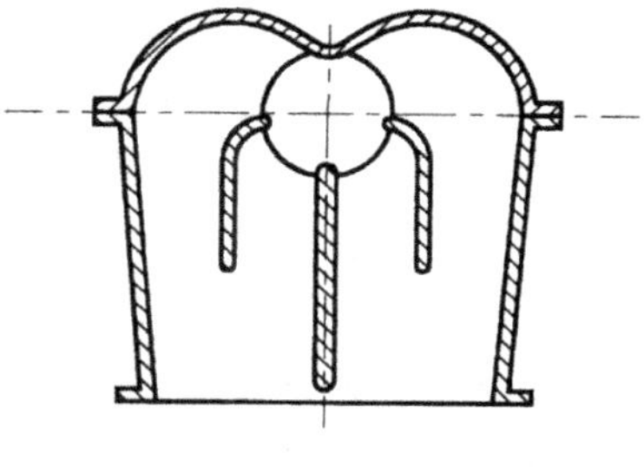

图 2-31　环形吸入室导流肋片

半螺旋形吸入室是在双吸或蜗壳式多级泵中广泛使用的吸入室，在多级离心压缩机中也有应用。图 2-32 是半螺旋吸入室的原理图，由图可见，吸入室由蜗壳形部分及非蜗壳形部分组成，总的流动情况相当于一个蜗壳。由式（2-25）及式（2-27）可知，在叶轮进口，有

$$c_{u1} r_1 = \frac{\dfrac{q_V \theta_0}{360}}{\displaystyle\int_{r_b}^{R_0} \frac{b(r)}{r} \mathrm{d} r} = a q_V \tag{2-41}$$

式中 a 为比例系数，由吸入室的几何形状决定。由于

$$c_{m1} = \frac{q_V}{A_1}$$

故

$$\tan\alpha_1 = \frac{c_{m1}}{c_{u1}} = \frac{r_1}{a A_1} \tag{2-42}$$

可见 $\alpha_1 = \text{const}$ 与流量无关。

当采用半螺旋吸入室的时候，叶轮进口环量 $c_{u1} r_1 > 0$，根据欧拉方程可知，在其他条件相同时，叶轮的能量头（扬程、全压）会降低。在叶轮的设计中，应考虑这一点。

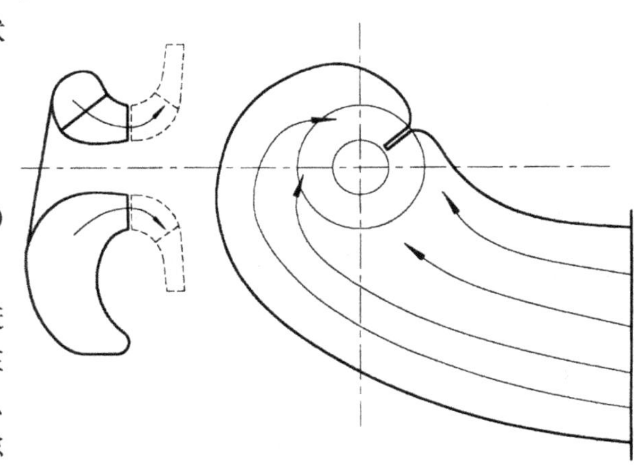

图 2-32　半螺旋吸入室内的流动

（二）压水室与扩压元件

工作机叶轮后面的过流部件常由几个部分组成，在不同的机器中，各部分的名称也不相同。在泵中，通常统称为压水室，而在风机和压缩机中，并没有统一的名称，这里暂且将其统称为扩压元件。扩压元件的作用是将从叶轮内流出的介质收集起来送到出口管路或下一级，同时消除介质所具有的环量（速度矩），将圆周分速度所对应的动能转化为压力能。压水室和扩压元件有多种形式（参见图 1-38），下面分别予以说明。

1. 蜗壳

蜗壳是离心泵和风机中常用的压出室，其流动规律与水轮机蜗壳相同（图 2-33）。显然，蜗壳内的速度矩应等于叶轮出口的速度矩，所以式（2-26）成为

$$q_{Vi} = \frac{q_V \theta_i}{360} = c_{u2} r_2 \int_{r_3}^{R} \frac{b(r)}{r} \mathrm{d}r \tag{2-43}$$

在蜗壳截面形状已经确定时，利用上式即可校核蜗壳截面面积能否满足过流能力的要求。

蜗壳可以降低从叶轮流出的介质的流速，但通常还难以满足要求，所以蜗壳后的排出管要做成扩散管，以进一步降低流速（图 2-33）。

在离心式压缩机中，蜗壳主要是作为排气室使用的，用以收集从扩压器（无叶或叶片式扩压器）或者叶轮流出的介质并将其送入输气管道或中间冷却器。由于压缩机叶轮出口的速度较高，故常在叶轮和蜗壳之间加入无叶或叶片式扩压器，使速度降低后再进入蜗壳。这种情况下，式（2-43）中的速度矩应该是扩压器出口的速度矩 $c_{u4} r_4$，这里下标 4 表示扩压器的出口（图 2-34）。

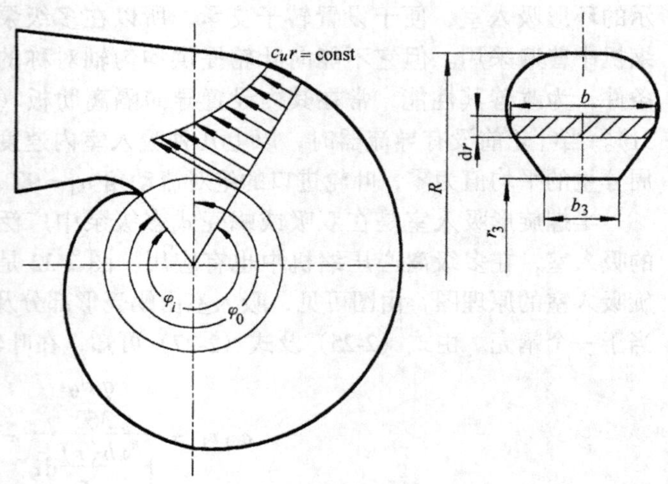

图 2-33　工作机蜗壳内的流动

蜗壳截面形状对流动影响不大，主要根据结构与工艺条件确定。泵与压缩机的压力较高，蜗壳多用铸造，截面形状多为带圆角的梯形（参见图 1-25 与图 1-31）；而离心风机的压力较低，蜗壳多用薄钢板焊接，断面形状多为矩形（图 1-26）。

2．无叶扩压器

无叶扩压器（图 2-35）是一种结构非常简单的扩压器，它是由两个环形平面构成的一个环形通道。通道的宽度可以保持不变（$b_3 = b_4$），也可以稍有变化（$b_3 > b_4$）。无叶扩压器可以用在离心式泵和压缩机中，但主要用在压缩机中，泵中应用较少。

借助于图 2-35 可以分析无叶扩压器的工作原理。设从叶轮流出的流体质点具有速度 c_2（可分解为轴面分量 c_{m2} 和圆周分量 c_{u2}），绝对流动角为 α_2。质点进入扩压器后速度为 c_3（c_{m3}，c_{u3}），流动角为 α_3，在扩压器出口处速度为 c_4（c_{m4}，c_{u4}），流动角为 α_4。在整个流动过程中流体质点的运动应遵守连续性定理和动量矩守恒定理，所以有

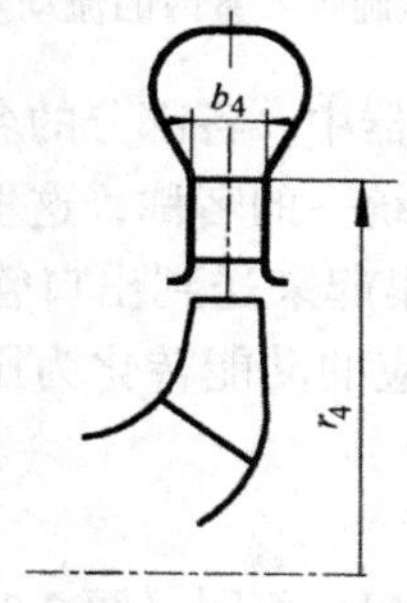

图 2-34　带叶片式扩压器的压缩机蜗壳

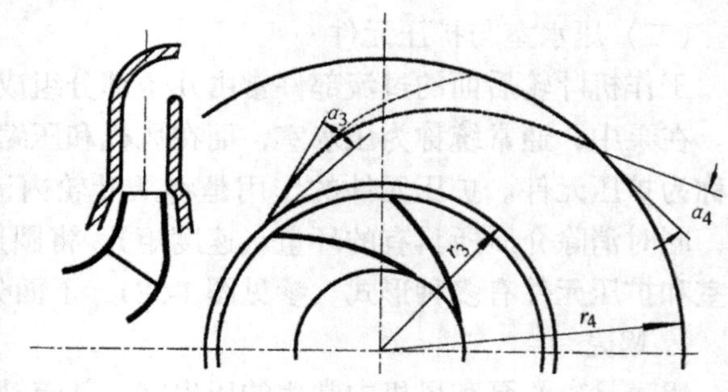

图 2-35　无叶扩压器

$$c_{m2}r_2b_2\rho_2 = c_{m3}r_3b_3\rho_3 = c_{m4}r_4b_4\rho_4 \tag{2-44}$$

$$c_{u2}r_2 = c_{u3}r_3 = c_{u4}r_4 \tag{2-45}$$

如果宽度不变并忽略密度的变化和摩擦的影响，可知流体质点在无叶扩压器内将沿一等角螺线运动，故

$$\alpha_4 = \alpha_3 \qquad c_4 = c_3\frac{r_3}{r_4} \tag{2-46}$$

即速度与半径成反比，速度随半径增大而线性降低。于是可以根据要求的速度降低量（增压效果）确定扩压器外径 D_4，一般取 $D_4 =$ （1.55～1.7） D_2。

如果考虑密度的变化，则由于增压过程密度增加，c_{m4}的值根据式（2-44）将减小，而由于摩擦力的影响，c_{u4}的值也将比按式（2-45）计算的更小。所以，在考虑密度变化及摩擦力作用的情况下，也可近似将流体质点的轨迹看成是等角螺线。

无叶扩压器的优点是结构简单，造价低，稳定工况的范围宽，对工况的变化不敏感；在压缩机中，当马赫数 Ma 较大时，效率下降也不多。其缺点则是由于 α 不变，为达到同样的增压效果（与后面的叶片式扩压器比较）所需的直径较大，致使整机尺寸加大。这同时也使流体质点在其中运动的路径较长，因而摩擦损失较大，设计工况下的效率较低，特别是当 α 的值较小时，效率更低。有时候无叶扩压器中可使 b_4 略小于 b_3，这时，由式（2-44）及式（2-45）可见，c_{r4}将增大，而 c_{u4}不变，所以 α_4 增大，流体质点运动路程缩短（图 2-35 中的细线），摩擦损失将会减小。

3. 导叶与叶片式扩压器

多级离心泵中的径向导叶在离心式压缩机中称为叶片式扩压器（图 2-36），是在无叶扩压器的通道中设置若干叶片而成。由于叶片对流体的作用，其速度矩不再保持不变，质点将被迫沿叶片表面流动，α_4 的值将由叶片形状决定，但式（2-44）仍然成立。所以有

$$\frac{c_4}{c_3} = \frac{r_3\rho_3\sin\alpha_3}{r_4\rho_4\sin\alpha_4} \tag{2-47}$$

可见为达到同样的扩压度，增大 α_4，就可减小 r_4。与无叶扩压器相比，导叶（叶片式扩压器）的外形尺寸小，流动路径短，摩擦损失小，设计工况下效率比无叶扩压器高。但在变工况时，叶轮出口的流动角变化将在导叶叶片进口造成冲击损失，因而效率下降较多，Ma 数较大时，效率较低。

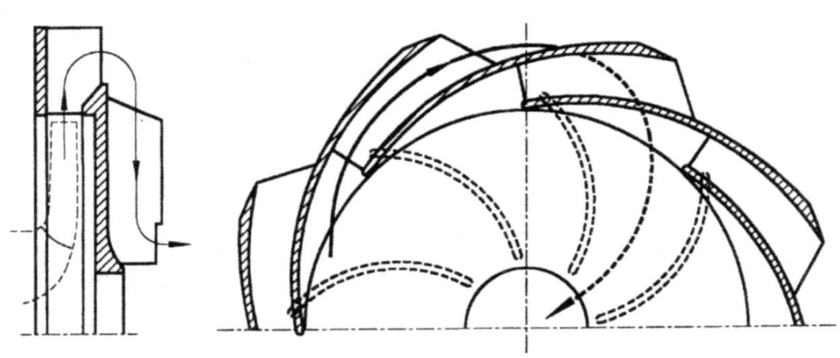

图 2-36　径向导叶与叶片式扩压器

为了将从无叶或叶片式扩压器流出的介质引入下一级叶轮进口，应在扩压器后设置过渡流道及叶片（图 2-36），这在离心压缩机中称为弯道和回流器，在离心泵中称为反导叶。反导叶或回流器叶片出口角度应根据下一级叶轮对进口速度的要求确定，通常为 90°。

图 1-38f、g 分别是混流泵和轴流泵的压水室也称为导叶，它们与径向导叶的轴面速度方向不同，被称为空间导叶和轴向导叶。其作用原理与径向导叶相同，具体计算方法将在第六章讨论。轴流式风机和压缩机的扩压元件与轴流泵相同，也称为导叶，而叶片后面的扩散管，则称为扩压器。

（三）导流器

这里所指的导流器，是泵、风机和压缩机叶轮之前可以绕自身轴线旋转的导向叶片（参见图 1-10），在泵和轴流式风机中常称为“前导叶”。与水轮机的活动导叶一样，导流器是用以调节工况的。它们都位于叶轮之前，但水轮机活动导叶是在转轮的高压侧，而泵、风机和压缩机的导流器却位于叶轮的低压侧。

导流器也可以是径向式或轴向式的，它们的工作原理相同。在导流器出口到叶轮进口，仍认为速度矩保持不变，于是有

$$c_{u1}r_1 = c_{u0}r_0 = \frac{q_V}{2\pi b_0}\cot\alpha_0$$

代入欧拉方程式中有

$$h_{th} = gH_{th} = \frac{p}{\rho} = u_2c_{u2} - \omega\frac{q_V}{2\pi b_0}\cot\alpha_0 \tag{2-48}$$

可见，当流量和转速不变时，u_2c_{u2}的值将保持不变（忽略压力变化引起的出口体积流量的变化），此时转动叶片，就可改变能量头（或扬程、压力）的值，从而调节了工况。

在工作机中，介质从吸入室的进口到叶轮之前，通常有一定程度的加速，这样可使速度分布趋于均匀。在叶轮中，叶片对介质作功，使其压力和绝对速度都有很大的增加，且速度的增加主要表现为圆周分量 c_{u2}的增加。在叶间流道中，相对速度值是减小的，所以工作机的叶轮中的流道是扩散的。由于叶轮出口的流动速度较高，必须使一部分动能在扩压元件中转换成压力，所以扩压元件中的流动是减速的。

比较一下原动机和工作机的流动特点是有意义的。设想将一台水轮机反转作为泵运行（例如对于可逆式水泵—水轮机），则水轮机引水室就成为泵压水室，而尾水管则成为泵吸水室。对同一台机器的这两种工况，可以设想，当流量相同时，各过流断面上速度的平均值应该是相同的，但速度的方向相反。二者的流动速度从机器的进口到出口的变化过程有相同之处，即在进入叶轮之前，流动是加速的，在叶轮之后是减速的。但由于流动方向不同，流动特性也有很大的差异。这表现为以下两点不同；其一，在原动机叶轮中，绝对速度减小，但相对速度增加，其叶间流道是收缩的，而工作机正相反，绝对速度是增加的，而相对速度是减小的。叶间流道是扩散的，所以在速度相同的情况下，工作机叶轮内的损失较大；其二，原动机中叶轮之后的扩压流动发生转轮的低压侧，在速度较低的尾水管中，而工作机的扩压元件在叶轮之后，其中的绝对速度值很高，损失值也比原动机的尾水管大。由于这个差别，在相同的设计条件下（h、q、n 相同），工作机与原动机的设计也不完全相同。这个问题将在本章第八节进行更深入的讨论。

第四节　流道中介质状态参数的变化

在讨论了叶轮与固定元件的工作原理以后，就可以全面地讨论一下介质在叶片式流体机械内的整个流动过程中能量的变化情况。为了讨论的方便，这里引入以下几个假定：

1）忽略介质通过机壳与外界的热交换。也就是说，介质在固定元件中流动时，与外界没有能量的交换，是绝能流。而在叶轮中流动时，只通过叶片（可包括圆盘损失，参见本章第六节）输出（入）机械功。

2）流动是稳定（定常）的。

3）流动是亚音速的。

4）介质为理想气体或液体。

虽然有这些限制，但本节的结果对多数情况是适用的，对另外一些情况（例如介质为真实气体），作为定性的分析也是适用的。

介质的能量包括宏观的动能、势能和内能，所以介质的能量变化反映在其速度 c 以及状态参数温度 T 和压力 p 的变化中。在多级式机器中，各级的工作参数可能不同，但工作原理是相同的，所以只讨论一级中介质能量的变化即可。

一、滞止温度与滞止压力

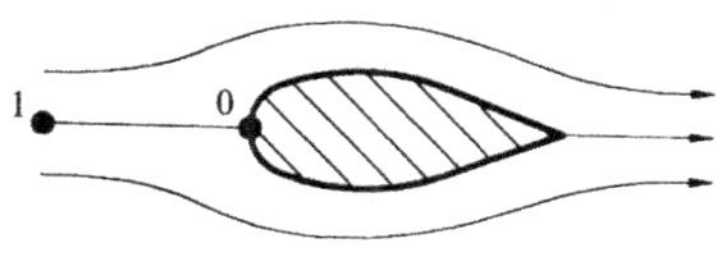

图 2-37　绝热滞止

图 2-37 为绕流一固体物的流场，设流动过程是绝热等熵的，考察通过驻点 0 的流线，设流线上点 1 处介质的状态参数为 T、p、v，速度为 c，则点 0 处的温度和压力分别称为滞止温度和滞止压力。用上标 * 表示滞止状态的参数，则根据伯努利方程，对可压缩介质，考虑到 $h=c_pT$，绝热过程方程 $pv^{\kappa}=\text{const}$，有

$$T^{*}=T+\frac{c^2}{2c_p}\qquad h^{*}=c_pT^{*}=h+\frac{c^2}{2}\tag{2-49}$$

$$p^{*}=p\left(\frac{T^{*}}{T}\right)^{\frac{\kappa}{\kappa-1}}\tag{2-50}$$

滞止温度、滞止焓和滞止压力又分别被称为总温、总焓和总压，它们都是介质的状态参数，而介质的实际参数 T 和 p 则称为静温和静压。在工程上常用滞止参数来表示介质在流动过程中能量的变化。在图 2-37 的驻点处，滞止过程是实际发生的过程，但在多数情况下，滞止过程只是假想的过程。对图 2-37 中其它各条流线上任意一点，都可假想将流动滞止到速度为零，并用以上两个式子计算滞止参数，作为该点的状态参数。

介质在流动过程中滞止参数如何变化与叶轮所做的功以及流动损失有关。下面以图 2-38 所示的扩压管流动为例分别对可压和不可压介质进行讨论，并用下标 1 和 2 分别表示图中点 1 和点 2 处的参数。

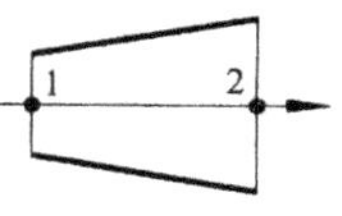

图 2-38　扩压管内的流动

1. 可压缩介质

当流动没有外功加入，也没有流动损失时，1、2 两点参数间满足关系式

$$\frac{T_1}{T_2}=\left(\frac{v_1}{v_2}\right)^{\kappa-1}=\left(\frac{p_2}{p_1}\right)^{(\kappa-1)/\kappa}$$

和式（2-20）。如果管道如图所示为扩散的，则可知速度将减小而压力和温度将增加。这时，两点处的滞止温度和滞止压力分别为

$$T_1^* = T_1 + \frac{c_1^2}{2c_p} \qquad T_2^* = T_2 + \frac{c_2^2}{2c_p} \tag{2-51}$$

$$p_1^* = p_1\left(\frac{T_1^*}{T_1}\right)^{\kappa/(\kappa-1)} \qquad p_2^* = p_2\left(\frac{T_2^*}{T_2}\right)^{\kappa/(\kappa-1)} \tag{2-52}$$

根据两点参数间的关系和式（2-20），可知两点的滞止温度和滞止压力分别相等，即在无损失的绝能流中，滞止温度和滞止压力将不变。图 2-39 在 T-s 图中表示了介质质点从点 1 到点 2 的状态变化过程。其中粗实线 12 表示绝热等熵过程，标注为 p_1 和 p_2 的两条曲线为等压线。

对于有损失的流动，介质克服摩擦力所做的功，转换为热使介质温度升高，并使介质的焓和熵增加，此时在 T-s 图上，不可逆过程线为虚线 12′。由式（2-20）可知，若 p_2 保持不变，则有 $c_{2'} < c_2$，即损失导致动能减少。流动损失本质上是压力损失，这里在给定喷管两端压力的条件下，表现为动能的损失。考虑到喷管出口处的速度能实际上是由压力转换而来，所以这个现象不难理解：损失使转换为动能的压力减少，所以速度也降低了。

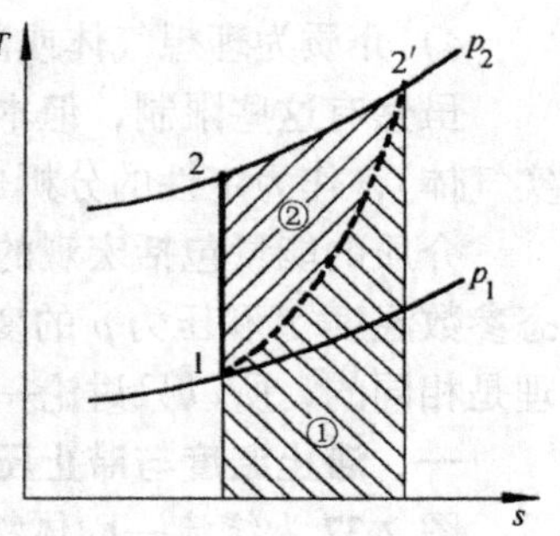

图 2-39　可逆与不可逆绝热过程

由于式（2-20）对有损失的流动仍有效，故两种情况下滞止温度相同。

$$T_1^* = T_{2'}^*$$

图 2-39 中面积①表示能量损失所产生的热量，这些热量使介质的焓和熵增加，过程不再是等熵的，而是多变过程。这个热量在原动机和工作机中的作用并不完全相同，在原动机中，所增加的焓的一部分将在以后的流动过程中再次转变为机械功；而在工作机中，介质温度的增加将使达到相同的出口压力所需的压缩功增加，所增加的这一部分压缩功为图中的面积②。不管在何种情况下，由不可逆性引起的熵的增加（熵产）都是损失大小的一种度量。2 和 2′两点熵的差值可借助于从点 2 到点 2′的等压过程求得为

$$\Delta s = s_{2'} - s_2 = c_p \ln \frac{T_{2'}}{T_2}$$

根据式（2-50）

$$p_2^* = p_2\left(\frac{T_2^*}{T_2}\right)^{\kappa/(\kappa-1)} \qquad p_{2'}^* = p_{2'}\left(\frac{T_{2'}^*}{T_{2'}}\right)^{\kappa/(\kappa-1)}$$

考虑到 $T_{2'}^* = T_2^*$，$p_{2'} = p_2$，所以有

$$\frac{T_{2'}}{T_2} = \left(\frac{p_2^*}{p_{2'}^*}\right)^{(\kappa-1)/\kappa} = \left(\frac{p_1^*}{p_{2'}^*}\right)^{(\kappa-1)/\kappa}$$

于是熵产为

$$\Delta s = c_p \ln \frac{T_{2'}}{T_2} = c_p \ln\left(\frac{p_1^*}{p_{2'}^*}\right)^{(\kappa-1)/\kappa} \tag{2-53}$$

可见，在考虑流动损失的条件下，滞止温度仍保持不变，但滞止压力将会减少。同时，

损失发生前后滞止压力之比是损失大小（流动过程不可逆程度）的一种度量。

如果考虑叶轮内的流动，则有外功输出或输入。根据式（2-19），可知滞止温度将发生变化，变化量为

$$T_2^* - T_1^* = \frac{\pm h_{th}}{c_p} \tag{2-54}$$

即输出功量（$-h_{th}$）时，滞止温度降低，输入功量（$+h_{th}$）时，滞止温度升高。

滞止压力的变化规律与滞止温度相同，但定量的计算比较烦琐，这里从略。

2. 不可压缩介质

对于不可压缩介质，滞止温度的概念没有实际意义。当忽略重力的作用及能量损失时，对于图 2-37 所示的滞止过程，由伯努利方程知

$$p + \rho\frac{c^2}{2} = \text{const} = p^* \tag{2-55}$$

显然，这里滞止压力 p^* 实际上就是全压（或总压）。对于液体介质，重力的作用常常不可忽略，此时有

$$H^* = \frac{p}{\rho g} + \frac{c^2}{2g} + Z = \text{const} \tag{2-56}$$

这时 H^* 就成为总水头了。

考虑流动损失时，总压或总水头降低，其与损失的关系为

$$\Delta H = \frac{p_1^* - p_2^*}{\rho g} \quad 或者 \quad \Delta p = p_1^* - p_2^* \tag{2-57}$$

这里 ΔH 是以液柱高度表示的（单位重力介质的）流动损失，而 Δp 为以压力表示的（单位体积介质的）能量损失。应该指出，在不可压缩介质中，流动损失也转变为热，使介质温度升高。但这些热能不像可压缩流体那样，可有一部分再转换为功，或者对流动过程产生影响。这个差别，正是二者效率的定义有所不同的原因。

在叶轮的流动中，有功输出或输入，总压或总水头的变化为

$$\mp H_{th} + \Delta H = \frac{p_1^* - p_2^*}{\rho g} \tag{2-58}$$

由以上讨论可见，在不可压缩介质中，滞止压力其实是介质有效总能量的度量。

二、压缩机中温度与压力的变化

这里以离心式压缩机为例说明可压缩介质在流体机械内温度与压力的变化。图 2-40 是一台多级离心压缩机的示意图，现以第一级为例研究其中介质状态参数的变化。图中标出了从压缩机进口的 *in*—*in* 直到下一级叶轮进口 0—0 的若干计算截面，并在这些截面上进行计算。

1. 级中温度变化

根据前面的讨论，在固定元件中，滞止温度不变，在叶轮中，滞止温度随输入的功量变化。所以

$$T_1^* = T_0^* = T_{in}^* \qquad T_6^* = T_5^* = T_4^* = T_3^* = T_2^*$$

介质通过叶片后滞止温度的升高值为

$$T_2^* - T_1^* = \frac{h_{tot}}{c_p}$$

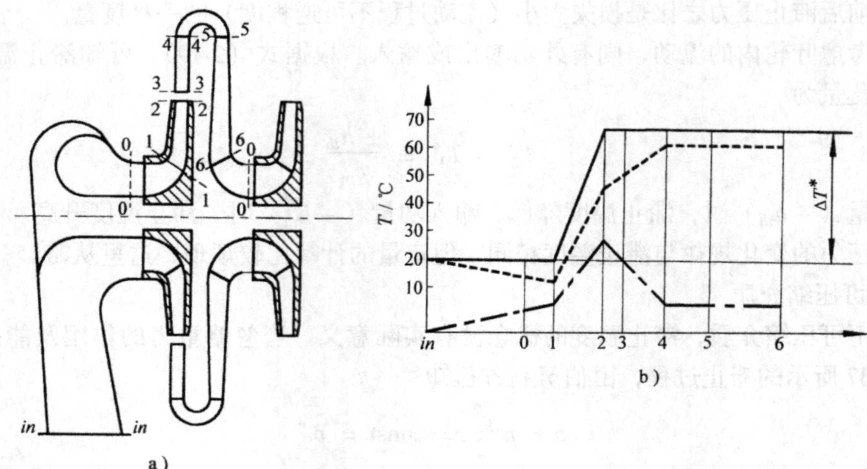

图 2-40　压缩机级的计算截面和温度变化

a）计算截面　b）温度变化曲线

in—压缩机进口　0—叶轮进口　1—叶片进口　2—叶轮出口

3—扩压器进口　4—扩压器出口　5—回流器进口　6—级的出口

这里 h_{tot} 为通过叶轮输入的总功，包括轮盘损失和漏气损失所对应的功量（请参阅本章第六节）。各截面的介质温度，可由下式决定

$$T_i = T_i^* - \frac{c_i^2}{2c_p}$$

这里下标 i 表示任意截面。各截面滞止温度、静温和速度的变化表示在图 2-40b 上，实线表示滞止温度，虚线表示静温，而点划线则表示速度。

2. 级中压力的变化

考虑到级中的流动损失后，精确计算各截面的参数是很困难的。一个可行的办法是将级中的过程视为同一个多变过程并用一个平均的多变指数 m 作为该过程的指数。这样能够以一定的精度很方便地计算各截面的压力。

设 ε_i 为各截面压力与进口截面 *in*—*in* 压力的比值，$K_{\rho i}$ 为各截面密度与进口截面密度的比值，则有

$$\varepsilon_i = \frac{p_i}{p_{in}} = \left(\frac{T_i}{T_{in}}\right)^{m/m-1} \qquad K_{\rho i} = \frac{\rho_i}{\rho_{in}} = \left(\frac{T_i}{T_{in}}\right)^{1/m-1}$$

于是当各截面的温度已求得后，可求得压力与密度为

$$p_i = \varepsilon_i p_{in} \qquad \rho_i = K_{\rho i}\rho_{in}$$

三、水轮机中速度与压力的变化

这里以一台贯流式水轮机为例说明不可压介质流过机器时，其速度与压力的变化。图 2-41 给出了水轮机的简图及计算截面。由于不考虑内能的变化，所以比可压缩介质要简单得多。

总水头作为介质总能量，在转轮中由于输出功量而下降，在其余的过流部件中则由于流动损失而下降。应该注意到，在转轮中，总水头的下降幅度大于由输出功决定的数值（理论水头 H_{th}），是由于流动损失引起的。图中实线表示总水头的变化，虚线则表示包括位能 Z

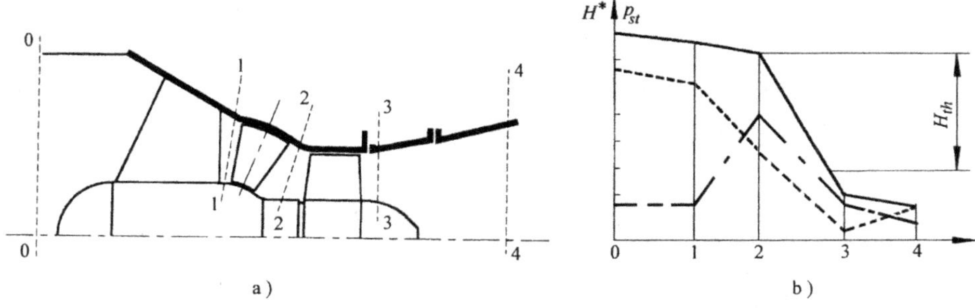

图 2-41　水轮机中压力与速度的变化

a）计算截面　b）压力与速度分布

1—进口　2—导叶进口　3—导叶出口　4—转轮进口

在内的静压变化，二者的差别是动能

$$\frac{c_i^2}{2g} = H^* - \frac{p_i}{\rho g} + Z_i$$

图中点划线表示了速度的变化。

四、例题

例 2-4　给定某压缩机级各截面（截面位置如图 2-40）的速度如下：叶轮进口截面 0—0，$c_0 = 96.2\text{m/s}$；叶轮叶道进口截面 1—1，$c_1 = 122.5\text{m/s}$；叶轮出口截面 2—2，$c_2 = 179.5\text{m/s}$；扩压器出口截面 4—4，$c_4 = 83.1\text{m/s}$；回流器进口截面 5—5，$c_5 = 100\text{m/s}$；级的出口截面 6—6，$c_6 = 74\text{m/s}$。若已知压缩机从静止的大气中吸入空气，气温为 20℃，气体常数 $R = 287\text{J/(kg·K)}$，空气的质量定压热容 $c_p = 1.002 \times 10^3\text{J/(kg·K)}$，压缩机的总能量头 $h_{tot} = 48000\text{m}^2/\text{s}^2$，试求各截面的介质温度（静温）。

由题意知叶轮之前各截面的滞止温度为

$$T_{in}^* = T_0^* = T_1^* = 293\text{K}$$

叶轮之后各截面的滞止温度则为

$$T_2^* = T_4^* = T_5^* = T_6^* = T_{in}^* + \frac{h_{tot}}{c_p} = \left(293 + \frac{48000}{1.002 \times 10^3}\right)\text{K} = 340\text{K}$$

于是可以求得各截面介质的静温为

0—0 截面　$T_0 = T_0^* - \dfrac{c_0^2}{2c_p} = 288.5\text{K} = 15.5℃$；　1—1 截面　$T_1 = T_1^* - \dfrac{c_1^2}{2c_p} = 285.6\text{K} = 12.6℃$

2—2 截面　$T_2 = T_2^* - \dfrac{c_2^2}{2c_p} = 324.2\text{K} = 51.2℃$；　4—4 截面　$T_4 = T_4^* - \dfrac{c_4^2}{2c_p} = 336.6\text{K} = 63.6℃$

5—5 截面　$T_5 = T_5^* - \dfrac{c_5^2}{2c_p} = 335.1\text{K} = 62.1℃$；　6—6 截面　$T_6 = T_6^* - \dfrac{c_6^2}{2c_p} = 337.3\text{K} = 64.3℃$

第五节　变工况的流动分析

流体机械的一组工作参数 q_V、H、n、a_0 及介质的物性参数 R、κ、p_{in}、T_{in}等，决定了流体机械的一种工作状况，称为一种工况。当各参数都为设计值时，称为设计工况。当机器的效率最高时，称最优工况。理论上，设计工况即应为最优工况，但由于还不能精确计算流动情况，故二者并不完全一致。当机器工作在其他工况时，称非设计工况（非最优工况）或偏离工况。非最优工况下，机器的效率会下降，严重偏离最优工况时，还会出现振动、空化等现象，甚至根本不能运行。以下将借助于速度三角形，说明不同工况下机器性能的变化。

一、不同工况下泵、风机与压缩机内的流动

1. 设计工况

工作机在设计工况下的进口速度三角形如图 2-42 中实线所示。图 2-42a 为 $c_{u1}=0$ 的情况，图 2-42b 为 $c_{u1}\neq 0$ 的情况。c_{u1}的这种差别，取决于吸入室的类型以及前置导叶（导流器）叶片的角度。在最优工况下，有 $\beta_1=\beta_{b1}$，即为无冲击进口。

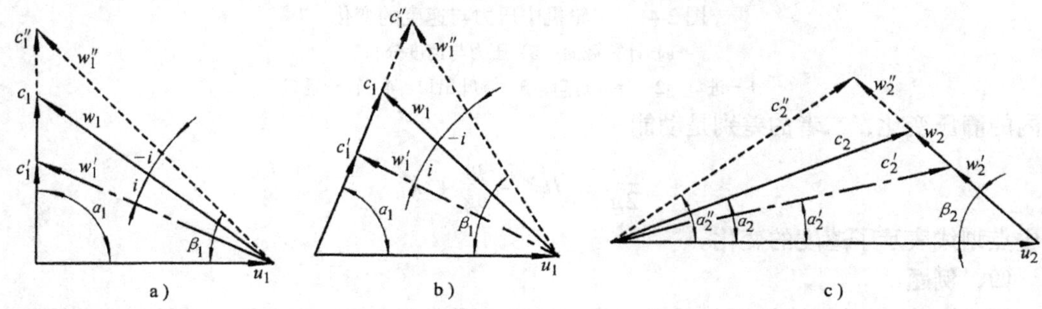

图 2-42　流量变化时的速度三角形

a) 进口 $c_{u1}=0$　b) 进口 $c_{u1}\neq 0$　c) 出口

c_{u1}被称为预旋，当 c_{u1}与 u_1 方向一致时，称正预旋，反之为负预旋。由欧拉方程式可见，预旋值对叶轮内的能量转换有直接的影响，多数情况下，泵、风机和压缩机叶轮进口没有预旋或只有很小的预旋。利用导流器改变预旋是调节工况的方法之一。

最优工况下的出口速度三角形如图 2-42c 中实线所示，其中 $\beta_2=\beta_{b2}$（无限叶片数条件下）。在最优工况下，压水室或叶片式扩压器的叶片进口满足无冲击进口条件。

当进、出口速度三角形确定以后，由欧拉方程式可确定扬程或能量头，故 q_V、n 确定以后，机器的工况就确定了。

应该指出，对于可压缩介质，介质质量体积与压力和温度有关。在进口体积流量 q_{Vin}、转速 n 以及介质的状态给定以后，出口压力和温度根据欧拉方程式取决于出口速度，而在叶轮尺寸一定时，出口速度又与体积流量有关。因此不象不可压介质那样可以直接求得出口速度三角形，只能用迭代方法逐步逼近。在本节的讨论中，将不涉及计算过程，而将叶轮出口体积流量视为已知，而且符号 q_V 既可表示进口流量，也可表示出口流量。但读者应意识到，对可压缩介质，叶轮进、出口的体积流量是不同的，工程上用进口体积流量来代表机器的工况，而出口体积流量与叶轮的能量头有关。

2. 当 q_V 变化时

当 q_V 变化时的进、出口速度三角形亦如图 2-42 所示。虚线为大流量工况，点划线为小流量工况。当 q_V 变化时，α_1 不变，这是由吸入室或导流器决定的。β_1 相应发生了变化，故不再满足无冲击进口条件，因而发生冲击损失。叶片角与液流角的差值

$$i=\beta_{b1}-\beta_1 \tag{2-59}$$

称为冲角，由图 2-42 可见，大流量工况为负冲角，小流量工况为正冲角。

在出口速度三角形中，$\beta_2=\beta_{b2}$保持不变（无穷叶片数假定下），c_{m2}与 q_V 成正比，故当

q_V 增大时，α_2 增加，c_{u2}减小。反之亦然。但当 $\beta_{b2} > 90°$时，c_{u2}的变化方向相反。由于 α_2 的变化，压水室（扩压器）不能保持无冲击进口，也会造成损失。

有些轴流式、斜流式机器叶轮的叶片可以绕自身的轴线转动（可调），从而改变 β_{b2}及 β_{b1}的大小，通常用叶片转角 φ 表征可调叶片的位置，在设计位置时 $\varphi = 0$，向使 β_b 增大的方向转动时，$\varphi > 0$，否则，$\varphi < 0$(图 2-43)。显然当 q_V 增大时,向 φ 增大的方向转动叶片,可以减小负冲角 i,从而减小冲击损失。在叶轮出口,适当转动叶片可使 α_2 在 q_V 增大时保持不变,避免压水室和扩压器内的冲击损失(图 2-44a)。当 q_V 减小时,向 φ 减小的方向转动叶片可获得同样的效果,故转动叶片可大大扩展高效工作范围。

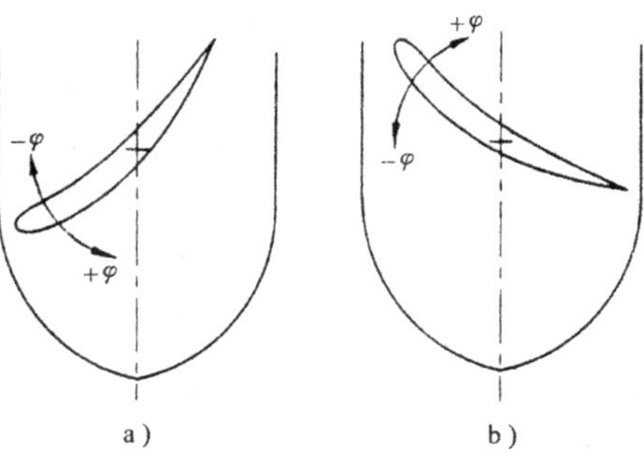

图 2-43 φ 角的符号规定

a) 泵、风机和压缩机 b) 水轮机

3. 当 n 变化时

当 n 变化而流量不变时的速度三角形如图 2-45 所示，各参数的变化及对机器工作的影响的分析方法同前，叶片转动的情况如图 2-44b。

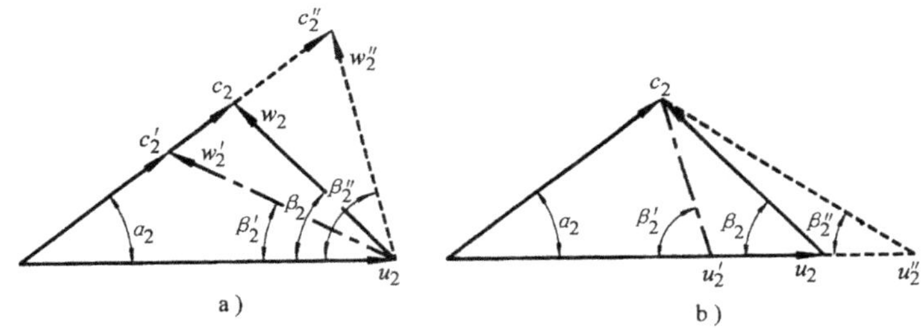

图 2-44 叶片可调时变工况出口速度三角形

a) 流量变化时 b) 转速变化时

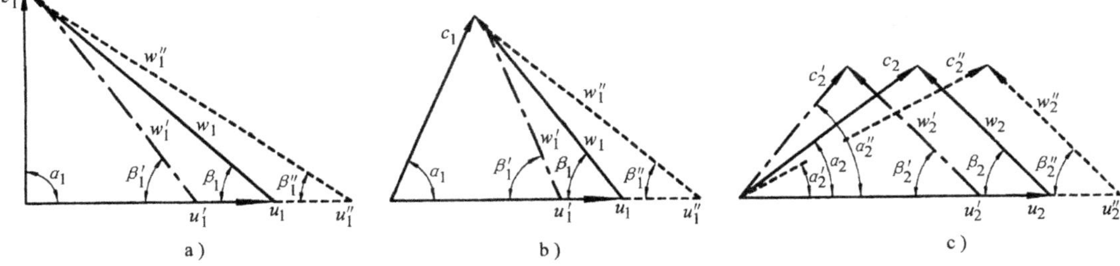

图 2-45 变转速时的速度三角形

a) 进口 $c_{u1} = 0$ b) 进口 $c_{u1} \neq 0$ c) 出口

4. 前置导叶（导流器）的影响

对于安装有前置导叶的工作机，转动叶片将改变 α_1，即 c_1 的方向，直接改变进口速度三角形。图 2-46 表示了不同入流方向的进口速度三角形。由图可见，导流器叶片转动将改变 c_{u1}和 β_1 的大小，前者将改变叶轮的扬程或能量头，后者将改变叶轮叶片的进口冲角。二者均会使机器的参数改变。前置导流器对出口速度三角形没有直接的影响，如果流量不变，出口速度三角形也不变。但在既定的系统中，扬程（能量头）的改变必然会使流量改变。另外，对可压缩介质，能量头的变化将使出口体积流量变化。这些因素将在一定的程度上改变出口速度三角形。

最后应该指出，前面关于变工况速度三角形的讨论，原则上只适用于亚音速流动。如果流动速度增加使流道某截面的速度达到音速，则由于激波的形成将对机器的性能产生很大的影响，这时前面讨论的结果就不再适用了。

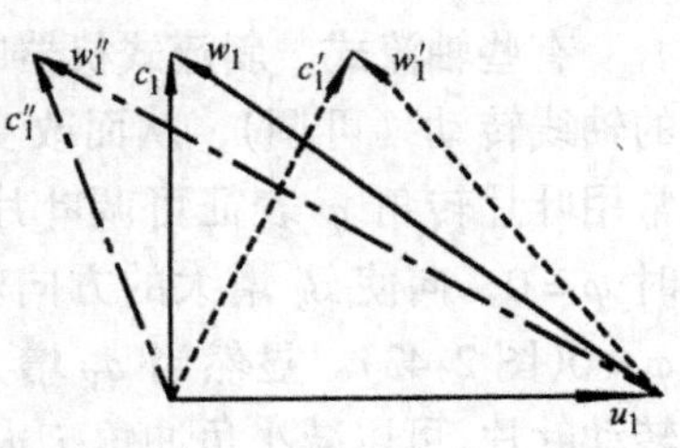

图 2-46　前置导叶对进口速度三角形的影响

泵、风机和压缩机在实际运行时，由于运行环境的变化(例如管路上阀门开度的变化)，会使机器的运行工况随之变化。但机器并不是在任何工况下都能正常运行，通常只允许机器在一定的流量范围内运行。对于风机和压缩机，运行范围的最小流量主要由喘振条件限制（参见第七章)，当实际流量小于喘振界限时，会使系统发生强烈的振动而危及安全。最大流量则受音速的限制，当机器的最小断面上的速度全部达到音速后，就再也无法加大机器的流量了，这种情况称为堵塞工况。对于泵，在一定的条件下，运行工况主要受空化条件限制，但不象风机和压缩机那样严格。有关叶片式机器的运行工况，在第七章将进行较深入的讨论。

二、不同工况下水轮机内的流动

由于水轮机导水机构的转动，可以在 H、n 不变的条件下改变流量，故水轮机比泵、风机和压缩机多一个决定工况的参数。

1. 设计工况

设计工况下水轮机的进出口速度三角形如图 2-47 中实线所示。在进口处，α_1 的数值取决于导叶的出流角 α_0，在导叶的出口，有

$$c_{m0} = \frac{q_V}{2\pi r_0 b_0} \quad c_{u0} = c_{m0}\cot\alpha_0$$

从导叶出口到转轮进口，水流系自由流动，故

$$c_{u1} r_1 = c_{u0} r_0 \quad c_{u1} = \frac{c_{u0} r_0}{r_1} = \frac{q_V \cot\alpha_0}{2\pi b_0 r_1}$$

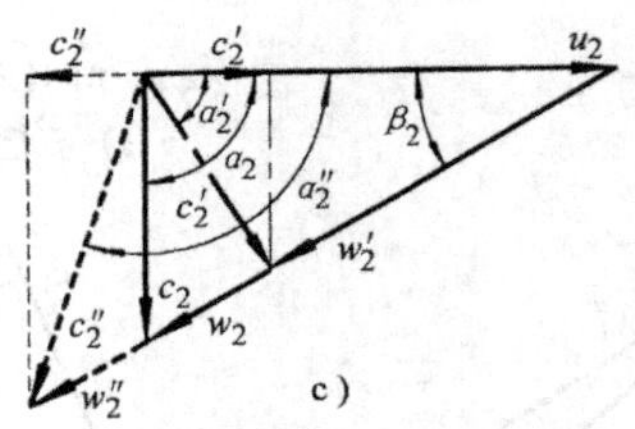

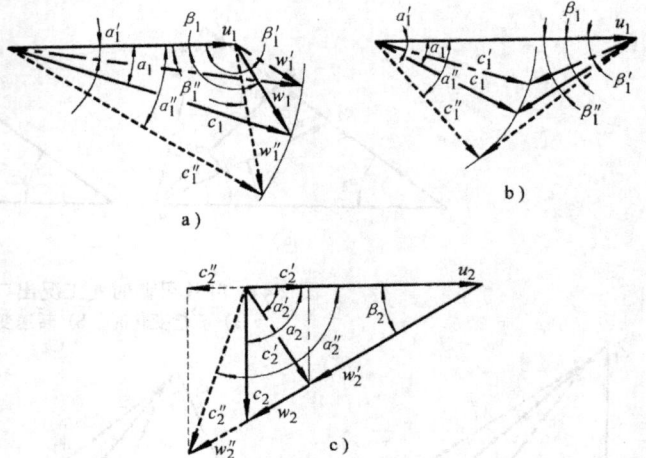

图 2-47　流量变化时水轮机的速度三角形
a）高水头时进口速度三角形
b）低水头时进口速度三角形　c）出口速度三角形

又由于 $c_{m1} = q_V / A_1$

故

$$\tan\alpha_1 = \frac{c_{m1}}{c_{u1}} = \frac{2\pi b_0 r_1}{A_1} tan\alpha_0 \tag{2-60}$$

上式表明，转轮叶片进口的绝对液流角直接由导叶出口液流角决定。由于 A_1 与 r_1 的关系不同，当 α_0 和 b_0 相同时，不同型式的叶轮进口液流角的数值也不同。图 2-48 为混流式和轴流式转轮的对比。在混流式水轮机中，当在轴面图上转轮进口边接近平行于导叶出口边时，导叶与转轮之间的流动可视为两平行平板之间的流动。这时有

$$b_1 = b_0 \quad A_1 = 2\pi r_1 b_1 \quad \alpha_1 = \alpha_0$$

即转轮进口边各处绝对液流角相等且等于导叶出口角。

对于轴流式转轮，由图可见，A_1 与 b_0 之间没有直接的关系，且进口边上各处的 r_1 是不同的，所以各处的液流角是不同的，应分别进行计算。

与泵和压缩机相同，在最优工况下，应有 $\beta_1=\beta_{b1}$，转轮为无冲击进口。在出口处，最优工况下应该有 $\alpha_2=90°$，满足法向出口条件。

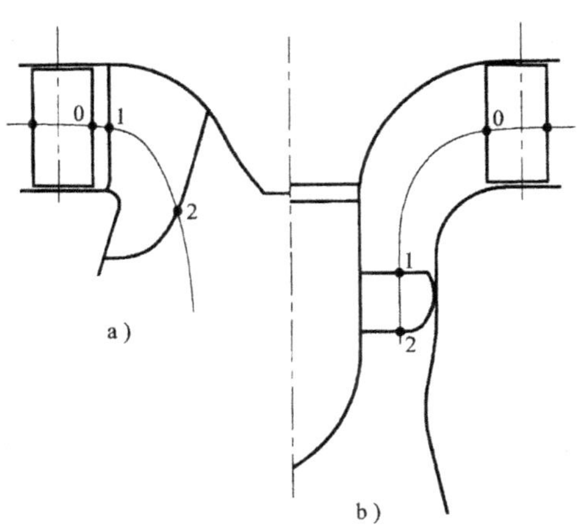

图 2-48　导叶与转轮之间的流动

a）混流式　b）轴流式

2. q_V 变化时

在 H、n 保持不变时，流量随导叶开度而变。当导叶转动时，改变了转轮进口水流的方向（α_1），进口绝对速度 $c_1\propto\sqrt{2gH}$的变化不大，所以流量变化主要是因为 α_1 的变化改变了 c_{m1}。为便于讨论，当水头不变时，假定 c_1 的绝对值近似不变，其矢端将沿着一个圆弧移动，如图 2-47 所示。图中给出了两种不同的进口速度三角形，图 2-47a 是高水头混流式水轮机的进口速度三角形，图 2-47b 则是低水头水轮机的情况，由图可见，两种情况下 β_1 的变化方向正好相反，二者在非设计工况下都会出现进口冲击损失。在水轮机中，将进口冲角定义为

$$i=\beta_1-\beta_{b1} \tag{2-61}$$

其符号与泵和风机的规定相反。

在出口，当 q_V 改变时，β_2 不变，c_{u2}与 q_V 呈相反方向的变化。绝对值随流量偏离最优工况程度的增大而增大，故在非设计工况下，尾水管的损失将会增加（图 2-47c）。

图 2-49a 为轴流、斜流转桨式水轮机流量变化时的速度三角形。由于叶片的转动，将使 β_2 相应变化。由流量调节方程可见，当 α_0 不变时，β_2 的变化同样使流量变化。这个变化只

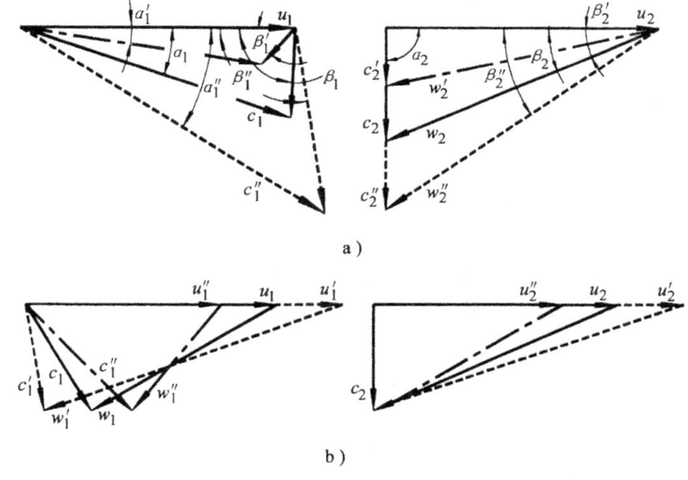

图 2-49　转桨式水轮机的变工况速度三角形

a）流量变化　b）转速变化

能是改变 c_1 的绝对值的结果，所以进口速度三角形与混流式不同，流量变化时，c_1 的大小和方向同时发生变化。由于叶片的转动，可以减小或消除进口冲击损失。

在转轮出口，通过转动叶片，可以在流量变化时保持法向出口，减小尾水管内的损失。水轮机中 φ 角的符号规定与泵相同，如图 2-43 所示。

3. H 变化时

当 a_0、φ 及 n 都不变时，可以认为 $c_1 \propto \sqrt{2gH}$，故得 H 变化时进口速度三角形如图 2-50 所示，出口速度三角形的变化情况与流量变化情况相同。

4. n 变化时

当 a_0、φ 及 H 不变时，n 的变化使 u_1、u_2 相应变化，故得图 2-51 所示的速度三角形。应该指出，n 变化时，q_V 可能有一定变化，此时反映在速度三角形中，是 c_{m1}、c_{m2} 发生相应的变化。当转速变化时，同样可以改变 φ 以保持法向出口（图 2-49b）

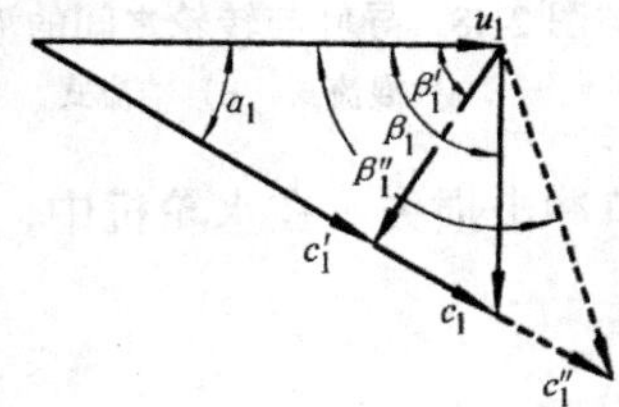

图 2-50　水头变化时的进口速度三角形

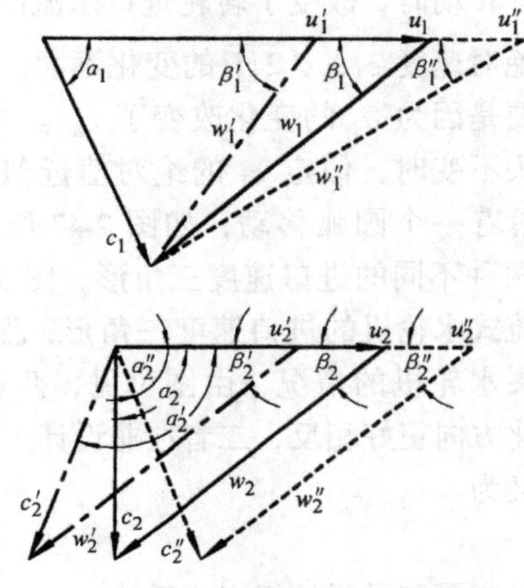

图 2-51　转速变化时的速度三角形

第六节　流体机械内的能量损失及效率

流体机械的能量转换过程不可避免地伴随着能量损失，在叶片式流体机械中的能量损失可以分为三种类型：

1）流动损失（或称水力损失）ΔH（或 Δh、Δp），是指由于介质具有粘性而在流动过程中引起的压力损失。为便于分析，还可将流动损失进一步分类，如摩擦损失、冲击损失、分离损失、二次流损失等等。不过这种分类是不严格的，因为它们相互关联，不可能截然分开。另外，在轴流、斜流等型式的叶（转）轮和开式、半开式径流式叶（转）轮中，部分介质通过叶片与壳体之间的间隙从压力较高的工作面流到压力较低的背面，这股流动通过间隙会产生能量损失，同时由于其对主流的扰动会引起更大的损失。这两种损失合称叶端损失（图 2-52），也应归于流动（水力）损失之中。

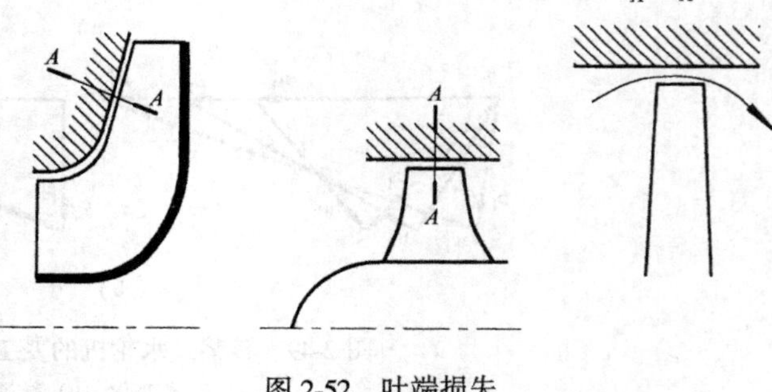

图 2-52　叶端损失

2）泄漏损失（容积损失）Δq_V（或 Δq_m）。由于结构的原因，转子部件和壳体之间必然会有间隙。容积损失是由于通过这些间隙的泄漏而引起的流量的损失。图2-53中，体积流量 Δq_{V1} 通过轮盖（前盖板、下环）密封部位间隙从高压区泄漏到低压区，体积流量 Δq_{V2} 则泄漏到机器外部。在水轮机中，这两部分水流流经水轮机而没有做功，其所含能量未被利用。在泵与风机中，流量 Δq_{V1} 在内部不断循环，不断从叶片获得能量然后消耗在间隙的节流损失上。流量 Δq_{V2} 则从叶轮获得能量后流到外部，所获得的能量也就损失掉了。

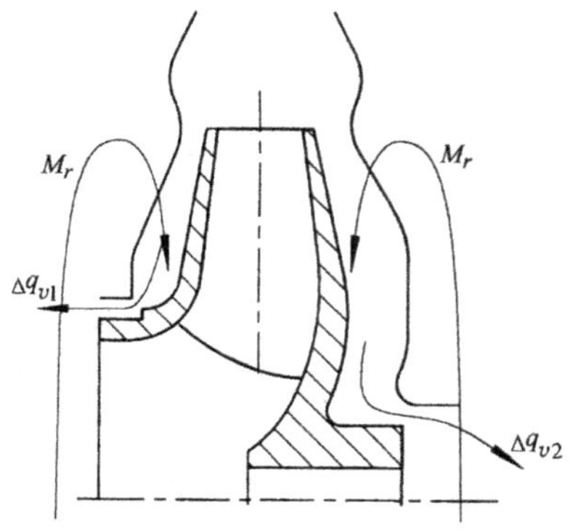

图 2-53　泄漏损失与圆盘损失

在冲击式水轮机中，在非设计工况下，射流的一部分不与叶片接触而射向机壳，也是一种容积损失。

3）机械损失 ΔP，是指机械摩擦引起的功率损失。机械损失也可分为两种，一种是轴承、轴封等部位固体摩擦引起的损失 ΔP_m，另一种是叶轮旋转时，其盖板外侧及外缘与介质摩擦引起的损失 ΔP_r，称为圆盘损失（也称轮盘损失或轮阻损失）。ΔP_r 虽然仍然是介质从叶轮获得的能量，但不是通过叶片获得的，与叶片内的流动状况无关，因此不应属于流动（水力）损失。

一、流动损失

介质的粘性是产生流动损失的根本原因。虽然各种流动损失的根本原因相同，但损失的大小却与流动的微观结构相关联。各种不同的流道形状和各种不同的流动条件下流动的微观结构是大不相同的，所以还可将流动损失分成很多类型。显然，流动损失是叶片式流体机械中最重要的损失，如果能够对流动损失进行定量的理论计算，就可在此基础上建立最优化的设计方法。遗憾的是，虽然计算机和数值计算方法给流体机械内的流动和损失分析提供了有力的工具，但到目前为止，还不能对流体机械中的流动损失进行精确的计算。流动损失的估算还不得不采用半理论半经验的方法，依靠很多实验和经验数据修正理论计算结果。限于篇幅，这里只能对叶片式流体机械中最常见、最重要的几种流动损失作一简单的分析。

1. 摩擦损失

摩擦损失属于水力学中的沿程损失，在整个流道中都存在摩擦损失。在水力学中，用下式表示管路中的沿程损失

$$g\Delta H_f = \Delta h_f = \lambda \frac{l}{d} \frac{c^2}{2} \tag{2-62}$$

式中　ΔH_f——水头损失（m）；

　　Δh_f——能量头损失（m^2/s^2）。

阻力系数 λ 是雷诺数和管壁相对粗糙度的函数，当雷诺数大于临界雷诺数 Re_{cr} 时，其值与雷诺数无关，只是粗糙度的函数。在叶片式流体机械中，多数情况下 λ 与雷诺数无关或关系不大，所以减小流道壁面的粗糙度对提高效率有很大的意义。

若将式（2-62）用于流体机械的流道，可将式中的 d 视为水力直径，将 c 视为流道中的特征速度，于是关键就是阻力系数的计算了，这只能依靠经验公式解决。

2. 分离损失

摩擦损失主要发生在边界层中，但如果边界层发生分离，则损失会明显增加，这种损失

称为分离损失。分离损失主要发生在沿流动方向压力升高（逆压梯度）的情况下，如水轮机的尾水管以及泵、风机与压缩机的扩压元件（压水室）中，这时分离损失也称为扩散损失。

图2-54为扩压管中速度分布及边界层分离的示意图。沿流动方向主流速度不断降低，因而压力逐渐增加。在主流区中，流体减速引起的惯性力与逆压梯度相平衡。但在边界层中，由于速度本来就低，减速后就可能使速度成为负值。此时边界层内的流体质点向后倒流，于是造成分离。

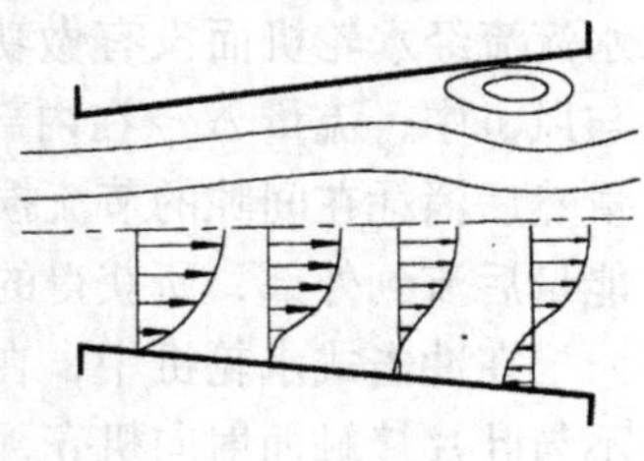

图2-54　扩压管中的速度分布与分离

为减小分离损失，就要控制扩散管的扩散程度。对于圆锥或其它规则的扩散管，应控制其扩散角。对可压缩介质，通常要求扩散角 $\theta<6°\sim7°$，对不可压介质，通常要求 $\theta<8°\sim12°$。

对于复杂的流道截面形状，可根据流道的进、出口面积和长度计算当量扩散角。也可用扩压度的概念，对不可压介质，用流道的出口与进口面积之比 A_2/A_1 表示扩压度，对可压缩介质，考虑到密度的变化，用进、出口的速度比 $w_1/w_2=A_2\rho_2/A_1\rho_1$ 表示。对叶轮而言，通常要求 $w_1/w_2\leq1.6\sim1.8$。还可以用扩散（扩压）因子表示流道的扩散程度，对叶轮而言，扩散因子的定义为

$$D=\frac{w_{s\max}-w_{s2}}{w_{s1}} \tag{2-63}$$

式中的 $w_{s\max}$、w_{s2}、w_{s1}分别表示叶片背面（低压面）的最大、出口和进口速度。

除了尾水管和扩压器外，泵、风机与压缩机叶轮的叶间流道也是扩散的，也易于产生分离。不过叶轮内产生的分离不是单纯的扩散作用，而是与二次流有很大的关系。另外，流道中的转弯、面积突变等很多因素也都可能造成流动分离。

3．冲击损失

前一节已经说明，当流体机械的运行工况偏离最优工况时，叶片进口流动角 β_1 和叶片安放角 β_{b1}将不再相等，有冲角产生并发生冲击损失。当出现进口冲角时，将引起叶片表面的流动分离（图2-55），所以冲击损失也是一种分离损失。但冲击损失与流量的关系和前述分离损失不同，所以这里单独对其进行讨论。

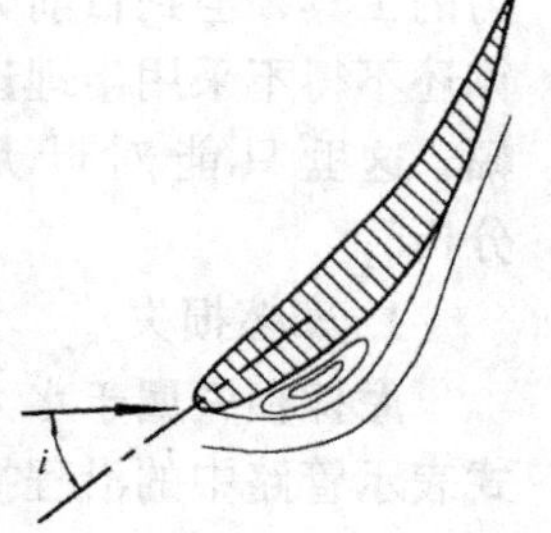

图2-55　进口冲角与流动分离

在叶片进口处将来流相对速度矢量 w_1 分解成两个分量，一个分量 w_{10}与无冲击进口的来流方向相同，另一个 w_{1sh}沿圆周方向，称为冲击速度。w_{1sh}反映了冲击现象的严重程度，故冲击损失 ΔH_{sh}（m）和 Δh_{sh}（m^2/s^2）可表示为

$$\Delta H_{sh}=\zeta_{sh}\frac{w_{1sh}^2}{2g}\quad 或\quad \Delta h_{sh}=\zeta_{sh}\frac{w_{1sh}^2}{2} \tag{2-64}$$

ζ_{sh}的值与冲角的正负有很大的关系，这取决于介质进入叶栅后是加速还是减速。图2－56对此作了说明，图中分别画出了泵（风机、压缩机）和反击型水轮机的叶栅及流量变化时的进口速度三角形。图中实线表示设计（最优）工况下的速度三角形，速度 w_1 代表无冲角进口的方向（即叶片进口角的方向）。当流量变化时，来流方向发生相应的变化。图中点划线表示小流量，虚线表示大流量。来流进入叶栅之前的参数用下标0表示，以与进入叶栅后的参数相区别。进入叶栅后，介质速度将在叶片的作用下转变成 w_1，流动角变成 β_{b1}。但

根据连续性定理，c_{m0}的值保持不变（忽略叶片厚度），于是得到如图所示的速度，速度的变化量为 w_{sh}。由图可见，在大流量工况下，质点进入叶栅后速度是增加的，称为加速冲击；小流量工况下则是减速冲击。根据前面对扩压管工作的分析，减速扩压时易于引起分离，故ζ_{sh}的值较大。对离心压缩机而言，正冲角时 $\zeta_{sh}=6\sim12$，而负冲角时 $\zeta_{sh}=0.6\sim0.9$。

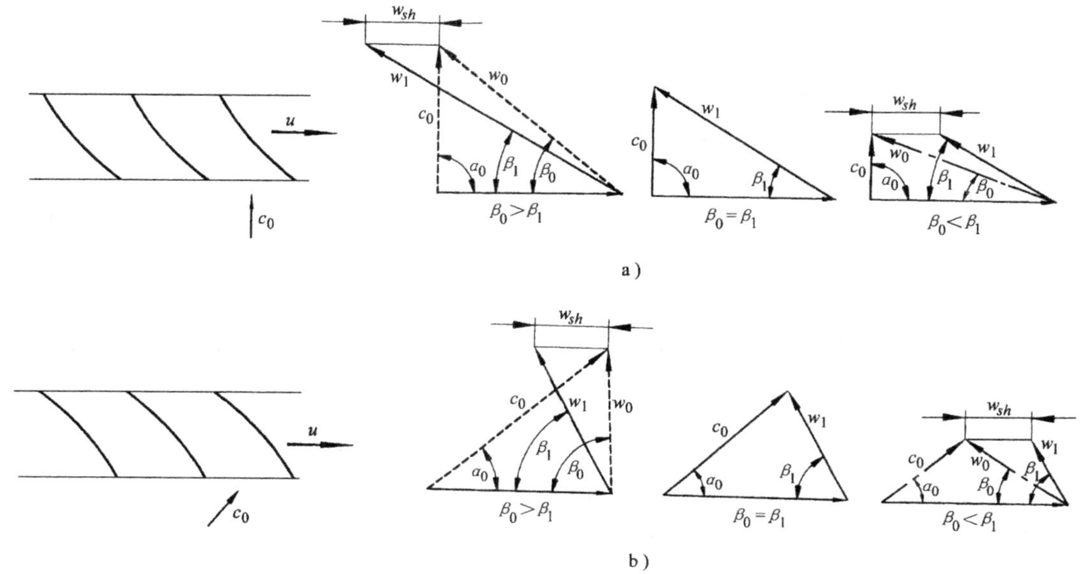

图 2-56　加速与减速冲击

a）泵与风机　b）水轮机

当考虑叶片厚度时，介质进入叶栅后速度有所增加。所以，选择合适的叶片厚度及形状，将叶片进口修圆并适当加大半径，都可以减小冲击损失。

从图 2-56 还可以看出，w_{sh}的大小与速度差 $c_{m0}-c_{mopt}$成正比，因此也与流量差 q_V-q_{Vopt}成正比，这里下标 opt 表示最优工况。

冲击损失不仅发生在叶片进口，也可发生在其它的过流部件，例如作为扩压器的蜗壳（图 2-32）。在设计工况下，叶轮出口的速度矩 $c_{u2}r_2$、断面的流量 q_{Vi}和蜗壳断面尺寸满足式（2-43）。但在非设计工况下，该式不再成立，蜗壳内的流动速度（由连续性原理确定）和叶轮出口的速度（由出口速度三角形决定）不再相等，两股不同速度的流体会合也将引起冲击损失。

水轮机尾水管在非设计工况下效率的降低，虽然不是冲击损失，但与冲击损失一样，也是与流量差 q_V-q_{Vopt}的平方成正比。这个特点对流体机械特性曲线有很大的影响。

4. 二次流损失

几乎所有的过流通道中速度和压力的分布都是不均匀的，压力分布的不均匀使流体质点受到一个指向压力梯度相反方向的作用力。在主流区中，此力与流体质点由于速度变化而产生的惯性力相平衡；边界层中的压力与主流区相同，但速度要小得多，所以不能与主流流动形成的压力梯度相平衡。这样将使得边界层内的流体质点向着压力梯度相反的方向流动，这个流动方向大致与主流运动的方向垂直，称为二次流。图 2-57 表示了离心式叶轮中二次流的形成，在两叶片间通道的截面上，叶片工作面压力高，速度低，而背面正好相反，此压力梯度将使流体质点受到一个指向叶片背面的力。在主流区中，此力与质点的圆周运动以及叶片的弯曲形成的离心力相平衡，但叶片表面和两侧板的边界层内的流体质点的惯性力不能与此压差平衡，因此产生了截面图中所示的二次流。这个二次流将叶片工作面和侧板的边界层内低速的流体质点搬移到了叶片背面，使那里的边界层增厚从而导致分离、产生损失。二次流改变了主流的结构，使叶轮出口处的速度分布形成图中所示的射流—尾迹结构。

二次流是粘性流体流动中一种普遍的现象，除了少数几种特殊的均匀压力分布（如直圆管内的流动）情况外，都伴随着二次流的产生。二次流除直接引起损失外，还使主流流场发生畸变而引起损失。

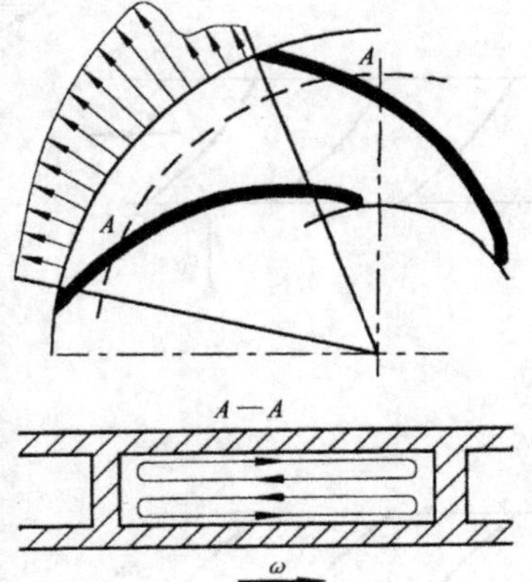

图 2-57　离心叶轮内的二次流

5. 其他流动损失

除以上讨论的四种类型以外，流动损失还有其他类型。例如，除直锥形吸入室外，其他各种吸入室都不能向叶轮提供完全均匀轴对称的入流条件，这将使叶轮内的流动成为周期性变化的。一方面，这种非定常的相对运动本身会引起损失，另一方面，周期变化的入流条件必然使进口冲角不断变化而不能保持无冲击进口。又例如，由于从叶片中流出的流体的速度是不均匀的，所以导叶或扩压器叶片进口同样有着周期变化的入流条件。再例如，在有一定厚度的叶片尾部，流体流出叶片后，通道面积将突然扩大，从而引起损失等等。

以上讨论都是从分析损失产生的原因出发进行的，如果希望了解损失对机器性能的影响，则应按另外的方法对损失进行分类。例如，如欲了解机器的效率随流量的变化规律，就可将流动损失分为两类。一类损失与流量的平方成正比（即与速度的平方成正比），大部分流动损失属于这一类。另一类损失与流量差 $q_V - q_{V\mathrm{opt}}$ 的平方成正比（即与冲击速度 w_{sh} 的平方成正比），属于这一类的有冲击损失和非设计工况下水轮机尾水管中由 c_u 引起的出口动能损失。在后面的章节里讨论流体机械的性能曲线时，可以看到这样分类的好处。

6. 雷诺数 Re 和马赫数 Ma 对流动损失的影响

由于雷诺数是粘性力与惯性力的比值，所以当 Re 增加时，阻力系数将下降，流动损失将减小。但当 $Re > Re_{cr}$ 以后，阻力系数将不再随 Re 变化，仅仅只是相对粗糙度的函数。在叶片式流体机械中，多数情况下有 $Re > Re_{cr}$，所以总的说来，Re 对流动损失的影响不大。当某些情况下 Re 较低时，可采用经验公式进行修正。在下一章讨论相似原理时可以看到，当模型与实型尺寸相差很多时，二者的 Re 值可能相差很大，此时也应该进行修正计算。

对于可压缩介质，应该考虑马赫数对流动损失的影响。马赫数的定义是流动速度与当地音速的比值，即

$$Ma = \frac{c}{c_a} \tag{2-65}$$

对于理想气体

$$c_a = \sqrt{\kappa RT} \tag{2-66}$$

可见音速是温度的函数。压缩机内各地的温度不同，所以音速也不同。关于马赫数的物理意义，还将在下一章进行讨论。

马赫数与流动损失有很大的关系，下面以平面叶栅为例说明二者的关系。图 2-58 给出了一个平面叶栅，设其进口处速度为 w_1，流动角为 β_1。如果该叶栅是静止的，则 w_1 表示绝对速度。如果叶栅是运动的（例如叶轮的叶栅），则 w_1 表示相对速度。w_1 与当地音速的比值是进口马赫数。当 w_1 不断增加时，叶栅内的速度也增加。当通道最小截面上有一点的速度首先达到音速时的进口马赫数称为临界马赫数，记为 Ma_{cr}。这时音速只是在流道中一个点上出现，对效率的影响尚不明显。如果进口速度继续增加，则最小截面（喉部截面 A_t）上达到音速的面积不断扩大，由于激波的产生，使损失不断加大。若进口速度进一步加大，直至喉部截面全部达到音速，此时进口马赫数称为最大马赫数，记为 Ma_{max}。这时，由于强烈的激波，将使整个叶型表面发生分离，损失大大增加，至此，叶栅已不能正常工作了。此时进一步降低叶栅出口处的压力也不能使流量增加，亦即流量达到极限值，这时的工况就是“堵塞”工况。

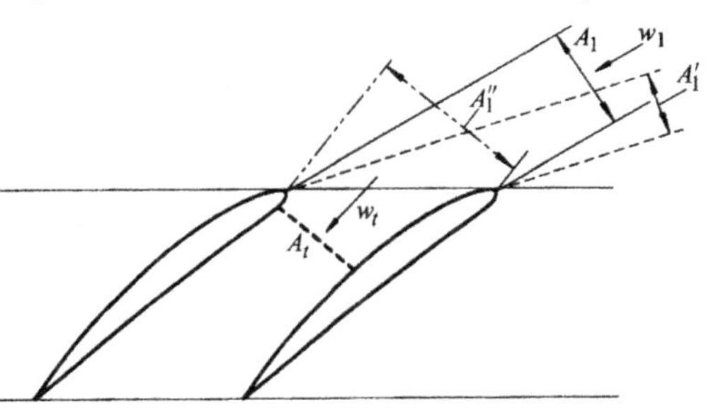

图 2-58　解释 Ma_{cr} 与 Ma_{max} 用图

Ma_{max} 与进口冲角有关。如果忽略叶片的厚度，则当冲角 $i=0$ 时，$A_1=A_t$，$w_1=w_t$，故进口和喉部将同时达到音速，有 $Ma_{max}=1$。考虑到叶片厚度、边界层等因素会使 A_1 减小，实际上 $Ma_{max}<1$。当 i 增大时，叶栅进口成为扩散的，$w_1>w_t$，所以 Ma_{max} 将增大。反之，当 i 减小时，Ma_{max} 也减小。

Ma_{cr} 与 i 的关系与 Ma_{max} 不同，其最大值出现在 $i=0$ 的工况附近。当增大或减小冲角时，由于流动分离的影响都会使局部出现较高的流速，使之提前达到音速，故 Ma_{cr} 均会减小（图 2-59）

图 2-60 为关于 Ma 对损失系数与冲角的关系的影响的一个实验结果。从该图可见，ζ 随 Ma 增加而增加。特别应该注意到，当 Ma 较大时，叶栅的有效工作范围明显缩小，工况稍有变动，即引起 ζ 急剧上升。还可以看到，在高 Ma 数下，当冲角从零开始增大时，ζ 急剧上升，而当冲角从零开始减小时，ζ 的变化则要缓和得多。

综上所述，当流道中尚未达到音速（$Ma<Ma_{cr}$）时，损失与 Ma 的关系不大。当 $Ma_{cr}<Ma<Ma_{max}$ 时，损失与 Ma 关系密切，损失随 Ma 增大而增大，至 $Ma=Ma_{max}$ 时达到极限。从提高效率出发，应选择 $Ma<Ma_{cr}$。但为减小机器的尺寸与质量，对压缩机也可以选择 $Ma_{cr}<Ma<Ma_{max}$，

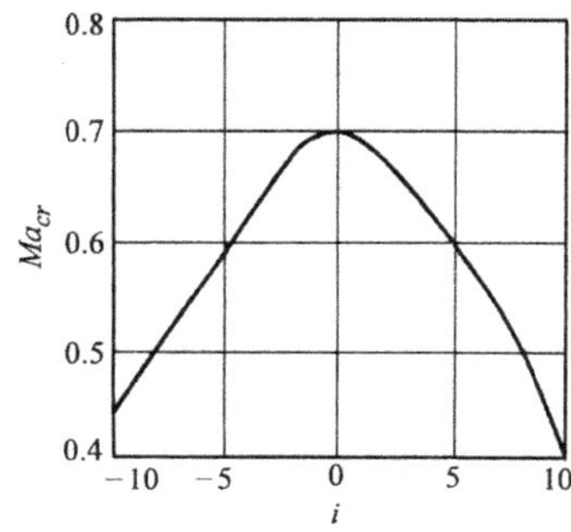

图 2-59　Ma_{cr} 与冲角的关系

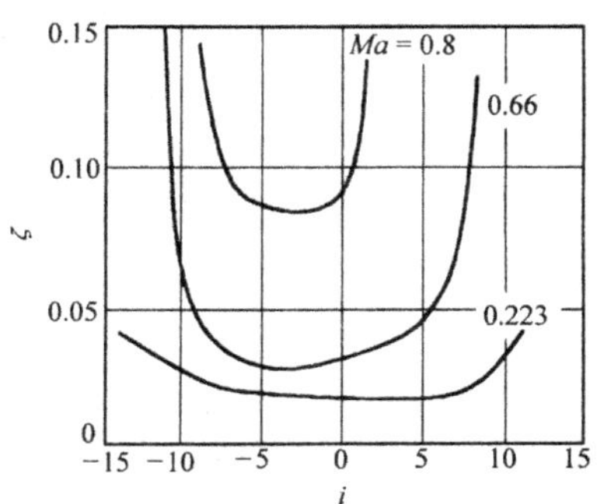

图 2-60　不同 Ma 时损失与冲角的关系

但应严格控制进口冲角和变工况范围。除了特殊设计的超音速压缩机，不允许选择 $Ma > Ma_{max}$。

对于多级压缩机，第一级的 Ma 数最高，因为那里温度最低，音速也最低。

二、容积损失

通过间隙的泄漏量，与作用在间隙两端的压力差以及间隙的大小、形状有关。为了减少泄漏损失，要在发生泄漏的部位设置密封装置。泄漏可分为内部的泄漏（图 2-53 中的 Δq_{V1}）和向外部的泄漏（图 2-53 中的 Δq_{V2}）。内部泄漏造成较大的能量损失，虽然向外部的泄漏所占能量损失比重不大，但可能对整机的安全和环境有很大的影响。

以图 2-61 的离心泵叶轮为例说明作用在间隙两端的压力差。图中右边是叶轮与壳体之间的水流的压力分布，由于叶轮带动液体旋转，在离心力作用下，压力沿半径的分布呈现如图所示的抛物线形。当忽略流经此空间的泄漏流量的影响时，可认为水流的旋转角速度为叶轮转速的一半。但实际上，由于泄漏流量的影响，其中水流的运动是很复杂的。在叶轮出口直径处，压力 p_p 等于叶轮的静（势）扬程 H_p（参见本章第八节）与吸入压力 p_s 的和。作用于间隙两端的压力差 H_c（m）应等于 H_p 减去由旋转引起的压力降。当泄漏量很小时，可用下式计算

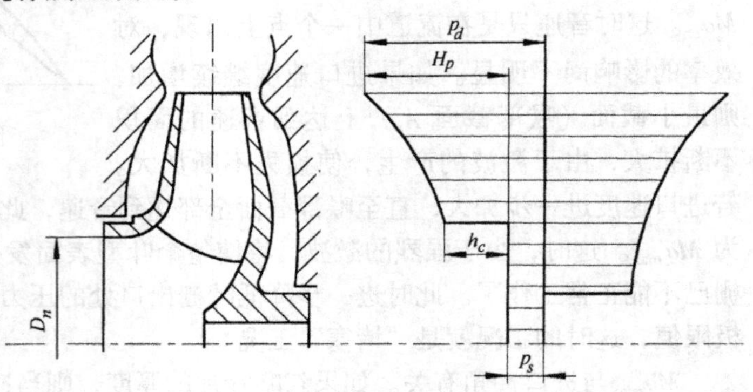

图 2-61　泵腔中的压力分布

$$H_c = H_p - \frac{1}{4}\frac{u_2^2 - u_n^2}{2g} \tag{2-67}$$

顺便指出，由图可见，由于前、后盖板的承压面积不同，压力分布也可能不同（因为通过的泄漏量不同），所以作用在叶轮上两个方向的总压力不同。作用在整个叶轮上的总轴向作用力称为轴向（推）力，设法消除（平衡）或使用轴承承受该力是整机设计时必须作出的选择。

设计密封装置时，应该在既定的压差下使泄漏量最小。由于介质、压力的不同，密封装置也不同。

图 2-62 为离心式和混流式通风机常用的密封结构。由于通风机中压差较小，所以密封形式比较简单，在叶轮与壳体之间保留一个很小的间隙即可。有两种间隙形式，图 2-62a 称为套口形式（径向间隙），图 2-62b 称为对口形式（轴向间隙）。后者泄漏流量沿与主流垂直的方向流入叶轮，对主流是一种干扰。特别该处正好是容易发生流动分离的地方，因此应尽量避免采用。为减小泄漏量，在结构与工艺条件许可的条件下，间隙值越小越好。通常取为叶轮直径的 0.5%～1%。

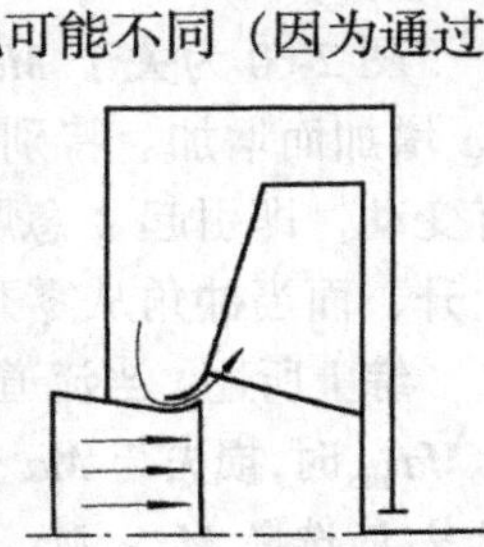

a）

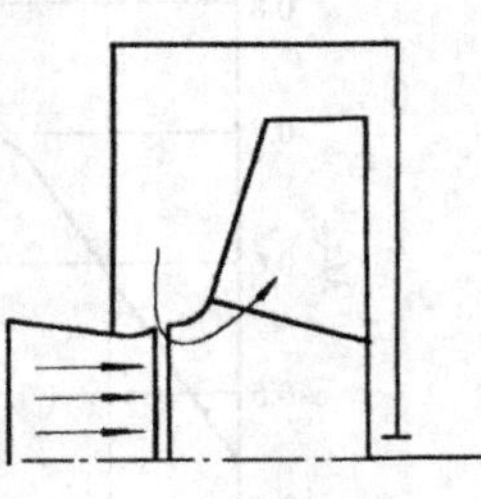

b）

图 2-62　通风机的密封间隙
a）套口形式　b）对口形式

图 2-63 为压缩机中常用的梳齿式密封结构。由于压差比通风机大得多，为减小泄漏量，故设法使泄漏介质通过多个间隙，使作用在每个间隙上压差减小。气流通过每一个间隙时，都可视为一次绝热节流。对理想气体，其温度不变，压力降低。通过多次节流后，压力最终降低到密

封出口处的压力。由于压力降低，比容增加，所以速度越来越高，压降也越来越大。轮盖处密封间隙内的流速一般小于音速，可按下式计算泄漏量 Δq_m（kg/s）。

$$\Delta q_m = \bar{a}\pi Ds\sqrt{\frac{p_1^2 - p_2^2}{Zp_1v_1}} \tag{2-68}$$

对于轴端密封，最后一个间隙的流速可能达到音速，这时可用下式计算泄漏量

$$\Delta q_m = \bar{a}\pi Ds\sqrt{\frac{p_1\rho_1}{Z + 1.13}} \tag{2-69}$$

以上两式中 Z——梳齿数；

D——间隙处轴径；

s——间隙值；

$\bar{a}$——泄漏系数，数值可由实验资料确定；下标 1 和 2 分别表示整个密封前、后。

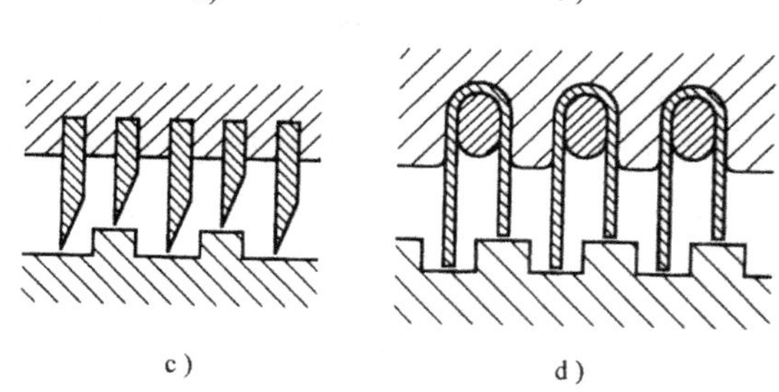

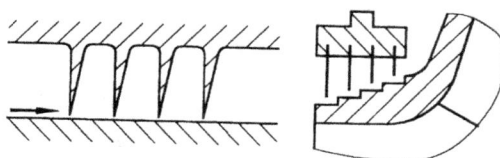

图 2-63 梳齿式密封结构

a) 平滑形 b) 台阶形 c) 单片镶嵌 d) 组合镶嵌

在泵和水轮机中，出于强度的考虑，不采用梳齿式密封。通常在密封处设置一环形间隙（图 2-64）。一般可借用水力学中有关的公式计算通过环形间隙的泄漏量。将泄漏看作是孔口出流，则有 Δq_V（m^3/s）。

$$\Delta q_V = \varphi\pi Ds\sqrt{2gH_c} \tag{2-70}$$

式中 φ——流量系数；

D——密封环直径（m）；

s——间隙宽度（m）；

H_c——压力差（m）。

光滑的环形缝隙中的阻力损失包括进口、出口及沿程损失三部分。设其阻力系数分别为 ζ_1、ζ_2 和 ζ_3，则

$$\varphi = \frac{1}{\sqrt{\zeta_1 + \zeta_2 + \zeta_3}} \tag{2-71}$$

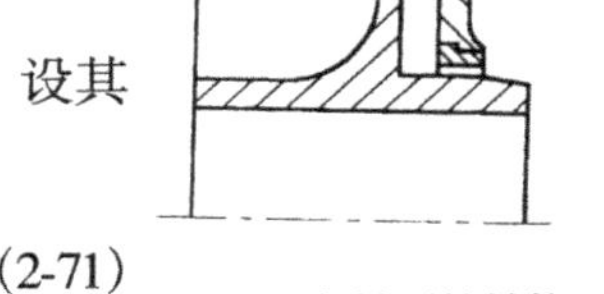

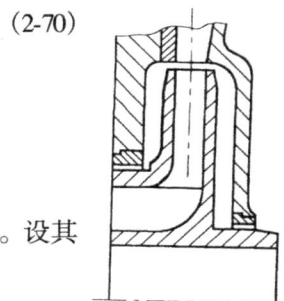

图 2-64 密封环的结构

阻力系数的具体数值，可利用水力学中圆管公式计算。但由于流动条件与圆管差别很大，因此计算精度不高，若欲精确求得泄漏量，则应进行实验研究。

对于 H 很高而 q_V 很小的机器，容积损失在总损失中占很大比重。为了提高机器效率，通常采用更复杂一些的密封结构。图 2-65 给出了几个例子，图 2-65a 用于离心泵中，可减小泄漏流量 Δq_V 对主流的干扰。图 2-65b、c 在环形间隙里增加了若干小室，加大了密封阻力，减少了泄漏。在图 2-65b 中，若槽是螺旋形的，效果更好。这两种结构并不十分复杂，因而获得广泛的应用。图 2-65d、e 为单齿与双齿结构，泄漏量最小，但过于复杂。必须指出，密封结构的轴承效应与流体的压力脉动，常引起转子的自激或受迫振动，危及机器的安全，因此选用密封形式时必须注意其稳定性。例如单齿与双

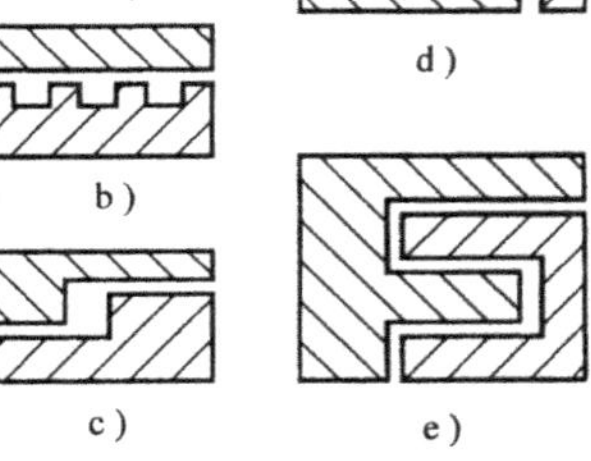

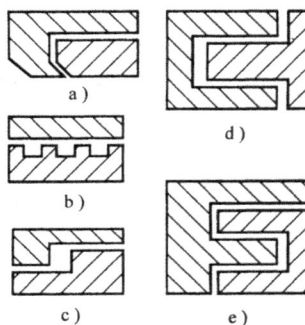

图 2-65 各种形式的密封环

齿式，当间隙很小时，稳定性就差。因此在 H 特别高的场合，切不可为减小泄漏量而过分追求复杂的结构与小的间隙。

三、圆盘摩擦损失

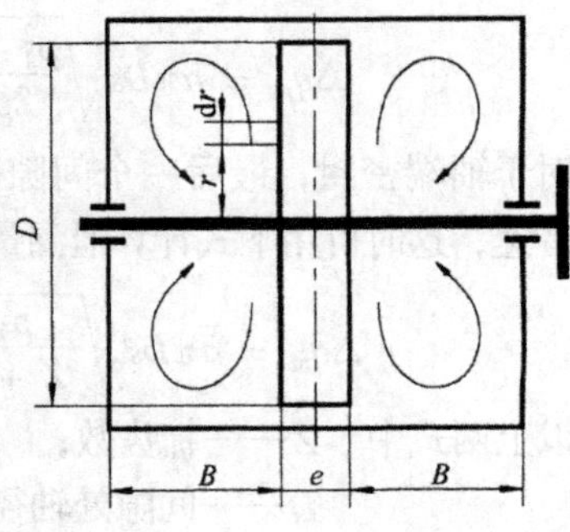

图 2-66 测定圆盘损失的装置

叶轮在工作介质中转动，其外表面会与介质发生摩擦造成功率损失，称为圆盘损失（轮盘损失、轮阻损失）。这种损失在径流式叶轮中占有很大比重。叶轮的旋转带动壳体与叶轮之间的介质旋转，而壳体则阻止介质的旋转。叶轮与壳体之间的介质速度的分布与壳体及叶轮的形状，表面状况及流过其中的泄漏量有关，难以精确计算。图 2-66 为测定圆盘摩擦功率的装置。如果假定介质与圆盘相对运动的速度为圆盘旋转速度的一半，即 $w=\omega r/2$，同时设圆盘表面摩擦切应力为 τ，摩擦阻力系数为 c_f，则根据流体力学有

$$\tau=\frac{c_f}{2}\rho w^2 \quad M_r=\int_{r_1}^{r_2}2\pi r\,\mathrm{d}r\tau r=\int_{r_1}^{r_2}2\pi r\,\mathrm{d}r\,\frac{c_f}{2}\rho\left(\frac{\omega r}{2}\right)^2 r=\frac{\omega^2\rho c_f\pi}{20}r_2^5$$

式中 M_r 是作用在圆盘一个侧面的摩擦力矩。考虑到圆盘有两个侧面，则总的损失功率可表示为

$$\Delta P_r=2M_r\omega=\frac{\pi}{10}c_f\rho u_2^3D_2^2=K\rho u_2^3D_2^2 \tag{2-72}$$

这里 u_2 为圆盘外缘的速度，D_2 为圆盘外径。系数 K 的数值通过实验确定，图 2-67 为实验结果，由该图可见，K 值与雷诺数 Re、箱体尺寸及圆盘的粗糙度有关。圆盘流动的雷诺数为

$$Re=\frac{r_2^2\omega}{v}$$

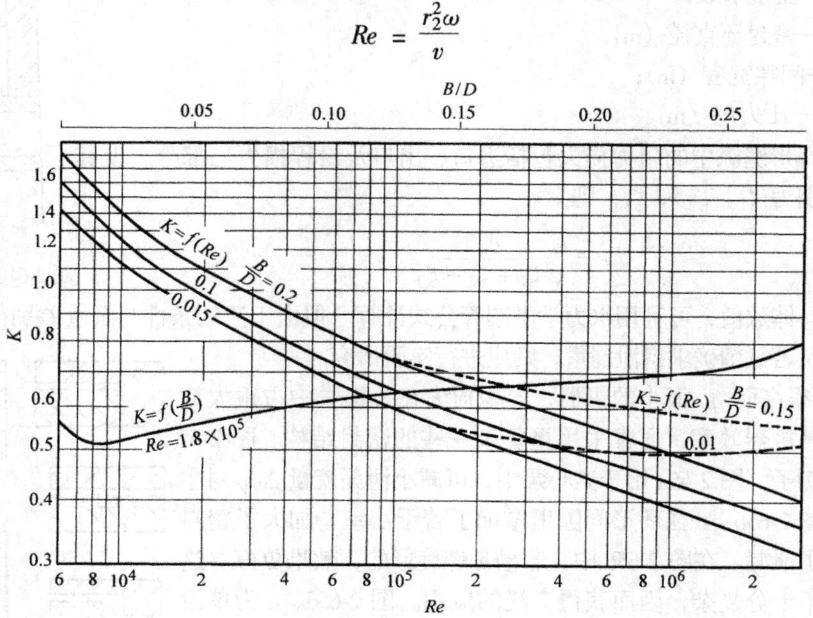

图 2-67 圆盘损失系数

应该指出，上式计算的功率并不完全是损失。图 2-68 所示为两种泵腔的设计，左为闭式，右为开式。在开式泵腔中，离心力使一部分高能液体微团（带有较高的、近似等于 u_2 值的圆周速

度分量）进入压水室，因而提高了泵的扬程，即回收了一部分能量。而闭式泵腔则没有这个优点，因而其他条件都相同时，开式泵腔的 H、η 均较高。

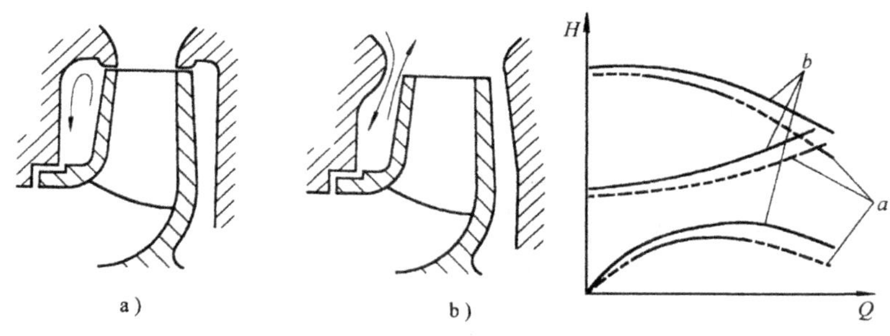

图 2-68　开式与闭式泵腔

四、流体机械的效率

前面已经提到，可压缩与不可压缩介质中能量损失过程有微妙的差别。虽然两种介质中能量损失均转化为热而使温度升高，但热量所起的作用却不完全相同。对可压缩介质，温度的变化与机器内的热力学过程相互联系，相互影响，而且一部分热能可以再转化为机械功；不可压缩介质中热量对流动过程却没有影响，也不能再转化为功。所以，两种情况下关于效率的定义是不同的，以下分别进行讨论。

（一）不可压缩介质

水轮机、泵和通风机的工作介质为不可压缩的，图 2-69 是它们的能量平衡图，左图为水轮机，右图为泵与通风机。图中将叶轮以外其他过流部件（蜗壳、导叶等）内的流动损失包含在叶轮的流动损失中，没有单独列出。图中 q_{Vth} 代表流经叶轮的体积流量；H_{th} 为理论水头与扬程，即

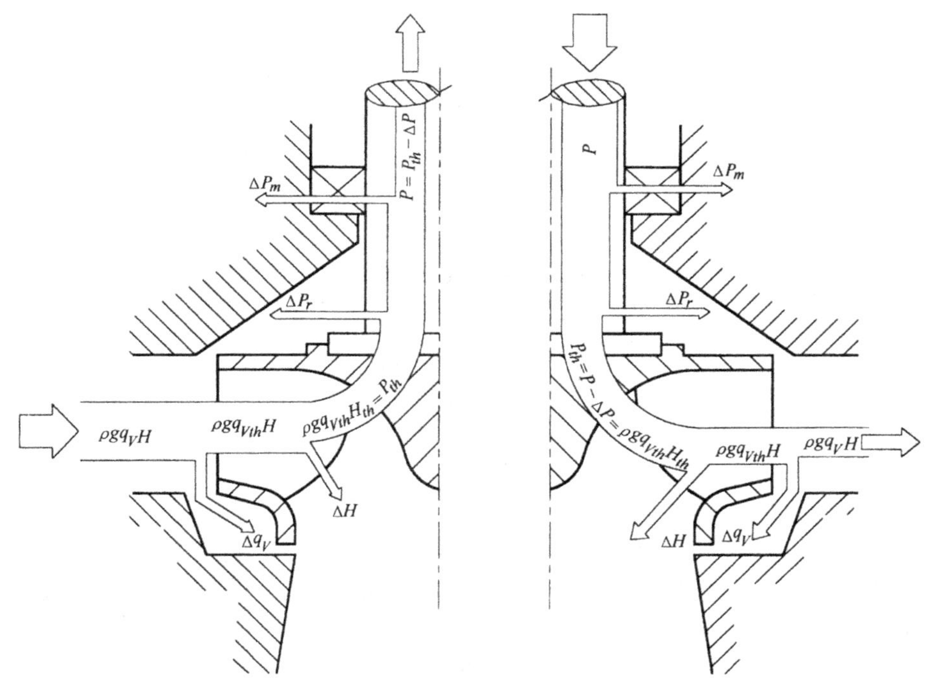

图 2-69　水轮机和泵（通风机）的能量平衡

流经叶轮的单位重力流体与叶片交换的能量；p_{th}为理论总压，即流经叶轮的单位体积流体与叶片交换的能量。与此相对应，q_V、H 和 p 则是在机器的进、出口处所测得的流量、水头和压力。

对水轮机而言，输入功率为流体功率

$$P_f = \rho g q_V H \tag{2-73}$$

除去泄漏，实际进入转轮的流量为

$$q_{Vth} = q_V - \Delta q_V \tag{2-74}$$

扣除水力损失，单位重力液体传给叶片的能量为

$$H_{th} = H - \Delta H \tag{2-75}$$

故在转轮得到的机械功率

$$P_{th} = \rho g q_{Vth} H_{th}$$

扣除机械损失 ΔP_m 与圆盘损失 ΔP_r，传递给电动机的输出功率为

$$P = P_{th} - \Delta P_m - \Delta P_r \tag{2-76}$$

对泵与风机而言，输入功率 P 是由原动机传到轴上的功率。扣除轴承与填料的摩擦损失 ΔP_m 及圆盘损失 ΔP_r，实际传给叶片的功率为

$$P_{th} = P - \Delta P = P - \Delta P_m - \Delta P_r \tag{2-77}$$

该功率由叶片全部传递给水（气）流，故

$$P_{th} = \rho g q_{Vth} H_{th} = q_{Vth} p_{th} \tag{2-78}$$

由于流动过程中的流动损失，出口处流体实际具有的能量（实际扬程、压力）为

$$H = H_{th} - \Delta H \quad p_{tF} = p_{th} - \Delta p \tag{2-79}$$

由于泄漏，出口处的实际流量为

$$q_V = q_{Vth} - \Delta q_V \tag{2-80}$$

故最后得到出口处水(气) 流的功率(输出功率) 为

$$P_f = \rho g q_V H = q_V p_{tF}$$

引入机械效率 η_m、水力效率 η_h 及容积效率 η_V 分别衡量各项相应损失的大小。表 2-1 总结了上述各项损失的计算并给出了相应效率的计算公式。机器的总效率则定义为

$$\eta = \eta_m \eta_h \eta_V \tag{2-81}$$

表 2-1　各种效率的定义

	q_{Vth}	η_V	H_{th}、p_{th}	η_h	P	η_m
泵	$q_V + \Delta q_V$	$1 - \dfrac{\Delta q_V}{q_{Vth}} = \dfrac{q_V}{q_{Vth}}$	$H + \Delta H$	$1 - \dfrac{\Delta H}{H_{th}} = \dfrac{H}{H_{th}}$	$P_{th} + \Delta P$	$1 - \dfrac{\Delta P}{P} = \dfrac{P_{th}}{P}$
风机	$q_V + \Delta q_V$	$1 - \dfrac{\Delta q_V}{q_{Vth}} = \dfrac{q_V}{q_{Vth}}$	$p_{tF} + \Delta P$	$1 - \dfrac{\Delta p}{p_{th}} = \dfrac{p_{tF}}{p_{th}}$	$P_{th} + \Delta P$	$1 - \dfrac{\Delta P}{P} = \dfrac{P_{th}}{P}$
水轮机	$q_V - \Delta q_V$	$1 - \dfrac{\Delta q_V}{q_V} = \dfrac{q_{Vth}}{q_V}$	$H - \Delta H$	$1 - \dfrac{\Delta H}{H} = \dfrac{H_{th}}{H}$	$P_{th} - \Delta P$	$1 - \dfrac{\Delta P}{P_{th}} = \dfrac{P}{P_{th}}$

在泵与风机中，还常将所有的损失分为内部损失和外部损失。内部损失包括流动损失、容积损失和机械损失中的圆盘摩擦损失，这些损失所产生的热量，最后均转变为使介质温度升高的热量。外部损失则为轴承和密封等处的机械摩擦损失，这些损失所产生的热量，将散发在周围的环境中，不会使介质的温度升高。与这种划分相适应，称 $P_i = P - \Delta P_m$ 为内功率，它是通过叶轮传送给介质的功率，包括有效的功率和损失功率。

$$\eta_i = \frac{P_f}{P_i} = \frac{\rho g q_V H}{P_i} = \frac{q_V p_{tF}}{P_i} \tag{2-82}$$

称为内效率，即不计轴承、填料等处的机械损失时的效率。将圆盘（轮阻）效率定义为

$$\eta_r = \frac{P_i - \Delta P_r}{P_i} \tag{2-83}$$

机械传动效率定义为

$$\eta_{m'} = \frac{P - \Delta P_m}{P} = \frac{P_i}{P} \tag{2-84}$$

于是机器的总效率又可表示为

$$\eta = \eta_h \eta_V \eta_r \eta_{m'} = \eta_i \eta_{m'} \tag{2-85}$$

通风机的效率尚有全压效率与静压效率之分，上面讨论的效率是全压效率。如果管路系统不能有效地利用风机出口的动能的话，这一部分能量在离开风机以后还是损失掉了。如果风机的静压效率高，则可以减小这一部分损失。静压效率的定义是

静压总效率

$$\eta_{sF} = \frac{p_{sF} q_V}{P} = \frac{p_{sF}}{p_{tF}} \eta \tag{2-86}$$

静压内效率

$$\eta_{sFi} = \frac{p_{sF} q_V}{P_i} = \frac{p_{sF}}{p_{tF}} \eta_i \tag{2-87}$$

（二）可压缩介质

对于输送可压缩介质的压缩机（或压缩机级）来说，当进、出口的流量和压力都测定以后，并不能唯一确定有效功率（相当于泵的 $\rho g q_V H$ 和风机的 $p q_V$），因为气体的压缩功与热力学过程有关。所以，压缩机的效率的定义方式与泵和通风机不同。

1. 压缩机级的功率

欧拉方程式（2-13）指出，理论能量头 h_{th} 是叶片对单位质量气流所做的功。

对于离心式压缩机，设级的质量流量为 q_m，泄漏质量流量为 Δq_m，轮阻损失功率为 ΔP_r，定义泄漏损失系数

$$\beta_V = \frac{\Delta q_m}{q_m} \tag{2-88}$$

轮阻损失系数

$$\beta_r = \frac{\Delta P_r}{q_m h_{th}} \tag{2-89}$$

则泄漏损失分摊到单位(有效) 质量介质的能量为

$$\Delta h_V = \beta_V h_{th} \tag{2-90}$$

轮阻损失分摊到单位(有效) 质量介质的能量为

$$\Delta h_r = \beta_r h_{th} \tag{2-91}$$

于是叶轮传递给单位质量介质的能量为

$$h_{tot} = h_{th} + \Delta h_V + \Delta h_r = (1 + \beta_V + \beta_r) h_{th} \tag{2-92}$$

当级的流量为 q_m 时，叶轮的总功率、泄漏损失功率和轮阻损失功率分别为

$$P_{tot} = q_m (1 + \beta_V + \beta_r) h_{th} \tag{2-93}$$

$$\Delta P_V = \beta_V q_m h_{th} \tag{2-94}$$

$$\Delta P_r = \beta_r q_m h_{th} \tag{2-95}$$

对于轴流式压缩机，处理损失的方法有所不同，通常将轮毂表面的摩擦损失（相当于离心叶轮的轮盘损失）以及叶端间隙引起的损失，均归入流动损失而不单独计算。

不管是离心式还是轴流式机器，h_{tot}都表示叶轮对单位质量介质所做的功，包括有用功 h_{th}和损失功率。

2. 压缩机及压缩机级的效率

用下标 1 和 2 分别表示压缩机或级的进、出口截面，若测得两截面上介质的温度、压力和速度，就可以求得叶轮的总功耗。用于压缩气体的有用功与总功耗之比，即为压缩机或级的效率。但压缩气体的有用功随压缩过程不同而不同。在压缩机中，常采用多变过程、绝热（定熵）过程和等温过程作为计算有用功的标准。

多变效率： 压力由 p_1 增加到 p_2 所需的多变压缩功与实际（总）功耗之比

$$\eta_{pol} = \frac{h_{pol}}{h_{tot}} = \frac{\frac{m}{m-1} RT_1\left[\left(\frac{p_2}{p_1}\right)^{\frac{m}{m-1}} - 1\right]}{(1 + \beta_V + \beta_r) h_{th}} = \frac{\frac{m}{m-1} R(T_2 - T_1)}{\frac{\kappa}{\kappa - 1} R(T_2 - T_1) + \frac{c_2^2 - c_1^2}{2}} \tag{2-96}$$

将式（0-14a）中的 κ 用 m 替换（因多变过程方程在形式上与绝热过程相同），即可得到计算多变过程指数 m 的式子

$$\frac{m}{m-1} = \frac{\lg \frac{p_2}{p_1}}{\lg \frac{T_2}{T_1}} \tag{2-97}$$

通常（$c_2^2 - c_1^2$）/2 很小，将其忽略，则由式（2-96）可得多变效率的近似表达式

$$\eta_{pol} = \frac{\frac{m}{m-1}}{\frac{\kappa}{\kappa - 1}} = \frac{\kappa - 1}{\kappa} \frac{\lg \frac{p_2}{p_1}}{\lg \frac{T_2}{T_1}} \tag{2-98}$$

这样，在忽略传热的条件下，只要测得进、出口截面的温度和压力就可以计算多变效率。而在压缩机的设计中，通常根据模型级的实验数据或类似产品的多变效率值确定所设计的级的多变效率。在引用了多变效率的概念后，还可以把 h_{pol}、h_{tot}和 h_{th}之间的关系表示为

$$h_{pol} = h_{tot}\eta_{pol} = h_{th}(1 + \beta_V + \beta_r)\eta_{pol} \tag{2-99}$$

绝热（或定熵）效率： 压力由 p_1 增加到 p_2 所需的定熵压缩功与实际（总）功耗之比

$$\eta_{ad} = \frac{h_{ad}}{h_{tot}} = \frac{\frac{\kappa}{\kappa - 1} RT_1\left[\left(\frac{p_2}{p_1}\right)^{\frac{\kappa - 1}{\kappa}} - 1\right]}{(1 + \beta_V + \beta_r) h_{th}} = \frac{\frac{\kappa}{\kappa - 1} R(T_{2ad} - T_1)}{\frac{\kappa}{\kappa - 1} R(T_2 - T_1) + \frac{c_2^2 - c_1^2}{2}} \tag{2-100}$$

式中 T_{2ad}为定熵压缩过程的终点温度。当略去动能变化时

$$\eta_s = \frac{T_{2ad} - T_1}{T_2 - T_1} \tag{2-101}$$

当进、出口压力相同时，多变压缩功大于定熵压缩功，因此多变效率高于定熵效率。它们之间的关系为

$$\eta_{ad}=\frac{\left(\frac{p_2}{p_1}\right)^{\frac{\kappa-1}{\kappa}}-1}{\left(\frac{p_2}{p_1}\right)^{\frac{\kappa-1}{\kappa\eta_{pol}}}-1} \tag{2-102}$$

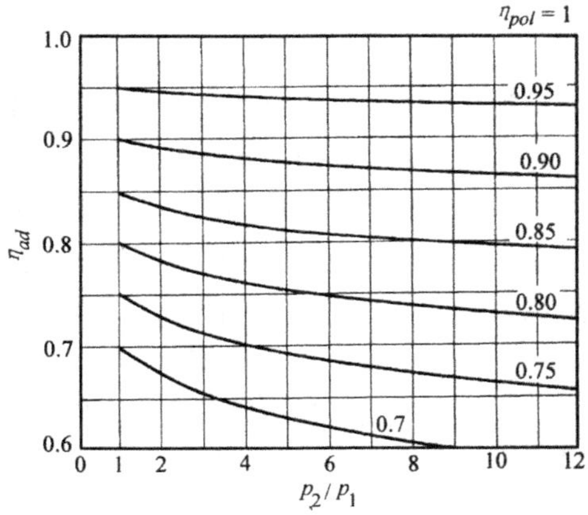

当压力比不大时，二者近似相等。图 2-70 表示当介质为空气时，二者之间的关系。

图 2-70 不同压缩比时多变效率与等熵效率的关系

为了对压缩机内的损失和各种效率建立更清晰更完整的概念，下面借助于压缩过程的 *T-s* 图再对压缩过程进行深入一点的讨论。图 2-71 中，点 1 表示压缩机或级的进口，介质在该点的状态参数为 p_1、v_1、T_1，出口的压力为 p_2。如过压缩过程是绝热等熵的，则终点为点 2。点 2′为多变压缩过程的终点，从点 1 到点 2 的压缩功（等熵能量头）为

$$h_{ad}=\frac{\kappa}{\kappa-1}R(T_2-T_1)$$

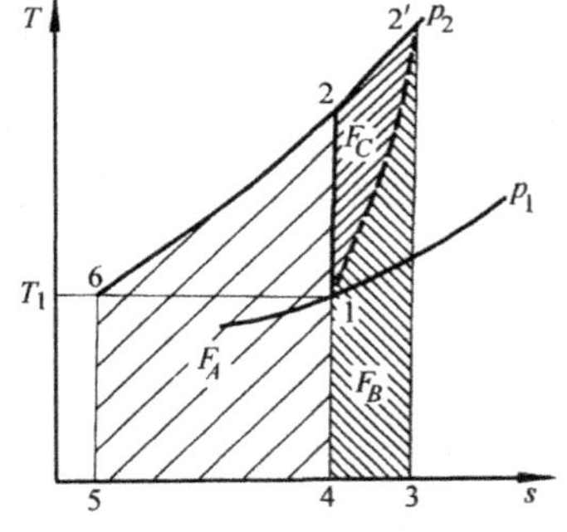

图 2-71 绝热与多变压缩过程

图中面积 F_A 表示从点 6 到点 2 的定压过程所吸收的热量，它应为

$$q=c_p(T_2-T_1)=\frac{\kappa}{\kappa-1}R(T_2-T_1)$$

可见该面积就是从 p_1 到 p_2 的绝热压缩功。

实际过程是多变过程，终点为 2′。面积 F_B 表示由于损失（包括流动损失、泄漏损失和圆盘损失）而产生的热量。其数量等于从 1 到 2′介质焓的增量减去多变压缩功，即

$$q_{loss}=c_p(T_{2'}-T_1)-\frac{m}{m-1}(T_{2'}-T_1)=\left(\frac{\kappa}{\kappa-1}-\frac{m}{m-1}\right)(T_{2'}-T_1)$$

由于总的焓增量等于图中面积（$F_A+F_B+F_C$），所以多变压缩功即为（F_A+F_C）。与绝热过程相比，多出了面积 F_C 所代表的一部分功。这是由于热量引起的压缩功的增加，也称为热阻损失。显然，面积（$F_A+F_B+F_C$）代表了压缩过程中实际的总功耗 h_{tot}（忽略动能增量）。所以可以用图中的三块面积表示绝热和多变效率，即

绝热效率 $$\eta_{ad}=\frac{F_A}{F_A+F_B+F_C}$$

多变效率 $$\eta_{pol}=\frac{F_A+F_B}{F_A+F_B+F_C}$$

等温效率：压力由 p_1 增加到 p_2 所需的等温压缩功与实际（总）功耗之比

$$\eta_T=\frac{h_T}{h_{tot}}=\frac{p_1v_1\ln\frac{p_2}{p_1}}{(1+\beta_V+\beta_r)h_{th}} \tag{2-103}$$

等温效率表示压缩过程接近等温过程的程度。在具有冷却的压缩机中，常采用等温效率评定机器

的优劣。实际过程越接近等温过程，则等温效率越高。

流动效率：多变压缩功与叶轮的理论能量头之比

$$\eta_h = \frac{h_{pol}}{h_{th}} = (1 + \beta_V + \beta_r)\eta_{pol} \tag{2-104}$$

流动效率反映了气流流动损失的大小。在流动效率一定的时候，由上式可见，多变效率随着泄漏与轮阻损失的增加而下降。

效率的计算与选取的进、出口截面有关。若选取整台压缩机的进、出口截面，则所得为整机效率；若选取不包括进、出气管的第一级进口和末级出口截面，则所得为压缩机级组的效率。如果选取一个级的进、出口截面，则为级的效率。

3. 重热现象与中间冷却

当多级式流体机械用可压缩介质工作时，级中的能量损失使介质温度升高，会使后一级的工作受到影响。现以一台三级压缩机为例说明这个影响。

图 2-72 在 T-s 图中表示了三级压缩机的压缩过程。下标 0 表示第一级进口，1 表示第一级出口，第二级进口，余类推。曲线 0123 表示实际的多变压缩过程，曲线 01′2″3″表示整机的绝热过程。记整机的绝热压缩功为 h_{adtot}，一级的绝热压缩功为 h_{adi}。由于第一级中的损失，使出口温度从 $T_{1'}$ 变为 T_1，于是使第二级的绝热过程线从 1′2″成了 12′。这两个过程的绝热压缩功是不同的，其差值

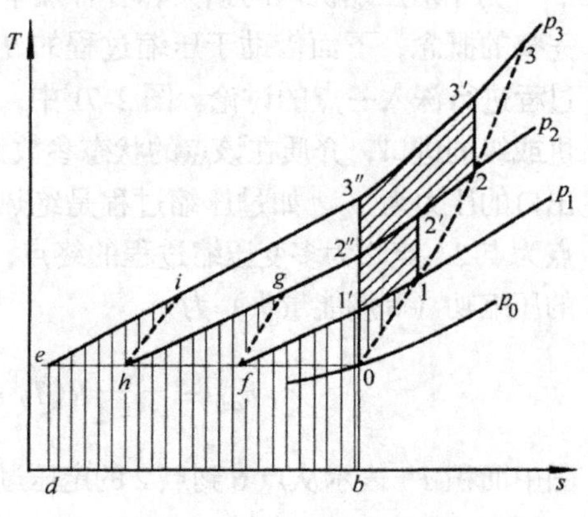

图 2-72　多变压缩过程

$$\Delta h_{ad} = c_p(T_{2'} - T_1) - c_p(T_{2''} - T_{1'}) = c_p(T_{2'} - T_{2''}) - c_p(T_1 - T_{1'})$$

由于式子右端两项分别表示等压线 2″2′和 1′1 与横坐标轴所夹的面积，所以 Δh_{ad} 即表示面积 1′2″2′1。这样，各级绝热压缩功之和将大于整机的绝热压缩功，这个现象称为重热现象。多出的这一部分功将等于图中斜线阴影的面积。定义

$$a = \frac{\sum h_{adi}}{h_{adtot}} \tag{2-105}$$

为重热系数。对于多级轴流式压缩机，一般有 $a = 1.02 \sim 1.04$。

在原动机中（汽轮机、燃气轮机），同样有重热现象存在，但它所起的作用却与压缩机相反。原动机中的重热现象使进入下一级的介质做功能力提高，从而输出的机械功增加，意味着上一级的能量损失转变成的热量有一部分在下一级重新转变成为机械功。

在多级压缩机中，由于压缩比大，所以压缩终点可以达到很高的温度。由图 2-72 可见，压缩机出口温度越高，达到同样的压缩比所需的功越大。为了降低压缩机的功耗，应该在压缩的同时进行冷却。冷却除了可以显著降低功耗以外，对压缩机的安全运行也是极为重要的。特别当被输送的气体为易燃易爆的或者在高温下会发生化学变化时，冷却的主要目的已不是节能，而是安全了。

理想的冷却应使压缩过程成为等温过程，此时压缩机出口温度与进口相同。等温过程的压缩功为图 2-72 上的面积 0*bde*0，显然比绝热压缩功（面积 3″0*bde*3″）要小。不过理想的等温过程在技术上难以实现，工程上实际采用的是中间冷却的方法，即经过一定程度（若干级）的压缩以后，

将气体引入中间冷却器，使气体与冷却介质（例如冷却水）交换热量，然后进入下一级继续压缩。如果图 2-72 所示的三级压缩每一级后都进行冷却，则压缩过程可用图中的折线 01*fghi* 表示，压缩功则为图中竖直阴影线所表示的面积。

实现中间冷却要将多级压缩机分段，每一段有若干级，每经过一段的压缩就进行一次中间冷却。压缩机分段数的确定需要考虑下列因素：

1）使功耗最小。冷却次数多，可使压缩功减少，但因为冷却器会引起额外的阻力损失，循环水泵也要消耗一定的功率，冷却次数过多对节省功耗也不利。同时，冷却次数多会使整机结构过于复杂，所以应根据总压缩比适当决定冷却次数。对于一般用途空气压缩机，推荐冷却次数 Z 和压缩比 ε 的关系如下：

$\varepsilon=3.5\sim5\quad Z=1$；$\varepsilon=5\sim9\quad Z=2\sim3$；$\varepsilon=10\sim20\quad Z=3\sim5$；$\varepsilon=20\sim35\quad Z=4\sim7$

2）如果被输送介质不允许经受高温（例如易燃易爆气体及其他有特殊要求的气体），则分段数必须首先满足出口温度控制条件。

3）用户的特殊要求，例如高炉鼓风机，由于提高风温有利于冶炼过程，所以冷却次数应少一些。

4）压缩机的结构型式。例如双轴 H 型压缩机，便于实现逐级冷却，而单轴型的级数较多时，受轴向尺寸的限制，就难以实现逐级冷却。

五、例题

例 2-5 某抽水蓄能电站装备有可逆式水泵—水轮机，假定泵和水轮机两种工况的参数相同，均为水头 $H=265\text{m}$，流量 $q_V=30.2\text{m}^3/\text{s}$。同时还假定两种工况下的损失均为：水力损失 $\Delta H=10\text{m}$，容积损失 $\Delta q_V=0.6\text{m}^3/\text{s}$，机械损失 $\Delta P=730\text{kW}$。试求两种工况下的水力效率、容积效率、机械效率、总效率和轴功率。

根据表 2-1 给出的式子，有

对水轮机工况

$H_{th}=H-\Delta H=(265-10)\text{m}=255\text{m};\eta_h=H_{th}/H=255/265=0.962$

$q_{Vth}=q_V-\Delta q_V=(30.2-0.6)\text{m}^3/\text{s}=29.6\text{m}^3/\text{s};\eta_V=q_{Vth}/q_V=29.6/30.2=0.98$

$P=P_{th}-\Delta P=\rho g q_{Vth}H_{th}-\Delta P=(9.81\times255\times29.6-730)\text{kW}=73315.9\text{kW}$

$\eta_m=P/P_{th}=73315.9/74045.88=0.99;\eta=\eta_h\times\eta_V\times\eta_m=0.962\times0.98\times0.99=0.933$

对泵工况

$H_{th}=H+\Delta H=(265+10)\text{m}=275\text{m};\eta_h=H/H_{th}=265/275=0.964$

$q_{Vth}=q_V+\Delta q_V=(30.2+0.6)\text{m}^3/\text{s}=30.8\text{m}^3/\text{s};\eta_V=q_V/q_{Vth}=30.2/30.8=0.98$

$P=P_{th}+\Delta P=\rho g q_{Vth}H_{th}+\Delta P=(9.81\times275\times30.8+730)\text{kW}=83820.7\text{kW}$

$\eta_m=P_{th}/P=83090.7/83820.7=0.991;\eta=\eta_h\times\eta_V\times\eta_m=0.964\times0.98\times0.991=0.936$

例 2-6 测得压缩机进、出口处的气体的参数为 $p_{in}=1.05\times10^5\text{Pa}$，$T_{in}=293\text{K}$，$c_{in}=30\text{m/s}$，$p_{out}=1.953\times10^5\text{Pa}$，$T_{out}=371.1\text{K}$，$c_{out}=40\text{m/s}$。又已知气体常数 $R=287\text{J/(kg·K)}$，绝热指数 $\kappa=1.4$，假定容积损失系数 $\beta_V=0.03$，圆盘损失系数 $\beta_r=0.05$。试求该压缩机的多变效率 η_{pol}、绝热效率 η_{ad}、多变能量头 h_{pol}、总能量头 h_{tot} 和流动效率（水力效率）η_h。

首先由式（2-97）计算多变指数 m

$$\frac{m}{m-1}=\frac{\lg(p_2/p_1)}{\lg(T_2/T_1)}=\frac{\lg(1.953/1.05)}{\lg(371.1/293)}=2.6263\quad m=1.6149$$

由式(2-96) 得多变效率值为

$$\eta_{pol}=\frac{\dfrac{m}{m-1}R(T_2-T_1)}{\dfrac{\kappa}{\kappa-1}R(T_2-T_1)+\dfrac{c_{out}^2-c_{in}^2}{2}}=\frac{\dfrac{1.6149}{0.6149}\times287\times(371.1-293)}{\dfrac{1.4}{0.4}\times287\times(371.1-293)+\dfrac{40^2-30^2}{2}}=0.747$$

若忽略动能差，用式（2-98）计算多变效率，则有

$$\eta_{pol}=\left(\frac{m}{m-1}\right)/\left(\frac{\kappa}{\kappa-1}\right)=0.75$$

可见机器进、出口的动能差所占份额很小。

机器的总能量头为

$$h_{tot}=\frac{\kappa}{\kappa-1}R(T_2-T_1)+\frac{c_{out}^2-c_{in}^2}{2}$$

$$=\left[\frac{1.4}{0.4}\times287\times(371.1-293)+\frac{40^2-30^2}{2}\right]\mathrm{m^2/s^2}=78801.5\mathrm{m^2/s^2}$$

多变能量头为

$$h_{pol}=\eta_{pol}h_{tot}=0.747\times78801.5\mathrm{m^2/s^2}=58864.7\mathrm{m^2/s^2}$$

理论能量头为

$$h_{th}=h_{tot}/(1+\beta_V+\beta_r)=78801.5/1.08\mathrm{m^2/s^2}=72964.4\mathrm{m^2/s^2}$$

流动效率则为

$$\eta_h=h_{pol}/h_{th}=58864.7/72964.4=0.807$$

第七节　有限叶片数的影响

一、有限叶片数对能量转换的影响

在采用无限叶片数假定时，出口液流角 $\beta_2=\beta_{b2}$，因此速度三角形和 c_{u2}易于求得，由欧拉方程式即可确定理论能量头 h_{th}（或 H_{th}、p_{th}），特记此求得的能量头为 $h_{th\infty}$（或 $H_{th\infty}$、$p_{th\infty}$）。但实际上，叶片数是有限的，故实际的出口速度三角形与无穷叶片数时不相同，设计或计算时必须考虑这种差别。

前面已经指出，介质经过叶片时，叶片使液（气）流偏转，因惯性作用而产生作用于叶片的力。在无穷多叶片的情况下，叶片必然使液（气）流从来流的 w_1 方向转到叶片出口角 β_{b2}所规定的方向。但在有限叶片数时，由于惯性作用，其偏转程度将低于叶片所规定的程度。以轴流叶轮的直列叶栅为例，图 2-73 为其进出口速度三角形。由于 $u_1=u_2$，故将二者重合在一起。S 点和 P 点代表无穷叶片数时的情况，在工作机工况，S 为进口，P 为出口。叶片使来流 w_s 顺时针偏转到 w_p 方向（$Z=\infty$，$\beta_2=\beta_{b2}$）。在有限叶片数时，由于偏转不足，故实际得到 P' 点的三角形。矢量 $\boldsymbol{PP'}$代表了两种情况出口速度矢量的差值。

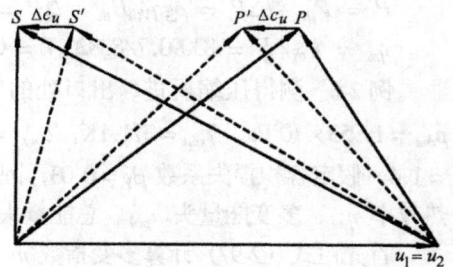

图 2-73　轴流式机器的进出口速度三角形

$$\boldsymbol{PP'}=\Delta\boldsymbol{c}_{u2}=\Delta\boldsymbol{w}_{u2}=\boldsymbol{c}_P-\boldsymbol{c}_{P'}=\boldsymbol{w}_P-\boldsymbol{w}_{P'}$$

$\Delta\boldsymbol{c}_{u2}$沿圆周指向 $-\boldsymbol{u}$ 的方向，可见实际的相对液流角 β_2

$< \beta_{b2}$。

在原动机工况，P 点为进口，S 点为出口。介质速度方向在叶片作用下沿逆时针偏转。同理 S 点将移至 S' 点。同理

$$\boldsymbol{SS'} = \Delta \boldsymbol{c}_{u2} = \Delta \boldsymbol{w}_{u2} = \boldsymbol{c}_S - \boldsymbol{c}_{S'} = \boldsymbol{w}_S - \boldsymbol{w}_{S'}$$

此时 $\Delta \boldsymbol{c}_{u2}$指向 $\boldsymbol{u}$ 的方向，$\beta_2 > \beta_{b2}$。

根据欧拉方程式，有限叶片数时，对工作机有

$$h_{th} = gH_{th} = \frac{p_{th}}{\rho} = u_p c_{up'} - u_s c_{us}$$

对于原动机有

$$h_{th} = gH_{th} = \frac{p_{th}}{\rho} = u_p c_{up} - u_s c_{us'}$$

因为在工作机中，$c_{up'} < c_{up}$，在原动机中 $c_{us} > c_{us'}$，可见两种情况下均有

$$H_{th} < H_{th\infty} \qquad h_{th} < h_{th\infty} \qquad p_{th} < p_{th\infty}$$

这种在有限叶片数时由于偏转不足，使 $\beta_2 \neq \beta_{b2}$的现象，称为滑移，也称为功率缩减。

以上分析的轴流式机械中，滑移是由于叶栅稠密度下降（$Z < \infty$）而使叶片导向能力减弱引起的。其实任何形式的叶轮中均有这个现象，不过在径流式或混流式机器中，还有引起滑移现象的更主要原因——轴向旋涡。

以离心叶轮为例，液（气）流在进入叶轮前是无旋的，进入叶轮后，其绝对运动仍然是无旋的。但叶轮是旋转的，因此相对运动有图 2-74 所示的旋涡运动。该旋涡向量平行于轴线，因而称为轴向旋涡。叶轮内的相对运动，是上述旋涡与贯穿流动的合成，合成的速度分布如图 2-75 所示。

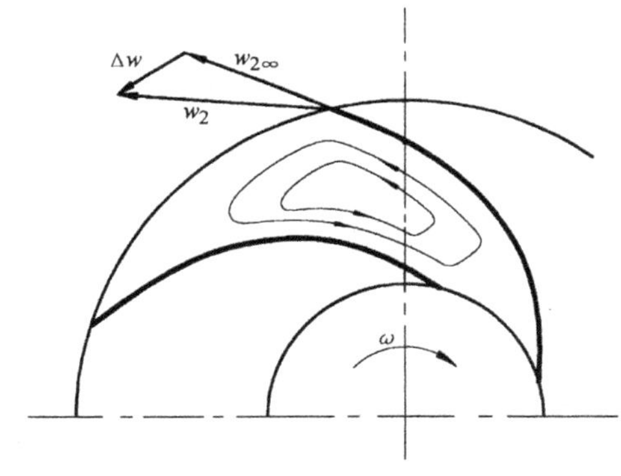

图 2-74　轴向旋涡

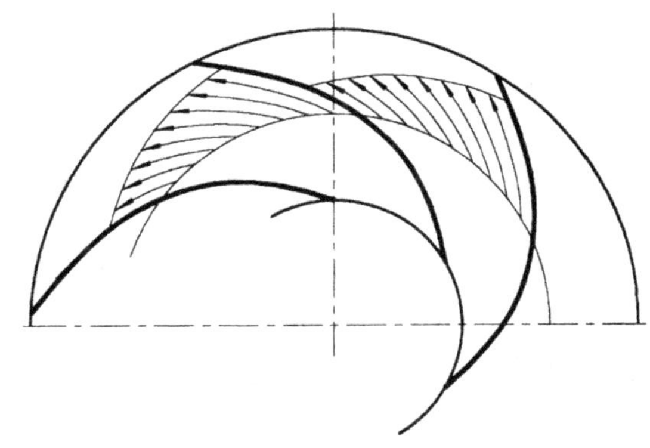

图 2-75　离心叶轮叶间流道内的速度分布

由图可见，叶片工作面的相对速度较小，而叶片背面的相对速度较大，叶片两边的速度差产生了压力差，该压力差正是叶片力矩的来源。轴向旋涡使出口处产生一个 Δw_u（Δc_u）的圆周速度，使速度三角形产生如图 2-76 所示的变化，同样产生了功率缩减。

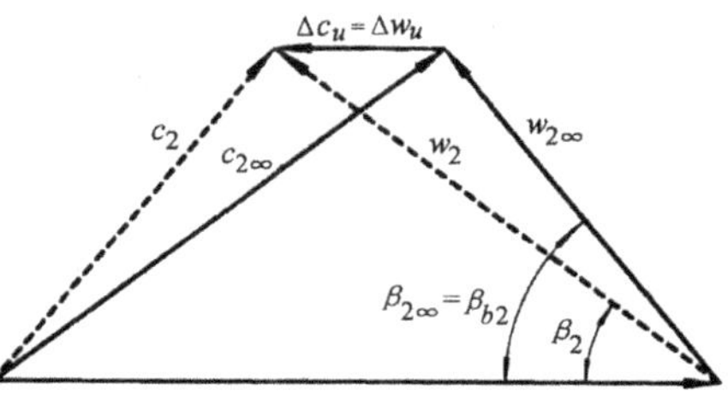

图 2-76　离心叶轮的出口速度三角形

虽然工作机（泵、风机与压缩机）与原动机（水轮机、汽轮机）内均存在滑移现象，但二者的程度不同。在设计工作机时，必须仔细计算 β_{b2}的数值，而在原动机设

计中一般只对 β_{b2}给予 2°～4°的修正，并不进行精确计算，其原因在于粘性在二者中起的作用不同。图 2-77 给出了二者的对比，图中实线表示工作机的叶片，虚线为原动机叶片，二者的运动方向、流动方向、叶片间距及叶片出口角 β_{b2}均相同，但叶片弯曲方向相反。由于粘性作用，在叶

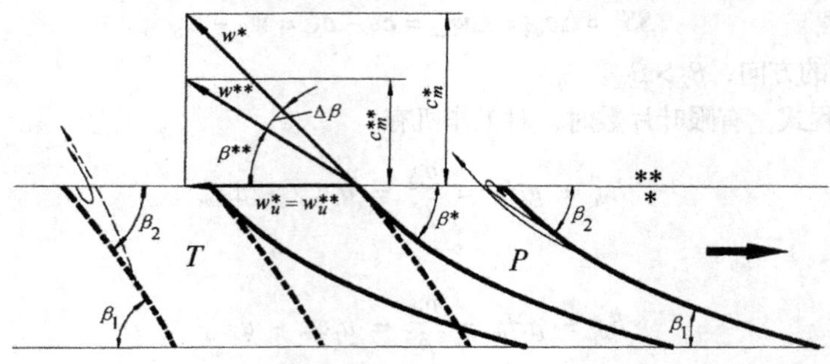

图 2-77　死水区对原动机和工作机的不同作用

片出口附近的凸面上会出现旋涡及死水区。该死水区缩小了过流面积，因而使出口速度增大。图中用上标 * 表示出口前的各量，用上标 * * 表示出口后的各量。由于面积缩小而使

$$w_m^* = c_m^* = w^* \sin\beta_2 \quad 及 \quad w_u^* = w^* \cos\beta_2$$

都增大了。但在出口后，死水区消失，由连续性方程知，$w_m^{**} < w_m^*$；而由动量矩方程知，$w_u^{**} = w_u^*$ 保持不变，故得到如图 2-77 所示的结果，w^{**}和 w^*的方向不再相同。实际水流角 β^{**}比理论值减小了 $\Delta\beta$，该差值 $\Delta\beta$ 在工作机中加剧了滑移现象（由于工作机中滑移使 β_2 减小），而在原动机中则缓解了滑移现象（因原动机中滑移使 β_2 增大）。利用死水区可以说明粘性对工作机和原动机的滑移现象的不同作用，但应该指出，实际上粘性的作用远比上面分析的复杂，这只是一个非常简化的模型。这个模型不能说明当工作机的出口叶片角 $\beta_{b2} > 90°$的情况，当 $\beta_{b2} > 90°$时，按上面的分析方法，将会得出粘性效应缓解了工作机的滑移现象的结论，而实际情况正好相反。

二、滑移系数

在泵、风机与压缩机中，叶轮出口流动角 β_2 与叶片角 β_{b2}并不相等，设计时必须计算实际的流动角并据此计算速度三角形，否则，不可能满足给定的设计参数。目前还难以直接进行足够精确的计算，工程中分别对离心式、混流式和轴流式叶轮用不同的方法处理。对于离心式叶轮，通用的方法是先借助于无穷叶片数假定（一元理论）进行计算，然后利用经验公式对计算结果进行修正，修正是利用滑移系数的概念进行的。由于轴流式叶轮的 S_1 流面可以展开成为平面直列叶栅，所以可以近似利用解析或半解析方法（例如奇点分布法）进行平面叶栅的计算。不过工程中最常用的方法是根据丰富的孤立翼型或者平面叶栅试验数据进行平面叶栅的计算，也就是说，对平面叶栅问题，可以直接进行有限叶片数（有限叶栅稠密度）的流动计算，不必借助于无穷叶片数的假设。对于少数叶栅稠密度较大的轴流式叶轮，也可以利用滑移系数进行计算。对于混流式叶轮，可以利用一元理论方法和滑移系数进行计算，也可以用平面叶栅的方法计算。关于叶栅的计算方法，将在第六章进行讨论，这里仅介绍有关滑移系数的概念。有关滑移系数的具体计算，将在第五章中介绍。

目前，学术界对滑移系数有两种不同的定义方法。

1）利用 $\Delta c_{u2} = c_{u2\infty} - c_{u2}$的值定义滑移系数

$$\sigma = 1 - \frac{\Delta c_{u2}}{u_2} \tag{2-106}$$

2）利用 h_{th}（H_{th}、p_{th}）与 $h_{th\infty}$（$H_{th\infty}$、$p_{th\infty}$）定义滑移系数

$$\mu = \frac{h_{th}}{h_{th\infty}} = \frac{H_{th}}{H_{th\infty}} = \frac{p_{th}}{p_{th\infty}} \tag{2-107}$$

两个定义容易引起混乱，将 μ 称为能量头修正系数可能更合适些。

有了滑移系数以后，就可以计算有限叶片数的理论能量头了。若利用式（2-107），则有

$$h_{th} = \mu h_{th\infty} \qquad H_{th} = \mu H_{th\infty} \qquad p_{th} = \mu p_{th\infty} \tag{2-108}$$

若用式（2-106），则有

$$\Delta H = \frac{u_2}{g}(c_{u2\infty} - c_{u2}) = \frac{u_2^2}{g}(1 - \sigma) \tag{2-109a}$$

$$\Delta h = u_2^2(1 - \sigma) \tag{2-109b}$$

$$\Delta p = \rho u_2^2(1 - \sigma) \tag{2-109c}$$

所以

$$H_{th} = H_{th\infty} - \Delta H \qquad h_{th} = h_{th\infty} - \Delta h \qquad p_{th} = p_{th\infty} - \Delta p \tag{2-110}$$

至于滑移系数的计算，目前并无精确的方法。有些学者在一定的简化条件下推出了一些近似公式，另外一些学者则根据实验数据提出了经验公式，这些公式将在第五章讨论。

前面分析速度三角形时，指出在叶轮出口，恒有 $\beta_2 = \beta_{b2}$，其实这个结论只在无穷叶片数时才成立。考虑有限叶片数时，β_2 与 β_{b2}不再相等，出口速度三角形的形状需根据 β_{b2}并结合滑移系数确定。为正确进行计算，应该仔细区分以下几个概念，以泵和通风机为例：在无穷叶片数假设下，出口相对流动角等于叶片角 β_{b2}，据此作出的速度三角形中，绝对速度的圆周分量为 $c_{u2\infty}$，根据 $c_{u2\infty}$计算所得的理论扬程或理论全压为 $H_{th\infty}$和 $p_{th\infty}$。在有限叶片数时对应的量为 β_2、c_{u2}、H_{th}和 p_{th}，它们与对应的带下标∞的量的差值，都可以利用滑移系数求得。而理论扬程 H_{th}和理论全压 p_{th}与实际扬程和实际全压的差值，是水力（流动）损失，可利用水力（流动）效率计算。

由前述理由，在进行水轮机的流动分析和设计计算时，通常只用很简单的办法考虑有限叶片数的影响。

第八节　反作用度

一、反作用度的意义

前面已给出了第二欧拉方程式为

$$h_{th} = gH_{th} = \frac{p_{th}}{\rho} = \frac{c_p^2 - c_s^2}{2} + \frac{u_p^2 - u_s^2}{2} + \frac{w_s^2 - w_p^2}{2}$$

显然，式子右端第一项是叶轮进、出口处介质所具有的动能的差，后两项之和在忽略流动损失时为叶轮进、出口处介质所具有的静压能或势能之差。此式将总能量头（或水头、扬程、全压）分成了两部分，一部分为动能 h_d（或动水头、动扬程 H_d，动压 p_d），另一部分是静压能 h_p（或势水头、势扬程 H_p，静压升 $p_p = p_2 - p_1$），即

$$h_d = gH_d = \frac{p_d}{\rho} = \frac{c_p^2 - c_s^2}{2} \tag{2-111}$$

$$h_p = gH_p = \frac{p_p}{\rho} = \frac{u_p^2 - u_s^2}{2} + \frac{w_s^2 - w_p^2}{2} \tag{2-112}$$

根据伯努利方程，还可以写出

$$h_p = gH_p = \frac{p_p}{\rho} = \int_1^2 v\mathrm{d}p \tag{2-113}$$

静压能在总能量头中所占的比重，是叶片式流体机械的一个重要参数，因为不同的分配比例对叶片的形状有不同的要求，而不同的叶片形状有不同的性能。为此，定义

$$\Omega = \frac{h_p}{h_{th}} = \frac{H_p}{H_{th}} = \frac{p_p}{p_{th}} \tag{2-114}$$

为反作用度，也称为反击系数、反应度或反动度。Ω 值表示静压能在叶轮的总能量头中所占的比例。当介质通过一台流体机械时，一般说来，在机器的进、出口截面上的速度相差不大，介质能量的变化主要表现在压力或焓的变化上。介质与叶轮所交换的动能部分，最终仍得依靠静止部件转换为静压能的变化。所以，反作用度也表现了叶轮和静叶内静压能变化的比例。

为便于后面的讨论，假定叶轮进出口处轴面速度相等，即 $c_{mp} = c_{ms}$（实际上，二者相差不很大，并且其值相对于 c_{up} 而言较小），并考虑 $c_{us} = 0$（法向进出口）的情况，于是有

$$h_d = gH_d = \frac{p_d}{\rho} = \frac{c_p^2 - c_s^2}{2} = \frac{c_{mp}^2 - c_{ms}^2}{2} + \frac{c_{up}^2 - c_{us}^2}{2} = \frac{c_{up}^2}{2}$$

由于
$$h_{th} = gH_{th} = \frac{p_{th}}{\rho} = (u_p c_{up} - u_s c_{us}) = u_p c_{up}$$

故有
$$\Omega = 1 - \frac{h_d}{h_{th}} = 1 - \frac{c_{up}}{2u_p} \tag{2-115}$$

上述结果非常简捷，本节将依据此式作进一步的讨论。但应当注意上式成立的条件，当工作机叶轮前设置有前置导流器或在多级式机器中，c_{us} 可以不为零，上式即不再成立。关于这种情况，将在后面的章节中再进行讨论。

有时候，还需要将反作用度 Ω 进行进一步的分解，由式（2-112）和式（2-114）有

$$\Omega = \frac{h_p}{h_{th}} = \frac{1}{h_{th}}\left(\frac{u_p^2 - u_s^2}{2} + \frac{w_s^2 - w_p^2}{2}\right) = \Omega_u + \Omega_w \tag{2-116}$$

上式中 Ω_u 称为惯性反作用度，其物理意义可理解为由离心力产生的静压变化量与总能量头之比；Ω_w 称为气动反作用度，其意义可理解为由于叶间流道的扩散或收缩而产生的静压改变量与总能量头之比。

二、流体机械按反作用度的分类

根据反作用度的不同，将叶片式流体机械分为两大类。

1. 冲击式（冲动式）流体机械

在以后的讨论中将会说明，作为工作机的叶片式机械（泵、风机与压缩机）不适于制成冲击式的，只有个别特殊情况下，可以看到反作用度接近于零的风机（横流式风机），所以这里主要讨论原动机。

严格的冲击式流体机械是指反作用度为零的机器。由于 $\Omega = 0$，故有 $h_p = 0$，表明叶轮进、出口处的压力相等，叶片进口边的全部可用能表现为动能，故此时介质的速度达到最大值

$$c_1 = \sqrt{2h_{th}}$$

叶轮内只有动能与机械能的相互转换，这种相互作用方式被称为等压作用。冲击式水轮机和冲动式汽轮机和气动透平机（例如透平膨胀机）都属于这一类。

图 2-78 为轴流冲击式机器（切击式、斜击式水轮机，轴流冲动式汽轮机及其他涡轮机）的动、静叶栅简图。图 2-78 中上部为导叶（或喷嘴、喷管），下为叶轮。右边的压力与速度变化曲线表明了在导叶及叶轮中的静压能和动能的变化过程。在导叶中，静压能转化为动能，故压力逐渐下降，速度逐渐增加。在导叶出口处，$p=0$（相对压力），c_1 达到最大值。在叶轮内，压力保持不变，速度逐渐减小到 c_2 值。

由图 2-78 中的速度三角形可以看出，“扭速” Δc_u 非常大，为了造成这样大的速度偏转，叶片的弯度很大。由于 $u_1=u_2$，由式（2-112）可知，$w_1=w_2$。这表明叶间流道内相对速度为常数，亦即叶间流道的面积应保持不变。对于弯度很大的叶片这将导致叶片厚度的剧烈变化，如图 2-78 中带阴影线的汽轮机叶片那样。为避免这种情况，水轮机中一般是使流道与大气相通，水流并不充满全部流道（不满流），因而不需要特别加厚叶片（参见图 2-18 和图 2-19）。冲击（动）式机器常采用局部进水（汽）方式，即将导叶作成一个或几个喷嘴，其射流仅与少数叶片相作用（参见图 1-4、图 1-17、图 2-18 和图 2-19）。局部进水可以在相对较小的流量下使用较大直径的叶轮，以提高级的能量头（水头）。

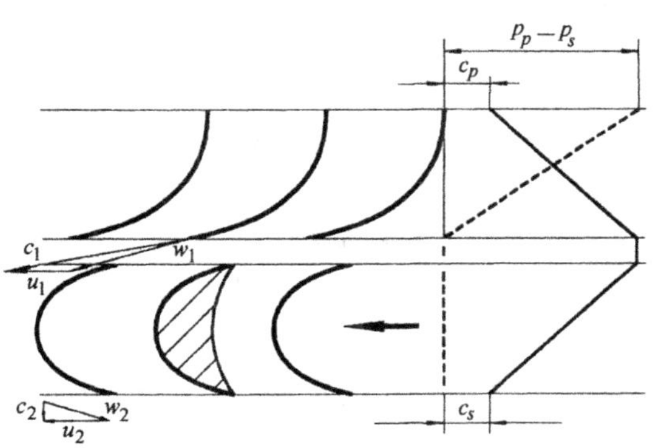

图 2-78　等压作用流体机械

当 $c_{u2}=0$ 时由欧拉方程式得

$$u_1=\frac{h_{th}}{c_1\cos\alpha_1} \tag{2-117}$$

在冲击式中，c_1 达最大值，$\cos\alpha_1$ 也取较大值（例如在切击式水轮机中，$\cos\alpha_1=1$）。因此，当 h_{th} 一定时，u_1 值最小，故冲击式转速较低或直径较小。或者反过来，在一定的转速和直径下（u_1 一定），冲击式机器适用的水头（能量头）最高。

在汽轮机中，由于单级的能量头很高，所以广泛采用冲动式。不过工程中也常采用 Ω 值很小但并不为零的级，称为带反作用度的冲动级，此时 $\Omega=0.02\sim0.15$。

对于径流式涡轮机，也有反击式与冲击式的区分，但与轴流式有所区别。这里有两种表述方式。

第一、在向心冲动式燃气轮机和透平膨胀机中（图 2-79），将“冲动式”理解为 $\Omega_w=0$，即叶间流道中没有（相对速度的）加速膨胀，但总的反作用度 $\Omega=\Omega_u+\Omega_w>0$，所以在叶轮内仍有克服离心力的压力降，进、出口处压力不相等。虽然向心透平的反作用度大于零，但由于气动反作用度为零，级的能量头仍然是比较大的。

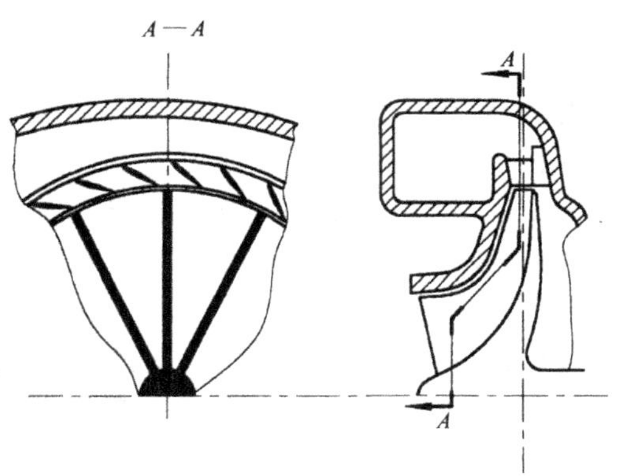

图 2-79　向心透平

第二、双击式水轮机是一种特殊的冲击式水轮机，图 2-80 为其流动简图。水流从喷嘴流出后第一次进入叶片，从外向内流过叶片。从叶片流出后，进入叶轮内部，然后再次进入叶片，从内向外流过叶片，所以称为双击式。由于转轮在空气中旋转，叶片进、出口压力相等，故仍是“冲击式”，即 $\Omega=\Omega_u+\Omega_w=0$。此时对于第一击，有 $u_1>u_2$，$\Omega_u>0$，故必然有 $w_2<w_1$，$\Omega_w<0$。即叶间流道是扩压的，由扩压产生的压力上升与圆周速度产生的压力降相平衡。对于第二击，则有 $u_1<u_2$、$\Omega_u<0$ 和 $w_2>w_1$、$\Omega_w>0$。由于双击式叶片之间的水流没有自由表面，当工况变化时，速度也发生变化，所以不能始终保持 $\Omega_u+\Omega_w=0$。也就是说，在变工况时，双击式水轮机可成为反击式的，所以认为双击式水轮机是介于冲击式和反击式之间的一种机型。

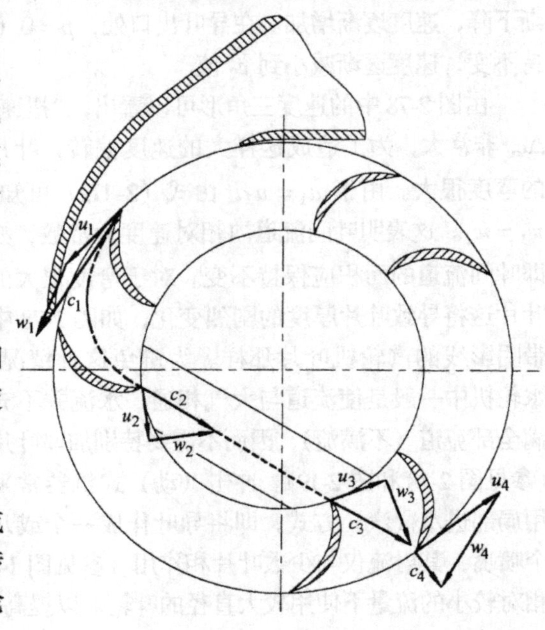

图 2-80　双击式水轮机流动简图

2. 反击（动）式流体机械

在反击（动）式流体机械中，有 $\Omega>0$，$H_p>0$。由于总能量中有一部分为压力能，故动能相应减少。叶轮高压边处的速度 c_p 较低，因此固定过流部件中转换的能量较少。由式（2-117）知，此时转速较高或直径较大。在直径与转速相同时，反击式机器比冲击式机器适用的能量头较低。或者说，当能量头和直径相同时，反击式机器的转速较高。同时，叶轮进出口处压力不相等，叶轮内既有动能的变化，也有压力的变化，这种工作过程称为过压作用。图 2-81 是轴流反击式机器的叶片形状及压力、速度变化过程。在轴流式中，$u_p=u_s$，由式（2-112）知，$w_s>w_p$，在原动机中为收缩流道，在工作机中为扩散流道。叶轮中的静压变化，是由于叶间流道的扩散或收缩形成的，由于“扭速”较小，故叶片比较平直。

由于流动是有压的，故反击式机器既不可能是不满流的，也不可能是局部进水（汽）的。

以上的分析以轴流式为例，其结论对径流式和混流式叶轮也适用。在径流式和混流式机器中，$u_p>u_s$ 和 $w_s>w_p$ 同时成立。静压的变化由两部分组成，除由叶间流道的扩散或收缩产生静压变化外，离心力的作用也产生静压变化，而且在很多情况下，静压变化主要是由离心力产生的。

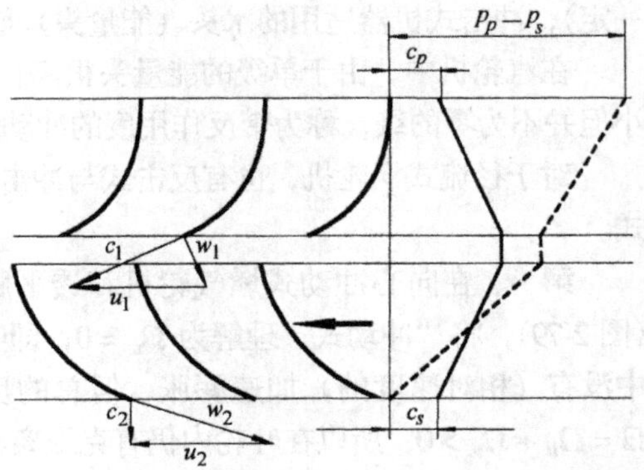

图 2-81　过压作用流体机械

三、反作用度与叶片形状的关系

Ω 的数值对叶片的形状，尤其是高压边叶片角 β_p 有很大影响。这里利用式（2-115）来讨论二者之间的关系，故应假定 $c_{us}=0$（法向进、出口条件）。设有四台轴流式机器具有相同的 q_V、n、D 值，因此 u、c_m 的值也相同。但这些机器的反作用度 Ω 不同。由式（2-115）得

$$c_{up}=2u_p\ (1-\Omega)$$

故 c_{up} 随 Ω 不同而不同，高压边速度三角形也不相同。图 2-82 给出了四个速度三角形，它们的底边 $BC=u$ 是公共的，顶点分别为 E、F、G、J。

△EBC 中，$\Omega=0$，$c_{up}=2u_p$，$\beta_p>90°$；　　△FBC 中，$\Omega=0.5$，$c_{up}=u_p$，$\beta_p=90°$；

△GBC 中，$\Omega>0.5$，$c_{up}<u_p$，$\beta_p<90°$；　　△JBC 中，$\Omega=1$，$c_{up}=0$，$\beta_p<90°$；

在 E、F、G、J 各点还给出了 β_s 相同时的叶片形状，E 点叶片十分弯曲而 J 点叶片成为平板。

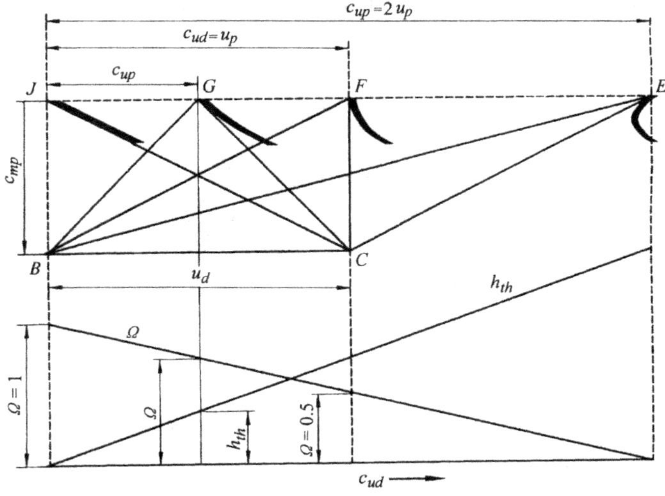

图 2-82　反作用度与速度三角形的关系

又由欧拉方程可知，由于 c_{up} 值不同，h_{th}亦不同。图 2-82 下部以 c_{up} 为横坐标，用曲线 KL 和 OM 分别表示了 Ω 与 h_{th}随 c_{up}的变化，可见，$\Omega=0$时，h_{th}达最大值，而 $\Omega=1$ 时，$h_{th}=0$，故实际中(当 $c_{us}=0$时)$\Omega<1$。

对于径流式叶片，与 G、F、E 点对应的叶片形状分别为图 2-83a、b、c。规定图 2-83b、c 中的叶片曲率为正，图 2-83a 中的叶片曲率为负。可以看出，图 2-83c、b 中的叶间流道作为工作机运行时扩散角很大，会引起很大的流动损失，作原动机运行时，由于是收缩流道，故不致于引起很大的损失。对于图 2-83c 中的叶间流道，为了避免扩散不均匀，可采用特别加厚的叶片。如图中虚线所示。

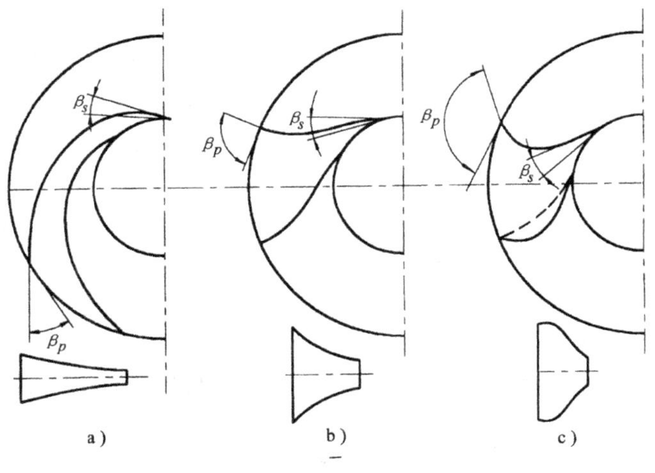

图 2-83　径向叶轮的情况

图 2-83a 所示的叶片形状在泵、风机和压缩机中又称为后弯（或后向）叶片，图 2-83b 所示的叶片形状称为径向叶片，图 2-83c 则称为前弯（或前向）叶片。

以上的讨论中假定 D 一定，h_{th}随 Ω 的减小而增大。同理，对于一定的 h_{th}，D 随 Ω 的减小而减小，故 Ω 值对机器尺寸亦有相当影响。图 2-84 表示 β_s、h_{th}、q_V 和 n 均相同的三个叶轮，由于 Ω（β_p）不同而有不同的尺寸。

这里必须指出，以上的讨论都是在 $c_{us}=0$ 的条件下展开的，这种情况在叶片式流体机械中是常见的。在原动机中，为减小叶轮出口动能损失，通常要求尽可能满足法向出口条件，即 $c_{us}=0$。在工作机中，当没有前置导流器时，除了个别种类的吸入室外，通常也可认为 $c_{us}=0$。但对于前置导流器或半螺旋吸入室后的叶轮，上述条件不再成立，以上讨论的结论应作相应的修正。关于这种情况，将在第六章作进一步的讨论。

四、各种形状叶片的使用范围

汽轮机、燃气轮机、水轮机、泵、通风机和透平压缩机等叶片式流体机械，虽然其工作原理和欧拉方程式都相同，但它们的叶轮叶片形状却不相同。从图2-81和图2-82可见，叶片形状的主要区别在于高压边叶片角 β_p 不同，而 β_p 又与反作用度的大小密切相关。在流体机械的设计中选取反作用度，亦即确定叶片形状时应该着重考虑两个因素，一个是能量头的大小，另一个是原动机和工作机流动特性的差别。

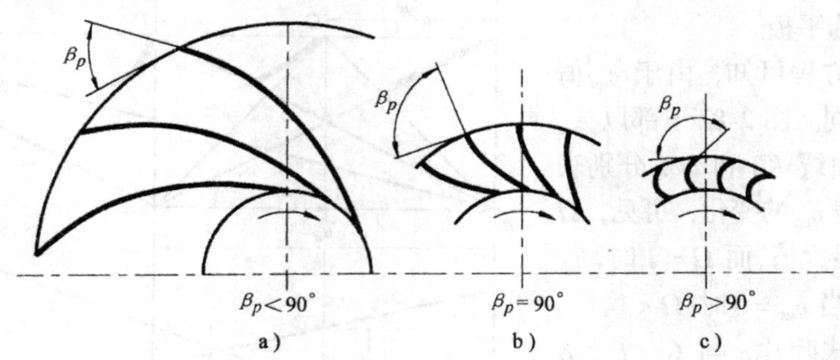

图2-84　反作用度与叶轮尺寸的关系

不同的流体机械的能量头的数值相差甚远，这可以通过几个实例的比较得到说明：

1）现代热电站用大型凝汽式汽轮机是能量头最高的叶片式流体机械。通常进汽压力达17MPa，温度约为540℃，排汽压力约为0.005MPa，根据水蒸汽热力参数表可知汽轮机的能量头约为 $h=1.5\times10^6\text{J/kg}=1.5\times10^6\text{m}^2/\text{s}^2$，进、排气的压力比约为 $\varepsilon=3400$。

2）现代高压离心压缩机的最高排气压力可达70MPa，如果输送的介质为空气，进气为标准状态，在有充分的中间冷却的条件下，其能量头可比较接近等温压缩功，即 $h>0.55\times10^6\text{J/kg}=0.55\times10^6\text{m}^2/\text{s}^2$。其压缩比为 $\varepsilon=700$，通常压缩机的参数没有这样高，一般压力比在150以下，50以下的应用更多。

3）普通通风机的全压在0.015MPa以下，即 $h<12500\text{m}^2/\text{s}^2$。压力最低的风扇全压仅为100Pa，即能量头仅为 $h=80\text{m}^2/\text{s}^2$。

4）低扬程轴流泵的扬程最低为2～3m，高扬程多级离心泵扬程最高可达4000m，即叶片泵的能量头为20～40000m²/s²。

5）现代水轮机的最高应用水头为2000m，最低为2～3m，其能量头为20～20000m²/s²。

可见，叶片式流体机械的最高和最低的能量头之比达75000。由以上数据还可见，用可压缩介质（气体）工作的机器的能量头较高，用不可压介质（液体）工作的机器其能量头较低。不过由于液体介质的密度比气体大得多，所以虽然后者的能量头较低，但其功率却不小。

由欧拉方程式可知，为提高能量头，必须提高 u_p 和 c_{up} 的值。当能量头很高时，会受到材料强度和马赫数的限制，因此必须采用多级结构。但为避免级数过多，仍必须尽力提高每一级的能量头。根据前面关于能量头与反作用度关系的讨论，可知此时必须采用较低的反作用度，直至采用冲击（动）式机型。反之，当能量头较低时，应该采用较高的反作用度以免机器的转速过低而增加尺寸和质量，从而提高了制造和运行成本。当然，对于需要很高能量头的情况，还应该在材料的强度，叶片的结构及制造工艺等方面采取一些措施。

还应该指出，流量也对叶片形状产生影响。为得到高的能量头，机器内的流动速度必然很高，在相同的尺寸下，体积流量也随之增大。对于能量头很高而流量并不大的情况，会给叶轮的设计带来困难，这就是汽轮机和水轮机中采用部分进汽（水）方式的原因。所以，决定叶片形状时应综合考虑能量头和流量，亦即以比转速为依据。关于比转速的概念，将在“相似理论”一章中进行深入的讨论。

决定叶片形状的第二个重点考虑的因素，是原动机和工作机不同的流动特性。由于原动机叶轮前（高压侧）的流道是收缩的，流动是加速的，根据前面对流动损失的分析，此时边界层不易分离，流动损失较小，所以流速高一些也没有关系。而在工作机中情况正相反，叶轮后（高压侧）流道是扩散的，边界层易于分离，因而流动损失大。如果采用较小的反作用度，意味着叶轮出口速度较高而压力较低，这将在扩压元件中造成较大的损失，也减小了介质实际从叶轮所获得的能量。所以工作机必须有比较高的反作用度，更不能采用冲击（动）式。

下面将根据以上观点具体分析几种流体机械的叶片形状的选择。

1. 汽轮机

汽轮机是所有叶片式流体机械中能量头最高的，所以对汽轮机的设计而言，首要的问题是保证所需的能量转换量。所以汽轮机通常级数较多、转速较高，同时广泛采用冲动式，反动式的汽轮机很少见。

汽轮机通常是轴流式的，这是因为采用轴流式叶轮便于紧凑地依次布置很多级；同时离心力在轴流式叶片中只引起拉应力而不产生弯曲应力，故能采用较高的转速；最后，汽轮机的首级与末级的体积流量相差甚远，而轴流式叶轮可以适应很大和很小的流量。

由前面的讨论可知，汽轮机叶片的高压边叶片角 β_p 很大，叶片弯度很大。图 2-78 所示的叶片形状正是典型的汽轮机叶片。

2. 水轮机

与汽轮机相比，水轮机的 H_{th} 值是很小的，因此水轮机都是单级的，并且反击式用得较多，冲击式较少。

在中、低水头范围，使用反击式水轮机。为了适当提高转速，应适当增加 Ω 的值，并且水头越低，反作用度越大，所以水轮机的叶片形状可在很大的范围内变化。Ω 值随水头增加而下降，而 β_p 则随水头增加而增加。由于 β_p（β_1）$>90°$时的叶片弯度较大，水力损失也较大，因此实际中常限制 $\beta_p \leqslant 90°$。但为减小圆盘损失（$\propto D^5$），β_p 的值也不宜取得过小，在径流式或混流式转轮中，β_p 的下限值应使叶片曲率不致为负（图 2-82）。当水头很低时，采用轴流式水轮机，其 β_p 值较小，在图 2-82 中的位置接近 J 点。

在水头特别高的情况下，为了适应大的 H_{th} 值，应该使用冲击式（等压作用）水轮机。此时 $\Omega=0$，β_p（β_1）$>90°$，相应于图 2-82 中的 E 点。冲击式水轮机中，切击式性能最好，适应水头也最高，但制造复杂，多用于大型机组。水头较低的小型机组，也可使用斜击式或双击式。实际中使用的各种冲击式水轮机都是局部进水的，这是因为相对于其使用水头而言，流量是很小的，同时叶间流道亦是不满流的。

3. 泵

虽然泵的扬程与水轮机的水头接近相等，但与水轮机相比，泵的叶轮必须具有较高的反击系数，除了前面讨论过的工作机和原动机的区别以外，还有一个原因是特性曲线的稳定性问题（参见第七章）。因此，泵叶轮的 β_p（β_2）值比水轮机中小得多。对离心叶轮，通常取 β_p（β_2）$=15° \sim 40°$，常用 β_p（β_2）$=20° \sim 30°$。相对于混流式水轮机（$\beta_p \approx 90°$）而言，这意味着 H_p 和叶轮直径较大，因而泄漏损失、圆盘损失和制造成本都有增加，这都是因为必须服从降低水力损失这个主要要求。当扬程很低时，则用轴流泵，其叶片与轴流式水轮机一样，其在图 2-82 中的位置接近 J 点。

由于泵的反作用度比较高，因此单级扬程比较低。在需要较高扬程的场合，广泛采用多级泵。

4. 通风机

通风机和泵一样，也是输送不可压介质的工作机，因此其叶片形状的选择，原则上和泵是一样的，但由于工作条件不同，实际上有所区别。

通风机的叶轮一般采用焊接或铆接工艺制造，为制造方便，也常采用直叶片，如图 2-85 所示。

当压力较低时，为提高效率，应采用后向叶片，此时 $\beta_2 < 90°$。由于空气的密度比水小得多，即使在压力不很高的时候，也要求比较大的能量头。为了满足压力要求，特别是压力要求较高而叶轮尺寸和转速又受到某种限制的时候，通风机中也常采用径向（$\beta_2 = 90°$）或前弯叶轮（$\beta_2 > 90°$）。

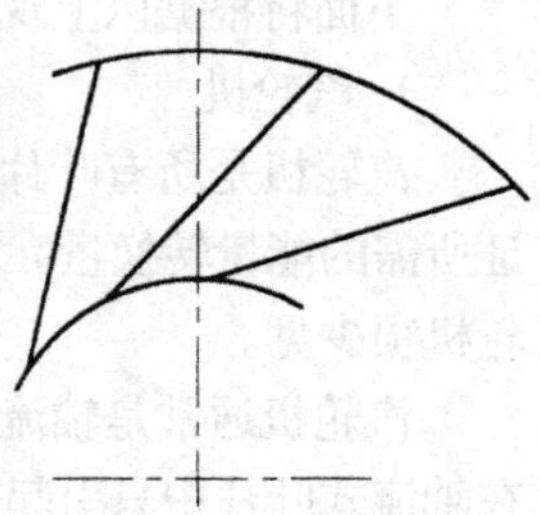

当通风机输送的空气含有较多的粉尘时，采用径向直叶片有助于减少磨损和积垢。

图 2-85　直叶片叶轮

5. 压缩机

作为一种工作机，选择压缩机的叶片形状时与泵和通风机有相同的考虑。但压缩机的能量头要比泵和通风机高得多，所以压缩机的主要问题是如何保证所需的能量头。为保证所需的能量头，压缩机的转速通常较高，这就必需考虑到流动的马赫数对压缩机工作到影响以及叶片在离心力作用下的强度问题。

从保证所要求的能量头的观点出发，似乎应该采用前向叶轮，但实际上压缩机中几乎不采用前向叶轮。原因除了前述的效率较低以外，还因为这种叶轮出口的绝对速度 c_2 大于 u_2，受叶轮出口允许的马赫数 Ma_{c2}的限制，只能采用比较小的 u_2，这样也不能达到足够高的能量头。

所以在压缩机中广泛采用的是后弯和径向式叶轮。在后弯型叶轮中，$\beta_2 = 15° \sim 30°$的叶轮又被称为强后弯型或水泵型叶轮，$\beta_2 = 30° \sim 60°$的叶轮称后弯型或压缩机型叶轮。压缩机的径向叶轮有两种型式，一种气体沿径向（轴面速度）进入叶片，此时叶片形状如图 2-84b 所示，称为径向出口叶片。另一种叶片由两部分组成，前一部分称导风轮，实际上是一种轴流式叶片，后一部分是径向直叶片。气体从轴向进入导风轮然后经径向直叶片排出，这种径向叶轮称径向直叶片叶轮，如图 2-86 和图 1-34b 所示 。

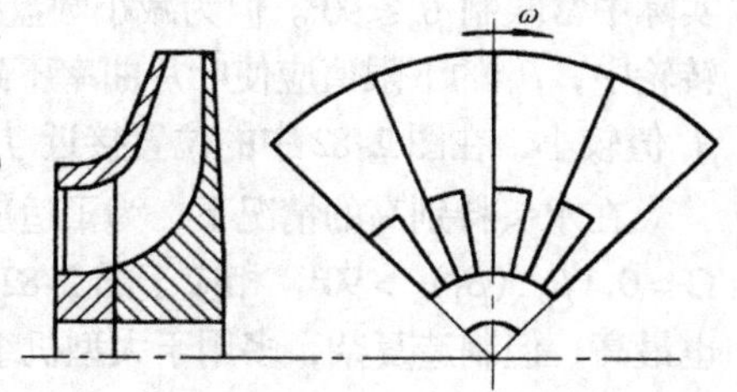

图 2-86　径向直叶片叶轮

径向直叶片叶轮的效率比后弯式低，但在相同的圆周速度下，其能量头较高。特别是直叶片的强度高，可以采用高转速，从而进一步提高能量头。在多级压缩机中，这样可以减少级数，对优化整机结构有利，因此获得了广泛的应用。

习　题　二

一、已知混流式水轮机的下列数据：$D_1 = 2\text{m}$，$b_0 = 0.2\text{m}$，$q_V = 15\text{m}^3/\text{s}$，$n = 500\text{r/min}$，导叶出口角 $\alpha_0 = 14°$。试求进出口速度三角形。（注：转轮进口边视为与导叶出口边平行，$b_1 = b_0$）

二、在上题中，若出口边与下环交点处 $D_2 = 1.4\text{m}$，该处轴面速度 $c_{m2} = 12\text{m/s}$，则为了满足 $H_{th} = 250\text{m}$ 的条

件，β_2 应为多少？（假定叶片数无穷多）

三、已知轴流式水轮机的下列数据：$D_1=0.7\text{m}$，$\bar{d}_h$（轮毂直径）$=0.28\text{m}$，$b_0=0.28\text{m}$，$q_V=2\text{m}^3/\text{s}$，$n=500\text{r/min}$，$\alpha_0=55°$，试求 $D=0.53\text{m}$ 的圆柱层中（其中 $\beta_2=25°$）的进出口速度三角形。

四、轴流转桨式水轮机某一圆柱流面 $D_1=2\text{m}$，$n=150\text{r/min}$，在某一流量下 $c_m=4\text{m/s}$。试求：

a）当叶片转到使 $\beta_{b2}=10°$时，作出口速度三角形。此时转轮出口水流的动能是多少？其中相对于 c_{u2}的部分又是多少？

b）为了获得法向出口，应转动叶片使 β_{b2}为多少？此时出口动能又为多少？

c）设尾水管回能系数 $\eta_v=0.85$，且假定尾水管只能回收相应于 c_{m2}的动能，则上面两种情况下出口动能损失各为多少？

五、在进行一台离心泵的能量平衡实验时，测得下列数据：轴功率 $P=15\text{kW}$；流量 $q_V=0.0134\text{m}^3/\text{s}$；扬程 $H=80\text{m}$；转速 $n=2900\text{r/min}$；叶轮密封环泄漏量 $\Delta q_V=0.0007\text{m}^3/\text{s}$；圆盘摩擦功率 $\Delta P_r=1.9\text{kW}$；轴承与填料摩擦功率 $\Delta P_m=0.2\text{kW}$；另外给定了泵的几何尺寸：轮直径 $D_2=0.25\text{m}$；出口宽度 $b_2=6\text{mm}$；叶片出口角 $\beta_{b2}=23°$。试求：

a）泵的总效率及水力、容积和机械效率。

b）叶轮出口速度三角形。（不计叶片厚度，$c_{u1}=0$）

c）滑移系数 σ、反作用度 Ω。

六、两个混流式水轮机转轮，其应用水头及转速均相同，第一个转轮的反作用度 $\Omega_1=0.5$，第二个转轮 $\Omega_2=0.7$，求二者直径的比值。

七、有一轴流式风机，在叶轮半径 380mm 处，空气沿轴向以速度 $c_1=33.5\text{m/s}$ 流入，当叶轮转速为 1450r/min 时，其全压 $p_{tF}=692.8\text{Pa}$，空气密度 $\rho=1.2\text{kg/m}^3$，试作出该半径上的进、出口速度三角形。

八、单级轴流式风机转速 $n=1450\text{r/min}$，在半径 250mm 处，空气以速度 $c_1=24\text{m/s}$ 轴向流入叶轮，已知气流通过叶轮后速度的方向偏转了 20°，空气密度 $\rho=1.2\text{kg/m}^3$，求风机的理论全压 p_{th}。

九、有一只空气预热器，将 15℃的空气加热到 170℃，空气的质量流量 $q_m=2.975\times10^3\text{kg/h}$，预热器和管道的全部阻力（压力）损失为 150Pa，现要为该系统配备一台效率为 70%的通风机，试问从节能的角度考虑，风机应装在预热器之前还是之后？两种装置方法的功耗分别是多少？

第三章　流体机械的相似理论

第一节　流体机械的流动相似准则

流体机械内的流动现象是十分复杂的，常常难以单凭数学分析方法得到实用结果。为了认识其中的流动规律，完善设计计算方法，还必须借助于实验。在工程实践中，除了少数情况外，试验研究一般是在模型装置上进行的，这就是模型试验。因为在原型（或称为真机、实型）上进行测量很困难，很多时候是不可能的；同时，原型试验的经费开支也很大。利用模型试验来研究原型的性能或利用模型试验的数据来推算（换算）原型的有关数据的工作，又称为模拟。

到目前为止，流体机械的不断发展和性能的不断提高与完善，主要还是依靠试验研究特别是模型试验取得的。近年来，电子计算机在流体机械的生产和科学研究中得到愈来愈广泛的应用，现在已可用计算机对流体机械的内部流动进行数值模拟，用以替代部分模型试验。这样就可以利用内部流动分析的计算机程序，对各种不同设计参数的组合进行计算，以得到最优设计方案，并可预估机器的各种性能，这种方法又称为“数值试验”。但是，这决不是说“数值试验”就可以完全代替模型试验。事实上，由于理论方法尚不完善，存在一定的局限性，流体机械中的很多问题仍然要依靠模型试验来解决，而且计算机的计算结果最终仍要由模型试验来验证。所以，模型试验在目前和可以预见的将来仍然还是研究流体机械的一个很重要的手段。应用于生产实际中的绝大多数流体机械，其性能都是经过模型试验确定的。

为正确地进行模型试验，必须解决两个基本问题。第一是如何进行模型试验或设计试验模型？第二是如何把模型试验结果换算到原型（真机）上去？与此相关的一个问题是，即使能够在实物上进行试验，又如何将在一个特定实物的具体条件下得到的实验结果推广到与之相类似的流动过程中去，扩大实验结果的应用范围？流体力学的相似理论对此给予了回答。

一、流动相似的条件

流体机械内的流动是粘性可压缩流体的非定常流动，由流体力学相似理论知道，两个相似的流动过程所涉及的所有的物理量，包括几何尺寸、时间、速度、力、温度、密度和粘度等等都必须对应成比例，这就是几何相似、时间相似、运动相似、动力相似、热力相似和物性相似。

1. 几何相似

几何相似是指流动空间几何相似，即形成此空间任意相应两线段夹角相同，任意相应线段长度保持一定的比例。在图 3-1 所示的两流管中，几何相似即意味着两流管几何相似，即

$$\theta_p = \theta_m$$

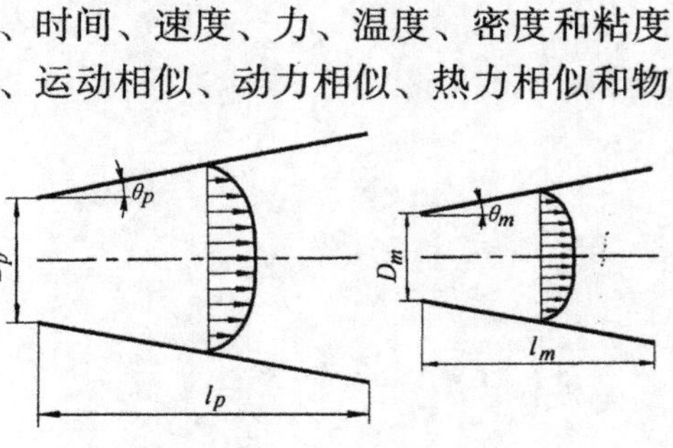

图 3-1　两相似的流管

$$\frac{D_p}{D_m} = \frac{l_p}{l_m} = K_l \tag{3-1}$$

这里下标 p 表示原型（真机），m 表示模型（下同）。该比例常数 K_{I} 称为长度比例常数。显然，两相应面积之比，为长度比例的平方

$$\frac{A_p}{A_m} = K_A = K_l^2$$

而相应体积之比，为长度比例的立方

$$\frac{V_p}{V_m} = K_V = K_l^3$$

几何相似是力学相似的前提，有了几何相似，才有可能在模型流动和原型流动之间，存在着相应点、相应线段、相应断面和相应体积这一系列互相对应的几何要素；才有可能在两流动之间存在着相应流速、相应加速度、相应作用力等一系列互相对应的力学量；才有可能根据在模型流动的给定点，给定断面上测定的参数，来预测原型流动中相应点和断面上相应的参数。

2. 时间相似

时间相似是指两个流动中各种参数对于时间的变化过程相似，亦即完成一个特定的流动过程所用的时间成比例。例如图 3-2 所示的两个流动中对应点上压力随时间的变化曲线是相似的，其中各对应的时间段的比例相同，即

$$\frac{t_p}{t_m} = K_t \tag{3-2}$$

3. 运动相似

运动相似意味着两流动的相应流线几何相似，或者说，相应点的流速大小成比例，方向相同。即

$$\frac{c_p}{c_m} = \frac{u_p}{u_m} = \frac{w_p}{w_m} = K_c \tag{3-3}$$

K_c 称为速度比例常数。

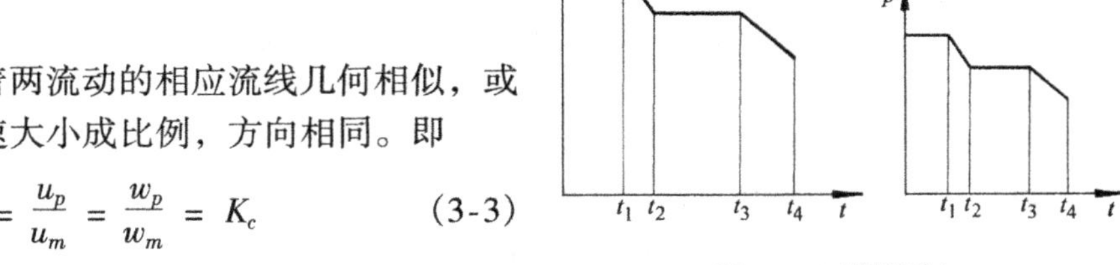

图 3-2 时间相似

显然，对于两个相似的流体机械叶轮来说，运动相似意味着对应点的速度三角形相似，绝对和相对流动角相等，所以相似工况又称为等角工况。

有了速度比例常数和长度比例常数，显然可以根据简单的 $t = l/c$ 的关系，得出时间比例常数 K_t

$$K_t = \frac{K_l}{K_c} \tag{3-4}$$

即时间比例常数是长度比例常数和速度比例常数之比。上式证明了前面提出的关于不同物理量的比例间须满足一定的关系的命题。

不难证明，加速度比例常数是速度比例常数除以时间比例常数

$$K_a = \frac{K_c}{K_t} = \frac{K_c^2}{K_l} \tag{3-5}$$

由此可见，只要速度和时间相似，加速度也必然相似。反之亦然。

4. 动力相似

流动的动力相似，是指作用于流体质点上的力为同名力，同时相应点上的同名力成比例。这里所谓的同名力，是指同一物理性质的力，例如重力、粘性力、压力、惯性力、弹性力等等。相应的同名力成比例，即

$$\frac{F_{\upsilon p}}{F_{\upsilon m}} = \frac{F_{pp}}{F_{pm}} = \frac{F_{Gp}}{F_{Gm}} = \frac{F_{Ip}}{F_{Im}} = \frac{F_{Ep}}{F_{Em}} = K_f \tag{3-6}$$

式中的下标 υ、p、G、I 和 E 分别表示粘性力、压力、重力、惯性力和弹性力。

5. 热力相似

热力相似是指流动过程内部的热功转变过程和热量传递过程相似，即温度场相似和热流相似。由于在流体机械模型试验中通常忽略热传导，所以热力相似主要是指温度场相似，即

$$\frac{T_p}{T_m} = K_T \tag{3-7}$$

6. 物性相似

物性相似是指两个流动的对应点上介质的物性参数如密度 ρ（或质量体积 v）、粘性系数 μ、质量热容 c_p（或 c_v）成比例，即

$$\frac{\rho_p}{\rho_m} = K_\rho \qquad \frac{\mu_p}{\mu_m} = K_\mu \qquad \frac{c_{pp}}{c_{pm}} = K_{cp} \tag{3-8}$$

两个完全相似的流动中，上述六种相似必定同时成立，所以只要测得模型的有关参数，就可以换算到真机上去。不过对于模型试验来说，尚需解决两个问题。首先，模型试验时，速度、压力、温度等参数的分布是未知的，因此不可能直接控制这些参数来使模型和真机保持相似。实际上也不需要这样做，因为两个流动满足同样的微分方程，只要控制适当的边界条件、初始条件和物性条件，就可以保证相似了。其次，各物理量的比例常数不是相互独立的，必须确定它们相互的关系，才能进行换算。这两个问题都可以通过相似准则来解决。

二、流体机械的相似准则

流体力学的相似理论指出，在满足几何相似和物性相似的条件下，只要使两个流动的若干无量纲数对应相等，即可保证二者相似，这些无量纲数称为相似准则，可以由一些特征量组合而成。这些相似准则都是动力相似的准则，根据式（3-6），它们都代表某一种作用力与惯性力的比值。对于流体机械内的可压缩粘性介质的非定常流动，由这些特征量组成的相似准则包括：

1）斯特劳哈尔数，用 Sr 表示

$$Sr = \frac{L_0}{c_0 t_0} \tag{3-9}$$

斯特劳哈尔数表示在非定常流动中，当地加速度与位移加速度的比值。

2）欧拉数，用 Eu 表示

$$Eu = \frac{p_0}{\rho_0 c_0^2} \tag{3-10}$$

欧拉数表示压差力与惯性力的比值。另一方面，还可以利用音速公式 $c_{a0}^2 = \kappa_0 p_0/\rho_0$（$\kappa_0$ 为特征绝热指数）将欧拉数化为

$$\frac{p_0}{\rho_0 c_0^2} = \frac{1}{\kappa_0}\frac{c_{a0}^2}{c_0^2} = \frac{1}{\kappa_0}\frac{1}{Ma^2} \tag{3-11}$$

可见，除了表示流速与声速的比值或者表示介质的可压缩性以外，马赫数也表示惯性力与压差力的比值。由此式还可知，对于可压缩流体，为保证压差力的相似，必须使模型与原型的特征绝热指数 κ_0 和马赫数 Ma 分别相等。

3）弗劳德数 F_r

$$Fr = \frac{c_0}{\sqrt{g_0 L_0}} \tag{3-12}$$

弗劳德数表示惯性力与重力之比。

4）雷诺数

$$Re = \frac{\rho_0 c_0 L_0}{\mu_0} \tag{3-13}$$

雷诺数表示惯性力与粘性力的比值。

综上所述，在满足几何相似的条件下，为使两台流体机械的流动相似，就必须保证上述相似准则对应相等，亦即

$$\begin{gathered} Sr_p = Sr_m \\ Re_p = Re_m \\ Ma_p = Ma_m (\text{或 } Eu_p = Eu_m) \\ Fr_p = Fr_m \\ (\kappa_0)_p = (\kappa_0)_m \end{gathered} \tag{3-14}$$

顺便指出，由于介质的绝热指数实际上基本为一常数，所以上面特征绝热指数相等的条件也可以表达为两个流动的介质的绝热指数相等。

三、不完全相似

相似准则证明了模型试验可以模拟真机的流动过程，指出了满足相似条件下试验设计应遵循的准则，不过这样严格地满足全部相似准则的要求在工程实际中是不可能实现的，现举例说明如下。

如果原型与模型的尺寸之比为 10，二者的工作介质相同，那么为了使二者的雷诺数相等，原型的速度应该是模型的十分之一；但为使二者的弗劳德数相等，原型的流速则应为模型的 $\sqrt{10}$ 倍，显然，同时满足这两个条件是不可能的。原因在于人们难以根据试验要求任意改变重力和介质的粘性等参数，所以为保证完全相似就只能取模型和原型的尺寸相等，但这已不是模型试验了。

不仅同时满足所有的相似准则是困难的，有时即使仅满足一个相似准则也是困难的。例如长江三峡工程的水轮机转轮直径约为 10m，水头约 100m，如果在试验室中用直径 0.5m（这已经是当前最大的模型直径）的转轮进行试验，为保证二者的雷诺数相等，模型的流速应为原型的 20 倍。由于水头与流速平方成正比，故模型水头必须达到 40000m 才能使速度满足要求。显然，这个要求在技术上是不能实现的。

好在为满足工程实际的需要，其实并不需要严格满足所有的相似准则。由这些相似准则的物理意义可以知道，除绝热指数 κ 外，它们各表示某一性质的力与惯性力之比，如果这种力在流动中所起的作用不大，也就不必满足相应的准则。下面根据这一思想分析一下流体机械模拟过程中必须满足的相似准则。

1. 斯特劳哈尔数 Sr

斯特劳哈尔数表示非定常运动中当地加速度和迁移加速度之比。在稳定工况下，流体机械中的相对运动是定常的，但绝对运动是非定常的。由于叶片数有限，叶片两面的速度不同。当叶轮转动时，在空间中固定点上，观察到的绝对运动将呈现周期性的变化，故是非定常的，所以斯特劳哈尔数相等是流体机械模拟必须满足的条件。

2. 马赫数 Ma 和欧拉数 Eu

这两个数都表示压差力与惯性力的比值。在流体机械中，压差力是最重要的作用力，因此，保持马赫数或欧拉数相等也是流体机械模拟必须满足的条件。在不可压介质中，要求满足欧拉数相等。在可压缩介质中，则要求满足马赫数相等。

3. 雷诺数 Re

雷诺数表示惯性力与粘性力的比值。流体机械内的流动都是有粘性的，所以，原则上应该保证模型与原型的雷诺数相等。但从前面的例子中可以看出，当原型与模型的尺寸比值较大时，保持雷诺数相等是困难的。粘性力的作用造成能量损失，所以雷诺数对流体机械工作过程的影响表现在效率上。根据第二章关于雷诺数对效率的影响的分析，可知当雷诺数大于临界雷诺数后，对效率没有影响。流体机械中多数情况下雷诺数是大于临界值的，所以通常不要求满足雷诺数相等的条件。但当模型的雷诺数较小且与原型的雷诺数相差较多时，需对模型的试验结果进行修正。

4. 弗劳德数 Fr

弗劳德数表示重力与惯性力的比值。由于流体机械流动过程中没有自由表面，重力对速度分布没有影响，因此一般的流体机械模拟不要求弗劳德数相等。在特殊目的的模型试验中，例如泵站进水池内流速分布与泥沙沉降的研究以及水电站尾水管与下游河道的相互影响的研究等，则必须保持弗劳德数相等。

5. 绝热指数 κ

绝热指数决定了介质内热与功的相互转换，因此对可压缩介质，是必须满足的相似准则。而不可压缩介质中没有热功转换，也不存在绝热指数的概念，所以不必满足这个准则。

综上所述，在流体机械的模型试验和从模型到原型的相似换算中，若介质是可压缩的，则必须使模型和原型的斯特劳哈尔数、马赫数和绝热指数分别相等；若介质是不可压缩的，则应使二者的斯特劳哈尔数和欧拉数分别相等。同时，试验中应使雷诺数尽可能相等。当雷诺数在临界值以下或模型与原型的雷诺数相差较多时，应对模型试验的结果进行修正。特殊情况下，若流动具有自由表面（例如泵站的进水池和水电站的尾水渠），则应使弗劳德数保持相等。

第二节　相似理论在流体机械中的具体应用

将前面得到的相似理论的结果具体应用到流体机械中，需要做三项具体的工作或解决三个具体的问题：

1）前面导出的流体机械必须满足的相似准则 Sr、Ma 或 Eu 都是由特征量组合成的无量纲数，而特征量的选择有很多可能。为便于工程上进行交流和使用方便，应对这些特征量的选取作出统一的、结合流体机械实际并便于应用的规定。按照这样的规定得到的实用的相似准则，在流体机械的工程实践中称为单位参数，也称为无量纲参数或组合参数，所以首先应确定这些单位参数。

2）其次，应寻求根据模型参数计算原型参数或者根据原型参数计算模型参数的公式，称为相似换算公式。以后将会看到，利用单位参数很容易得到这些公式。

3）应用相似理论，有可能将一系列相似的机器的性能用一张性能曲线图表示出来，称为通用特性曲线。这将给使用者选择和购置机器提供很多方便，所以还应该确定绘制通用特性曲线的方法。

以下将分别针对不可压缩和可压缩介质讨论这三个问题。

一、不可压缩介质的情况

这里以泵、通风机和水轮机为例，讨论相似理论在以不可压缩流体为工作介质的流体机械中的应用。虽然相似理论在这几种机器中的应用是完全相同的，但由于习惯与历史的原因，在具体的表达方式上还是有所不同。在解决具体的工程问题时，要注意到这些差别。

（一）泵与通风机的单位参数及其相似换算

对不可压缩介质，流体力学的基本方程组中不包括能量方程和状态方程。在工程上，只要求模型和原型的斯特劳哈尔数和欧拉数相等，即认为满足了相似的条件。在我国，泵、通风机和水轮机这三个行业中，这两个准则的具体形式（单位参数或无量纲参数）有一些差别，下面分别予以说明。

1. 泵和通风机的无量纲参数或单位参数

（1）流量系数　在斯特劳哈尔数的表达式中，取叶轮直径 D 作为特征长度，以叶轮旋转一周的时间 $1/n$ 为特征时间，以叶轮出口的轴面速度 c_{m2} 为特征速度，并考虑到 c_{m2} 与流量成正比，与 D^2 成反比，所以可以将斯特劳哈尔数写成

$$Sr = \frac{L_0}{c_0 t_0} = \frac{D}{\dfrac{q_V}{D^2}\dfrac{1}{n}} = \frac{D^3 n}{q_V}$$

在泵和通风机中，实际上是将 Sr 的倒数定义为流量系数 φ，即

$$\varphi = \frac{q_V}{D^3 n} \tag{3-15}$$

考虑到叶轮的圆周速度正比于 Dn，轴面速度正比于 q_V/D^2，所以 φ 还可以表示成

$$\varphi = \frac{c_{m2}}{u_2} \tag{3-16}$$

在我国的泵行业中，通常采用式（3-15）或式（3-16）计算流量系数，而在我国的通风机行业中，采用的流量系数表达式则为

$$\varphi = \frac{q_V}{\dfrac{\pi}{4}D^2 u_2} \tag{3-17}$$

以上三种流量系数的表达式是完全等价的，它们都是斯特劳哈尔数这个相似准则的具体应用，根据它们推导的相似换算公式也是相同的。但是不同的表达式得到的具体数值不同，在实际应用时，应该将一个具体的数值与一个具体的表达式联系起来，不要弄错了。

（2）压力系数　在欧拉数的表达式中，仍取叶轮直径 D 为特征长度，取机器的全压 p

为特征压力，取叶轮的圆周速度 u_2 为特征速度，欧拉数可以表示为

$$Eu = \frac{p}{\rho u_2^2}$$

在我国的通风机行业中，将此称为压力系数，记为 ψ，于是

$$\psi_t = \frac{p_{tF}}{\rho u_2^2} \tag{3-18}$$

在通风机中，压力系数有全压系数和静压系数之分。若上式中压力为全压，所得即为全压系数，若式中压力为静压 p_{sF}，则所得为静压系数 ψ_s。

在泵行业中，用泵的扬程作为特征压力。考虑到 $p_{tF}=\rho gH$，u_2 与 Dn 成正比，于是有

$$\psi = \frac{gH}{D^2n^2} = \frac{h}{D^2n^2}$$

式中 h 为能量头，所以压力系数也称为能量头系数。由于重力加速度 g 是常数，可以从上式中去掉，所以压力系数表达式也可写为

$$\psi = \frac{H}{D^2n^2} \tag{3-19}$$

也可以将能量头系数定义为

$$\psi = \frac{h}{u_2^2} = \frac{gH}{u_2^2} \tag{3-20}$$

在有些文献中，还将压力系数定义为

$$\psi = \frac{2h}{u_2^2} = \frac{2gH}{u_2^2} \tag{3-21}$$

同样，上述各式中的压力系数都是等价的，根据它们推导的相似换算公式也相同，但它们的具体数值不同，应用时同样应该注意。在我国，习惯上对通风机用式（3-18），对泵用式（3-19）、式（3-20）或式（3-21），对透平压缩机则用式（3-19）或式（3-20）。

请注意，本来流量系数和压力系数作为相似准则应该是无量纲数，但式（3-15）和式（3-19）却是有量纲的，原因在于式中消去了重力加速度。这样，如果模型和原型工作在不同的重力环境中，则它们的（按式（3-15）计算的）流量系数和（按式（3-19）计算的）压力系数将不相等，当然这样的情况是极少的。

（3）功率系数　流量系数和压力系数是两个独立的相似准则，由它们经过乘、除、乘方和开方等运算，可以派生出其他的无量纲数。其中，工程上常用的一个是功率系数。

功率系数定义为流量系数与压力系数的乘积，当流量系数和压力系数采用不同的表达式时，功率系数也有不同的表达式。在我国的泵行业，习惯采用的表达式是

$$\lambda = \frac{P}{D^5n^3} \tag{3-22}$$

在通风机行业，则采用如下的功率系数的表达式

$$\lambda = \frac{1000P}{\frac{\pi}{4}\rho D^2u_2^3\eta} \tag{3-23}$$

式中功率 P 的单位为 kW。同样，式（3-22）表示的功率系数是有量纲的，在应用时应予注意。

2. 泵与通风机的相似换算

当两台泵或通风机满足相似条件时，它们的流量系数、压力系数、功率系数分别相等，据此即可得出两机各参数之间的关系。在完全满足相似条件时，作为一个无量纲参数的效率应该是不变的，即真机与模型的效率相等。不过工程上通常不能完全满足相似条件，所以它们的效率实际上是有差别的。关于效率的不同对相似换算的影响，将在稍后进行讨论，这里暂时假定效率不变。

（1）流量关系　由两机的流量系数相等可立即得出它们的流量之间有下面的关系

$$q_{V,p} = q_{V,m}\frac{D_p^3}{D_m^3}\frac{n_p}{n_m} \tag{3-24}$$

（2）压力或扬程的关系　由压力系数相等立即得到两机的压力（包括全压与静压）、扬程之间的关系

$$p_{tF,p} = p_{tF,m}\frac{\rho_p D_p^2 n_p^2}{\rho_m D_m^2 n_m^2} \qquad p_{sF,p} = p_{sF,m}\frac{\rho_p D_p^2 n_p^2}{\rho_m D_m^2 n_m^2} \qquad H_p = H_m\frac{D_p^2 n_p^2}{D_m^2 n_m^2} \tag{3-25}$$

（3）功率的关系

$$P_p = P_m\frac{\rho_p D_p^5 n_p^3}{\rho_m D_m^5 n_m^3} = P_m\frac{\rho_p D_p^2 u_{2,p}^3}{\rho_m D_m^2 u_{2,m}^3} \tag{3-26}$$

上面的三个相似换算关系，分别被称为第一、第二和第三相似定理。

三个相似定理主要用于两台相似的机器之间的性能参数的换算，当然也可以用于同一台机器在转速变化时的相似工况之间的参数换算。在这样的条件下，由于直径及介质密度不变，因此换算公式可以简化为

$$\frac{q_{V,A}}{q_{V,B}} = \frac{n_A}{n_B} \qquad \frac{H_A}{H_B} = \frac{p_{tF,A}}{p_{tF,B}} = \frac{n_A^2}{n_B^2} \qquad \frac{P_A}{P_B} = \frac{n_A^3}{n_B^3} \tag{3-27}$$

式中下标 A 和 B 分别表示两个不同的转速。当机器的转速变化时，其性能曲线也随之改变。图 3-3 表示了泵或通风机的扬程（或压力）曲线与转速的关系。在两条曲线的对应的相似工况（如图中 A、B 两点）之间，存在如下关系

$$H = kQ^2 \tag{3-28}$$

常数 k 对不同的工况是不同的。显然，当转速变化时，相似的工况分布在一条抛物线上，如图 3-3 所示，该抛物线称为相似抛物线。如果满足完全相似的条件，该抛物线上所有的工况的效率应该是不变的，所以该线也称为等效抛物线。不过，实际上当转速变化幅度较大时，由于雷诺数不同以及外部机械损失等能量损失并不遵守流动的相似定理，所以实际上效率是变化的。

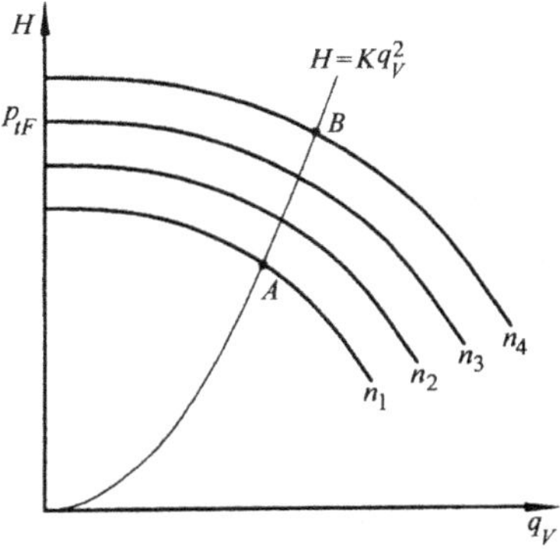

图 3-3　转速变化时的特性曲线

（二）水轮机的单位参数与相似换算

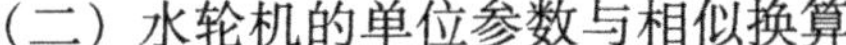

1. 水轮机的单位参数

流量系数和压力系数作为不可压缩介质流动的相似准则，对水轮机也是有效的，由此导出的三个相似定理及相应的换算公式同样对水轮机也是成立的。不过在泵与通风机的相似换算中，通常是将直径与转速作为已知量，用上述公式换算是很方便的。但对水轮机，换算时通常已知直径与水头，为使用方便，应将单位参数和换算公式的形式稍作改变。

（1）单位转速　水轮机单位转速 n_{11} 定义为式（3-19）所表示的压力系数的平方根的倒

数，即

$$n_{11} = \frac{nD}{\sqrt{H}} \tag{3-29}$$

单位转速这个称呼，可理解为某一给定的转轮直径为1m，在1m水头下工作时的水轮机及与其几何相似、并在相似工况下工作的水轮机应具有的转速。由于单位转速作为相似准则实际上略去了重力加速度 g，所以也是有量纲的，其单位应是 $m^{1/2}/s$，不过工程上习惯以 r/min 作为它的代表性单位。

(2) 单位流量　将式 (3-15) 定义的流量系数与单位转速相乘，其积仍应是一个相似准则，这就是水轮机的单位流量 Q_{11}，即

$$Q_{11} = \frac{q_V}{D^3 n}\frac{nD}{\sqrt{H}} = \frac{q_V}{D^2\sqrt{H}} \tag{3-30}$$

Q_{11}表示了某一给定的转轮直径为1m的水轮机，在1m水头下工作时，通过该水轮机的流量；也可理解为与其几何相似的水轮机在相似工况下工作时通过水轮机的流量。应该指出，单位流量也是有量纲的，其量纲及所用的单位与单位转速相同，不过在工程上习惯以 m^3/s 作为它的代表性单位。

水轮机的单位转速和单位流量其实仍是从欧拉数和斯特劳哈尔数演变而成的相似准则，当两几何相似的水轮机的单位转速和单位流量分别相等时，它们之中的流动是相似的。

(3) 单位功率　将式 (3-30) 代入水轮机的功率表达式，得

$$P = \rho g q_V H\eta = \rho g Q_{11} D^2\sqrt{H}H\eta = \rho g Q_{11} D^2 H^{\frac{3}{2}}\eta$$

显然，比值

$$\frac{P}{D^2 H^{\frac{3}{2}}} = \rho g Q_{11}\eta$$

对相似的工况是常数，将其定义为单位功率 P_{11}，即

$$P_{11} = \frac{P}{D^2 H^{\frac{3}{2}}} \tag{3-31}$$

同样，P_{11}表示了当转轮直径为1m，在1m水头下工作的水轮机及与其几何相似、并在相似工况下工作的水轮机所输出的功率。

单位功率也是有量纲的，工程上习惯以 kW 作为它的代表性单位。

2. 水轮机的相似换算

满足相似条件时模型和原型水轮机的单位流量、单位转速和单位功率分别相等，据此可以得出水轮机的相似换算公式

(1) 流量关系

$$q_{V,p} = q_{V,m}\frac{D_p^2}{D_m^2}\sqrt{\frac{H_p}{H_m}} \tag{3-32}$$

(2) 转速关系

$$n_p = n_m\frac{D_m}{D_p}\sqrt{\frac{H_p}{H_m}} \tag{3-33}$$

(3) 功率关系

$$P_p = P_m \frac{D_p^2 H_p^{3/2}}{D_m^2 H_m^{3/2}} \tag{3-34}$$

根据这三个关系很容易由模型参数求得原型参数，反之亦然。

最后应该指出，本节中，对泵与风机给出的相似准则为流量系数和压力系数，换算公式为式（3-24）至式（3-26），对水轮机给出的相似准则是单位转速和单位流量，换算公式为式（3-32）至式（3-34），但这并不是说前者只能用于泵和风机，后者只能用于水轮机。这些准则和公式对所有这些机器都是适用的，使用时可根据已知条件的不同选用不同的公式。不过单位流量 Q_{11}、单位转速 n_{11}和单位功率 P_{11}这三个术语，习惯上只用于水轮机中。

由于在泵、风机和水轮机中采用的表达式在形式上稍有差别，为便于记忆和运用，表 3-1 给出了本节中主要式子的汇总与对比。显然，表中公式对于同一台机器工作于不同的转速或不同的水头的相似工况下的有关参数的换算也是适用的，只需令式中的 $D_m = D_p$ 即可导出相应的式子。

表 3-1　泵、风机和水轮机的相似准则与换算公式

		泵	风　　机	水　轮　机
单位参数	流量系数	$\varphi = \frac{q_V}{D^3 n}$	$\varphi = \frac{q_V}{\frac{\pi}{4} D^2 u_2}$	
	压力系数	$\psi = \frac{H}{D^2 n^2}$	$\psi = \frac{p}{\rho u_2^2}$	
	功率系数	$\lambda = \frac{P}{D^5 n^3}$	$\lambda = \frac{1000P}{\frac{\pi}{4} \rho D^2 u_2^3 \eta}$	
	单位流量			$Q_{11} = \frac{q_V}{D^2 \sqrt{H}}$
	单位转速			$n_{11} = \frac{nD}{\sqrt{H}}$
	单位功率			$P_{11} = \frac{P}{D^2 H^{3/2}}$
换算公式	流量关系	$q_{V,p} = q_{V,m} \frac{D_p^3}{D_m^3} \frac{n_p}{n_m}$	$q_{V,p} = q_{V,m} \frac{D_p^3}{D_m^3} \frac{n_p}{n_m}$	$q_{V,p} = q_{V,m} \frac{D_p^2}{D_m^2} \sqrt{\frac{H_p}{H_m}}$
	压力关系	$H_p = H_m \frac{D_p^2 n_p^2}{D_m^2 n_m^2}$	$p_p = p_m \frac{\rho_p D_p^2 n_p^2}{\rho_m D_m^2 n_m^2}$	
	转速关系			$n_p = n_m \frac{D_m}{D_p} \sqrt{\frac{H_p}{H_m}}$
	功率关系	$P_p = P_m \frac{\rho_p D_p^5 n_p^3}{\rho_m D_m^5 n_m^3}$	$P_p = P_m \frac{\rho_p D_p^2 u_{2,p}^3}{\rho_m D_m^2 u_{2,m}^3}$	$P_p = P_m \frac{D_p^2 H_p^{3/2}}{D_m^2 H_m^{3/2}}$

（三）通用特性曲线

几何相似但尺寸不同的流体机械的特性曲线是不同的，同一台机器在不同的转速（例如泵与风机）或不同的水头（水轮机）下工作时，其特性曲线也是不同的。但是，如果用压力系数代替 p 或 H，用流量系数代替 q_V，所得的特性曲线将对一系列几何相似的机器是相同的，这样的特性曲线称为通用特性曲线或无量纲特性曲线。

泵与通风机的通用特性曲线如图 3-4 所示，用流量系数 φ 为横坐标，用压力系数 ψ 为纵坐标。水轮机的通用特性曲线通常用单位流量 Q_{11} 为横坐标，单位转速 n_{11} 为纵坐标。由于水轮机的特性曲线中要表达导叶开口的影响，因此比泵和通风机的曲线复杂一些，将在第七章介绍。

（四）效率对相似换算的影响

前面的讨论中一直假定模型与原型的效率相等，但实际上，由于难以达到完全的相似，二者的效率是有差别的。产生这个差别的主要原因，在泵、通风机和水轮机中，是模型和原型的尺寸不同。由于尺寸不同，一方面使模型的雷诺数小于原型，这将使模型的效率低于原型；另一方面，当模型和原型用同样的工艺方法加工的时候，模型的表面相对粗糙度也要比原型大，这同样使模型的效率下降；最后，出于结构方面的原因，尺寸相差较多的两台机器，其产生泄漏损失的间隙的相对值也难以完全相等，一般来说模型的相对间隙值较大，故容积效率也较低。这种因尺寸不同而使得模型与原型的效率不等的现象，称为比例效应。比例效应对水轮机特别重要，因为原型和模型水轮机的尺寸和功率的差别都很大。

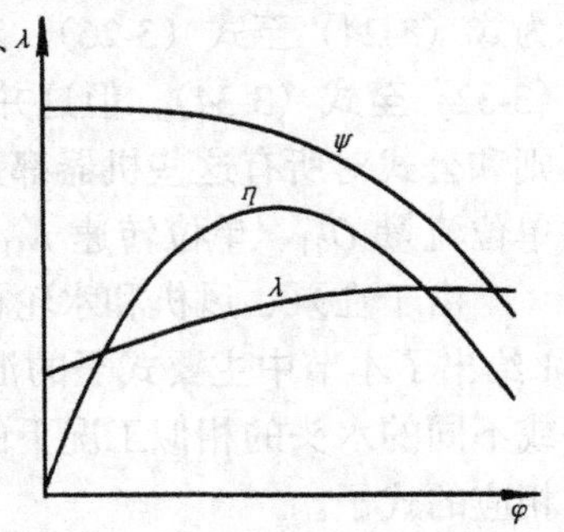

图 3-4 泵与通风机的通用特性曲线

在考虑效率的差异对相似换算的影响的时候，应解决两个问题。第一是效率的差别究竟是多少，第二是这个差别对相似换算有多大的影响。由于比例效应对水轮机特别重要，故这里主要针对水轮机讨论这两个问题，不过这些讨论原则上也适用于泵和风机。

显然，用理论计算的方法求得模型与原型的效率差别是不可能的，因为如果能够用理论方法精确计算效率的话，也就不需要进行模型试验了。所以工程上是用经验公式对模型的效率进行修正，并以此来估算真机的效率，这种对原型效率的估算，也称为效率换算。

模型和原型的水力效率、容积效率和机械效率都不同，但考虑到容积和机械损失在总损失中所占份额相对较低，同时容积效率和机械效率的修正比较困难，所以工程实践中通常只对水力效率进行修正并用模型与原型总效率的比值来近似代替它们水力效率的比值。

1. 水力效率的换算

水力损失是由通过水轮机的液流运动引起的，在第二章中曾详细讨论过流体机械内的流动损失，在那里将损失分成两类，第一类与流量的平方成正比，包括摩擦损失、分离损失和二次流损失等等，可以摩擦损失为这一类损失的代表。另一类损失与流量偏离最优流量的程度的平方成正比，其主要成分是冲击损失。所以水轮机在计算工况条件下的水力损失可用摩擦损失来代表。

可以把水轮机中液流运动视为圆管中的流动，借助于圆管流动的沿程摩擦损失的普遍表示式并用水轮机标称直径 D 表征圆管直径 d，可将水轮机的摩擦损失表示为

$$\Delta H_f = \lambda \frac{l}{D} \frac{c^2}{2g}$$

式中 ΔH_f——水头损失，脚标 f 表示摩擦；

D——圆管直径；

λ——沿程阻力系数，它与雷诺数 Re 和管壁相对粗糙度 Δ/d 有关。

相对水力损失则可表示为 $1-\eta_h=\Delta H_f/H$，故可以列出模型与原型间的相对摩擦水力损失之比

$$\frac{(1-\eta_h)_m}{1-\eta_h}=\frac{\lambda_m\left(\frac{l}{D}\right)_m\left(\frac{c^2}{2gH}\right)_m}{\lambda\left(\frac{l}{D}\right)\left(\frac{c^2}{2gH}\right)}$$

这里原型的量不带下标（下同）。由几何相似和相似工况条件，有

$$\frac{l}{D}=\left(\frac{l}{D}\right)_m \quad 和 \quad \frac{c^2}{2gH}=\left(\frac{c^2}{2gH}\right)_m$$

所以，可得出

$$\frac{(1-\eta_h)_m}{1-\eta_h}=\frac{\lambda_m}{\lambda} \tag{3-35}$$

由流体力学知，液流运动在光滑管中，当雷诺数 Re 在 $5\times10^5\sim5\times10^7$ 范围内时，其沿程阻力系数 λ 与雷诺数 Re 的平方根成反比，其普遍式为

$$\lambda=\frac{1}{\sqrt{Re}}$$

通常在水轮机流道中雷诺数 Re 是较大的。按国际电工委员会（IEC）规定：当反击式水轮机在最小试验水头为 1m，吸出管进口直径为 250mm 条件下进行的模型试验时，要保证轴流式水轮机的 $Re\geqslant2\times10^6$，混流式水轮机的 $Re\geqslant2.5\times10^6$；当切击式水轮机在最小试验水头为 40m，水斗宽度为 80mm 的条件下进行模型试验时，要保证切击式水轮机的 $Re\geqslant3.5\times10^6$。在此 Re 数范围内，液流运动在水力光滑区，或者虽可能已在水力粗糙区，但不能排除层流底层的存在，尤其是在高效率区粘性底层的厚度大于表面粗糙度。这样，式（3-35）又可写为

$$\frac{1-\eta_h}{(1-\eta_h)_m}=\left(\frac{Re_m}{Re}\right)^{1/n}$$

$$1-\eta_h=(1-\eta_h)_m\left(\frac{Re_m}{Re}\right)^{1/n} \tag{3-36}$$

水轮机中雷诺数的表达式为

$$Re=\frac{D}{\upsilon}\sqrt{2gH}$$

式中　υ——液体的运动粘性系数（m^2/s）

将 Re 代入式（3-36），当在温度相同的条件下

$$\upsilon_m=\upsilon \qquad g_m=g$$

可得

$$1-\eta_h=(1-\eta_h)_m\left(\frac{D_m}{D}\right)^{1/n}\left(\frac{H_m}{H}\right)^{1/2n} \tag{3-37}$$

此式表明了两台相似水轮机在计算工况下水力效率与其尺寸比值之间的关系，根据此式可以换算出原型水轮机的水力效率 η_h。

上述水力效率换算式的误差较大，因为水轮机中的水力损失形式是多样的，而在推导此式时只考虑了沿程摩擦损失。当然，实际上有些损失与水轮机尺寸的改变无关，如尾水管中的扩散损失、旋涡损失和出口损失等。这种情况对轴流式水轮机尤为突出，因为轴流式水轮

机的水力损失主要发生在转轮、尾水管内。

实践经验指出，模型水轮机的局部相对损失和原型水轮机的局部相对损失是一样的，故可不必修正。而摩擦损失只是全部水力损失的一部分，如以 ε 表示模型的摩擦损失占总水力损失的比重，则可将式（3-36）改写为

$$1-\eta_h=(1-\eta_h)_m\left[(1-\varepsilon)+\varepsilon\left(\frac{Re_m}{Re}\right)^{1/n}\right] \tag{3-38}$$

上式即是国际电工委员会（IEC）对轴流式水轮机推荐应用的由模型到原型水力效率换算的胡顿（Hutton）公式。当最优工况时 $\varepsilon=0.7$，式（3-38）又可写成

$$1-\eta_h=(1-\eta_h)_m\left[0.3+0.7\left(\frac{Re_m}{Re}\right)^{1/n}\right] \tag{3-39}$$

同样，式（3-37）可写为

$$1-\eta_h=(1-\eta_h)_m\left[0.3+0.7\left(\frac{D_m}{D}\right)^{1/n}\left(\frac{H_m}{H}\right)^{1/2n}\right] \tag{3-40}$$

上式中的指数 n 主要依靠经验来确定，最优工况时指数 n 取为 5。

应该指出，式（3-38）是在一系列假设下得到的，故利用此式时要考虑经验数据。在水轮机偏离最优工况时，式（3-38）中的 ε 值将发生变化，对转桨轴流式水轮机，一般在整个工况区内采用 $\varepsilon=0.75$；而对混流式则利用下式计算 ε 的值：

当 $Q_{11}<Q_{11_0}$ 时，　　$\varepsilon\leqslant 0.25+0.5\dfrac{Q_{11}}{Q_{11_0}}$

当 $Q_{11}\geqslant Q_{11_0}$ 时，　　$\varepsilon=0.75$

其中下标“0”表示最优工况。

对切击式水轮机，模型与原型间的换算不必修正效率。IEC 对混流式水轮机推荐采用莫迪（Moody）公式

$$1-\eta_h=(1-\eta_h)_m\left(\frac{D_m}{D}\right)^{1/n} \tag{3-41}$$

式中　n——指数，最优工况时为 5。

在我国，当 $H\leqslant 150$m 时采用式（3-38）换算效率，而当 $H\geqslant 150$m 时，则采用下式换算效率

$$1-\eta_h=(1-\eta_h)_m\left(\frac{D_m}{D}\right)^{1/5}\left(\frac{H_m}{H}\right)^{1/20} \tag{3-42}$$

1985 年又推荐了一个由模型到原型水力效率换算的公式，即

$$\Delta\eta_h=\eta_h-\eta_{hm}=\delta_b\left[\left(\frac{Re_b}{Re_m}\right)^{0.16}-\left(\frac{Re_b}{Re}\right)^{0.16}\right] \tag{3-43}$$

式中

$$\delta_b=\frac{1-\eta_{m0}}{\left(\dfrac{Re_b}{Re_{m0}}\right)^{0.16}-\dfrac{(1-x_b)}{x_b}}$$

式中　x_b——计算的损失与标定雷诺数 $Re_b=7\times10^6$ 时的最优工况点处的全部损失之比，其值取决于水轮机型式，一般为 0.6～0.8；

Re_{m0}——当模型最优工况时的雷诺数；

Re_m，Re——运动相似工况的模型和原型雷诺数。

最后应该指出，效率换算公式还有很多，这些公式都是经验公式，都有一定的适用范围。上述推荐的公式只是用得较多一些而已，当采用模型试验方法进行验收的时候，采用的换算公式可由供需双方协商确定。

在泵与风机中，常用的效率换算公式为莫迪公式

$$1-\eta_h=(1-\eta_h)_m\left(\frac{D_m}{D}\right)^{1/5} \tag{3-44}$$

为了考虑转速或扬程对雷诺数的影响，普弗莱德勒尔（Pfleiderer）和吕齐（Rütsch）推荐的公式为

$$\eta=1-(1-\Psi\eta_m)\left(\frac{n_mD_m}{nD}\right)^{1/10} \tag{3-45}$$

式中系数按下式确定

$$\Psi=\left(1-\frac{2.21}{D_{sp}^{3/2}}\right)\bigg/\left(1-\frac{2.21}{D_{sm}^{3/2}}\right) \tag{3-46}$$

式中 D_{sp}和 D_{sm}分别为原型和模型的进口直径。

还有一个常用的公式为

$$\eta=1-(1-\eta_m)\left(\frac{D_m}{D_p}\right)^{1/4}\left(\frac{n_m}{n_p}\right)^{1/5} \tag{3-47}$$

2. 效率对相似换算的影响

考虑效率差别后，模型和原型的单位参数（单位转速、单位流量、流量系数和压力系数等）也会有些差别，这就应该对依据它们分别相等导出的相似换算公式（表 3-2）进行相应的修正。

以水轮机为例进行分析。考虑到效率不同，因此模型和原型的单位转速不再相等，即

$$\frac{n_mD_m}{\sqrt{H_m}}\neq\frac{n_pD_p}{\sqrt{H_p}}$$

如果用 H_{th}代替上式中的 H，则应该使它们相等，故

$$\frac{n_mD_m}{\sqrt{H_{th,m}}}=\frac{n_mD_m}{\sqrt{H_m\eta_{h,m}}}=\frac{n_pD_p}{\sqrt{H_{th,p}}}=\frac{n_pD_p}{\sqrt{H_p\eta_{h,p}}}$$

根据单位转速的定义可得

$$n_{11,p}=n_{11,m}\sqrt{\frac{\eta_{h,p}}{\eta_{h,m}}} \tag{3-48}$$

用相同的方法可导出原、模型的单位流量及单位功率之间的关系为

$$Q_{11,p}=Q_{11,m}\sqrt{\frac{\eta_{h,p}}{\eta_{h,m}}}\frac{\eta_{v,m}}{\eta_{v,p}} \tag{3-49}$$

$$P_{11,p}=P_{11,m}\sqrt{\left(\frac{\eta_{h,p}}{\eta_{h,m}}\right)^3}\frac{\eta_{m,p}}{\eta_{m,m}} \tag{3-50}$$

根据这三个式子，当已知模型和原型的水力、容积和机械效率时，就可以求得原型的单位参数，然后计算其他参数。不过，由于模型试验只能测得总效率，而不能测得三个分效率，所以上述三式实际上难以应用。考虑到容积损失和机械损失所占份额较小，因此忽略模型和原型的容积效率和机械效率的差别，这样一来，两机总效率的比值将等于其水力效率的

比值。根据这样的考虑，就可以得到实用的换算公式

$$n_{11,p} = n_{11,m}\sqrt{\frac{\eta_p}{\eta_m}} \tag{3-51}$$

$$Q_{11,p} = Q_{11,m}\sqrt{\frac{\eta_p}{\eta_m}} \tag{3-52}$$

$$P_{11,p} = P_{11,m}\sqrt{\left(\frac{\eta_p}{\eta_m}\right)^3} \tag{3-53}$$

原型的其他参数则根据单位参数计算

$$n_p = n_{11,p}\frac{\sqrt{H_p}}{D_p} \tag{3-54}$$

$$q_{V,p} = Q_{11,p}D_p^2\sqrt{H_p} \tag{3-55}$$

$$P_p = P_{11,p}D_p^2\sqrt{H_p^3} \tag{3-56}$$

通常情况下，泵与风机的效率修正值较小，可以不考虑单位参数的修正。如果将上述三式用于泵和风机，则因为理论扬程（或理论全压）与实际扬程以及水力效率之间的关系与水轮机不同，上述三式应为

$$n_{11,p} = n_{11,m}\sqrt{\frac{\eta_m}{\eta_p}} \tag{3-57}$$

$$Q_{11,p} = Q_{11,m}\sqrt{\frac{\eta_m}{\eta_p}} \tag{3-58}$$

$$P_{11,p} = P_{11,m}\sqrt{\left(\frac{\eta_m}{\eta_p}\right)^3} \tag{3-59}$$

最后应该指出，上述所有的公式，原则上都只适用于设计工况，由于非设计工况下流动过程更加复杂，所以更难以建立精确实用的公式。在水轮机选型计算等工程实践中，采用“等值修正”的方法，即在设计工况下计算原型与模型的效率及单位参数的差值

$$\Delta\eta = \eta_{p,opt} - \eta_{m,opt} \tag{3-60}$$

$$\Delta n_{11} = n_{11,p} - n_{11,m} = n_{11,m}\left(\sqrt{\frac{\eta_{p,opt}}{\eta_{m,opt}}} - 1\right) \tag{3-61}$$

$$\Delta Q_{11} = Q_{11,p} - Q_{11,m} = Q_{11,m}\left(\sqrt{\frac{\eta_{p,opt}}{\eta_{m,opt}}} - 1\right) \tag{3-62}$$

在其他的工况下，认为原型与模型效率及单位参数的差值不变，即

$$\eta_p = \eta_m + \Delta\eta \tag{3-63}$$

$$n_{11,p} = n_{11,m} + \Delta n_{11} \tag{3-64}$$

$$Q_{11,p} = Q_{11,m} + \Delta Q_{11} \tag{3-65}$$

如果单位参数的修正值不超过3%，则可以不进行修正。

二、可压缩介质的情况

当介质可以压缩时，流体力学的基本方程组还必须包括能量方程和状态方程。压力 p 在运动方程中仅以压力梯度的形式出现，因此在不可压缩介质中，起作用的是压力差，绝对

压力并无意义，作为相似准则的欧拉数 Eu 正反映了压力差的作用。而在能量方程和状态方程中，压力 p 以绝对压力的形式出现，所以不仅要满足压力差条件，还要满足绝对压力的相似。前面已经证明，对可压缩流体的流动，需要满足的相似准则是斯特劳哈尔数 Sr，马赫数 Ma 和绝热指数 κ。

（一）透平压缩机的实用相似准则

1. 流量系数

与泵或通风机一样，在透平压缩机中，流量系数也是斯特劳哈尔数的具体体现。在压缩机中，流量系数通常按式（3-16）计算。因为

$$c_m = \frac{q_V}{A}$$

所以也可将流量系数写成

$$\varphi = \frac{q_V}{Au_2}$$

在压缩机中，各处的体积流量不同，过流面积也不同。对于压缩机级的模拟，常用叶轮进口的参数计算，于是

$$\varphi_1 = \frac{q_{V1}}{A_1 u_2} \tag{3-66}$$

2. 特征马赫数

取叶轮的圆周速度为特征速度，机器进口处的音速为特征音速，马赫数的表达式就是

$$Ma_{2u} = \frac{u_2}{c_{a,in}} = \frac{u_2}{\sqrt{\kappa R T_{in}}} \tag{3-67}$$

这样计算所得的马赫数称为机器马赫数，也称为特征马赫数，在压缩机的模拟中常被用作相似准则。该式只与机器进口参数及转速有关，而与工况（流量）无关，所以应用比较方便。根据相似原理，在相似工况下，两机各个对应点上的马赫数都相等。

（二）满足相似条件时的性能换算

在压缩机的模拟中必须保持两种介质的绝热指数相等。根据相似原理可知，两机的压缩比 ε、能量头系数、效率（包括绝热效率 η_{ad}、多变效率 η_{pol} 等各种效率）和多变指数 m 等无量纲量都保持相等。转速、流量、能量头和功率等量的换算关系可从相似准则相等的条件导出。

1. 转速关系

根据两机马赫数和绝热指数相等的条件可得

$$\frac{D_p n_p}{\sqrt{R_p T_{in,p}}} = \frac{D_m n_m}{\sqrt{R_m T_{in,m}}}$$

所以转速关系为

$$n_m = n_{eq} = n_p \frac{D_p}{D_m} \sqrt{\frac{R_m T_{in,m}}{R_p T_{in,p}}} \tag{3-68}$$

式中 n_{eq} 称为当量转速，也就是模型试验的转速。

从上式可以看到，对于可压缩介质，试验转速不能任意选择，它与试验时所采用的气体常数，进口温度以及尺寸比例有关，这是与不可压缩介质不同的地方。即使是用产品本身进行试验（$D_p = D_m$），也由于介质或温度与设计时不同，会使试验转速与设计转速不一样。这

时最好采用可变转速的装置来调整转速，以达到所要求的转速。

2. 流量关系

根据流量系数相等即可得到体积流量关系

$$q_{V,m} = q_{V,p}\frac{n_m D_m^3}{n_p D_p^3} = \frac{D_m^2}{D_p^2}\sqrt{\frac{R_m T_{in,m}}{R_p T_{in,p}}} \tag{3-69}$$

这个关系既适用于叶轮进口，也适用于机器进口。对于质量流量则有

$$q_{m,m} = q_{m,p}\frac{\rho_{in,m}q_{V,in,m}}{\rho_{in,p}q_{V,in,p}} = \frac{D_m^2}{D_p^2}\sqrt{\frac{R_p T_{in,p}}{R_m T_{in,m}}}\frac{p_{in,m}}{p_{in,p}} \tag{3-70}$$

3. 能量头关系

由于能量头系数相等，再考虑到转速关系，可得能量头之间的关系为

$$h_m = h_p\frac{R_m T_{in,m}}{R_p T_{in,m}} \tag{3-71}$$

此式对绝热、多变和总能量头都适用。

4. 功率关系

根据质量流量和能量头的关系即可导出功率关系

$$P_m = P_p\frac{D_m^2}{D_p^2}\sqrt{\frac{R_m T_{in,m}}{R_p T_{in,p}}}\frac{p_{in,m}}{p_{in,p}} \tag{3-72}$$

由上式可见，减小叶轮直径或降低进口压力都可减少模型的功耗，这是模型试验中常用的节能措施。不过减小直径后必须提高转速，而采用节流阀降低进口压力时，要避免阀门对进口流动的干扰。通常需安装容积较大的稳流箱。

对于有中间冷却的压缩机进行试验时，还必须满足一定的补充条件。但在一般的试验条件下，第二段及以后各段进口温度，受冷却水温度的限制，第一段进口温度，则取决于试验时的大气温度。要使它们的比值同设计时所要求的完全相同，是相当困难的。因此，最好进行分段试验，各段都根据其进口温度来决定当量转速，以取得各单段性能，然后再换算到同一设计转速 n 下的性能。整机性能可由各段在同一质量流量下的性能叠加而得。

（三）近似相似时的性能换算

和不可压缩介质的情况一样，由于难以保证模型与原型的雷诺数相同，也难以保证严格的几何相似（表面粗糙度和相对间隙），所以应对换算的结果进行修正。但目前尚无适当的办法对由这两个原因引起的误差进行修正。

由前面的讨论可知，当介质为可压缩时，相似条件比不可压缩介质要严格得多。对透平压缩机，有时受各种条件的限制，马赫数和绝热指数也难以保持相等，这就提出了近似相似时的性能换算问题。这时可选用对机器性能影响较大的一些参数，使它们彼此之间符合相似要求。而对影响较小的一些参数，可不予考虑，或以后再进行修正。

下面分别讨论定熵指数 κ 值相等而马赫数 Ma 不等，以及 κ 值不等的两种情况的性能换算。

1. 定熵指数 κ 值相等而 Ma 数不等时的性能换算

κ 值相等而 Ma 数不等的情况，是在进行产品试验时经常遇到的。一般运行部门进行产品试验时，往往采用设计转速来进行。这时即使气体相同，但由于进口条件不同，也会使试验转速不符合当量转速，不能保持 Ma 数相等。在用空气来对压缩氧气、氮气、一氧化碳等

介质的压缩机进行产品试验时，虽然这些介质的定熵指数 κ 值与空气相同，但由于不仅进口条件不同，而且气体常数 R 也不等，这时试验转速就和当量转速有更大偏离，造成 Ma 数与设计条件不等，因而就需要进行换算。

(1) 压比换算　在 Ma 数相差很小，且 Ma 数绝对值也并不大的情况下，可以近似地认为 Ma 数不等对流道中的参数变化和阻力系数的影响很小，那么在相似条件中，可以不考虑 Ma 数相等的条件。这样如果保持进口速度三角形的相似，则可近似地认为叶轮出口速度三角形也仍相似。如果

$$\varphi_{1,m} = \varphi_{1,p}$$

即

$$\frac{q_{V,in,m}}{D_m^3 n_m} = \frac{q_{V,in,p}}{D_p^3 n_p}$$

则由叶轮出口速度三角形相似可知

$$\frac{c_{m2,m}}{u_{2,m}} = \frac{c_{m2,p}}{u_{2,p}};\frac{c_{u2,m}}{u_{2,m}} = \frac{c_{u2,p}}{u_{2,p}}$$

假定阻力系数相同，轮阻损失系数 β_r 和泄露损失系数 β_V 值也相同，则效率值相同，即

$$\eta_{h,m} = \eta_{h,p};\eta_{pol,m} = \eta_{pol,p};m_m = m_p$$

式中 m 为气体的多变指数。在这样的条件下，根据基本方程式可得多变能量头的关系为

$$\frac{h_{pol,m}}{h_{pol,p}} = \frac{u_{2,m}^2}{u_{2,p}^2} = \frac{D_m^2 n_m^2}{D_p^2 n_p^2}$$

根据压比 ε 和多变能量头的关系

$$h_{pol} = \frac{m}{m-1} RT_{in}\left(\varepsilon^{\frac{m-1}{m}} - 1\right) \tag{3-73}$$

可得真机压比 ε_p 和模型压比 ε_m 的关系为

$$\varepsilon_m = \left[1 + \left(\frac{n_m}{n_p}\right)^2 \frac{R_p T_{in,p}}{R_m T_{in,m}}\left(\varepsilon_p^{\frac{m_p-1}{m_p}} - 1\right)\right]^{\frac{m_m}{m_m-1}} \tag{3-74}$$

若令 $A = \left(\frac{n_m}{n_p}\right)^2 \frac{R_p T_{in,p}}{R_m T_{in,m}}$，则压比关系为

$$\varepsilon_m = \left[1 + A\left(\varepsilon_p^{\frac{m_p}{m_p-1}} - 1\right)\right]^{\frac{m_m-1}{m_m}} \tag{3-74a}$$

上述压比的换算法，称为多变换算法。多变换算法是压比的一种基本换算法，当压比较小时，计算比较正确，但比较复杂。它适用于各种不同定熵指数 κ 的气体和不带冷却的压缩机压比的换算。

此外，也可采用其他近似的压比换算法，如等温换算法、等容换算法、平均换算法等。

(2) 流量换算　上述换算压比的方法，只能用于压比较小的情况，当压比较大时（$\varepsilon > 2.5$），若马赫数不等，则不能保证进口与出口、前级与后级同时满足速度三角形相似，因此换算误差较大。一个改进的办法是取压缩机进、出口之间的某截面处的速度三角形保持相似，以使在设计条件和试验条件下，即使 Ma 数不等，各级速度三角形也不致相差太大。

如该处流量为 q_{Vm}（下标 m 表示“平均”），则有

$$\frac{q_{Vm,m}}{D_m^3 n_m} = \frac{q_{Vm,p}}{D_p^3 n_p}$$

令 q_{Vm} 同进口流量之比为

$$\frac{q_{Vm,m}}{q_{Vin,m}} = \frac{v_{m,m}}{v_{in,m}} = \frac{1}{k_{qm,m}};\frac{q_{Vm,p}}{q_{Vin,p}} = \frac{v_{m,p}}{v_{in,p}} = \frac{1}{k_{qm,p}}$$

则可得进口流量的换算关系为

$$q_{Vin,m} = q_{Vin,p}\frac{D_m^3}{D_p^3}\frac{n_m}{n_p}\frac{k_{qm,m}}{k_{qm,p}} \tag{3-75}$$

根据某些试验结果分析，有文献推荐采用下列经验公式来计算 $k_{qm,m}/k_{qm,p}$ 的值，即

$$\frac{k_{qm,m}}{k_{qm,p}} = \sqrt{\left(1+\frac{\Delta T_m}{2T_{in,m}}\right)^{\frac{1}{m_m-1}}}\Bigg/\sqrt{\left(1+\frac{\Delta T_p}{2T_{in,p}}\right)^{\frac{1}{m_p-1}}}$$

上式是将压缩过程中的一半温升 $\Delta T/2$ 时的质量体积 v 与压缩机进口比容 v_{in} 的乘积开方后得到，这时流量换算式为

$$q_{Vin,m} = q_{Vin,p}\frac{D_m^3}{D_p^3}\frac{n_m}{n_p}\sqrt{\left(1+\frac{\Delta T_m}{2T_{in,m}}\right)^{\frac{1}{m_m-1}}}\Bigg/\sqrt{\left(1+\frac{\Delta T_p}{2T_{in,p}}\right)^{\frac{1}{m_p-1}}} \tag{3-76}$$

此法称为半温升平均质量体积法。当转速和当量转速差异在 20% ~ 30% 范围内，上述换算结果误差在 3% 以内。这种方法，一般适用于 $\varepsilon > 2$ 的情况，压力比较低时，仍可按下式计算

$$q_{Vin,m} = q_{Vin,p}\frac{D_m^3 n_m}{D_p^3 n_p} \tag{3-77}$$

上述关于 Ma_{2u} 值不等时的换算公式都是近似的。特别当 Ma_{2u} 很大或大于临界值时，Ma_{2u} 对压缩机性能和损失影响比较大，这时如采用上述方法，误差很大，目前对这方面的研究和试验数据均很缺乏。

（3）功率换算　功率换算大致可按下式进行

$$P_m = \frac{q_{V,in,m}\rho_{in,m}h_{pol,m}}{q_{V,in,p}\rho_{in,p}h_{pol,p}}P_p \tag{3-78}$$

2. 定熵指数 κ 不等时的换算方法

（1）保持进出口质量体积比相等的特性试验与换算　当 $\kappa_m \neq \kappa_p$ 时，两个过程就不能相似。为了尽可能使设计条件和试验条件保持近似相似，可使压缩机进、出口质量体积比保持不变。即

$$\frac{v_{in,m}}{v_{out,m}} = \frac{v_{in,p}}{v_{out,p}} \tag{3-79}$$

根据压比与质量体积比的关系，压比应为

$$\varepsilon_m^{\frac{1}{m_m}} = \varepsilon_p^{\frac{1}{m_p}} \tag{3-80}$$

这时由于机器近似相似，可认为效率和能量头系数都相等，即

$$\eta_{pol,m} = \eta_{pol,p},\eta_{h,m} = \eta_{h,p},\Psi_{pol,m} = \Psi_{pol,p}$$

由此可得能量头关系为

$$h_{pol,m} = \left(\frac{D_m n_m}{D_p n_p}\right)^2 h_{pol,p} \tag{3-81}$$

由式（3-81）及压比和能量头的关系式（3-73），可得试验时的当量转速为

$$n_m = n_{eq} = \frac{D_p}{D_m}n_p\sqrt{\frac{h_{pol,m}}{h_{pol,p}}} = n\left\{\frac{\frac{m_m}{m_m-1}R_mT_{in,m}\left[(\varepsilon_m)^{\frac{m_m-1}{m_m}}-1\right]}{\frac{m_p}{m_p-1}R_pT_{in,p}\left[(\varepsilon_p)^{\frac{m_p-1}{m_p}}-1\right]}\right\}^{\frac{1}{2}}$$

$$= \frac{D_p}{D_m}n_p\left\{\frac{\frac{m_m}{m_m-1}R_mT_{in,m}\left[\left(\frac{v_{in,m}}{v_{out,m}}\right)^{m_m-1}-1\right]}{\frac{m_p}{m_p-1}R_pT_{in,p}\left[\left(\frac{v_{in,p}}{v_{out,p}}\right)^{m_p-1}-1\right]}\right\}^{\frac{1}{2}} \tag{3-82}$$

这就是在 $\kappa_m \neq \kappa_p$ 时，保持进出口质量体积比相等时的当量转速，它与式（3-68）的当量转速含义不同，称为等质量体积比当量转速。这时流量的换算公式仍为式（3-69），功率换算仍为（3-72）。

上述换算法是有一定的使用范围的，这是因为在保持进出口质量体积比相等时，进出口速度三角形虽然相似，但中间各截面处的速度三角形就不相似了。

（2）保持 Ma 数相同的特性换算　当马赫数较大时，其值对流动的影响较大。如采用进、出口质量体积比相同的换算方法，计算误差较大，所以应尽可能保持马赫数相等。但在绝热指数不同的条件下，流动不相似，故不能保持各对应点处的马赫数都相同，即使只保持 Ma_{2u}、Ma_{w1}和 Ma_{c2}相等也做不到。一个较为合理的办法是兼顾上述三者的影响，采用一种折衷的准则。这里省略推导过程，直接给出结果。

令

$$Ma_{2u,m} = \beta_k Ma_{2u,p} \tag{3-83}$$

而

$$\beta_k = \frac{1}{2}\left(1+\frac{1}{\sqrt{1-\Omega_\beta(\kappa_m-\kappa_p)\Psi_{tot,p}Ma_{2u,p}^2}}\right) \tag{3-84}$$

$$\Omega_\beta = 1-\frac{1-\Omega}{1+\beta_r+\beta_V} \tag{3-85}$$

式中 Ω 为反作用度。

在这样的条件下性能换算公式为

$$n_m = n_{eq} = \beta_k\sqrt{\frac{\kappa_mR_mT_{in,m}}{\kappa_pR_pT_{in,p}}}n_p \tag{3-86}$$

这个当量转速与式（3-68）和式（3-82）所表示的当量转速含义又有不同，称为等 Ma 的当量转速。

$$q_{V,in,m} = q_{V,in,p}\frac{D_m^3}{D_p^3}\beta_k\sqrt{\frac{\kappa_mR_mT_{in,m}}{\kappa_pR_pT_{in,p}}}\frac{\left[1+\Omega_\beta(\kappa_m-1)\Psi_{tot,m}Ma_{2u,m}^2\right]^{\frac{1}{m_m-1}}}{\left[1+\Omega_\beta(\kappa_p-1)\Psi_{tot,p}Ma_{2u,p}^2\right]^{\frac{1}{m_p-1}}} \tag{3-87}$$

$$\varepsilon_m = \left[1+\beta_k^2\left(\frac{\kappa_m-1}{\kappa_p-1}\right)\left(\varepsilon_p^{\frac{m_p-1}{m_p}}-1\right)\right]^{\frac{m_m}{m_m-1}} \tag{3-88}$$

$$P_m = P_p\frac{D_m^2}{D_p^2}\beta_k^2\frac{p_{in,m}}{p_{in,p}}\frac{q_{Vin,m}}{q_{Vin,p}} \tag{3-89}$$

上面介绍的几种近似换算方法的准确度如何，至今尚无最后结论。目前只能介绍一些近

似公式，指出一些考虑近似模化的原则和方法，以便在实际使用时予以参考。

（四）透平压缩机的通用性能曲线

与泵和通风机一样，也可以利用相似准则绘制压缩机的通用性能曲线。通用性能曲线表示了一系列几何相似的压缩机在相似工况下的性能。由于工况相似时必有 κ 值相等，因此压缩机的通用性能曲线只适用于一定的 κ 值。

通用性能曲线的坐标通常是由若干参数组合而成的，称为组合参数。构成组合参数的基础仍是流量系数 φ 和马赫数 Ma。

对于压缩机级，常用的通用特性曲线有

$$\Psi = f_1(\varphi_1, Ma_{2u}) \quad 和 \quad \eta = f_2(\varphi_1, Ma_{2u})$$

或者

$$\Psi = g_1\left(\frac{q_{V,1}}{f_1 u_2}, \frac{u_2}{\sqrt{RT_{in}}}\right) \quad 和 \quad \eta = g_2\left(\frac{q_{V,1}}{f_1 u_2}, \frac{u_2}{\sqrt{RT_{in}}}\right)$$

对于压缩机整机，常用的通用特性曲线是

$$\varepsilon = f_1\left(\frac{q_{V,in}}{\sqrt{RT_{in}}}, \frac{n}{\sqrt{RT_{in}}}\right), \quad \eta = f_2\left(\frac{q_{V,in}}{\sqrt{RT_{in}}}, \frac{n}{\sqrt{RT_{in}}}\right)$$

$$\frac{P}{p_{in}\sqrt{RT_{in}}} = f_3\left(\frac{q_{V,in}}{\sqrt{RT_{in}}}, \frac{n}{\sqrt{RT_{in}}}\right)$$

不难证明，这里引入的组合参数都是基于流量系数和马赫数的，例如

$$\frac{q_{V,in}}{\sqrt{RT_{in}}} = \text{const} \times \varphi_1 Ma_{2u}$$

而

$$\frac{P}{p_{in}\sqrt{RT_{in}}} = \text{const} \times \varphi_1 Ma_{2u}^2$$

图 3-5 和图 3-6 分别为压缩机级和压缩机的通用特性曲线的示例。

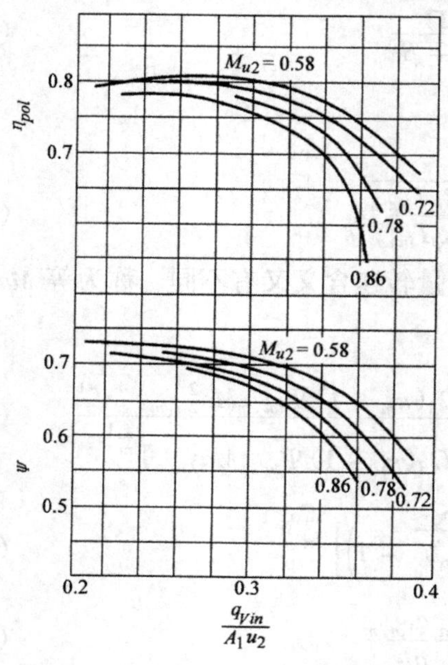

图 3-5 压缩机级的通用特性曲线

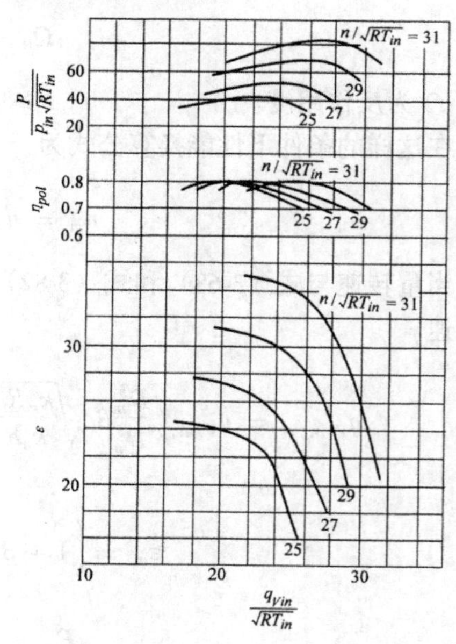

图 3-6 压缩机的通用特性曲线

第三节　流体机械中的综合相似判别数——比转速

一、比转速的定义及其物理意义

叶轮机械的相似准则数（单位参数、无量纲参数）的表达式中，都含有特征尺寸 D，当 D 为未知时（例如设计过程中），就无法应用这些准则数。比转速则是由叶轮机械在相似工况下的工作参数 n、H、P（或 q_V）组成的不包含 D 的一个综合性的相似判别数。应用比转速的概念可以为叶轮机械的设计与模型试验带来许多方便。

比转速的概念最早是在水轮机中引入的。在水轮机中，由单位转速（式（3-29））和单位功率（式（3-31））中消去直径 D，可得

$$n_s = n_{11}\sqrt{P_{11}} = \frac{nD}{\sqrt{H}}\left(\frac{P}{D^2 H^{3/2}}\right)^{1/2} = \frac{n\sqrt{P}}{H^{5/4}} \tag{3-90}$$

这就是流体机械工程中常用的比转速的表达式。

由于 n_{11}和 P_{11}是有量纲的，所以 n_s 也有量纲。n_s 值对于在相似工况下工作的相似流体机械是相同的，故可以认为比转速是流体机械的相似判别数。但是比转速相等的两台机器却未必是相似的（因为 n_{11}和 P_{11}都不相同的两台机器的 n_s 却可能是相同的）。所以比转速作为相似判别数只是一个必要条件，而非充分条件。

从式（3-90）可见，如果 $P = 1\text{kW}$，$H = 1\text{m}$，则可得

$$n_s = n$$

由此可以得出比转速的另一个定义，即比转速是相似流体机械在相似工况下工作时，当水头（扬程）为 1m、功率为 1kW 时流体机械所具有的转速。可以看到，当水头（扬程）H 为常数时，比转速 n_s 越高，意味着机器的转速 n 和功率 P 越大，这对叶轮机械来说是具有重要经济意义的。因此，从提高叶轮机械性能出发，近代发展趋势之一就是要研究在一定水头（扬程）条件下提高叶轮机械的比转速。同时由式（3-90）也可知道，当水头（扬程）越高时，其比转速越低。

当式（3-90）中的功率 P 用马力表示时，则将 $P = \rho g q_V H/75$ 代入该式，得到 n_s 又一种形式的表达式

$$n_s = \frac{3.65n\sqrt{q_V}}{H^{3/4}} \tag{3-91}$$

式中 q_V 的单位为 m^3/s，H 的单位用 m，这是我国水泵行业习惯使用的比转速表达式。但式中的常数实际上并无意义，所以也可以将其去掉，将其写成

$$n_q = \frac{n\sqrt{q_V}}{H^{3/4}} \tag{3-92}$$

n_q 也称为流量比转速，以与用功率计算的比转速 n_s 相区别。

式（3-92）还可以直接利用流量系数和压力系数的表达式（3-15）和（3-19）消去 D 而得，即

$$n_q = \frac{\varphi^{1/2}}{\psi^{3/4}} = \frac{\left(\frac{q_V}{nD^3}\right)^{1/2}}{\left(\frac{H}{n^2D^2}\right)^{3/4}} = \frac{n\sqrt{q_V}}{H^{3/4}}$$

由于对于原动机（水轮机）而言，功率为最重要的参数，而工作机（泵、风机和压缩机）中，流量参数更重要，所以通常水轮机用式（3-90）计算比转速，而泵（风机和压缩机）则用式（3-91）和式（3-92）计算。不过这并不是绝对的划分。在文献中常可以看到相反的情况。

对于通风机，通常用全压 p_{tF}表示其能量指标，所以在我国的风机行业中，比转速的表达式为

$$n_s = \frac{n\sqrt{q_V}}{p_{tF}^{3/4}} \tag{3-93}$$

式中全压的单位为 Pa。在旧的标准中，通风机的风压的单位用 mmH_2O，这样求得的比转速等于上式的结果乘以系数 $5.54 = g^{3/4}$。由于现行的通风机型号表示方法中的比转速数值仍是用旧标准计算的，所以本书中将在必要的时候在比转速数值后面用括号标明旧标准的数值。

在透平压缩机行业，则采用能量头的概念，于是

$$n_s = \frac{n\sqrt{q_V}}{h^{3/4}} \tag{3-94}$$

从式（3-90）到式（3-94）各式计算的比转速，其意义都是相同的，理论上可以通用。但这些表达式计算的具体数值不同，即使是使用同一公式，采用的单位不同时，数值也不相同。当对两台机器的比转速进行比较时，它们必须是按同一个式子并采用相同的单位计算的，否则就会出错。

在我国，规定对水轮机用式（3-90），n 的单位用 r/min，P 的单位用 kW，H 的单位用 m，这时将比转速的单位写作 m·kW，但实际上 n_s 的单位应从式（3-90）导出。

对于泵，规定用式（3-91）或式（3-92）计算，n 的单位用 r/min，q_V 的单位用 m^3/s，H 的单位用 m。

对于通风机，规定用式（3-93）计算，n 的单位用 r/min，q_V 的单位用 m^3/s，p_{tF}的单位用 Pa。

对于透平压缩机，规定用式（3-94）计算，n 的单位用 r/min，q_V 的单位用 m^3/s，h 的单位用 m^2/s^2。

不同的国家有不同的规定，因此当比较来自不同国家的数据时，要进行换算。

还要指出的是，作为相似准则，比转速本来应该是无量纲的，但上述式（3-90）至式（3-93）式的计算结果都是有量纲的，原因是在相似准则中略去了对模型和原型相同的 ρ 与 g。所以，式（3-90）至式（3-92）只能用在相同的重力条件下（当然这个条件一般是可以满足的）；式（3-93）只能用在密度相同的条件下。当不满足这个条件时，应该用下式计算

$$n_s = \frac{n\sqrt{q_V}}{\sqrt[4]{\left(\frac{1.2}{\rho}p_{tF}\right)^3}} \tag{3-95}$$

式（3-94）则可以通用，因为从欧拉方程式可以看出，能量头的数值与重力和密度无关。

比转速的不同表达式和不同的单位给应用带来诸多不便，所以又提出无量纲比转速的概念。实际上式（3-94）就是无量纲比转速。更一般可以写出

$$K = \frac{\omega\sqrt{q_V}}{\sqrt[4]{h^3}} = \frac{\omega\sqrt{q_V}}{\sqrt[4]{(gH)^3}} = \frac{\omega\sqrt{q_V}}{\sqrt[4]{\left(\frac{p_{tF}}{\rho}\right)^3}} = \frac{\omega\sqrt{P}}{\sqrt{\rho}\sqrt[4]{(gH)^3}} \tag{3-96}$$

无量纲比转速与所用的单位制无关，只要将各量所涉及的时间、长度、质量这三个基本单位取得一致，计算结果便与单位无关。对于泵而言，ISO（国际标准化组织）和 GB（国标）规程中将 K 称之为型式数。

对于两面进流体介质（双吸式）的泵、风机和压缩机级，计算比转速的流量应为单侧的流量，即整机流量的一半。计算公式分别为

$$n_s = \frac{3.65n\sqrt{\frac{q_V}{2}}}{\sqrt[4]{H^3}},\ n_s = \frac{n\sqrt{\frac{q_V}{2}}}{\sqrt[4]{p_{tF}^3}} \text{ 和 } n_s = \frac{n\sqrt{\frac{q_V}{2}}}{\sqrt[4]{h^3}} \tag{3-97}$$

对于多级机器，计算比转速时应该用单级的扬程、全压或能量头。对泵和通风机，计算公式分别为

$$n_s = \frac{3.65n\sqrt{q_V}}{\sqrt[4]{\left(\frac{H}{i}\right)^3}} \text{ 和 } n_s = \frac{n\sqrt{q_V}}{\sqrt[4]{\left(\frac{p_{tF}}{i}\right)^3}} \tag{3-98}$$

式中 i 为级数。对于多级压缩机，各级的能量头常常不同，所以应对各级分别计算。

从比转速的公式可见到，同一台机器，在不同的工况点有不同的比转速。从泵和风机的特性曲线可见，当一台机器的流量从零变到最大值时，H（或 p）将从最大值变为零，n_s 值则将从零变为无穷大。为了使比转速能够作为一系列几何相似机器的一个特征值，对计算比转速时所用的工况作了统一的规定。

在我国，计算水轮机的比转速用其限制工况（最优单位转速时最大功率的工况）的参数，而计算泵、通风机和压缩机时则用其最高效率（全压效率）的工况。这样，几何相似的机器的比转速相等，同时比转速的数值又表示了转速、流量（功率）与能量头（压力、水头）之间的比例关系，所以，比转速可以作为一系列几何相似的机器的共同特性的综合判别数。

如果考虑到不完全相似条件，模型与原型的比转速也会有一定的差别。

二、比转速与过流部件几何形状及性能的关系

由于比转速表示了一系列几何相似的流体机械的综合特性，因此与机器过流部件的形状以及性能都有密切的关系。工程上常根据比转速对流体机械进行分类，低比速、中比速和高比速机器的尺寸、过流部件形状、效率、特性曲线的形状和应用范围都不相同。

（一）比转速与过流部件几何形状的关系

从比转速的表达式（3-94）出发，考察比转速与叶轮几何形状的关系。以 p 代表转轮高压侧，s 代表转轮低压侧，即对水轮机来说 $D_p = D_1$，$D_s = D_2$；对于泵、风机和压缩机，$D_s = D_1$，$D_p = D_2$。

由于圆周速度与直径成正比，故

$$\frac{u_s}{u_p} = \frac{D_s}{D_p} \tag{3-99}$$

讨论针对计算工况进行，此时有 $c_{us} = 0$，欧拉方程成为

$$h = u_p c_{up} \tag{3-100}$$

在高压边的速度三角形中，有

$$c_{up} = u_p - c_{mp}\cot\beta_p \tag{3-101}$$

而轴面速度为

$$c_{mp} = \frac{q_V}{\pi D_p b_p} \tag{3-102}$$

在低压边速度三角形中，则有

$$c_{ms} = u_s \tan\beta_s \tag{3-103}$$

同时，由于

$$q_V = \pi D_s b_s u_s \tan\beta_s \tag{3-104}$$

代入式（3-102），得

$$c_{mp} = \frac{\pi D_s b_s u_s \tan\beta_s}{\pi D_p b_p} \tag{3-105}$$

将式（3-105）代入式（3-101），得

$$c_{up} = u_p - \frac{D_s b_s u_s \tan\beta_s \cot\beta_p}{D_p b_p} \tag{3-106}$$

将其代入欧拉方程（3-100）中，并考虑到式（3-99），则得到

$$h = u_p^2\left[1 - \left(\frac{D_s}{D_p}\right)^2 \frac{b_s}{b_p}\,\frac{\tan\beta_s}{\tan\beta_p}\right] \tag{3-107}$$

将式（3-104）和式（3-107）中的 q_V 和 h 代入比转速 n_s 的表达式（3-94）中，则得

$$n_s = \frac{n(\pi D_s b_s u_s \tan\beta_s)^{1/2}}{\left\{u_p^2\left[1 - \left(\frac{D_s}{D_p}\right)^2 \frac{b_s}{b_p}\,\frac{\tan\beta_s}{\tan\beta_p}\right]\right\}^{3/4}} \tag{3-108}$$

将此式整理简化，利用直径与圆周速度的关系，并假定叶轮进、出口轴面流动的过流面积相等，即 $D_p b_p = D_s b_s$，还可得上式的另一种形式

$$n_s = \frac{60}{\sqrt{\pi}}\,\frac{\left[\frac{D_s}{D_p}\frac{b_p}{D_p}\tan\beta_s\right]^{1/2}}{\left[1 - \frac{D_s}{D_p}\,\frac{\tan\beta_s}{\tan\beta_p}\right]^{3/4}} \tag{3-109}$$

由该式我们可以得出以下的结论：

1）转轮低压与高压边直径的比值 D_s/D_p，即水轮机的 D_2/D_1、泵和风机的 D_1/D_2 随 n_s 的增大而增加。这样高比转速的转轮流道较短，反之，n_s 降低时，则转轮流道加长。显然，这将使低 n_s 的叶轮的做功能力较强，因此能量头较高。

2）转轮高压边宽（高）度和直径的比值 b_p/D_p，即水轮机的 b_0/D_1、泵和风机的 b_2/D_2 随 n_s 增加而加大。因此高 n_s 的叶轮流道较宽，而低 n_s 叶轮的流道较窄。这与高 n_s 叶轮流量较大这一事实相吻合。

3）叶片高压边的叶片角 β_p，随 n_s 的减小而增加，从而使叶片变得弯曲。由第二章的分析可知，这也意味着低 n_s 叶轮的能量头较高，反作用度较低。

4）随着 n_s 的增大，叶轮高压边高度 b_p 将增大，因此转轮通过的流量也可增大，则转

轮低压边的液流速度 c_s 必然加大，这样在水轮机中，水流进入尾水管的动能大，要求水轮机尾水管应具有较高的动能恢复系数。而对于泵和风机，由于进口流动速度高，流动进入转轮前流动损失较大或产生一定的预旋，因此对泵和风机的吸入室要求较高。

叶轮轴面投影图的形状与上述尺寸比值 D_s/D_p 和 b_p/D_p 密切相关，图 3-7 表示了这种关系。当 n_s 很小时（图 3-7a），上述两个比值都变得很小，流道会变得窄长，因此叶片的低压边可以缩到流道的径向部位，每条流线的液流角 β_s 都相等，这时叶片呈柱形，有利于设计制造。而在 n_s 增大时（图 3-7b），叶轮外径减小而宽度增加，此时为保持一定的叶片长度，叶片低压边的位置必须向吸入室或尾水管方向延伸，这样将使得低压边各流线上直径相差较大，液流角将不再相等，叶片就成为扭曲的了。当叶轮外径减小很多时（图 3-7c），为避免两侧流线长度相差过多，不得不将叶片的高压边做成倾斜的。这样，随着 n_s 的增加，叶轮就从径流式（离心式）逐渐变成混流式（斜流式）。当 D_s/D_p 减小到 1 时（图 3-7d），就成为轴流式叶轮了。

叶轮轴面图的形状及叶片角度和形状，都随着 n_s 的变化而变化，表 3-2 给出了水轮机、泵和通风机叶轮和叶片形状随 n_s 变化而变化的趋势。表 3-2 中水轮机转轮直径 D_{1p} 是进口边（高压边）的平均直径，D_2 是出口边的最大直径。

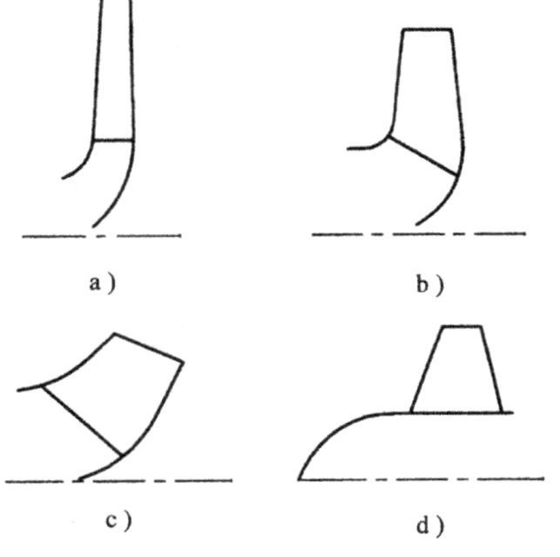

图 3-7　叶轮轴面投影的变化

（二）比转速与能量损失及效率的关系

显然，流体机械中各种能量损失的相对值，都与过流部件的形状有关。因此，作为衡量损失相对大小的指标的效率值，与比转速密切相关。

1. 流动（水力）效率与比转速的关系

流动损失可以分成两部分，一部分为摩擦损失，其值与流速的平方成正比；另一部分是冲击损失，其值与流量偏离最优工况程度的平方成正比。

根据水力学原理，可将摩擦产生的能量头损失表示为

$$\Delta h = \lambda \frac{l}{4R} \frac{c^2}{2}$$

其与机器能量头的比值即为相对损失

$$\frac{\Delta h}{h} = \lambda \frac{l}{4R} \frac{c^2}{2h} \tag{3-110}$$

上式右端各量中，λ 是摩擦系数，与 n_s 没有直接的关系。l 是流道长度，R 是断面的水力半径，因此 l/R 代表了流道的长、宽比。由前面的分析可知，随着 n_s 的增加，流道变宽变短，故该比值随 n_s 的增加而降低。$c^2/2h$ 代表了速度系数，在吸入室或尾水管中，速度系数随 n_s 的增加而增加。在叶轮内，应该用相对速度 w 取代 c，其速度系数也是随 n_s 的增加而增加的。在水轮机导叶或泵与风机的扩压器中，随着 n_s 的增加，反作用度上升，其速度系数逐渐减小。综上所述，相对摩擦水力损失与 n_s 的关系不是单调的，而是有一个极小值，而流动效率有一极大值。

冲击损失（此处包括水轮机转轮的出口动能损失）出现在非设计工况，在设计工况下，

表 3-2　比转速与叶片形状的关系

	分类	混 流 式				轴流式
水轮机		低比速	中比速	中高比速	高比速	
	比转速	60 ~ 100	100 ~ 220	220 ~ 350	350 ~ 420	400 ~ 1000
	转速简图	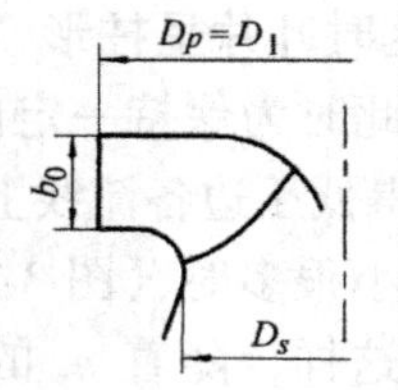 $D_p=D_1$, b_0, D_s	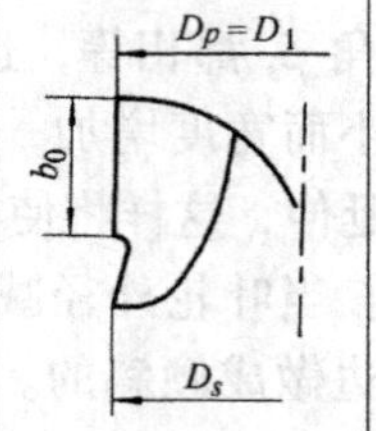 $D_p=D_1$, b_0, D_s	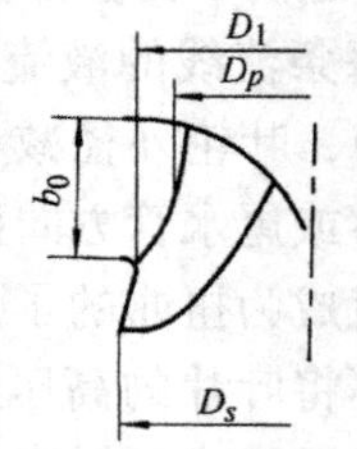 D_1, D_p, b_0, D_s	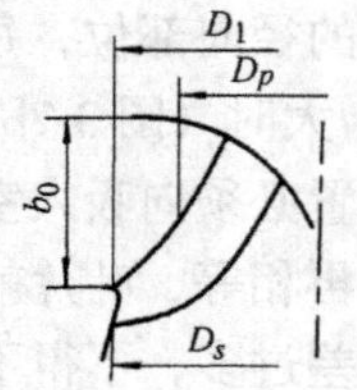 D_1, D_p, b_0, D_s	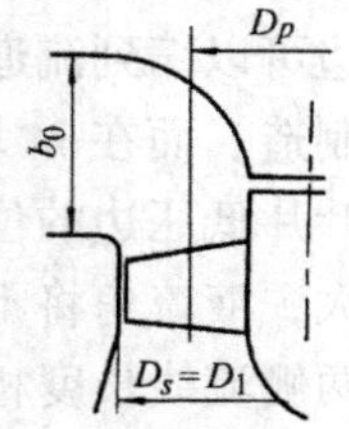 D_p, b_0, $D_s=D_1$
	尺寸比	$\frac{D_2}{D_p}<1$ $\frac{b_0}{D_1}<\frac{1}{5}$ $\beta_1=90°$	$\frac{D_2}{D_p}\approx 1$ $\frac{b_0}{D_1}=\frac{1}{5}\sim\frac{1}{4}$ $\beta_1=90°$	$\frac{D_2}{D_p}>1$ $\frac{b_0}{D_1}=\frac{1}{4}\sim\frac{1}{3.3}$ $\beta_1<90°$	$\frac{D_2}{D_p}>1$ $\frac{b_0}{D_1}=\frac{1}{3}$ $\beta_1<90°$	$\frac{D_2}{D_p}>1$ $\frac{b_0}{D_1}=\frac{1}{3}\sim\frac{1}{2}$ $\beta_1<90°$
叶片泵	分类	离 心 式			混流式	轴流式
		低比速	中比速	高比速	~	~
	比转速	30 ~ 80	80 ~ 150	150 ~ 300	300 ~ 700	500 ~ 2000
	叶轮简图	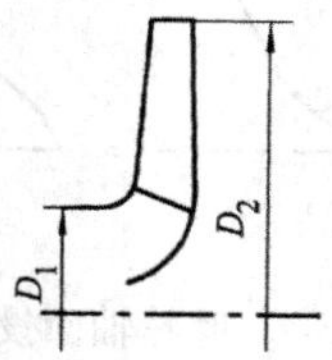 D_1, D_2	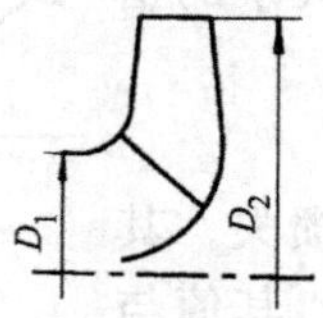 D_1, D_2	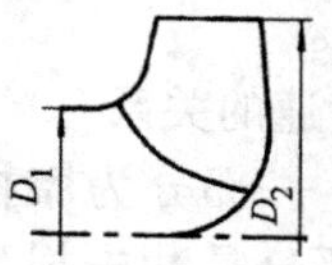 D_1, D_2	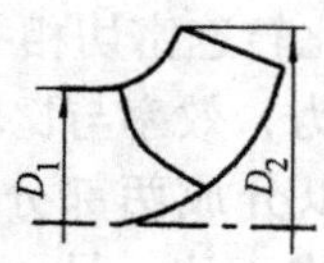 D_1, D_2	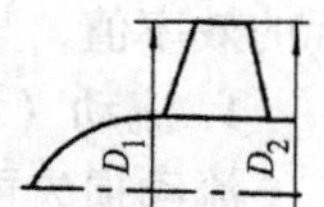 D_1, D_2
	尺寸比	$\frac{D_1}{D_2}\approx\frac{1}{3}$	$\frac{D_1}{D_2}\approx\frac{1}{2.3}$	$\frac{D_1}{D_2}\approx\frac{1}{1.8}\sim\frac{1}{1.4}$	$\frac{D_1}{D_2}\approx\frac{1}{1.2}\sim\frac{1}{1.1}$	$\frac{D_1}{D_2}=1$
	叶片形状	圆柱叶片	进口扭曲 出口圆柱	扭曲形	扭曲形	扭曲形
通风机	分类	离 心 式			混流式	轴流式
	比转速	1	9	17	20	30
	叶轮简图	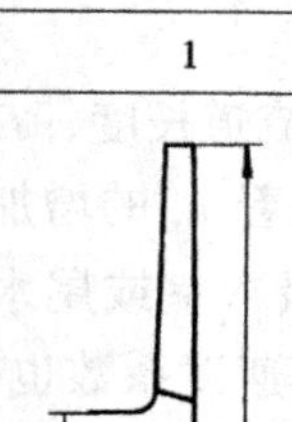 D_1, D_2	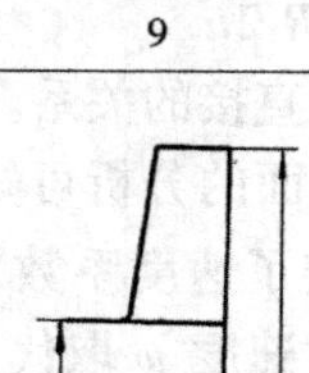 D_1, D_2	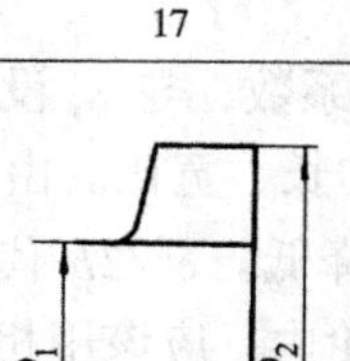 D_1, D_2	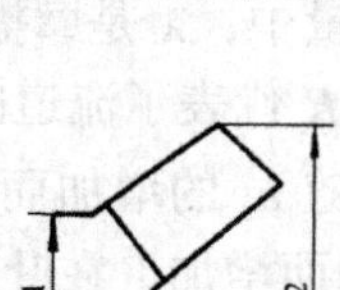 D_1, D_2	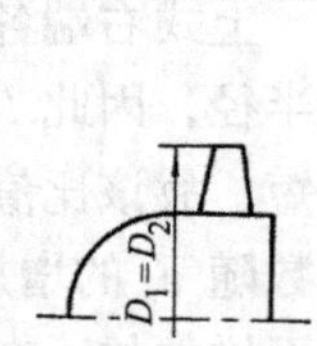 $D_1=D_2$
	尺寸比	$\frac{D_1}{D_2}=0.15$	$\frac{D_1}{D_2}=0.5$	$\frac{D_1}{D_2}=0.8$	$\frac{D_1}{D_2}\approx 1$	$\frac{D_1}{D_2}=1$

理论上冲击损失为零。不同 n_s 的机器，冲击损失对工况偏离程度的敏感性是不同的。对高 n_s 的叶轮，由于流道宽，叶片扭曲，进、出口边上各点的半径差别较大，在变工况时，容易造成各流线的流动状况不同，从而产生二次流，引起附加的损失。对水轮机而言，偏离最优工况后由于转轮出口环量恶化了尾水管的工作，会造成效率降低。而高 n_s 水轮机中出口动能占总水头的比重大，所以偏离最优工况时效率下降较多。总之，高 n_s 的机器高效率工作区较窄，流量变化时效率下降较多。当采用转桨式（动叶可调）结构时，叶片角可随着工况变化而改变，从而可以大大改善非设计工况的效率。当流量（负荷）变化时，不同 n_s 的机器的效率下降程度不同，因此它们的特性曲线的形状也不相同。图 3-8 以水轮机为例，说明了不同类型的水轮机的效率随负荷变化的情况。关于特性曲线与比转速的关系，在第七章中还将进一步讨论。

2. 机械效率与比转速的关系

机械损失中包括轮盘损失和轴承、填料等处的损失。由于轴承、填料等处的机械损失所占份额较小，同时与流动状况无关，所以只需讨论轮盘损失与比转速的关系。

轮盘损失与 D^5n^3 成正比，假如两台机器的理论功率 $P_{th}=\rho gH_{th}q_{V,th}=p_{th}q_{v,th}$相同，显然较低 n_s 的机器的叶轮直径较大，宽度较小，所以轮盘损失较大。如果两机的叶轮直径和转速均相等，则 n_s 较低的机器的流量较小，P_{th}值也较小。此时虽然二者轮盘损失相同，但 n_s 较低的机器的轮盘损失的相对值仍较大。所以机械效率随 n_s 的减小而降低。对于极低 n_s 的机器，轮盘损失在总损失中可以占很大的比重，总效率也很低。

3. 容积效率与比转速的关系

由于低 n_s 的机器的扬程（压力、水头）高而流量小，因而作用于密封间隙两端的压差较大，故泄漏损失较大。同时，由于流量小，较大的泄漏损失所占的比重更大，所以容积效率随 n_s 的降低而降低。

综合上述三种损失，可知总效率与比转速的关系也是一条有极大值的曲线。最高效率出现在某一比转速范围内。图 3-9 为单级清水泵的效率与比转速之间的关系，可以看到，在 $n_s=100\sim400$ 时效率较高，而最高效率出现在 $n_s\approx200$ 时。

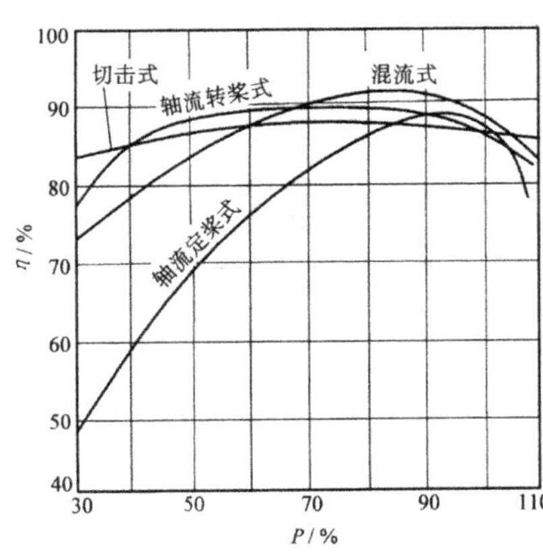

图 3-8 各种类型水轮机的典型效率曲线

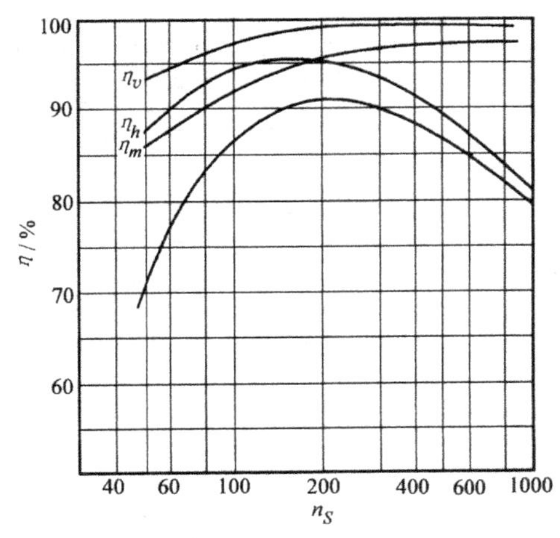

图 3-9 单级清水泵的效率与 n_S 的关系

（三）不同比转速的流体机械的应用范围

根据比转速的定义可知，低比速的流体机械应用在能量头（压力、扬程、水头）高而流量较小的场合。反之，高比速的机器用在能量头较低而流量较大的场合。但同时还可以看出，在同样的能量头和流量的条件下，若选用更高的转速，就可以使用较高比转速的机器。这将使机器的尺寸和质量减小，制造和建设成本降低，有着巨大的经济效益。所以流体机械的发展趋势之一，就是在一定的能量头水平下提高比转速。但是将高比速机器应用到更高的能量头范围去，在技术上受到很大的限制，这主要表现在以下三个方面：

1）强度与刚度条件的限制。通过提高转速将一定比转速的机器应用于更高的能量头，必然使作用于叶片上的应力和变形增加，对于可压缩介质，还会使温度增加，对其他零、部件也是一样。

2）马赫数的限制。提高转速会使流速增加，对可压缩介质，将使马赫数增加。当接近临界马赫数时，就开始使机器的性能下降。为突破音速的限制，需要研究超音速的机器，这方面已经有了一些成果，但还不能普遍应用。

3）空化条件的限制。对液体介质，空化条件是机器提高性能参数最主要的限制。有关空化现象的讨论，请见“空化与空蚀”一章。

综上所述，在目前的技术条件下，各种机器都有各自的适用范围。在进行工程规划或设计时，应根据具体条件选择适当的机器。图 3-10、3-11 和 3-12 分别是水轮机、泵和风机压缩机的使用范围。

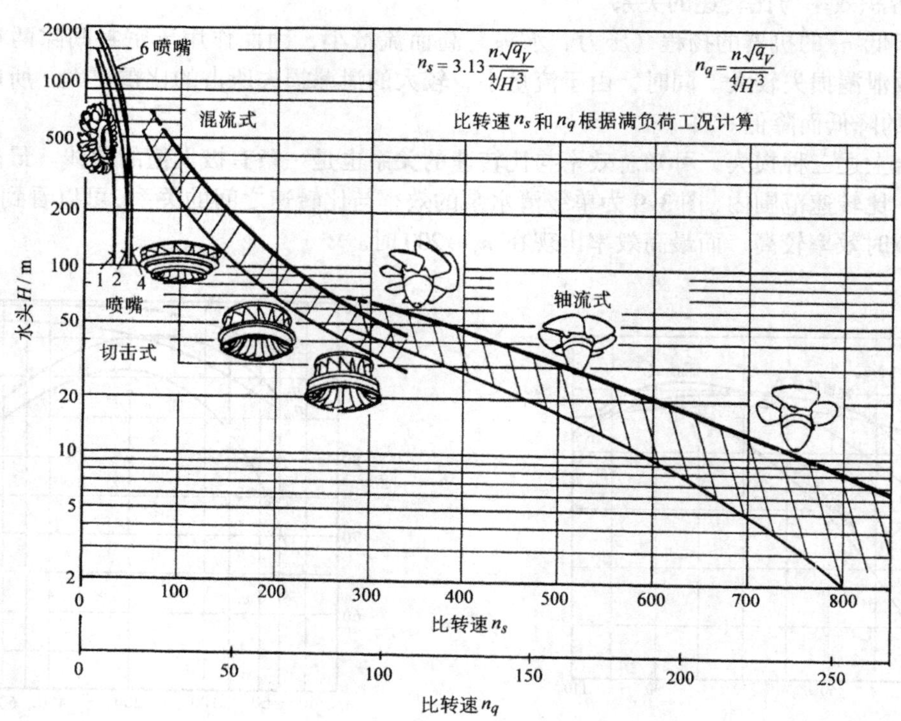

图 3-10　各种水轮机的使用范围

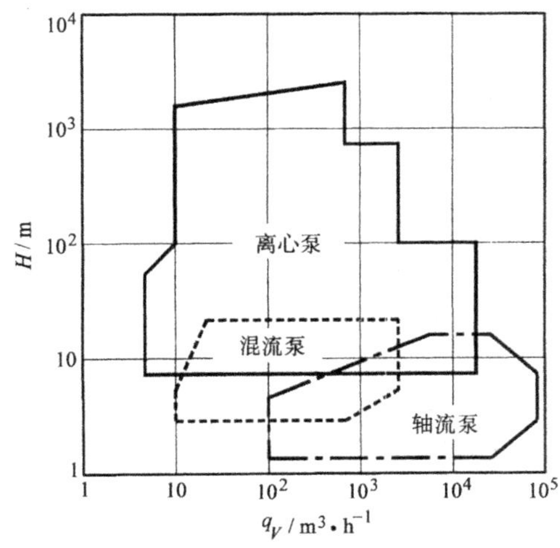

图 3-11　叶片泵的使用范围

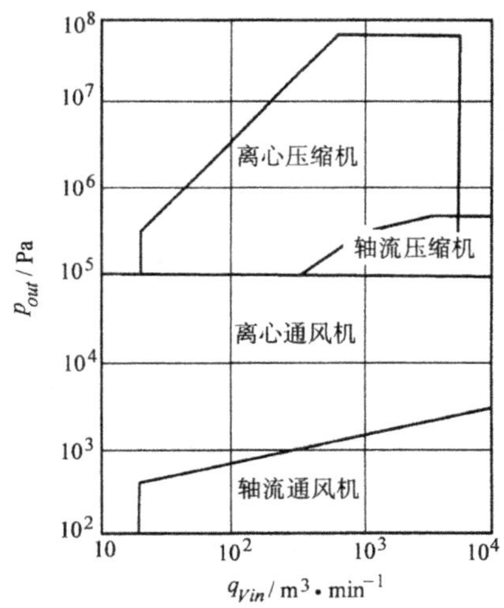

图 3-12　压缩机的使用范围

第四节　压缩机的相似模化设计

根据相似原理来设计流体机械的方法，称为相似设计法。这种方法是将现有的性能良好的机器（或段、级）的尺寸放大或缩小，来设计新的机器。用这种方法设计出来的新机器，一般性能比较可靠，同时不需要进行复杂的流体动力计算，目前在流体机械的设计中被广泛采用。本节以透平压缩机为例说明相似设计的方法，有关水轮机、泵与风机的相似设计，在第八章中介绍。压缩机的相似设计，又称为相似模化设计。

一、相似模化设计方法

如果已知所需设计的新机器的进口条件为 p_{in}，气体常数 R，绝热指数 κ，机器所需达到的压比 ε 和流量 $q_{V,in}$，则相似模化设计的方法如下：

首先要寻找一个经过试验，证明气动性能较好、效率较高的压缩机作为模型机器。根据模型机器在不同转速下的性能曲线，选取模化点，以该点作为设计新机器的设计工况模化点。在选取模化点时，要求模化点的压比等于新设计机器所需的压比；模化点的效率较高，且有较宽的工况范围，也即离喘振点和阻塞工况点（参见第七章）较远。选定了模化点后，就得到了模型机器（以下以符号“′”标明其参数）的进口条件 p'_{in}、T'_{in}、q'_{Vin}和 ε'。

然后列出新机器和模型机器之间符合相似条件的各参数关系式：

（1）实型与模型的几何尺寸之间的比例常数 $K = D_2/D'_2$

$$K^2 = \frac{q_{V,in}}{q'_{V,in}} \frac{\sqrt{R'T'_{in}}}{\sqrt{RT_{in}}}$$

只要把模型机器的所有尺寸乘以比例常数 K，就得到所需设计的新机器的尺寸。

（2）压比

$$\varepsilon = \varepsilon'$$

（3）效率

$$\eta_{pol} = \eta'_{pol}; \eta_{ad} = \eta'_{ad}$$

（4）转速

$$n = \frac{1}{K^3}\frac{q_{V,in}}{q'_{V,in}}n' = \frac{1}{K}\sqrt{\frac{RT_{in}}{R'T'_{in}}}n'$$

（5）功率

$$P = \frac{q_{V,in}p_{in}}{q'_{V,in}p'_{in}}P' = \frac{K^2 p_{in}}{p'_{in}}\sqrt{\frac{RT_{in}}{R'T'_{in}}}P'$$

最后根据已有的模型机器的性能曲线 ε'、η'、P' 随 q'_V 或 q'_m 变化的关系，利用上述关系式，就可以得到新设计机器的性能曲线。

对于有中间冷却的压缩机，采用上述模化方法，还需要考虑一定的补充条件。可以把中间冷却的压缩机，看作几个串联的不冷却段所组成。这些段通过冷却器联结在一起，各段的转速和质量流量应该一样。

在模化设计时，先保持两个压缩机的第一段的相似条件，即当 $\varepsilon_{\mathrm{I}} = \varepsilon'_{\mathrm{I}}$，比例常数 K_{I} 和转速可分别按下式计算，即

$$K_{\mathrm{I}}^2 = \frac{q_{V,in,\mathrm{I}}}{q'_{V,in,\mathrm{I}}}\frac{\sqrt{R'T'_{in,\mathrm{I}}}}{\sqrt{RT_{in,\mathrm{I}}}}$$

$$n_{\mathrm{I}} = \frac{1}{K_{\mathrm{I}}}\frac{\sqrt{RT_{in,\mathrm{I}}}}{\sqrt{R'T'_{in,\mathrm{I}}}}n'_{\mathrm{I}}$$

为了使两个压缩机整个几何形状相似，各段的比例常数就应相同，即

$$K_{\mathrm{I}} = K_{\mathrm{II}} = K_{\mathrm{III}} = \cdots$$

同时，第二段的比例常数应为

$$K_{\mathrm{II}}^2 = \frac{q_{V,in,\mathrm{II}}}{q'_{V,in,\mathrm{II}}}\frac{\sqrt{R'T'_{in,\mathrm{II}}}}{\sqrt{RT_{in,\mathrm{II}}}}$$

若忽略冷却器中的损失，则可得第二段进口处的体积流量为

$$q_{V,in,\mathrm{II}} = q_{V,in,\mathrm{I}}\frac{1}{\varepsilon_{\mathrm{I}}}\frac{T_{in,\mathrm{II}}}{T_{in,\mathrm{I}}}$$

$$q'_{V,in,\mathrm{II}} = q'_{V,in,\mathrm{I}}\frac{1}{\varepsilon'_{\mathrm{I}}}\frac{T'_{in,\mathrm{II}}}{T'_{in,\mathrm{I}}}$$

于是有

$$K_{\mathrm{II}}^2 = \frac{q_{V,in,\mathrm{I}}}{q'_{V,in,\mathrm{I}}}\frac{T_{in,\mathrm{II}}}{T'_{in,\mathrm{II}}}\frac{T'_{in,\mathrm{I}}}{T_{in,\mathrm{I}}}\frac{\sqrt{R'T'_{in,\mathrm{II}}}}{\sqrt{RT_{in,\mathrm{II}}}} = K_{\mathrm{I}}^2\sqrt{\frac{T'_{in,\mathrm{I}}}{T'_{in,\mathrm{II}}}\frac{T_{in,\mathrm{II}}}{T_{in,\mathrm{I}}}}$$

最后得

$$\frac{T'_{in,\mathrm{II}}}{T'_{in,\mathrm{I}}} = \frac{T_{in,\mathrm{II}}}{T_{in,\mathrm{I}}}$$

即模型和实型各段进口温度之比相等。这也是保持各段转速相等的条件，因为

$$n_{\mathrm{I}} = \frac{1}{K_{\mathrm{I}}}n'_{\mathrm{I}}\sqrt{\frac{RT_{in,\mathrm{I}}}{RT'_{in,\mathrm{I}}}} = \frac{1}{K_{\mathrm{II}}}n'_{\mathrm{II}}\sqrt{\frac{RT_{in,\mathrm{II}}}{RT'_{in,\mathrm{II}}}} = n_{\mathrm{II}}$$

由于其中 $K_{\mathrm{I}} = K_{\mathrm{II}}$，$n'_{\mathrm{I}} = n'_{\mathrm{II}}$，所以又有

$$\frac{T'_{in,\mathrm{II}}}{T'_{in,\mathrm{I}}} = \frac{T_{in,\mathrm{II}}}{T_{in,\mathrm{I}}}$$

用同样的方法可以得到第三段的补充条件为

$$\frac{T'_{in,\mathrm{III}}}{T'_{in,\mathrm{I}}} = \frac{T_{in,\mathrm{III}}}{T_{in,\mathrm{I}}}$$

也就是说，在模化具有中间冷却的压缩机时，还需保持机器和模型在各冷却器后（即各段进口）温度和第一段进口温度之比相等。

以上这种模化设计法，除了用于整台压缩机外，也可以按照所需要的压缩机级或段进行模化，以及把不同压缩机上的级或段，用到同一个所要设计的压缩机上。

二、离心式压缩机的相似模化设计例题

设计任务：压送气体为空气；进气流量 $q_{V,in} = 211\mathrm{m^3/min}$；进气压力 $p_{in} = 0.088\mathrm{MPa}$；进气温度 $t_{in\,\mathrm{I}} = 25℃$；出口压力 $p_{out} = 0.611\mathrm{MPa}$；压比 $\varepsilon = 7.58$；气体常数 $R = 29.4$；绝热指数 $\kappa = 1.4$。

现采用 DA350-61 空气压缩机作为模型压缩机，它的参数为：压送气体为空气；转速 $n = 8600\mathrm{r/min}$；进气流量 $q_{V,in} = 370\mathrm{m^3/min}$；进气温度 $t_{in\,\mathrm{I}} = 20℃$，$t_{in\,\mathrm{II}} = t_{in\,\mathrm{III}} = 32℃$；进气压力 $p_{in} = 0.0952\mathrm{MPa}$；出口压力 $p_{out} = 0.721\mathrm{MPa}$；压比 $\varepsilon = 7.58$；气体常数 $R = 287$；绝热指数 $\kappa = 1.4$；压缩机内功率 $P_i = 1750\mathrm{kW}$；第三级叶轮直径 $D_2 = 630\mathrm{mm}$；第三级叶轮圆周速度 $u_2 = 283\mathrm{m/s}$。

模化计算：

比例常数

$$K_l = \sqrt{\frac{q_{V,in}}{q'_{iV,n}}} \times \sqrt[4]{\frac{RT'_{in}}{RT_{in}}} = \sqrt{\frac{211}{370}} \times \sqrt[4]{\frac{29.4 \times 293}{29.4 \times 298}} = 0.7519$$

将模型机器的通流部分尺寸，乘以比例常数 0.7519，就得到新设计的机器的全部尺寸，例如新机器的第三级叶轮直径为

$$D_2 = K_{\mathrm{I}} D'_2 = 630 \times 0.7519\mathrm{mm} = 474\mathrm{mm}$$

压缩机转速

$$n = \frac{1}{K} \times \sqrt{\frac{RT_{in}}{RT'_{in}}} n' = \frac{1}{0.7519} \times \sqrt{\frac{287 \times 298}{287 \times 293}} \times 8600\mathrm{r/min} = 11539\mathrm{r/min}$$

第三级叶轮圆周速度

$$u_2 = \frac{\pi D_2 n}{60} = \frac{3.14 \times 0.474 \times 11539}{60}\mathrm{m/s} = 286.4\mathrm{m/s}$$

第二段进气温度

$$T_{in,\mathrm{II}} = T'_{in,\mathrm{II}} \frac{T_{in,\mathrm{I}}}{T'_{in,\mathrm{I}}} = 305 \times \frac{298}{293}\mathrm{K} = 310\mathrm{K} = 37℃$$

第三段进气温度

$$T_{in,\mathrm{III}} = T'_{in,\mathrm{III}} \frac{T_{in,\mathrm{I}}}{T'_{in,\mathrm{I}}} = 305 \times \frac{298}{293}\mathrm{K} = 310\mathrm{K} = 37℃$$

压缩机内功率

$$P_i = P'_i K^2 \frac{p_{in}}{p'_{in}} \sqrt{\frac{RT_{in}}{RT'_{in}}} = 1750 \times 0.7519^2 \times \frac{0.088}{0.095}\sqrt{\frac{29.4 \times 298}{29.4 \times 293}}\mathrm{kW} = 927\mathrm{kW}$$

习 题 三

一、已知模型水轮机转轮直径 $D_m=0.3\text{m}$，试验水头 $H_m=3.5\text{m}$，最优工况效率 $\eta_m=0.92$，转速 $n_m=430\text{r/min}$，流量 $q_{Vm}=0.15\text{m}^3/\text{s}$。给定原型水轮机转轮直径 $D_p=5.0\text{m}$，水头 $H_p=90\text{m}$。暂时不考虑原型与模型的效率差别，试计算原型水轮机在相似工况下的转速 n_p、流量 q_{Vp} 和功率 P_p。

二、给定原型水轮机的转轮直径 $D=6.5\text{m}$，水头 $H=110\text{m}$，试利用第一题的模型数据，分别计算以下两种情况下的原型水轮机的转速、流量和功率：

1）不考虑原型和模型的效率差别；

2）考虑二者的效率差别及其对单位参数的影响。

三、已知离心泵叶轮直径 $D=0.4\text{m}$，在最优工况下流量 $q_V=0.1111\text{m}^3/\text{s}$、扬程 $H=50\text{m}$、转速 $n=1450\text{r/min}$、效率 $\eta=0.83$。

1）该泵的轴功率应为多少？

2）如果另一台几何相似的泵的叶轮直径为0.64m，在效率相等的相似工况下运行，转速为1200r/min，那么它的流量、扬程和轴功率为多少？

四、泵 A 的尺寸为泵 B 的尺寸的三分之一，两泵工况相似，效率相等，泵 B 在扬程为15m时的转速为300r/min，流量为 $0.0063\text{m}^3/\text{s}$。问：

1）当泵 A 的扬程为15m时，其转速和流量为多少？

2）当泵 A 的流量为 $0.0063\text{m}^3/\text{s}$ 时，其转速和扬程是多少？

3）当泵 A 的转速为300r/min时，其流量和扬程为多少？

五、已知一台通风机在标准进气状态下，当转速 $n=1250\text{r/min}$ 时的特性参数如下表所示

$q_V/\text{m}^3\cdot\text{h}^{-1}$	5920	6640	7360	8100	8800	9500	10250
p_{tF}/Pa	843	827	814	794	755	696	637
P/kW	1.69	1.77	1.86	1.96	2.03	2.08	2.12

试求：

1）标准进气状态下，当风机转速为1450r/min、风量为 $9000\text{m}^3/\text{s}$ 时的全压；

2）在大气压力为800kPa，气温为-10℃的环境下，当转速为1450r/min，全压为750Pa时，该风机的风量；

3）并绘出该风机的无量纲特性曲线。

第四章　叶片式流体机械的空化与空蚀

第一节　叶片式流体机械的空化与空蚀机理

一、空化及空蚀机理

空化与空蚀是以液体为工作介质的叶片式流体机械（即水力机械）中可能出现的一种物理现象，它是一种在液体中发生的现象，在固体或气体中都不会发生。所以本章讨论的空化、空蚀问题将仅针对水力机械。

（一）空化现象

任何一种液体在恒定的压力下加热，当液体的温度升高至某一温度时，就会开始汽化，形成汽泡，这称为沸腾。而当液体温度一定、降低压力到某一临界压力时，也会汽化，同时溶解于液体中的气体析出，形成汽泡（又称空泡、空穴）。如水流流经有局部收缩的文吐利管时，沿流动方向的压力变化如图 4-1a 所示。因此，若逐渐增加流量，当流速足够大时，会使收缩截面上的压力降低到临界值（对普通水而言，其临界值大体上等于相应温度下的汽化压力），从而在喉部开始汽化，形成空穴。又如绕流翼型时，翼型背面压力分布如图 4-1b 所示，将翼型放在封闭的水洞中，增加绕流速度或降低整个水洞的压力，当翼型背面最低压力处的压力降低到某一临界值时，将在此首先出现汽泡。气泡随水流运动到压力较高的地方后，泡内的蒸汽重新凝结，气泡溃灭。伴随着空泡产生、发展和溃灭，还会产生一系列的物理和化学变化。这种由于压力的变化而导致的液流内的空泡的产生、发展和溃灭过程以及由此而产生的一系列物理和化学变化，称为空化。

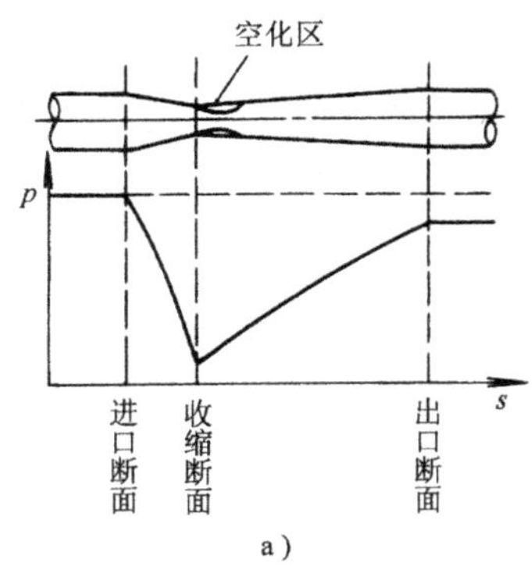

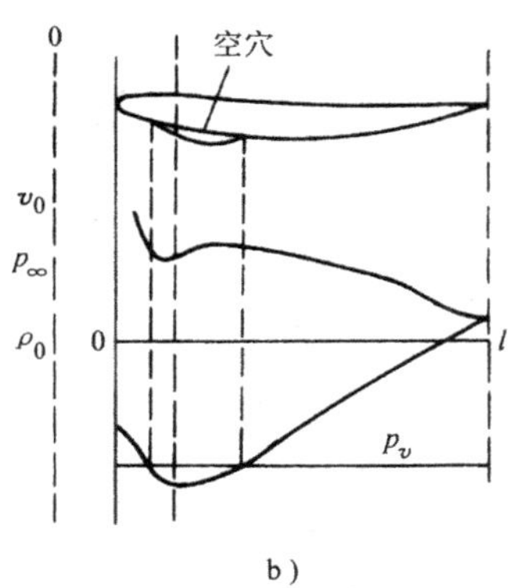

图 4-1　液体中空化区的形成

a）文吐利管中的压力分布与空化区形成　b）沿翼型表面的压力分布与空化区形成

叶片式水力机械中，也会产生空化。在水力机械中，空化是一种非常有害的现象。空泡的产生和发展，改变了流道内的速度分布，会导致效率下降，水轮机的功率减少、泵的扬程降低，引起机器的振动。空化发展到一定的程度时，可使水力机械完全不能正常工作。空泡溃灭的过程如果发生在固壁表面，会使材料受到破坏。这种由空化引起的材料破坏，称为空蚀。空化与空蚀，是水力机械提高能量指标的最主要的障碍。

（二）空化初生

空化初生是空穴在局部压力降至临近液体蒸汽压力的瞬间形成。试验表明，水和其他液体在空穴初生时的压力与蒸汽压力都有不同程度的偏离，说明它与蒸汽压力的概念并不一致。蒸汽压力是液体蒸汽在特定温度下与现有的自由面接触的平衡压力。若空穴在均质液体内生成，液体必须破裂。破裂所需的应力不是以蒸汽压力来衡量，而是该温度下液体的抗拉强度。于是，很自然地会提出液体能否承受拉应力的问题。回答是肯定的，以水为例，从理论上和实践上均证实了纯水能承受张力。许多学者用不同方法对经过专门处理的水进行抗拉强度的测量，所得结果大小不一，目前测到的最大抗拉强度达 26～27MPa。而用分子运动学的理论来计算，纯水能承受的抗拉强度为 160～325MPa。也有人计算出把水分子拉开 2Å（$1Å = 1 \times 10^{-10}$m）的距离所需的拉应力为 1000MPa 的数量级。但实际上在自然界中的水不能承受拉应力，例如在水温 20℃时，当压力为 2400Pa 时，水的连续性就被破坏，水就汽化了。假若普通水能承受 1MPa 的拉应力，那就根本不会发生空化和空蚀了。

对于现有的理论计算及试验结果与普通水的实际抗拉强度有这样的明显差别的解释是，液体中存在着破坏液体均匀性的杂质，改变了液体的结构，削弱了液体的抗拉强度，以致液体根本不能承受拉应力。液体中的杂质是多种多样的，而影响液体抗拉强度的杂质主要就是未溶解的气体。1944 年 Harvey、E·N 等人用试验证实了这个论点，并提出了空化初生的"空化核"理论。

设有一个非亲水性容器壁，有一夹角为 2α 的裂缝，在裂缝中形成"液—气"分界面如图 4-2a 所示，由于非亲水性，即裂缝表面不是湿润的，故进入裂缝的液体对于气体形成凸液面。

图 4-2a 表示平衡状态，此时液体中含气量达到饱和，平衡位置的界面半径为 R，接触角为 $\theta_e > \alpha + \pi/2$。图 4-2b 表示瞬态平衡状态，此时液体的含气量未达到饱和状态，因此泡内气体将向外扩散而被液体溶解，于是液体将向缝隙中推进，此时界面接触角 θ_A 将增大，即 $\theta_A > \theta_e$，而且界面的曲率半径将小于平衡状态下的值。气体被液体溶解后，泡内气体压力下降，界面在泡外液体压力的推动下继续前移，当界面附近的液体含气量达到饱和时，接触角又恢复到平衡值，于是界面又稳定在一个新的平衡位置，此时的界面半径 R_f 将小于起始半径 R_i，即 $R_f < R_i$。由于液体的压力总是比汽泡的压力大，则缝隙中寄存的气体永远不会被完全溶解。图 4-2c 表示了最后平衡状态，当界面附近的局部液体含气达到过饱和时，液体中的气体将向泡内扩散，从而使空腔体积增大，界面曲率半径增大，

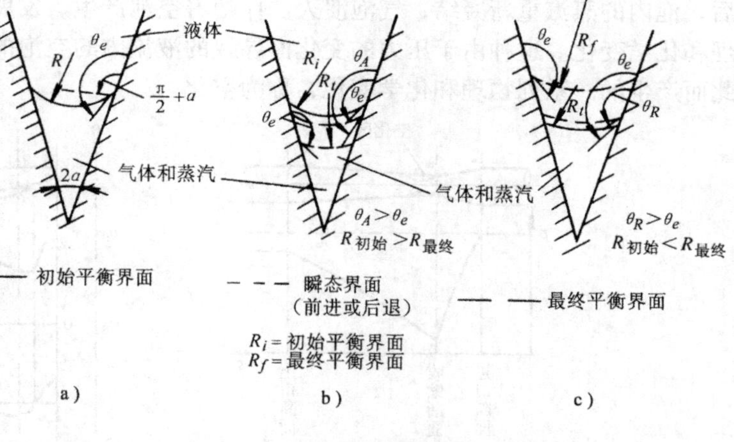

图 4-2　气体—蒸汽空泡的稳定性分析

接触角减小，随着气体的扩散，交界面继续后退，当扩散到达平衡时，接触角仍恢复到平衡值，于是交界面又处于一种新的平衡位置。

液—气交界面在平衡过程中，如果在接触角 θ_R 小于（$\alpha+\pi/2$）之前不能达到平衡，即液体的含气量还处于过饱和状态，则气体和液体交界面的曲率将改变正负号，空泡将从缝中鼓出，一部分气体被释放出来，还有部分气体被封闭在缝隙中。当液体外压力低于泡内压力时，缝隙中的气体将不断地向液体中扩散，这种存在于液体中的空气或蒸气微团称为空化核子。此外任何固体边壁及液体中都不可避免含有一定数量的悬浮的固体粒子，这就更使液体中的含核量大大增加。这种微小气体核子的存在使液体的破坏强度大大降低，因此是产生空化的根本原因。

上述这种空化核的观点，经过大量试验证明，是与所观察的物理现象相吻合的。由上述分析可知，液体压力的降低只是空化产生和发展的条件，而不是空化产生的根据。同时也表明，液体空化不仅与压力有关，而且还受液体本身特性的影响。液体中含气核多少不同，空化的初生压力也不同。长期的研究还表明，控制液体空化最根本的条件是减少液体中的“气核”数，也就是增大液体的抗拉强度，保持液体连续性不受破坏。

（三）空泡的发育及溃灭和空化类型

随着液体内压力的降低，液体中的气核开始形成汽泡，当压力继续降低时，汽泡在随着液体流动的过程中不断长大。当进入压力升高的区域时，汽泡则不断缩小而溃灭，这是一个复杂的动态过程，它不仅与汽泡本身的参数有关，而且还受到液体的粘滞性、表面张力、可压缩性和惯性等物理性质的影响，同时还与气体的扩散、溶解、热传导有一定联系。以上过程为蒸气空泡的发育及溃灭的情况，当空泡中含有空气等永久性气体时，其发育和灭溃的过程将有所不同。根据通过高速摄影得到的空泡成长、溃灭过程的照片知，空泡在达到最大直径之前有一段较长而连续不断的发育期，紧接着就更加迅速地溃灭至空泡尺寸为零，而后又再生一个稍小的空泡，接着又溃灭，这种回弹再生的周期明显地重复两次，而且有重复多次的迹像，尺寸一次比一次小，如图 4-3 所示。

根据空泡存在形式和产生原因，可将水力机械中的空化现象分为四种类型：

（1）游动型空化　这是由液体中移动的孤立的瞬态空泡或空泡群组成的空化现象，这些空泡在液体中产生并随着液体一起流动的，如图 4-4 所示。

（2）固定型空化　这是一种相对稳定的空化形式，空化初生后，形成附着在边界上的空腔，这种空腔称为固定型空泡。这种空泡的大小与绕流物体的几何形状、表面粗糙度、液体的物理性质及流场中的压力和速度分布有关，如图 4-5 所示。

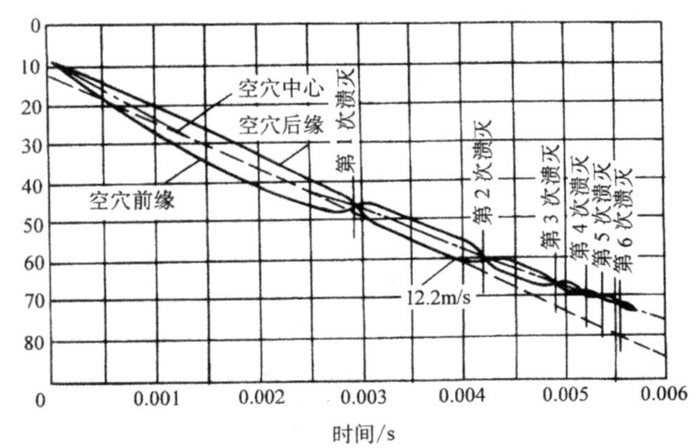

图 4-3　空泡的生长和溃灭过程

（3）旋涡型空化　这是由液流受到强烈扰动而产生的旋涡所形成的，多发生在水力机械的进出口边（水轮机的出口和泵的进口）和绕流物

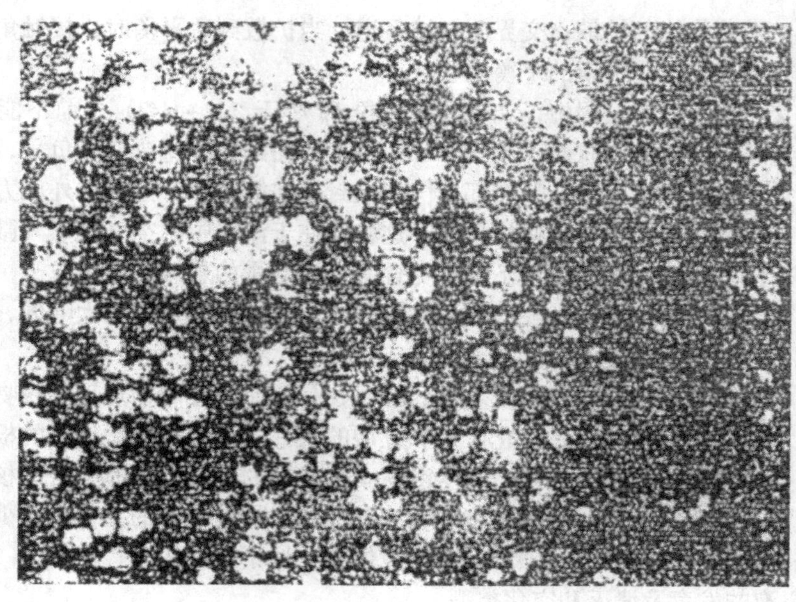

图 4-4　游动型空化

体的尾部。这种空化形态多呈螺旋型，这种旋涡的运动是不稳定的，如图 4-6 所示。

(4) 振动型空化　液体中的固体边界的机械振动将激发相邻的液体产生压力脉动，当振动幅值足够大时，就使液体发生空化。这种空化的特点是发生空泡的液体是静止的，它对材料有较大的破坏作用。

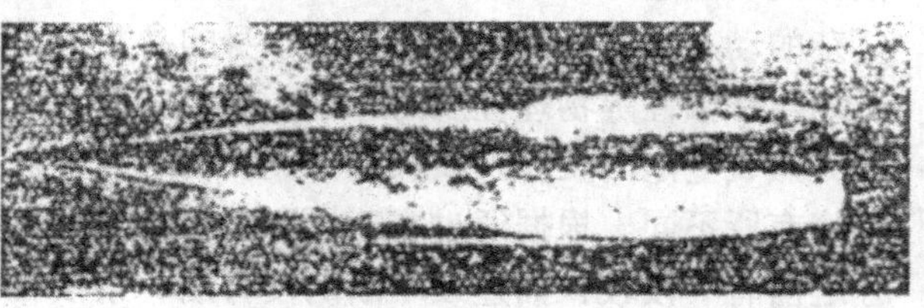

图 4-5　固定型空化

在叶片式水力机械中，主要是前三种空化影响机械的工作性能和造成材料的破坏。第四种类型的空化则广泛出现在活塞式机器的水冷壁等部位，例如水冷内燃机和活塞式压缩机等。

(四) 空蚀机理

空蚀机理是个十分复杂的问题，空蚀很可能是多种因素综合作用的结果。事实表明，任何固体材料（包括化学惰性的、非导电的、甚至高强度的），在任何液体（包括海水、淡水、化学惰性液体、甚至金属性液体如汞、钠等）的一定动力条件作用下，都能引起空蚀破坏。

图 4-6　螺旋桨上的旋涡空化

对于空蚀破坏的机理，目前比较一致的看法是，空泡溃灭的机械作用是造成空蚀破坏的主要原因。在分析具体的空蚀破坏时，又有不同的观点，其中有两种解释较为合理并为实验证实，故得到广泛的认可。

一种解释认为空蚀破坏基本上是由于从小空

泡溃灭中心辐射出来的冲击压力波而产生的，称为冲击压力波模式。它认为如在固体边界附近有一孤立的溃灭汽泡，其溃灭压力冲击波将从汽泡中心传到边界上，使边壁形成一个球面凹形蚀坑（图 4-7）。根据凹坑的直径和深度可以计算出形成这个凹坑所消耗的功，从而可推算出单个空泡溃灭时产生的冲击强度、初始空泡的直径及其溃灭中心的位置等。

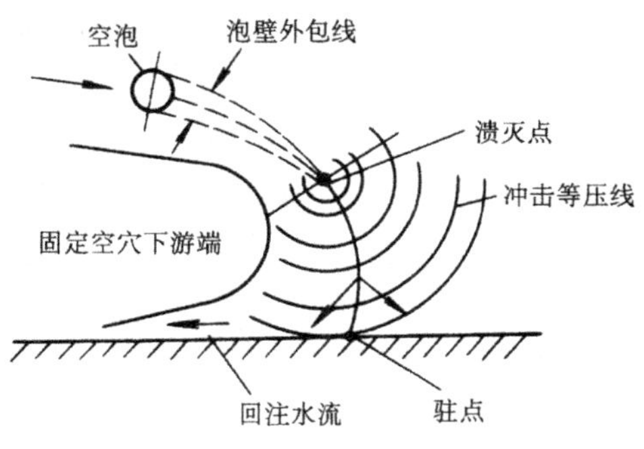

图 4-7　游移空泡溃灭示意图

美国柯乃普在试验中，根据高速摄影记录发现，每厘米圆周表面的试件上约有 0.71×10^6 个空泡进入滞点区，而在试件上只出现了约 24 个左右的麻点，这意味着 3 万个游移空穴中只有一个产生破坏性冲击。图 4-7 解释了这个现象，图示为游移空穴在固定空穴下游溃灭的情况，当主流接近驻点时，压力越来越高，游移汽泡在某一点（其压力超过汽化压力）溃灭时，压力冲击波从溃灭中心作球状辐射传播，由图 4-7 可知，液流是沿着滞止线趋近边界的。汽泡越大，其溃灭时间越长，即汽泡被液流带到边界的时间也越长，故溃灭点与边界的距离将是汽泡初始尺寸的函数。显然越大的汽泡其溃灭点越接近固体边界。同时，较大汽泡的溃灭能及溃灭压力也较大，导致边界空蚀的可能性也较大。在图面上观察到的一般的游移空泡明显地在远离表面处就溃灭，不足以产生破坏性冲击。仅仅是极个别的空泡能流动到离表面足够近的距离溃灭，才能造成空蚀麻点。由此可见，对于固定空穴后的液流，虽然有大量的迁移性空泡发生溃灭，但其中只有几万分之一的较大汽泡溃灭时，才能导致边界的空蚀。

另一种解释认为空蚀是由较大的空泡溃灭时形成微射流所造成的。静水中正在溃灭的空泡照片表明溃灭时空泡发生变形，这些变形随压力梯度的增加及距边界面的距离的减小而增大。该理论认为这种变形促成了流速很大的微型液体射流，射流在溃灭结束前的瞬间穿透空泡的内部。如果溃灭离边界相当近，则该射流会射向固体边界造成空蚀。图 4-8 所示的微型射流模式的示意图就是依据空泡溃灭时的观察而给出的。根据实验观测，空泡溃灭、射流形成有三种不同类型。在图 4-8a 表示附着在壁面上的空泡，其溃灭过程先是在顶部逐渐拉平，进而中间微向下凹陷，最后形成射流从中间穿透。图 4-8b 表示流场中的空泡，

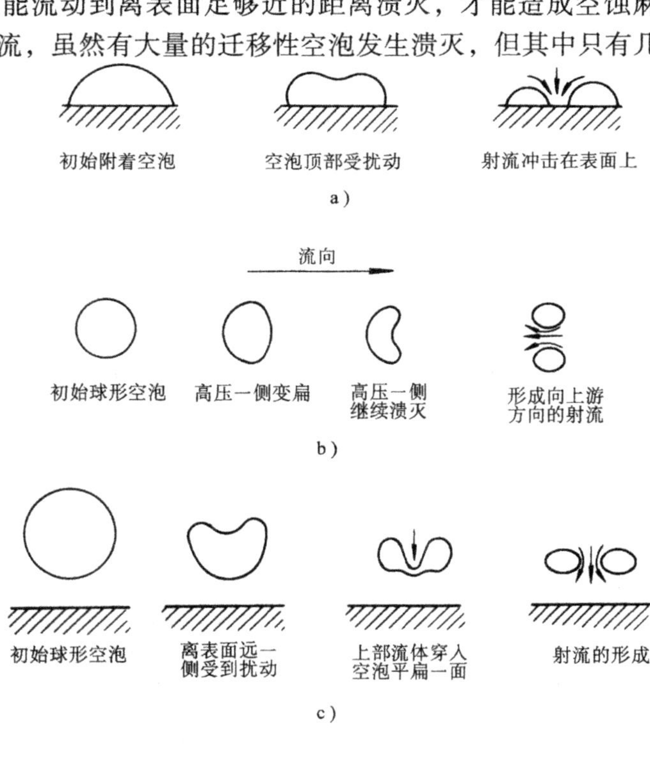

图 4-8　射流—溃灭模式
a）附着壁面的半球形空泡
b）空泡移入压力梯度区　c）空泡近边壁溃灭

先在高压侧变扁，继而凹陷，最后射流从高压侧向低压侧穿透泡体。图 4-8c 表示临近壁面的空泡，先是在远离壁面的一侧拉平，继而凹陷，最后有微射流形成并穿透泡体射向壁面。

从图 4-8 看到，不管那一种类型，空泡在临近全部溃灭前的瞬间，在泡的中心形成一股微射流，射流速度可以很高，经常达到 100m/s，甚至 300m/s。因射流速度很大，故其所产生的冲击压力可用水锤压力公式来估算，即 $p=\rho c_a c$，其中 ρ 为液体密度，c_a 为液体中的声速，c 则为微射流的速度，设 c 为 100m/s，则所产生的压力就要接近 200MPa，F. G. Hammitt 曾估计，这种压力高达 7.05×10^8Pa，微射流的直径约为 2 ~ 3μm，冲抗直径约为 2 ~ 20μm，边壁受到的冲击次数约为 100 ~ 1000 次/s-cm²。压力脉冲作用的时间每次只有几个微秒，这样形成的大冲击力可直接形成壁面上的蚀坑，重复作用的小的冲击力也会引起材料的疲劳破坏。

由上述分析可知，有两种关于空蚀对材料破坏的理论，一种认为空泡在溃灭过程中产生的冲击波从泡的中心向外放射时具有很大的冲击力，这种理论常用来分析小空泡溃灭过程中对材料的破坏。另一种认为空泡在溃灭过程中会发生变形，在空泡分裂成若干个小空泡的过程中引起很高速度的微射流束，产生很强的冲击力。这种理论常用来解释大空泡溃灭过程中对材料造成的破坏。

压力波模式和微射流模式提供了在固体边界上蚀坑的形成过程。由空蚀试验观察可知，空蚀在固体边界上不是全面均匀分布的，而是集中在某些位置。当开始形成第一个蚀坑后，在一定条件下，其发展速度会比别处更快，蚀坑越来越大，越来越深，最后导致材料破碎而被液流冲走。这是由于一旦较大麻点形成后，就会起到导波作用使破坏作用集中，从而加速了空蚀。图 4-9 阐明了这个过程。设有一空泡在离边界为 x_1 的 c_1 处溃灭形成第一个蚀坑，稍后，在 c_2 点另有一个空泡溃灭，c_2 点位于 c_1 点上方距边界为 $2x$ 处，则传到边界的溃灭压力波能量仅为第一个空泡的 1/4，在一般情况下不致于形成蚀坑。但由于第一个蚀坑的存在，将会截住这第二个压力波对应于立体角 α_2 的球形截体，该波随后将向下进入导坑。当被导引至底部时直径逐渐减小而强度则逐渐增大。当到达图 4-9 中所示位置时，其直径为原蚀坑弓形截体直径的一半，其强度约与原来造成蚀坑的第一个空穴的压力波的强度相等。因而在原有蚀坑的底部产生塑性变形，其体积为 V_2，材料可能是一次或多次地被推向蚀坑边缘。这样，虽然液流的空化强度不变，但其空蚀作用却增加了。

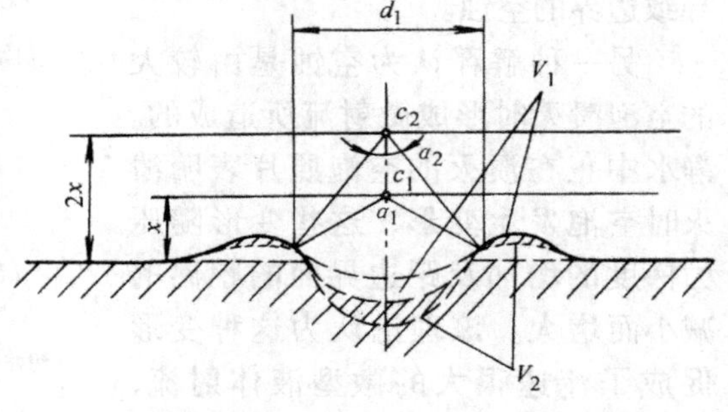

图 4-9 空蚀加速的波导模式

除此之外，也有用热力学作用和电化学作用来解释空蚀现象的。热力学作用论认为，当空泡高速受压后，汽相高速凝结，从而放出大量的热，足以使金属融化造成损坏。电化学作用论认为，空泡溃灭时对固体边界的冲击首先使冲击点温度升高，与邻近的非冲击点（冷端）形成热电偶产生电流；其次在冲击点处其金属材料局部受力迫使金属晶格变位，而周围的晶体阻止它的变位，从而产生电流。电流将引起电解作用而使固体材料破坏，所以工程上有时采用阴极保护来抑制空蚀。不过也有人提出阴极保护的作用在于抑制腐蚀本身和由于被保护的金属表面放出的自由氢的气垫作用，从而减轻了空泡溃灭的猛烈程度。在空泡溃灭过程中，有时会伴随着闪光现象，有人认为是由于电化效应造成的，而更多的研究表明是由于汽相高速凝结后放出的高温引起的。总之，空蚀机理是一个十分复杂的问题，它还与化学腐蚀，泥沙磨损等相互促进，使材料加速破坏。

二、空化数

影响流动液体中空穴的产生、发展、消失以及与此相关的流动特性的主要因素是边界几何形状、绝对压力、流速和形成空泡或维持空穴的临界压力 p_{cr}。所以，在水动力学中，经常采用反映上述参数之间关系的无量纲量 K 来描述流体中空化程度，称为空化数。它的数学表达式可以根据下面的分析来确定。绕流静止孤立翼型表面上的压力分布特征示于图 4-1b 中，若绕流液体的密度为 ρ，可对断面 0-0 和 1-1 列出伯努利方程

$$p_\infty + \frac{\rho}{2}w_0^2 = p_1 + \frac{\rho}{2}w_1^2$$

此式可写成单翼型的压力系数 $\bar{C}_p$，即

$$\bar{C}_p = \frac{p_1 - p_\infty}{\frac{1}{2}\rho w_0^2} = 1 - \left(\frac{w_1}{w_0}\right)^2 \tag{4-1}$$

式中 p_∞，w_0——为未被干扰的 0-0 断面上液体的压力和速度；

p_1，w_1——1-1 断面翼型表面点的压力和速度。

当 1-1 断面取在翼型上压力最低点处时，此处速度将最大，而压力将最低，于是有

$$\bar{C}_{p\min} = \frac{p_{\min} - p_\infty}{\frac{1}{2}\rho w_0^2} = 1 - \left(\frac{w_{\max}}{w_0}\right)^2 \tag{4-2}$$

水力机械转轮中的流动，可视为叶栅绕流流动。而叶栅的压力系数 C_P 可表示为

$$C_p = \frac{p_m - p_2}{\frac{1}{2}\rho w_2^2} = 1 - \left(\frac{w_m}{w_2}\right)^2 \tag{4-3}$$

式中 p_m，w_m——叶栅翼型上任一点的压力和速度；

p_2，w_2——叶栅下游的压力和速度。

同样，在叶栅的翼型上有压力最低点，该处的压力为 $p_{\min}$，因此，叶栅的最低压力系数为

$$C_{p\min} = \frac{p_{\min} - p_2}{\frac{1}{2}\rho w_2^2} = 1 - \left(\frac{w_{\max}}{w_2}\right)^2 \tag{4-4}$$

单翼型或叶栅的压力系数 $\bar{C}_p$ 和 C_P 值取决于翼型或叶栅本身的流动特性及来流的速度。给定一定条件使 $p_{\min}$降低到发生空化的某一数值（临界压力 p_{cr}），即能产生空化。例如在固定压力值下增加相对流速 w_0，或 w_0 保持不变，不断降低 p_∞ 值，都能使绕流翼型体表面各处压力的绝对值降低。若不计表面张力，当发生空化时，压力 $p_{\min}$就是空穴内的压力，这个压力通常等于相应温度下的蒸气压力 p_{va}。因此，定义翼型空化数为

$$\bar{K} = \frac{p_\infty - p_{va}}{\frac{1}{2}\rho w_0^2} \tag{4-5}$$

叶栅空化数为

$$K = \frac{p_1 - p_{va}}{\frac{1}{2}\rho w_1^2} \tag{4-6}$$

式中 w_1，p_1——叶栅进口处的速度和压力。

设想在一个绕流翼型的流场中，保持来流速度 w_0 不变，逐步降低环境压力 p_∞，则空化数 $\bar{K}$ 亦将逐步降低，同时翼型表面各点的压力也同时降低。当翼型表面最低压力降低到 p_{va}时，将在此产生第一个汽泡。此时的空化数的值，特称为初生空化数，记为 $\bar{K}_i$。所以

$$\bar{K}_i = \frac{p_\infty - p_{\min}}{\frac{1}{2}\rho w_0^2} \tag{4-7}$$

同理对于叶栅有

$$K_i = \frac{p_1 - p_{\min}}{\frac{1}{2}\rho w_1^2} \tag{4-8}$$

如果保持环境压力不变而逐步增加来流速度，同样可以得到以上结果，即空化数逐步降低，当其降低到一定值时，开始产生空化，此时的空化数同样为初生空化数，其值亦可由式（4-7）和式（4-8）计算。

显然，初生空化数取决于翼型的绕流特性，其值取决于翼型表面的速度分布。根据式（4-2）和式（4-4），可知初生空化数与最小压力系数之间有确定的关系，对于单翼绕流，有

$$\bar{K}_i = -\bar{C}_{p\min} \tag{4-9a}$$

对于叶栅绕流则有

$$K_i = (1 - C_{p\min})\left(\frac{w_2}{w_1}\right)^2 - 1 \tag{4-9b}$$

若流速 w_0（或 w_1）继续加大，或压力 p_∞（p_1）继续减小，则沿物体表面其他点的压力将依次降至临界压力，因而空化区将从空穴初生处蔓延，此时 $K < K_i$，而在空化初生之前 $K > K_i$。所以，对于任何存在的或潜在的空泡压力（常为 p_{va}）不变的系统，通过调整 w_0（w_1）或 p_∞，可使 K 大于、等于或小于 K_i，从而可以实现从没有空穴到空穴初生和发展的整个过程。

在一定温度下，p_{va}值是一定的，当液体在绕流中开始出现空穴时，此时对应 p_∞的值越大，K_i 值也越大，这说明在较高的 p_∞时出现了空化，也就是这一绕流物体易于产生空化。反之，欲使液体中某处产生空化，只有在 p_∞（或 p_1）较小的数值下，或者在 w_0 较大的数值下才可能，则此时所对应的 K_i 值较小，则该物体不易产生空化。

根据以上分析，可以更进一步阐明空化数与初生空化数的物理意义如下。

空化数 K 是一个表示绕流环境条件的参数，因为环境压力和来流速度都与翼型或叶栅本身的特性无关。空化数的分子项与静压力或静压头有关，它的增大将抑制空化的发生。分母项是液流流速的动压头或流速能头（即流速水头）。物体表面上任意点的速度值都与来流速度成正比，同时物体表面的压力将随来流速度的增加而降低，所以分母的增大将促使空化发生。对于任何绕流物体，空化数大表示它处于一个比较安全的环境中，发生空化的可能性较小。

初生空化数则是绕流物体本身的流动特性，与环境条件无关。从式（4-9）可知，在相同的来流条件下，最低压力系数较小（绝对值较大）的物体，其初生空化数的值较大，而最低压力点的压力较低，因此发生空化的可能性大。对这样的物体，为了不发生空化，就对环境有更高的要求，即要求较大的空化数。

一个物体在一个具体的绕流环境中是否会产生空化，则取决于双方的关系，这就是前面

指出的，当 $K > K_i$ 时没有空化，当 $K = K_i$ 时空化初生，当 $K < K_i$ 时空化发展。

空化数和初生空化数是发生空化现象的流动的动力相似准则。为了保持原、模型空化特性相似，必须保持原、模型中两个空化数相等。如果在水力机械的原、模型中，除了保持几何相似外，斯特劳哈尔数 Sr 及空化数 K 和 K_i 均能保持相等，那末，在空化初生前及空化初生时两个流动就可达到相似，这也是水力机械模型空化试验的理论根据。但是，模型试验的条件往往与原型有差别，除了在试验中不能保持雷诺数、佛罗德数和韦伯数相等外，还有水中的杂质，尤其是水中的含气量、气核分布、介质的热力学性质以及边界表面状况等等都难以保持原、模型相似，所以，实际上要做到原、模型空化特性相似是很困难的。这些因素的影响统称为比例效应，是在进行空化特性换算时必须考虑的。

三、空蚀破坏类型及对性能的影响

（一）空化和空蚀破坏类型

在水轮机和叶片泵中，习惯上按破坏发生的部位对空化和空蚀进行分类的。通常将空化和空蚀分为以下四种基本类型：

（1）翼型空化和空蚀　这种空化和空蚀破坏主要发生在水轮机和叶片泵的转轮叶片上，当转轮叶片上某点压力下降到当时液体温度下的汽化压力时，将在叶片上产生翼型空化和空蚀，这是水轮机和叶片泵的主要空蚀形式。图 4-10 为水轮机转轮的翼型空蚀的主要部位，其中图 4-10a 为轴流式水轮机转轮翼型空蚀部位，在大多数情况下，空蚀破坏区分布在叶片背面下部偏向出水边部位；图 4-10b 为混流式水轮机转轮翼型空蚀发生的一般部位，通常分为四个区：*A* 区为转轮叶片背面靠近下环出水边的下半部；*B* 区为转轮叶片靠下环处；*C* 区为转轮下环内侧立面处；*D* 区为转轮叶片背面与上冠靠近处，有时在上冠两叶片之间的流道处也有空蚀破坏发生。

图 4-11 为叶片泵的空蚀部位，其中图 4-11a 为离心式泵的破坏部位，多发生在叶片的

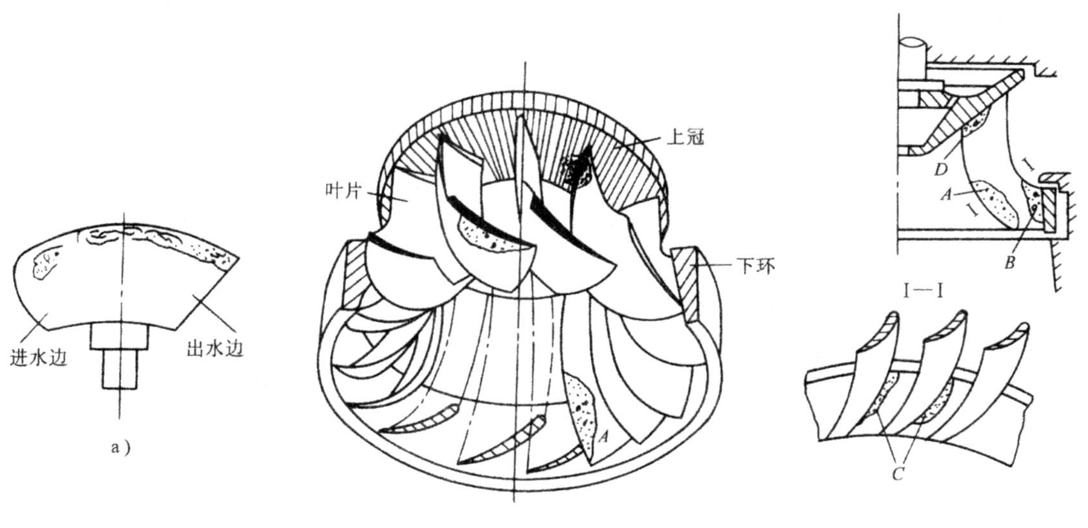

图 4-10　水轮机翼型空蚀的主要部位

a）轴流式转轮翼型空蚀的主要部位　b）混流式转轮翼型空蚀的主要部位

进口边的背面及后盖板处。图 4-11b 为轴流式泵的破坏部位，多发生在叶片进水边背面及转轮叶片与轮毂连接处，同时在导叶的进口部分及紧靠叶轮叶片进口处的吸水管壁位置也有空蚀破坏。

（2）间隙空化和空蚀　间隙空化和空蚀是当液流通过狭小通道或间隙时引起局部流速升高、压力下降到当时液体温度下的汽化压力时而形成的，如混流式水轮机和离心泵转轮密封环处的间隙，轴流式转轮叶片外缘与转轮室之间及叶片根部与轮毂之间的间隙，导叶关闭后形成的间隙等。图 4-12 为轴流转轮和离心泵的间隙空蚀。

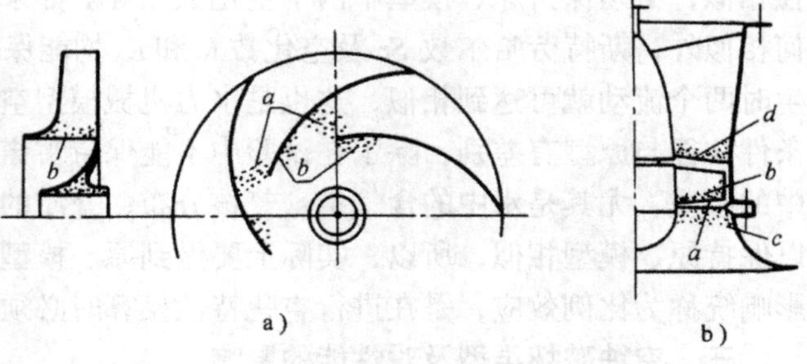

图 4-11　叶片泵转轮的空蚀破坏
a）离心泵叶轮中的空蚀破坏　b）轴流泵中的空蚀破坏

（3）空腔空化和空蚀　水轮机和叶片泵在某些偏离工况运行时，在转轮出口和尾水管内（泵为进口和吸水管内）会发生一个或两个旋涡带。涡带是中间含有蒸汽和其他气体的大空腔，空腔内压力很低，呈螺旋状非轴对称地在尾水管（或吸水管）内旋转，使尾水管中（或吸水管中）流速场和压力场也发生周期性的变化。这将引起机组的振动和噪声，使机组运行不稳定，并在尾水管进口段（吸水管出口处）边壁形成空蚀破坏。图 4-13 为水轮机尾水管内涡带形状。

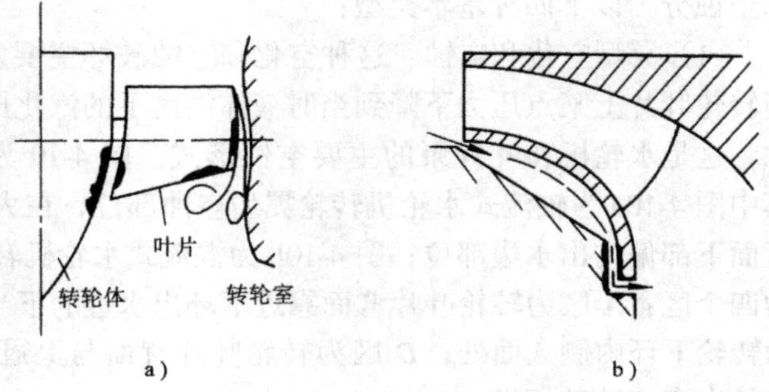

图 4-12　间隙空蚀破坏
a）轴流叶片间隙空蚀　b）离心泵密封环间隙空蚀

（4）局部空化和空蚀　局部空化和空蚀主要是由于铸造和加工缺陷形成的表面不平整、砂眼、气孔等所引起的局部流态突然变化而造成的。如轴流式转轮中局部空化和空蚀往往发生在转轮室连接部位的不平滑的台阶处或局部凹陷处的后方，以及凹入或突出的固定螺栓处。对于混流式水轮机或离心泵往往发生在转轮上冠或后盖板减压孔的后面。

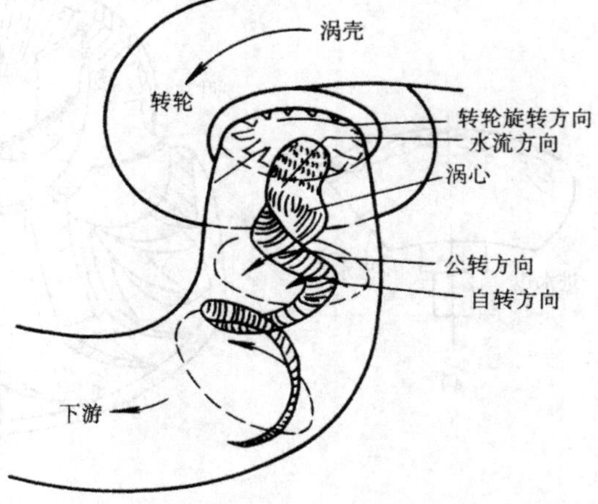

图 4-13　水轮机尾水管内的涡带

关于空蚀破坏的评定标准，我国在水轮机中已有规定，在叶片泵中尚未制定标准。国家标准 GB/T15469—1995 关于水轮机空蚀量合格的评定标准是这样规定的：

在水轮机运行 6000 ~ 10000 小时，最长不超过 12000 小时时进行检查，若在水轮机过流部件上测得的空蚀量 C 没有超过按时间换算的空蚀保证量 C_a（即 $C \leqslant C_a$），则认为水轮机的空蚀量合格。C_a 的计算方法如下

$$C_a = C_r(t_a/t_r)^n \tag{4-10}$$

式中 C_r——空蚀保证量；

t_a——实际运行时间；

t_r——基准运行时间，$t_r = 8000$h；

n——运行指数。

若实际运行时间 t_a 小于或等于 10000h，取 $n = 1.0$；

若实际运行时间 t_a 大于 10000h，对不锈钢取 $n = 1.6$，对碳钢取 $n = 2.0$。

在工程实际中。通常采用空蚀指数 K_h 来评定水轮机的空蚀破坏情况，根据 K_h 的值将空蚀程度分为五个等级，如表 4-1 所示。空蚀指数 K_h 表示转轮叶片背面单位面积上单位时间内的平均空蚀深度，可由下式计算

表 4-1　空蚀等级表

空蚀等级	空蚀指数 K_h		空蚀程度
	10^{-4}mm/h	mm/y	
Ⅰ	<0.0577	<0.05	轻　微
Ⅱ	0.0577~0.115	0.05~0.1	中　等
Ⅲ	0.115~0.577	0.1~0.5	较严重
Ⅳ	0.577~1.15	0.5~1.0	严　重
Ⅴ	≥1.15	≥1.0	极严重

$$K_h = \frac{V}{FT} \tag{4-11}$$

式中 K_h——水轮机的空蚀指数（10^{-4}mm/h）；

V——空蚀破坏损失掉的材料总体积（$m^2 \cdot mm$），损坏面积以 m^2 计，空蚀深度以 mm 计；

F——叶片背面的总面积（m^2）；

T——水轮机工作（发电运行）时间（h）。

国际电工委员会关于评定水轮机空蚀损坏的标准是按允许的空蚀量来衡量的。允许的空蚀量以最大空蚀深度 S、空蚀面积 A 或空蚀掉的材料体积 V 为标准，也可用 S、A 及 V 中任何二项或三项为标准，图 4-14 为国际电工委员会提出的水轮机允许的空蚀量示例。对于轴流式水轮机的转轮室和尾水管里衬，其允许空蚀量为图 4-14 中允许空蚀量的一半。

（二）空化与空蚀对叶片式水力机械性能的影响。

叶片式水力机械中，当空化与空蚀发展到

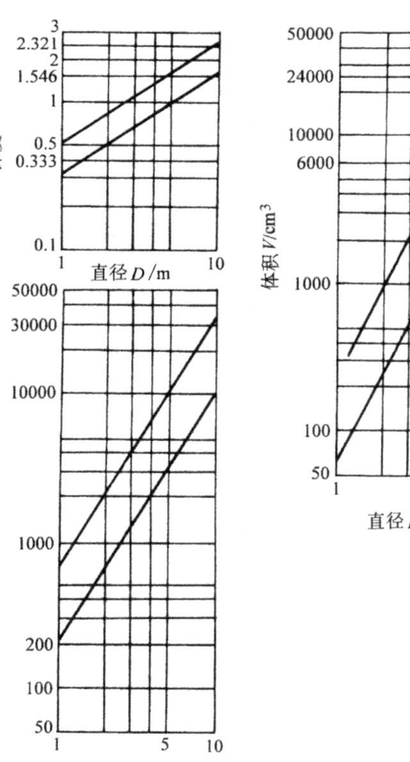

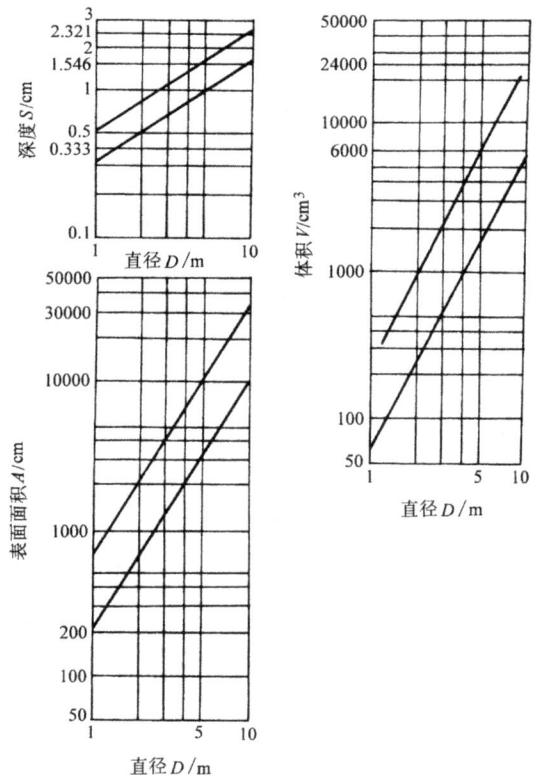

图 4-14　水轮机允许的空蚀量

一定程度时，将影响其性能并妨碍其正常运行。空化与空蚀对水力机械的影响，主要表现为以下几方面。

(1) 机器能量特性的改变　当空化与空蚀初生时，对机器的外特性并无明显影响。空化发展到一定程度后，机器的功率、效率、流量等参数会有突然的下降。当叶片泵的空化充分发展时，液流的有效过流面积会减少很多，以致引起液流中断，不能工作。

(2) 引起振动和噪声　空化和空蚀过程是非定常的，使液流产生较大的压力脉动，当压力脉动的频率和相关部件的自然频率一致或接近时，就可能引起零部件或整个机组甚至厂房和坝体的振动。水轮机和叶片泵在偏离最优工况运行时，在转轮出口和尾水管内（或转轮进口和吸水管内）形成的偏心空腔涡带，是引起水压脉起的主要原因。空泡溃灭时，会产生很大的冲击和噪声。

(3) 过流部件表面破坏　空蚀破坏可大大缩短机器的大修周期和使用寿命，严重时会产生叶片断裂或外壳穿孔等重大事故。

第二节　水力机械的空化参数

为了预测和改善水力机械的空化与空蚀性能，避免或减轻空蚀的危害，必须了解水力机械中影响空化发生和发展的主要因素。水力机械流道内的最低压力区是空化与空蚀的最敏感区域，而水力机械转轮的低压侧（水轮机转轮出口、叶片泵转轮进口附近）是低压区。研究影响水力机械转轮低压侧空化特性的参数及其表示与计算，对保证水力机械的优良性能和稳定工作是非常重要的。

一、有量纲空化参数

(一) 转轮叶片上的最低压力

水力机械的转轮叶片通常选用具有一定几何形状的翼型制作，组成叶栅。液流通过转轮时，由本章第一节中知，叶栅的翼型剖面上压力是变化的，在速度最高处，其压力最低。若将最低压力点记为 K，则对水轮机工况，K 点位于接近出口边处，而对泵工况，K 点将位于进口边附近，分别如图 4-15 和图 4-16 所示。若 K 点压力等于汽化压力，则在叶片表面将产生空化。

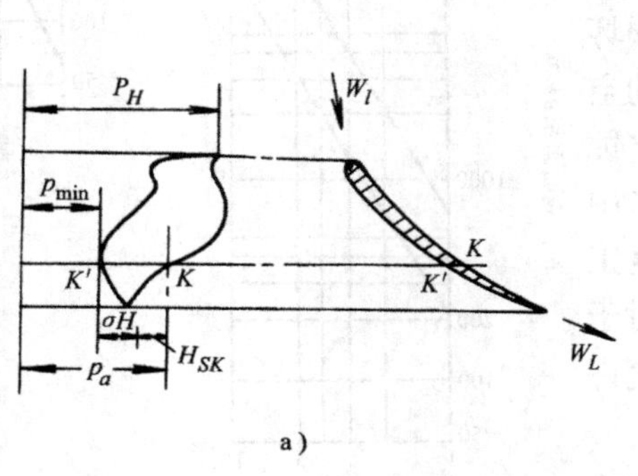

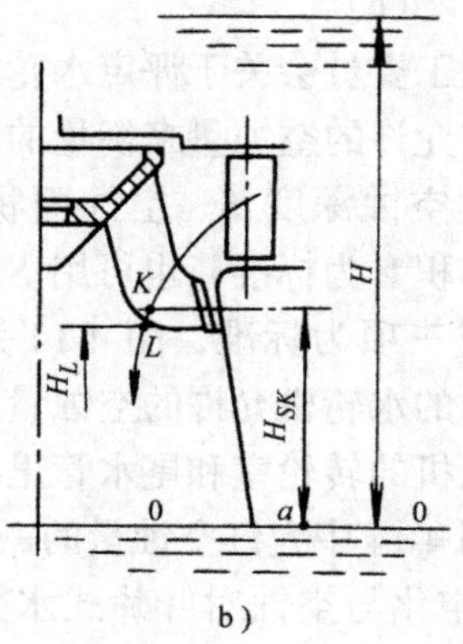

图 4-15　水轮机叶片表面压力分布

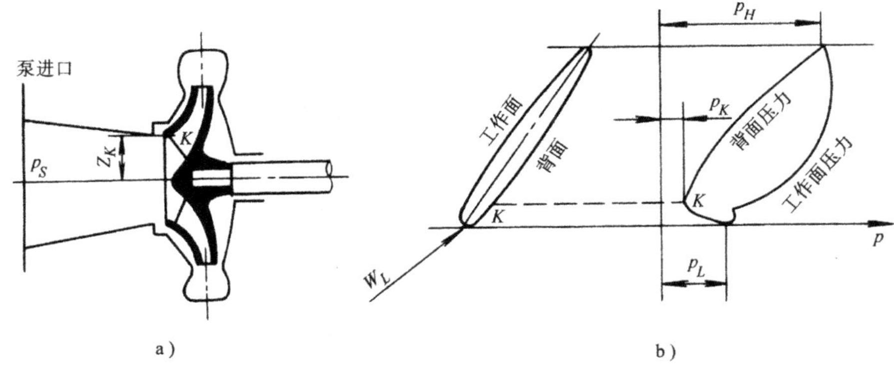

图 4-16　泵叶片表面压力分布

考察图 4-17 中水力机械叶轮内的最低压力点的压力。图 4-17 中 K 为最低压力点（实际上，K 点通常在低压边的最大直径处附近），点 L 位于叶片低压边上，S 点是机器进（出）口断面上的一点，对泵而言，是吸水室进口处，对水轮机而言，是尾水管出口处。S 点所在的断面，就是图 1-6 中水轮机的 2 断面和泵的 1 断面，称为低压测量断面；另一个断面则为高压测量断面。根据在该两个断面上测量的速度、压力和高程计算水头或扬程 H。而机器的空化特性，基本上取决于低压测量断面的参数，与高压测量断面上的参数关系不大。在以后的讨论中，为简单计，将机器的低压测量断面简称为机器的低压侧。应该注意到，机器的低压侧与转轮的低压侧不是同一个概念。转轮的低压侧是图 4-17 中的 L 点，而机器的低压侧是图中的 S 点。0 点为下游自由水面上的一点。在工程上，水轮机尾水管出口处即为下游河道，其表面上 0 点的压力为大气压。对泵而言，吸水室与吸水池之间通常有图中虚线所示的管路，而且这管路有可能很长（例如对于输油管线上的中继泵），同时 0 点压力也不一定是大气压。

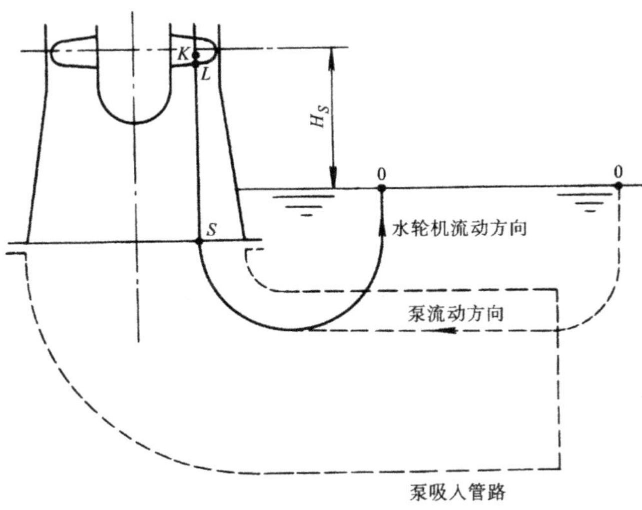

图 4-17　叶片表面最低压力点与吸出高度

取 0 点高程为 $Z_0=0$，对 0、S 两点利用伯努利方程并注意到 $c_0=0$，可得

$$\frac{p_S}{\rho g}+Z_S+\frac{c_S^2}{2g}=\frac{p_0}{\rho g}\mp\Delta H_{0\text{-}S} \tag{4-12}$$

式中 $\Delta H_{0\text{-}S}$为 0 与 S 两点间的水力损失，对泵取“－”号，对水轮机取“＋”号，以下类似的表达意义相同。

对 S、L 两点利用伯努利方程，有

$$\frac{p_L}{\rho g}=\frac{p_S}{\rho g}+Z_S+\frac{c_S^2}{2g}-Z_L-\frac{c_L^2}{2g}\mp\Delta H_{S\text{-}L} \tag{4-13}$$

对 L、K 两点利用相对运动伯努利方程得

$$\frac{p_K}{\rho g}=\frac{p_L}{\rho g}+Z_L-Z_K+\frac{w_L^2-w_K^2}{2g}\mp\Delta H_{L\text{-}K}+\frac{u_K^2-u_L^2}{2g}$$

将式（4-13）代入上式，得

$$\frac{p_K}{\rho g}=\frac{p_S}{\rho g}+Z_S+\frac{c_S^2}{2g}-Z_K-\left(\frac{c_L^2}{2g}\pm\Delta H_{S\text{-}L}\right)-\frac{w_K^2-w_L^2}{2g}\mp\Delta H_{L\text{-}K}+\frac{u_K^2-u_L^2}{2g} \tag{4-14}$$

由于 L、K 两点距离很近，将上式最后两项忽略不计，并令

$$\frac{c_L^2}{2g}\pm\Delta H_{S\text{-}L}=\lambda_1\frac{c_L^2}{2g} \tag{4-15}$$

$$\frac{w_K^2-w_L^2}{2g}=\lambda_2\frac{w_L^2}{2g} \tag{4-16}$$

系数 λ_1、λ_2 对几何相似的机器在相似工况下是常数。记

$$E_S=\frac{p_S}{\rho g}+Z_S+\frac{c_S^2}{2g} \tag{4-17}$$

于是（4-14）式成为

$$\frac{p_K}{\rho g}=E_S-Z_K-\left(\lambda_1\frac{c_L^2}{2g}+\lambda_2\frac{w_L^2}{2g}\right)$$

由于 K 点位置无法精确确定，故 Z_K 值是未知的。实践中用人为规定的基准面到下游水面的高度差 H_S 值代替 Z_K 值，由于两者的不一致而引起的误差，将根据经验予以修正。这样，最后得到的最低压力的表达式就是

$$\frac{p_K}{\rho g}=E_S-H_S-\left(\lambda_1\frac{c_L^2}{2g}+\lambda_2\frac{w_L^2}{2g}\right) \tag{4-18}$$

式中 H_S 称为吸出高（度），是机器的基准面到下游水面的高度。当基准面高于下游水位时为正，否则为负。规定基准面的位置时，一方面应使其尽量接近最低压力点 K，另一方面应使其便于测量。对于不同型式的机器，基准面的规定如图 4-23 和图 4-24 所示。

（二）空化余量

将式（4-18）两端同时减去 $p_{Va}/\rho g$，得

$$\frac{p_K-p_{va}}{\rho g}=\left(E_S-H_S-\frac{p_{va}}{\rho g}\right)-\left(\lambda_1\frac{c_L^2}{2g}+\lambda_2\frac{w_L^2}{2g}\right)=\Delta h_a-\Delta h_r \tag{4-19}$$

上式中

$$\Delta h_r=\lambda_1\frac{c_L^2}{2g}+\lambda_2\frac{w_L^2}{2g}$$
$$\Delta h_a=E_S-H_S-\frac{p_{va}}{\rho g} \tag{4-20}$$

用式（4-12）等号右边各项代替式（4-20）中的 E_S，有

$$\Delta h_a=\frac{p_0}{\rho g}-H_S-\frac{p_{va}}{\rho g}\mp\Delta H_{0\text{-}S} \tag{4-21}$$

在泵的计算中利用上式，并且最后一项取“－”（负值）。在水轮机中，由于 $p_0=p_a$，$\Delta H_{0\text{-}S}=0$，故有

$$\Delta h_a = \frac{p_a - p_{va}}{\rho g} - H_S = H_a - H_{va} - H_S \tag{4-22}$$

式中 H_a 和 H_{va} 分别是用液柱高度表示的大气压和汽化压力。

显然，水力机械内部是否发生空化，取决于（$p_K - p_{va}$）值的正与负，亦即取决于 Δh_a 和 Δh_r 两个参数。这两个参数是表征水力机械空化与空蚀的重要参数，由式（4-20）可知，Δh_r 是一个只与机器内部流动有关的参数，对于既定的机器的既定工况是常数。它表示由于液体流动而引起的叶片上最低压力点处相对于机器低压侧压力的降低，称为动压降。它是水力机械内部空化性能的度量，而与机器的安装位置和液体性质无关。在一定的外界条件下，Δh_r 的值越小，p_K 的值越高，则发生空化的可能性就越小。

Δh_a 是与机器外部环境（装置）有关的参数。在式（4-20）第二式中，E_S 是机器低压侧 S 点处液体的总能量（水头，以 0 断面的高程为基准计算），（$E_S - H_S$）则表示以机器的基准面为高程基准计算的 S 点处的总水头，亦即机器进（出）口处液体总能头折算到基准面高度的数值。所以，Δh_a 表示了机器低压侧液体总能头（折算到基准面）超过液体汽化压力的部分，它表示了外部环境（装置）给机器提供的避免发生空化的条件，是水力机械装置空化性能的度量。根据伯努利方程，Δh_a 的数值可以根据下游水面的参数计算［式（4-21）、式（4-22)］。但应注意，对于泵装置而言，一般不能忽略吸水管路的水力损失 $\Delta H_{0\text{-}S}$。有些情况下，下游液面的参数难以求得（例如长途输油管路的中继泵），则可以直接测量进口断面的压力、高度和流速（即测定 E_S），然后用式（4-20）计算。

在水力机械中，Δh_a 和 Δh_r 都称做空化余量（习惯上都叫空蚀余量），但两者的意义是不同的。Δh_a 只决定于水力机械装置和环境的有关参数，称为装置有效空化余量。Δh_a 的值越大，说明机器低压侧液体具有的能量超过液体汽化压力的余量越多，机器越不容易发生空化或空蚀。Δh_r 只与机器内部流动特性有关而与装置情况无关。从机器本身来说，动压降引起叶片上压力最低点的压力降低，是发生空化的根本原因，因而 Δh_r 的大小反映机器空化性能的好坏。因此，我们在水力机械的设计和安装中，为使机器在运行中不发生空化与空蚀，就要尽量提高 Δh_a 值和降低 Δh_r 值。

水力机械在工作过程中是否发生空化与空蚀，取决于机器本身和环境（装置）两个方面的因素。由式（4-19）可知，若 $\Delta h_a > \Delta h_r$，则有 $p_K > p_{va}$，不会发生空化；若 $\Delta h_a = \Delta h_r$，则有 $p_K = p_{va}$，开始发生空化；若 $\Delta h_a < \Delta h_r$，则有 $p_K < p_{va}$，空化进一步发展，将变得严重。图 4-18 表示了这个关系。

空化余量在欧、美一些国家称为净正吸上水头，用 NPSH 表示（Net Positive Suction Head）。并用 $NPSH_a$ 表示装置的有效正净吸头，用 $NPSH_r$ 表示水力机械必需净正吸头。而在我国的国家标准 GB/T 2900.45—1996《电工术语水轮机、蓄能泵和水泵水轮机》中，规定空化余量也用 NPSH 表示，并且将图 4-18 中的安全余量也称为空化余量（cavitation margin）。

由于 λ_1、λ_2 的数值无法由理论计算求得，因而水力机械的空化特性指标 Δh_r 和能量指标一样，也只能用试验方法求得。又由于直接测量 K 点的压力非常困难，故亦难以直接测得 Δh_r 的数值。但 Δh_a 的数值是易于量测的。

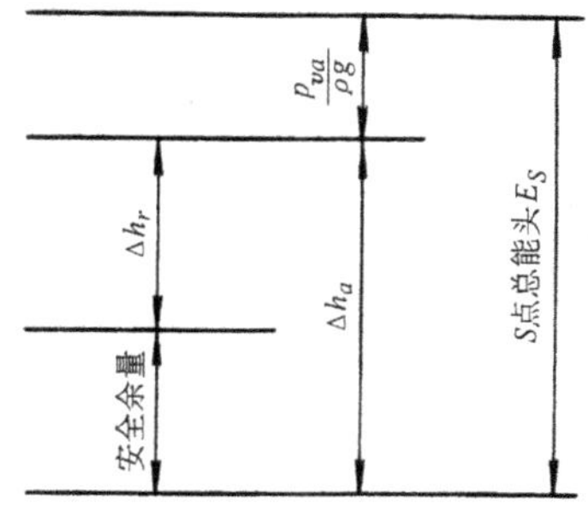

图 4-18 E_S、Δh_a、Δh_r 和 p_{va} 的关系

在实验中，利用空化初生时 $\Delta h_a = \Delta h_r$，间接求得 Δh_r。为此，可使水力机械在一定工况下运行，逐步减小 Δh_a 直至发生空化。由于空化的影响，水力机械的外特性参数如效率、泵的扬程或水轮机的功率会发生变化，图 4-19 表示了这些参数随 Δh_a（NPSH）的变化而发生变化的过程。理论上，在 Δh_a 减小的过程中，出现第一个空化空泡时（如图 4-19 中的 A 点）的 Δh_a 值即为 Δh_r 的数值。但实践表明，空化初生时外特性并未开始下降，A 点的位置难以精确确定。因此，在工程上规定能量参数下降某一个百分数（例如 1%、2%、3% 等等）时的 Δh_a 为水力机械的空化余量的临界值，记为 Δh_{cr}。由此可知，Δh_{cr} 和 Δh_r 是不同的。由于 Δh_r 是未知的，实际计算时用 Δh_{cr} 代替 Δh_r。同时由于在临界点的空化已发展到一定程度，工程上为了安全起见，取水力机械的允许空化（空蚀）余量

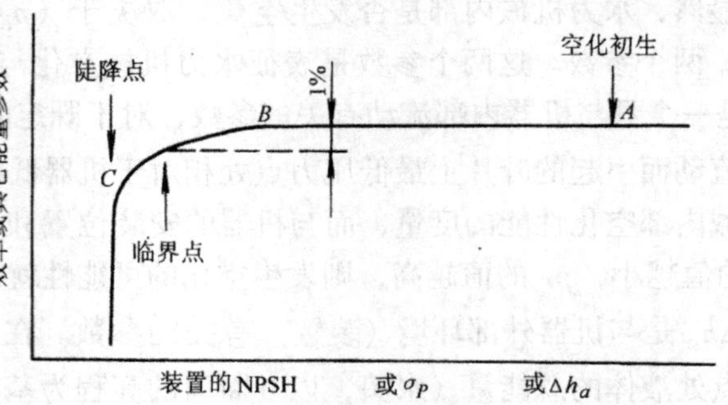

图 4-19　典型的空化特性曲线

$$[\Delta h_r] = \Delta h_{cr} + K \tag{4-23}$$

式中 K 为安全余量，常取 $K = 0.3 \sim 1.0\text{m}$，而 Δh_{cr} 用 Δh_r 表示。

当缺少试验数据时，也可用式（4-20）估算 Δh_r。这时 λ_1、λ_2 的数值由经验确定，其具体数值可参阅有关文献。

（三）吸出（入）真空度

水力机械低压侧的压力一般都低于大气压力，因此采用真空度（低于大气压力的差值）表示更为方便。水轮机低压侧（出口）的真空度将液体吸出转轮，称为吸出真空度。而泵低压侧（入口）的真空度将液体吸入吸水室，称为吸入真空度。吸出（入）真空度是比较方便量测和计算的参数，其数值大小可以直接反映机器空化与空蚀的安全余量或空化（空蚀）的发展程度。

图 4-20 为水力机械的装置简图，图中机器的基准面到下游液面的距离 H_S 为吸出（入）高度。由下游液面 0 点和机器低压侧 S 点可写出伯努利方程

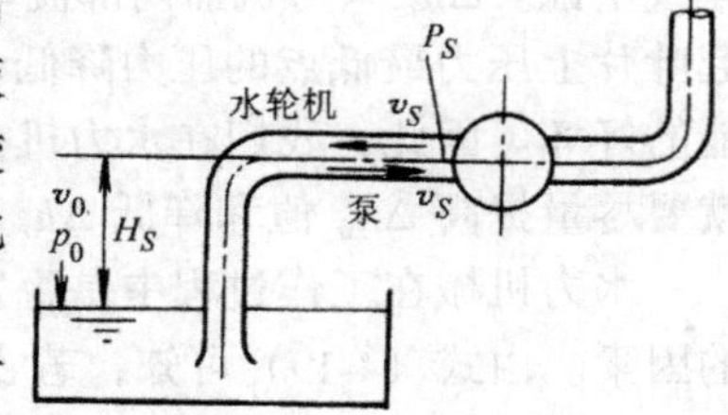

图 4-20　水力机械装置简图

$$\frac{p_0}{\rho g} + \frac{c_0^2}{2g} = H_S + \frac{p_S}{\rho g} + \frac{c_S^2}{2g} \pm \Delta H_{0\text{-}S}$$

式中各量的意义与前面相同。当基准面低于下游液面时，H_S 取负值。

将大气压力 $p_a/\rho g$ 分别减去上式等号的两边，经整理即可得到吸出（入）真空度 H_V 的表达式

$$H_V = \frac{p_a - p_S}{\rho g} = \frac{p_a - p_0}{\rho g} + H_S + \frac{c_S^2}{2g} \pm \Delta H_{0\text{-}S} \tag{4-24}$$

当 $p_0 = p_a$ 时，式（4-24）可简化为

$$H_V = H_S + \frac{c_S^2}{2g} \pm \Delta H_{0\text{-}S} \tag{4-25}$$

$$H_S = H_V - \frac{c_S^2}{2g} \mp \Delta H_{0\text{-}S} \tag{4-26}$$

由式（4-24）、式（4-25）和式（4-26）可以看出：如果 p_0 增大、H_S 减小、c_S 减小、水轮机运行的 $\Delta H_{0\text{-}S}$增大或泵运行的 $\Delta H_{0\text{-}S}$减小，则空化的发展程度会减小或者空化的安全余量会增大；反之，则空化的发展程度会增大或空化的安全余量会减小。在一般情况下，p_0 值决定于装置运行条件，不能任意改变。在进行空化试验的特殊装置上，可以利用改变 p_0 的方法控制空化的初生、发展程度和终止。通常，为了提高水力机械的总体技术经济指标，应尽可能减小 $\Delta H_{0\text{-}S}$值，适当增大 c_S 值。因此，对已经设计制造好的水力机械，为了避免和减轻空蚀，唯一能够人为控制的参数是 H_S。

在一定的环境下（大气压力等），每一台机器都有一个 H_V 的临界值，当 H_V 大于该值时水力机械会发生空化。如果通过空化试验确定了允许的吸出（入）真空度［H_V］，则由式（4-26）可以得到允许的吸出（入）高度［H_S］

$$[H_S] \leqslant [H_V] - \frac{c_S^2}{2g} \mp \Delta H_{0\text{-}S} \tag{4-27}$$

或

$$[H_S] = [H_V] - \frac{c_S^2}{2g} \mp \Delta H_{0\text{-}S} - K \tag{4-28}$$

式中　K——空蚀安全余量修正值。可由经验确定或参考文献选定。

下面将会说明，利用允许吸入真空度［H_V］计算吸入高度不如利用空化余量 Δh_r 方便，所以作为一个表示水力机械的空化性能的参数，已逐渐被后者取代，只能在一些老产品的铭牌上见到。

二、无量纲空化参数

由上述讨论可知，有因次空化参数便于工程计算，但在进行水力机械原型和模型的相似换算时，就显得不方便。而无因次的空化参数更便于进行相似换算，故在实践中更多的是使用无因次空化参数。

（一）空化（或空蚀）系数

用 H 除前述水力机械空化余量表示式（4-19）两端得

$$\frac{p_K - p_{va}}{\rho g H} = \frac{\Delta h_a}{H} - \frac{\Delta h_r}{H} \tag{4-29}$$

上式右边第一项的意义同 Δh_a，表示装置的空化条件，对于水轮机，称为电站空化系数，也称为托马（Thoma）空化系数，对于泵，则称装置空化系数，以 σ_P 表示，即

$$\sigma_P = \frac{\Delta h_a}{H} = \frac{\mathrm{NPSH}_a}{H} \tag{4-30}$$

在水轮机中，式（4-21）中的 $p_0 = p_a$，$\Delta H_{S\text{-}0} \approx 0$，于是有

$$\sigma_P = \frac{p_a - p_{va}}{\rho g H} - \frac{H_S}{H} = \frac{H_a - H_{va} - H_S}{H} \tag{4-31}$$

对于泵的运行，考虑吸入管路损失，则有

$$\sigma_P = \frac{H_a - H_{va} - H_S - \Delta H_{0\text{-}S}}{H} \tag{4-32}$$

式（4-29）中右边第二项反映水力机械空化性能，称作水力机械的空化系数，用 σ 表示

$$\sigma = \frac{\Delta h_r}{H} = \frac{\mathrm{NPSH}_r}{H} \tag{4-33}$$

这样，可以得到水力体机械初生的空化条件为

$$\sigma_P = \sigma \tag{4-34}$$

通过改变装置空化系数 σ_P 的模型空化试验，可以给出与图 4-19 类似的空化特性曲线（横座标改为 σ_P），测定初生空化系数 σ_i 和能量参数下降一定百分数时临界空化系数 σ_{cr}。显然，Δh_r 是机器中两点之间的压力差，而 H 是总压差，根据相似原理，他们的比值对几何相似、工作在相似工况下的机器是常数，故空化系数 σ 是水力机械空化现象的相似准则，对几何相似、工作在相似工况下的机器是常数。

（二）空化（或空蚀）比转速

由前述分析，水力机械的空化系数 σ 反映了其空化性能，σ 值越小，说明转轮本身的抗空化性能越好。但是 σ 值在应用中也有不便，尤其是在离心泵中应用更是不能真正反映转轮的实际空化情况。因为最大的动压降（或空化余量 Δh_r）只是在泵叶轮的进口处，并且在很大程度上和转轮的出口条件无关。在转轮的进口条件相同，但外径不同的泵内，其扬程不同，但是 Δh_r 的值相同，这样由于扬程不同其空化系数 σ 亦将不同。因此，在泵中希望代表空化性能的系数内不要引入扬程的数值，这样采用空化比转数较为方便。

几何相似的水力机械，在相似工况下其对应点的速度比值相等，压降系数 λ_1、λ_2 值相等，则根据式（4-20）有

$$\frac{\Delta h_{r,P}}{\Delta h_{r,m}} = \frac{(\lambda_1 c_L^2 + \lambda_2 w_L^2)_P}{(\lambda_1 c_L^2 + \lambda_2 w_L^2)_m} = \frac{u_p^2}{u_m^2} = \frac{(nD)_p^2}{(nD)_m^2} \tag{4-35}$$

式中下标 p 和 m 分别表示原型与模型。

由（4-35）式，在相似工况下，可得

$$\frac{\Delta h_r}{(nD)^2} = a$$

同时，由水力机械的相似定理得

$$\frac{q_V}{nD^3} = b$$

a、b 均为常数，由上两式可得到

$$\sqrt[4]{\frac{b^2 \times 10^3}{a^3}} = \frac{5.62 n \sqrt{q_V}}{\sqrt[4]{\Delta h_r^3}} = \text{const}$$

称此常数为空化比转速，记为 C，即

$$C = \frac{5.62 n \sqrt{q_V}}{\sqrt[4]{\Delta h_r^3}} \tag{4-36}$$

由上述可知，对几何相似、工况相似的水力机械，C 值等于常数。所以 C 值可以作为空化相似准则，它标志机器本身空化（空蚀）性能的好坏。几何相似的水力机械，在相似工况下运转时，C 值相等，即抗空化（空蚀）性能相同。在一定流量和转速下，C 值越大（Δh_r 值越小），机器抗空化（空蚀）性能越好。

和比转速 n_S 一样，当空化比转速 C 作为一台机器的抗空化性能的判据时，必须用规定

工况的参数。在我国的水泵行业，C 值是用最高效率工况下的参数计算的。在水轮机行业，则习惯使用空化系数 σ。但根据相似理论，二者对水轮机和泵都是通用的。叶片泵 C 值的范围随泵的使用要求的不同而不同，如主要考虑提高效率（对空化不作要求的泵）时 $C=600\sim800$；兼顾效率和空化的泵，$C=800\sim1100$；主要考虑提高空化性能的泵，$C=1100\sim1600$。对火箭推进泵，因其特殊用途，要求很小的 Δh_r 值，C 值超过 5500。

空化过程的模拟比能量特性的模拟更困难，所以原、模型的尺寸和转速不同时，其空化比转速 C 的值也会有些改变。实践表明，随着尺寸增加，转速增高，C 值有增大的趋势。

在西方国家的文献中，将 C 称为吸入比转速，用 S 表示，其表达式中不包含常数 5.62，即

$$S = \frac{n\sqrt{q_V}}{\sqrt[4]{(NPSH_r)^3}} \tag{4-37}$$

C 和 S 的因次与 $g^{3/4}$的因次相同。而无因次的空化比转速 K_a 的表示式则为

$$K_a = \frac{\omega\sqrt{q_V}}{\sqrt[4]{(g\Delta h_r)^3}} \tag{4-38}$$

根据水力机械模型试验提供的空化比转速 C 值，可由式（4-36）对原型的指定运行工况计算 Δh_r 或在给定 Δh_r 时计算原型的转速 n 值。

（三）空化系数、空化比转速与比转速的关系

根据统计资料，水力机械的空化系数 σ 与比转速 n_s（或 n_q）的关系为 $\sigma \propto {n_s}^{4/3}$。对于泵，美国的斯捷潘诺夫（A.J.Stepanoff）推荐：

单吸泵　$\sigma = 216{n_s}^{4/3}\times10^{-6}$

双吸泵　$\sigma = 137{n_s}^{4/3}\times10^{-6}$

由前述已经知道

$$\Delta h_r = \sigma H \text{ 和 } n_q\sqrt[4]{H^3} = n\sqrt{q_V}$$

代入式（4-37），即得

$$S = \frac{n\sqrt{q_V}}{\sqrt[4]{\Delta h_r^3}} = \frac{n_q\sqrt[4]{H^3}}{\sqrt[4]{(\sigma H)^3}} = \frac{n_q}{\sqrt[4]{\sigma^3}} \tag{4-39}$$

考虑到 $C=5.62S$ 和 $n_s=3.13n_q$（功率的单位用 kW），还可以得

$$C = 1.795\frac{n_s}{\sqrt[4]{\sigma^3}} \tag{4-40}$$

式（4-39）和式（4-40）表示了空化比转速 S、C 和比转速 n_q、n_s 及空化系数 σ 的关系。由此两式可以看出，S 和 C 值与 n_q、n_s 成正比，而与 σ 成反比，就是说，水力机械的空化性能越好，S 和 C 值就越大。

三、泵的空化性能与入流角度的关系

泵的空化性能可以用有量纲的（Δh_r）或无量纲的（S 或 C）参数来衡量，对于泵来说，空化首先出现在进口边附近，因此空化性能主要取决于叶轮进口处的流动状态。空化性能指标与叶轮进口处的相对入流角有着特别密切的关系。

图 4-21a 为一离心泵叶轮简图，其中进口边 a_1b_1 上的 a_1 点附近是最易产生空化的区域，因为该处圆周速度最大。该点处法向进口（无预旋）情况下的速度三角形如图 4-21b 所示。a_1 点其实就是前面讨论过的图 4-17 中的 L 点。为了强调来流参数，这里将叶片进口之前紧靠 a_1 点的参数用下标 $0a$ 表示，于是空化余量可表示为（4-20 第一式）

$$\Delta h_r = \lambda_1 \frac{c_{0a}^2}{2g} + \lambda_2 \frac{w_{0a}^2}{2g} \tag{4-41}$$

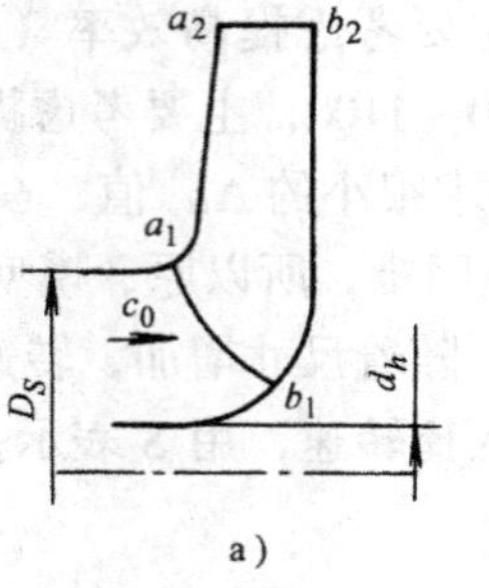

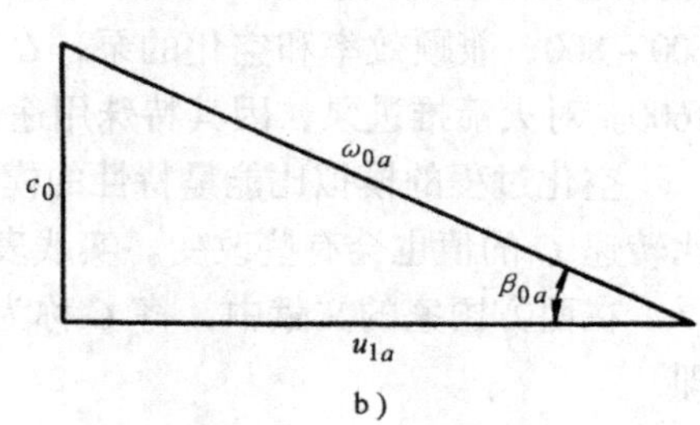

图 4-21　离心泵叶轮简图与进口速度三角形

根据速度三角形的关系有

$$\left.\begin{aligned} w_{0a} &= \frac{u_{1a}}{\cos\beta_{0a}} = \frac{\pi D_S n}{60\cos\beta_{0a}} \\ c_0 &= u_{1a}\tan\beta_{0a} = \frac{\pi D_S n \tan\beta_{0a}}{60} \end{aligned}\right\} \tag{4-42}$$

根据连续性条件还有

$$q_V = A_0 c_0 = \frac{\pi}{4} D_S^2 k \pi D_S \frac{n}{60} \tan\beta_{0a} \tag{4-43}$$

其中 $k = 1 - d_h^2/D_S^2$ 为考虑轮毂影响的系数。

从上式中解出 D_S，代入（4-42）式，然后根据（4-41）式可得

$$2g\Delta h_r = \left[\frac{4\pi q_V}{k}\left(\frac{n}{60}\right)^2\right]^{2/3}\left[\frac{\lambda_2}{(\cos^2\beta_{0a}\sin\beta_{0a})^{2/3}} + \lambda_1 \tan^{4/3}\beta_{0a}\right] \tag{4-44}$$

显然，当 λ_1、λ_2、n、q_V 和 k 等参数给定以后，空化余量仅仅和相对入流角 β_{0a} 有关。将上式右边第二个方括号对 β_{0a} 求导并令其为零，就可求得使 Δh_r 取极小值的相对入流角

$$\tan\beta_{0a,opt} = \sqrt{\frac{1}{2}\frac{\lambda_2}{\lambda_1 + \lambda_2}} = \sqrt{\frac{1}{2}\frac{1}{1 + \lambda_1/\lambda_2}} \tag{4-45}$$

可见 β_{0a} 的最佳值仅与比值 λ_1/λ_2 有关。理论上，一台空化性能很好的泵（叶片无限多、无限薄），系数 λ_1 的值趋近于 1，而 λ_2 趋近于 0，所以 $\beta_{0a,opt}$ 的值应该是很小的。在工程实践中，通常可取 $\lambda_1 = 1.2$，$\lambda_2 = 0.3$，此时将有

$$\tan\beta_{0a,opt} = 0.316, \quad \beta_{0a,opt} = 17°32'$$

可见考虑到空化性能，设计时应该选用小的相对入流角。不过经验还表明，若考虑提高效率，则该角度不应太小，一般情况下不应小于 15°，对小泵，不应小于 18°。

将（4-44）式代入吸入比转速的定义式，可得

$$S = \frac{n q_V^{1/2}}{\Delta h_r^{3/4}} = 60 g^{3/4}\left(\frac{k}{4\pi}\right)^{1/2}\left[\frac{2}{\dfrac{\lambda_2}{(\cos^2\beta_{0a}\sin\beta_{0a})^{2/3}} + \lambda_1\tan^{4/3}\beta_{0a}}\right]^{3/4} \tag{4-46}$$

式（4-44）和式（4-46）给出了在法向进口条件下泵的空化参数与进口相对入流角的关系。

当不满足法向进口条件时，进口速度三角形有所不同，以上两式应该予以修正。

四、水力机械的安装高度

由前面的讨论可知，水力机械转轮叶片上最低压力点的压力（式4-18）和机器低压侧的真空度［见式（4-25）］都与高度 H_S 有关，此数值直接影响机器工作中的空化（空蚀）性能。因此，合理地选择 H_S 值，将机器安装在合适高度，是防止水力械发生空化（空蚀）的重要措施。由于 H_S 值的确定与选定的基准面有直接关系，而在工程实践中，水轮机和泵行业有不同的做法，故对两种机器分别进行讨论。

（一）水轮机安装高度计算

在水电站中安装的水轮机，其下游水面压力为大气压力 p_a，通常水轮机尾水管出口至下游河道的的水力损失 $\Delta H_{S\text{-}0}$很小，可取 $\Delta H_{S\text{-}0}\approx 0$。由（4-31）式可得

$$H_S = \frac{p_a}{\rho g} - \frac{p_{va}}{\rho g} - \sigma_P H \tag{4-47}$$

根据在水轮机转轮内不发生空化（空蚀）的条件 $\sigma_P > \sigma$，我们取空化安全系数为 K_σ（$K_\sigma \geqslant 1$），即

$$\sigma_P = K_\sigma \sigma \tag{4-48}$$

这样，在已知水轮机的空化系数 σ 时，就可计算 H_S

$$H_S = \frac{p_a}{\rho g} - \frac{p_{va}}{\rho g} - K_\sigma \sigma H \tag{4-49}$$

大气压力随高程的增加而降低，在通常水轮机的安装高程范围内，大约高程每升高 900m，大气压力降低 1m（水柱）。海平面的平均大气压为 10.333mH_2O（1mH_2O = 98066.5Pa），若水轮机安装的海拔高程为∇米时，则大气压将降低∇/900m（水柱）。电站水温通常在 5～25℃之间，水的汽化压力值 H_{Va} =（0.0889～0.3229）mH_2O。这样式（4-49）可写为

$$H_S = 10.33 - \frac{\nabla}{900} - (0.0889 \sim 0.3299) - K_\sigma \sigma H$$

通常简化为

$$H_S = 10.0 - \frac{\nabla}{900} - K_\sigma \sigma H \tag{4-50}$$

根据式（4-50）计算出的吸出高度 H_S，在已知水电站尾水位的情况下就可以确定水轮机的安装位置，这样就可以保证该水轮机的装置空化系数大于空化系数。

在应用式（4-50）计算水轮机的吸出高度 H_S 时，空化系数 σ 是由水轮机的模型空化试验确定的，但如何确定空化安全系数 K_σ 是比较困难的。下面根据试验、运行的实际经验给出一些建议值，在进行计算时，应根据实际情况和要求确定。

一般取 $K_\sigma = 1.1 \sim 1.45$。水轮机的比转速愈高，K_σ 的值越大。也可按水轮机水头的高低选取 K_σ：

对混流式水轮机：$H = 30 \sim 250$m 时，取 $K_\sigma = 1.15 \sim 1.20$；$H > 250$m 时，可取 $K_\sigma = 1.05$；

对大型混流式水轮机则取 $K_\sigma = 2.0 \sim 2.2$；

对轴流转桨式水轮机：低水头取 $K_\sigma = 1.1 \sim 1.2$；高水头取 $K_\sigma = 2.0$。

有的文献建议采用下面的公式计算 H_S

$$H_S = 10.0 - \frac{\nabla}{900} - (\sigma + \Delta\sigma) H \tag{4-51}$$

式中 $\Delta\sigma$ 为空化系数的修正值，可按水轮机的计算水头从图 4-22 中选取。式中其他各项与式(4-50) 相同。图 4-22 中的 $\Delta\sigma = f(H)$ 曲线是经验统计得到的。

吸出高度 H_S 是按基准面的高度计算的，选定的基准面位置通常靠近叶片上最低压力点。但基准面的位置对电站的安装作业并不总是方便的，所以又规定了安装高度的基准面。安装基准面到下游水面的距离用 H_{SZ} 表示。

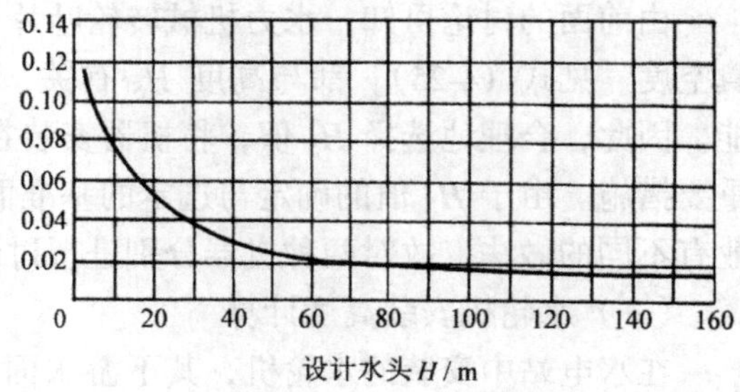

图 4-22　空化系数修正值与水头的关系

立轴轴流转桨式水轮机的安装高度 H_{SZ} 是下游水位至导水叶水平中心线处，如图 4-23a 所示。这时

$$H_{SZ} = H_S + K_1 D_1 \tag{4-52}$$

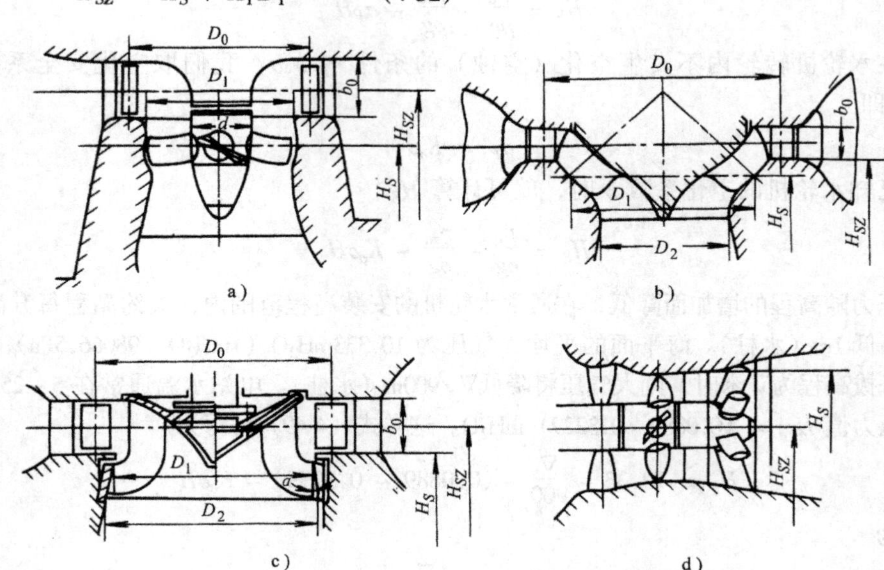

a)　b)　c)　d)

图 4-23　水轮机吸出高度与安装高度的基准面

式中 K_1 为系数，不同型号水轮机的系数 K_1 也不同。几个型号立轴轴流式水轮机的 K_1 值如下：

ZZ600　$K_1 = 0.483$　；　ZZ440　$K_1 = 0.396$

ZZ460　$K_1 = 0.436$　；　ZZ360　$K_1 = 0.3835$

立轴斜流式水轮机的 H_{SZ} 是从下游水位至导叶底环水平位置处，如图 4-23b 所示，这时

$$H_{SZ} = H_S + K_2 D_1 \tag{4-53}$$

系数 K_2 由转轮型号确定。

立轴混流式水轮机的 H_{SZ} 是下游水位至导叶水平中心线处，如图 4-23c 所示，这时

$$H_{SZ} = H_S + \frac{b_0}{2} \tag{4-54}$$

卧轴反击型水轮机的 H_{SZ} 是从下游水位至转轮的水平轴线处，如图 4-23d 所示，这时

$$H_{SZ} = H_S - \frac{D_1}{2} \tag{4-55}$$

如果按式（4-50）或式（4-51）计算出的吸出高度 H_S 为正值，表示转轮位于下游水位以上，若 H_S 为负值，则表示转轮位于下游水位以下。根据已知的下游水位和计算得到的安装高度就可确定水轮机的安装高程，从理论上讲可以保证转轮内不发生空化与空蚀。

（二）泵安装高度计算

泵的安装高度，即是防止泵发生空化（空蚀）或保证泵吸入液体时能满足其进口吸入真空度要求的几何吸入高度。由式（4-21）知

$$\Delta h_a = \frac{p_0}{\rho g} - \frac{p_{Va}}{\rho g} - H_S - \Delta H_{0\text{-}S} \tag{4-56}$$

当吸入液面的压力为大气压力时，$P_0 = P_a$。H_S 为吸入高度，其值与计算基准面的选择有关。我国规程规定泵的基准选取如图 4-24 所示。图 4-24a、b、c、d 适用于常规泵，图 4-24e、f 则适用于大型泵。在泵行业，计算吸入高度和安装高度的基准面相同，即 $H_S = H_{SZ}$，于是上式可写为

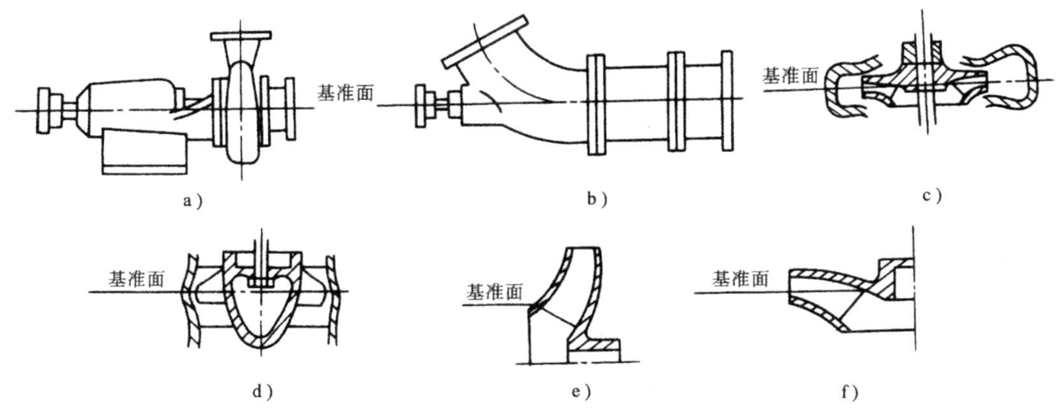

图 4-24　泵的计算基准面

$$\Delta h_a = \frac{p_0}{\rho g} - \frac{p_{Va}}{\rho g} - H_{SZ} - \Delta H_{0\text{-}S} \tag{4-57}$$

为使泵不发生空化，必须使 $\Delta h_a > \Delta h_r$，即

$$\Delta h_a = \Delta h_r + K \tag{4-58}$$

式中 K 为空化安全余量，我国标准规定 $K = 0.3 \sim 1.0\text{m}$。

上式其实就是式（4-23），在该式中允许空化余量表示为 $[\Delta h_r] = \Delta h_r + K$，即

$$\Delta h_a = [\Delta h_r]$$

在国外也采用如下形式

$$\Delta h_a = \varphi \Delta h_r \tag{4-59}$$

式中 $\varphi = 1.1 \sim 1.3$ 为安全系数。

因为 $\Delta h_r = \sigma H$，因此装置空化余量也可写成

$$\Delta h_a = \sigma H + K \tag{4-60}$$

或

$$\Delta h_a = \varphi \sigma H \tag{4-61}$$

有了 Δh_a 之后，就可由式（4-57）计算泵的安装高度，即几何吸入高度 H_{SZ}。

$$H_{SZ}=\frac{p_0}{\rho g}-\frac{p_{va}}{\rho g}-\Delta H_{0\text{-}S}-\Delta h_a=H_0-H_{va}-\Delta H_{0\text{-}S}-(\Delta h_r+K) \tag{4-62}$$

或

$$H_{SZ}=H_0-H_{va}-\Delta H_{0\text{-}S}-(\sigma H+K) \tag{4-63}$$

如果下游液面上的压力为大气压，则可用 H_a 代替式中的 H_0。泵安装高度 H_{SZ} 为从泵基准面至吸入液面的垂直高度。如计算得到的值为负，表示为倒灌（即泵叶轮在液面以下），为正则表示为吸上。

泵的安装高度也可根据允许吸入真空度用式（4-26）进行计算。通常在实际工程中，为避免发生空化采用允许吸入真空度 $[H_V]$，则

$$H_{SZ}=[H_V]-\frac{c_S^2}{2g}-\Delta H_{0\text{-}S} \tag{4-64}$$

制造厂给定的 $[H_V]$ 值是在标准状态下（一个标准大气压，水温 20℃）测量的值，当泵使用条件改变时，$[H_V]$ 值还要进行修正，以 $[H'_V]$ 代表修正后的值，则修正公式为

$$[H'_V]=[H_V]-10.33+H'_a-H'_{Va}+0.24 \tag{4-65}$$

式中 H'_a 和 H'_{Va} 分别为泵运行条件下的大气压力和液体的汽化压力。于是安装高度可如下计算

$$H_{SZ}=[H'_V]-\Delta H_{0\text{-}S}-\frac{c_S^2}{2g} \tag{4-66}$$

显然利用允许吸入真空高度进行计算不如利用空化余量方便，因为用 $[H_V]$ 时，式中有泵进口速度水头 $c_s^2/2g$ 一项，使计算不便，同时在非标准状态时还需进行换算。$[H_V]$ 是一个比较陈旧的指标，现在广泛使用空化余量作为泵的空化性能指标。

水力机械的安装高程除了与机器运行时是否发生空化有关外，还与电站（或泵站）的工程造价有关。尤其是当安装高度 H_{SZ} 为负值时，对工程的影响更大。若水轮机要安装在下游水面以下，则电站厂房的水下工程的开挖量就大，工程的费用随之增加，同时对厂房的防渗要求也更高，对大型泵站也是如此。因此，确定安装高度 H_{SZ} 时，防止空化的安全裕量的选择要综合考虑各种因素，力求达到最佳综合效益。

例 4-1 试设计一台泵，要求在海拔 1000m 的地方作倒灌使用（即几何吸入高度 $H_{SZ}<0$），在大气压力下抽送 40℃的清水。泵流量 $q_V=4.33\text{m}^3/\text{s}$，转速 $n=495\text{r/min}$，泵的几何吸入高度 $H_{SZ}=-2\text{m}$，泵的吸水管路水头损失 $\Delta H_S=0.5\text{m}$，空化安全余量 $K=0.3\text{m}$。求所设计的泵的空化比转速 C 为多少。

解： 查资料得 $t=40℃$ 的清水的汽化压力 $p_{va}=7374.86\text{Pa}$，$\rho g=9370.51\text{N/m}^3$，海拔高度 1000m 处大气压力 $p_a=90224.4\text{Pa}$。

由式（4-62）知，
$$H_{SZ}=\frac{p_a}{\rho g}-\frac{p_{va}}{\rho g}-\Delta H_S-\Delta h_a$$

所以
$$\Delta h_a=H_a-H_{va}-\Delta H_S-H_{SZ}$$

而
$$H_a=\frac{p_a}{\rho g}=\frac{90224.4}{9730.51}\text{m}=9.27\text{m}$$

$$H_{va}=\frac{p_{va}}{\rho g}=\frac{7374.86}{9730.51}\text{m}=0.76\text{m}$$

所以
$$\Delta h_a=9.27-0.76-0.5-(-2)=10.01$$

又由（4-58）式知
$$\Delta h_a = \Delta h_r + K$$
故
$$\Delta h_r = \Delta h_a - K = 10.01 - 0.3 = 9.71$$
由式（4-36）
$$C = 5.62\frac{n\sqrt{q_V}}{\sqrt[4]{\Delta h_r^3}} = 5.62\frac{495\sqrt{4.33}}{\sqrt[4]{9.71^3}} = 1052$$

第三节　空化的模拟及热力学效应

一、空化与空蚀的模拟

水力机械发生空化以后，内部液流形成了复杂的两相流动。要模拟这样的流动，必须深入研究空化空泡在液流中的形成、发展和溃灭的相似条件。因此，除几何相似、运动相似和动力相似外，还应该研究液体的表面张力、压缩性、热力学特性以及空化核子含量等对相似条件的影响。这些研究到目前为止还没有取得令人满意的结果。目前的空化模拟研究中，认为空化初生时，极少量的微小空化空泡对液体总流特性的影响可以忽略不计，因此可以近似地当作无空化的单相流动进行研究。

（一）空化相似定律

如前所述忽略空泡对流动的影响，则由相似原理可知，对于两个相似的流动，由对应点上的同名量组合而成的无量纲数一定是相等的。所以，原型和模型的空化系数 σ、空化比转速 C 和吸入比转速 S 分别相等，即

$$\sigma_p = \sigma_m;\quad C_p = C_m;\quad S_p = S_m \tag{4-67}$$

由空化系数相等和相似换算关系，还可得出

$$\frac{\Delta h_{rm}}{\Delta h_{rp}} = \frac{H_m}{H_p} = \frac{(nD)_m^2}{(nD)_p^2}$$

以上两式称为空化相似定理，但实际上，这只是未发生空化时的流动相似，是动压降的相似。如果原型和模型的装置空化系数也相等，即

$$\sigma_{P,p} = \sigma_{P,m} \tag{4-68}$$

则将使模型和原型的最低压力和汽化压力的差值相等，即

$$(p_{\min} - p_{va})_m = (p_{\min} - p_{va})_p$$

这时（起码在理论上）原型和模型的空化发展程度是相似的。

（二）空化的比例效应

但实际上，正如在讨论空化机理时已经指出的，由于液体性质（空化核的含量和大小）、表面张力、热力学效应等等因素难以模拟，原型、模型的空化性能的相似只是近似的，这就是空化的比例（比尺）效应。空化的比例效应在水力机械中空化发生前、空化初生和空化发展这三个阶段都有表现。

1）空化发生前，影响相似的主要因素是液体的雷诺数。雷诺数的影响主要表现在对必需空化余量的表达式（4-20）第一式中两个系数的影响。λ_1 的定义中包含了损失项 $\Delta H_{S\text{-}L}$，雷诺数不同使效率不同，损失项将不能相似。雷诺数不同还不能保证原形和模型完全动力相似，故叶片翼型上的压力分布也不完全相同，这将使 λ_2 发生改变，这都使必需空化余量不能保持完全相似。雷诺数对泵和水轮机的影响是不同的，这是因为二者的损失项在空化余量

表达式中的符号不同。

2）在其他条件相同的情况下，空化初生主要受液体抗拉强度的影响。而影响液体抗拉强度的主要因素是液体中的气体含量，液体中含气量越多，空化初生开始得越早。

3）如果空化已得到一定程度的发展，则水力机械内的流动变成了带有相变过程的两相流动，显然，前一章所讨论的相似准则对这样的流动相似是不充分的。可惜目前对这样的相似条件还研究得很不够，所以难以保持原型和模型的空化发展程度相似。水力机械的空化系数一般都是用能量法通过水力机械的模型空化试验确定的，这意味着测得的是空化已发展到一定程度时的临界空化系数。显然，原型和模型的临界空化系数实际上是不完全相等的。

4）对空化的发展影响较大的一个因素是绕流物体的绝对尺寸和流速，这是因为空泡的产生需要使液体经受一定的拉应力，空泡的长大则需要此拉应力持续一定的时间，而物体尺寸和流速将直接影响拉应力的大小及持续时间。

但以上这些因素的影响难以进行定量的计算，工程上只能用经验公式估算。以下简要介绍几个修正公式，这些公式主要用于水轮机，因为原型水轮机的尺寸特别大，比例效应特别明显。

（1）雷诺数的影响　根据式（4-15）有

$$\lambda_1 = 1 \pm \frac{\Delta H_{S\text{-}L}}{\dfrac{c_1^2}{2g}}$$

随着雷诺数的增加，损失的相对值减小。故对水轮机而言，λ_1 增加，空化系数也增加，而泵的 λ_1 和空化系数则会减小。雷诺数对空化系数的这种影响和其对效率的影响是一致的，所以对水轮机有以下换算关系式

$$\sigma_P = 1.17\sigma_m \frac{\eta_{h,m}}{\eta_{h,p}}$$

由于水力损失在水力机械总损失中所占的比重大，而在换算时，通常 η_h 是未知的，因此，工程上常用总效率 η 代替水力效率 η_h，即

$$\sigma_P = 1.17\sigma_m \frac{\eta_m}{\eta_p} \tag{4-69}$$

（2）液体中含气量的影响　试验研究表明，液体中的微小气泡是活性（即游离的）空化核子。液体中空化核子的含量愈高，最大活性空化核子的尺寸愈大，则液体的抗拉强度越低，空化初生时的压力越高。国外学者的试验证明，当总空气含量由 0.25% 增加到 1.50% 时，水轮机的空化系数 σ 增加约 26%。水力机械在进行模型空化试验时，其液体比较清洁，含杂质少，而且含气量也在一定范围内。而实际工作的原型中，液体含气量不固定，且含杂质也较多，较模型更容易发生空化。其修正公式为

$$\sigma_P = \sigma_m + \frac{8.48}{H}(\sqrt{a_P} - \sqrt{a_m}) \tag{4-70}$$

式中　a_P，a_m 分别为原型和模型所用液体中空气相对体积含量；

H——原型水力机械的工作水头。

（3）原型和模型尺寸（D 值）及水头不同对空化的影响　尺寸和水头的不同将使液流承受的最大拉应力值和持续时间不同，从而对空化的初生及发展产生影响。

由式（4-29）知

$$\frac{p_K - p_{va}}{\rho g H} = \sigma_p - \sigma$$

记 K 点压力最小时（$P_k = P_{min}$）的空化系数 σ 为σ^*，这样就有

$$\frac{p_{va} - p_{\min}}{\rho g H} = \sigma^* - \sigma_p$$

令 $Z_{\max} = p_{va} - p_{\min}$，表示转轮叶片背面最低压力点液流所受到的拉应力。当 $p_{\min} < p_{va}$ 时，液体将被破坏，空化开始发展。

考察两个在运动相似工况下工作的相似水力机械，设二者的装置空化系数相同，并且等于水力机械的空化系数

$$\sigma_{p,p} = \sigma_{p,m} = \sigma$$

式中第二下标 p、m 表示原型和模型，而且 $p_{va,p} = p_{va,m}$，于是

$$\frac{p_{va} - p_{\min,p}}{\rho g H_p} = \frac{p_{va} - p_{\min,m}}{\rho g H_m} = \sigma^* - \sigma$$

即

$$\frac{Z_p}{H_p} = \frac{Z_m}{H_m} \quad 或者 \quad \frac{Z_p}{Z_m} = \frac{H_p}{H_m}$$

也就是

$$Z_p = Z_m \frac{H_p}{H_m}$$

此式说明原型叶片空化区的理论拉应力为模型的 H_p/H_m 倍，也就是说，原型的空化发展程度大于模型。

设转轮叶片背面拉应力区的相对长度为 $\bar{l} = l/L$，其中 l 为拉应力作用区长度，L 为叶片翼型弦长，则作用在微元液体上的拉应力持续时间为 $t = l/w$（w 为拉应力作用区的平均流速）。这样，由 $l \propto D$ 和 $w \propto \sqrt{H}$的关系，可得到在两相似的水力机械中，微元液体在拉应力作用区域所经历的时间关系为

$$\frac{t_p}{t_m} = \frac{D_p}{D_m}\sqrt{\frac{H_m}{H_p}}$$

在上式中，由于模型试验的水头 H_m 在提高，因此式中水头 H 的影响相对较小，则在 $\sigma_{p,p} = \sigma_{p,m}$条件下，因为 $D_p > D_m$，所以 $t_p > t_m$，说明原形空化比模型要严重。

所以，由于原型和模型工作水头不同，对叶片背面空化区拉应力值 Z 有影响；同时由于水头和转轮尺寸（直径）的不同，对微元液体经受拉压力的持续时间 t 产生影响。综合结果，使原型水力机械的空化系数比模型大，其相互关系如下式

$$\sigma_p = \sigma_m + m(\sigma_1 - \sigma_m)\left(1 - \frac{H_m}{H_p}\right) \tag{4-71}$$

式中 m——修正系数，$m < 1$；

σ_1——开始发生空化时的空化系数，假定 $\sigma_{1p} = \sigma_{1m}$；

σ_m——模型外特性急剧变化时的空化系数；

σ_p——原型外特性急剧变化时的空化系数。

由式（4-71）可知，当 $H_p > H_m$ 时，$\sigma_p > \sigma_m$。

二、空化的热力学效应

在水力机械中，水轮机很少用冷水以外的其他液体工作，而泵却可能要在热力学特性有很大变化范围的各种液体中使用。就水而言，当水的温度变化很大时，其热力学特性的改变也是很显著的，因而考虑液体的热力学特性，对于研究泵的空化和泵的设计、使用都是很重要的。

液体的热力学特性主要影响空化过程中空化空泡与周围液体之间的热交换，使空泡周围液体的温度和汽化压力发生局部性的变化，从而对空化的流体动力学特性发生影响。

（一）液体的热力学特性对空化发展过程的影响

空化空泡生长和溃灭的速度与液体的汽化潜热和比热有关。由液体的热力学性质知道，当低压区的压力降到该温度下汽化压力时，液体发生汽化，空泡生成。空泡长大时，汽化的液体需要吸收热量，这些热量只能从周围的液体中得到，因此空泡周围液体的温度将会降低。液体的汽化潜热越大和质量热容越小，周围液体温度降低就越多。而温度降低后，液体的汽化压力也要相应地降低，这将阻止空泡的生长，只有当压力再进一步降低时，空泡又才得以继续发展，所以空泡生长过程并不是在恒定的压力下进行的。液体汽化压力的降低会使液体汽化延迟发展。同样，对于已经形成的空泡，当压力高于汽化压力时，它开始凝聚压缩，空泡内蒸气的凝结要放出潜热，使空泡周围液体温度升高，汽化压力又相应地提高，又延迟了空泡凝缩过程。由以上分析可知，空泡内的压力并不是个定值，随着空泡的形成、长大、溃灭过程它是变化的，所以由于液体热力学的影响，使空泡的发生和溃灭都会有时间上的滞后。另外，实际液体是有粘性和表面张力的，粘性力会使空泡的增长速度减缓，表面张力会阻止空泡长大，同时加速空泡的溃灭。

（二）空化的热力学准则

有关热力学对空化影响的相互关系和计算是斯捷潘诺夫提出的。同一台泵输送不同液体时，用能量法测得的泵的临界空化余量是不同的（图 4-25），其原因即在于液体的热力学性质的不同。斯捷潘诺夫据此而提出了空化的热力学理论，该理论作了如下假设：

1）空泡区液体与空泡之间是处于热力学的瞬时平衡状态，即使在压力变化时，也能瞬时恢复平衡；

2）热量交换只是在空泡区的液体和汽体之间进行，与空泡区外是绝热的；

3）影响空泡发生和发展的主要是热力学因素，不计粘性力和表面张力的影响。

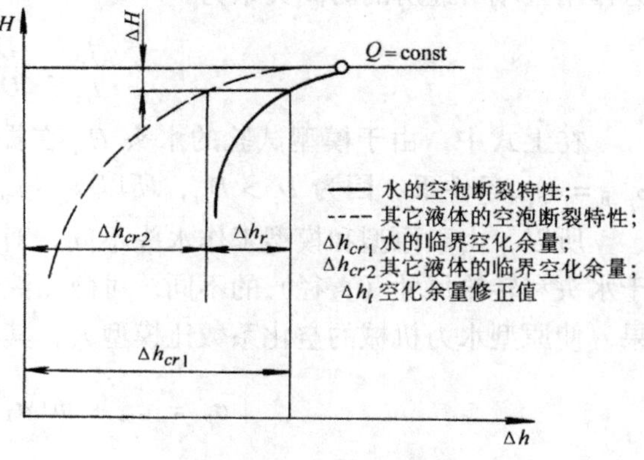

图 4-25　不同液体的临界空化余量

液体汽化时形成空泡的过程中，必须吸收热量。形成体积为 V_V 的空泡所吸收的热量为 $Q_L\rho_V V_V$，这里 Q_L 为液体的汽化潜热，ρ_V 为蒸汽的密度。这些热量从空泡区周围的液体中取得，使体积为 V_L，密度为 ρ_L，质量热容为 C 的空化区内的液体的温度降低了 ΔT，这样周围液体放出的热量为 $V_L\rho_L C\Delta T$，根据能量平衡条件有

$$Q_L\rho_V V_V = V_L\rho_L C\Delta T \tag{4-72}$$

用 B 表示 V_V 与 V_L 之比，并称 B 为空化热力学准则，于是

$$B = \frac{V_V}{V_L} = \frac{\rho_L C}{\rho_V Q_L}\Delta T \tag{4-73}$$

由温度变化引起的汽化压力的变化，可用热力学中汽化压力和温度的关系式（克拉贝隆—克劳修斯方程，Clapeyron—Clausius）计算

$$T\frac{\Delta p_{va}}{\Delta T} = \frac{Q_L}{v_V - v_L}$$

式中　T——空泡发生时的初始温度；

v_V，v_L——蒸汽和液体的质量体积。

因为 $v = 1/\rho$，故上式可写成

$$\frac{\Delta p_{va}}{\Delta T} = \frac{Q_L\rho_V\rho_L}{(\rho_L - \rho_V)T} \tag{4-74}$$

将汽化压力的变化量用液柱高度 ΔH_{va}表示，则 ΔH_{va}同时也是空泡区内静压头的变化量

$$\Delta H_{va} = \frac{\Delta p_{va}}{\rho_L g} \tag{4-75}$$

把式（4-74）、式（4-75）代入式（4-73），整理后得到

$$B = \frac{\rho_L(\rho_L - \rho_V)CTg}{(\rho_V Q_L)^2}\Delta H_{va} \tag{4-76}$$

令

$$B_1 = \frac{\rho_L(\rho_L - \rho_V)CTg}{(\rho_V Q_L)^2}$$

则

$$B = B_1\Delta H_{va} \tag{4-77}$$

可见，B_1 完全是由液体的性质决定，称为蒸汽形成参数，它的物理意义是：液体静压头降低 1m 液柱时，空泡区内所形成的蒸气体积与液体体积之比值，其量纲单位是 m^{-1}。B_1 可以用来比较空泡区内静压头降 ΔH_{va}相同时 B 值的大小，从而判断空泡发展的程度。水的蒸汽形成参数与温度的关系如图 4-26 所示。由图可见，当温度从 30℃升高至 300℃时，B_1 的数量级从 10^3 降低到 10^{-3}，变化非常剧烈。除水以外，泵经常输送的其它各种介质，其蒸汽形成参数可以在一个更大的范围内变化。不过在所有的介质中，常温清水的 B_1 值已经相当大，所以通常以泵输送常温清水的抗空化性能作为一个标准，泵输送其它介质（包括高温清水）的空化性能则在此基础上进行修正。下面的数值实例说明了温度对空化发展程度的影响的大小。

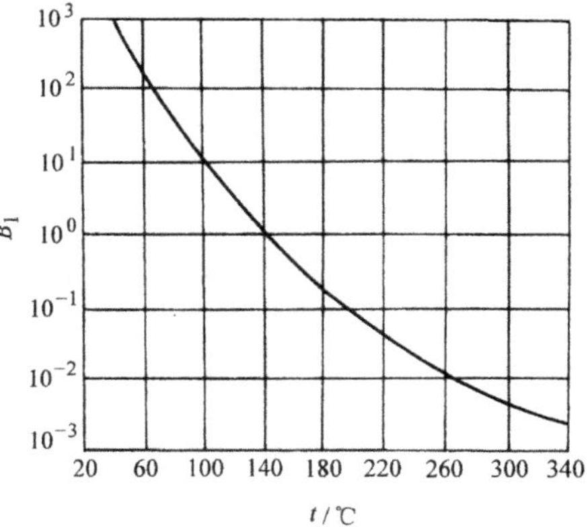

图 4-26　水蒸汽形成参数随温度的变化

例 4-2　设锅炉给水泵入口水温为 433K，那么当汽化压力降低 1m 时，空泡区内汽泡体积占总体积的份额是多少？

当温度为 433K 时，水的热力学参数为：$C =$

4350J/（kg·K），$\rho_L = 907.36 \text{kg/m}^3$，$\rho_V = 3.26 \text{kg/m}^3$，$Q_L = 2080.8 \text{kJ/kg}$。

根据以上数据可求得 $B_1 = 0.33$，也就是说，当汽化压力降低 1m 时，空化发展到汽泡与水的体积之比为 1:3，汽泡体积占总体积的 1/4。

再问，当空化发展到空泡占总体积的 1/3 时，汽化压力降低多少？

此时汽与水的体积比值为

$$B = \frac{V_V}{V_L} = \frac{0.33}{0.66} = 0.5$$

所以

$$\Delta H_{va} = \frac{B}{B_1} = \frac{0.5}{0.33} = 1.5 \text{m}$$

作为对比，以下考察在常温（293K）清水中，当 $B = 0.5$ 时汽化压力的降低量。

293K 的水的热力学参数为：$C = 4180 \text{J/(kg·K)}$，$\rho_L = 998.2 \text{kg/m}^3$，$\rho_V = 0.01729 \text{kg/m}^3$，$Q_L = 2453.5 \text{kJ/kg}$。

同样的计算可得

$$\Delta H_{va} = 7.5 \times 10^{-5} \text{m}$$

显然这个数值可以忽略不计。对比说明，在常温清水中，一旦发生空化，几乎不需要再降低压力，就可使空化区内充满空泡。而对 433K 的水，即使压力再降低 1.5m，也只能使空化区内空泡占总体积的 1/3。

当用能量法测定泵的空化余量时，以扬程下降某一百分数为达到临界空化余量的标准，这实际上是以空化发展到一定程度为标志。热力学性质不同的液体，空化随压力下降而发展的程度不同，所以达到相同发展程度的压力下降量也不同。图 4-27 是同一台泵用三种不同温度的水进行空化试验的结果，在不同温度下测得的临界空化余量值是不同的。

随着温度的升高，泵的空化性能得到明显改善，主要因为：

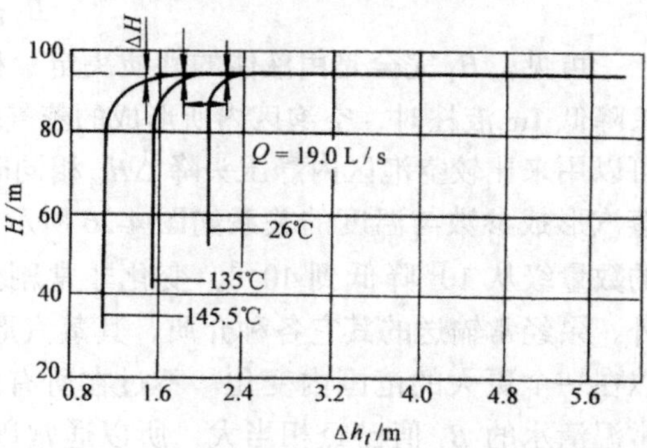

图 4-27　不同温度的水的空化特性

1）形成一定体积的蒸汽所消耗的热量随温度而改变，温度升高时消耗的热量也增加，也就是说对于不同温度的同一种液体，如要求有同样的空泡发展程度，在温度高时，必须有较大的压力降低，才能形成相同体积的蒸汽。所以当液体的温度升高时，临界空化余量数值要减少。

2）当液体的温度升高后，其本身所具有的能量大，当空泡区的压力一旦降低到该温度下的汽化压力时，空泡很容易产生，即在液体中形成的空泡数目很多。但空泡的生长速度随着温度的升高而减慢，因此在空化区内空泡量数量多而尺寸小。这样汽、液两相的混合程度变得均匀，因此，对泵的外特性影响就小。

空化热力学准则 B 值表示空泡发展的程度，利用 B 值可以估算在冷水中试验得到的空化特性在温度升高或介质变化后的变化，其关系为

$$(\Delta h_{cr})_t = \Delta h_{cr} - \Delta h_t \tag{4-78}$$

式中　$(\Delta h_{cr})_t$——液体温度升高到 t 时的临界空化余量；

Δh_{cr}——用常温清水测得的临界空化余量；

Δh_t——水温升高后或用其他液体时临界空化余量的修正值，它与液体的物理性质和热力学有关，和泵的型式及工况无关。可由以下经验公式计算 Δh_t（m）

$$\Delta h_t = \frac{29}{H_{va}{B_1}^{4/3}} \tag{4-79}$$

其中 H_{va}和 B_1 为水温升高后或其它介质的汽化压力及蒸汽形成参数。

应用式（4-79）和式（4-78）就可进行热力学对空化影响的修正计算。对于在温度较高的水或其他介质中工作的水力机械，如果用常温清水测得的空化余量为依据进行设计，将是偏于安全的，但整机经济指标将比较低。

第四节　空化与空蚀的防护及改善措施

水力机械发生空化和空蚀破坏是其工作过程中的流动特性决定的，要完全避免发生空化可能需付出过高的代价。但在实践中，人们积累了一些经验和措施以减轻和改善水力机械的空化与空蚀性能。

一、空化与空蚀的防护措施

对于已经设计试验完成的水力机械（主要指转轮），为保证机器安全稳定运行，延长使用寿命，应尽量减小空化对过流部件的侵蚀。目前在工程上采用以下一些措施：

1）提高制造加工精度。从流体力学的观点分析，叶片表面的压力下降可分成两部分，一部分是叶片翼型的流动特性决定的，是必然的。如果叶片设计良好，这一部分压力下降应较为平缓。另一部分则是由于叶片型线制作不准确，或有局部凸凹引起局部流速急剧增加而造成的局部压力下降。显然，提高加工精度可避免或减轻第二部分的压力下降引起的空化与空蚀。

2）选用抗空蚀性能良好的材料。叶片及其他易遭受空蚀破坏的另部件，选用抗空蚀性能良好的材料是很重要而有效的防护空蚀侵蚀的措施，通常选用不锈钢材料。

3）合理选择安装高度。水力机械的安装高度 H_{SZ}确定是否合理也是很重要的。一般来说，土建工程单位总是希望安装高度不要太小，以免造成过大的土建施工工程量。但从另一方面看，将安装高度 H_{SZ}选取的较小一些，对减小空化与空蚀是有利的，由式（4-49）可知，此时有较大的空化安全系数 K_σ（或空化安全余量 K）。因此，在设计中应进行分析论证，最后确定比较合理的安装高度。

4）规定合理的运行范围。水力机械的运行偏离最优工况愈远，其空蚀就越严重，所以应根据具体情况规定水力机械的合理运行范围。

5）在运行过程中采用补气的办法减小或消除水轮机尾水管中产生的空腔空蚀。这种方法在水电站中经常采用，它对破坏空腔空化、吸收空蚀所产生的振动有一定作用。一般采用自然补气方法，当水电站的安装高度很小，自然补气不易进入时，可采用压缩空气方式补气。补气后对水轮机的水流运动到底有什么影响，目前还没有完整的理论上的研究。

二、改善空化与空蚀性能的措施

在水力机械的设计过程中，改善空化性能的措施主要有两方面：一方面是改进叶型设计和合理确定转轮的结构参数；二是采用附加的部件来提高转轮叶片上的压力，例如在泵的设计中采用的诱导轮。

转轮的叶型设计应尽量使叶片的负荷分布比较均匀而且有尽可能小的负压值，这样可少产生空泡或使空泡在叶片区的凝聚减少，可以减轻叶片的空蚀破坏。有经验指出，如果能把最大的负压区移到转轮叶片的出水边，使空泡的凝聚发生在叶片范围之外，可以在较大的变工况范围内减小负压的峰值，从而延缓空泡发生和减轻空蚀破坏。

在确定转轮的结构参数时，可以采取以下一些措施：

1）适当增大转轮叶片低压侧的直径。图 4-28a 为离心泵和低 n_s 水轮机转轮简图。图 4-28b 为中、高 n_s 水轮机转轮简图，下环一般带有锥角 α，加大 α 角即增加了 D_S 值。α 角常取 6°～13°，最大可达 20°。

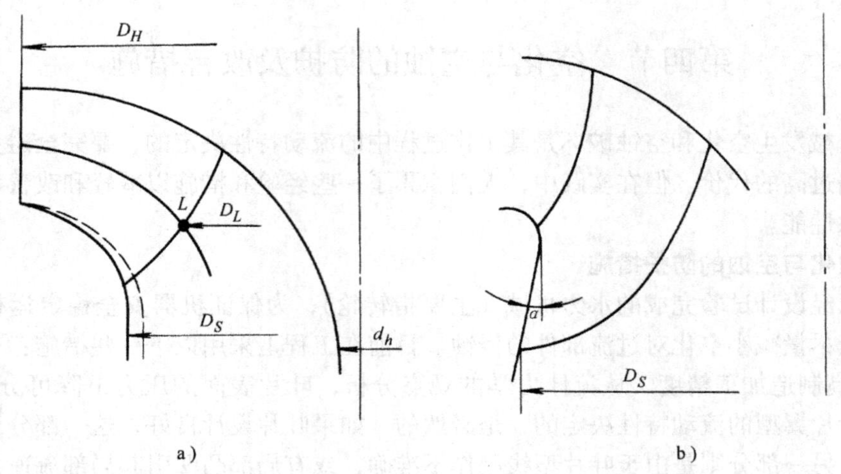

图 4-28　转轮低压边直径

显然，加大 D_S 值将使进口绝对速度 c_L 减小，但将使相对速度 w_L 增大，可以想见，对于降低空化余量，D_S 将有一个最优值。这里以离心泵为例作一简要分析，沿图 4-28a 的任意流线，由式（4-20）可知泵的空化余量 Δh_r 为

$$\Delta h_r = \lambda_1 \frac{c_L^2}{2g} + \lambda_2 \frac{w_L^2}{2g}$$

考虑法向进口条件，则有 $c_L = c_{Lm}$，同时有 $w_L^2 = c_L^2 + u_L^2$。叶轮进口处的速度为

$$c_0 = \frac{4q_V}{\eta_V \pi (D_S^2 - d_h^2)}$$

考虑到低压边的速度差别，令

$$D_L = K_D D_S, c_L = K_C c_0, \text{而 } K_D = K_C \leqslant 1$$

则有

$$w_L^2 = \left[\frac{4q_V K_C}{\eta_V \pi (D_S^2 - d_h^2)}\right]^2 + \left(\frac{\pi}{60} K_D D_S n\right)^2$$

这样可得到 Δh_r 和 D_S 的关系式，即

$$\Delta h_r = \frac{\lambda_1 + K_C^2 \lambda_2}{2g}\left(\frac{4}{\pi}\right)^2 \frac{q_V^2}{\eta_V^2 (D_S^2 - d_h^2)} + \frac{\lambda_2}{2g}\left(\frac{\pi K_D n}{60}\right)^2 D_S^2 \tag{4-80}$$

若近似地认为 λ_1、λ_2 和 D_S 无关，则 D_S 应有一个最佳数值，使 Δh_r 为最小。因此，将

Δh_r 对 D_S^2 求极值，即可得到

$$\frac{d(\Delta h_r)}{d(D_S^2)} = -\frac{\lambda_1 + K_C^2\lambda_2}{g}\left(\frac{4}{\pi}\right)^2 \frac{q_V^2}{\eta_V^2(D_S^2 - d_h^2)} + \frac{\lambda_2}{2g}\left(\frac{\pi K_D n}{60}\right)^2 = 0$$

经过整理，并用当量直径 D_e 代入，令 $D_e^2 = D_S^2 - d_h^2$。得

$$D_e = \sqrt[6]{2\frac{\lambda_1 + K_C^2\lambda_2}{\lambda_2}}\sqrt[3]{\frac{4\times 60}{\eta_V K_D \pi^2}}\sqrt[3]{\frac{q_V}{n}}$$

令 $K_0 = \sqrt[6]{2\frac{\lambda_1 + K_C^2\lambda_2}{\lambda_2}}\sqrt[3]{\frac{4\times 60}{\eta_V K_D \pi^2}}$，则上式简化为

$$D_e = K_0\sqrt[3]{\frac{q_V}{n}} \tag{4-81}$$

K_0 是一个综合系数，其值对空化影响较大。K_0 适当增大，会改善在大流量时的空化性能，但会使叶轮的效率降低，在设计时应根据具体要求慎重选择。通常的做法是：

当主要考虑效率时，取 $K_0 = 3.5 \sim 4.0$；

当兼顾空化和效率时，$K_0 = 4.0 \sim 5.0$；

当主要考虑空化时，$K_0 = 5.0 \sim 5.5$。

2）对于低比转速的水轮机和离心泵，加大下环（前盖板）圆弧半径 R_2 和改变低压侧叶片的位置，可改善空化性能，如图 4-29 所示。下环圆弧半径的加大，将降低该处轴面速度，有利于改善空化。试验表明，当 $R_2/D_H = 0.05 \sim 0.075$ 时，空化系数减小约 18%。转轮叶片的低压边位置向前延伸（图 4-29 中 2-2 所示），空化系数降低，因为这样增大了叶片受压面积，减轻了叶片的负荷。

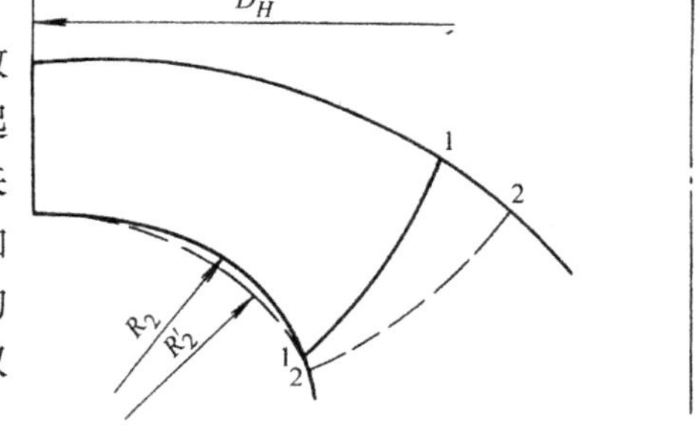

图 4-29 转轮下环型线及叶片低压边位置

3）在泵的设计中采用双吸式叶轮可使空化系数减小。双吸式叶轮是由两单吸转轮背靠背地并在一起的，每半个转轮通过泵流量的一半。对整个转轮来说，相当于维持原来单吸转轮的空化余量而流量增加一倍，也就是在相同的设计流量下采用较低比转速的叶轮。由于空化系数随比转速增加而增加，故采用双吸泵可以有较小的空化系数。

4）在对空化性能要求很高的离心泵中，近几十年来广泛采用诱导轮来提高空化性能。诱导轮首先在 40 年代初期用于火箭发动机上，使泵能在很高的转速下（$n = 17000 \sim 30000\text{r/min}$）正常供给燃料，60 年代后在工业泵中也广泛采用。带有诱导轮的离心泵空化比转数 C 可达 3000 左右，特殊设计的 C 值可达 6300。诱导轮是一个叶片负荷很低（只有几米扬程）的轴流式叶轮（图 4-30），但它与常规的轴流泵不同，轮毂比小，叶片的安装角小，叶片数少，叶栅稠密度大。由于这些特点，使它有较好的空化性能。在诱导轮中，不存在促使空泡和液体分离的离心力的作用，这样产生的空泡将随液流一起流走，不易造成整个流道的堵塞，因而在空化过程中其外特性的性能曲线下降平缓，无明显的陡降阶段，如图 4-31 所示。由于诱导轮的一些特殊设计，它对离心泵叶轮起增压作用，因而改善了整个泵的空化性能，但牺牲了能量指标，因为诱导轮本身的效率较低。

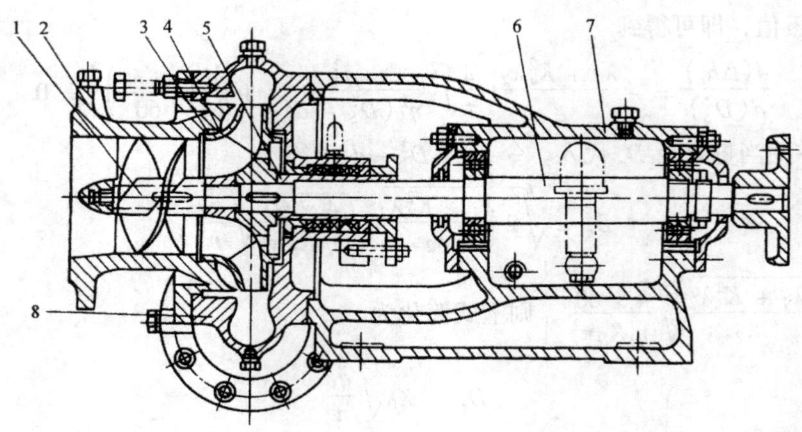

图 4-30 带诱导轮的离心泵

1—诱导轮 2—泵盖 3—密封环 4—叶轮 5—轴套 6—泵轴 7—托架 8—泵体

5）超空化翼型的应用。在航空和宇航工业为了尽可能减轻泵及其传动装置的质量和体积，要求尽可能提高泵的转速而又要求泵的运行安全可靠。在这种情况下，空化不可避免。超空化翼型是一种适于在空化条件下工作的翼型。这种叶型具有特殊的形状，翼型截面具有尖而薄的前缘，以诱发一种固定型的空泡，空泡发生在翼型背面，并扩展到翼型弦长的二倍以上，如图 4-32 所示。空泡在翼型后的液流中溃灭，所以不对叶型材料产生破坏作用。超空化目前还只用在低扬程的轴流式转轮上，它比普通翼型效率低，但在空化情况下工作的效率要比普通翼型显著地高。

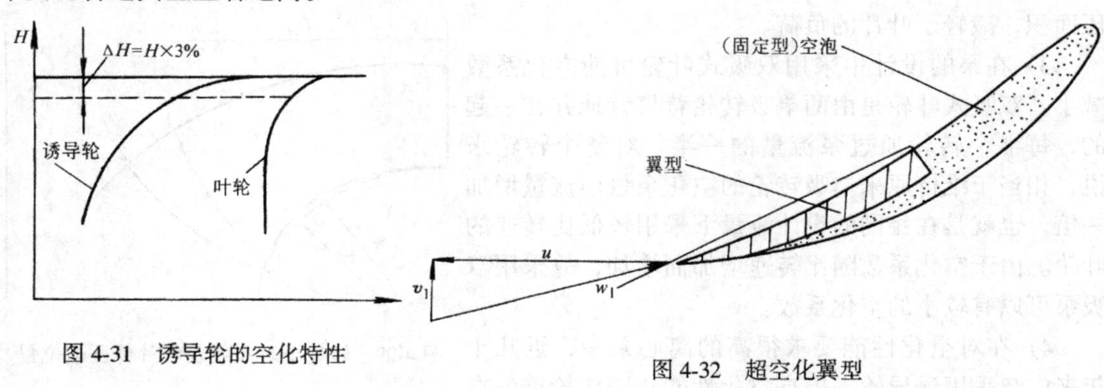

图 4-31 诱导轮的空化特性

图 4-32 超空化翼型

习 题 四

一、一台泵在大气压力下抽送常温（20℃）清水（$H_{va}=0.24$m），吸入管路水头损失 $\Delta H_S=0.5$m，样本上给出的［Δh］$=4.5$m，试求此泵分别在天津（海拔高度 3m，大气压力 $H_a=10.35$m）和兰州（海拔高度 1517m，大气压力 $H_a=8.68$m）使用时最小几何吸入高度。

二、一台冷凝泵从封闭的容器中抽水，液面的压力等于汽化压力，样本给定［Δh］$=0.6$m，吸入管路损失 $\Delta H_S=0.3$m，试求泵的几何吸入高度。

三、欲设计一台在标准状态下抽送常温清水的泵，其流量 $q_V=77.8$L/s，几何吸入高度 $H_{SZ}=5.0$m，吸入管路损失 $\Delta H_S=0.5$m。若设计时估计泵的空化比转速 $C=800$，试问应如何选择泵的转速？

四、一台泵的吸入口径为 200mm，流量 $q_V=77.8$L/s，样本给定［H_V］$=5.6$m，吸入管路损失 $\Delta H_S=$

0.5m。试求：

1）在标准状态下抽送常温清水时的 H_{SZ}值。

2）如此泵在拉萨（$p_a = 64922.34\text{Pa}$）使用，从开敞的容器中抽吸 80℃温水，其 H_{SZ}又为多少？

（注：80℃清水的 $p_{Va} = 47367.81\text{Pa}$，$\rho g = 9530.44\text{N/m}^3$）

五、双吸离心泵的转速为 1450r/min，最优工况的扬程为 43m，流量为 1.36m^3/s，临界空化余量为 $\Delta h_{cr} = 3.17\text{m}$，最大流量工况的 Δh_{cr}为 10.06m，吸水管路的水力损失为 0.91m，当地大气压力为 10.36m，所输送的冷水的汽化压力为 $H_{Va} = 0.31\text{m}$。要求计算确定：

1）最优工况的比转速 n_q、空化比转速 S、临界空化系数 σ_{cr}和允许的吸入高度 H_S 是多少？

2）最大流量工况的允许吸入高度 H_S 是多少？

（提示：计算 n_q 和 S 时应取总流量的二分之一）。

六、已知水轮机的临界空化系数 σ_{cr}为 0.28，电站水温为 15℃，电站下游水面的海拔高程为 1524m，水轮机的吸出高度为 3m。问：根据空化条件，允许的最大水头为多少？

七、已知卧式水轮机的水头为 $H = 43\text{m}$，电站水温为 20℃，大汽压力为 10.25m（绝对压力），水轮机主轴中心线高于下游水面 3.86m，水轮机转轮叶片出水边最高点高于主轴中心线 253mm。问：该水轮机的装置空化系数是多少？

八、如果卧式水轮机的临界空化系数为 0.06，上题所述的其余有关条件不变，试问：

1）水轮机主轴中心线相对于下游水面的安装高度的最大允许值是多少？

2）如果水头改为 100m，其余条件不变，主轴中心线相对于下游水面的安装高度 的最大允许值应改为多少？

九、某水电站的设计水头、最大水头和最小水头分别为 89m、109m 和 68m，电站下游水面海拔高程为 180m，水轮机在这三个水头下的空化系数分别为 0.0875、0.076 和 0.105，试求这三种情况下允许的最大吸出高度 H_S 的值为多少。

十、某水电站安装有立轴轴流转桨式水轮机，其型号为 ZZ440，转轮直径 $D = 3.3\text{m}$。水轮机的设计水头为 28.5m，最大水头为 36m，最小水头为 25m，电站下游水面海拔高程为 35m。如果水轮机在这三种水头下的空化系数分别为 0.318、0.416 和 0.47，试求三种情况下允许的吸出高度 H_S 和安装高度 H_{SZ}的值。

第五章 径流式流体机械的设计计算

第一节 概 述

径流式与混流式流体机械是叶轮机械中应用最为广泛的型式，在径流式叶轮子午平面上流体主要沿径向流动。根据流体沿径向是从内向外（离开轴心）还是从外向内流动（向着轴心）而分为离心式机械和向心式机械。

提高流体压力的机械通常是离心式的（特殊情况下也有向心式），如离心泵（图 5-1 和图 5-2），离心式通风机（图 5-3），离心式鼓风机和压缩机（图 5-4）。这些机器都是单级（包括一个叶轮）结构，其中图 5-2 是双向吸入流体的单级双吸机器，相当于二个单级单吸叶轮的并联。单级工业泵的能量头由大约 50J/kg 到 1200J/kg 以上，图 5-3 中单级离心通风机的常用压力从几十帕到几千帕。用于增压器中的单级离心压缩机（图 5-8 中左边叶轮）的压比可达 4。但是单级机器一个叶轮转递的能量总是有限的，对于要求流体压力更高或比能更大时必须要用多个叶轮串联成多级机器，图 1-29 为 9 级的离心式压缩机。多级离心压缩机中的级又分中间级（由叶轮、扩压器、弯道回流器组成，如图 5-5a）和末级（由叶轮、扩压器、蜗室组成，如图 5-5b），作这样的划分是因为二者的通流部分的组成有些差别。图 1-29 中的压缩机包括 6 个中间级和 3 个末级，且每 3 个级分一段，段与段之间有冷却器，气体首先由右端进入第一段并联的二个单吸气叶轮的中间级（有时叫双吸单级），然后串联一个双吸气叶轮的末级，该末级出来的气流进入冷却器降低温度再流入第二段继续压缩，其后的 6 个级均为串联。离心式多级泵则更强调首级与中间级和末级的区别（参见图

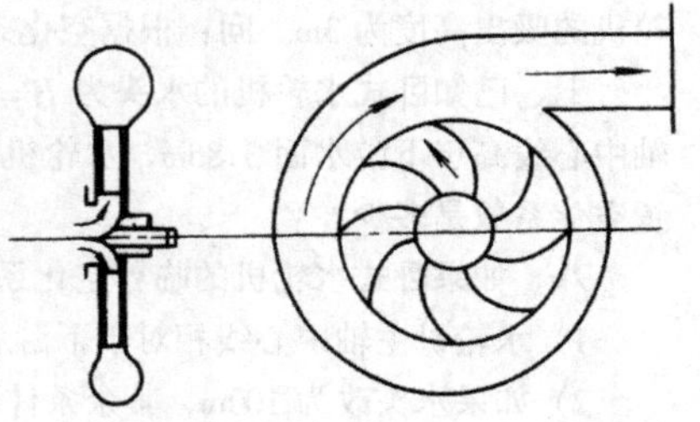

图 5-1 单吸单级离心泵

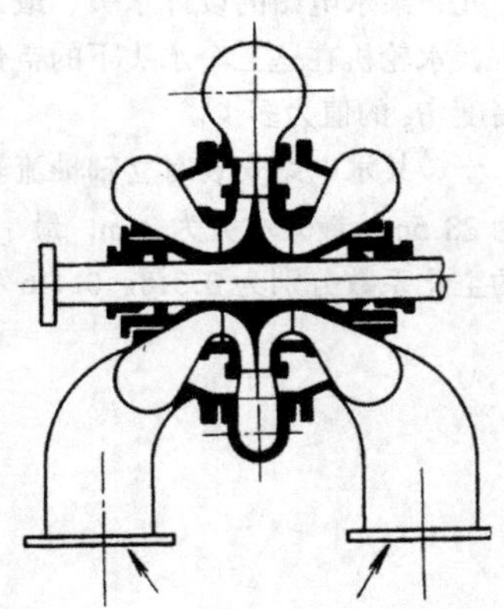

图 5-2 双吸单级离心泵

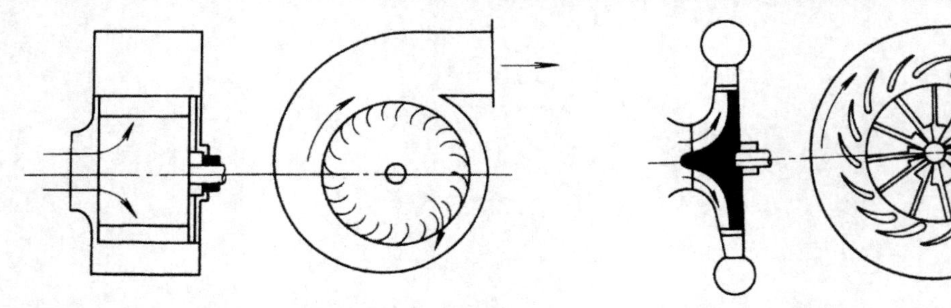

图 5-3 离心通风机（多叶）

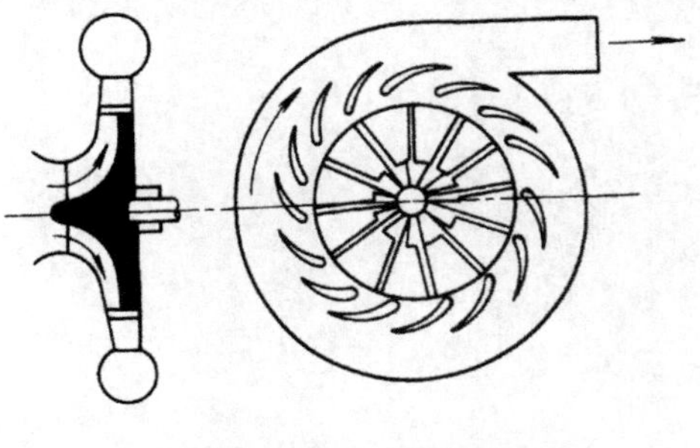

图 5-4 离心压缩机

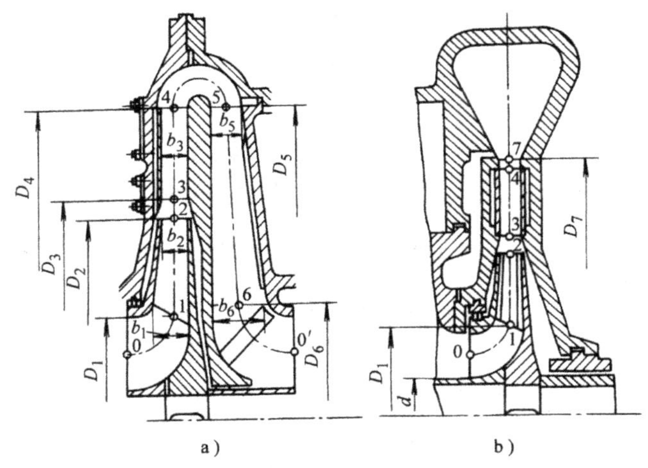

图 5-5　级结构型式及特征截面符号和尺寸

a) 中间级　b) 末级

0—第一个叶轮进口　1—叶轮叶片进口　2—叶片出口　3—扩压器进口　4—扩压器出口　5—回流器叶片进口　6—回流器出口　7—蜗室进口　0′—下一级叶轮进口

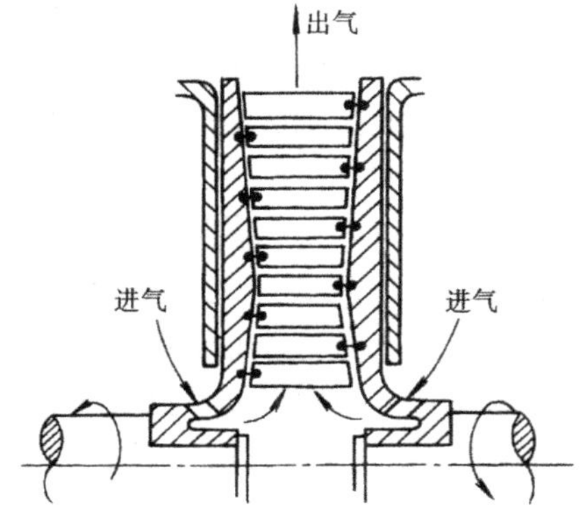

图 5-6　离心式透平

1-28)，因为首级必须满足空化性能的要求，其叶轮的设计通常与其他级是不同的。

将流体能量转换为机械功输出的径流机械可以是离心式的（图 5-6），但通常还是向心式的（图 5-7a)，图 5-7a 表示了一种典型的混流式水轮机，这种机器的水头范围在 10 ~ 500m 以上，功率的范围从 10kW ~ 700MW 以上，单个转轮直径可达 10m。

向心式气体透平为径流—轴流式结构（图 5-7b 或图 5-8 右边部分)。由于这种机器实现多级结构困难较大，目前主要为单级形式。级主要元件是蜗壳、喷嘴、叶轮、扩压器。这种透平的最大优点是单级的比焓降大，其叶轮的圆周速度一般可达 400 ~ 500m/s。它常用于要求尺寸小，质量轻的燃气透平装置和内燃机增压器中（图 5-8 中右边叶轮)。由于向心式气体透平是通过焓降对外输出功，所以也常用于低温装置，此时又称为透平膨胀机，并以获得

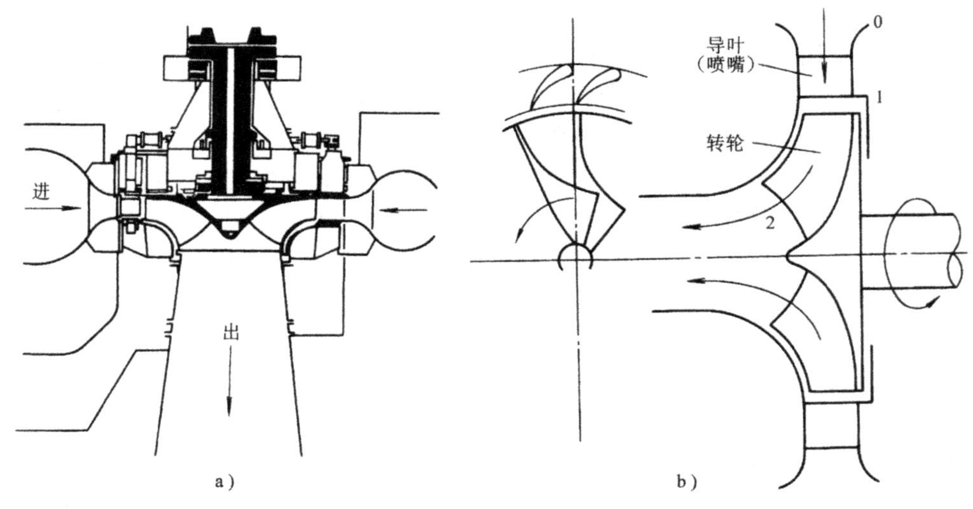

图 5-7　向心式透平

a) 水轮机　b) 向心式气体透平

制冷量或低温为主要目的，如应用于气体液化或分离等需要制冷降温的地方。向心式气体透平还常用于能量回收为主要目的装置上，如高炉气发电、化工中尾气和再生气的能量回收。

混流式流体机械是介于径流与轴流式之间的一种类型，在混流式叶轮中，则还有不同程度的轴向运动（参见图 2-5）。随着比转速的不同，混流式叶轮的形状有很大的变化，可以呈现出从近似于径流式到近似于轴流式的各种中间形态（参见表 3-3）。其设计计算既可以采用径流式的方法（流道法或流线法），也可以采用轴流式的方法（叶栅法）。本章讨论的径流式机器的计算方法，对混流式同样是有效的。下一章讨论的轴流式机器的计算方法，同样可以用于某些混流式的设计。

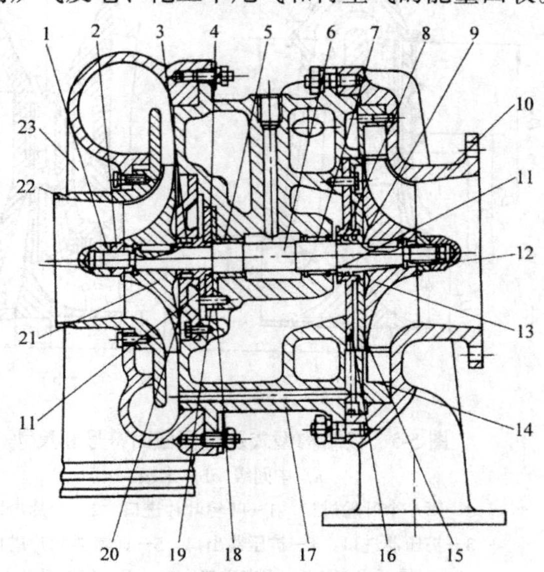

图 5-8　径流式涡轮增压器

1—盖形螺母　2—平肩螺母　3—压气机端轴封　4—推力盘　5—压气机端浮环　6—主轴　7—涡轮端浮环　8—油封环　9—涡轮端轴封　10—涡轮壳　11—游动片　12—卡环　13—涡轮叶轮　14—喷嘴环　15—涡轮端气封板　16—涡轮端气封环　17—中间壳　18—止推片　19—止推轴承　20—压气机端气封环　21—压气机叶轮　22—扩压器　23—压气机壳

应该指出，“混流式”这个术语，在不同的流体机械中的含义有一定的区别。在通风机、压缩机和泵中，“混流式”是指轴面图上叶片出口边（高压边）不与叶轮轴线平行的机器；而在水轮机中，“混流式水轮机”这个术语是指水流径向进入而轴向流出转轮叶片的机器，这实际上包括了前述的“径流”与“混流”两种情况。如果按照风机与泵的定义，“斜流式水轮机”其实也是属于“混流式”的范畴的。尽管有这些差别，但本章讨论的概念与方法对以上这些情况都是适用的。

径流机械中减速流动比加速流动更为复杂，加上篇幅的限制，本章将以减速流动的离心式机械为主要内容。叶轮机械是通过叶轮与流体相互作用而传递能量的，叶轮传递能量的大小和传递效率是我们关注的问题。级中除叶轮以外的其他部件内，流动的状况也直接影响到级的效率，必须引起足够重视。当工作介质是液体时，空化现象将是限制机器性能提高的主要障碍，所以机器的空化性能是和效率同等重要的参数。但空化现象比流动损失更复杂，第四章已专题讨论，所以我们下面主要围绕叶轮输入或输出能量和级中流动损失的相关知识进行讨论，但在设计计算时必须同时考虑提高机器空化性能的措施。

第二节　一元流动理论分析

流体机械的设计具有不同的方法，基于叶栅理论的分析广泛应用于轴流式机械，而基于流道理论的一元分析常用于径流式机械。所谓一元分析，就是将流道横截面上的参数用其平均值来表示的一种简化的分析方法。径流式机器通流部分的宽度与长度之比一般较小，用一元方法计算这种窄通道已积累了宝贵的经验和大量的试验资料，其中也考虑了径流式机械中空间流动计算的复杂性和近似性。故一元理论分析仍有实用价值，特别是对于初步设计和方案选择。它反映了流道截面上平均参数的主要变化规律和总的特征，为进一步以二、三元流动的计算分析提供依据。而对于比转速较高的混流式机器，其流道宽度与长度之比较低比速的径流式机器大，所以应用一元分析方法误差要大一些。但对于初步设计和方案选择，仍然广泛采用一元分析的方法。

在一元分析中，通常只计算流道的几个“特征截面”上的流动参数，而特征截面之间的流动参数一般不予计算。图 5-5 表示了计算多级离心压缩机时常取的特征截面及其序号，单级泵与通风机的特征截面则与压缩机末级的情况类似。不过随着计算机的普及和对流动机理的深入了解，在一元流道分析时，也在以上特征截面之间的一些截面上进行计算。下面有关参数的下标数字一般为对应的特征截面序号。

一、实际压缩过程

对于可压缩介质，流体机械与介质的能量交换不仅与机器的参数有关，而且与介质的性质密切相关。第二章第六节中已讨论过压缩机级的功率与效率，为满足叶轮设计计算的需要，这里再进一步讨论一下离心式压缩机级中典型的压缩过程。

图 5-9 中表示了级进、出口之间流体状态参数变化与传递的能量和各种损失的关系。等熵绝热过程从级进口状态 in 点(p_{in}, T_{in})到理论出口状态 A 点($p_{out,th}, T_{out,th}$)，h_{th}为理论能量头。由于转子的流动损失，转子后实际总压 p'_{out} 比理论值 $p_{out,th}$ 要小，距离($p'_{out}-p_{out,th}$)代表转子中的能量头损失 Δh，若认为与外界无热交换，则转子出口后的状态为 B 点($p'_{out}, T_{2,th}$)。泄漏损失和轮盘摩擦损失也以热的形式传给气体，引起了气体总温增加到 T_{out}，图上用 $\Delta h_V+\Delta h_r$ 表示这两种损失，此时对应于 T-S 图上 C 点(p'_{out}, T_{out})。转子后再没有给气体加入能量，转子后所有截面上总温 T_{out}保持不变。扩压器等固定元件损失用 Δh_{wd}表示，级出口状态由 out 点(p_{out}, T_{out})决定。级的实际总能量头是 h_{tot}，它可由不同能量头的代数和表示

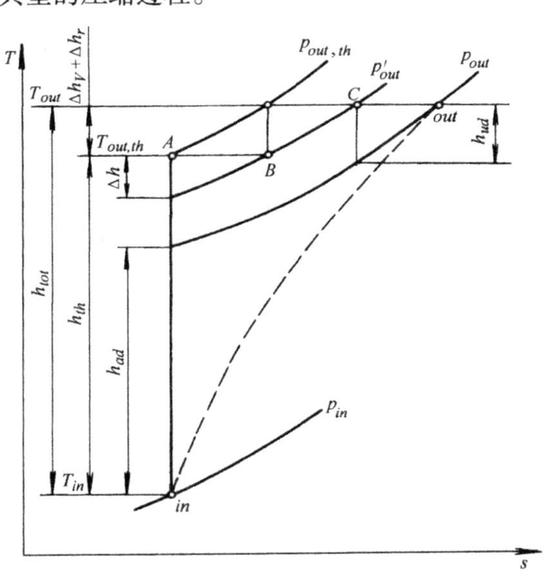

图 5-9 压缩过程

$$h_{tot} = h_{th} + \Delta h_V + \Delta h_r = h_{th}(1 + \beta_V + \beta_r) \tag{5-1}$$

由伯努利方程可得

$$h_{tot} = \int \frac{\mathrm{d}p}{\rho} + \frac{c_{out}^2 - c_{in}^2}{2} + \Delta h_{wd} + \Delta h_V + \Delta h_r \tag{5-1a}$$

式中$\int \mathrm{d}p/\rho$ 为级实际压缩功，也是级中有效功，它占总能量头中的比例愈大愈好。

级中实际的压缩过程为多变过程，若已知与损失有关的多变过程指数 m，则多变能量头 h_{pol}为实际压缩功，其计算关系式为

$$h_{pol} = \int \frac{\mathrm{d}p}{\rho} = \frac{m}{m-1} RT_{in}\left[\left(\frac{p_{out}}{p_{in}}\right)^{\frac{m-1}{m}} - 1\right] = \frac{m}{m-1} R(T_{out} - T_{in}) \tag{5-2}$$

上式表明，在进口气流状态一定时，p_{out}愈大，所需功愈多。在压比 p_{out}/p_{in} 一定时，所需压缩功与进口温度成正比。进口温度越低，h_{pol}越小，即机器耗功越小，这正是压缩机采用冷却的主要原因之一。气体常数 R 和等熵指数 κ 也影响气体压缩所需能量头大小。尤其是 R 有显著的影响，不同气体的 R 值及其所需压缩功差别甚大。表 5-1 给出了一个实例，设压比为 2.5，在进口温度为 27℃，离心式叶轮的作功能力相同（如 h_{pol} = 45000J/kg），级效率均等于 0.80 的条件下，输送氢和氟利昂时所需级数相差达 36 倍。

表 5-1　R 与所需压缩功和级数的关系

工质	R/J·（kg·K）$^{-1}$	相对分子量	κ	h_{pol}/J·kg^{-1}	级数	级压比
氢气	4124.0	2.016	1.41	1299013	36	1.026
空气	287.0	28.966	1.4	901383	3	1.357
R11	60.5	137.39	1.1	17343	1	2.5

由表可看出，氢的 R 值是氟里昂 R11 的 R 值的 68 倍，加上等熵指数的影响，相同条件下两种工质所需能量头 h_{pol}之比达 75。R 值小的气体 R11 的分子质量大，所需压缩功小，即重气体很易压缩，一级叶轮就可满足要求，若不是受到气体马赫数的限制，上述叶轮的压比可达到 5.2。相反，R 大的氢气分子质量小，所需压缩功大，即轻气体很难压缩，一级叶轮所达压比仅 1.026。

对于工作介质可以视为不可压缩流体的泵、通风机和水轮机，实际过程看成是等容过程，机器的能量头和绝对压力无关，起作用的仅为压力差，等容能量头

$$h_V = \int \frac{\mathrm{d}p}{\rho} = \frac{p_{out} - p_{in}}{\rho} \tag{5-2a}$$

同时，对于液体介质，机器进、出口截面的高度差和速度差通常不能忽略，有效功则为

$$h = gH = \frac{p_{tF}}{\rho} = \pm\left[\frac{p_{out} - p_{in}}{\rho} + \frac{c_{out}^2 - c_{in}^2}{2} + g(Z_{out} - Z_{in})\right] \tag{5-2b}$$

虽然此时泄漏损失和轮盘损失也会提高介质的温度，但不可压缩介质的温度变化可认为对叶轮的有效功没有影响。

根据表 2-1 中的公式，可通过水力效率和多变效率求得叶轮的理论能量头（或理论全压升、理论扬程或水头，亦即叶片实际所做的功）和总能量头

$$h_{th} = h\eta_h^{\mp 1} \qquad h_{tot} = h_{pol}\eta_{pol}^{\mp 1} \tag{5-3}$$

式中的指数对工作机取负值，对原动机取正值。

二、级中损失和多变过程指数

要确定实际的能量头 h_{pol}和 h_{tot}（或者 h_{th}），必须正确计算各种损失（或效率）。对不可压缩介质，影响叶轮叶片设计的，只有水力效率。但对可压缩介质，能量头还与发生在叶轮之外的泄漏损失和轮盘损失有关。第二章已经指出，压缩机级的泄漏损失和轮阻损失可分别用系数 β_V 和 β_r 来表示。对于轮盖处的密封，由于压差较小，流动为亚音速，由式（2-68）和式（2-88）以及试验数据有

$$\beta_V = \bar{\alpha}\bar{D}\bar{S}\frac{\sqrt{0.75(1 - \bar{D}_1^2)/Z}}{\tau_2 \bar{b}_2 \varphi_{r2}\sqrt{K_{v2}}} \tag{5-4a}$$

$$\beta_r = \frac{(0.11 \sim 0.172)}{1000\tau_2\varphi_{r2}\varphi_{u2}\bar{b}_2} \tag{5-4b}$$

式中 $\bar{D}$——密封间隙处轴径与叶轮直径之比；

$\bar{S}$——密封间隙值与叶轮直径之比；

$\bar{D}_1$——叶轮进口直径与叶轮直径 D_2 之比；

$\bar{b}_2$——叶轮出口宽度与叶轮直径之比；

τ_2——叶轮出口阻塞系数；

K_{v2}——叶轮进、出口密度比，$K_{v2}=\rho_1/\rho_2$。

φ_{u2}——周速系数，是离心式压缩机中习惯用以进行计算的无量纲参数，其定义为

$$\varphi_{u2} = \frac{c_{u2}}{u_2} \tag{5-5}$$

当能量头系数采用表达式（3-20），并在 $c_{u1}=0$ 的条件下，φ_{u2}即等于能量头系数。离心压缩机中的流量系数 φ 习惯采用表达式（3-16）并用 φ_{r2}表示。

上面的估计式中，如果取各参数常用范围的平均值，则有

$$\beta_V + \beta_r = \frac{0.12 + \dfrac{0.18}{\varphi_{u2}}}{1000\bar{b}_2\varphi_{r2}} \tag{5-4c}$$

由于叶片出口安放角 β_{b2}的减少导致 φ_{u2}和 φ_{r2}的下降，因此，随着叶轮相对宽度 $\bar{b}_2$ 和 β_{b2}的减少，$\beta_V+\beta_r$ 有明显的增加，计算表明，β_r 总是比β_V 大。

流道内部流动损失按机理可分为摩擦损失、分离损失、二次流损失、冲击损失、混合损失等（第二章第六节）。由于这些损失相互影响和关联，使得分项计算相当困难，因此工程上主要是凭经验用试验资料选取流动损失系数 ζ_i 来估价内部流动损失 $\Delta h_{wi}=\zeta_i c_i^2/2$，或选取级的效率（如多变效率、全压效率等）来考虑包括泄漏和轮阻损失在内的所有损失。由于流动损失的复杂性和重要性，除第二章中所进行的讨论外，还将在本章稍后专门对流动损失的机理和减少流动损失的原则作进一步的讨论。

对可压缩介质，在不同的机器型式和不同的设计方法中，考虑损失的方法也不同。在离心式压缩机常用的设计方法流道法和效率法中，由于考虑损失方法的不同，所以与损失有关的多变指数 m 的计算式也不一样。

用流道法设计时，以通流部分各元件为对象，选取有关流动损失系数进行损失计算，此时与损失有关的过程多变指数 m 通过能量方程可推得如下关系式

$$\frac{m}{m-1} = \frac{\kappa}{\kappa-1} - \frac{\sum \Delta h_{wi}}{R\Delta T} \tag{5-6}$$

式中 $\sum\Delta h_{wi}$——任两截面间的各项损失之和；

ΔT——两截面间温差，取正值。

用效率法设计时，对于整个级选取一个效率，同一个级中各元件的损失不论大小，都认为效率相同，即多变指数相等，其值可表示为

$$\frac{m}{m-1} = \frac{\kappa}{\kappa-1}\eta_{pol} \tag{5-6a}$$

无论采用哪种设计方法，只要决定了各项损失（或效率），多变指数 m 就可由式（5-6）

或式（5-6a）得到，而压缩（输送）给定条件下流体所需要的功就能由式（5-1）~式（5-3）计算。叶轮的作功多少由叶轮的参数决定，压缩机、鼓风机、风机、泵的设计就是要使叶轮所作的功与流体压缩（输送）所需要的功相等。

同理，水轮机、膨胀机中流体输出的能量都可根据流体进口参数（一般已知）和出口参数（设计要求）计算。而这些流体的能量交换都是通过叶轮实现的，我们设计的目的就是要确定叶轮通道的几何尺寸，以满足交换能量的需要。

三、叶轮做功的计算

正如第二章第七节所述，叶轮做功的计算方法中，径流式机器和轴流式有很大的不同，前者是通过引进滑移系数来考虑有限叶片数对理论能量头的影响，即利用滑移系数对无穷叶片数的理论能量头（全压、扬程）进行修正计算。式（2-106）和式（2-107）给出了两种滑移系数的定义。由于有限叶片数的影响只是在工作机中才是重要的，对于原动机，一般不必考虑，所以这里的讨论仅仅针对工作机。

目前尚无计算滑移系数的精确方法，一些学者在一定的简化条件下导出了近似公式，例如 Stodola 和 Pfleiderer；另一些学者则利用试验数据归纳出一些经验公式，例如 Wiesner 等。这些公式都有其简化条件与实验条件，使用时应予注意。同时，要弄清楚该公式适用于哪一个定义式，否则会发生错误。以下列举了几个常用的公式。

1）斯托道拉（Stodola）公式。斯托道拉主要考虑了轴向旋涡的影响，经过简化得

$$\sigma = 1 - \frac{\pi}{Z}\sin\beta_{b2} \tag{5-7a}$$

其中 Z 为叶片数。该式的滑移系数 σ 是式（2-106）的定义，主要用于叶栅稠度较大的离心叶轮。

此式未考虑流体粘性的影响，由于粘性引起附面层发展和分离，叶轮出口存在尾迹，改变了叶轮出口的流场（速度大小和方向），也改变了轴向旋涡的速度和直径。考虑粘性的影响后，对于后弯叶轮若用叶轮出口当量角 β_{eq2} 代替上式中 β_{b2} 进行修正，发现计算值与试验结果有较好的一致（图 5-10）。β_{eq2} 可由图 5-29 查得。

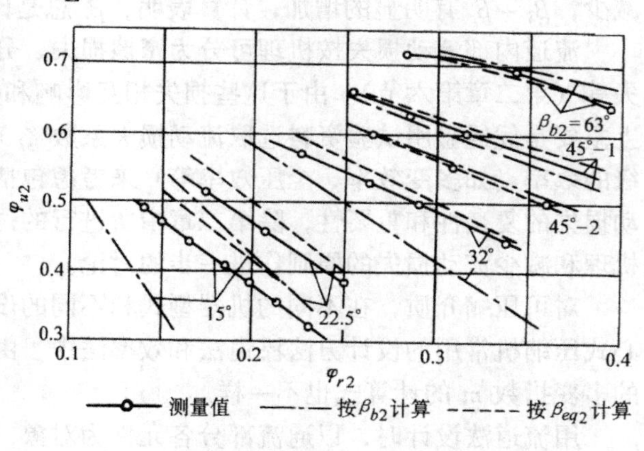

图 5-10 φ_{u2}值的比较

2）威斯靳（Wiesner）研究了 65 个叶轮的试验资料后提出如下的计算关系。

$$\sigma = \left(1 - \frac{\sqrt{\sin\beta_{b2}}}{Z^{0.7}}\right)(1 - f) \tag{5-7b}$$

式中 f 的值与叶片进、出口直径的比值有关，定义临界比值为

$$k_{cr} = \left(\frac{r_1}{r_2}\right)_{cr} = \frac{1}{\exp(8.16\sin\beta_{b2}/Z)}$$

当 $(r_1/r_2) > k_{cr}$ 时
$$f = \left(\frac{r_1/r_2 - k_{cr}}{1 - k_{cr}}\right)^3$$

当$(r_1/r_2) \leqslant k_{cr}$时　　　　　　　　　　$f = 0$

对于混流式叶轮,山口建议用下式计算f值

$$f = \sin^2\left(\frac{r_1/r_2 - k_{cr}}{1 - k_{cr}} \cdot \frac{\pi}{2}\right)\exp\left[-3.31\left(1 - \frac{r_1}{r_2}\right)^{0.3}\right]$$

3）斯坦尼磁建议，在进、出口半径比相同的情况下，混流式叶轮的滑移系数与离心叶轮的滑移系数之间的关系为

$$1 - \sigma_{混} = (1 - \sigma_{离})\sin\gamma \tag{5-7c}$$

式中γ是轴面流线（多用中间流线）与叶轮轴线的夹角。

4）普弗莱得勒尔（Pfleiderer）公式，普氏提出了减功系数P的概念，即

$$P = \frac{\Delta H}{H_{th}} \tag{5-7d}$$

因此　　$H_{th} = \dfrac{H_{th\infty}}{1 + P}$　　$h_{th} = \dfrac{h_{th\infty}}{1 + P}$　　$p_{th} = \dfrac{p_{th\infty}}{1 + P}$

可见,与(2-107)式相对应,有$\mu = 1/1 + p$

普氏经过简单的分析后提出

$$P = \Psi\frac{r_2^2}{ZS} \tag{5-7e}$$

式中S是轴面流线对泵轴线的静矩(图5-11)

$$S = \int_{r_1}^{r_2} r\mathrm{d}x$$

显示，对于纯径流式叶轮，有

$$S = \frac{r_2^2 - r_1^2}{2}$$

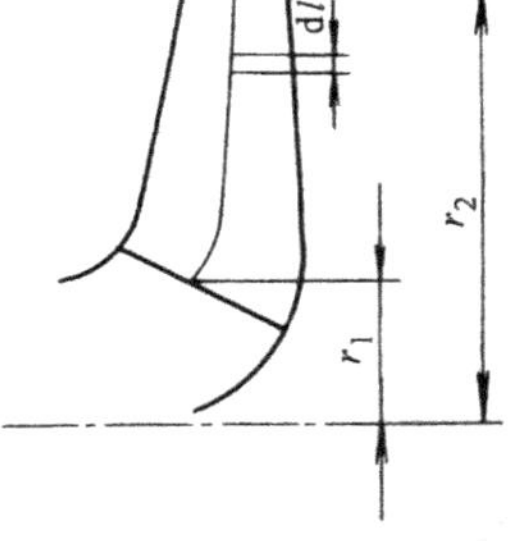

图5-11　流线静矩

ψ是一个经验系数，其值随机器的结构不同而不同：

对带导叶式压水室或叶片式扩压器的离心叶轮，$\psi = 0.6\left(1 + \dfrac{\beta_{b2}}{60}\right)$

对带涡壳式扩压器或压水室的离心叶轮，$\psi = (0.65 \sim 0.85)\left(1 + \dfrac{\beta_{b2}}{60}\right)$

对带无叶扩压器的离心叶轮，$\psi = (0.85 \sim 1.0)\left(1 + \dfrac{\beta_{b2}}{60}\right)$

对轴流式叶轮，$\psi = (1.0 \sim 1.2)\left(1 + \dfrac{\beta_{b2}}{60}\right)$

β_{b2}的单位为“度”。式（5-7e）若与适当的经验系数结合，可给出较好的结果，应用范围亦相当广。但ψ的取值不易掌握。

5）埃克（ECK）公式。

对于$\beta_{b2} > 90°$的前向通风机叶片，埃克提出

$$P = \frac{1.5 + 0.0122\beta_{b2}}{Z(1 - \bar{r}_1^2)} \tag{5-7f}$$

式中　$\bar{r}_1 = r_1/r_2$。

6）在实际工作中（特别是在离心式压缩机的设计中），常常用无量纲参数进行计算。为此，利用速度三角形的关系将工作机欧拉方程式写成（在$c_{u1} = 0$的条件下）

$$h_{th} = u_2 c_{u2} = \varphi_{u2} u_2^2 = u_2^2 - u_2 c_{m2} \mathrm{ctg}\beta_2$$

将上式两端除以 u_2^2，得

$$\varphi_{u2} = 1 - \varphi_{r2}\mathrm{ctg}\beta_2 \tag{5-8}$$

式中圆周速度 u 仅与叶轮的旋转角速度 ω 和叶轮外径 r_2 有关，这二个参数很容易求出，因此 h_{th} 的计算关键在于确定周速系数 φ_{u2}。与滑移系数的两种定义相对应的两种修正计算方法中，一种是在 $h_{th\infty}$ 中减去一个修正量，另一种则是将 $h_{th\infty}$ 乘以一个系数。可以用下式统一表示以上两种修正方法

$$\varphi_{u2} = K_1 - K_2\varphi_{r2}\cot\beta_{b2} \tag{5-9}$$

这样，对于无限多叶片的情况，有 $K_1 = K_2 = 1$。此时叶轮出口流动角 β_2 与叶片出口安放角 β_{b2} 一致，其周向分速 $c_{u2\infty} = u_2 - c_{m2}\cot\beta_{b2}$，相应的周速系数用 $\varphi_{u2\infty}$ 表示。当利用式（2-106）定义的滑移系数 σ 并用式（2-110）对理论能量头进行修正时，有 $K_1 = \sigma$，$K_2 = 1$，于是（5-9）式变成

$$\varphi_{u2} = \sigma - \varphi_{r2}\cot\beta_{b2} \tag{5-10a}$$

当利用式（2-107）定义的滑移系数 μ 或式（5-7d）定义的 P 并用式（2-108）对理论能量头进行修正时，有 $K_1 = K_2 = \mu = 1/(1+P)$，于是（5-9）式变成

$$\varphi_{u2} = \mu(1 - \varphi_{r2}\cot\beta_{b2}) = \frac{1 - \varphi_{r2}\cot\beta_{b2}}{1+P} \tag{5-10b}$$

由以上讨论的理论能量头计算可知，对于任一叶轮，在给定转速 n 和流量系数 φ_{r2} 的条件下，其作功能力是一定的。一般称设计点对应的周速系数 $\varphi_{u2} > 0.7$ 的叶轮为高能量头叶轮，$\varphi_{u2} = 0.55 \sim 0.7$ 为中等能量头叶轮，$\varphi_{u2} < 0.55$ 时为低能量头叶轮。φ_{u2} 是反映叶轮作功能力的一个重要无量纲参数。

流过级中单位质量可压与不可压流体需要的能量分别由式（5-1a）或式（5-3）计算，其计算值应与叶轮作功 h_{tot}（或 h_{th}）相等。

第三节　离心叶轮中流动损失的进一步分析

虽然在第二章中已对流体机械中的流动损失做过分析，但径流式叶轮中的流动损失比其他型式的叶轮更大，也更复杂。其中工作机中低比速的离心式叶轮，又比原动机的向心式叶轮损失大。虽然到目前为止还难以对叶轮内的损失作定量的分析，但关于离心式叶轮内损失机理的研究还是获得了一些进展。这些进展所提出的一些观点，对改进离心式叶轮的设计提供了帮助。本节所进行的讨论主要是针对泵、风机和压缩机的离心式叶轮进行的。在水轮机和向心式气体透平的向心式叶轮中，粘性所起的作用较小，流动分离的倾向也小得多。

一、势流分析

离心式通道中表面速度分布，可由分析作用在旋转通道中流体质点上的力获得（图 5-12）。垂直于流动方向的力是：

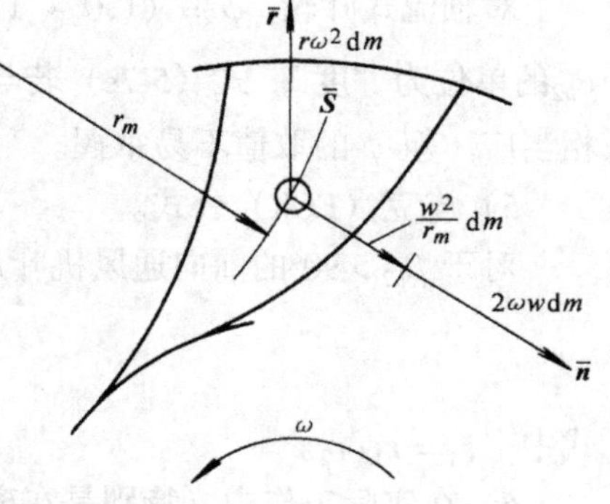

图 5-12　离心式通道中的力

1）离心力（w^2/r_m）$\mathrm{d}m$，由流道曲率引起；

2）离心力 $r\omega^2\cos\beta\mathrm{d}m$；

3）哥氏力 $2w\omega\mathrm{d}m$。

由力平衡得流向 s 和流线的法线方向 n 上的方程

$$b\frac{\partial p}{\partial s}\mathrm{d}n\mathrm{d}s + \left(\omega^2 r\cos\beta - \frac{w^2}{r_m} - 2w\omega\right)\mathrm{d}m = 0$$

$$b\frac{\partial p}{\partial n}\mathrm{d}n\mathrm{d}s + \omega^2 r\sin\beta\mathrm{d}m = \frac{\mathrm{d}w}{\mathrm{d}t}\mathrm{d}m$$

又因 $\mathrm{d}m = \rho b\mathrm{d}n\mathrm{d}s, \cos\beta = \mathrm{d}r/\mathrm{d}n, \sin\beta = \mathrm{d}r/\mathrm{d}s, w = \mathrm{d}s/\mathrm{d}t$，可得到垂直于流动方向的速度梯度表达式

$$\frac{\mathrm{d}w}{\mathrm{d}n} = 2\omega + \frac{w}{r_m} \tag{5-11}$$

流道中相对速度几乎随流道宽度呈线性变化。离心叶栅的压力面速度 w_p 和吸力面速度 w_s 之差 $\Delta w = w_s - w_p$，近似由上式得

$$\Delta w = a\left(2\omega + \frac{w_m}{r_m}\right) \tag{5-12}$$

式中　r_m——曲率半径；

a——叶道的宽度；

w_m——相对速度的平均值。

此时曲率半径 r_m 和流道宽度 a 分别为：

$$r_m = \frac{r_1\left[\left(\frac{r_2}{r_1}\right)^2 - 1\right]}{2\left[\frac{r_2}{r_1}\cos\beta_{b2} - \cos\beta_{b1}\right]}$$

$$a = 2\pi r_x\frac{\sin\beta_{b2}}{Z}$$

平均相对流动速度 w_m 由子午流速分量 c_m 和叶片角表示

$$w_m = \frac{c_{mx}}{\sin\beta_{bx}}$$

则相对速度梯度为

$$\frac{\Delta w}{w_m} = \frac{4\pi\sin\beta_{bx}}{Z}\frac{r_x}{r}\left[\frac{u_1\sin\beta_{bx}}{c_{m1}K_{Rx}} - \frac{\frac{r_2}{r_1}\cos\beta_{b2} - \cos\beta_{b1}}{\left(\frac{r_2}{r_1}\right)^2 - 1}\right] \tag{5-13}$$

式中下标 x 表示半径 r_x 所在位置相应的值；$K_{Rx} = c_{mx}/c_{m1}$ 称作当地子午加速系数；角 β_{bx} 由下式计算

$$\cos\beta_{bx} = \frac{r_1}{r_x}\left[\frac{\left(\frac{r_x}{r_1}\right)^2 - 1}{\left(\frac{r_2}{r_1}\right)^2 - 1}\left(\frac{r_2}{r_1}\cos\beta_{b2} - \cos\beta_{b1}\right) + \cos\beta_{b1}\right] \tag{5-14}$$

图 5-13 示出了相对速度梯度的典型值。图中 $\beta_2 < 90°$时，最大梯度发生在转子出口，并随进口角增加而增大。对于 $\beta_2 > 90°$的叶轮，若曲率半径为常数，则最大相对速度梯度朝流道中间移动。

相对压力梯度决定了叶片的压力负荷。转子叶片的横向压差

$$\Delta p = \frac{\rho}{2}(w_s^2 - w_p^2)$$

引进 $w_s = w_m + 0.5\Delta w, w_p = w_m - 0.5\Delta w$

则

$$\Delta p = \rho w_m \Delta w$$

大的叶片负荷 Δp 的发生，意味着随后大的扩压出现，容易引起分离，因此希望最大负荷在叶轮通道接近出口的部分。

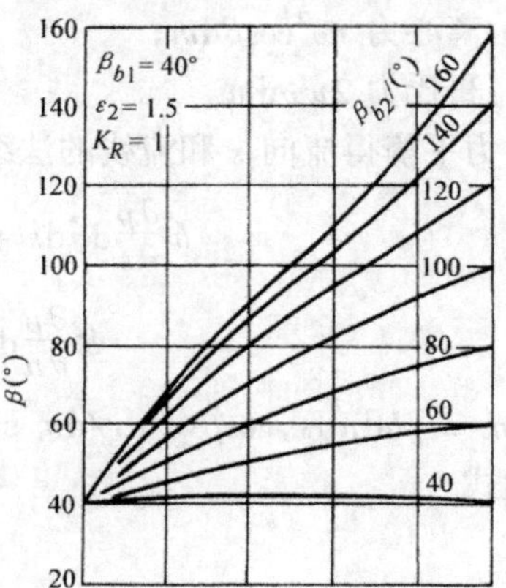

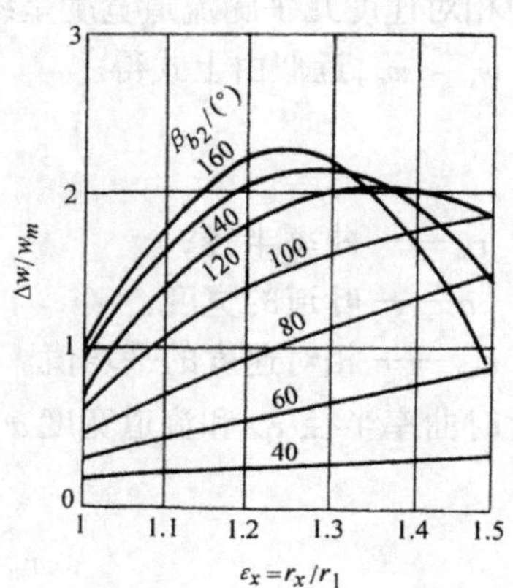

图 5-13 离心转子中相对速度梯度的典型值

二、射流——尾迹模型

势流分析与叶轮内实际流动情况不完全一致，图 5-14a 表示了某叶轮（图 5-14b）中速度的测量值（实线）与计算值（虚线）的比较，图上部表示盘—盖方向中间面上速度分布，下部表示叶片—叶片方向中间面上速度分布。叶轮进口段，计算值和测量结果两者基本一致，直到第 3 截面，尽管因附面层阻塞引起第 2、3 截面上的计算速度比测量值稍低。在第 4 截面上，分离流动明显表现出来，其计算值和测量数据相差较大。第 5 截面，计算的速

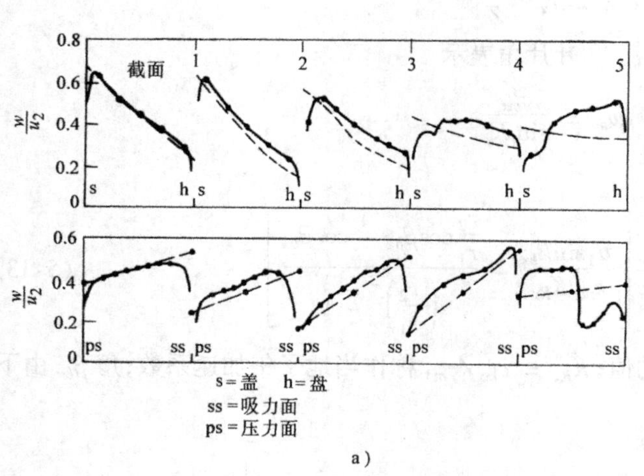

a）

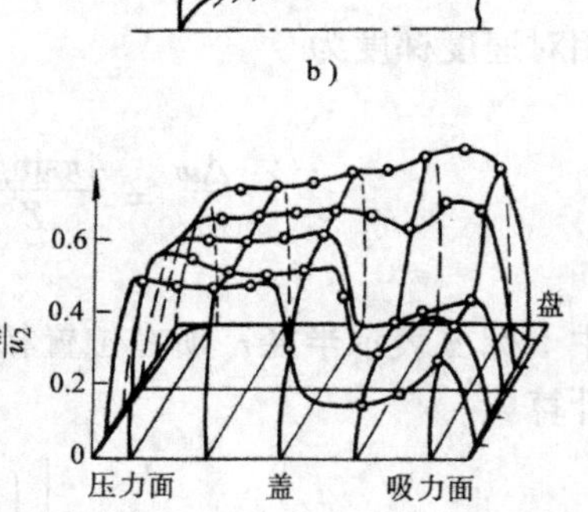

b）

c）

图 5-14 计算与实测速度的比较

a）测量截面上的速度分布 b）测量截面的位置 c）出口截面的速度分布图

度分布和测量结果出现了相反的倾向。图 5-14c 表示了整个第 5 截面上的实测得到的速度分布。在轮盖和叶片吸力面相交的角落，速度明显亏损（速度值很小），这是由于叶道前面部分附面层的不稳定和分离积累起来的，现在人们常将该区域称作为尾迹。尾迹区流动是很不稳定的，图 5-14c 中仅表示了时间的平均值，实际脉动约占平均值的 25%～30%。人们将尾迹区外的速度较大的流动区域称为射流，在相对运动中，射流区的滞止压力近似无损失的情况。图 5-15 表示了测量得到的对另一类典型的后向叶片闭式（有盖）叶轮出口相对滞止压力分布，显然，有一个平均速度比射流中相应值小许多的区域（尾迹区），它位于叶片吸力面附近。在最高效率点时，尾迹很小，而且向叶片吸力面迁移较少，在叶轮出口之前还未达到吸力面而仅在轮盖侧稍偏向叶片吸力面。在临近阻塞流量时，尾迹在叶轮出口截面已迁移到了叶片吸力面，并占据了轮盖——吸力面角落相当大的范围。

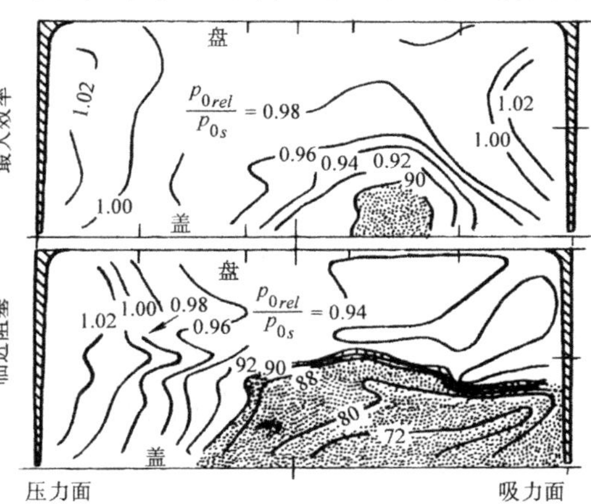

图 5-15　射流—尾迹

对另一个后弯叶片、低比转速、开式（无盖）叶轮测得的出口速度分布示于图 5-16。该叶轮相对进口直径小，轮盖曲率半径较大且变化光滑。出口截面上没有看到像图 5-14c 那样明显的尾迹区，但与图 5-15 中最高效率点的测量结果类似，速度减小区在轮盖侧，实际上这种低速流体区在第三截面盖侧就明显测得，只是随后没有进一步扩大，也没有迁移到轮盖——吸力面角落。

值得注意的是，以上测量都发现了相同的一种现象，即在子午面中轮盖壁变直之前（如图 5-14a 中第 3 截面）盖壁就发生了分离。这不能用势流理论解释，因为势流理论认为经过凸面的流动为加速，仅在下游速度减小。而分离是在速度下降，压力上升，形成了逆压梯度的条件下才有可能发生。这种现象似乎可解释为：下游一旦分离发生，有效的子午曲率向前移动，流谱完全发生了变化，减速立即出现，引起较前截面上的分离。

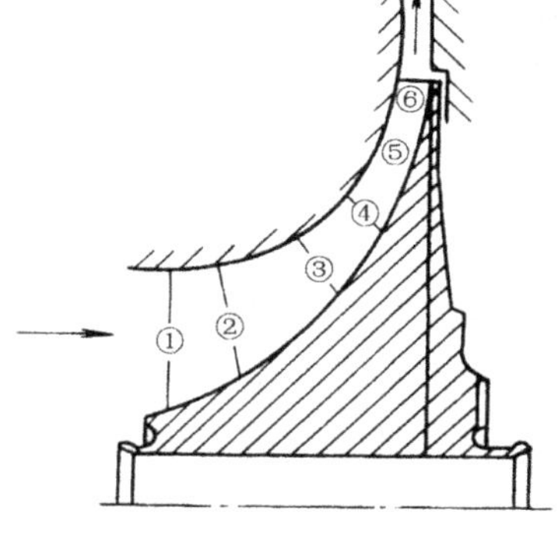

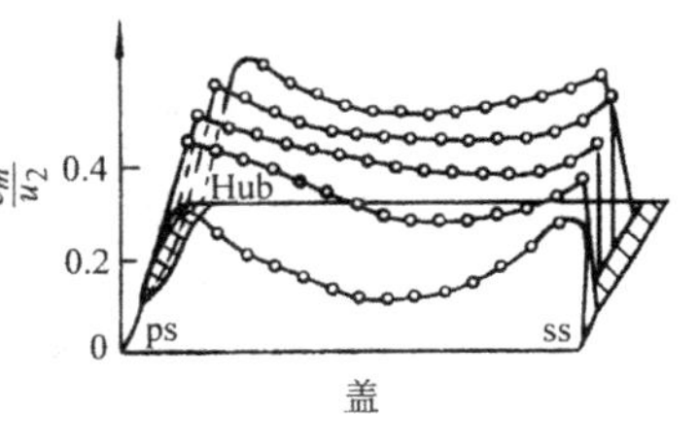

图 5-16　叶轮出口速度分布

尾迹的大小标志着损失的大小，如果在形成射流尾迹流谱中盖面分离是一个关键的过程，那么一个重要的设计原则是有尽可能大的光滑变化的轮盖曲率半径。这点在小比速叶轮中容易达到，但同时增加了叶轮的轴向长度。

现在虽然可以用一个合适的紊流模型求解三元 N—S 方程来计算叶轮中的许多流动特性。但下面仅用较简单的方法——二次流理论来指出尾迹的位置和估价其对相对流动的影响。

二次流理论仅考虑低滞止压力流体的对流而不考虑它的起因。所谓二次流是与主流成一

定角度方向的流动，它是在具有不均匀滞止压力的主流受流线曲率或离心叶轮中的哥氏力（与旋转有关）的作用而产生的。

在考虑径流式机器中的二次流时，利用相对滞止压力 p^* 的定义，对于不可压流动

$$p^* = p + 0.5\rho w^2 - 0.5\rho \omega^2 r^2 = p + 0.5c^2 - uc_u \tag{5-15}$$

二次涡 Ω_S（即绝对涡在相对流动方向 s 上的分量）的增加率可以写成 Johnson 导出的形式

$$\frac{\partial}{\partial s}\left(\frac{\Omega_s}{w}\right) = \frac{2}{\rho w^2}\left(\frac{1}{R_n}\frac{\partial p^*}{\partial b} + \frac{\omega \partial p^*}{w \partial x}\right) \tag{5-16}$$

式中 ω——叶轮的角速度；

R_n——相对坐标中的流线曲率；对于离心式叶轮，子午面上有轮盘、轮盖的曲率，跨叶片面上有叶片曲率；

b——次垂直方向，该方向垂直于流线方向和矢量 R_n；

x——轴向。

上式指出，二次流 Ω_S 将滞止压力 p^* 低的流体移向低的静压力 p 区。低 p^* 流体可能在附面层内或在尾迹中。旋转 ω 仅在相对滞止压力有一个轴向方向的梯度 $\partial p^*/\partial x$ 下才起作用，例如在导风轮下游叶轮部分轮盖上附面层具有的梯度，外侧比内侧 p^* 高，那么旋转将驱使低 p^* 的流体朝叶片吸力面方向运动。曲率 $1/R_n$ 仅在 $\partial p^*/\partial x \neq 0$ 时才产生影响，在盘盖附面层的滞止压力梯度 $\partial p^*/\partial x$ 下，叶片曲率产生的二次流驱动低 p^* 的流体流向叶片吸力面。类似地，在有叶片面上的梯度 $\partial p^*/\partial x$ 时子午面曲率使二次流朝向轮盖。

若将方程（5-16）中右端微分项前乘子组合成 Rossby 数 $R_0 = w/\omega R_n$，则 R_0 大时表示曲率（$1/R_n$）的影响超过旋转（ω/w）的影响。对于离心叶轮，前面导风轮部分有较大的叶片曲率，但附面层很薄，分离流动区可能很小。更大的曲率是叶轮后面部分的子午面曲率，它使低 p^* 流体朝向盖侧。一旦低的相对滞止压力 p^* 区形成，则大 R_0 数时低 p^* 流体流向盖侧，而 R_0 数低时，即意味着旋转影响占优势时，低 p^* 流体流向吸力面。

一个有盖的径向叶轮试验结果示于图 5-17，分离在轮盖——吸力面角落开始，尾迹尺寸由总的流动减速情况决定，而尾迹的位置由二次流控制。图 5-17b 是设计流量的情况，尾迹（低滞止压力流体区）在轮盖——吸力面角落；在小流量时（图 5-17a），尾迹尺寸增加，并移到叶片吸力面侧，表明旋转影响增加，R_0 减少。在增加流量时（图 5-17c），w 增大，R_0 增加，子午曲率影响相对更重要，尾迹区缩小并移向轮盖附近。

三、附面层分析

研究表明，附面层的一些论点，为计算径流机械通道的损失提出了良好的基础。叶栅中附面层发展的分析处理，也成为特殊的工程领域，人们致力发展专门的理论，以期望对透平机械通道中的损失机理有更完全的了解。

下面仅讨论附面层的最基本关系，主要兴趣是导出满足一般情况和有一定精度的关系式，这些式子在不忽略主要因素（如哥氏效应）的条件下得到简化。

所有摩擦损失都是由附面层中剪切力引起的。附面层在靠壁面的速度为零、而在靠中心的速度为主流速度 c_f。附面层的排挤厚度 δ^* 定义为

$$\delta^* = \int_0^\delta \left(1 - \frac{c}{c_f}\right)\mathrm{d}y$$

表示动量损失的附面层动量厚度是

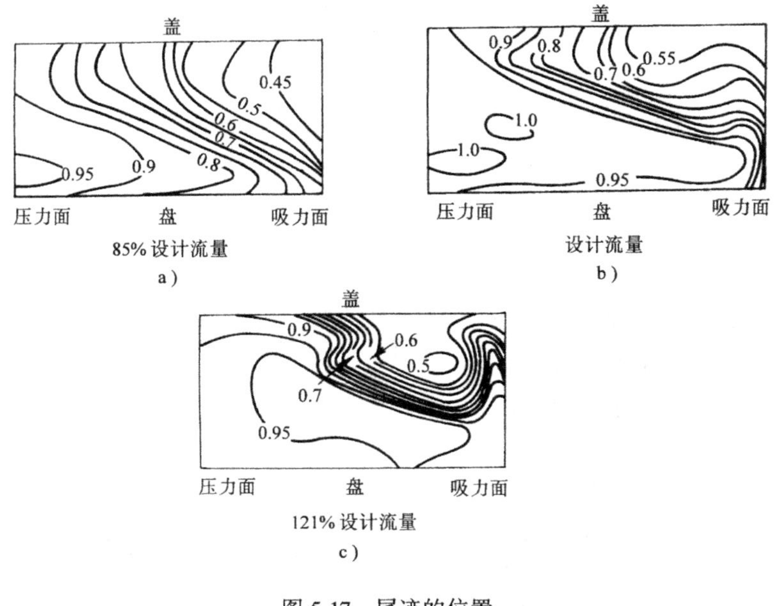

图 5-17 尾迹的位置

$$\theta = \int_0^{\delta} \frac{c}{c_f}\left(1 - \frac{c}{c_f}\right) \mathrm{d}y$$

式中 c 为附面层中速度，δ 为附面层厚度，y 是垂直壁面的方向。可以看出，δ^*、θ 都随通道长度 l 和逆向压力梯度增加而增加。研究动量厚度，就是为了减少它，从而减少损失。

对于一般形式的附面层方程，精确求解很困难，由特鲁肯布德（Truckenbrodt）提出的逆向梯度下附面层增长的近似式为

$$\theta_2\left(\frac{c}{\nu_2}\theta_2\right)^{\frac{1}{n}} c_2^{3+2n} = C_1 + A\int_0^l c^{3+2n} \mathrm{d}x \tag{5-17}$$

若定义 ν_2 为叶栅出口运动粘度，c_2 为叶栅出口的主流速度，l 为流道长度，积分常数 C_1 为初始层流部分的动量厚度，则上式更容易求得一般解。式中 A 和 n 是常数，与流动特性有关，其数值见表 5-2。假定速度 c 沿流道长度的变化关系后，积分式（5-17）就可得流道出口处动量厚度。例如设速度 c 与流道长度 l 为线性关系且忽略 C_1，则积分得到相对动量厚度

表 5-2 流动特性与 A、n 的关系

A	n	流动特性
0.0076	6	紊流
0.016	4	紊流、接近分离
0.46	1	层流

$$\frac{\theta_2}{l} = \frac{\left[\dfrac{A}{\left(4 + \dfrac{2}{n}\right)}\right]^{\frac{n}{n+1}}}{Re_2^{\frac{1}{n+1}}}\left[\frac{1 - \left(\dfrac{1}{\mu}\right)^{4+\frac{2}{n}}}{1 - \dfrac{1}{\mu}}\right]^{\frac{n}{n+1}} \tag{5-18}$$

式中 $\mu = c_2/c_1$ 称为减速比。$\mu = 1$ 时有

$$\left(\frac{\theta_2}{l}\right)_0 = \frac{A^{\frac{n}{n+1}}}{Re_2^{\frac{1}{n+1}}} \tag{5-19}$$

这些关系式的意义示于图 5-18。图 5-18 中实线表示紊流和层流的状况，θ_2/l 随 Re 减少而增加，两种状况交于 $Re=4\times10^4$。图 5-18 中虚线表示接近分离的紊流状况，它有稍高的 θ_2/l 值。

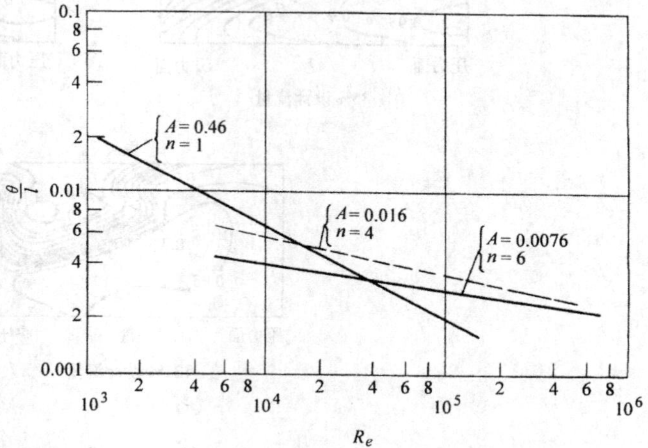

图 5-18 相对动量厚度与雷诺数的关系

若忽略了初始层流部分（C_1），可认为附面层动量厚度的层流部分在高雷诺数时相当小，并随雷诺数减少而增加。假设 $Re=4.4\times10^6$ 时，$C_1=0$，层流部分的 θ_2/l 约为紊流的 30%，则 $Re=4.4\times10^4$ 时图 5-19 中虚线表示了总动量厚度。在许多的情况下，这些数据有好的近似结果，因此 $A=0.016$ 和 $n=4$ 可用于紊流附面层的计算。

流动线性减速和加速对动量厚度的影响由式（5-18）与式（5-19）之比表示

$$\frac{\dfrac{\theta}{l}}{\left(\dfrac{\theta}{l}\right)_0} = \left[\frac{1-\left(\dfrac{1}{\mu}\right)^{4+\frac{2}{n}}}{\left(1-\dfrac{1}{\mu}\right)^{4+\frac{2}{n}}}\right]^{\frac{n}{n+1}} \tag{5-20}$$

相对动量厚度 θ_2/l 随减速比减小而迅速增长，随加速比增大而减少。

对于减速运动，采用开始段增大减速代替线性减速方案能有较小的 θ/l 值，图 5-19a 中减速方案由式（5-17）分部积分有

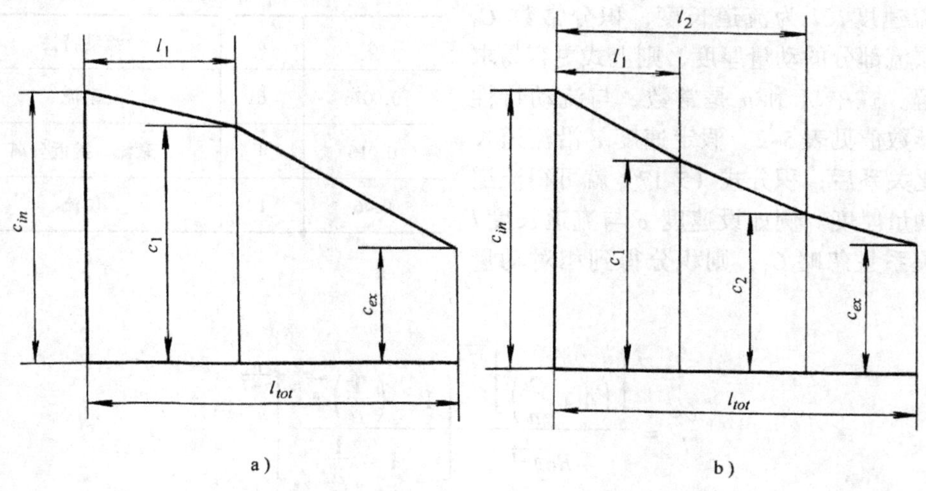

图 5-19 流动减速方案

$$\frac{\theta}{l}=\frac{\left[\dfrac{A}{4+\dfrac{2}{n}}\right]^{\frac{n}{n+1}}}{Re^{\frac{1}{n+1}}}\left\{\frac{\mu x_1\left(\dfrac{\alpha^*-1}{\mu}\right)^{4+\frac{2}{n}}}{\alpha^*-1}+\frac{(1-x_1)\left[1-\left(\dfrac{\alpha^*}{\mu}\right)^{4+\frac{2}{n}}\right]}{1-\dfrac{\alpha^*}{\mu}}\right\}^{\frac{n}{n+1}} \tag{5-21}$$

式中　$\alpha^*=c_1/c_m$——开始部分的减速比；

$x_1=l_1/l_{tot}$——无量纲的开始部分长度。

对于图 5-19b 中减速方案则

$$\frac{\theta}{l}=\frac{\left(\dfrac{A}{4+\dfrac{2}{n}}\right)^{\frac{n}{n+1}}}{Re^{\frac{1}{n+1}}}\left\{\frac{\mu x_1\left(\dfrac{\alpha^*-1}{\mu}\right)^{4+\frac{2}{n}}}{\alpha^*-1}+\frac{\mu(x_2-x_1)\left[\left(\dfrac{\beta^*}{\mu}\right)^{4+\frac{2}{n}}-\left(\dfrac{\alpha^*}{\mu}\right)^{4+\frac{2}{n}}\right]}{\beta^*-\alpha^*}\frac{(1-x_2)\left[1-\left(\dfrac{\beta^*}{\mu}\right)^{4+\frac{2}{n}}\right]}{1-\dfrac{\beta^*}{\mu}}\right\}^{\frac{n}{n+1}} \tag{5-22}$$

式中 $\beta^*=c_2/c_{in}$，$x_2=l_2/l_{tot}$。

减速和加速对附面层动量厚度的影响示于图 5-20。$c_2/c_1<1$ 时，开始部分高的减速比能减小相对动量厚度，而加速 $c_2/c_1>1$ 时，开始部分较少加速可减小相对动量厚度。有小的动量厚度意味着有小的损失系数，从而产生的损失较小。

另一个重要参数是临界附面层动量厚度 $(\theta/l)_{cr}$，此时可期望有附面层分离。研究该参数就是为设计提供又一个准则，流道中 θ/l 应小于 $(\theta/l)_{cr}$。

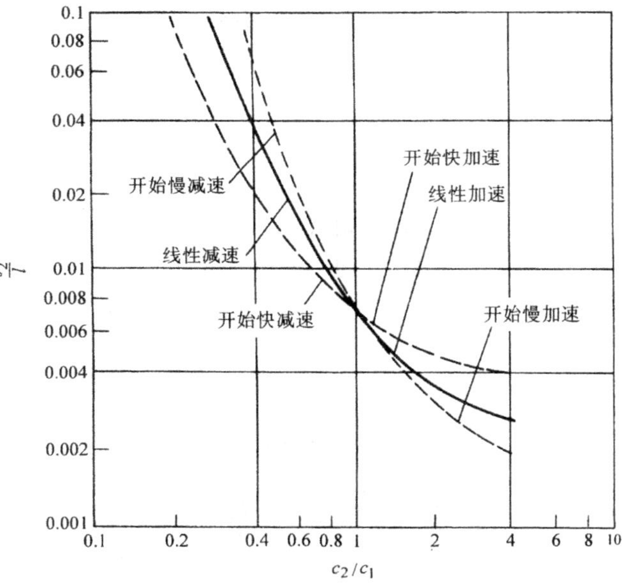

图 5-20　相对动量厚度与减速（加速）方案的关系

为了计算动量厚度 $(\theta/l)_{cr}$，可以引进哈根（Hagen）数 Ha，它被定义成正压力与粘性力之比。将这个概念应用于平板，当 δ 表示附面层厚度时

$$Ha=\frac{-\dfrac{dp}{dx}\delta b\,dx}{\tau_w b\,dx}=-\frac{\dfrac{dp}{dx}\delta}{\tau_w}$$

若壁面剪切力

$$\tau_w\approx\rho c^2\left(\frac{\nu}{c\delta^*}\right)^{\frac{2}{n+1}}$$

和

$$\frac{dp}{dx}=-\rho c\frac{dc}{dx}$$

并用附面层动量厚度 θ 代替附面厚度 δ，则

$$Ha_\theta=\frac{dc}{dx}\frac{\theta Re_\theta^{\frac{2}{n+1}}}{c} \tag{5-23}$$

式中 $n=7$，$Re_\theta=c\theta/\nu$。有的文献规定，分离条件由普朗特(prandtl)附面层方程的类似考虑解得

$$\frac{Ha_\theta}{Re_\theta^{\frac{2}{n+1}}}=\frac{2(c_2-c_1)}{(c_1+c_2)l}\theta \tag{5-24}$$

$$\lambda_{sep}=\frac{Ha_{\theta,sep}}{Re_\theta^{\frac{2}{n+1}}}=f(Re_\theta) \tag{5-25}$$

式中 $Ha_{\theta,sep}$ 为分离发生的 Ha 数。文献资料表明，层流时 $\lambda_{sep}=0.097Re_\theta$，紊流时 $\lambda_{sep}=0.044$。将以上资料代入式(5-23)，则临界动量厚度表示成主流减速比 μ 的函数

$$\left(\frac{\theta}{l}\right)_{cr}=\begin{cases}\dfrac{0.045(1+\mu)}{Re_\theta(1-\mu)} & \text{层流}\\[2ex] \dfrac{0.0022(1+\mu)}{(1-\mu)} & \text{紊流},Re>10^3\end{cases} \tag{5-26}$$

透平机械通道中的附面层现象是很复杂的，特别是在紊流向层流转换的区域，以致损失精确预示相当困难，但是上述的分析对减少损失是有帮助的。

第四节　叶轮的结构形式及几何参数的确定

一、径流和混流式叶轮的结构形式

叶轮是叶轮机械中唯一传递能量的部件，径流和混流式叶轮常用半开式（图 5-21a）和闭式（图 5-21b）两种结构（还可以参阅图 1-20 和图 1-34）。

a)

b)

图 5-21　叶轮

a）半开式　b）闭式

半开式叶轮常用于气体透平或增压器中。该型式叶轮叶片顶部与静止固壁之间有一个小的间隙，叶轮进口（压缩机）或出口（透平）有称为导流段的部分，导流段中叶片并不一定是一样长，可以由长短叶片组成，这种布置可解决叶轮进口（出口）叶片阻塞（排挤）过大的问题。闭式叶轮常用于工业上固定装置的压缩机中，闭式叶轮除可减少无盖所存在的间隙损失外，也可以减小轴向推力（这对于高压多级是重要的）。但由于离心力引起的应力较大，叶轮周速不能太高，如钢制叶轮，半开式叶轮最大外径圆周速度为 380～430m/s，而闭式叶

轮最大外径圆周速度仅 300～360m/s。

由于水力机械（泵和水轮机）的转速较低，因此较少采用半开式叶轮。但在污水泵中，半开式叶轮有不易被杂质堵塞的优点，用于这个目的的叶轮叶片的形状也很特殊，图 5-22 为一个例子。

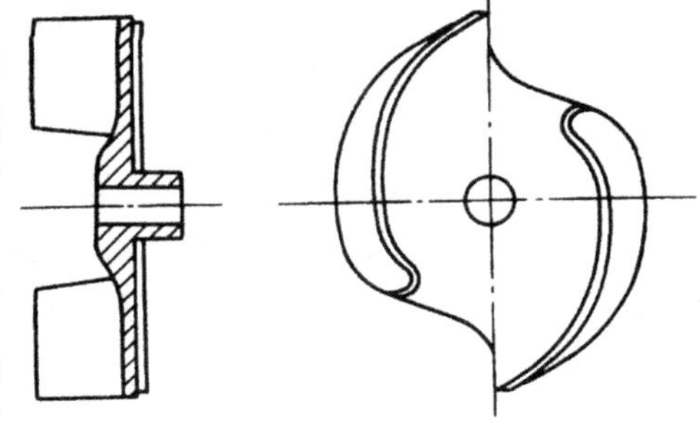

图 5-22　污水泵的开式叶轮

径向式叶轮的结构型式通常还以叶片的弯曲形式来区分。图 5-23 所示为三种不同叶片弯曲形式的叶轮，其中图 5-23a 为后弯叶片式，叶片弯曲方向（对工作机而言，下同）与叶轮旋转方向相反，叶片出口角 $\beta_{b2}<90°$；图 5-23b 为径向叶片式，叶片出口方向与叶轮半径方向一致，叶片出口角 $\beta_{b2}=90°$；图 5-23c 为前弯叶片式，叶片弯曲方向与叶轮旋转方向相同，叶片出角 $\beta_{b2}>90°$。

图 5-24 给出了三种叶片高压边的速度三角形，在相同的圆周速度和流量条件下，后弯叶片式叶轮的高压边（一般为外径处）绝对速度 c_p 和它的圆周分速度 c_{up} 都比较小；前弯叶片式叶轮的速度 c_p 和它的圆周分速度 c_{up} 都比较大；径向叶片叶轮则介于后弯和前弯式叶轮之间。

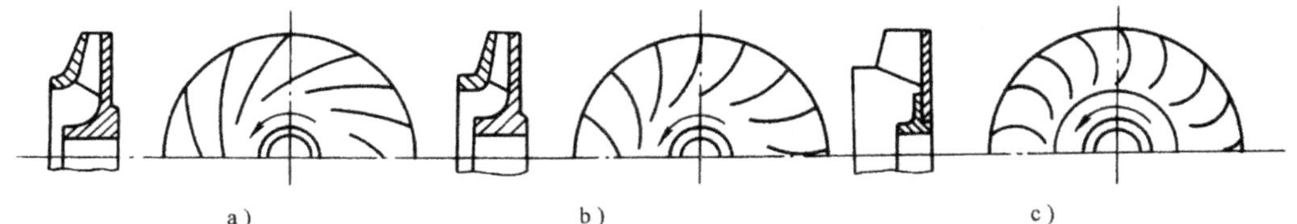

图 5-23　叶轮叶片的三种型式

a）后弯叶片　b）径向叶片　c）前弯叶片

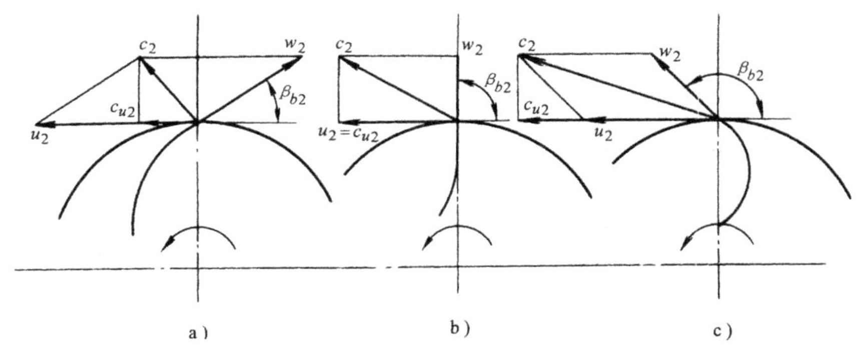

图 5-24　不同型式叶片的速度三角形

a）后弯叶片　b）径向叶片　c）前弯叶片

我们已经知道，在叶轮低压边圆周速度 u_s 相同和 $c_{us}=0$ 的条件下，叶轮与介质交换的能量 h_{th} 是与 c_{up} 的大小成正比的，亦即 $h_{th}=u_p c_{up}$。

这样从叶轮对介质的作功大小来看，前弯叶片式叶轮作功最大，后弯叶片式叶轮作功最小，径向叶片式叶轮介于二者之间。

但是，我们全面地看问题，前弯叶片式叶轮虽作功最大，然而从整个级看，它的效率却比较低，即整个级中损失较大。这种现象主要出现在工作机中，这是由于下面几个原因引起：

1）由式（2-115）可知，前弯叶片式叶轮反作用度最小，后弯叶片式叶轮反作用度最大，径向叶片式叶轮介于两者之间。对于工作机而言，由于前弯叶片式叶轮出口绝对速度 c_2 比后弯式叶轮大得多，这部分速度在其后的扩压器中逐渐降速而转变为压力，而在扩压器中的流动损失一般比较大。对气体介质，在叶轮圆周速度 u_2 较高的情况下，气流还很容易由于马赫数较高，带来较大的流动损失，使整个级的效率下降。相反，后弯叶片式叶轮出口绝对速度 c_2 比较小，故在扩压器中流动时损失也小。此时，级中压力的升高，主要是在叶轮内完成，而叶轮内的气流受离心力的作用，不易产生边界层的分离，所以叶轮内的气体流动损失，要比扩压器中流动损失来得小一点，以致整个级的效率就较高。径向叶片式叶轮正好介于二者之间。

2）图 5-25 表示了前弯叶片式和后弯叶片叶轮的叶道。可以看出，前弯叶片式叶轮的叶道比较短，叶片弯曲度（$\Delta\beta = \beta_{b2} - \beta_{b1}$）较大，叶道截面积增大亦快，叶道扩压度和叶道的当量扩张角亦大，容易超过许可值，致使叶道中的流动容易产生边界层的分离，故效率较低；而后弯叶片式叶轮的叶道比较长，叶片弯曲度较小，叶道截面积逐渐增大，即叶道的扩压度和当量扩张角小，不容易超过许可值，这样叶道中的流动就不容易产生边界层的分离，故效率较高。径向叶片式叶轮正好介于二者之间。

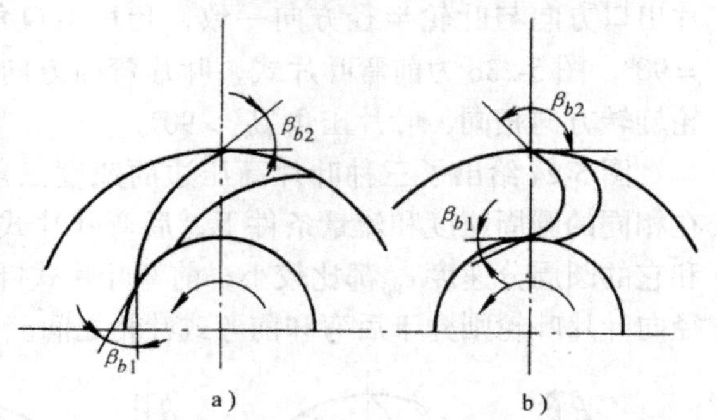

图 5-25 前、后弯叶片式叶轮的叶道
a）后弯叶片式叶轮 b）前弯叶片式叶轮

3）由式（5-11）和图 5-12 可见，流道法向的速度梯度是由两项组成的，一项等于 2ω，这是由哥氏力（或者说轴向旋涡）引起的，另一项 w/r_m 则为流道（叶片）的弯曲引起的。在后弯叶片的叶间流道中，此两项的方向相反，在一定的程度上相互抵消。而在前弯叶片的流道中，此两项方向相同，相互叠加。因此前弯叶片的叶道中速度分布的不均匀程度比后弯叶片为大（图 5-26）。这种较大的不均匀速度，不但使叶轮叶道本身容易产生边界层的分离和增大二次涡流的影响，而且恶化了后面固定元件的进口条件，从而导致效率的下降。这是前弯叶片叶轮的效率较低的又一个原因。

所以，对于工作机来说，后弯叶片式叶轮比较容易获得高的级效率，其次是径向叶片式叶轮，而前弯叶片式叶轮的级效率最低。

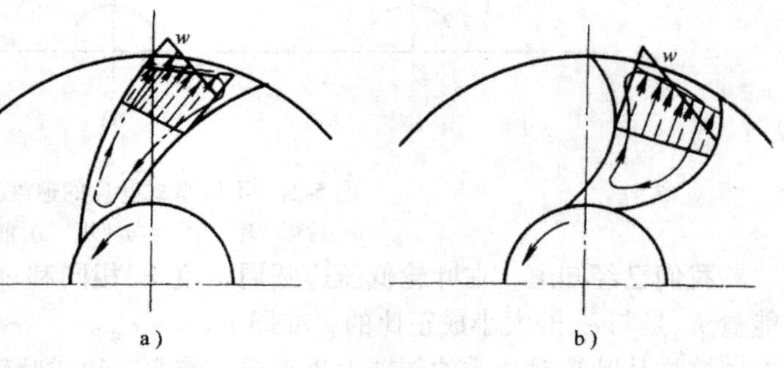

图 5-26 前、后弯叶片叶轮叶道中速度分布
a）后弯叶片式叶轮 b）前弯叶片式叶轮

另外，因为前弯叶片式叶轮出口速度 c_2 受许可马赫数的限制，所以圆周速度 u_2 就不能太高，这就使它的作功能力受到限制。后弯叶片式叶轮从出口速度 c_2 来看，它可以采用较高的圆周

速度，这样作功能力得到提高。

综上原因，所以前弯叶片式叶轮仅用于通风机上。在鼓风机、压缩机和泵上广泛采用的是后弯和径向叶片式叶轮。

对于后弯叶片式叶轮，习惯上叶片出口安装角在 15°~30°时，称强后弯型（或称水泵型）叶轮，出口安装角 30°~60°时，称后弯型（或称压缩机型）叶轮。

径向叶片式叶轮一般也有两种：一种是气流径向进入叶片，称径向出口叶片式叶轮（见图 5-23)，另一种是径向叶片的前面还设有一个导风轮，因而气流由轴向进入叶轮，称径向直叶片式叶轮，见图 2-86。

叶片出口角不仅对效率有重要影响，而且对机器的工作稳定性也有很大的影响。在图 5-27 给出了径向、后弯和强后弯型叶轮压缩机级的试验性能曲线。叶轮的几何参数列于表 5-3 中，三个叶轮采用同一个机壳作试验，由叶片扩压器（$D_3/D_2=1.1$，$\alpha_{b3}=19°$，$D_4/D_2=1.38$，$\alpha_{b4}=28°$）和蜗室组成（见图 5-4)。由图 5-27 可知，β_{b2}愈小，级的稳定工况范围愈宽。

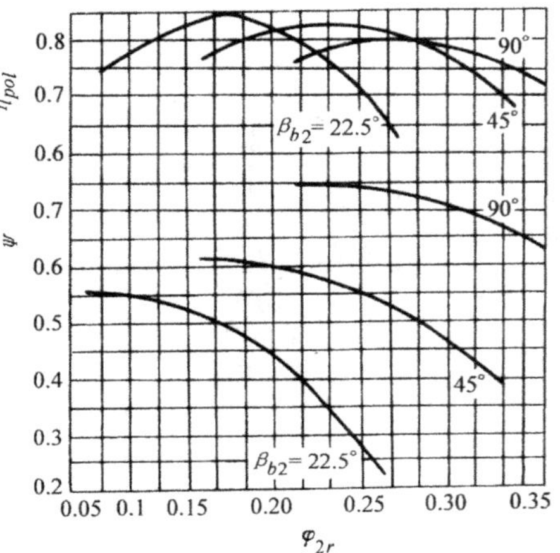

图 5-27　不同叶片出口角叶轮的级性能曲线

必需指出，上面关于叶片角 β_p 对效率和工作稳定性的影响的分析，是针对工作机而言的。在原动机中，由于流动是收缩的，所以上述两个问题都不复存在。所以原动机中高压边叶片角通常比工作机大。在反击式水轮机中，β_p 通常只受到叶片弯曲度的限制，因为过分弯曲的叶片将使转轮内的流动损失增加。

表 5-3　试验叶轮的几何参数

叶轮方案	β_{b2}/ (°)	Z_2	β_{b1}/ (°)	D_1/D_2	b_2/D_2	a_2	$\varphi_{2r\ opt}$
Ⅰ	22.5	12	29	0.437	0.05	17.5	0.16
Ⅱ	45	20	20.5	0.501	0.05	19.2	0.23
Ⅲ	90	24	30	0.527	0.05	17.3	0.27

注：$D_2=305$mm，$Ma=0.60$

二、径流和混流式叶轮的主要几何参数的确定

叶轮设计时，总是先确定叶轮的总体尺寸和形状，然后计算确定叶片型线。决定叶轮总体尺寸和形状的几何参数，就是主要几何参数。叶片的型线，原则上可以在满足能量转换和流量要求下，根据尽量减少流动损失来设计。目前各种形状的叶片，如圆弧形、抛物线形、直叶片、机翼形、扭曲叶片等，有的已广泛应用于产品中，有的则正在进行试验研究。在一元理论的设计方法中，叶轮的能量头仅与进、出口的流动参数有关，所以计算主要在进、出口截面上进行，并不涉及叶片型线。叶片型线实际上对叶轮的性能影响很大，在一元设计中，只能凭经验确定，本章中只能给予简单的介绍。实际上，确定进、出口截面之间叶片形状应结合叶道中速度场的分析才更合理。

尽管各种径流和混流式流体机械（压缩机、通风机、泵、水轮机）的叶轮形状基本相同，确定主要几何尺寸的原则也基本相同，但由于其使用条件不同，具体的作法还是有比较大的差别，下面将分别予以介绍。

（一）离心压缩机

1．叶轮的主要几何参数与无量纲参数

叶轮主要由轮盘、叶片和轮盖三者组成，图 5-28 表示了典型后弯式叶轮的主要结构参数。

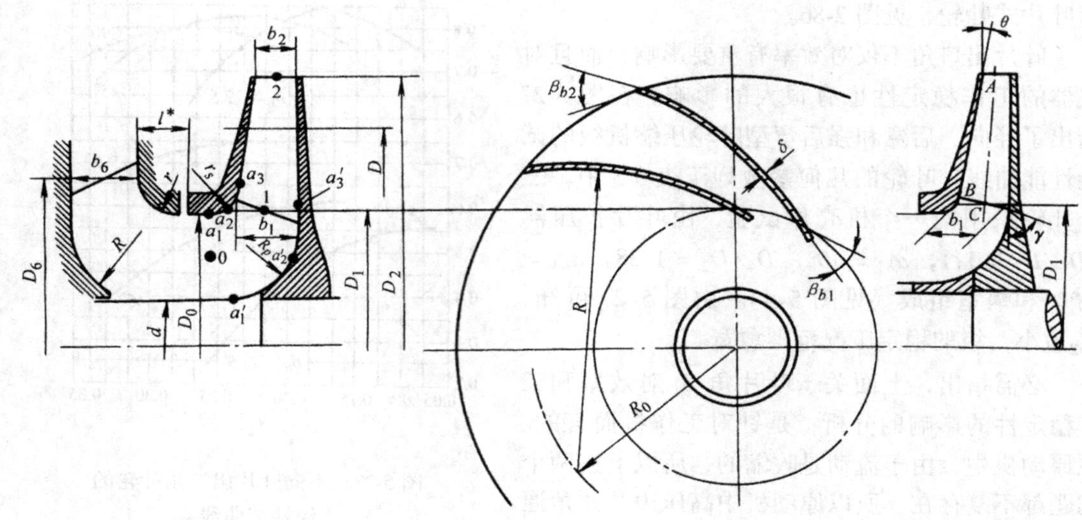

图 5-28　离心压缩机叶轮主要几何参数

叶轮主要结构参数为：

D_2——叶轮外径；　δ——叶片厚度；　D_1——叶轮叶片进口直径；

Z——叶片数；　D_0——叶轮进口直径；　β_{b1}——叶片进口安装角；

d_h——叶轮进口轮壳直径；　β_{b2}——叶片出口安装角；　b_2——叶轮叶片出口宽度；

γ——叶片进口斜角；　b_1——叶片进口宽度；　r_s——轮盖进口圆角半径；

θ——叶轮的轮盖斜度，$\theta = \arctan\dfrac{2\ (b_1 - b_2)}{D_2 - D_1}$，从叶轮强度考虑，$\theta$ 宜小于 12°。

其中叶片进口宽度 b_1 是指叶片轮盖侧面边缘 AB 延长到 C 点（叶片进口中心点的直径 D 处）所量得的宽度。在轮盖 AB 为曲线的情况下，可按 B 点作曲线 AB 的切线进行延长。叶片进口边的斜角，一般为 40°～80°。

离心叶轮有两个主要无量纲系数，一个是周速系数 φ_{u2}，另一个是流量系数 φ_{r2}。在叶轮尺寸一定时，φ_{r2}决定了流体经过叶轮的流量。而且由式（5-8）可知，常用的叶轮出口流量系数 φ_{r2}与 φ_{u2}成线性关系。因此，设计点 φ_{r2}的选取，直接影响到叶轮出口宽度 b_2、理论能量头和反作用度，从而影响到级的作功和效率。图 5-29 给出了圆弧叶片叶轮 φ_{r2}的最佳范围。为了分析和计算方便，还引进假想流量系数

$$\varphi_{ima} = \frac{q_m}{\rho_{in}^{*}\pi r_2^2 u_2} \tag{5-27}$$

它与 φ_{r2}的关系为

$$\varphi_{ima} = \frac{4\rho_2\tau_2 b_2\varphi_{r2}}{D_2\rho_{in}^*} \tag{5-28}$$

式中 ρ_{in}^* 为级进口处的滞止密度。显然，由 φ_{r2}很容易换算出质量流量 q_m 或叶轮径向尺寸。对于工业用离心压缩机叶轮，一般计算工况下 $\varphi_{ima}=0.01\sim0.12$。$\varphi_{ima}>0.08$ 的叶轮常称为大流量叶轮，$\varphi_{ima}=0.045\sim0.08$ 时称为中等流量叶轮，$\varphi_{ima}<0.045$ 时称为小流量叶轮。

工业离心式压缩机叶轮在 $\varphi_{ima}=0.05\sim0.08$ 有较高效率，而周速系数的最佳值 $\varphi_{u2}=0.5\sim0.6$。这二个系数组合而成的无量纲转速 k_n 为

$$k_n = \frac{\sqrt{\varphi_{ima}}}{\varphi_{u2}^{0.75}} = \frac{2n\sqrt{\pi q_{v,in}}}{h_{th}^{0.75}} \tag{5-29}$$

式中 n 的单位是 r/s；$q_{V,in}$的单位是 m^3/s。将此式与（3-96）对比即可知道，k_n 其实就是无量纲比转速 K 的另一种表示。它们之间的关系是

$$K = \sqrt{\pi}k_n = 1.77k_n$$

k_n 最佳值为 $0.32\sim0.48$。若仅从效率出发，包括空间叶轮在内，单级的最大值 $k_{nmax}=0.6\sim0.65$，而最小值 $k_{nmin}=0.1\sim0.15$。

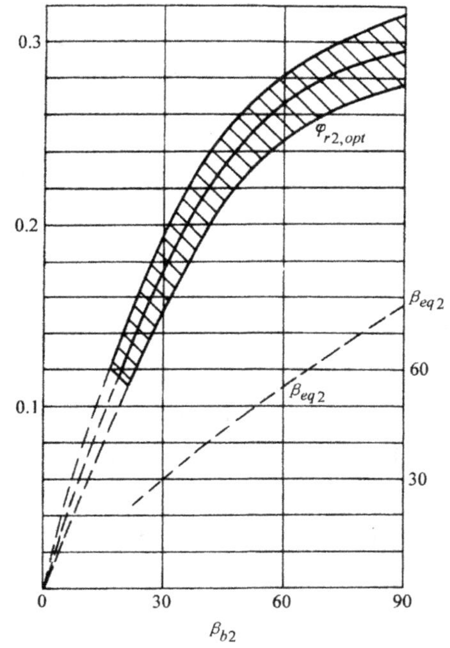

图 5-29　φ_{r2}最佳范围和 β_{eq2}的近似值

2. 叶轮几何参数的选择

叶轮出口半径 r_2 在确定 n 和 u_2 后很容易决定

$$r_2 = \frac{30u_2}{n\pi} \tag{5-30}$$

叶轮出口的其它主要几何参数 β_{b2}、b_2、Z_2 直接或间接地反映在 φ_{u2}的表达式（5-10a）中。

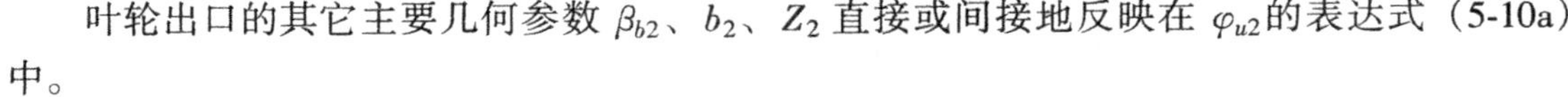

叶片出口角 β_{b2}对性能的影响很大，前面已经详细讨论过。但目前还没有一个单独的计算 β_{b2}的公式，在效率较高的叶轮中，β_{b2}为 30°～50°，实际应用时 β_{b2}的取值范围更大。

叶片数 Z 也是影响周速系数 φ_{u2}和叶道形状的参数。大的 Z 值可提高 φ_{u2}值，减少叶片负荷和叶道当量扩张角 θ_{eq}，这对作功和效率都有利。但因叶片数多，增加了叶片表面积和进口阻塞（使 w_1 增加）而引起损失增加。这个矛盾可通过采用双列叶栅（长短叶片）来调和。最佳叶片数的经验关系式较多，在已知 β_{b2}而不知叶轮进口几何参数时，可由下式估计

$$Z = 10\pi\sin\beta_{b2} \tag{5-31}$$

通过周速系数 φ_{u2}、平均阻塞系数 τ_m 和最佳平均负荷 $\Delta\bar{w}=0.25\sim0.35$，计算叶片数的公式为

$$Z = \frac{2\pi\tau_m}{l}\frac{\varphi_{u2}}{\Delta\bar{w}_m(1-\bar{r}_1)} = \frac{\pi(\tau_1+\tau_2)\varphi_{u2}}{\Delta\bar{w}_m(1-\bar{r}_1)}\sin\frac{\beta_{b1}+\beta_{b2}}{2} \tag{5-31a}$$

叶片阻塞系数（或排挤系数）

$$\tau_i = 1 - \frac{Z\delta_i}{\pi D_i \sin\beta_{bi}} \tag{5-32}$$

下标 i 表示特征截面值，δ_i 为叶片垂直表面的厚度。

叶轮出口宽度 b_2 与流量系数 φ_{r2}有关

$$b_2 = \frac{q_m}{2\pi_{r2}\rho_2\varphi_{r2}u_2\tau_2} \tag{5-33}$$

因此，b_2 是间接地影响 φ_{u2}的值。图 5-26 中 φ_{r2}最佳值与 β_{b2}的关系的平均值可近似表示为

$$\varphi_{r2} = -\frac{\beta_{b2}^2}{36000} + \frac{\beta_{b2}}{187} + 0.045 \tag{5-34}$$

最终的 φ_{r2}允许在该式计算值上变化 0.02。

根据以上关系式，在给定理论能量头 h_{th}、质量流量 q_m 和转速 n 时，叶轮出口参数 φ_{u2}、φ_{r2}、β_{b2}、Z_2、b_2 和 r_2 中只要选取了一个，其它参数就可由式（5-10a）、式（5-30）～式（5-34）计算确定。

叶轮进口的主要几何参数有 β_{b1}、b_1、r_1（r_0）和轮毂半径 r_h。相对轮毂半径 $\bar{r}_h = r_h/r_2$ 由结构和强度条件（如机器工作转速应避开轴系的临界转速）决定，希望 $\bar{r}_h \leqslant 0.35 \sim 0.4$。若其他参数不变时，$\bar{r}_h$ 值增大引起 w_1 增加，从而使损失增大。

叶片进口安装角 β_{b1}和半径 r_1，是从使进口相对速度 w_1 最小，而期望叶轮中损失最小的原则出发选取的，由此推导出如下计算关系

$$r_{0,w1\min} = \left[\bar{r}_h^2 + 1.26\left(\frac{\varphi_{ima}K_c\rho_{in}^*}{K_D\tau_1\rho_0}\right)^{2/3}\right]^{0.5} \tag{5-35}$$

$$tg\beta_{1,w1\min} = \sqrt{\frac{0.5(\bar{r}_{0,w1\min}^2 - \bar{r}^2)}{\bar{r}_{0,w1\min}}} \tag{5-36}$$

$$r_1 = K_D r_{0,w1\min} = (1 \sim 1.05)r_{0,w1\min} \tag{5-37}$$

$$\beta_{b1} \approx \beta_{1,w1\min} \tag{5-38}$$

式中加速系数 $K_c = c_1/c_0 = F_0/F_1$，它将叶片进口子午面宽度 b_1 和叶轮进口半径 r_0 联系起来

$$K_c = \frac{\bar{r}_0^2 - \bar{r}_h^2}{2K_D\bar{r}_0\bar{b}_1} \tag{5-39}$$

若 $K_c > 1$，即流体加速，可减少叶轮进口部分流体转弯引起的损失，但加速导致 b_1 减少，w_1 增加，同时因小 b_1 促使轮盖进口处曲率加大，叶片进口流体更加不均匀，流体转弯后的扩压度增加，这都提高损失。因此，对于离心鼓风机和压缩机，推荐 $K_c = 0.9 \sim 1.1$。

进口几何参数确定后，可通过进口马赫数 $Ma_{w1} = w_1\sqrt{\kappa RT_1}$ 检验其合理性，一般要求 $Ma_{w1} \leqslant 0.55 \sim 0.65$。

为了综合评价叶轮进、出口几何参数选择的合理性，引进叶道扩压度 w_1/w_2 或当量扩张角 θ_{eq}

$$tg\frac{\theta_{eq}}{2} = \frac{\sqrt{F_2} - \sqrt{F_1}}{\sqrt{\pi}l} = \frac{\sqrt{2r_2b_2\tau_2\sin\beta_{b2}/Z} - \sqrt{2r_1b_1\tau_1\sin\beta_{b1}/Z}}{(r_2 - r_1)\sin[(\beta_{b1} + \beta_{b2})/2]} \tag{5-40}$$

一般叶轮的较小损失可能发生在 $w_1/w_2 = 1.5$，并认为 $w_1/w_2 < 1.6 \sim 1.8$ 是合理的。对

于叶道当量扩张角 θ_{eq}，希望不超过 $6°\sim8°$。

常规叶轮进出口之间的子午面上，盘的型线常由直线和圆弧组成，盖的型线一般为连接 b_1 和 b_2 端点的斜线。径向面上，叶片型线惯用单圆弧。

除上述参数外，下列几何特性对叶轮性能也有影响：

1）径向面上叶片中线形状，即 β_{b1} 和 β_{b2} 一定时，$\beta_b=f(\overline{D})$ 的函数关系；

2）进口处轮盖的曲率半径 $\bar{r}_s=r_s/b_1$（图 5-25）；

3）叶型形状——既从截面几何形状考虑，又考虑相对叶片厚度 $\bar{\delta}=\delta/D_2=f(\overline{D})$ 的关系，尤其是叶片前后缘形状；

4）叶轮圆环形叶栅（单列、双列）的形状，例如长、短叶片的长度与栅距之比；

5）进气室出口或回流器出口至叶轮进口前的轴对称转弯处的收敛度和其它特性，这些均影响叶轮进口的流动结构。

以上叶轮的设计仅考虑进出口截面的流体平均参数值，没有涉及到叶道内流动特性，因此，这种设计方法是比较粗糙的，设计的好坏主要依赖于所凭借试验资料的可利用程度。为了改善设计方法，提高径流机械的性能，必须研究叶轮内部流动机理，比较深入地了解内部流场的基本知识（见本章第三节）。从而使设计不仅在选定进、出口截面上的几何参数时利用新的试验和理论资料，还要根据进、出口间流体参数的合理分布来决定其中间的几何参数，充实，改善现有的一元理论分析方法。我国现有的一元设计理论和方法的明显进步，主要也是得益于这种思想。

必须指出，阐明叶轮内部流体流动的特点，只能是极近似的和概要的。径向叶轮的特点是环形叶栅中，由于粘性（附面层）的影响，流动极为复杂，引起的二次流比轴流式机械中要强烈得多，因而不可能直接利用已有的附面层计算方法计算能量损失。

还必须记住，不可以把固定通道中的流动图形，直接用到类似的旋转叶轮通道中。但是，利用流体动力学中下面这样一条重要原则来分析流动却是很重要的，即收敛流道中，流动是自动有组织的（速度图形均匀化），一般不会发生流动分离；在扩压流道中则相反，速度图形的不均匀性要增加，当压力梯度（沿流动方向）足够大时，接近壁面会产生质点反向运动的流动分离。由于回流的涡流占据了通道内一部分截面，通道其余部分的速度就比无脱离时增大。这两种现象都导致损失大大增加。但是，作为定量的扩压度准则（常以速度比表示），就不可以把扩压器中速度比值叶轮中相对速度比 c_3/c_4 与 w_1/w_2 等同起来，这是因为在旋转叶轮内流动时的作用力场，与静止通道内是不一样的。

叶轮中有叶片的通道内流动在第三节中已经讨论过。现讨论可看成是静止通道的叶轮进口部段 $0-1$ 内的流动（图 5-28），$0-1$ 部段是一凸面半径为 r_s，凹面半径为 R_p 的轴对称弯道。必须指出，叶片前缘前的叶轮进口段的旋转，对子午面的流动不会有很大影响，这是因为圆周方向摩擦力使子午流动扭曲是不大的。因而，对于没有叶片的叶轮开始段，可以采用相应的静止弯道中的流动规律，即轮盖凸出部段上，由 a_1a_2（图 5-28）的收敛流动，过渡到 a_2a_3 的扩压流动，沿着轮盖内表面进口段，最终会导致流体脱离。沿着轴对称弯道凹表面的流动情况恰恰相反，$a'_1a'_2$ 段为扩压流动，然后 $a'_2a'_3$ 段为收敛流动。可以看出，按损失的大小和对叶轮内流动的不利影响，上述可能产生的两种脱离是大不相同的。实际上，a'_2 点附近产生脱离只有局部性质，此后开始的收敛流动，对叶轮内的继续流动是有利的。而 a_2 点后的脱离，既由于有比较大的扩压度，又由于比较高的速度，会引起较大的损失。

因此，脱离区可以扩大到流动区深处，并使速度场的分布极不均匀。降低上述损失的有效措施有二个：增大相对半径 $\bar{r}_s$ 和降低绝对速度 $\bar{c}_0$。试验表明，增大 $\bar{r}_s$ 可以大大提高叶轮和级的效率，这就证明了上述论证的正确性。

（二）离心通风机

离心通风机的设计参数包括风量 q_V、风压（全压）p_{tF} 和转速 n。叶轮几何尺寸的选择与压缩机相似，一般可按以下步骤进行计算。

1. 进口直径

$$D_0 = \sqrt{\frac{4q_V}{\pi c_0} + d_n^2} \tag{5-41}$$

式中轴径 d_n 由强度计算确定，对于悬臂叶轮常有 $d_n = 0$。进口流速 c_0 的推荐值为：

$$c_0 = \begin{cases} 10 \sim 14\text{m/s} & \text{低压} \\ 12 \sim 19\text{m/s} & \text{中低压} \\ 15 \sim 30\text{m/s} & \text{中高压} \end{cases}$$

D_0 也可按经验公式计算：

$$D_0 = 0.96 \sim 1.35 \frac{K_0 \sqrt{q_V}}{\sqrt[4]{\frac{p_{tF}}{\rho}}} \tag{5-42}$$

式中 K_0 与 D_0 有关，如下表所示

表 5-4　K_0 与 D_0 的关系

D_0	0.2～0.5	0.6	0.7	0.8	0.9
K_0	7.5	1.47	1.40	1.30	1.20

2. 叶片出口角 β_{b2} 的选取

通风机中 β_{b2} 的取值范围为 30～180°。

3. 叶片数 Z 的选取

根据叶片角 β_{b2} 按下表选取

表 5-5　叶片数与叶片出口角的关系

叶片角 β_{b2}	20°～30°	<90°（翼型）	<90°	>90°	>90°多叶风机
叶片数 Z	5～8	8～12	12～16	16～32	32～64

4. 叶轮出口流量系数 φ_{r2}

在 $\beta_{b2} < 90°$ 时，$\varphi_{r2} = c_{r2}/u_2$ 可由式（5-34）计算。当选取 φ_{r2} 时，范围在 0.14～0.3。

5. 速系数 φ_{u2}

用式（5-10a）至式（5-10b）式计算。

6. 叶轮出口直径 D_2

$$D_2 = \frac{60}{\pi n}\sqrt{\frac{p_{tF}}{\rho \varphi_{u2} \eta_h}} = \frac{60}{\pi n}\sqrt{\frac{Hg}{\varphi_{u2} \eta_h}} \tag{5-43}$$

7. 叶轮出口宽度 b_2

$$b_2 = \frac{q_V}{\pi D_2 \tau_2 \varphi_{r2} u_2} \tag{5-44}$$

式中叶片出口阻塞系数 τ_2 在确定叶片厚度后可由式（5-32）计算。

8. 叶片进口直径

$$D_{1m}=(D_{1max}+D_{1min})/2$$

一般 $D_{1max}=(1.01\sim1.15)D_0$，$D_{1min}$由叶片进口边倾斜度决定。

9. 叶片进口角 β_{b1}

$$\beta_{b1}=\beta_1+i \tag{5-45}$$

式中冲角 $i=0°\sim5°$，对于前向叶片，为使弯曲度减小，i 可取更大值。

10. 叶片进口宽度 b_1

$$b_1=\frac{D_0^2}{4D_1\tau_1K_c} \tag{5-46}$$

式中阻塞系数 τ_1 由叶片数 Z_1（可比 Z_2 小）、厚度 δ、叶片角 β_{b1}和 D_1 决定（见式 5-32），加速系数推荐 $K_c=0.45\sim0.8$。

（三）离心泵和混流泵

选择泵叶轮的几何参数时，着重考虑的问题与压缩机有所不同。这表现在以下几个方面，首先，泵叶轮的设计受空化条件的制约，所以不能仅仅追求效率的提高，有时候需要牺牲效率指标以求达到规定的空化性能指标。其次，同样出于空化性能的考虑，泵叶轮的设计中很重视叶轮和叶片进口部分，为改善空化性能，叶片进口边常向叶轮入口延伸（参见第四章第四节），这样就需要采用扭曲叶片。第三，泵的能量头（扬程）相对于压缩机而言是比较低的，一般不需要为了达到规定的能量头而采用大的叶片出口角，所以泵叶轮的叶片出口角通常只在一个较小的范围内变化。最后，由于泵的应用范围极广，单级离心和混流泵的比转速可在很大的范围内（20～600）变化，所以泵叶轮尺寸的选择必须考虑比转速的影响。

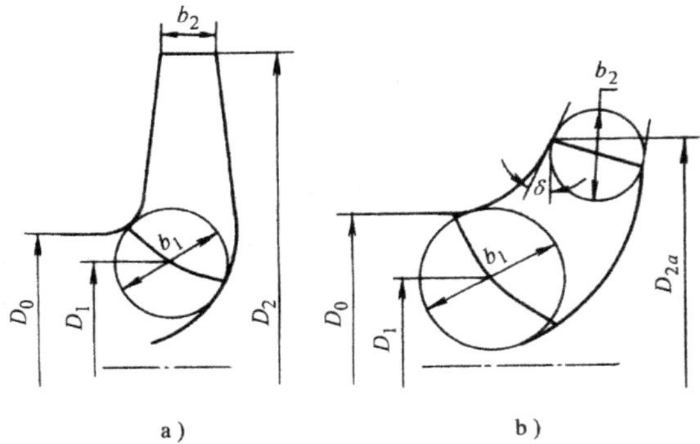

图 5-30　泵叶轮的主要尺寸

图 5-30 为离心式和混流式泵叶轮的主要尺寸，除图上标注的尺寸之外，叶片角度和厚度与压缩机相同。

确定泵叶轮的线性尺寸可以采用不同的方法，一种是利用经验系数直接计算线性尺寸，另一种是利用速度系数。

根据相似理论，可以将线性尺寸表示为

$$L=K_L\sqrt[3]{\frac{Q}{n}}\quad 或者\quad L=C_L\frac{\sqrt{2gH}}{n}$$

根据统计规律给出式中的系数 K_L 和 C_L，就可确定各线性尺寸。显然，这些系数应该是比转速的函数。

同样根据相似定理，可以将速度表示成

$$c=K_c\sqrt{2gH} \tag{5-47}$$

给出了速度系数，根据 H 值可计算速度，进而可计算尺寸（例如通过 u 计算 D）。速度系数也是比转速的函数。

1. 叶片数 Z

叶片数可按下表根据比转速决定。

表 5-6 泵叶轮叶片数的选择

n_s	30 ~ 45	45 ~ 60	60 ~ 120	120 ~ 300	> 300
Z	9 ~ 10	7 ~ 8	6 ~ 7	4 ~ 6	3 ~ 5

2. 叶轮进口直径 D_0

进口当量直径通常用以下公式计算

$$D_e = K_0\sqrt[3]{\frac{q_V}{n}} \tag{5-48}$$

系数 K_0 的值如下选取：

$$\begin{cases} \text{主要考虑效率时} & K_0 = 3.5 \sim 4.0 \\ \text{兼顾效率和空化性能时} & K_0 = 4.0 \sim 5.0 \\ \text{主要考虑空化性能时} & K_0 = 5.0 \sim 5.5 \end{cases}$$

叶轮进口直径则为

$$D_0 = \sqrt{D_e^2 + d_h^2} \tag{5-49}$$

3. 叶片出口角 β_{b2}

离心泵的叶片出口安放角通常在 15° ~ 40°的范围内选取，常用为 20° ~ 30°。考虑提高效率，比转速低时可取较大的值。因为在相同的扬程下，增加 β_{b2} 可减小叶轮直径，从而降低轮盘损失。但若用于对性能曲线的稳定性要求较高的场合，应该慎重。

对于混流泵，由于叶片的出口边是倾斜的，各处的圆周速度不同，为保证扬程不变，必须根据各处的半径分别计算 β_{b2}，不能任意选择。

4. 叶轮出口直径 D_2

初选直径 D_2 可用以下经验公式

$$D_2 = K_{D2}\frac{\sqrt{2gH}}{n}, \quad K_{D2} = 19.2\sqrt[6]{\frac{n_s}{100}} \tag{5-50}$$

或者

$$D_2 = C_{D2}\sqrt[3]{\frac{Q}{n}}, \quad C_{D2} = \frac{9.35}{\sqrt{\frac{n_s}{100}}} \tag{5-51}$$

5. 叶轮出口宽度 b_2

计算 b_2 的经验公式为

$$b_2 = K_{b2}\frac{\sqrt{2gH}}{n}, \quad K_{b2} = 0.64\sqrt[6]{\left(\frac{n_s}{100}\right)^5} \tag{5-52}$$

或者

$$b_2 = C_{b2}\sqrt[3]{\frac{Q}{n}}, \quad C_{b2} = 1.30\sqrt{\left(\frac{n_s}{100}\right)^3} \tag{5-53}$$

必须注意，D_2、b_2、Z 和 β_{b2} 并不是相互独立的，它们通过欧拉方程式和滑移系数（或减功系数）等方程相互联系。实际上通常是先选定它们的初值，然后借用式（2-106）至式（2-110）式以及式（5-7a）至式（5-7f）各式精算 D_2 或者 β_{b2}。对于混流泵，只能精算 β_{b2}。由于计算过程中涉及到的排挤系数 τ_2 的表达式（5-32）中又含有 β_{b2}和 D_2，所以实际的计算是一个迭代过程。

6. 叶轮进口宽度 b_1 和叶片进口角 β_{b1}

叶片进口宽度 b_1 的选择应使叶片进口处的轴面速度 c_1 与叶轮进口处的速度 c_0 大体相等，即 $K_c = c_1/c_0 = 0.9 \sim 1.0$。当对空化性能有很高要求的时候，可以加大 b_1 的值，但将使效率降低。

叶片进口尺寸确定后，根据速度三角形可计算进口流动角 β_1，而叶片进口安放角

$$\beta_{b1} = \beta_1 + i \tag{5-54}$$

常取冲角 $i = 3° \sim 9°$，可以改善空化性能而不影响效率。计算流动角时，应该计及叶片的排挤作用。

7. 计算叶轮主要尺寸的速度系数

图 5-31 是计算叶轮尺寸所用的速度系数图表，根据图上给出的曲线，可以由比转速求得速度系数 K_{c0}、K_{m1}、K_{m2}、K_{u2}、K_{u2a}以及角度δ 值，然后根据式（5-47）可求得相应的速度值 c_0、c_{m1}、c_{m2}、c_{u2}、c_{u2a}，于是可以计算各部分尺寸。

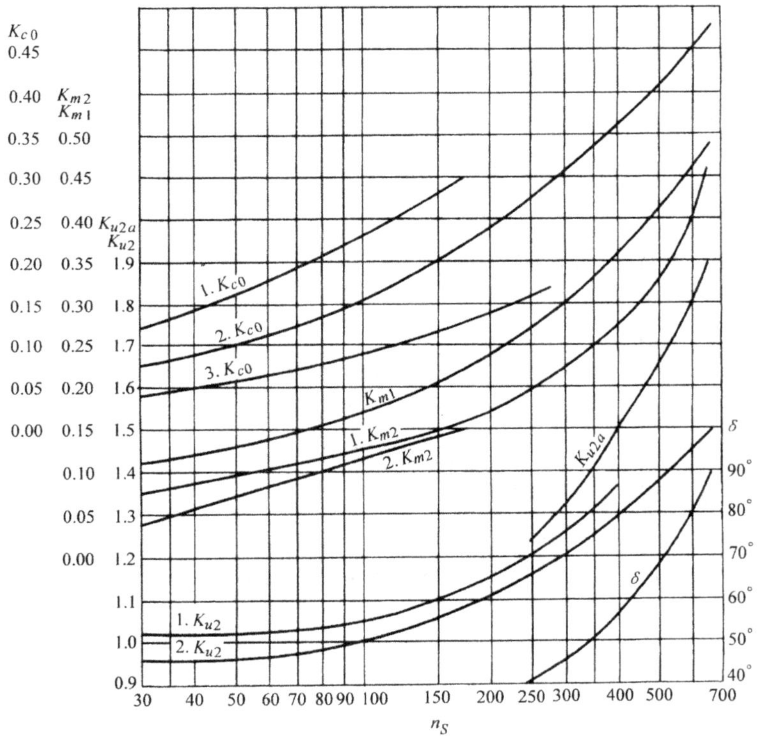

图 5-31 叶轮的速度系数

速度系数 K_{c0}：1—多级泵次级叶轮 2—单级泵或多级泵首级叶轮 3—要求空化性能高的叶轮

速度系数 K_{m2}：1—单级泵 2—多级泵

速度系数 K_{u2}：1——般叶轮 2—适用于 $\beta_{b2} > 26°$，b_2 较宽，叶片数较多，叶轮进口无预旋的情况

（四）混流式水轮机

由于水轮机尺寸通常较大，建设投资额也较大，因此在既定的条件下减小机器尺寸可获得显著的经济效益。为此，现代水轮机的发展趋势之一就是在一定的应用水头下提高比转速，亦即提高单位流量 Q_{11}和单位转速 n_{11}。但比转速的提高受到强度和空化两个因素的制约，这两个因素又都与最大应用水头有关，所以选择水轮机转轮尺寸的决定性因素是水头，这是与前面讨论的几种机器不同的地方。

图 5-32 是混流式水轮机转轮的轴面投影图，从图上可见，不同比转速的转轮的轴面图有相当的差别。低比速转轮类似于离心泵叶轮，但中、高比转速转轮的形状却有较大的区别。

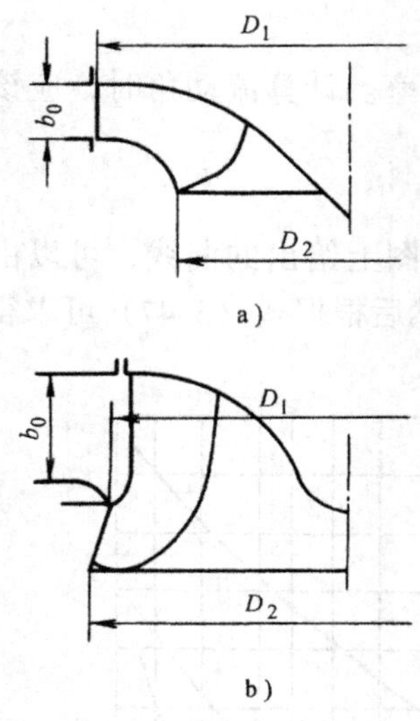

图 5-32　混流式水轮机转轮

a）低比转速转轮　b）中、高比转速转轮

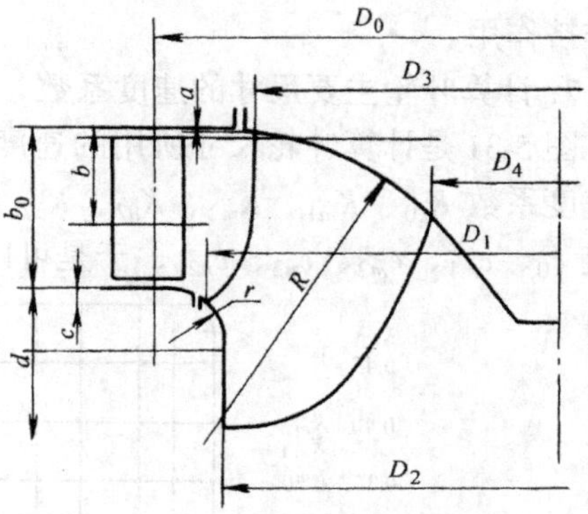

图 5-33　混流式水轮机转轮的几何尺寸

1. 导叶相对高度 $\bar{b}_0$

导叶相对高度 $\bar{b}_0$ 是导叶高度 b_0 与转轮直径 D_1 的比值，这是导水机构的重要参数，也是转轮的重要参数。提高导叶高度可以增加过流能力（单位流量），提高比转速，但会降低导水机构和转轮的强度和刚度，即降低了适用水头。

2. 转轮出口相对直径和下环锥角

当水头较高时，有 $D_2 < D_1$（图 5-32a），下环是曲线形，而当水头较低时，$D_2 > D_1$，下环有一锥角。当下环锥角增大时，可以提高流量，空化性能也有提高，但锥角过大将使效率下降。

3. 叶片数 Z

叶片数与效率、空化性能、强度以及工艺性能都有关系，混流式水轮机的叶片数一般为 13 ~ 19，比转速低时取大值。

4. 叶片进口安放角 β_{b1}

作为高压边叶片角，β_{b1}的取值已经讨论过多次了。为避免叶片过分弯曲，通常限制 $\beta_{b1} < 90°$。

表 5-7 给出了转轮各个尺寸与 D_1 的比值与应用水头段的关系，可供参考。表中尺寸的意义见图 5-33。

表 5-7　混流式水轮机转轮的相对尺寸

转轮水头段	45m	75m	115m	140m	170m	230m	310m	400m	500m
$\bar{b}_0$	0.35	0.3	0.25	0.25	0.2	0.16	0.12	0.08	0.07
D_2	1.10～1.20	1.05～1.15	1.00～1.10	0.95～1.05	0.90～1.00	0.85～0.95	0.75～0.85	0.67～0.77	0.63～0.70
D_3	0.70～0.75	0.75～0.80	0.85～0.90	0.90～0.95	0.90～0.95	0.92～0.98	0.95～0.98	0.98～1.00	1.00
D_4	0.30～0.35	0.35～0.40	0.40～0.45	0.45～0.50	0.47～0.52	0.50～0.55	0.35～0.40	0.40～0.45	0.40～0.45
a	0.005～0.010	0.01～0.03	0.005～0.010	0.005～0.010	0.001～0.010	0～0.002	0	0	0
b	0.13～0.16	0.125～0.155	0.12～0.15	0.120～0.145	0.115～0.135	0.11～0.13	0.105～0.120	0.095～0.110	0.090～0.100
c	0.03～0.05	0.02～0.03	0.02～0.03	0.020～0.025	0.005～0.010	0.005～0.010	0	0	0
d	0.19～0.22	0.18～0.22	0.18～0.22	0.18～0.20	0.17～0.19	0.16～0.18	0.15～0.17	0.13～0.15	0.13～0.15
R	0.25～0.35	0.40～0.45	0.40～0.45	0.40～0.45	0.45～0.50	0.35～0.45	0.35～0.45	0.35～0.45	0.35～0.45
r	0.06～0.07	0.065～0.070	0.070～0.075	0.070～0.075	0.075～0.080	0.08～0.09	0.095～0.110	0.12～0.14	0.13～0.15

第五节　静止过流部件的设计计算

第二章第三节中曾讨论过静止过流部件的作用原理，本节中将稍稍深入一些讨论工作机的静止过流部件的设计与计算。关于水轮机的蜗壳、活动导叶和尾水管的计算，可参阅第二章。

即使对于可压缩介质，一般也忽略静止部件中气体与外界的热量交换，所以静止部件中介质总的能量不变，但动能、压力能和损失产生的热量之间发生转换。

一、吸入室

吸入室是将流体均匀且按一定的方向供给叶轮，常用的吸入室型式如图 1-36 所示。吸入室本身的能量损失在总损失中所占比重一般不大，即使性能较差的吸入室也是这样。但吸入室的性能对叶轮的工作有很大的影响，由于吸入室出口速度分布不均匀而在叶轮内造成的损失，常常会对机器的性能产生很大的影响。

轴向吸入室（图 1-35a）的出口截面上流速是均匀的，在子午面形状良好的情况下，其中损失常小于级有效能量头的 0.5%，流动分析可由轴对称无粘流体运动方程求解。作为这种吸入室的设计准则，子午速度不应出现局部峰值和负的梯度，即应呈单调平稳的变化。由于结构的原因，轴向吸入室只能用在悬臂支撑的叶轮上。

（一）径向（环形）吸入室

径向吸入室（或称环形吸入室，图 1-33d）内的流动较为复杂，为了方便分析，将其分成三段（图 5-34），分别是进气通道（$in \sim 180°$）、螺旋通道（$180° \sim k$）和轴对称环形收敛通道。进气通道和螺旋通道中的流动有极其复杂的图谱，螺旋通道中速度矢量在各计算截面上是不均匀的，而且沿流动方向也是变化的，这是吸气室出口截面上沿周向流速不均匀的主要原因。图 5-35 表示了静吹风得到的 0-0 截面上损失系数 $\zeta_{in} = \Delta h_w / c_0^2$ 沿周向的分布。

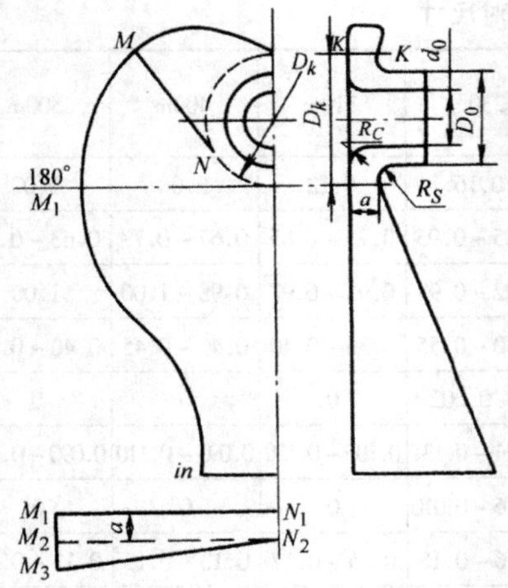

图 5-34　径向吸气室

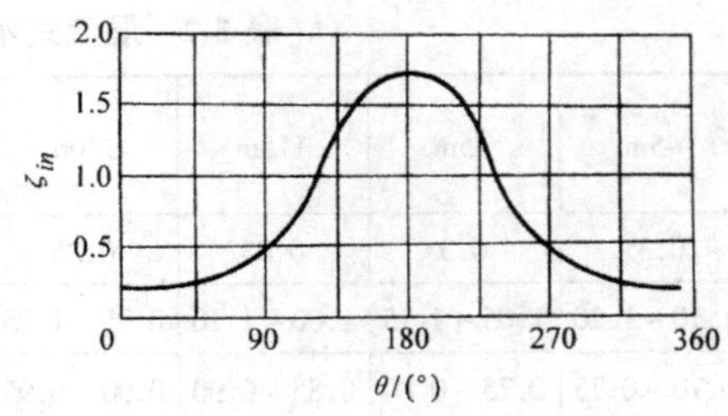

图 5-35　径向吸气室出口截面上损失沿周向分布

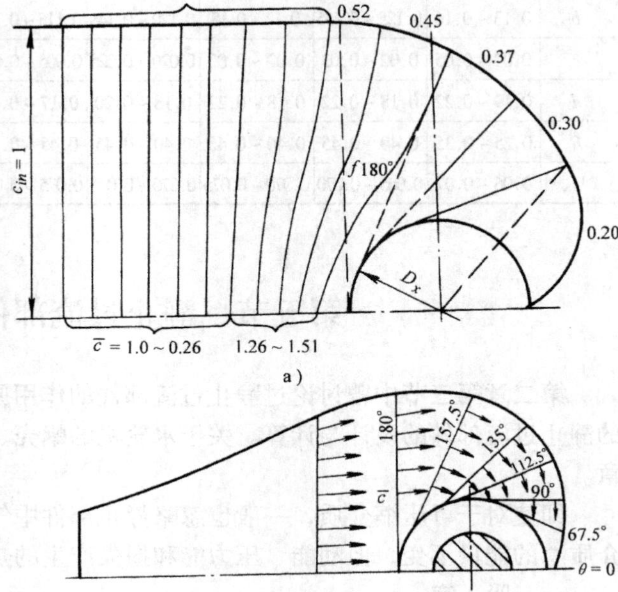

图 5-36　径向吸入室内的流动

a）电模拟法得到的进气通道和螺旋通道中的等位线分布

b）静吹风得到的螺旋通道中速度 c/c_0 矢量场

按 0-0 截面上速度和水力直径计算的 Re 数在范围 $7\times10^4\sim3.5\times10^5$ 内，粘性对流动结构的实际影响不大。假设流动是二元时，还可由电模拟法研究吸入室中的流动，其结果示于图 5-36。图中等势线实际上与半径 r_k 的圆周切线相吻合，即速度矢量约与圆切线垂直，但在螺旋通道进口两者出现明显的差别。

某研究表明，在给定质量流量 q_m 和进口面积 F_{in}时，不同面积 F_0 引起 F_k/F_0 的变化对吸入室损失影响不大，试验还表明环形收敛通道凸壁的相对半径 R_S/a 对损失有强烈的影响。根据该试验曲线，推荐 $F_k/F_0=1\sim1.5$，这就允许减少吸气室的轴向距离并使螺旋通道和进气通道有更大收敛。

吸入室的出口面积 $F_0=\pi\ (r_0^2-r_h^2)$ 在叶轮计算时确定，进口面积 F_{in}应尽可能大，以期望减少损失，半径 R_S 和宽度 a 由允许的轴向尺寸考虑，希望 $R_S/a\geqslant0.6$，从而流道凸壁相对半径 R_S/a 取定后，为保证凸壁上速度峰值有所下降，凹壁有最佳相对半径

$$\left(\frac{R_c}{a}\right)_{opt}=\frac{R_S}{a}+\left[\frac{F_k}{F_0}\,\frac{\bar{r}_0+\left[\bar{r}_0^2+2\,\dfrac{F_k}{F_0}\dfrac{R_S}{a}(\bar{r}_0^2-\bar{r}_h^2)\right]^{0.5}}{\bar{r}_0+\bar{r}_h}\right]\tag{5-55}$$

螺旋通道的计算截面是与半径为 r_k 的圆周相切的平面，其径向尺寸是基圆 D_k 的渐开线

$$MN=\frac{r_k\theta°\pi}{180}$$

为了减少沿 θ 方向气流的不均匀性，增加子午面通道面积是合理的，即取

$$M_1M_3/a = 1.5 \sim 2.0$$

由 $M_1N_1 = 2\pi r_k$，螺旋通道的收敛度为

$$\frac{F_{180°}}{F_k} = \frac{2M_1N_1\dfrac{M_1M_3 + N_1N_2}{2}}{2\pi r_k a} = \frac{\dfrac{M_1M_3}{a} + 1}{2} = 1.25 \sim 1.5 \tag{5-56}$$

进气室的总收敛度由下式检验。

$$\frac{F_{in}}{F_0} = \frac{F_{in}}{F_{180°}}\frac{F_{180°}}{F_k}\frac{F_k}{F_0} = 2 \sim 3.5$$

在总收敛度不变的情况下，三个部分的收敛度之间的关系可借助 M_1M_3、a 和 R_S 来改变。

虽然径向吸入室的性能不够好，但从结构方面看，它却特别适合于多级离心式压缩机和泵（参见图 1-28、图 1-29），所以应用相当广泛。

（二）半螺旋（水平进气）吸入室

半螺旋吸入室（图 1-36e）广泛应用于单级双吸式泵和水平中开式多级离心泵上，在多级离心式压缩机中也有应用。这种吸入室在结构上的优点是可以将吸入管路与上缸或泵盖分开，以便在检修时不拆卸管路就可以打开上盖，取出转子。

半螺旋吸入室出口速度沿周向的分布也是不均匀的，图 5-37 所示为常用的半螺旋吸入室的平面图及其速度分布规律。从图中可以看出，c_u 的分布很不均匀，并且其平均值不为零。这个平均值即为叶轮入口处的预旋 c_{u1}，叶轮进口的速度矩 $K_1 = c_{u1}r_1$。第二章中已经指出，该值与流量成正比。由于进口速度矩的影响，叶轮的理论能量头将会降低，同时降低量 Δh（或 ΔH）与流量成正比。图 5-38 为半螺旋吸入室对泵特性曲线的影响。在进行叶轮的设计时，必须考虑这个影响。在既定的工况（例如设计工况）下，Δh 与比转速有关。当 $N_S < 100$ 时，这个影响并不大（在 5% 以下），但当 $N_S > 200$ 时，影响相当大（13% ~ 80%）。

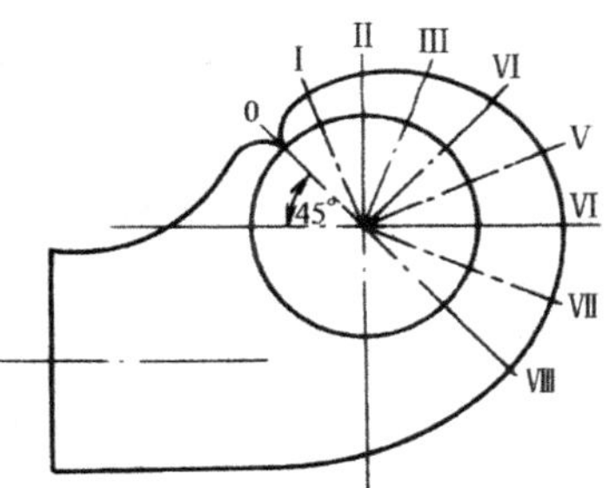

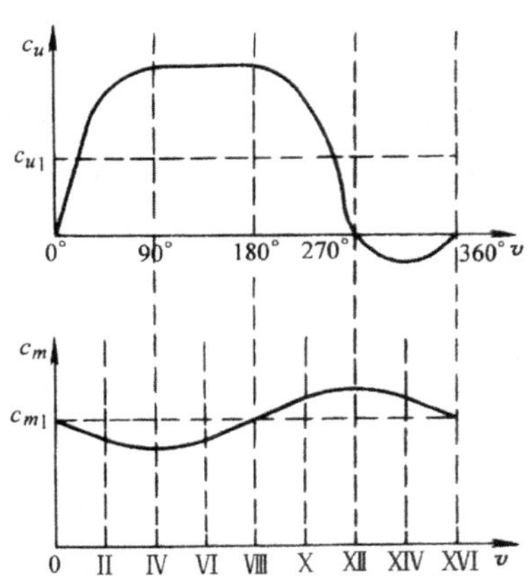

图 5-37　半螺旋吸入室中的速度分布

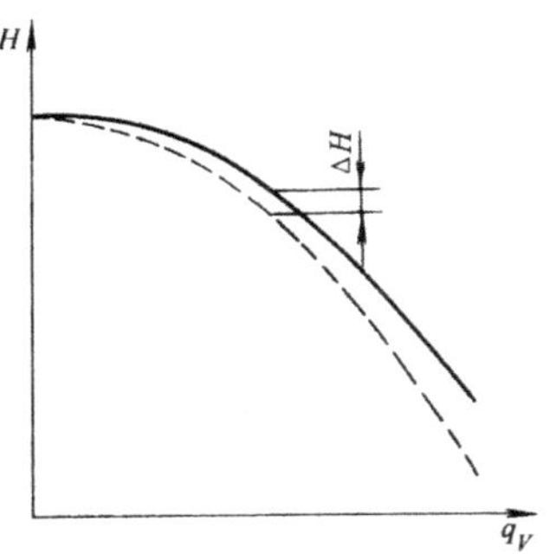

图 5-38　半螺旋吸入室对泵特性曲线的影响

在设计时，最重要的是确定第Ⅷ断面的图形。将式（2-26）用于第Ⅷ断面，有

$$q_{V,\text{Ⅷ}} = K_{\text{Ⅷ}}\int\frac{b}{r}\mathrm{d}r$$

式中 $K_{\text{Ⅷ}}$ 和 $q_{V,\text{Ⅷ}}$ 分别是第Ⅷ断面的速度矩和流量。将这两个量分别用叶轮进口的参数表示，即令

$$K_1 = C_2K_{\text{Ⅷ}},\quad q_{V,\text{Ⅷ}} = C_3q_V$$

于是第Ⅷ断面的计算式成为

$$\int \frac{b}{r} \mathrm{d}r = C_2 C_3 \frac{q_V}{K_1}$$

再考虑到 $K_1 \propto nD^2$ 和 $D = K\sqrt[3]{D/n}$，经过简单整理，还可以将上式写成

$$\int \frac{b}{r} \mathrm{d}r = C\sqrt[3]{\frac{q_V}{n}} \tag{5-57}$$

系数 C 决定了吸入室内的流速，因此与吸入室的尺寸和泵的空化性能有密切的关系。在泵的设计中，通常对单级泵和多级泵的第一级取

$$C = 2.5 \sim 3.0$$

这样可以改善空化性能。而对多级泵的次级，为减小尺寸，通常取

$$C = 1.5 \sim 2.0$$

给定 C 值以后，可计算式（5-57）右端的值，而左端的值只有在给定第Ⅷ断面的图形后才能求出（例如用图解法或数值积分方法），所以实际上（5-57）式是用于校核计算的。当不满足上式时，需修改第Ⅷ断面的图形并反复校核。

为简单起见，对Ⅰ～Ⅶ断面，采用 $c_u = \text{const}$ 的设计方法，各断面的面积与自鼻端（或称隔舌）到断面的夹角成正比，即

$$F_i = F_{\text{Ⅷ}} \frac{\theta_i}{\theta_{\text{Ⅷ}}} \tag{5-58}$$

各断面的形状应参考第Ⅷ断面的形状绘制，反复修改使其面积值符合上式计算的数值，同时要使由各断面连接而成的吸入室表面平滑。

二、扩压器

叶轮出口的动能比级出口动能大得多，它占级能量头的 20%～50%，扩压器就是将叶轮出口处的大部分动能有效地转换成压力能。扩压器常分为无叶和叶片扩压器两种。无论采用哪种结构型式，叶轮后总有一无叶环形空间以使叶轮尾迹均匀化，无叶扩压器可看成是这一环形空间的继续。

（一）无叶扩压器

无叶扩压器结构和工艺最简单，并保证级有较宽的工作范围，因此在离心式压缩机中得到广泛应用。它是由二个壁（通常是平行壁）面组成的环形通道，其中气流速度的圆周分量 c_u 和按子午宽度平均子午分量 c_r 分别由动量矩定理和连续方程决定：

$$c_u = \frac{k_m c_{u2} r_2}{r}, \quad c_r = \frac{c_{r2} r_2 b_2 \rho_2}{r b \rho} \tag{5-59}$$

式中 $k_m < 1$ 是考虑动量矩因壁面摩擦而减少的系数。

对于常用的等宽（b）无叶扩压器中无粘不可压流动（$k_m = 1$，ρ、$b = \text{const}$）

$$\alpha = \arctan \frac{c_r}{c_u} = \alpha_2 = \text{const} \tag{5-60}$$

此时的气流轨迹为对数螺旋线。

由式（5-59）和式（5-60）可知，扩压器中气体密度随半径的增加而使 α 角减少（因 c_r 减少），子午面扩张（即 b 沿半径增加）也使 α 角下降。在这两种情况下，c_r 随半径增加而减少比 $b = \text{const}$ 的不可压流动时要快些。相反，无叶扩压器壁面上切向粘性力使 α 值增加（因 c_u 减少），子午面收敛也使 α 角增加。在 $b = \text{const}$ 时，同时考虑可压流动（c_r 减小）和

粘性（c_u 减少）的影响，无叶扩压器中的气流角 α 仍近似不变。

无叶扩压器中的实际流动也是复杂的三元和不稳定流动，它由与叶轮的相互影响和周期性气流特性决定。根据周向对称的观点，无叶扩压器中压力梯度仅沿半径方向存在，气流的分离和回流也只沿半径方向出现。为了简化问题，将无叶扩压器中的流动表示成速度的径向分量 $c_r = c\sin\alpha$ 和周向分量 $c_u = c\cos\alpha$ 的叠加。径向分量可能引起分离，周向分量在周向无梯度，但引起径向的附加压力梯度 c_u^2/r，由径向平衡条件有

$$\frac{1}{\rho}\frac{dp}{dr} = -c_r\frac{dc_r}{dr} + \frac{c_u^2}{r} \tag{5-61}$$

若忽略 ρ、b 沿径向的变化，由 $q_m = c_r 2\pi rb\rho$ 和 $c_u r = \text{const}$ 有 $r\mathrm{d}c_r + c_r\mathrm{d}r \approx 0$，$\mathrm{d}c_r/\mathrm{d}r = -c_r/r$ 及 $\mathrm{d}c_u/\mathrm{d}r = -c_u/r$，此时式（5-61）变成

$$\frac{1}{\rho}\frac{dp}{dr} \approx \frac{c_r^2}{r} + \frac{c_u^2}{r} = \frac{c^2}{r} \approx -c\frac{dc}{dr} \tag{5-62}$$

由上式得 $-\mathrm{d}c/\mathrm{d}r \approx c/r$，变换后得 $cr = \text{const}$，即无叶扩压器中气流速度 c 与半径 r 成反比。上式还表明，在给定速度 c 值后，压力梯度 $\mathrm{d}p/\mathrm{d}r$ 与气流角 α 无关，即 $\mathrm{d}p/\mathrm{d}r$ 不依赖于分速 c_u 和 c_r 之间的关系，但角的大小对径向分离有影响，α 角小表示 c_r 小，此时 c_r 不能补偿附面层中能量损失，产生分离。实验表明，高效叶轮后的无叶扩压器中在 $\alpha_2 > 25° \sim 30°$时流动没有旋涡。此外，大气流角 α 表明流动轨迹较短，所产生的摩擦损失较小。因此，从效率角度考虑，在叶轮出口气流角 α_2 较大时才用无叶扩压器。

上述分析仅适用于其进口有均匀气流的无叶扩压器。叶轮出口气流结构对无叶扩压器中的流动特性有很大影响。图 5-39 表示了无叶扩压中产生旋涡区的不对称流谱，它与叶轮出口沿叶片宽度 b_2 的气流不均匀性有关。

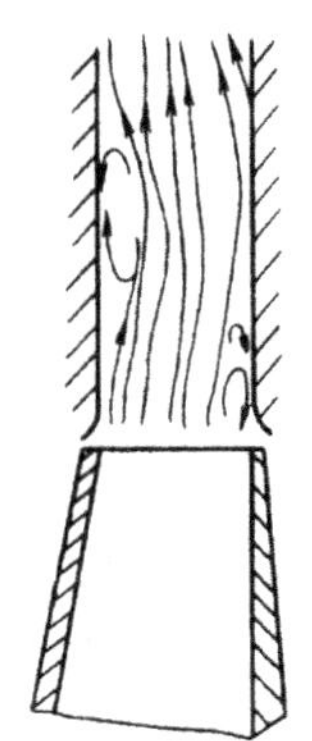

图 5-39　进气不均匀时无叶扩压器中的流谱

在亚音速流动时，扰动向上、下游传递，因此，通流部分每一个元件的结构和工况在某种程度上影响到下一个元件及前一个元件中的流动。因为叶轮出口截面上绝对速度 c_2 大，而且相对速度 w_2 在轴向和周向都显著不均匀，故它对扩压器工作的影响最大。这样，扩压器的进口速度场沿宽度 b 有很大的不稳定性和不均匀性。根据叶轮的结构和工况，扩压器进口的绝对速度场是不同的，即给定的无叶扩压器与不同叶轮匹配时，其效率也是不同的。有的研究表明，无叶扩压器开始部分收缩到 $b = 0.7b_2$ 时，$\bar{r} = r/r_2 = 1.05$ 处的回流在整个特性范围都消失了。计算表示，与 $b = b_2$ 相比，开始部分收敛减少混合损失，但增加摩擦损失。

无叶扩压器的损失在理想情况时可由下面方程计算

$$\Delta h_{wvl} = \frac{c_4^2\left(\frac{r_4}{r_2} - 1\right)\frac{\theta_2}{l}(1+\mu)}{2\sin\alpha_m \frac{4b_2}{D_2}} = \zeta_{vl}\frac{c_4^2}{2} \tag{5-63}$$

式中　μ——实际的减速率；

α_m——无叶扩压器进出口气流角 α_3 和 α_4 的平均值（下标 3、4 表示扩压器进、出口）；

θ_2/l——相对动量厚度，其计算见本章第三节。

该式仅适用于当转子出口是均匀流动时进行转子的设计。对于较高的转子叶片负荷，尾迹区与射流区的混合由增加损失系数 ζ_{vl}的值来考虑。

加列尔金（Галеркин）在总结试验资料后提出了计算 ζ_{vl}的经验公式为

$$\zeta_{vl} = 0.22\left(\frac{D_2}{b_2}\right)^{0.5} \times \left\{0.03[1+3.5\sin^2(\alpha_2-28°)](1+1.5Ma_{u2}^2)(5.2\varphi_{u2}-1.6)\left[1+8.3\left(\frac{b_3}{b_2}-0.785\right)^2\right]\right\}$$

$$+\left[\left(\frac{b_2\sin\alpha_2}{b_3}\right)^2+\left(\frac{\cos\alpha_2}{1.2}\right)^2\right]\times\left\{1-0.085\left[1-\frac{0.22\left(\frac{r_4}{r_2}-1.6\right)^2}{\left(\frac{b_2}{D_2}\right)^{0.5}}\right][1-1.7\sin^2(\alpha_2-38°)]\right.$$

$$\left.\left[1-2.1\left(\frac{b_3}{b_2}-0.785\right)^2\right]\right\}\times\left[1-\left(\frac{\frac{r_4}{r_2}}{1.2}\right)^2\right] \tag{5-64}$$

此时无叶扩压器中损失

$$\Delta h_{wvl} = 0.5\zeta_{vl}(c_2k_H)^2$$

式中 c_2——叶轮出口处速度的一元计算值；

k_H——气流不均匀系数，由图 5-40 查得。

无叶扩压器的设计是否合理可由级效率下降值 $\Delta\eta_{pol}$来评价

$$\Delta\eta_{pol} = (0.5\varphi_{u2}/\cos^2\alpha_2)[\zeta_{vl}+\zeta_{ex}(c_4/c_2)^2]$$

式中 c_4——无叶扩压器出口处气流速度；

ζ_{ex}——扩压器后出口装置的损失系数。

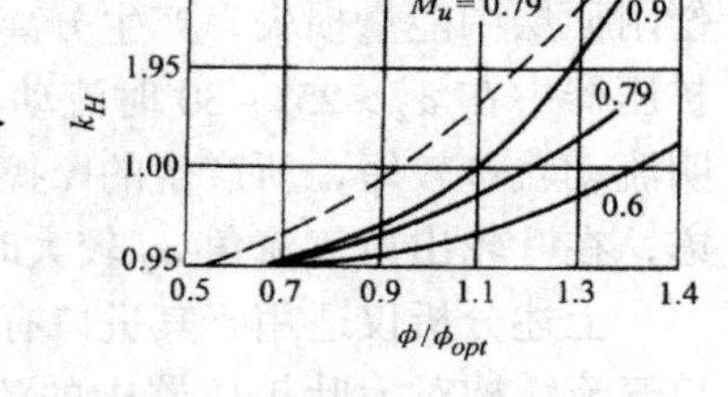

图 5-40 气流不均匀系数与叶轮工况的关系

由上式可知，对于级而言，扩压器中损失 $\zeta_{vl}c_2^2/2$ 最小不一定是最佳选择，因为 $\Delta\eta_{pol}$还与 c_4、ζ_{ex}和 φ_{u2}有关。

增加无叶扩压器的径向距离导致摩擦损失系数的增加，此时速度 c_4 下降。损失系数 ζ_{ex}在某种程度上也与 $\bar{r}_4=r_4/r_2$ 有关，$\bar{r}_4$ 还决定了出口装置的尺寸和无叶扩压器出口处气流结构及参数，还必须考虑到 $\bar{r}_4$ 对压缩机尺寸和重量的影响。设计经验表明：对于 $\varphi_{u2}=0.6\sim0.75$ 的中等和大流量的级，$\bar{r}_4=1.65\sim1.7$ 时有满意的效率和合适的重量及外形尺寸指数。增加 $\bar{r}_4$ 到 2 还可提高效率，$\bar{r}_4>2.0$ 的结构通常不采用。

无叶扩压器的宽度根据叶轮相对宽度决定，当叶轮宽度较大，即 $b_2/D_2>0.06$ 时，无叶扩压器的宽度 $b_4<b_2$ 是合理的，此时扩压器的收敛有利于其中气流的稳定，消除计算工况下壁面气流分离，扩大工况范围。在 $b_2/D_2=0.04\sim0.05$ 时，建议 $b_4=b_2$，而在小 b_2/D_2 时取 $b_4>b_2$ 是有效的。

（二）叶片式扩压器

无叶片扩压器中因流体流动角 α 不变而路程较长，特别是在小的 α_2 下，损失较大，所以一般希望 $\alpha_2>18°$时才采用无叶扩压器。为了克服无叶扩压器径向尺寸大和摩擦损失较大（尤其是小 α_2 时）和径向易分离的缺点，可采用叶片式扩压器（其中包括通道扩压器）。

叶片式扩压器在泵中又称为导叶，在离心式泵的导叶中，流动方向是径向的（图 1-35e），在混流式泵中，导叶中的流动在很大程度上是轴向的（图 1-38f）。本节主要讨论径向导叶，轴向导叶将在下一章中讨论。

实际上可以用两种观点来看待径向导叶内的流动。在离心式压缩机中采用的叶片式扩压器的叶片数较多（16～22），叶间流道相对较短（图 5-41a），通常将其视为一环列叶栅，根据叶片出口角度考察其扩压度。

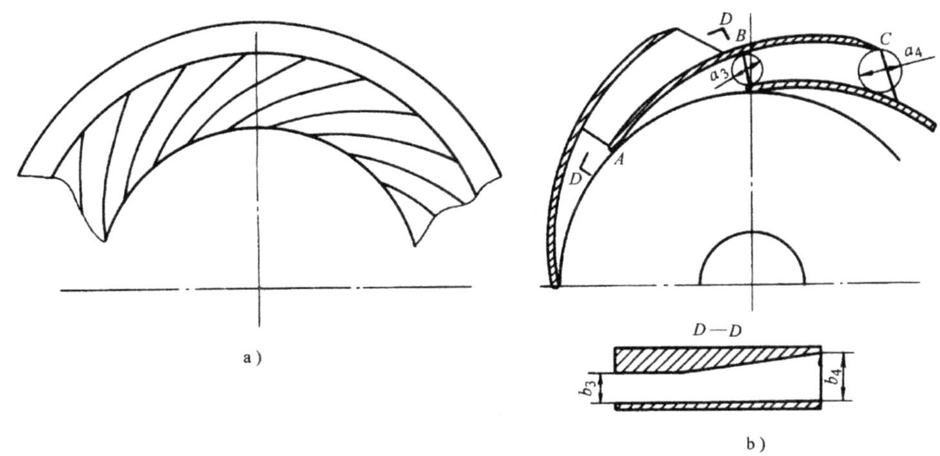

图 5-41　两种叶片式扩压器

对于这种叶片式扩压器，由于叶片迫使流体沿叶片限定的方向运动，流体流动角 α 不断增加（$\alpha_4 > \alpha > \alpha_3$）。叶片扩压器中叶片的作用使流体的动量矩发生了变化，$c_u r$ 不再为常数，不能利用动量矩守恒，但连续性方程仍然适用，由此可推得等宽度叶片扩压器时的关系式

$$\frac{c_4}{c_3} = \frac{r_3 \rho_3 \sin\alpha_3}{r_4 \rho_4 \sin\alpha_4}$$

由上式可知，叶片扩压器中速度的下降除因半径增大外，还由于流动角的增加，因此在相同扩压度的情况下，叶片扩压器比无叶扩压器尺寸小。由于流道短，流道损失小，效率高，设计工况下其效率约比无叶扩压器高 2%～5%。它的缺点是变工况时损失增加较大，因而性能曲线较陡，稳定工况范围较窄。叶片扩压器的结构比较复杂，影响其内流动的结构参数也较多（具体计算见第八节）。

在多级离心泵中采用的导叶，通常叶片数较少（3～8），叶间流道较长，而且叶片的圆周厚度可能相当大（图 5-41b），这时常将叶间流道看成单独的通道，用流道法进行计算。这种扩压器在压缩机中也被称为通道式扩压器。

对于这种扩压器，将一个叶间通道分成两段，第一段是图 5-41b 中 AB，通常为一等角螺线，称为螺旋线部分，第二段是图中的 BC，称为扩散段部分。

螺旋线部分的流道宽度 b_3 稍大于 b_2 并保持不变。螺旋线部分的叶片角度可用下式确定

$$\tan\alpha_3 = \tan\alpha_2 \frac{b_2}{b_3} \frac{\tau_2}{\tau_3} \tag{5-65}$$

式中　α_2——叶轮出口的绝对流动角；

τ_2，τ_3——叶轮出口和导叶的排挤（阻塞）系数。

但实际上并不要求角度 α_3 绝对保持不变。叶片头部的角度应保证入流的无冲击进口，后面部分的角度可根据扩散段进口面积的需要而有所改变。

扩散段的断面形状为矩形，其起始断面（喉部）的面积和形状至关重要。当该面积过小

时，泵的扬程和效率会明显下降，同时最高效率点向小流量方向移动，反之，则 η-q_V 曲线变得平坦，最高效率点向大流量方向移动。在宽度 b_3 已确定时，喉部面积就取决于流道高度 a_3，进口断面的面积应用式（2-43）进行校核。从减少损失的观点看，流道断面最好是正方形，即 $a_3 = b_3$，根据这个条件，叶片数应该为

$$Z = \frac{\pi \sin(2\alpha_3)}{\ln\left[(a_3 + \delta_3)\frac{\cos\alpha_3}{r_3} + 1\right]} \tag{5-66}$$

式中　δ_3——叶片头部厚度。

显然，计算所得的 Z 值必须取整，并且要与叶轮的叶片数互质。

扩散段的流道可在一个方向扩散（即 $a_4 > a_3$，$b_4 = b_3$），也可以在两个方向扩散（即 $a_4 > a_3$，$b_4 > b_3$）。当在一个方向扩散时，扩散角 $\varepsilon = 10° \sim 12°$，在两个方向扩散时，$\varepsilon = 6° \sim 8°$。

三、出口装置

中间级和末级的出口装置是不同的，多级机器的末级和单级机器的出口装置将流体收集起来并送入管道，中间级的出口装置则是为下一级叶轮提供一个均匀的入流。弯道回流器（泵的反导叶）可看成是中间级的出口装置，弯道部分无叶片，可用连续性方程和动量矩不变的条件进行分析，并对粘性和转弯的影响进行修正。回流器中装有叶片，可看成是一个扩压不大或稍有加速的叶片扩压器进行讨论。

末级的出口装置又有蜗室（螺旋室）和环形室之分。环形室的子午面形状沿周向不变，而螺旋室子午面的面积沿周向变化。环形室结构简单，但与不同周向有不同流量的情况不相适应，效率比蜗室要低。但由于结构方面的原因，在节段式多级泵中得到普遍的应用（参见图 1-29）。

当蜗室与叶轮之间还有叶片式或无叶扩压器时，蜗室仅作为出口装置使用，当蜗室内只有叶轮的时候，蜗室连同其出口扩散管同时也是扩压器（参见图 1-24 至图 1-26 和图 2-33）。在单级离心式或混流式泵与通风机中就是这种情况。当蜗室内没有扩压器时，蜗室入口的速度为叶轮出口速度 c_2，流动角是 α_2，有扩压器时，蜗室入口流速和流动角分别是 c_4 和 α_4。为叙述简洁，以下均只写 c_4 和 α_4，但读者应知道蜗室进口速度可能是 c_2。

由于工艺和结构的原因，离心通风机的蜗室断面是矩形的，针对这种矩形断面蜗室有专门的简化设计方法，将在通风机的设计实例中介绍。这里主要讨论离心压缩机和泵的蜗室的设计计算。

图 5-42 表示了最简单的蜗室型式。由于扩压器出口截面 4 就是蜗室进口截面 7（图 5-5b），因此下面蜗室进口截面参数也用下标 4 表示，如果半径 r_4 后的通流部分是 $b = b_4$ 的无叶空间，则和无叶扩压器一样，其中流动轨迹可看成是对数螺旋线。若在中心角 $\theta = 0° \sim 360°$的范围内，使蜗室外壁型线与质点轨迹一致，则它与两侧壁一起形成蜗室的螺旋通道。螺旋通道与出口连接管形成了“蜗舌”。显然，尽管这种蜗室形状是非轴对称的，但它几乎不引起其进口截面上速度场的畸变，此时的速度场仍是轴对称的，而且蜗室的外形尺寸与轴对称气流的轨迹相一致。这就意味着经过蜗室子午截面的质量流量与中心角成正

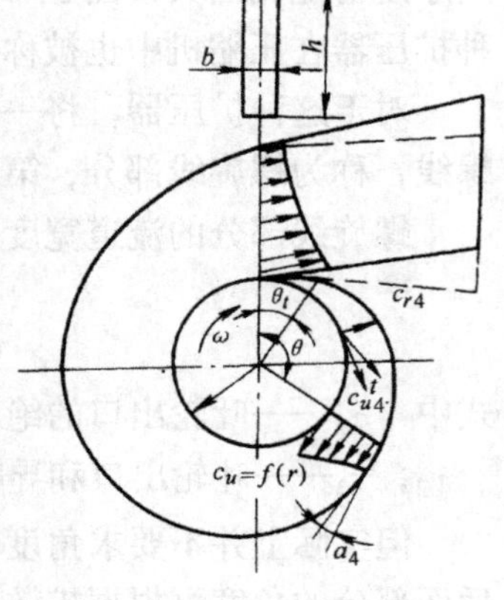

图 5-42　蜗室简图

比

$$q_{m,\theta} = \frac{\theta}{2\pi}q_m = \int_{r_4}^{r_{out}} \rho c_u b \mathrm{d}r \tag{5-67}$$

但通常蜗室两侧壁并不是平行的，因为那样将使其外形尺寸和流动损失均较大，结构上也不方便，加之气流密度的变化及壁面摩擦的影响，所以蜗室的外形实际上并不是对数螺旋线。

由于蜗室的非轴对称结构，在非设计工况下，即 $\alpha_4 \neq \alpha_{4d}$（叶片扩压器后，下标 d 表示设计工况），或流量系数 $\varphi \neq \varphi_d$（无叶扩压器后）时流动出现强烈的不均匀性。图 5-43 表示了无叶扩压器后蜗室中的流谱，在 $\varphi \neq \varphi_d$ 时流谱的改变主要发生在蜗室中的蜗舌区。由图 5-43 可看到，在 $\theta = 0$ 处流谱的改变直接发生在扩压器内，由于速度的提高，这就导致了更坏的结果。在蜗舌区的连接管进口，速度 $c \approx c_4$，而在外壁半径 r_{out}处速度约为 $c_4 r_4 / r_{out}$，即蜗室的螺旋通道是扩压的。同时，出口扩压管开始部分的流动呈现出明显的不均匀性，并导致其内壁上的分离。

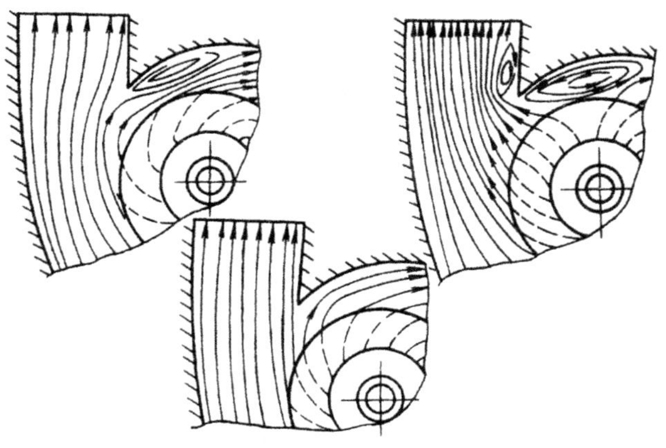

图 5-43　$\varphi \neq \varphi_d$ 时蜗室径向面流动

图 5-42 的矩形断面蜗室有时用于大 $\bar{b}_2$ 的通风机中。对于压缩机和离心泵，b/h 过小不利于与输送管道连接，而且还受到蜗室径向尺寸和强度条件的限制。为了解决这个问题，采用扩散型侧壁结构（图 5-44）或者圆断面（图 2-22）的蜗室，此时质点的轨迹为其气流角 α 随半径增加而减少的螺旋线。

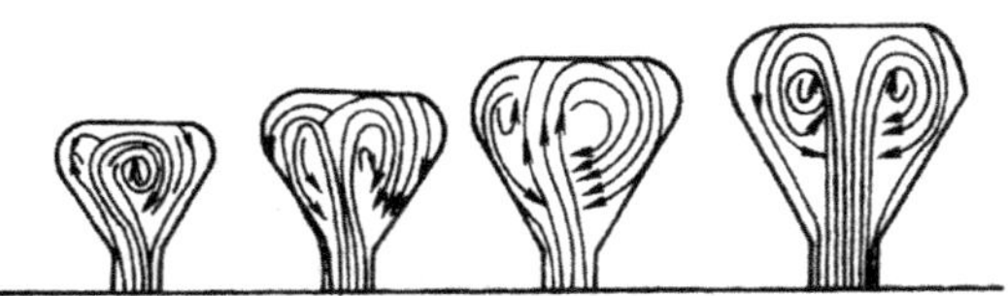

图 5-44　蜗室子午面流动

图 5-44 是由气压法测量得到的梯形蜗室中子午面流动情况。这种蜗室两侧壁和外壁相交而成的尖角因工艺要求（铸造）和流动原因被修圆。通常梯形蜗室的扩张角 $\gamma = 45° \sim 60°$。由图可知，无论在哪一个子午截面都出现了旋涡，当然，在沿周向的不同子午截面上的流谱还与径向面流动（图 5-43 中蜗舌绕流）有关。

蜗室中损失系数按其进口截面上速度 c_4 计算是合理的，即 $\zeta_{ex} = 2\Delta h_{ex}/c_4^2$。损失系数 ζ_{ex} 是蜗室的几何尺寸、进口流动角 α_4 和有关流动相似准则的函数。对于任意形状横截面的蜗室，ζ_{ex}可表示为

$$\zeta_{ex} = 1 - 2\bar{f}_{\max}\sin\alpha_4\cos(\alpha_4 + \Delta\alpha) + (1 + k_\theta A)\bar{f}_{\max}^2\sin^2\alpha_4 \tag{5-68}$$

式中　$\bar{f}_{\max} = F_4/F_{\max}$——蜗室进口截面积 $F_4 = \pi D_4 b_4$ 与其最大截面积（$\theta = 360°$时的子午截面）之比（图 5-45）；

$k_\theta = f\ (b_m/h)$——横截面形状系数。

由于 b_m/h 沿周向 θ 是变化的（图 5-46），所以应先求出 k_θ 与 θ 的关系，然后求其平均值。系数 A 和角 $\Delta\alpha$ 按下列式子计算，对于变外径蜗室

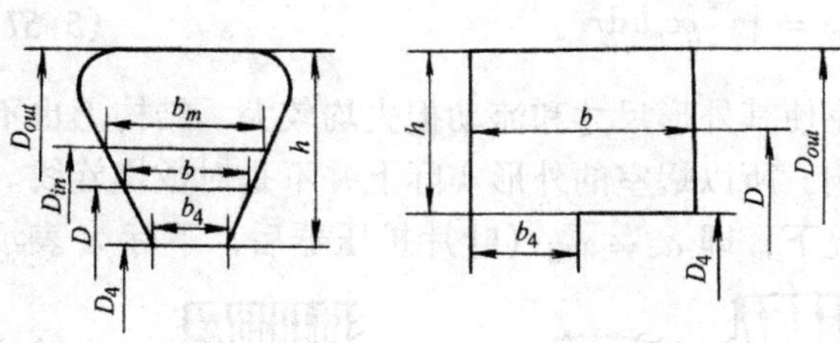

图 5-45　梯形截面蜗室

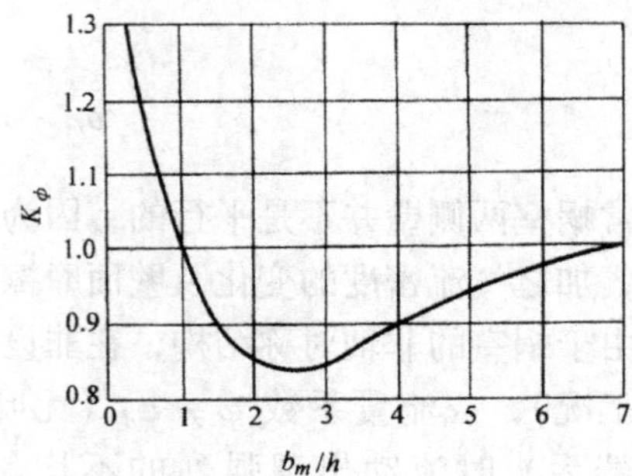

图 5-46　系数 $k_\theta = f\,(b_m/h)$

$$A = 0.0585 + 0.345\bar{D}_4\left(\frac{2\delta_1}{\bar{D}_4} - \frac{3}{2}\ln\left|\frac{1+\delta_1}{1-\delta_1}\right| - 3\arctan\delta_1 + \frac{3}{2}\pi\right) \tag{5-68a}$$

$$\Delta\alpha = -\arctan\frac{1}{\pi\bar{D}_4} \tag{5-68b}$$

式中 $\bar{D}_4 = D_4/h_{\max}$，$\delta_1 = (\bar{D}_4+1)^{0.25}$，$h_{\max}$为 $\theta = 360°$处高度。对于变内径，不变外径的蜗室

$$A = 0.0585 + 0.345\bar{D}_{out}\left[\frac{2\delta_2}{\bar{D}_{out}} + \frac{3}{2\sqrt{2}}\left(\ln\frac{1+\sqrt{2}\delta_2+\delta_2^2}{1-\sqrt{2}\delta_2+\delta_2^2} + 2\arctan\frac{\sqrt{2}\delta_2}{1-\delta_2^2}\right)\right] \tag{5-68c}$$

$$\Delta\alpha = \arctan\frac{1}{\pi\bar{D}_{out}} \tag{5-68d}$$

式中 $\bar{D}_{out} = D_{out}/h_{\max}$，$\delta_2 = (\bar{D}_4 - 1)^{0.25}$。

由上面式子可求不同蜗室进口流动角 a_4 下的损失系数 ζ_{ex}，也可求使 ζ_{ex}最小的最佳流动角 a_{opt}

$$\tan 2\alpha_{4,\,opt} = \frac{2\cos\Delta\alpha}{2\sin\Delta\alpha + f_{\max}(1 + k_\theta A)} \tag{5-69}$$

在给定计算流动角 α_4^* 时，蜗室最小损失系数由下面条件保证

$$\frac{F_{\max}}{F_4} = \frac{(1+k_\theta A)\sin\alpha_4^*}{\cos(\alpha_4^* + \Delta\alpha)} \tag{5-70}$$

在确定蜗室横截面尺寸时常用两种方法。一种是基于蜗室中动量矩不变的假设，它导得了蜗室内表面螺旋线半径 r_{out}和中心角 θ 之间的关系

$$\theta° = \frac{180}{\pi}\cot\alpha_4^*\int_{r_4}^{r_{out}}\frac{b}{b_4}\frac{\mathrm{d}r}{r} \tag{5-71}$$

或者根据式（2-43）写成

$$\theta° = \frac{360}{q_{V,4}}c_{u4}r_4\int_{r_4}^{r_{out}}\frac{b}{r}\mathrm{d}r \tag{5-71a}$$

由此式可校核各截面（不同 θ）对应的 r_{out}值。

第二种方法是认为蜗室所有横截面上流速相等。此时各中心角对应的横截面积

$$F(\theta) = \int_{r_4}^{r_{out}} b\mathrm{d}r = \frac{c_{u4}}{c_m} \frac{\pi}{180} r_4 b_4 \theta \tan\alpha_4^* \tag{5-72}$$

式中　$c_m = 1.82c_{u4}$（α_4^*）$^{0.357}$（α_4^* 用“度”表示）。

压缩机的隔舌起点一般在 $\theta = 22.5° \sim 30°$左右，压缩机设计时出口扩压管的出气速度 c_{out} 由出口被连接的管道直径和结构决定。为了减少气体输送管道中的损失，应有马赫数 $Ma_{cout} = c_{out}/\sqrt{\kappa RT_{out}} \leqslant 0.1 \sim 0.15$。

以上的讨论主要是针对作为压缩机末级的出口装置的蜗室进行的，但对作为单级泵的压水室（扩压器）的蜗壳（蜗室）也是适用的。不过它们还是有一点差别，对于单级泵蜗壳的设计，还应注意到以下几个问题。

（1）基圆半径的确定　图 5-47 是常用的泵蜗壳的平面图，若隔舌距叶轮轴线的距离为 r_3，则半径为 r_3 的圆称为基圆，该圆即为蜗壳的进口。基圆半径应比叶轮半径稍大，一般取

$$r_3 = (1.02 \sim 1.05) r_2$$

式中的系数对小泵取大值，对大泵取小值。隔舌与叶轮之间的距离过小使泵工作不稳定，过大使效率降低，蜗壳尺寸增大。但如果泵输送的介质含有较大直径的坚硬的固体物，则此距离一定要大于固体物的最大颗粒直径，否则可能造成事故。

（2）蜗壳的进口宽度　蜗壳进口宽度一般取为

$$b_3 = b_2 + 0.05D_2$$

b_3 还与叶轮盖板厚度有关，它应该大于 b_2 加上两侧盖板厚度，这样可以回收一部分轮盘损失的能量（参见图 2-68）。在高比速泵中，蜗壳横截面面积较大，b_3 还可以更大一些。

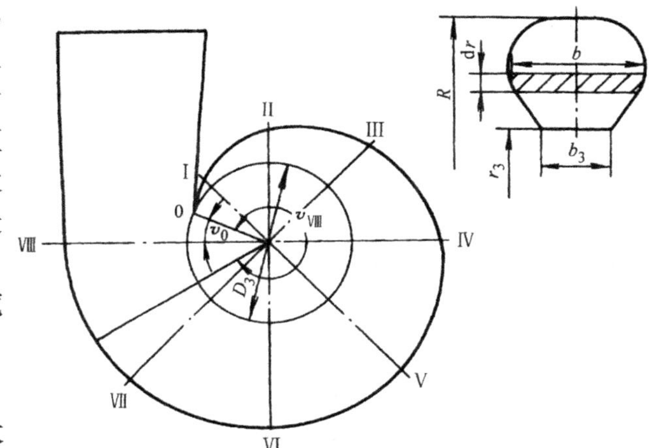

图 5-47　单级泵蜗壳

（3）蜗壳包角　习惯上泵的蜗壳都是在 8 个断面上进行计算，这 8 个断面的位置如图 5-47 所示。蜗壳的出口断面为第Ⅷ断面，从第Ⅰ至第Ⅷ断面，相邻断面间所夹的圆心角为 45°。隔舌所在断面 0 与第Ⅷ断面之间的圆心角为 θ_0。通常泵蜗壳的螺旋线部分所对应的圆心角并不是 360°，而是 $\theta_{Ⅷ} = 360 - \theta_0$，称为蜗壳包角，适当减小包角可以减小蜗壳的外形尺寸而不至于影响效率，蜗壳包角可参考表 5-8 根据比转速确定。

表 5-8　蜗壳包角

n_s	50	77	100	130	170	220	280	360
θ_0	0°	7.5°	15°	22.5°	30°	37.5°	45°	45°

（4）计算方法和速度系数　泵蜗壳设计最重要的步骤是确定第Ⅷ断面的图形，可以按动量矩不变的假设用式（2-43）计算，该式在这里应为

$$\frac{q_V\theta_{\text{Ⅷ}}}{360} = \int_{r_3}^{R_{\text{Ⅷ}}} \frac{b}{r}\mathrm{d}r$$

也可以按平均流速不变的假定用下式计算

$$F_{\text{Ⅷ}} = \int_{r_3}^{R_{\text{Ⅷ}}} b\,\mathrm{d}r = \frac{q_V\theta_{\text{Ⅷ}}}{360c_3}$$

平均流速 c_3 由速度系数决定

$$c_3 = K_3\sqrt{2gH}$$

速度系数 K_3 的值与比转速有关，其值可根据图 5-48 决定。除第Ⅷ断面以外，其它的断面一般均按下式计算

$$F_i = \int_{r_3}^{R_i} b dr = F_{\text{Ⅷ}}\frac{\theta_i}{\theta_{\text{Ⅷ}}}$$

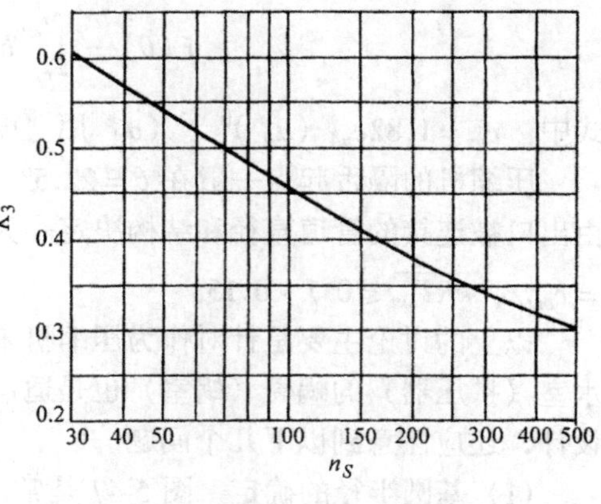

图 5-48 蜗壳出口断面速度系数

（5）出口扩散管　虽然螺旋通道是扩压的，但对作为扩压器的蜗壳来说，其扩压度是不够的，所以蜗壳出口还要设置扩散管。设计时应控制其扩散角不大于 12°。

第六节　离心压缩机计算实例

一、概述

在进行级流道设计之前，应首先确定采用压缩机械的类型和级数，为此利用爱克尔特定义的无量纲转速 K_n（式 5-29）

$$K_n = \frac{2n\sqrt{\pi q_{V,in}}}{h_{th}^{0.75}} = \frac{\sqrt{\varphi_{ima}}}{\varphi_{u2}^{0.75}}$$

式中转速 n 由预先给定或计算时选取。在满足给定的进口体积流量 $q_{V,in}$ 和 h_{th} 的条件下，决定 n 后还可任意选择 φ_{ima} 和 φ_{u2} 的组合。但考虑到 $\varphi_{ima}=0.05\sim0.08$ 范围内工业离心压缩机级有最大效率，空间轴径向叶轮的最大效率范围可扩大到 $0.12\sim0.16$，而周速系数的最佳值 $\varphi_{u2}=0.5\sim0.6$，故最佳无量纲转速是 $K_n=0.32\sim0.48$。若从级效率出发，单级的最大无量纲转速 $K_{n,\max}=0.6\sim0.65$（包括空间叶轮），最小值 $K_{n,\min}=0.1\sim0.15$。因此，$K_n<K_{n,\min}$ 时应采用多级离心压缩机或螺杆式，$K_n>K_{n,\max}$ 时必须采用双面进气离心压缩机或轴流式。

对于多级机器，考虑到节省功耗和特殊气体的要求，还要进行中间冷却。中间冷却次数（分段数）的确定请参见第二章第六节。

级的一元设计是根据推荐的近似公式或范围确定通流部分的几何参数，并在满足气体流量和压力的要求下，力图有最好的效率。级中流道相对几何参数的选取范围依压升不同有较大区别，明显的例子是通风机和压缩机之间的差异，如通风机中 β_{b2} 可达 180°，而压缩机中 $\beta_{b2}\leqslant90°$。各种参数的具体推荐范围由试验确定，这些范围被用于与其试验条件类似或相差不大的其它机器时是有效的，对于条件差别较大的机器，还必须重新进行试验。

一元分析时，需要计算各特征截面（图 5-5）上的平均气流参数。级中任两截面间的气动参数由一元的连续性方程、能量方程、状态方程和过程方程相关联。迭代求解这四个方程，就可依次决定各截面上的气动参数。若用 i，j 表示任两截面，且 i 截面上的状态参数

为已知，则迭代步骤一般为：

1）设 j 截面上气体密度 ρ_j；

2）依次解下列方程

$$\left.\begin{aligned} c_j &= \frac{q_m}{\rho_j F_j} \\ T_j &= \frac{h_{tot}}{R\kappa/(\kappa-1)} + \frac{c_i^2 - c_j^2}{2R\kappa/(\kappa-1)} + T_i \\ p_j &= p_i\left(\frac{T_j}{T_i}\right)^{\frac{m}{m-1}} \\ \rho_j' &= \frac{p_j}{RT_j} \end{aligned}\right\} \tag{5-73}$$

3）比较 ρ_j' 和 ρ_j，若认为两者差值满足精度要求，迭代完成，否则从第一步开始重复计算。

式（5-73）中多变过程指数 m 由式（5-6）或式（5-6a）决定，当两截面间不包括叶轮时，$h_{tot}=0$；j 截面的面积 F_j 由几何参数选取时确定，F_j 指垂直于 c_j 的面积。

二、实例

设计空气压缩机，其进口容积流量 $q_{V,in}=30\text{m}^3/\text{s}$，进口压力 $p_{in}=10^5\text{Pa}$，出口压力 $p_{out}=2.2\times10^5\text{Pa}$，进口温度 $t_{in}=27℃$，转速 $n=3500\text{r/min}$。

1. 方案选择

查气体的热物理常数表得空气的 $\kappa=1.4$，$R=287$ J/（kg·K）。用效率法设计时，根据经验或参考机器的效率选取本例的多变效率 $\eta_{pol}=0.84$，则

$$\sigma = \frac{m}{m-1} = \eta_{pol}\frac{\kappa}{\kappa-1} = 2.94$$

$$\Delta T = T_{in}\left[\left(\frac{p_{out}}{p_{in}}\right)^{\frac{1}{\sigma}} - 1\right] = 92.28\text{K}$$

初选

$$1 + \beta_V + \beta_r = 1.025$$

$$h_{pol} = \sigma R\Delta T = 77860\text{J/kg}$$

$$h_{th} = \frac{h_{pol}}{(1+\beta_V+\beta_r)\eta_{pol}} = 89991\text{J/kg}$$

$$K_n = \frac{2n\sqrt{\pi q_{V,in}}}{h_{th}^{0.75}} = 0.218$$

$K_n > K_{n,\min}$，可采用一级离心压缩机。此时，若从强度考虑，取 $u_2<320\text{m/s}$，由式（5-5）得相应 $\varphi_{u2}>0.8$，即该叶轮属高能量头范围，而相应 $\varphi_{ima}<0.032$（式 5-27），这又在小流量区。高能量头、小流量级的效率不高。我们再讨论两级的情况，$K_n=2^{0.75}\times0.218=0.367$，处在最佳范围内，有较高的效率。此外，与一级方案相比，二级的机器径向尺寸大大减少。因此选取二级（$N=2$）离心压缩机方案。

2. 第一级的设计

（1）叶轮　叶轮采用后弯闭式，在 β_{b2}有较高效率的范围内选取 $\beta_{b2}=48°$。叶片数 $Z=$

$10\pi\sin\beta_{b2}=23$，因该叶片进口阻塞较大，故采用长短两排叶片的形式，即进口叶片数 Z_1 为出口叶片数 Z_2 的一半，并取 $Z_2/Z_1=22/11$。

由式（5-34） $\varphi_{r2}=0.237\approx0.24$

由图 5-29 查得 $\beta_{eq2}=46°$，则

$$\varphi_{u2}=1-\frac{\pi}{Z}\sin\beta_{eq2}-\varphi_{r2}\cot\beta_{eq2}=0.665$$

$$\varphi_{ima}=K_n^2\varphi_{u2}^{1.5}=0.073$$

$$u_2=\sqrt{\frac{h_{th}}{N\varphi_{u2}}}=260\text{m/s}$$

$$D_2=\frac{60u_2}{\pi n}=1.42\text{m}$$

$$\tau_2=1-\frac{Z_2\delta}{\pi D_2\sin\beta_{b2}}=0.947$$

式中，取叶片厚度 $\delta=0.008$m，它由强度条件决定。对铆接 Z 字型叶片，折边宽为 Δ 时，上式中 $Z_2\delta$ 前要乘因子 $(1+2\Delta/b_2)$。

叶轮反作用度

$$\Omega=1-\frac{(\varphi_{r2}^2+\varphi_{u2}^2)}{2\varphi_{u2}(1+\beta_V+\beta_r)}=0.63$$

密度比

$$\varepsilon_2=\frac{\rho_2}{\rho_{in}}=\left(1+\frac{\Delta T_2}{T_{in}}\right)^{\sigma-1}=\left(1+\frac{\Omega\Delta T}{NT_{in}}\right)^{\sigma-1}=1.1965$$

$$b_2=\frac{G}{\pi D_2\rho_2\varphi_{r2}u_2}=\frac{Q_{in}}{\pi D_2\varepsilon_2\varphi_{r2}u_2}=0.090$$

$$\beta_V+\beta_r=\frac{0.12+\dfrac{0.18}{\varphi_{u2}}}{1000\varphi_{r2}\dfrac{b_2}{D_2}}=0.025 \qquad \text{（验算）}$$

为了避开容易产生轴系振动的转速，最大三段轴的平均轴径 d_m 由下式估算

$$d_m=K_d(N+2.3)D_{2m}\sqrt{\frac{n}{1000K_{nk}}}=0.168\text{m}$$

式中，经验系数 $K_d=0.02\sim0.03$，系数 K_{nk} 对于柔性轴（n 大于其一阶临界转速 n_{k1} 的轴）取 $2.8\sim3.0$，对于刚性轴（$n<n_{k1}$）取 1/1.25，

取 $d=0.2$，则 $\bar{r}_h=d/D_2=0.2/1.42=0.14058$。

$$r_{0,w1\min}=\left[\bar{r}_h^2+1.26\left(\frac{\varphi_{ima}K_c\rho_{in}^*}{K_D\tau_1\rho_0}\right)^{2/3}\right]^{0.5}=\left[0.1408^2+1.26\left(\frac{0.073\times1/0.977}{1.04\times0.932}\right)^{2/3}\right]^{0.5}=0.4987$$

设 $\tau_1=0.932$，$\rho_0/\rho_{in}=0.977$，取 $K_D=1.04$，$K_c=1$

$$\tan\beta_{1,w1\min}=\sqrt{\frac{0.5(\bar{r}_{0,w1\min}^2-\bar{r}_h^2)}{\bar{r}_{0,w1\min}}}=0.6477$$

$$\beta_{1,w1\min}=34.15°$$

$$D_0=2\bar{r}_{0,w1\min}r_2=0.708\text{m}$$

$$D_1 = K_D D_0 = 0.736\text{m}$$

$$\beta_{b1} = 34°$$

$$\tau_1 = 1 - \frac{Z\delta_1}{\pi D_i \sin\beta_{bi}} = 0.932 \qquad \text{（验算）}$$

由式（5-31a）验算叶片数 Z_2

$$Z = \frac{\pi(\tau_1 + \tau_2)\varphi_{u2}}{\Delta\bar{w}_m(1 - \bar{r}_1)}\sin\left(\frac{\beta_{b1} + \beta_{b2}}{2}\right) \approx 22$$

$$b_1 = \frac{K_c(D_0^2 - d^2)}{4D_1} = 0.157\text{m}$$

$$c_1 = \frac{4q_{V,in}\rho_{in}}{\rho_0\pi(D_0^2 - d^2)} = 85\text{m/s}$$

$$\Delta T_0 = \frac{c_0^2}{2R\dfrac{\kappa}{\kappa - 1}} = 3.6° \quad T_1 = T_0 - \Delta T_0 = (300 - 3.6)\text{K} = 296.4\text{K}$$

$$\frac{\rho_0}{\rho_{in}} = \left(1 - \frac{\Delta T_0}{T_{in}}\right)^{\sigma - 1} = 0.9769 \qquad \text{（验算）}$$

$$w_1 = c_1/\sin\beta_1 = 152\text{m/s}, w'_1 = w_1/\tau_1 = 163\text{m/s}$$

$$Ma_{w1} = \frac{w'_1}{\sqrt{\kappa RT}} = 0.473 < 0.55 \sim 0.65 \qquad \text{（合理）}$$

$$w_2 = u_2\sqrt{(1 + \varphi_{u2})^2 + \left(\frac{\varphi_{r2}}{\tau_2}\right)^2} = 108\text{m/s}$$

$$w'_1/w_2 = 163/108 = 1.509 < 1.8 \qquad \text{（合理）}$$

$$\alpha_2 = \arctan\frac{\varphi_{r2}}{\varphi_{u2}} = 19.85°$$

$$c_2 = \frac{\varphi_{r2}u_2}{\sin\alpha_2} = 184\text{m}$$

$$T_2 = T_{in} + \frac{\Omega\Delta T}{N} = 329\text{K}$$

$$Ma_{c2} = \frac{c_2}{\sqrt{\kappa RT_2}} = 0.506 < 0.55 \sim 0.6 \qquad \text{（合理）}$$

轮盖制成锥型，倾斜角 θ 为

$$\theta = \arctan\frac{b_1 - b_2}{r_2 - r_1} = 11.1°$$

叶片采用圆弧型线，则圆弧的半径 R 和该圆弧圆心与轴线的距离 R_0（图 5-49）分别为

$$R = \frac{r_2^2 - r_1^2}{D_2\cos\beta_{b2} - D_1\cos\beta_{b1}} = 1.084\text{m}$$

$$R_0 = \sqrt{R(R - D_1\cos\beta_{b1}) + r_1^2} = 0.806\text{m}$$

轮盖进口处曲率半径

$$r_s = \bar{r}_s b_1 = 0.5 \times 0.158 = 0.079\text{m} \quad （一般\ \bar{r}_s \geqslant 0.5）$$

(2) 扩压器　采用平行壁无叶扩压器，由于 $b_2/D_2>0.06$，取 $b_3<b_2$，则

$$b_4 = b_3 = 0.9b_2 = 0.081\text{m}$$

为了有高的效率和合适的重量、外形尺寸指数，取 $\bar{r}_4=1.7$，则

$$r_4 = \bar{r}_4 r_2 = 2.414\text{m}$$

$$\alpha_4 = \arctan\left(\frac{b_2}{b_3}\tan\alpha_2\right) = 21.86°$$

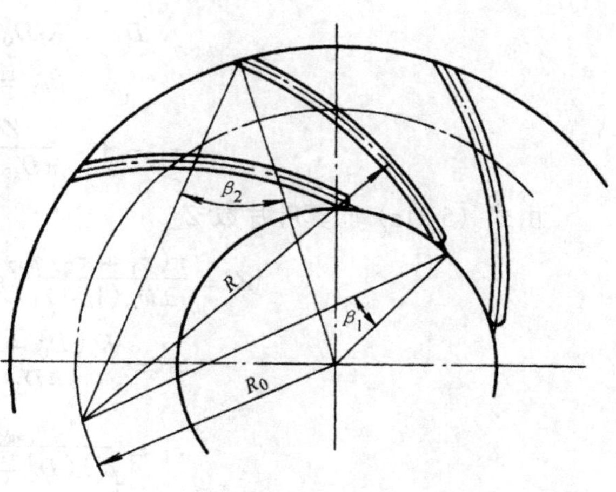

图 5-49　圆柱叶片造型

(3) 回流器　弯道出口和进口宽度比 $b_5/b_4=$ (1.05～1.25)，取 $b_5/b_4=1.15$，则 $b_5=0.093$。

弯道凸面半径 R_s 由下面试验关系确定

$$\frac{R_s}{b_4} = (6 \sim 1)\sin^2\left(\frac{\alpha_4+\alpha_5}{2}\right) - 0.25\left(\frac{b_5}{b_4}+1\right) = 0.829$$

$$R_s = 0.067$$

一般

$$r_5 = r_4 = 2.414\text{m}$$

$$K_{mp} = \frac{r_5 c_{u5}}{r_4 c_{u4}} = \frac{1}{0.075\left(\frac{b_5}{b_4}\right)^2 - 0.15\frac{b_5}{b_4} + 1.075} = 0.9983$$

$$\alpha_5 = \arctan\frac{K_{mp}\tan\alpha_4}{\frac{b_5}{b_4}} = 24°$$

最佳冲角 $i=7°\sim8°$，

$$\alpha_{b5} = \alpha_5 + i = 31°$$

为了保证下一级进口气流无预旋，

$$\alpha_{b6} = \alpha_6 + \delta = 90° + 5° = 95°$$

回流器出口处凸面曲率半径 r 的相对值 $\bar{r}=r/b_6$ 推荐为 0.45，初选 $\tau_6=0.932$，$c_0/c_6=10.5$，则

$$\frac{b_6}{D_0} = -\frac{1}{4\bar{r}} + \sqrt{\left(\frac{1}{4\bar{r}}\right)^2 + \frac{\frac{c_0}{c_6}}{8\tau_6\bar{r}}\left(1-\frac{d^2}{D_0^2}\right)} = 0.2169$$

$$b_6 = D_0 b_6/D_0 = 0.153\text{m}$$

$$D_6 = D_0 + 2r = 0.700 + 0.45\times0.153\times2 = 0.838\text{m}$$

叶片数

$$Z = (2.1 \sim 2.2)\frac{2.73\sin\left(\frac{\alpha_{b5}+\alpha_{b6}}{2}\right)}{\lg\left(\frac{r_5}{r_6}\right)} = 12$$

取回流器叶厚 $\delta=25\text{mm}$，进口部分修圆后取 $\delta_5=\delta_6=0.6\delta=15\text{mm}$

$$\tau_6 = 1 - \frac{Z\delta_5}{\pi D_6} = 0.932 \qquad \text{（验算）}$$

$$\tau_5 = 1 - \frac{Z\delta_5}{\pi D_5 \sin\alpha_{b5}} = 0.954$$

$$\frac{c_6}{c_5} = \frac{4D_5 b_5 \tau_5 \sin\alpha_{b5}}{(D_0^2 - d^2)} \frac{c_6}{c_0} = 0.911 > 0.75 \qquad \text{（合理）}$$

3. 第二级的设计

（1）叶轮　从通用化出发，叶轮盖、盘型线与第一级的相同。叶片数和型线也相同，则

$$b_2 = (b_2\varepsilon_2)_1/\varepsilon_2 = (0.09 \times 1.1965/1.5434) = 0.070\text{m}$$

式中

$$\varepsilon_2 = \left(1 + \frac{\Delta T_2}{T_{in}}\right)^{\sigma-1} = \left[1 + \frac{46.14(1+0.3)}{300}\right]^{1.94} = 1.5434$$

$$b_1 = (b_1 - b_2) + b_2 = [(0.157 - 0.09) + 0.07]\text{m} = 0.137\text{m}$$

$$c_1 = \frac{q_{V,in}}{\pi D_1 b_1 \tau_1 \varepsilon_1} = 78.35\text{m/s} \qquad \text{（设 } \varepsilon_1\text{）}$$

$$\Delta T_1 = \left[46.14 - \frac{78.6^2}{2 \times 287 \times 1.4/0.4}\right]\text{K} = 43.08\text{K}$$

$$\varepsilon_1 = \frac{\rho_1}{\rho_{in}} = \left(1 + \frac{43.08}{300}\right)^{1.94} = 1.297$$

$$\beta_1 = \arctan\frac{c_1}{u_1\tau_1} = 32°$$

（2）叶片扩压器　由 $D_3 = (1.08 \sim 1.15)\ D_2$，取

$$D_3 = 1.113D_2 = 1.58\text{m}$$

$$\frac{D_4}{D_2} = \begin{cases} 1.45 \sim 1.55 & \text{对中间级或有环形室的末级} \\ 1.35 \sim 1.45 & \text{对有蜗室的末级} \end{cases}$$

取
$$D_4 = 1.408D_2 = 2.00\text{m}$$

$b_4 = b_3 = (1.3 \sim 1.7)\ b_2$，小 b_2/D_2 和 α_3 时取大值

选
$$b_4 = b_3 = 1.429 \times 0.07\text{m} = 0.1\text{m}$$

对 $\dfrac{b_3}{b_2} < 1 + \dfrac{0.015D_2}{b_2}$ 时，　$\tan\alpha_3 = \dfrac{b_2}{b_3}\tan\alpha_2$

对 $\dfrac{b_3}{b_2} > 1 + \dfrac{0.015D_2}{b_2}$ 时，　$\tan\alpha_3 = \tan\alpha_2\left(\dfrac{b_2}{b_3}\right)^{0.63}$

因 $b_3/b_2 = 1.429 > 1 + 0.015 \times 1.42/0.07$，

故
$$\alpha_3 = \arctan\frac{\tan19.85°}{1.429^{0.63}} = 16.08°$$

$$\alpha_{b4} = \arcsin\frac{\sin\alpha_{b3}K_w D_3}{D_4} = \arcsin(1.8 \times 0.79 \times \sin16.08°) = 23.2°$$

式中　K_w——扩压器出口与进口面积比，后有回流器或环形室时 $K_w = 2 \sim 2.5$，后有蜗室时 $K_w = 1.7 \sim 2.0$。

叶片数
$$Z = (1.8 \sim 2.2)\frac{2.73\sin\left(\frac{\alpha_{b3}+\alpha_{b4}}{2}\right)}{\lg\left(\frac{D_4}{D}\right)} = 19$$

叶片中线型线取为圆弧，则

$$R = \frac{r_4^2 - r_3^2}{D_4\cos\alpha_{b4} - D_3\cos\alpha_{b3}} = 2.050\text{m}$$

$$R_0 = \sqrt{R(R - D_3\cos\alpha_{b3}) + r_3^2} = 1.310\text{m}$$

（3）蜗室

$$\alpha_4 = \alpha_{b4} - \delta\alpha_4 = \alpha_{b4} - \frac{0.346}{\sqrt{1.8 \sim 2.2}}(\alpha_{b4} - \alpha_{b3}) = 23.2 - \frac{0.346(23.2 - 16.08)}{\sqrt{2}} = 21.46°$$

对于梯形截面的蜗室，子午宽度 b 的关系为

$$b = b_4 + 2(r - r_4)\tan\frac{\gamma}{2}$$

$$\frac{b_m}{h} = \frac{b_4 + b_{out}}{2(r - r_4)} = \frac{\frac{b_4}{r_4}}{\frac{r_{out}}{r_4 - 1}} + \tan\frac{\gamma}{2}$$

由式积分得

$$\theta = \frac{180}{\pi}\cot\alpha_4\left[\frac{2r_4}{b_4}\tan\frac{\gamma}{2}\left(\frac{r_{out}}{r_4} - 1\right) - \left(\frac{2r_4}{b_4}\tan\frac{\gamma}{2} - 1\right)\ln\frac{r_{out}}{r_4}\right]$$

一般 $\gamma = 45° \sim 60°$，取 $\gamma = 50°$，代入有关值后

$$\theta = 1359.307\left(\frac{r_{out}}{r_4} - 1\right) - 1213.555\ln\frac{r_{out}}{r_4}$$

不同 θ 对应的 r_{out} 值由迭代上式计算得下表（长度量的单位为 m）

$\theta°$	0	30	60	90	120	150	180	210	240	270	300	330	360
r_{out}	1	1.1358	1.2262	1.3015	1.3681	1.4292	1.4862	1.5400	1.5913	1.6406	1.6883	1.7345	1.7793
b_m/h		1.2027	0.9155	0.7980	0.7380	0.6993	0.6720	0.6515	0.6354	0.6224	0.6116	0.6025	0.5946
K_Φ		0.9474	1.0268	1.0688	1.0923	1.1033	1.1199	1.1288	1.1360	1.1418	1.1467	1.1509	1.1545
R		0.0343	0.0496	0.0620	0.0728	0.0826	0.0917	0.1003	0.1085	0.1163	0.1239	0.1312	0.1383
r_{out}^*		1.1418	1.2352	1.3129	1.3816	1.4446	1.5034	1.5589	1.6118	1.6626	1.7117	1.7593	1.8055

梯形两顶角修圆，表中圆角半径 R 和修正后半径 r_{out}^* 分别为

$$R = \sqrt{\frac{(0.03 \sim 0.07)F}{\tan\left(45° + \frac{\gamma}{4}\right) - \frac{\pi\left(90° + \frac{\gamma}{2}\right)}{360}}}$$

梯形截面积 $F = (r_{out} - r_4)\left[b_4 + (r_{out} - r_4)\tan\left(\frac{\gamma}{2}\right)\right]$。

由于修圆使 F 减少，为保持 F 不变应增加蜗壳型线半径到 r_{out}^*

$$r_{out}^* = r_{out} + \frac{2(0.03 \sim 0.07)F}{b_4 + 2(r_{out} - r_4)\tan\left(\frac{\gamma}{2}\right)}$$

损失系数 ζ_{ex} 由式(5-68) 计算

$$\bar{D}_4 = D_4/h_{max} = 2/0.8055 = 2.4829$$

$$\delta_1 = (\bar{D}_4 + 1)^{0.25} = 1.3661$$

$$\Delta\alpha = -\arctan\left(\frac{1}{\pi\bar{D}_4}\right) = -7.3^\circ$$

$$A = 0.0585 + 0.345\bar{D}_4\left(\frac{2\delta_1}{\bar{D}_4} - \frac{3}{2}\ln\left|\frac{1+\delta_1}{1-\delta_1}\right| - 3\arctan\delta_1 + \frac{3}{2}\pi\right) = 0.2272$$

$$\bar{f}_{max} = \frac{F_4}{F_{max}} = \frac{\pi D_4 b_4}{h_{max}\left(b_4 + h_{max}\tan\frac{\gamma}{2}\right)} = 1.64$$

将各截面的 K_θ 平均得 $K_\theta = 1.1018$,有

$$\zeta_{ex} = 1 - 2\bar{f}_{max}\sin\alpha_4\cos(\alpha_4 + \Delta\alpha) + (1 + k_\theta A)\bar{f}^2_{max}\sin^2\alpha_4 = 0.2722$$

$$c_4 = \frac{q_{V,in}}{\pi\varepsilon_4 D_4 b_4\sin\alpha_4} = 78.8\text{m/s} \qquad \text{(设 } \varepsilon_4\text{)}$$

$$\Delta T_4 = \left[98.28 - \frac{78.8^2 \times 0.4}{2 \times 287 \times 1.4}\right]\text{K} = 89.2\text{K}$$

$$\varepsilon_4 = \left(1 + \frac{89.2}{300}\right)^{1.94} = 1.657 \qquad \text{(验算)}$$

效率损失

$$\Delta\eta_{ex} = \zeta_{ex}\frac{\left(\frac{c_4}{c_2}\right)^2}{2\varphi_{u2}(1 + \beta_V + \beta_r)} = 0.019$$

出口扩压管的最佳扩张角 $\theta_{eq} = 6^\circ \sim 8^\circ$，取扩压管长度等于蜗室 $\theta = 90^\circ$时的外径 $r^*_{out} = 1.3129$，则扩压管的出口半径 R_e 为

$$R_e = l\tan\frac{\theta_{eq}}{2} + \sqrt{\frac{F_{max}}{\pi}} = 1.329 \times \tan4^\circ + \sqrt{\frac{0.3831}{\pi}} = 0.429\text{m}$$

$$c_e = \frac{q_{V,in}}{\pi\varepsilon_e R_e^2} = 30\text{m/s} \qquad \text{(设 } \varepsilon_e\text{)}$$

$$\Delta T = \left[92.28 - \frac{30^2 \times 0.4}{2 \times 287 \times 1.4}\right]\text{K} = 91.88\text{K}$$

$$T_e = 391.88\text{K}$$

$$\varepsilon_e = \left(1 + \frac{91.88}{300}\right)^{1.94} = 1.729 \qquad \text{(验算)}$$

$$\frac{c_e}{\sqrt{\kappa R T_e}} = 0.0756 < (0.1 \sim 0.15) \qquad \text{(合理)}$$

第七节　离心通风机和泵设计实例

离心式通风机和泵的设计包括气动或水力设计、强度校核、结构设计等方面，本节仅讨论其流道设计中的气动或水力问题。由于通风机和泵中的流体视为不可压缩的，所以，除机

器进、出口外，描述流道各截面上流体参数的方程组由密度发生变化的式（5-73）简化为仅一个连续性方程

$$c_j = \frac{q_m}{\rho_j F_j} = \frac{q_V}{F_j} \tag{5-73a}$$

设计计算时，容积流量 q_V 为给定值，若选定速度 c_j，则可确定垂直该速度的面积 F_j。这些截面上的流体压力 p、温度 T 和密度 ρ 等都不需计算，这样就省去了每个截面的参数迭代。因此，离心式通风机和泵的设计比离心式压缩机要简单得多。

离心式通风机和泵已有各种系列产品供用户选择，但对已有产品的改进和新的产品开发都需要进行这些机器的气动或水力计算。尽管离心通风机和泵的一元分析涉及的基本方程比较简单，但流道中流动现象仍很复杂，对流动机理的了解还不十分透彻。因此，现有的一元设计方法在很大程度上依赖于试验资料及在这些资料基础上整理出的图线和经验公式。依据的试验资料和试验公式不同，就有不同的设计计算方法，计算步骤也是各式各样的。不论哪一种方法，设计结果的好坏还与设计者的经验和所掌握的资料有关，而且必须通过模型或原型试验进行验证。

一、方案选择

机器进口参数压力 P_{in}、温度 t_{in}、密度 ρ_{in}、体积流量 $q_{V,in}$、和全压 p_{tF}（或扬程 H）是由设计任务给定，对泵来说，设计参数还应该包括空化余量 NPSH$_r$（Δh_r）。转速 n 可由设计任务给定，也可在方案设计中选取。根据设计任务，在满足设计压力和流量的要求下，n 的选取应考虑机器的尺寸，效率，噪声，泵的空化以及与原动机的联接方式等方面的问题。

比转速 n_s 是描述机器压力（扬程）、流量和转速的综合性参数，在已知转速 n 后其值由式（3-91)、式（3-92）和式（3-93）计算。根据 n_S 值按下述范围一般可初步确定机器的总体方案。

通风机

$$n_S = \begin{cases} 1.8 \sim 10 & \text{前向单级离心} \\ 3.6 \sim 14.5 & \text{后向单级离心} \\ > 14.5 & \text{双吸单级离心、斜流或轴流} \end{cases} \tag{5-74a}$$

泵

$$n_S = \begin{cases} < 40 & \text{多级离心} \\ 30 \sim 300 & \text{单级离心或双吸单级} \\ > 300 & \text{双吸单级离心、混流或轴流} \end{cases} \tag{5-74b}$$

对于泵，转速和方案选择后都要进行空化性能的校核，方法是根据给定的参数和转速计算空化比转速

$$C = \frac{5.62 n \sqrt{q_V}}{\Delta h_r^{0.75}}$$

如果不采取特殊的抗空化措施（例如采用诱导论），C 值不得超过 1000，否则应该降低一级转速或者采用双吸方案。若 $C < 800$，则在叶轮进口的设计中可以主要考虑提高效率。

设计任务给定的流量 q_V 和全压 p_{tF}（或扬程 H）是机器在设计工况运行时的值，设计计算时，为了留有余地往往放大（1～1.05）倍。对于叶轮流道，由于存在泄漏量 Δq_V 和（泵的）平衡流量 Δq_e，通过叶轮的流量 $q_{V,th} = q_V + q_V + \Delta q_e$ 或通过选取容积效率 η_V 确定 $q_{V,th} = q_V / \eta_V$。

全压 p_{tF}或扬程 H 是单位体积或重力的流体在机器进、出口之间得到的有效能量。叶轮输入机械功除该有效能量外，还有克服流动损失 Δh 以及消耗于泄漏损失 Δq_V 和轮阻损失 ΔP 的部分（参见表 2-1）。与可压缩介质的情况不同，在通风机与泵中，泄漏损失和轮盘损失并不影响叶轮的全压或扬程的计算。叶轮的计算应根据理论能量头和理论流量进行，即

$$h_{th} = \frac{p_{tF}}{\rho\eta_h} = \frac{Hg}{\eta_h} \tag{5-75}$$

$$q_{V,th} = \frac{q_V}{\eta_V} \tag{5-76}$$

为计算机器的功率,则还需要考虑轮盘损失和机械损失,即考虑机器的总效率

$$P = \frac{q_V p_{tF}}{\eta} = \frac{\rho g Q H}{\eta} \tag{5-77}$$

对于多级机器而言，还应将能量头分配给每个级。为简化结构，应使各级的尺寸相同，在介质不可压缩的条件下，各级的能量头（全压、扬程）也相同。

由以上讨论可知，设计计算时所需的流量 $q_{V,th}$、能量头 h_{th}和功率 P 均可通过已知设计参数除以相应效率获得，因此，效率的确定就是非常重要的环节。效率（或损失）的准确计算还很困难，目前还主要依赖于经验和统计资料。表 5-9 给出了风机不同叶轮型式的全压效率 η 的大致范围。总效率和各分效率也可由第二章和本章的公式估算。

表 5-9　离心风机的全压内效率范围与叶轮型式的关系

叶轮型式	全压内效率/%
后弯板形叶片	77 ~ 87
后弯机翼叶片	85 ~ 91
径向出口叶片	77 ~ 83
前弯叶片	72 ~ 82
前弯多翼叶片	60 ~ 73

图 5-50 给出了泵效率 η 和比转速 n_S 的关系，表示了不同 n_S 下可能达到的效率范围。泵的效率 η_V、η_h 还可由下述经验公式计算

$$\eta_V = \frac{1}{1 + \dfrac{0.68}{n_S^{2/3}}} \tag{5-78}$$

$$\eta_h = 1 - \frac{0.42}{(\ln D_e - 0.172)^2} \tag{5-79}$$

式中 D_e 为叶轮进口的当量直径（参见式 5-48）。具体确定效率时还应参考已有相近机器的数据。

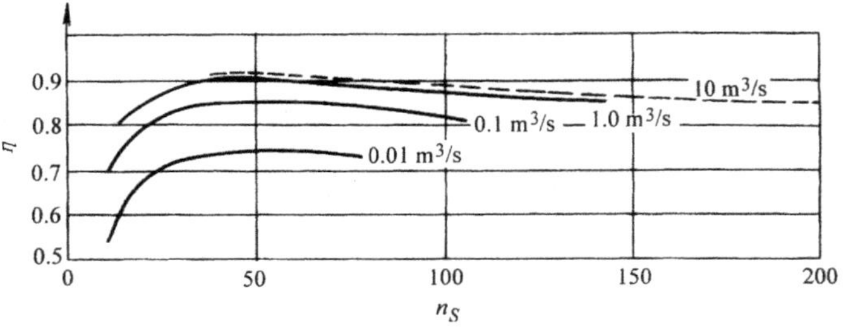

图 5-50　最佳效率作为比转速和流量的函数

二、过流部件的设计计算

叶轮及泵的静止过流部件几何尺寸的确定及设计计算程序请参阅本章第四和第五节。离心通风机静止部分有其特殊性，下面仅讨论离

心通风机蜗壳的设计。

离心通风机由于焊接结构常采用矩形蜗壳，其计算常采用近似的特殊方法，如下面介绍的就是广泛使用的用四段圆弧代替螺旋线的不等边基元法（图 5-51）。

矩形蜗壳中的流动（图 5-52）仍假设经过蜗壳子午面截面的流量与中心角成正比（式(5-67)）和等环量（$c_u r$ = 常数）。又因蜗壳的子午宽度 b 沿半径方向不变，即有

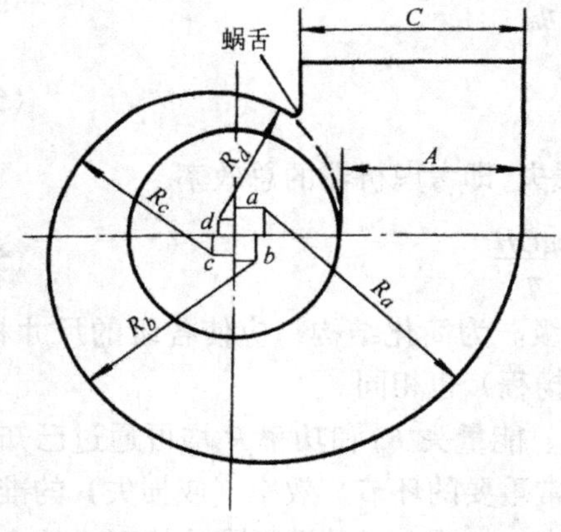

图 5-51　用不等边基元法画机壳

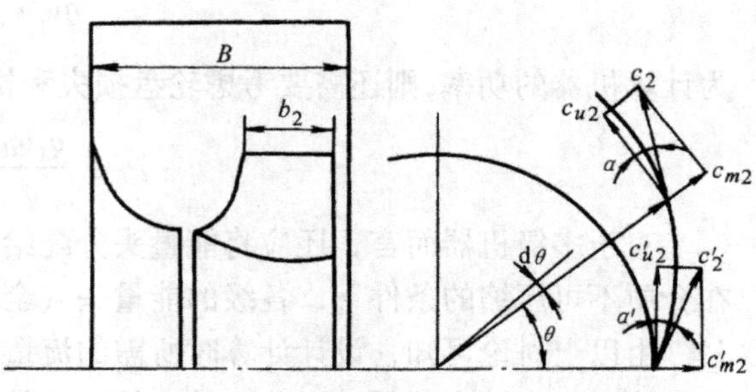

图 5-52　气体在机壳内流动

$$q_{V,\theta} = \frac{\theta}{2\pi}Q = \int_{r_2}^{r_{out}} c_u b \mathrm{d}r = b c_{u2} r_2 \int_{r_2}^{r_{out}} \frac{\mathrm{d}r}{r} \tag{5-80}$$

则蜗壳型线为

$$r_{out} = r_2 e^{m'\theta} = r_2 e^{\frac{m\theta}{\pi}} \tag{5-81}$$

式中 $m = \pi m' = q_V / 2bc_{u2}r_2$。

将上式展开成级数，得

$$r_{out} = r_2\left[1 + \frac{m\theta}{\pi} + \frac{\left(\frac{m\theta}{\pi}\right)^2}{2} + \frac{\left(\frac{m\theta}{\pi}\right)^3}{6} + \cdots\right] \tag{5-81a}$$

由该式可对于每一个中心角 θ 的子午截面计算 r_{out}，从而得到蜗壳型线。但工程上并不直接去计算 r_{out}，如不等边基元法就是用四段圆弧近似上述蜗壳型线，各段圆弧中心为轴心附近四个不等边小方形的顶点，小方形的边长分别是 a、b、c、d，相应四个圆弧的半径是 R_a、R_b、R_c、R_d（图 5-51）。该法的计算步骤为：

（1）蜗壳宽度 b

$$\frac{b}{D_2} = \frac{n_S}{112.5} + (0 \sim 0.06) \tag{5-82}$$

低 n_S 进取下限，一般 $b/b_2 = 2 \sim 4$。

（2）蜗壳张开度 A　蜗壳在中心角 $\theta = 2\pi$ 处径向高度 $A = (r_{out} - r_2)_{2\pi}$，由式(5-81a)得

$$A = r_2\left[2m + \frac{4m^2}{2} + \frac{8m^3}{6}\right] \tag{5-83}$$

（3）四个小正方形的边长 a、b、c、d 分别为

$$
\begin{aligned}
a &= (A - A_{1.5\pi})/2 = r_2(m/4 + 7m^2/16 + 37m^3/96) = r_2(m_1 + 7m_2 + 37m_3) \\
b &= (A_{1.5\pi} - A_{\pi})/2 = r_2(m_1 + 5m_2 + 19m_3) \\
c &= (A_{\pi} - A_{0.5\pi})/2 = r_2(m_1 + 3m_2 + 7m_3) \\
d &= A_{0.5\pi}/2 = r_2(m_1 + m_2 + m_3)
\end{aligned} \tag{5-84}
$$

式中 $m_1 = m/4, m_2 = m^2/16, m_3 = m^3/96$。

(4) 四个圆弧半径分别为

$$
\begin{aligned}
R_a &= r_2 + A - a = r_2(1 + 7m_1 + 25m_2 + 91m_3) \\
R_b &= r_2 + A_{1.5\pi} - b = r_2(1 + 5m_1 + 13m_2 + 35m_3) \\
R_b &= r_2 + A_{\pi} - c = r_2(1 + 3m_1 + 5m_2 + 9m_3) \\
R_d &= r_2 + A_{0.5\pi} - d = r_2(1 + m_1 + m_2 + m_3) = r_2(1 + d)
\end{aligned} \tag{5-85}
$$

(5) 蜗壳出口处长度 C　一般蜗壳出口处截面积 $F_k = bC =$ (1.3～1.4) bA，即 $C =$ (1.3～1.4) bA，见图 5-51。

(6) 蜗舌　蜗壳出口附近常形成“舌状”结构，称为蜗舌，蜗舌可分为尖舌、深舌，短舌和平舌四种（图 5-53)：

1) 尖舌使机器性能恶化，噪声大，不宜采用。泵在小比转速时可能采用。

2) 深舌主要用于泵、离心压缩机和鼓风机，舌头常在 $\theta_0 = 22.5° \sim 30°$，泵在高比转速 n_S 时可使 θ_0 到 45°。

3) 短舌主要用于通风机中，平舌用于低噪多叶通风机中。

4) 蜗舌的径向间隙 t 在 (0.05～0.1) D_2（后向叶片）及在 (0.07～0.15) D_2（前向叶片）的范围内。

5) 蜗舌头部圆弧 $r =$ (0.03～0.06) D_2。

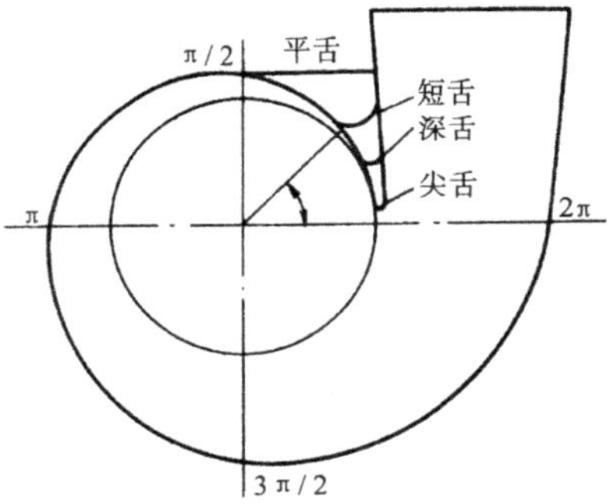

图 5-53　各种不同的蜗舌

三、叶轮计算实例

设计条件：进口大气压力 $p_{in} = 101325\text{Pa}$，流体温度 $t = 20℃$，叶轮进口流体无旋绕。其他参数见下表，

	流量 q_V	压力或扬程	转速	介质
风机	56700m³/h (15.75m³/s)	12258Pa	2900	空气
泵	90m³/h (0.025m³/s)	14m	1470	清水

由上可知，空气进口密度 $\rho_{in} = \dfrac{p_{in}}{RT_{in}} = \dfrac{101325}{287\ (273 + 20)} = 1.2\text{kg/m}^3$，清水的密度 $\rho = 1000\text{kg/m}^3$。

风机和泵的方案确定和叶轮设计过程如表 5-10 所示。

表 5-10　叶轮计算过程

序号	项目	公式	单位	风机的值	泵的值
1	比转速 n_S	式 (3-113) /式 (3-112)		9.88	117
2	结构方案	式 (5-74a) /式 (5-74b)		后弯单级	单吸单级
3	效率 η_h (η)	选取/ (5-79)	%	90 (86)	88 (77)

（续）

序号	项目	公式	单位	风机的值	泵的值
4	理论全压 p_{th}（扬程 H_{th}）	式（5-75）	Pa/m	13620	15.9
5	叶轮进口直径 D_0	式（5-41）/式（5-49）	m	0.6	0.126
6	叶片出口角 β_{b2}	选取	(°)	50	25
7	叶片数 Z	选取		16	6
8	出口流量系数 φ_{r2}	式（5-34）		0.24	0.16
10	滑移系数 μ	式（5-7），初设 D_0/D_2		0.795	0.7442
11	周速系数 φ_{u2}	式（5-10）		0.6348	0.4887
13	叶轮出口直径 D_2	式（5-30），校核 D_0/D_2	m	0.88	0.22
11	出口周速 u_2	$\pi D_2 n/60$	m/s	133.6	16.9
12	出口阻塞系数 τ_2	式（5-32）		0.977	0.922
13	叶片出口宽度 b_2	式（5-33）	m	0.182	0.013
14	叶片进口直径 D_1	（0.7～1.05）D_0	m	0.60	0.120
15	进口周速 u_1	$\pi D_1 n/60$	m/s	91.1	9.7
16	叶片进口角 β_{b1}	$\arctan\left[K_c/(\pi D_0^2 u_1)\right]+i$	(°)	28 + 3 = 31	16 + 4 = 20
17	进口阻塞系数 τ_1	式（5-32）		0.949	0.837
18	叶片进口宽度 b_1		m	0.210	0.033
19	轴功率 P	$q_V p_{tF}/\eta$，$\rho gQH/\eta$	kW	224.5	5.34

上表计算中选取风机叶片厚度 $\delta=3$mm，加速系数 $K_c=0.75$，泵的 $\delta=4$mm，$K_c=1.0$。

习　题　五

一、画出离心压缩机级的简图，并指出它主要部件的名称。

二、画三种不同型式叶片的进出口速度三角形并比较叶轮流道内速度分布、作功大小和效率。

三、空气进入导风轮时滞止压力 $p_0^*=103.3$kPa，滞止温度 $T_0^*=335$K，叶轮进口叶根、叶顶直径分别为 100mm 和 250mm，若转速 $n=7200$r/min，流量为 $q_m=5$kg/s，试求导风轮叶轮进口平均半径处的气流角和马赫数。

四、证明径向出口叶片叶轮中等熵流动时有以下关系：压力系数 $\Psi=1$，级压比 $\varepsilon_0=\left[1+u_2^2/(c_pT_0^*)\right]^{\kappa/(\kappa-1)}$，并计算 $D_2=450$mm，$n=7200$r/min，$T_0^*=288$K 时的压比和功率，（设叶轮进口无预旋，介质为空气）。若级效率 $\eta=0.82$，$\Psi=0.8$，流量为 5kg/s，其压比和轴功率又为多少？

五、滑移系数的定义是什么？试用三种公式计算 $D_2=450$mm，$D_1=250$mm，$Z=17$，$\beta_{b2}=90°$ 的叶轮的周速系数。

六、画出离心式叶轮子午面和径向面上流线，并导出径向面上的速度关系：$\partial w/\partial n+w/R-2=0$。

七、何谓离心式叶轮中射流—尾迹模型？控制尾迹的意义是什么？如何控制？

八、一后弯叶片 $\beta_{b2}=40°$ 的离心式叶轮，反转后是否可作为前弯叶片离心式叶轮使用？有效能量头是否增加很多？

九、什么情况下采用无叶扩压器？其优缺点是什么？证明等宽无叶扩压器中的以下关系 $c_{u3}/c_{u2}=c_{r3}/c_{r2}=c_3/c_2=r_2/r_3$。

十、叶片扩压器的优缺点是什么？试证明等宽度叶片扩压器出口、进口的面积比 a、直径比 b 和叶片进口角 α_3 的关系为 $a=(b^2-\cos^2\alpha_3)^{0.5}\cos\alpha_3$。

十一、自由涡蜗壳是什么样的？它的形状如何决定？对于不变宽度 b 的矩形截面的自由涡蜗壳，其基圆半径为 r_3，试证明蜗壳型线为

$$r_4 = r_3\exp\left(\frac{\theta}{2}\frac{q_V}{Kb}\right) = r_3\exp(\theta\tan\alpha_3)$$

式中 K 为常数，q_V 为流量，θ 为角度，α_3 是进入蜗壳的流动角。

十二、大气压下气体密度 1.2kg/m^3，离心风机叶轮周速 $u_2 = 80$m/s，叶轮出口绝对速度 $c_2 = 40$m/s，气流角 $\alpha_3 = 30°$，叶轮效率 $\eta_i = 0.9$，叶轮后的扩压器压力恢复率 $\eta_d = 0.7$，试求叶轮出口静压，扩压器出口静压和风机的静压效率。

十三、已知进口参数为 $p_a = 101325$Pa，$t = 20$℃，$\rho_a = 1.2$kg/m^3，设计参数为风机全压 $p_{tF} = 1100$Pa，流量 $q_V = 23000$m^3/h，试计算离心式风机叶轮的 β_{b2}、D_2 和转速 n？

十四、已知离心泵叶轮 $D_1 = 160$mm，$D_2 = 320$mm，$\beta_{b1} = 18°$，$\beta_{b2} = 29°$，叶片数 $Z = 6$，叶厚 $\delta = 5$mm，宽度 $b_1 = 33$mm，$b_2 = 19$mm，转速 $n = 1450$r/min，设最优工况下容积效率 $\eta_V = 0.95$，水力效率 $\eta_h = 0.90$，总效率 $\eta = 0.82$，求该工况下的流量，扬程和轴功率（$c_{u1} = 0$）。

十五、有落差 51m，流量 40m^3/s 的水轮机，转速 $n = 150$r/min，叶轮进口直径 $D_1 = 3$m，导叶高度 $b_0 = 0.73$m，出口直径 $D_2 = 2.7$m，水轮机效率 $\eta = 0.9$，$c_{u2} = 0$，求叶轮进、出口速度三角形和输出功，（叶轮进口阻塞系数 $\tau_1 = 0.96$，出口速度 c_{m2} 等于圆截面 D_2 上轴向速度。）

十六、径流式机械的级与轴流式机械的级的适用范围和特点有何不同。

第六章　轴流式流体机械的设计计算

轴流式流体机械应用非常广泛，水轮机、泵、通风机、压缩机、汽轮机和燃气轮机中都可采用轴流式。第一章中的图 1-1、图 1-4、图 1-11 至图 1-13、图 1-20b、图 1-27、图 1-30、图 1-31、图 1-30 和图 1-34c 都是轴流式机器及其叶轮的实例。轴流式机器可以是单级的，也可以是多级的。在能量头较低的情况下，采用轴流式主要是为了提高比转速，增加流量。如轴流式水轮机、泵和通风机，这种情况下应采用反击（反动）式的级。在能量头很高的情况下采用轴流式则主要是因为轴流式级的结构特别紧凑，特别便于依次布置很多级，如轴流式压缩机、汽轮机和燃气轮机。在这种情况下，原动机多采用冲击（冲动）式的级。冲击式级的能量头可以达到很高的数值，例如切击式和斜击式水轮机，虽然是单级结构，也可用于很高的水头。轴流式结构中，采用可转动的叶片（动叶和静叶）比离心式和混流式方便，这种结构将使轴流式机器的变工况性能大大提高。

在轴流式流体机械中，介质质点的运动轨迹基本上位于一个圆柱面上。正如前面曾经分析的那样，流面可以展开成一个平面，叶片（动叶和静叶）可以视为平面直列叶栅。所以，与离心式和混流式机器的设计计算方法基本上建立在流线理论和滑移系数上不同，轴流式机器的设计计算可以利用丰富而准确的叶栅试验资料。与此相应，轴流式机器的设计计算方法涉及到一些独特的概念。本章将首先讨论这些概念，然后给出具体计算方法。

第一节　轴流式流体机械的基本理论

一、基元级

轴流式流体机械是由一个或多个“级”组成的，每一级由一个叶轮（动叶）和一至两个导叶（导流器、静叶）组成。由于叶轮的圆周速度随半径而变化，因此在不同半径的圆柱面上，流动状况和叶片形状都是不同的。为了研究的方便，将位于同一圆柱展开面上的平面直列叶栅（包括动叶和静叶）称为一个基元级。这样，一个轴流级可以看成是由无穷多个基元级组成的。对一个轴流级的研究，就转化为对若干典型的基元级的研究。将圆柱面展开，组成各基元级的动、静叶片就成为平面直列叶栅。表 6-1 中给出了一些典型的基元级的叶栅图形。

1. 工作机基元级的进出口速度三角形

图 6-1 为一个典型的工作机（泵、通风机和压缩机）基元级的速度三角形。根据基元级的定义，介质轴面速度的径向分量为零，即 $c_r=0$，$c_m=c_z$，同时叶轮进、出口处的圆周速度相同，即 $u_1=u_2=u$。对不可压缩介质，同时还有 $c_{z1}=c_{z2}=c_z$，而当介质为可压缩时，对工作机有 $c_{z1}>c_{z2}$。

为了研究方便起见，常将叶轮进、出口速度三角形画在一起，如图 6-1 所示。图中给出了两种画法，左边的一种画法是通风机和压缩机行业中习惯采用的，将两个三角形的顶点重叠在一起，w 和 c 的方向指向 u；右边的画法是泵与水轮机行业中习惯采用的，是将两个圆

周速度向量 u_1、u_2 重叠在一起，w 和 c 的方向指向顶点。这两种画法是完全等价的，在本书中，两种画法都被采用。图 6-1 中四个速度三角形的上面两个为介质不可压缩的情况，下面则为可压缩介质的情况。它们的区别是，对不可压缩介质，有 $c_{z1}=c_{z2}$，而对可压缩介质，有 $c_{z1}>c_{z2}$。将进、出口速度三角形重叠的好处是立即可以看出介质流经叶片后速度方向的变化。从图中可见，绝对与相对速度圆周分量的变化量相同，即 $\Delta w_u=\Delta c_u$，这个改变量称为扭速。由于轴流式机器中有 $u_1=u_2$，根据基本方程式，机器的能量头 h_{th} 与扭速成正比。

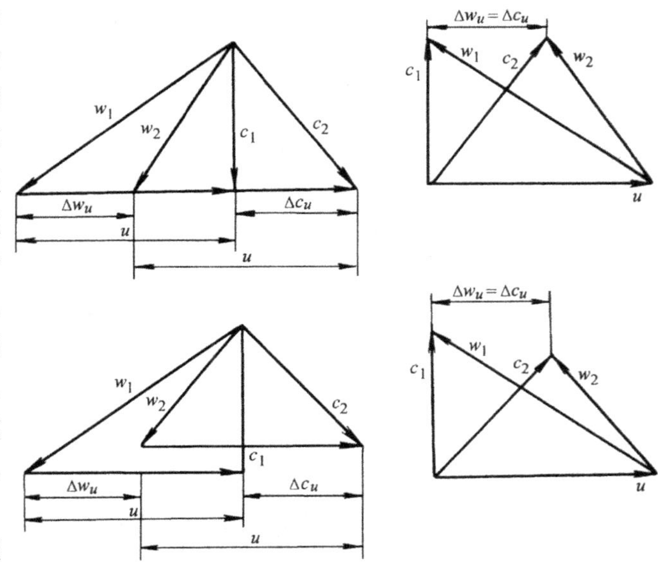

图 6-1　工作机基元级的速度三角形

2. 原动机基元级的进、出口速度三角形

图 6-2 为原动机（如汽轮机、水轮机）基元级的进、出口速度三角形。

从图 6-1、图 6-2 和表 6-1 可看出原动机与工作机的差别：二者叶片弯曲方向和运动方向不同，同时工作机的叶间流道是扩散的，而原动机的叶间流道是收缩的。

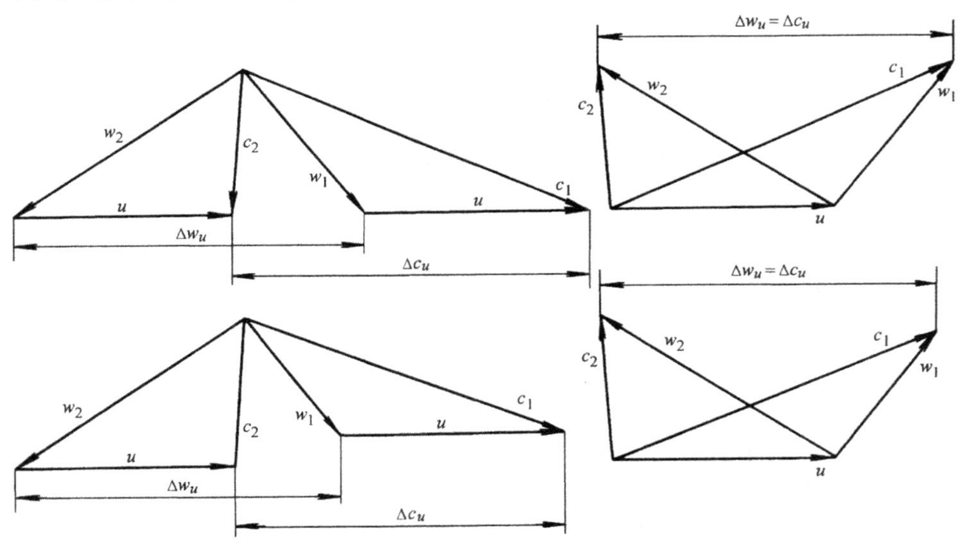

图 6-2　原动机的基元级速度三角形

二、叶栅的配置方式

叶片式流体机械的级通常是由一个叶轮（动叶栅）和一个导叶（静叶栅或其变形，如蜗壳等）组成，但实际上静叶栅也可以没有或不只一个。这在轴流式中是比较普遍的现象，因为轴流式机器中可以方便地进行不同的配置。一个轴流式级可以有几种叶栅配置方式，如

表 6-1所示。因为在不同的行业里有不同的习惯用法，表中对每一种叶栅配置方式给出了两种不同画法的速度三角形，两种画法的速度方向相反。

表 6-1　叶栅的配置方式

	简　图	工　作　机	原　动　机
A	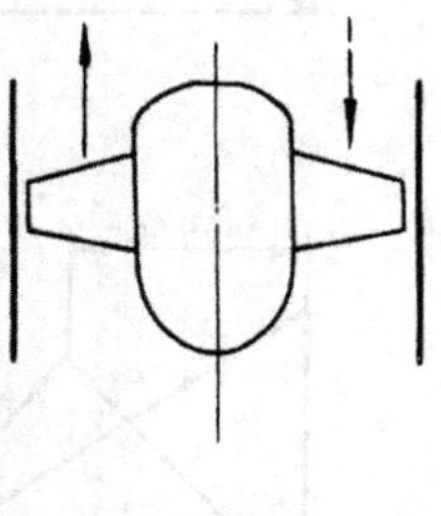	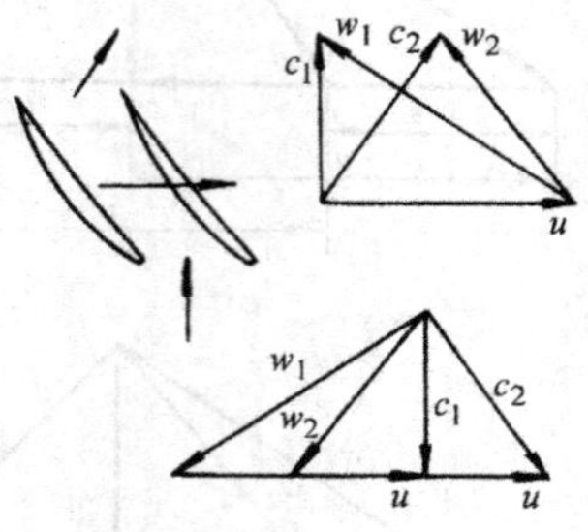	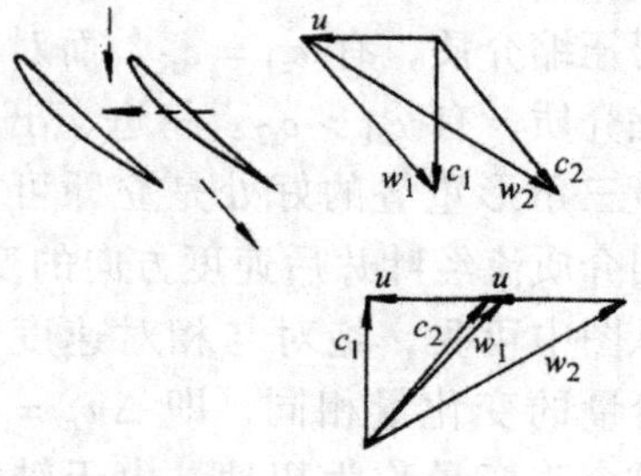
B	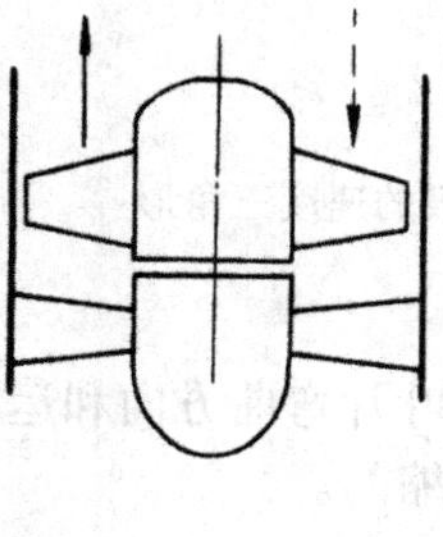	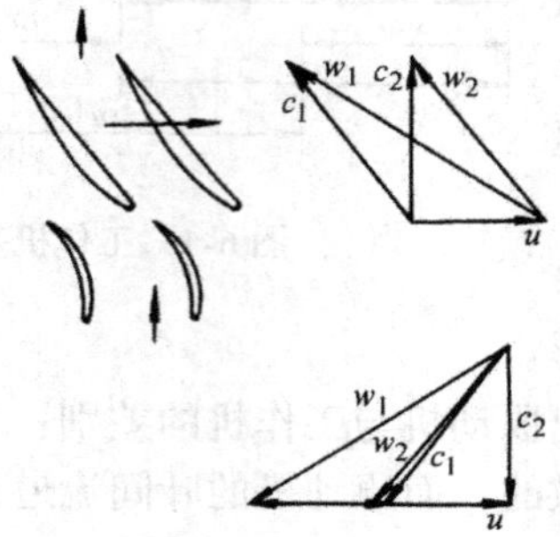	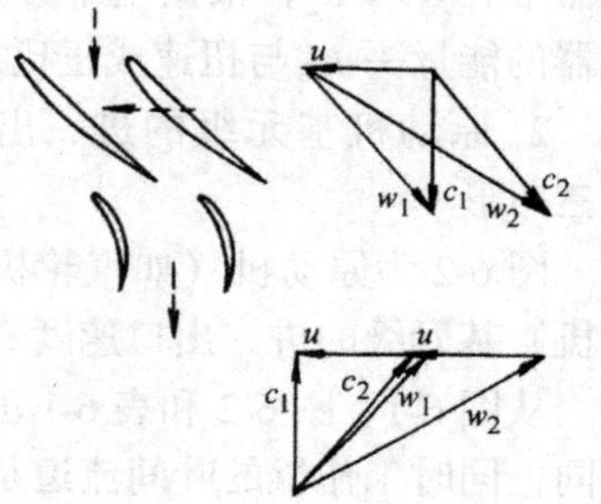
C	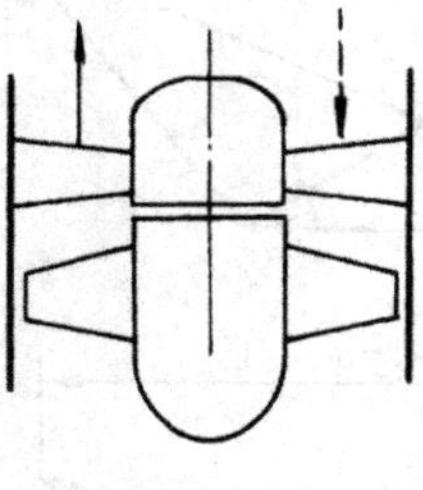	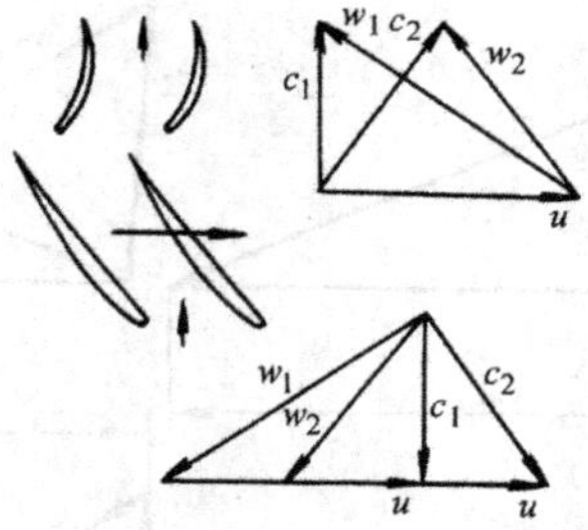	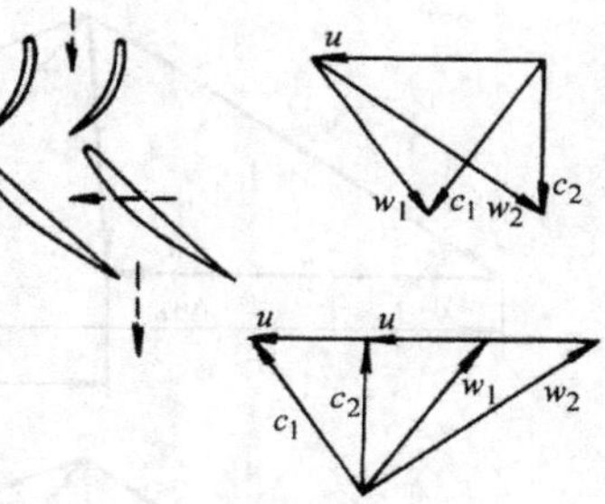
D	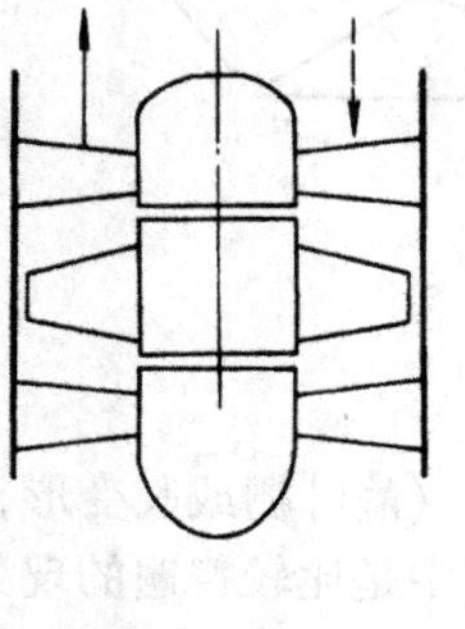	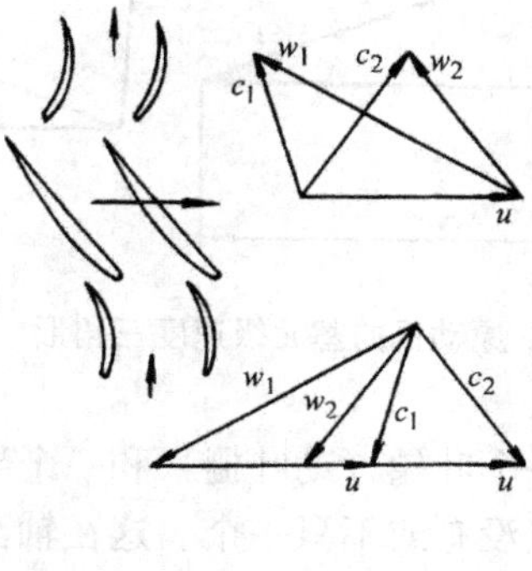	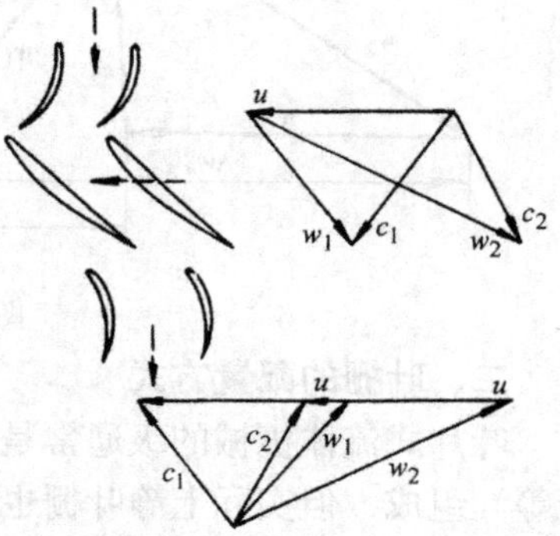

1）方式 A，仅有叶轮，没有导叶。电风扇、风力发动机、船舶和飞机的螺旋桨等都是这种配置的实例。由于叶轮前没有导叶，所以入流必然是法向（轴向）的。从速度三角形可见，叶轮出口的绝对速度都有圆周分量 c_{u2}。显然，不管是工作机还是原动机，c_{u2}所对应的动能都是一种能量损失。为减小损失，c_{u2}的值必须很小。根据基本方程式，能量头必然很低。所以这种配置方式只用在能量头很低的情况下。本书重点讨论的流体机械中，很少采用这种配置方式。

2）方式 B，在叶轮的低压侧设置导叶。在工作机中，叶轮出口处 $c_{u2}=0$，在原动机中，叶轮后面的导叶出口处 $c_u=0$，于是避免了它所引起的损失。对工作机而言，导叶在叶轮之前。从速度三角形可见，叶轮进口的相对速度 w_1 较大，对于泵，这将使空化余量增加，对于压缩机，这将使音速系数降低，所以这种配置方式并不常用。但可转动的前置导叶有利于工况的调节（参见第七章），所以在压力不高的轴流通风机中也有应用。对原动机而言，导叶在叶轮之后，对工况的调节不利，所以这种配置方式在原动机中几乎不被采用。

3）方式 C，在叶轮的高压侧设置导叶。这种方式同样可以避免叶轮出口的圆周速度引起的损失，它的特点正好与前一种相反。对工作机而言，产生空化和超音速的危险减少，故得到广泛的应用，但不能借助于前导叶调节工况。对原动机而言，这几乎是唯一的配置方式，尽管其他的方式在理论上也可以采用。

4）方式 D，在叶轮的两侧均设置导叶。这种方式兼有前两种方式的优点，但结构比较复杂，用在对调节性能要求比较高的场合。从结构的角度看，转动静止的叶片比转动旋转的叶片（动叶）还是要简单得多。对于多级轴流式机器，每一级的后导叶同时也是下一级的前导叶，所以都可以看成是这种配置方式。改变前、后导叶的形状和角度，可以在很大的范围内改变叶轮进、出口速度三角形的形状。

三、反作用度

在第二章中讨论反作用度时，曾在 $c_{us}=0$ 的条件下导出了简化的式（2-115），但对轴流式的不同叶栅配置方式，c_{us}不一定为零，所以应该采用另外的表达式。在轴流式中，有 $u_s=u_p$，若不考虑介质密度的变化，还有 $c_{zs}=c_{zp}=w_{zs}=w_{zp}$。再考虑到 $w^2=w_u^2+w_z^2$，$c^2=c_u^2+c_z^2$，于是轴流式叶轮的静压能量头式（2-112）为

$$h_p=\frac{u_p^2-u_s^2}{2}+\frac{w_s^2-w_p^2}{2}=\frac{w_{us}^2-w_{up}^2}{2}=\frac{(w_{us}+w_{up})(w_{us}-w_{up})}{2}=w_{\infty u}\Delta w_u$$

式中 $w_{\infty u}=(w_{us}+w_{up})/2$ 为叶轮进、出口相对速度的平均矢量的圆周分量，而理论能量头可表示为

$$h_{th}=u(c_{up}-c_{us})=u\Delta c_u$$

由于 $\Delta c_u=\Delta w_u$，所以反作用度为

$$\Omega=\frac{w_{\infty u}}{u} \tag{6-1}$$

考虑到 $w_{us}=u-c_{us}$和 $w_{up}=u-c_{up}$，上式还可以写成

$$\Omega=\frac{(u-c_{us})+(u-c_{up})}{2u}=1-\frac{c_{us}}{u}-\frac{\Delta c_u}{2u} \tag{6-2}$$

在图6-3中，速度 w_∞矢端 A_∞的位置就决定了反作用度的大小。由于叶栅配置方式和导叶角度的不同，反作用度可能有各种不同的值，甚至可能大于 1 。表 6-2 给出了不同反作用

度时的速度三角形和相应的叶片（动叶和静叶）形状。表中第一栏是原动机的情况，工作机中没有反作用度为零的情况。其他各栏则以工作机为例。从表中可见，随着反作用度从零逐渐增加，叶轮叶片形状逐渐变得平直。当 $\Omega=0.5$ 时，叶轮进、出口速度三角形是对称的，叶轮叶片和导叶叶片的形状也是对称的。在第四章已经分析过，这种情况对于压缩机避免超音速流动是特别有利的，所以高压缩比的多级轴流式压缩机常采用这样的叶片。

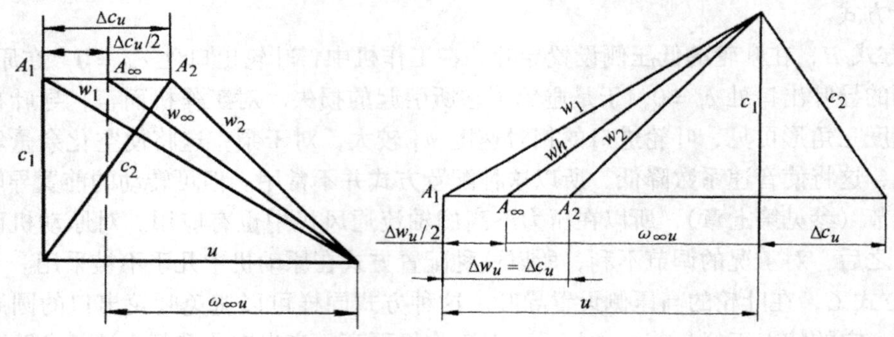

图 6-3　轴流式叶轮的速度三角形

表 6-2　反作用度与速度三角形及叶片形状的关系

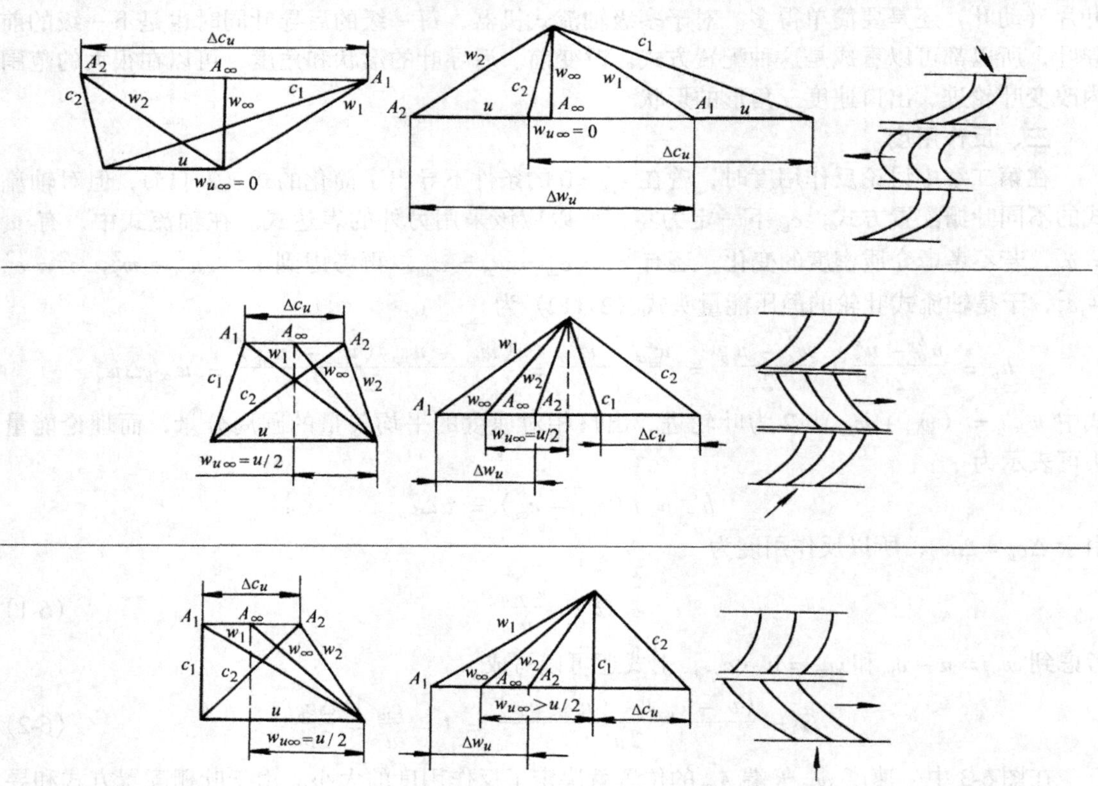

（续）

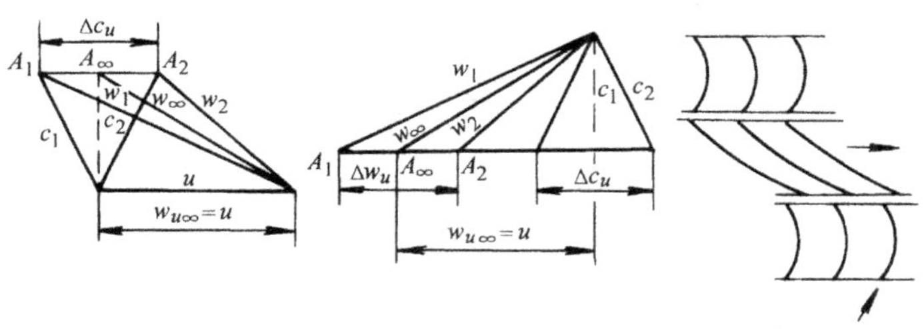

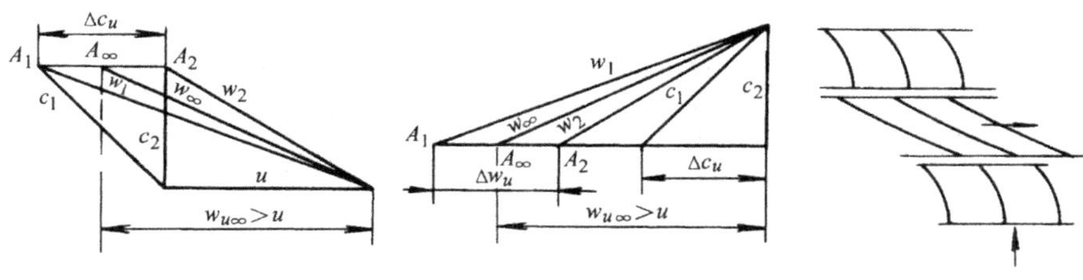

四、径向平衡理论

前面讨论了基元级的速度三角形和反作用度，这是研究轴流式级的基础。显然，不同半径处的基元级的速度三角形是不同的。但是，各个半径上的基元级的速度不是相互独立的，它们之间有内在联系并按一定的规律变化，这种联系是由介质在级的叶轮和导叶之间的轴向间隙中介质流动条件决定的。级中的这种流动具有复杂的三元流动性质，研究这种级中的三元流动相互联系的规律，称为级的理论。由于本章在研究中作了理论上的简化，故称简化三元流动设计。

假定介质的流动是理想的稳定流动、与外界没有热交换并略去重力的影响。另外，假定流面为圆柱面，即没有径向流动，$c_r=0$。最后还假定流动是轴对称的，亦即流动参数沿圆周方向不变，$\partial/\partial\theta=0$。

根据上述假定，在叶轮和导叶的轴向间隙内取一微元体积的流体如图 6-4 所示，其质量为

$$\mathrm{d}m=\rho r\mathrm{d}\theta\mathrm{d}r\mathrm{d}z$$

此流体质量由于流动的圆周分速度（旋绕速度）而引起的离心力为

$$\mathrm{d}F=\mathrm{d}m\frac{c_u^2}{r}$$

由达朗倍尔原理知，作用在微元体上的压力和上述离心力应该是平衡的，其平衡方程式为

$$(p+\mathrm{d}p)(r+\mathrm{d}r)\mathrm{d}\theta\mathrm{d}z-pr\mathrm{d}\theta\mathrm{d}z-2p\sin\frac{\mathrm{d}\theta}{2}\mathrm{d}r\mathrm{d}z=\rho r\mathrm{d}\theta\mathrm{d}r\mathrm{d}z\frac{c_u^2}{r}$$

略去其高阶小量，且考虑到 $\sin\frac{\mathrm{d}\theta}{2}\approx\frac{\mathrm{d}\theta}{2}$，整理后得

$$\frac{\mathrm{d}p}{\mathrm{d}r}=\frac{\rho c_u^2}{r} \tag{6-3}$$

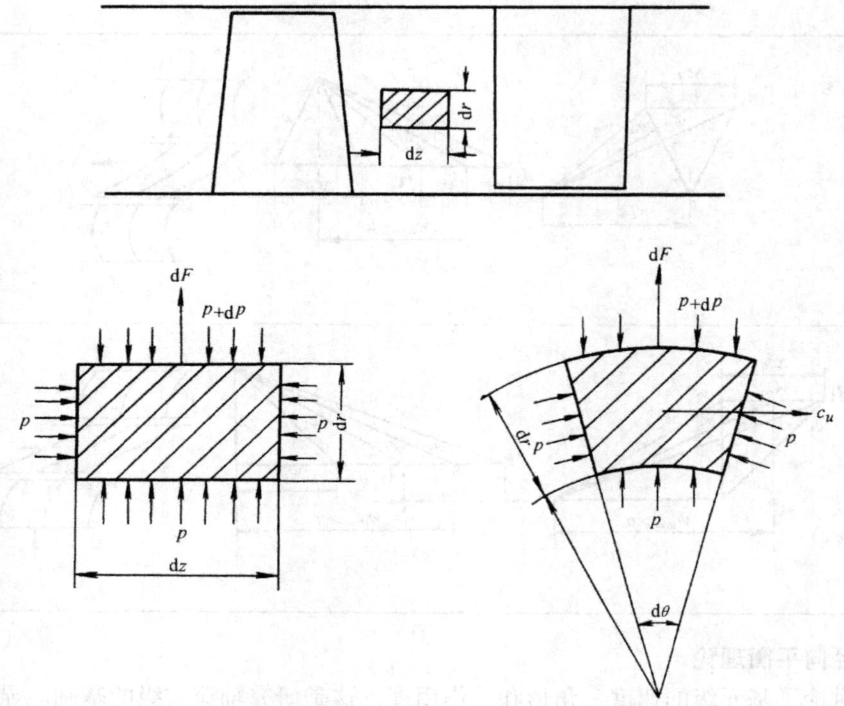

图 6-4 微元体的径向平衡

式（6-3）即为径向平衡条件。其意义是沿径向 r 作用的流体压力梯度应与惯性力平衡，当流动旋绕速度沿半径变化时，压力亦需相应地变化以满足径向平衡条件。

上述式（6-3）所表达的静压径向梯度变化关系亦可由理想流体的运动微分方程得到。当流体的运动是稳定流动，与外界无热交换且忽略质量力的情况下，圆柱坐标运动微分方程式可以写成

$$\left.\begin{aligned}\frac{\partial c_r}{\partial r}c_r+\frac{\partial c_r}{r\partial\theta}c_u+\frac{\partial c_r}{\partial z}c_z-\frac{c_u^2}{r}&=-\frac{1}{\rho}\frac{\partial p}{\partial r}\\\frac{\partial c_u}{\partial r}c_r+\frac{\partial c_u}{r\partial\theta}c_u+\frac{\partial c_u}{\partial z}c_z+\frac{c_rc_u}{r}&=-\frac{1}{\rho}\frac{\partial p}{r\partial\theta}\\\frac{\partial c_z}{\partial r}c_r+\frac{\partial c_z}{r\partial\theta}c_u+\frac{\partial c_z}{\partial z}c_z&=-\frac{1}{\rho}\frac{\partial p}{\partial z}\end{aligned}\right\}\tag{6-4}$$

上式进一步简化的条件是：

1）级中流体只沿圆柱形流动表面运动，而无径向流动，即 $c_r=0$。

2）流体流动是轴对称的，即流动的所有参数与 θ 角无关$\left(\frac{\partial}{\partial\theta}=0\right)$，这个假定严格说来只在叶片数为无穷多时才成立。

3）在动叶与静叶的轴向间隙中间，在同一半径上流动沿轴向无变化，即$\frac{\partial}{\partial z}=0$。

根据上述进一步的简化条件，式（6-4）中第二、三两式为恒等式（$0\equiv0$）。而第一式则为

$$\frac{\mathrm{d}p}{\mathrm{d}r}=\rho\frac{c_u^2}{r}$$

由于假定了 $c_r=0$，故称上述方程为简化径向平衡方程，根据此条件所讨论的级的设计方法，称为简化三元流动设计。实际上，轴面流动的流线可能是弯曲的，如图 6-5 所示。在这种条件下，轴面流线的弯曲也会引起作用于流体微元体的离心力，其值为

$$\mathrm{d}F_m=\mathrm{d}m\frac{c_m^2}{R}$$

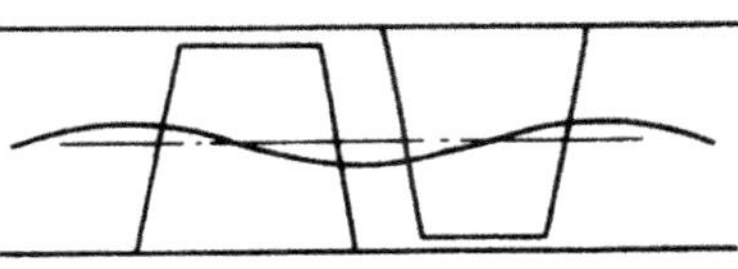

图 6-5　轴面流线的弯曲

式中 R 为轴面流线的曲率半径。考虑此作用力的径向平衡方程称为完全径向平衡方程。限于篇幅，这里将仅讨论简化径向平衡方程的应用。

对于可压缩介质，根据滞止焓的概念，有

$$h^*=h+\frac{1}{2}c^2$$

当 $c_r=0$ 时，$c^2=c_u^2+c_z^2$，故

$$h^*=h+\frac{1}{2}(c_u^2+c_z^2)$$

或

$$\frac{\mathrm{d}h^*}{\mathrm{d}r}=\frac{\mathrm{d}h}{\mathrm{d}r}+c_u\frac{\mathrm{d}c_u}{\mathrm{d}r}+c_z\frac{\mathrm{d}c_z}{\mathrm{d}r}\tag{6-5}$$

又

$$\mathrm{d}h=\mathrm{d}u+\mathrm{d}(pv)=\mathrm{d}u+p\mathrm{d}v+v\mathrm{d}p$$

因

$$T\mathrm{d}s=\mathrm{d}u+p\mathrm{d}v$$

故

$$\mathrm{d}h=T\mathrm{d}s+\frac{1}{\rho}\mathrm{d}p$$

或

$$\frac{\mathrm{d}h}{\mathrm{d}r}=T\frac{\mathrm{d}s}{\mathrm{d}r}+\frac{1}{\rho}\frac{\mathrm{d}p}{\mathrm{d}r}$$

代入式（6-5）最后得

$$\frac{\mathrm{d}h^*}{\mathrm{d}r}=T\frac{\mathrm{d}s}{\mathrm{d}r}+\frac{1}{\rho}\frac{\mathrm{d}p}{\mathrm{d}r}+c_u\frac{\mathrm{d}c_u}{\mathrm{d}r}+c_z\frac{\mathrm{d}c_z}{\mathrm{d}r}\tag{6-6}$$

将式（6-3）的压力径向梯度代入上式得

$$\frac{\mathrm{d}h^*}{\mathrm{d}r}-T\frac{\mathrm{d}s}{\mathrm{d}r}=\left(\frac{c_u^2}{r}+c_u\frac{\mathrm{d}c_u}{\mathrm{d}r}\right)+c_z\frac{\mathrm{d}c_z}{\mathrm{d}r}$$

利用恒等式

$$\frac{1}{2r^2}\frac{\mathrm{d}}{\mathrm{d}r}(rc_u)^2\equiv\frac{c_u^2}{r}+c_u\frac{\mathrm{d}c_u}{\mathrm{d}r}$$

则有

$$\frac{\mathrm{d}h^*}{\mathrm{d}r}-T\frac{\mathrm{d}s}{\mathrm{d}r}=\frac{1}{2}\left[\frac{1}{r^2}\frac{\mathrm{d}(rc_u)^2}{\mathrm{d}r}+\frac{\mathrm{d}c_z^2}{\mathrm{d}r}\right]\tag{6-7}$$

式（6-7）为滞止焓、熵以及气流速度沿径向的变化关系。因为有 $\mathrm{d}s/\mathrm{d}r$ 这一项，故称为“非等熵简化径向平衡方程式”。

若假定 $\mathrm{d}s/\mathrm{d}r=0$，则式（6-7）变成

$$\frac{\mathrm{d}h^*}{\mathrm{d}r}=\frac{1}{2}\left[\frac{1}{r^2}\frac{\mathrm{d}(rc_u)^2}{\mathrm{d}r}+\frac{\mathrm{d}c_z^2}{\mathrm{d}r}\right] \tag{6-8}$$

式（6-8）称为“等熵简化径向平衡方程式”。

又由气体滞止压力的概念有

$$p^*=p+\frac{1}{2}\rho c^2=p+\frac{\rho}{2}(c_u^2+c_z^2)$$

或

$$\frac{1}{\rho}\frac{\mathrm{d}p^*}{\mathrm{d}r}=\frac{1}{\rho}\frac{\mathrm{d}p}{\mathrm{d}r}+c_u\frac{\mathrm{d}c_u}{\mathrm{d}r}+c_z\frac{\mathrm{d}c_z}{\mathrm{d}r}$$

将上式代入式（6-6），得

$$\frac{1}{\rho}\frac{\mathrm{d}p^*}{\mathrm{d}r}=\frac{\mathrm{d}h^*}{\mathrm{d}r}-T\frac{\mathrm{d}s}{\mathrm{d}r}$$

因此，式（6-7）可以写成

$$\frac{1}{\rho}\frac{\mathrm{d}p^*}{\mathrm{d}r}=\frac{1}{2}\left[\frac{1}{r^2}\frac{\mathrm{d}(rc_u)^2}{\mathrm{d}r}+\frac{\mathrm{d}(c_z^2)}{\mathrm{d}r}\right] \tag{6-9}$$

上式建立了径向平衡时流体总压与速度沿半径的变化关系。

对于液体介质，总压常常用总水头表示，这时径向平衡方程为

$$g\frac{\mathrm{d}H}{\mathrm{d}r}=\frac{1}{2}\left[\frac{1}{r^2}\frac{\mathrm{d}(rc_u)^2}{\mathrm{d}r}+\frac{\mathrm{d}(c_z^2)}{\mathrm{d}r}\right] \tag{6-10}$$

式（6-7）~式（6-10）均称为简化径向平衡方程式，这种简化径向平衡方法已成功地应用于轴流式流体机械的设计中。对于大流量、小轮毂比及高能量头的轴流式机器，则应该根据完全径向平衡的条件，按三元流动理论来设计。

五、流型与叶片扭曲规律

轴流级中流动参数沿径向方向的分布必需满足径向平衡方程，不能任意给定，但满足这个条件的分布并不是唯一的。设计时应根据实际条件和设计要求给定不同的补充条件，然后从径向平衡方程中得出流动参数沿半径的不同分布规律。这些分布规律就称为流型，不同的流型要求的叶片形状亦不相同，这里将讨论一些在轴流式机器的设计中常用的几种流型及相应的叶片形状。

（一）等环量级（自由旋涡级）

等环量级或称自由旋涡级，是设计轴流式流体机械级的主要流型之一。所谓等环量，即动叶和静叶间隙中的流体切向速度 c_u 按 rc_u = 常数的规律变化。若给定的条件为无粘性流动，且沿径向有 h_{th} = 常数和 rc_u = 常数，则可以求解径向平衡方程式，求出轴向速度 c_z 沿半径的变化。

无粘性的等熵流动可应用式（6-8）或式（6-10），当假定 h_{th} = 常数时，说明流体的总焓值（或总水头）沿径向不变，即 $\mathrm{d}h^*/\mathrm{d}r=0$，故式（6-8）可写成

$$\frac{1}{r^2}\frac{\mathrm{d}(rc_u)^2}{\mathrm{d}r}+\frac{\mathrm{d}c_z^2}{\mathrm{d}r}=0 \tag{6-11}$$

又因 rc_u = 常数，则从上式可得

$$\frac{\mathrm{d}c_z}{\mathrm{d}r}=0$$

它说明流体的轴向速度沿半径为一常数。

等环量级的变化规律也可以从无旋运动的微分方程式中得到。在最初设想级的流型时，认为无粘性的无旋运动可以获得好的性能。回顾涡度的圆柱坐标方程式，在无旋运动的假定下，得

$$\left.\begin{aligned}&\frac{1}{r}\frac{\partial c_z}{\partial \theta}-\frac{\partial c_u}{\partial z}=0\\&\frac{\partial c_z}{\partial z}-\frac{\partial c_z}{\partial r}=0\\&\frac{1}{r}\left[\frac{\partial}{\partial r}(rc_u)+\frac{\partial c_r}{\partial \theta}\right]=0\end{aligned}\right\}\tag{6-12}$$

如果假定 $c_r=0$，流体参数成轴对称以及在同一半径上流速沿轴向方向无变化。则上式中第一个式子为恒等式，而第二、三式为

$$\left.\begin{aligned}&\frac{\partial c_z}{\partial r}=0\\&\frac{\partial}{\partial r}(rc_u)=0\end{aligned}\right\}\tag{6-13}$$

将上式沿径向积分得

$$\left.\begin{aligned}c_z&=\text{常数}\\rc_u&=\text{常数}\end{aligned}\right\}\tag{6-14}$$

此结果即为无旋运动流型级的解，故这种流型的级又称为自由旋涡级。

自由涡流级沿径向的理论能量头亦保持常数，即

$$h_{th}=u(c_{up}-c_{us})=\omega(rc_{up}-rc_{us})=\text{常数}$$

或

$$\frac{\mathrm{d}h_{th}}{\mathrm{d}r}=0$$

显然,当为无粘性的等熵流动时,$\mathrm{d}h^*/\mathrm{d}r=0$。因此,式(6-14)完全满足径向平衡方程式。

下面具体地研究等环量级的流动参数沿径向变化。这些公式都是以平均半径处的参数为基础的，它们在具体设计计算中也是有用的。

1. 扭速（圆周分速度）沿半径的变化

因为 $h_{th}=$常数，则有

$$r\Delta w_u=r\Delta c_u=rc_{up}-rc_{us}=\text{常数}$$

所以

$$r\Delta w_u=r_m\Delta w_{um}$$

或

$$\Delta w_u=\frac{r_m}{r}\Delta w_{um}\tag{6-15}$$

在方案计算中平均半径 r_m 处的扭速 Δw_{um}是已知数，故各不同半径处的扭速 Δw_u 即可按上式求得。从式（6-15）可知，扭速随半径的增加而减少，说明等环量级叶片在叶根处弯度大而在叶尖处弯度小。

2. 切向速度和轴向速度沿半径的变化

由式（6-14）知

$$c_{us}=c_{usm}\frac{r_m}{r}$$

$$c_{zs}=c_{zsm}\tag{6-16}$$

$$c_{up} = c_{upm}\frac{r_m}{r}$$

$$c_{zp} = c_{zpm}$$

它说明轴向速度沿径向不变；而切向速度随半径的增加而减少。图 6-6 描述了上述速度变化的关系。

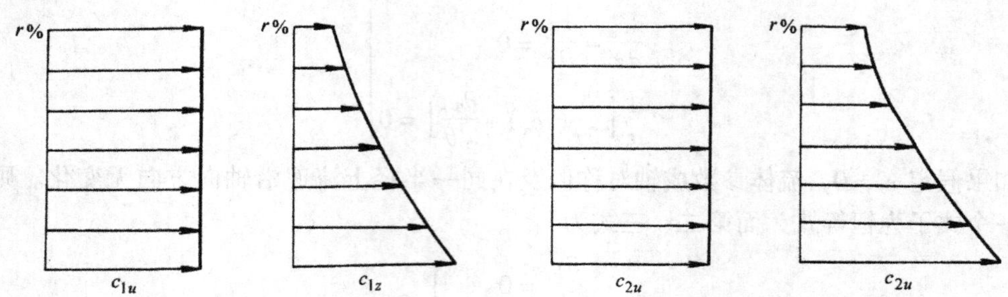

图 6-6　速度沿径向的分布

3. 流动角沿半径的变化

$$\tan\alpha_s = \frac{c_{zs}}{c_{us}} = \frac{c_{zs}}{\frac{r_m}{r}c_{usm}} = \frac{r}{r_m}\tan\alpha_{sm} \tag{6-17}$$

$$\tan\alpha_p = \frac{c_{zp}}{c_{up}} = \frac{c_{zp}}{\frac{r_m}{r}c_{upm}} = \frac{r}{r_m}\tan\alpha_{pm} \tag{6-18}$$

因此，当 r 增加时，绝对流动角 α_s 和 α_p 均增加。而对相对流动角，则有

$$\tan\beta_s = \frac{c_{zs}}{u - c_{us}} = \frac{c_{zs}}{\frac{r}{r_m}u_m - \frac{r_m}{r}c_{usm}} \tag{6-19}$$

$$\tan\beta_p = \frac{c_{zp}}{u - c_{up}} = \frac{c_{zp}}{\frac{r}{r_m}u_m - \frac{r_m}{r}c_{upm}} \tag{6-20}$$

即相对流动角 β 随 r 的增加而减小。

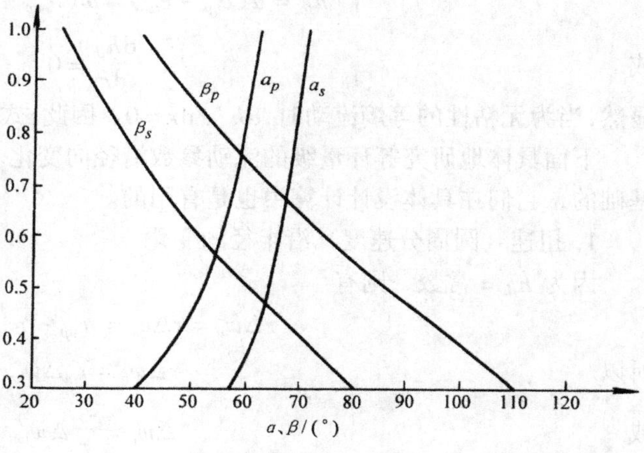

图 6-7　流动角沿半径的分布

图 6-7 为流动角 α、β 沿半径 r 变化的示意图。叶尖和叶根处 β 的变化反映了叶轮叶片扭曲的情况，而 β_s 和 β_p 的差值则反映了叶片弯度的变化。

4. 反应度沿半径的变化

将式（6-2）两边各乘以 u^2 并移项，则得

$$u^2(1-\Omega) = uc_{us} + \frac{u\Delta w_u}{2} = \omega\left(rc_{us} + \frac{r\Delta w_u}{2}\right) = 常数$$

或写成

$$u^2(1-\Omega) = u_m^2(1-\Omega_m)$$

最后得
$$\Omega = 1 - (1 - \Omega_m)\left(\frac{r_m}{r}\right)^2 \tag{6-21}$$

从式（6-21）知，若选定了平均半径 r_m 上的平均反应度 Ω_m 值，则反应度 Ω 随半径的增加而增加，在叶尖处达最大值，而在叶根处为最小值。当选定不同的 Ω_m 值时，反应度 Ω 沿半径的变化如图 6-8 所示。从图 6-8 可知，当 Ω_m 值较大时，反应度 Ω 沿半径的变化较小，当 $\Omega_m = 1$ 时，Ω 沿半径为常数且等于 1。而当 Ω_m 较小时，如 $\Omega_m < 0.5$，则 Ω 沿半径变化很大。特别是在小轮毂比时，可能在叶根出现负的反应度。这时工作机叶栅中叶根处将出现膨胀过程，而在原动机叶栅中将出现扩压过程。这种负反应度的出现是不能允许的，因此在方案设计时必须预先估计到此现象的出现。

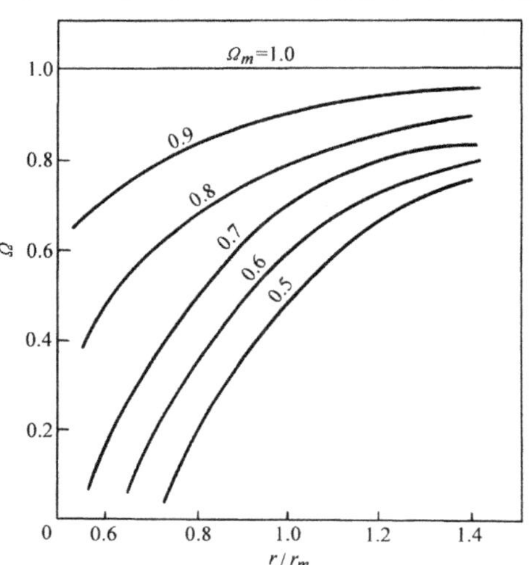

图 6-8　等环量级中反作用度沿半径的分布

5. 压力系数、流量系数和马赫数的分布

压力系数沿半径的变化为

$$\psi = \frac{\Delta w_u}{u} = \frac{\frac{r_m}{r}\Delta w_{um}}{\frac{r}{r_m}u_m} = \left(\frac{r_m}{r}\right)^2 \psi_m \tag{6-22}$$

它说明压力系数与半径的平方成反比，在大圆周速度的叶尖处压力系数（相应地为升力系数）减少得很厉害，因之使得利用圆周速度提高能量头的可能性减少。而在叶根处压力系数达最大值，即升力系数很大，它实质上就是前面指出的，叶根处的流体偏转过大，因而发生流体脱离的危险性增加。

流量系数沿半径的变化为

$$\varphi = \frac{c_z}{u} = \frac{r_m}{r}\varphi_m \tag{6-23}$$

即流量系数与半径成反比。

表征介质可压缩性影响的主要参数是马赫数 Ma_{w1}。在压缩机第一级中音速 c_{a1}较小，而 w_1 沿径向的变化为

$$w_1 = \sqrt{c_{z1}^2 + (u - c_{u1})^2} = \sqrt{c_{z1}^2 + \left(\frac{r}{r_m}u_m - \frac{r_m}{r}c_{u1m}\right)^2} \tag{6-24}$$

它说明马赫数 Ma_{w1}沿半径增加比较快，因此限制了大的外缘速度 u_t，即限制了级的能量头。因此对高的级压比的压缩机，第一级不宜采用等环量级。

6. 等环量级的优缺点

等环量级的优点是沿半径能量头和轴向速度不变，计算简单。而且具有无旋运动的形式，可以认为它的效率比较高。实践证明，等环量级的空间流动形式与计算值是很接近的。

等环级的缺点是叶片扭曲得厉害，沿半径相对速度增加较快，对气体介质而言，将使 Ma_{w1}增大较快，对于液体介质（例如轴流泵中）而言，会使 $NPSH_r$ 的值增加，从而降低机器的抗空化能力。特别是轮毂比很小时更为突出，并且在叶根处可能出现过小的甚至负的反作用度。所以在高能量头、大流量的情况下，第一级或最前几级不宜采用等环量级流型。

这种流型通常用在轴流泵和压力较低的轴流式通风机中，特别在轴流泵中得到普遍的应用，因为轴流泵中通常扬程较低。

（二）等反应度等值功的级

1. 问题的提出

在等环量级中，相对速度 w_s 随半径的增大而增大，对气体介质而言，将使叶尖（轮缘）处马赫数增大，对液体介质，则会使空化余量增大，这就限制了叶轮的圆周速度。在亚音速高压比的轴流式压缩机级中，一般用增大圆周速度 u 的办法来增加理论能量头以增加级的压比，为了限制叶尖处的马赫数不致过大，则要求预旋速度 c_{u1} 随半径增加而增加。在前述的等环量级中，如果叶轮进口有预旋，则由于环量为常数，c_{u1} 将随半径增加而减少，故不符合高压比级的设计要求。因此需寻求其他流型，等反应度等值功的级（简称等反作用度的级）就是一种满足这个要求的常用的流型。它的给定条件是

$$\Omega = 1 - \frac{c_{u1}}{u} - \frac{\Delta w_u}{2u} = 常数$$

$$h_{th} = u\Delta w_u = 常数$$

在这种流型中，反作用度 $\Omega = 0.5$ 的级用得最多。从表 6-2 可以看出，当 $\Omega = 0.5$ 时，叶轮进、出口速度三角形是对称的，$w_1 = c_2$，这将使得叶轮和扩压器进口出现超音速的可能性相同，并使整机出现超音速的可能性最小。

2. 级中流速变化规律

（1）切向速度

$$c_{us} = u(1 - \Omega) - \frac{h_{th}}{2u} \tag{6-25}$$

$$c_{up} = u(1 - \Omega) + \frac{h_{th}}{2u} \tag{6-26}$$

从式（6-25）知 c_{us} 随半径增加而增加，对压缩机而言，满足了高压比的级限制叶尖马赫数 Ma_{w1} 的要求。

上两式亦可写成

$$c_{us} = u(1 - \Omega) - \frac{\Delta w_u}{2} \tag{6-27}$$

$$c_{up} = u(1 - \Omega) + \frac{\Delta w_u}{2} \tag{6-28}$$

（2）轴向速度　当给定了旋绕速度 c_{us} 和 c_{up} 的变化后，轴向速度的变化应符合径向平衡方程式。如果假定流动沿径向是等熵的，且 h_{th} = 常数，$\mathrm{d}h^*/\mathrm{d}r = 0$ 则径向平衡方程式为

$$c_z \frac{\mathrm{d}c_z}{\mathrm{d}r} + c_u\left(\frac{c_u}{r} + \frac{\mathrm{d}c_z}{\mathrm{d}r}\right) = 0$$

对于叶轮低压侧有

$$\frac{c_{us}^2}{r} + \frac{1}{2}\frac{\mathrm{d}c_{us}^2}{\mathrm{d}r} + \frac{1}{2}\frac{\mathrm{d}c_{zs}^2}{\mathrm{d}r} = 0 \tag{6-29}$$

对于叶轮高压侧有

$$\frac{c_{up}^2}{r} + \frac{1}{2}\frac{\mathrm{d}c_{up}^2}{\mathrm{d}r} + \frac{1}{2}\frac{\mathrm{d}c_{zp}^2}{\mathrm{d}r} = 0 \tag{6-30}$$

将式（6-25）和（6-26）分别代入式（6-29）和（6-30），则得

$$\mathrm{d}c_{zs}^2 = 2h_{th}(1 - \Omega)\frac{\mathrm{d}r}{r} - 4r(1 - \Omega)^2\omega^2\mathrm{d}r \tag{6-31}$$

$$\mathrm{d}c_{zp} = -2h_{th}(1-\Omega)\frac{\mathrm{d}r}{r} - 4r(1-\Omega)^2\omega^2\mathrm{d}r \tag{6-32}$$

将上两式沿 r 积分，最后得

$$c_{zs} = \sqrt{c_{zms}^2 + 2h_t(1-\Omega)\ln\frac{r}{r_m} - 2(1-\Omega)^2\omega^2(r^2 - r_m^2)} \tag{6-33}$$

$$c_{zp} = \sqrt{c_{zmd}^2 - 2h_t(1-\Omega)\ln\frac{r}{r_m} - 2(1-\Omega)^2\omega^2(r^2 - r_m^2)} \tag{6-34}$$

请注意，上两式得出的 c_{zs}与c_{zp}并不相等，但所应用的反作用度公式却是从 $c_{zs} = c_{zp}$导出的！实际上此时轴向速度的分布并不满足简化的径向平衡条件，严格的计算必须在考虑轴面流线的弯曲（图 6-5）以后依据完全径向平衡条件进行。但这样的计算太复杂，所以工程上仍可按前面介绍式子计算，但所得只是一个假想的反作用度。有时为简化计算，轴向速度取式（6-33）和式（6-34）的平均值

$$c_{zs} = c_{zp} = \sqrt{c_{mz}^2 - 2(1-\Omega)^2(u^2 - u_m^2)} \tag{6-35}$$

由上式可知 c_z 随 r 的增大而减小。

（3）w_1 的变化　对工作机而言，

$$w_1 = \sqrt{c_{z1}^2 + (u - c_{1u})^2}$$

如音速 c_{a1}沿径向近似不变，则由于 c_{z1}随半径的增加而减少，c_{1u}随半径的增加而增加，两者的作用使 w_1 随半径的增加比等环量级平缓得多。对压缩机而言，将使叶尖（轮缘）处的马赫数 Ma_{w1}较小，对泵而言，则可使空化余量 NPSH_r 较小。

图 6-9 绘出了等环量与等反作用度等值功级的旋绕速度、轴向速度和马赫数的比较。

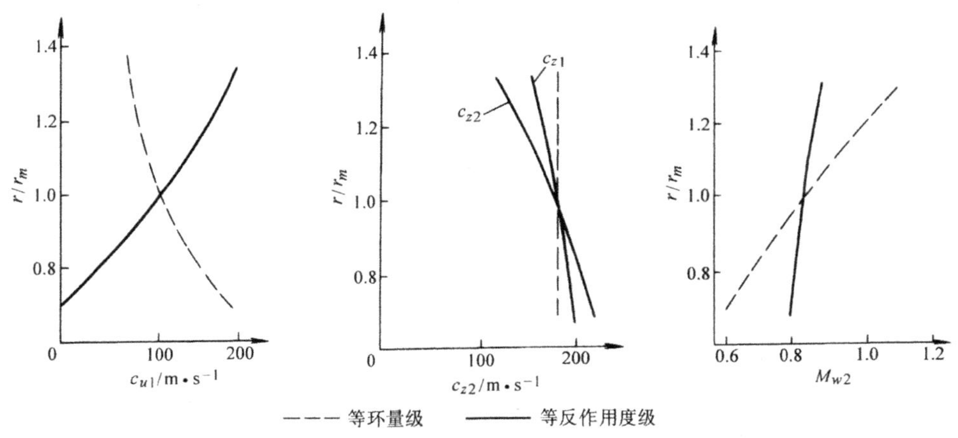

图 6-9　两种流型速度分布的比较

（三）变环量级

在轴流通风机和轴流泵中，还经常采用一种变环量的级，这是因为对轮毂比较大的叶轮，采用等环量级的设计能够取得十分良好的效果。但是对于轮毂比较小的叶轮，由于叶片长，按等环量级设计时，叶片沿半径扭曲很大，制造不方便，性能也不够好，所以也有采用沿叶高按变环量来设计的。

采用变环量设计时，一般使全压 p_{tF}或扬程 H 沿叶高增加，以充分利用叶尖部分的圆周

速度。P_{tF}和H沿叶高可按一定的规律变化，例如可按

$$\Delta c_u r^{\alpha}=\text{常数} \tag{6-36}$$

的规律设计。式中 α 可在 $+1\sim-1$ 间变化。

若 $\alpha=1$，$\Delta c_u r=$常数，这就是等环量流型。

若 $\alpha=-1$，$\frac{\Delta c_u}{r}=$常数，这就是所谓“刚体旋转”（亦称“强迫旋涡”）流型，因为整个流体好似刚体一样在旋转。

一般取 $\alpha=0\sim1$。与等环量相比，在整个叶轮的全压或扬程不变的条件下，叶尖的负荷增加而叶根的负荷减轻，有利于减小叶片扭曲并提高效率。

实践中也常采用其他的环量分布规律，例如使叶片中部的环量较大，叶尖部次之，根部最小。这将使叶片中部的负荷增加而两端的负荷下降。这样，减少端壁附近的作功，避免低效区的较大功率损失，加大叶片高效区的作功能力，以使在相同总功的情况下提高了效率。

第二节　机翼与叶栅的升力理论

轴流式机器的基元级展开后，就成为一列或多列平面直列叶栅，因此叶栅的升力理论是轴流式级设计计算的基础。

一、孤立翼型的升力理论

（一）翼型的几何参数

翼型的动力特性主要取决于其几何参数及来流方向。在图 6-10 的翼型简图中，流体从左向右流动，翼型的左端称为前缘，右端称为后缘。翼型前缘一般是圆滑的，而后缘则是尖锐的。翼型凸起的一面为背面，凹面为工作面（正面）。

翼型中线（骨线）——在翼型的两面之间作一系列内切圆，这些内切圆的中心形成的轨迹称为翼型的中线，也称为骨线。中线的形状是翼型动力特性的决定性因素之一。

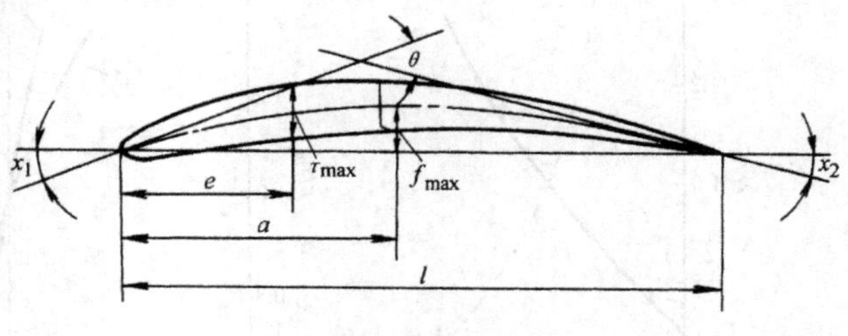

图 6-10　翼型的几何参数

翼弦——中线两端点的连线称为翼弦，其长度 l 称为弦长。

厚度——在弦长或中线的法线方向上翼型两面之间的距离 τ 称为厚度，厚度的最大值 τ_{max}称为最大厚度，其与弦长的比值 $\bar{\tau}=\tau_{max}/l$ 称为翼型的相对厚度。

挠度——翼型中线与翼弦的距离 f 称为挠度或弯度，其最大值与弦长的比值 $\bar{f}=f_{max}/l$ 称为最大相对挠（弯）度。

翼展——机翼的长度 b 称为翼展。

前缘方向角——翼型前缘点处中线的切线与翼弦所形成的夹角 x_1。

后缘方向角——翼型后缘点处中线的切线与叶弦所形成的夹角 x_2。

翼型弯曲角——$\theta=x_1+x_2$。

翼型前缘至最大挠度处的距离——a。

翼型前缘至最大厚度处的距离——e。

（二）孤立翼型的动力特性

从流体力学中知，当静止的孤立翼型被理想不可压缩流体的无限平面平行流绕流时，由于在翼型表面上速度的重新分布，就对翼展为 b 的翼型产生了作用力 F，其大小可用库塔—儒可夫斯基升力理论求得，即

$$F = \rho w_\infty b\Gamma \tag{6-37}$$

式中　$\Gamma = \int_s \vec{w}\,\mathrm{d}s$——沿翼型的速度环量；

ρ——介质密度；

w_∞——翼型前后无穷远处未受翼型影响的来流速度。

如果介质是实际流体，则 F 力的大小与式（6-37）所计算的值有所偏差。这时 F 力可以看作是垂直于 w_∞ 的升力 F_y 和平行于 w_∞ 的阻力 F_x 的合力，如图 6-11 所示，图 6-11 中 w_∞ 与翼弦的夹角 α 称为攻角。

上述升力和阻力可分别表示为

$$F_y = c_y\rho \frac{w_\infty^2}{2} bl \tag{6-38}$$

$$F_x = c_x\rho \frac{w_\infty^2}{2} bl \tag{6-39}$$

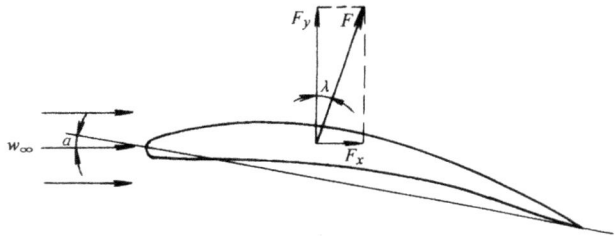

式中　c_y，c_x——升力系数和阻力系数。

图 6-11　翼型上的作用力

显然，几何相似的翼型在相同的绕流条件下，其升力和阻力系数是相等的。

总作用力 F 与升力 F_y 的夹角 λ 称为滑翔角（或滑动角），显然，该角越小，阻力就越小。比值（升阻比）$F_y/F_x = 1/\tan\lambda$ 称为翼型的质量系数。

c_y，c_x 和 λ 是翼型的主要动力特性参数，它们都是通过风洞或水洞试验测得的。对于既定的翼型，它们仅是攻角 α 的函数。图 6-12 是一典型的翼型动力特性曲线，表示了 c_y、c_x 与攻角 α 的函数关系。从图 6-12 中可以看出，当攻角增加时，升力系数几乎与攻角呈线性关系地增加，但达到最大值 $c_{y\max}$（此时攻角为 α_c）后，升力系数 c_y 会很快地下降（相当于能量头下降），而阻力系数 c_x 急剧增加（相当于效率急剧下降）。这是由于叶片背面的流动分离造成的，如果选用此工况作为设计点，则当工况向右偏移时（如向小流量偏移），级的性能将急剧下降。为了使级在略微向右边工况偏移时仍能良好地工作，在通风机中，通常选择攻角 α^* 点作为设计点，称为额定工况点，相应的升力系数称为额定升力系数 c_y^*。一般取 $c_y^* = (0.8\sim0.9)\ c_{y\max}$。

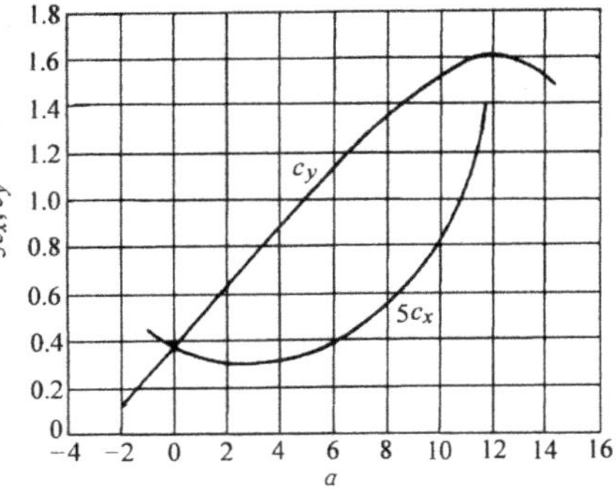

图 6-12　翼型的动力特性

由于 c_y 和 c_x 都是攻角 α 的函数，所以可以如图 6-13 那样以攻角为参变量表示出二者的关系，该曲线称为极曲线。连接坐标原点和曲线上任意一点的直线与纵坐标轴的夹角，都是翼型在该点工作时的滑翔角。

从原点出发作一直线与极曲线相切，其切点显然具有最小的滑翔角，即对应于最优工况。在轴流泵的设计中，常选择该点或该点附近的工况为设计工况。

（三）常用翼型的动力特性

人们已经进行了大量的翼型的试验研究，筛选出很多性能优良的翼型，这些均可作为轴流式级设计的原始翼型。已发表的翼型资料中，多数是在风洞试验中筛选的，它们一般具有较高的能量指标，但用于水泵和水轮机时，空化性能可能比较差；而在水洞试验中筛选的翼型，空化性能就比较高，这在设计选用时应当引起注意。由于翼型种类很多，在此只介绍几种常用翼型的数据。

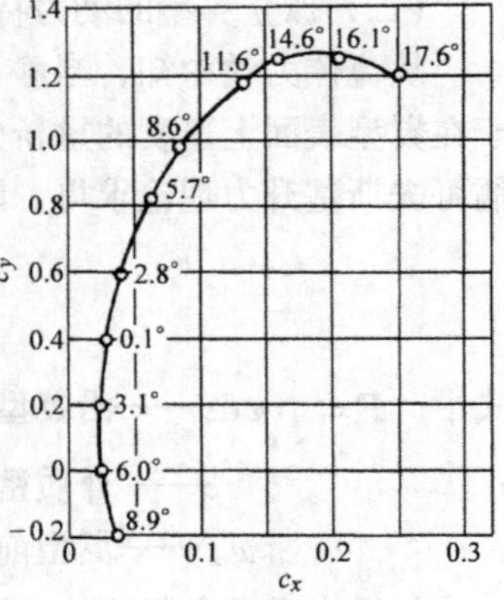

图 6-13 极曲线

1.RAF-6E 翼型。

其截面尺寸如表 6-3 所示，其中 x、y 均为弦长的 l 的百分值。图 6-14 为 RAF-6E 翼型的动力特性数据。

表 6-3 RAF-6E 截面尺寸

x	0.00	1.25	2.50	5.00	7.50	10.00	15.00	20.00	30.00
y	1.15	3.19	4.42	6.10	7.24	8.09	9.28	9.90	10.30
x	40.00	50.00	60.00	70.00	80.00	90.00	95.00	100.00	
y	10.22	9.80	8.98	7.70	5.91	3.79	2.58	0.76	

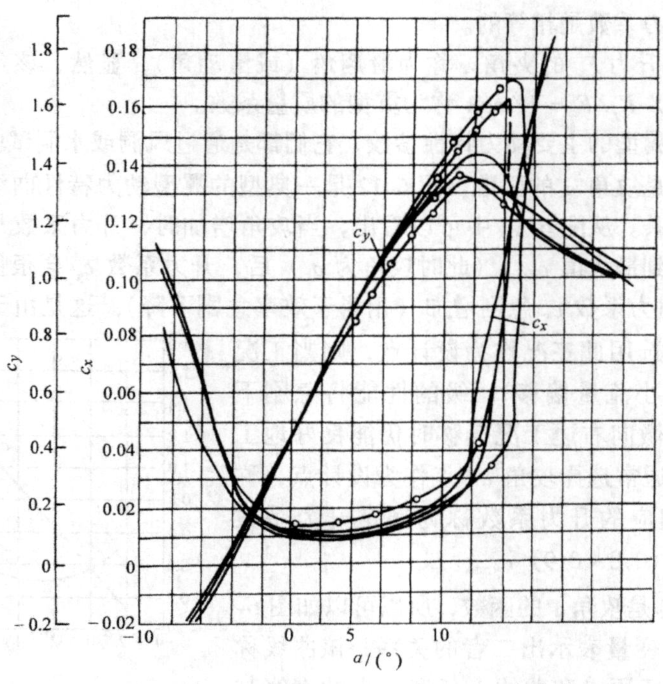

图 6-14 RAF-6E 的动力特性

2.NACA 翼型

NACA 翼型的几何参数见表 6-4，NACA 的每一个翼型用四位数来表示之，例如 $NACA_{4406}$ 前面第一位数字 4 表示翼型相对弯度的百分数，即骨线的最高点与翼弦的距离为 0.04l；第二位数字 4 表示最大高度的相对位置的十分数，即骨线最高点距翼型头部为 0.4l；最后两位数 06 表示翼型的最大相对厚度为 0.06l。从 $NACA_{4406}$ 至 $NACA_{4415}$ 的翼型特性曲线见图 6-15。从 $NACA_{4406}$ 至 $NACA_{4412}$ 的翼型坐标值见表 6-4。

表 6-4　NACA44 翼型坐标

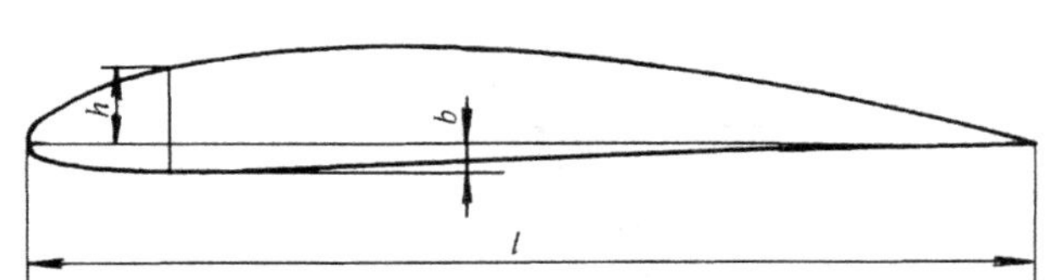

	44-06		44-07		44-08		44-09		44-10		44-11		44-12	
l	h	b	h	b	h	b	h	b	h	b	h	b	h	b
0	–	–	–	–	–	–	–	–	–	–	–	–	–	–
1.25	1.25	-0.64	1.44	-0.78	1.63	-0.92	1.81	-1.05	2.02	-1.27	2.23	-1.30	2.44	-1.43
2.5	1.88	-0.79	2.12	-0.98	2.36	-1.17	2.61	-1.37	2.87	-1.57	3.13	-1.76	3.39	-1.95
5	2.79	-0.82	3.11	-1.10	3.43	-1.38	3.74	-1.65	4.07	-1.93	4.40	-2.21	4.73	-2.49
7.5	3.53	-0.73	3.90	-1.06	4.27	-1.40	4.64	-1.74	5.02	-2.06	5.39	-2.41	5.76	-2.74
10	4.15	-0.60	4.55	-0.93	4.96	-1.36	5.37	-1.73	5.77	-2.10	6.18	-2.48	6.59	-2.86
15	5.15	-0.25	5.61	-0.68	6.07	-1.11	6.62	-1.55	6.97	-2.00	7.43	-2.44	7.89	-2.88
20	5.90	+0.12	6.38	-0.35	6.86	-0.82	7.33	-1.30	7.82	-1.78	8.31	-2.26	8.80	-2.74
25	6.42	+0.46	6.91	-0.03	7.40	-0.52	7.90	-1.02	8.41	-1.52	8.91	-2.01	9.41	-2.50
30	6.76	+0.74	7.25	+0.24	7.75	-0.26	8.25	-0.76	8.76	-1.26	9.26	-1.76	9.76	-2.26
40	6.90	+1.10	7.38	+0.62	7.86	+0.14	8.35	-0.35	8.81	-0.84	9.32	-1.32	9.80	-1.80
50	6.55	+1.24	6.99	+0.81	7.43	+0.38	7.87	-0.07	8.31	-0.52	8.75	-0.96	9.19	-1.40
60	5.85	+1.27	6.23	+0.90	6.61	+0.53	7.00	+0.14	7.38	-0.24	7.76	-0.62	8.14	-1.00
70	4.85	+1.16	5.15	+0.86	5.45	+0.56	5.76	+0.26	6.07	-0.05	6.38	-0.35	6.69	-0.65
80	3.56	+0.91	3.78	+0.69	4.00	+0.47	4.21	+0.26	4.43	-0.05	4.66	-0.17	4.89	-0.39
90	1.96	+0.49	2.08	+0.38	2.20	+0.27	2.33	+0.14	2.45	+0.02	2.58	-0.10	2.71	-0.22
95	1.05	+0.24	1.12	+0.17	1.19	+0.10	1.26	+0.03	1.33	+0.04	1.40	-0.10	1.47	-0.16
100	–	–	–	–	–	–	–	–	–	–	–	–	–	–

二、平面直列叶栅

（一）叶栅的几何参数与动力特性

1. 叶栅的几何参数

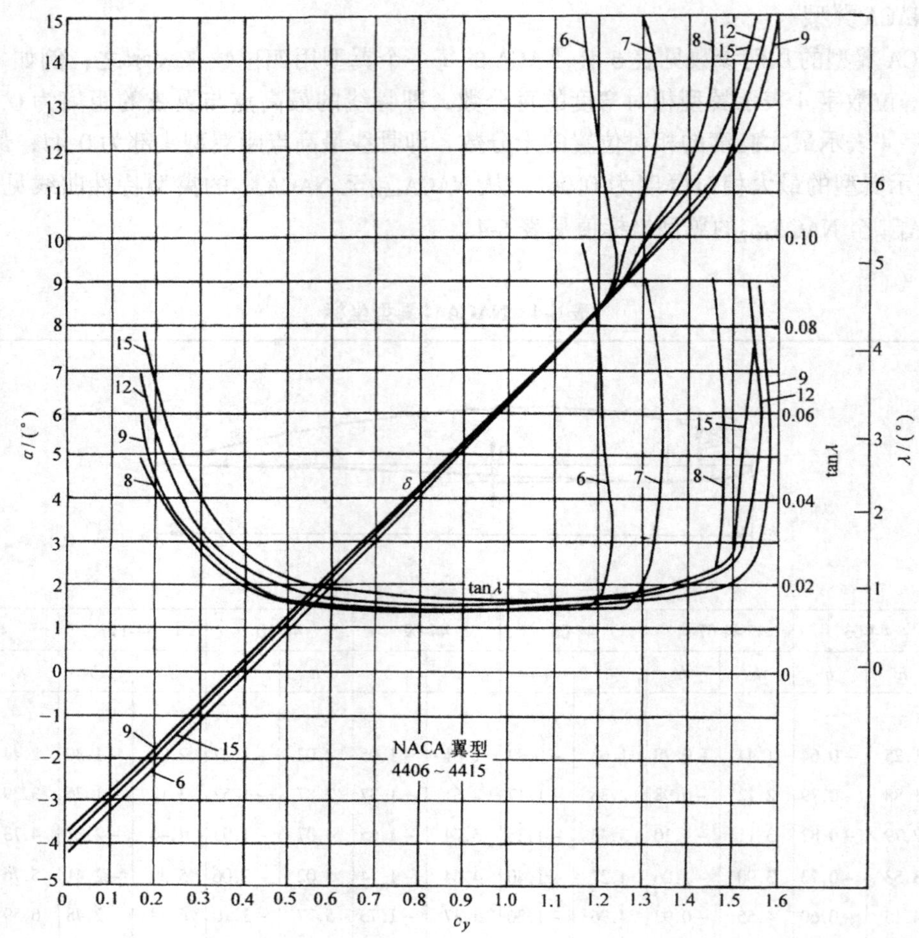

图 6-15　NACA 翼型的动力特性

基元级的展开面上并不是孤立的翼型，而是由无穷多翼型组成的叶栅。叶栅的几何参数（图 6-16）除包括单个翼型的参数外，还应包括：

叶栅列线——叶栅中各翼型的相对应的点的连线，在平面直列叶栅中，叶栅列线是直线。在基元级的叶栅中，叶栅列线方向就是圆周方向。

栅轴——与叶栅列线垂直的直线，亦即叶轮的轴线方向。

栅距——叶栅中两相邻翼型在叶栅列线方向上的距离 t，在基元级的展开面上，$t=2\pi r/Z$，其中 r 为半径，Z 为叶片数。

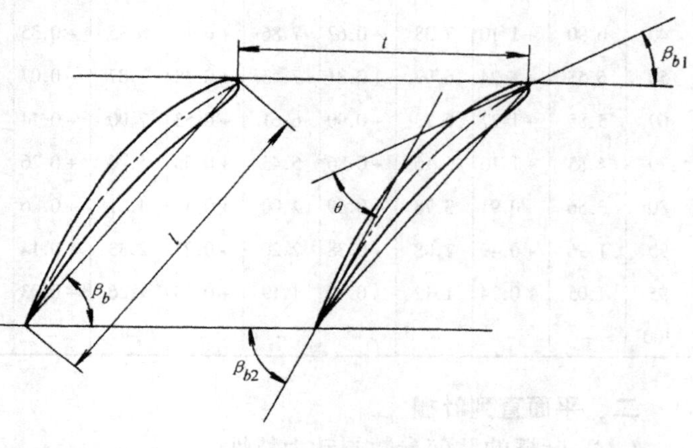

图 6-16　叶栅的几何参数

叶栅稠密度（实度）——翼型

弦长与栅距的比值 l/t，它反映了叶栅中翼型的稠密程度，是表征叶栅基本特性的主要无量纲参数。其倒数 t/l 称相对栅距。

翼型安放角——翼弦与列线方向之夹角 β_b。

进口安放角——翼型前缘点中线的切线与圆周方向之夹角 β_{b1}。

出口安放角——翼型后缘点中线的切线与圆周方向之夹角 β_{b2}。

翼型弯曲角——$\theta = \beta_{b2} - \beta_{b1}$。

2. 叶栅的动力特性

叶栅绕流（图 6-17）与孤立翼型绕流不同，由于栅中翼型有无穷多，因此对流场的扰动可以传播到无穷远的地方，这样流场中就不再有未受扰动的流动速度 w_∞，栅前栅后足够远处的速度 w_1 和 w_2 的大小和方向都是不同的。但可以证明，如果将式（6-37）、式（6-38）和式（6-39）中的 w_∞ 视为 w_1 和 w_2 的（几何）平均值，即令

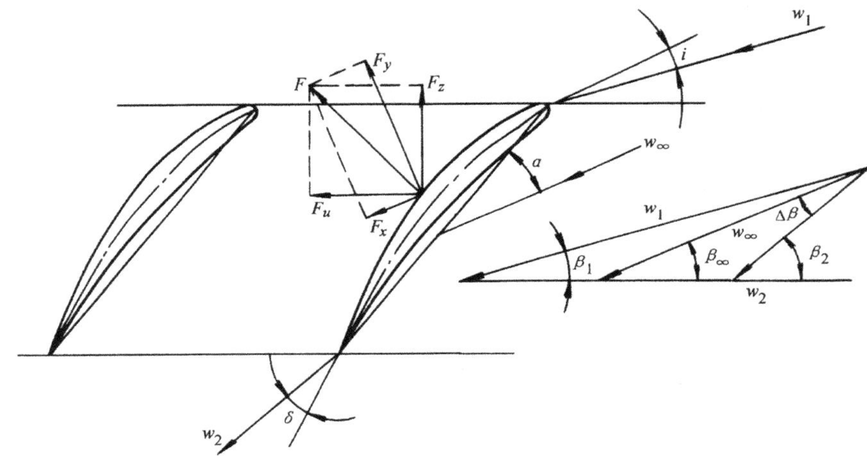

图 6-17　叶栅绕流及作用力

$$\bar{w}_\infty = \frac{1}{2}(\bar{w}_1 + \bar{w}_2)$$

则对于栅中的翼型，上述三式仍然是成立的。

对于可压缩介质，栅前栅后的介质密度也是不同的，此时式中的 ρ 值也应为栅前栅后的平均值（几何或算术平均值），即

$$\rho_m = \sqrt{\rho_1 \rho_2} \quad 或 \quad \rho_m = (\rho_1 + \rho_2)/2$$

这样，栅中翼型绕流的动力特性可一般地表示为

$$F = \rho_m w_\infty b\Gamma \tag{6-40}$$

$$F_y = c_y \rho_m \frac{w_\infty^2}{2} bl \tag{6-41}$$

$$F_x = c_x \rho_m \frac{w_\infty^2}{2} bl \tag{6-42}$$

虽然叶栅的动力特性的表达式和孤立翼型相同，但同一翼型单独绕流和在叶栅中工作时其升力和阻力系数的值是不同的，因为栅中翼型相互影响使得表面速度分布与独立工作时不同。

在叶栅的绕流中，还有一些重要的流动参数（图 6-17），包括：平均流动角 β_∞——速度 w_∞ 与圆周（列线）方向的夹角；进口流动角 β_1——速度 w_1 与圆周方向的夹角；进口冲角——$i=\beta_{b1}-\beta_1$；出口流动角 β_2——速度 w_2 与圆周方向的夹角；出口落后角——$\delta=\beta_{b2}-\beta_2$；流动转折角——$\Delta\beta=\beta_2-\beta_1$；攻角 α——翼弦长与平均速度 w_∞ 之间的夹角。

（二）叶栅的流体动力基本方程式

从图 6-17 知

$$w_\infty=\frac{w_{\infty z}}{\sin\beta_\infty}$$

将其代入式（6-41）得

$$F_y=c_y\rho_m\frac{w_{\infty z}^2}{2\sin^2\beta_\infty}bl \tag{6-43}$$

另外，F 力又可以分解为圆周分力 F_u 和轴向分力 F_z。从动量定理知

$$F_u=m(w_{u1}-w_{u2})b \tag{6-44}$$

式中　m——流经单位长度栅距为 t 的一个叶栅通道的气体质量，即

$$m=\rho_m t w_{\infty z}$$

故式（6-44）可写成

$$F_u=\rho_m t w_{\infty z}\Delta w_u b \tag{6-45}$$

又由图 6-11 和图 6-17 知

$$F_y=F\cos\lambda=\frac{F_u}{\sin(\beta_\infty+\lambda)}\cos\lambda \tag{6-46}$$

将式（6-45）代入式（6-52），则得

$$F_y=\frac{\rho_m t w_{\infty z}\Delta w_u\cos\lambda}{\sin(\beta_\infty+\lambda)}b \tag{6-47}$$

由式（6-43）和式（6-47）可得

$$c_y\frac{l}{t}=\frac{2\cos\lambda\sin^2\beta_\infty}{\sin(\beta_\infty+\lambda)}\frac{\Delta w_u}{w_{\infty z}} \tag{6-48}$$

根据三角恒等式，上式还可以写成

$$c_y\frac{l}{t}=\frac{2\Delta w_u}{w_{\infty z}}\frac{\sin\beta_\infty}{1+\tan\lambda/\tan\beta_\infty}=\frac{2\Delta w_u}{w_\infty}\frac{1}{1+\tan\lambda/\tan\beta_\infty} \tag{6-49}$$

在现代轴流式机械中，叶栅效率都很高，一般 $\lambda=3°\sim5°$，显然可以取 $\cos\lambda\approx1$ 而仍有很高的精度。这样，在式（6-48）中忽略 $\cos\lambda$，也可以写成

$$c_y\frac{l}{t}=\frac{2\sin^2\beta_\infty}{\sin(\beta_\infty+\lambda)}\frac{\Delta w_u}{w_{\infty z}} \tag{6-50}$$

式（6-49）和式（6-50）称为叶栅流体动力基本方程式，它建立了作用力（用 c_y 表征）、叶栅主要几何特征参数（用 l/t 表征）与流体在叶栅中的速度变化量 Δw_u 之间的关系式。

（三）平面叶栅的吹风试验

为求得栅中翼型的升力与阻力系数，采取了两种不同的方法。当叶栅稠密度较小时，栅中翼型相互影响较小，此时仍以孤立翼型试验中测得的数据为基础，进行适当的修正。另一种方法是直接进行叶栅的吹风试验，叶栅吹风试验所获得的研究成果，不仅使我们对叶栅中

翼型的升力系数的选择更接近实际情况，而且使我们对叶栅中的气流结构和损失情况有了进一步的了解。

1. 试验与计算方法

图 6-18 是平面叶栅吹风试验装置的示意图。试验用的气流由压缩机产生，从空气筒 1，经过收敛喷嘴 2 流入叶栅 4。进入叶栅的气流角借助转动盘 5 改变之，这时滑动板 3 亦相应地移动。

在这种平面直列叶栅试验装置中，一般不是直接测量翼型上的升力或阻力，而是测量叶栅前后气流速度的大小和方向以及截面上的压力，通过计算的方法，求出升力系数和阻力系数。为此，需要建立它们之间的关系。

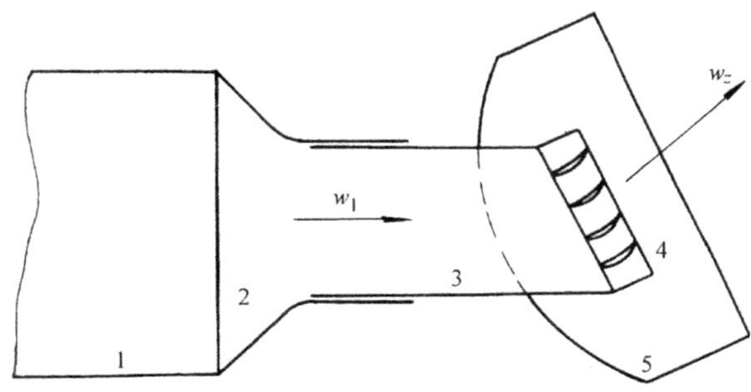

图 6-18　叶栅的吹风试验装置

1—空气筒　2—收敛喷嘴　3—滑动板　4—叶栅　5—转动盘

在整理试验数据时，利用理论升力系数较为方便。叶栅中翼型的理论升力系数是指：若当令 $\lambda=0$ 时，叶栅的进、出口速度三角形与 $\lambda\neq0$ 时相同，这时的升力系数用理论升力系数 c_{y0}表示。由式（6-50）有

$$c_{y0}\frac{l}{t}=2\sin\beta_{\infty}\frac{w_{u1}-w_{u2}}{w_z} \tag{6-51}$$

或

$$c_{y0}=2\sin\beta_{\infty}(\cot\beta_1-\cot\beta_2)\frac{t}{l} \tag{6-52}$$

相应的阻力系数为

$$c'_x\frac{l}{t}=\frac{2\sin\beta_{\infty}}{\rho w_{\infty}^2}(p_1^*-p_2^*) \tag{6-53}$$

当 $w_{z1}=w_{z2}=w_z$ 时

$$w_{\infty}=w_1\frac{\sin\beta_1}{\sin\beta_{\infty}}$$

又

$$\frac{\rho}{2}w_1^2=p_1^*-p_1$$

所以

$$w_{\infty}^2=w_1^2\frac{\sin^2\beta_1}{\sin^2\beta_{\infty}}=\frac{2}{\rho}(p_1^*-p_1)\frac{\sin^2\beta_1}{\sin^2\beta_{\infty}}$$

将其代入式（6-52）得到

$$c'_x=\frac{p_1^*-p_2^*}{p_1^*-p_1}\frac{\sin^3\beta_{\infty}}{\sin^2\beta_1}\cdot\frac{t}{l} \tag{6-54}$$

式中　p_1^*，p_2^*——叶栅进、出口的滞止压力；

p_1——叶栅进口的静压力。

实际的升力系数 c'_y 可由下述方法求得，由式（6-51）有

$$c'_y\frac{l}{t}=2\frac{\sin^2\beta_\infty}{\sin(\beta_\infty+\lambda)}\frac{\Delta w_u}{w_z}=2\frac{\sin^2\beta_\infty}{\sin\beta_\infty\cos\lambda+\sin\lambda\cos\beta_\infty}\frac{\Delta w_u}{w_z}$$

$$=2\frac{\sin^2\beta_\infty/(\sin\beta_\infty\cos\lambda)}{1+\tan\lambda\cot\beta_\infty}\frac{\Delta w_u}{w_z}$$

因 $\cos\lambda\approx1$，$\tan\lambda=c'_x/c'_y$，所以

$$c'_y\frac{l}{t}=2\frac{\sin\beta_\infty}{1+\dfrac{c'_x}{c'_y}\cot\beta_\infty}\frac{\Delta w_u}{w_z}$$

利用式（6-51）的关系，可将上式化为

$$c'_y=\frac{c_{y0}}{1+\dfrac{c'_x}{c'_y}\cot\beta_\infty}$$

或

$$c'_y=c_{y0}-c'_x\cot\beta_\infty$$

最后得到

$$c'_y=2\frac{t}{l}\sin\beta_\infty(\cot\beta_1-\cot\beta_2)-c'_x\cot\beta_\infty \tag{6-55}$$

从式（6-52）、式（6-54）和式（6-55）可知，对一定的叶栅，只要在试验时测出叶栅前后气流的方向和压力的大小，即可确定在不同的攻角时 c_{y0}、c'_y 和 c'_x 的变化，它实质上表征了该叶栅在不同工况下的工作状况。

在试验中发现，如果用气流折转角 $\Delta\beta$ 来代替升力系数，将给计算工作带来许多方便，而其反映的实质是一样的。图 6-19 是进行平面直列叶栅试验时，得到的典型的特性曲线图，图上的每一点代表既定叶栅的一个工况。

在进行设计计算时，取特性线上 $\Delta\beta^*=0.8\Delta\beta_{max}$的工作点作为设计工况点，称为额定工况。通常，把与额定工况相对应的各流动参数、升力系数以及其他说明叶栅工作特性的数值，都称之为额定值、并一律标以“*”号。

可以看出，所谓额定工况点相当于气流折转角 $\Delta\beta$、升力系数 c'_y 与攻角 α 之间的直线关系的终点，该点的升力系数很大而相应的阻力系数却很小。

2. 叶栅的额定特性线

以上所述是某一个既定翼型叶栅的特性线。在设计轴流式级时，如果所需要的流动折转角 $\Delta\beta$ 正好与该叶栅的 $\Delta\beta^*$ 相同，则可以选该翼型叶栅作为叶轮或导叶的翼型和叶栅。然而，实际所设计的机器是各种各样的，其叶栅流动速度大小和方向各不相同，这就需要很多翼型叶栅的特性线，才能满足设计的要求。显然，这是不现实的。因为，不可能无穷尽地进行叶栅试验，而且，即使有很多叶栅特性线，应用起

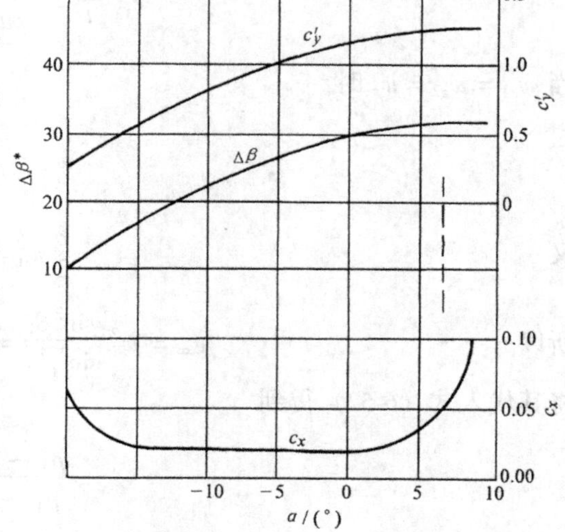

图 6-19　c_y、c_x 和 $\Delta\beta$ 与攻角 α 的关系

来也不方便。

人们在经过一定数量的叶栅吹风试验数据的研究分析后发现，当 $i^* = \pm 5°$，$\theta = 0° \sim 40°$，$\bar{\tau} = 5\% \sim 12\%$，$a/l = 0.4 \sim 0.5$ 的情况下，$\Delta\beta^*$ 主要只与 l/t 和 β_2^* 有关。即

$$\Delta\beta^* = f(l/t, \beta_2^*)$$

为此，可将已有的叶栅试验数据的 $\Delta\beta^*$、l/t 和 β_2^* 画成一套曲线，如图 6-20 所示，称之为额定特性线。

额定特性线上的每一点，代表一个叶栅。不同的点，代表不同的新叶栅，这些叶栅都是在设计参数工况下工作的。

可以看出，在进行叶栅的流动计算时，如果已知某基元级叶栅的进口角 β_1 和出口角 β_2，利用图 6-20 可以很方便的求出叶栅的稠度 l/t。

上述额定特性线是根据英国 C 型翼型叶栅的低速吹风试验结果整理的，霍威尔在这方面进行了大量的工作。后来的工作实践发现，对于其他翼型，图 6-20 仍然适用，特别是在低速情况下更是如此。

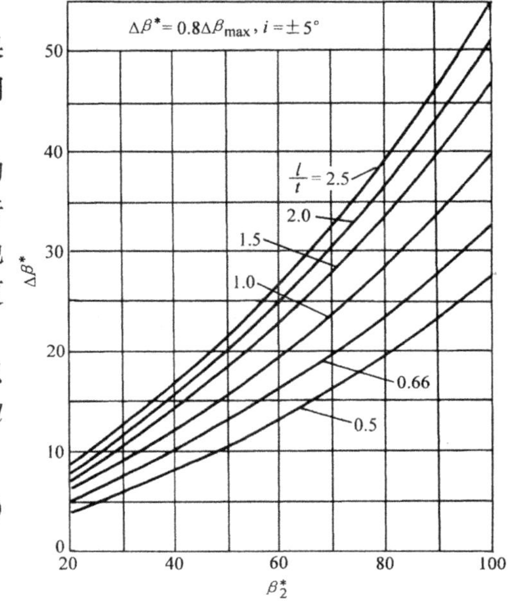

图 6-20　β_2、$\Delta\beta$ 与 l/t 的关系

除了用图表形式表示的上述关系外，还可以用霍威尔提出的经验公式计算叶栅的相对栅距 t/l 和额定升力系数 c_y^*，在 $\beta_2^* = 50° \sim 90°$范围内

$$\frac{t}{l} = \frac{1.03}{\cot\beta_1^* - \cot\beta_2^*} - \frac{2}{3} \tag{6-56}$$

在上述角度范围以外时，也可近似地用上式计算

$$c_y^* = 2\left(\frac{\sin\beta_1}{\sin\beta_2}\right)^{2.75} \tag{6-57}$$

（四）平面叶栅吹风试验的翼叶造型

1. 原始翼型

平面叶栅吹风试验的原始翼型大多是对称翼型。在轴流式通风机中用得最多的是 C-4 型，上述额定特性线就是根据 C-4 型翼型吹风试验结果整理的。后来发现这个结果对其他翼型也适用，例如图 6-21 所示的 NACA65 翼型。图 6-21 中的原始翼型截面尺寸列于表 6-5 和表 6-6 中。

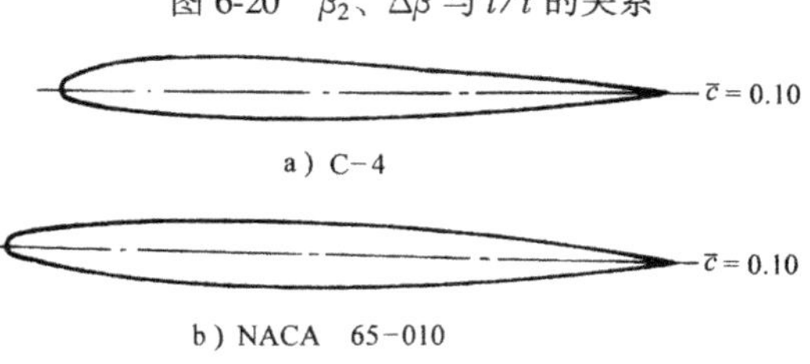

图 6-21　C-4 和 NACA-65 翼型

表 6-5　C-4 翼型截面尺寸（x、y 为弦长之百分值）

x	0.00	1.25	2.5	5.0	7.5	10	15	20
$\pm y$	0.00	1.65	2.27	3.08	3.62	4.02	4.55	4.83
x	30	40	50	60	70	80	90	100
$\pm y$	5.00	4.89	4.57	4.05	3.37	2.54	1.60	0.00

前缘半径 $r_1 = 0.12\bar{\tau}$，后缘半径 $r_2 = 0.06\bar{\tau}$。

表 6-6　NACA65-010 翼型截面尺寸（x、y 为弦长之百分值）

x	0.00	0.50	0.75	1.25	2.50	5.00	7.50	10	15	20	25	30	35
$\pm y$	0.00	0.752	0.89	1.124	1.571	2.222	2.709	3.111	3.746	4.218	4.570	4.824	4.982
x	40	45	50	55	60	65	70	75	80	85	90	95	100
$\pm y$	5.057	5.029	4.870	4.570	4.151	3.627	3.038	2.451	1.847	1.251	0.749	0.354	0.150

前缘半径 $r_1 = 0.666\% l$。此表是加厚型的 NACA65-010 翼型。

2. 翼叶造型

所谓翼叶造型，就是根据气动计算的气流角来确定翼型的几何角，如图 6-16 和图 6-17 所示。

1）翼型进口安放角

$$\beta_{b1} = \beta_1^* + i^*$$

一般取 $i^* = \pm 2°$。

2）翼型出口安放角

$$\beta_{b2} = \beta_2^* + \delta^*$$

气流落后角 δ^* 按下列经验公式计算

$$\delta^* = m\theta\sqrt{\frac{t}{l}} \tag{6-58}$$

其中系数

$$m = 0.23\left(\frac{2a}{l}\right)^2 - 0.002\beta_2^* + 0.18 \tag{6-59}$$

对于收敛形叶栅（如进气导叶），则有

$$\delta^* = \left[0.23\left(\frac{2a}{l}\right)^2 - 0.2\right]\theta\,\frac{t}{l} \tag{6-60}$$

3）翼型弯曲角

$$\theta = \beta_{b2} - \beta_{b1} = \Delta\beta^* - i^* + \delta^* \tag{6-61}$$

将式（6-58）代入上式，得到

$$\theta = \frac{\Delta\beta^* - i^*}{1 - m\sqrt{\dfrac{t}{l}}} \tag{6-62}$$

3. 翼型中线

翼型中线的形状可采用两种形式构成，即圆弧形和抛物线形。

（1）圆弧中线　它一般由两段圆弧组成，如图 6-22 所示。其中 x_1 和 x_2 为中线两端点处的切线与翼弦之间的夹角，并且 $x_1 + x_2 = \theta$。此两段圆弧在最大挠度 a 处相接。

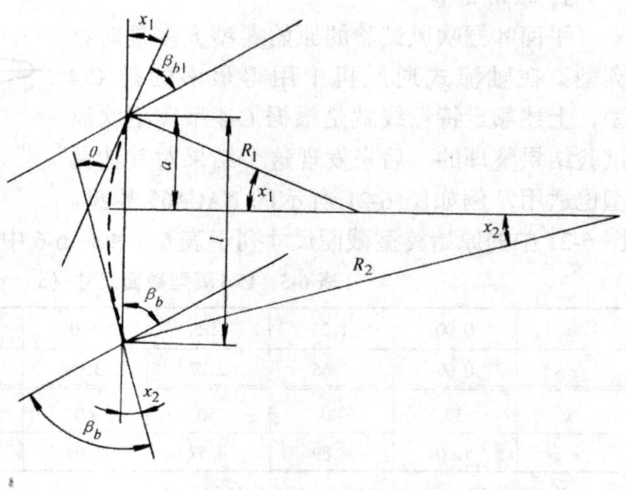

图 6-22　圆弧中线

两圆弧半径分别为

$$R_1 = \frac{a}{\sin x_1} \tag{6-63}$$

$$R_2 = \frac{l-a}{\sin x_2} \tag{6-64}$$

一般取 $x_1 = 0.6\theta$，$x_2 = 0.4\theta$。

$$\frac{a}{l} \approx 0.45$$

如果中线用一个圆弧组成，则

$$R_1 = R_2 = R$$

$$a/l = 0.5$$

$$x_1 = x_2 = 0.5\theta$$

$$R = \frac{l}{2\sin\frac{\theta}{2}} \tag{6-65}$$

（2）抛物线中线　通过坐标原点的一般抛物线方程式为

$$x^2 + 2Axy + A^2y^2 + Bx + Cy + D = 0 \tag{6-66}$$

其中的系数可由中线的边界条件确定，由图6-23知：

当 $x = 0$ 时　　$\frac{\mathrm{d}y}{\mathrm{d}x} = \tan x_1$，$y = 0$；

当 $x = l$ 时　　$\frac{\mathrm{d}y}{\mathrm{d}x} = -\tan x_2$，$y = 0$。

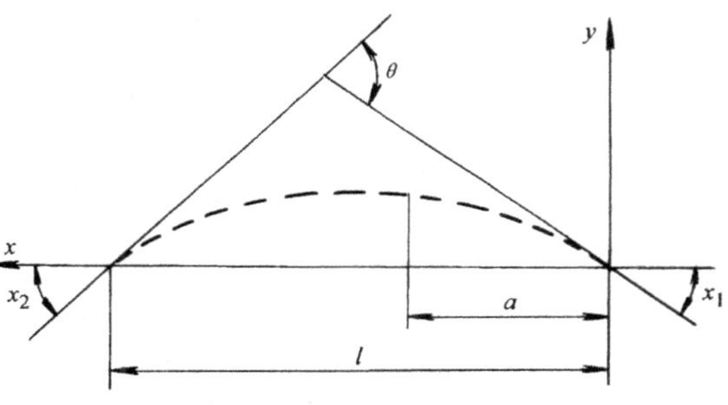

图 6-23　抛物线中线

由此可得

$$A = \frac{\cot x_2 - \cot x_1}{2}$$

$$B = -l$$

$$C = l\cot x_1$$

$$D = 0$$

对于弯曲较小的翼型，其中线的纵坐标 y 比横坐标 x 要小得多，故式（6-60）中 A^2y^2 一项可略去不计，则抛物线方程式可写成

$$y = -\frac{x^2 + Bx}{2Ax + C}$$

同样，将 A、B、C 的值代入上式得

$$\frac{1}{y} = \frac{\cot x_1}{x} + \frac{\cot x_2}{l-x} \tag{6-67}$$

其中 x_1 和 x_2 按下式确定

$$\left.\begin{aligned} x_1 &= \theta\left(1.5 - \frac{2a}{l}\right) \\ x_2 &= \theta - x_1 = \theta\left(\frac{2a}{l} - 0.5\right) \end{aligned}\right\} \tag{6-68}$$

当 $a/l = 0.45$ 时，$x_1 = 0.6\theta$，$x_2 = 0.4\theta$。

4. 中线长度

为了绘制弯曲翼型的截面，必须知道中线的弧长 l_z。

对于双圆弧

$$l_z = \frac{ax_1}{\sin x_1} + \frac{(l-a)x_2}{\sin x_2} \tag{6-69}$$

对于单圆弧

$$l_z = \frac{lx_1}{\sin x_1} \tag{6-70}$$

对于抛物线

$$l_z \approx \frac{l\theta}{2\sin\dfrac{\theta}{2}} \tag{6-71}$$

翼型中线形状及长度确定后，即可根据原始翼型的厚度分布表，由中线作相应的垂直线，连接各垂直线端点即可得到所需要的翼型形状。

（五）NACA-65 平面叶栅试验资料

前面所介绍的平面叶栅试验资料是霍威尔（Howell）比较早期根据英国的 C-4 翼型试验整理出的平面叶栅研究成果。之后，美国航空咨询委员会（NACA）对由 NACA-65 系列翼型组成的平面叶栅进行了大量而系统的吹风试验，采用了较先进的实验技术和设备，获得的平面叶栅数据更完整、更有效。

NACA-65 系列的平面叶栅试验数据整理时，将参考工况定义为最优工况。参考工况下的冲角 i 定义为正、负失速冲角之间的中点（图 6-24），而正、负失速冲角对应的最小总压损失系数 $\bar{\omega}$ 等于其最小值 $\bar{\omega}_{\min}$ 的 2 倍。它克服了霍威尔额定工况接近失速冲角的弊病，有利于风机得到较宽的稳定工作范围。

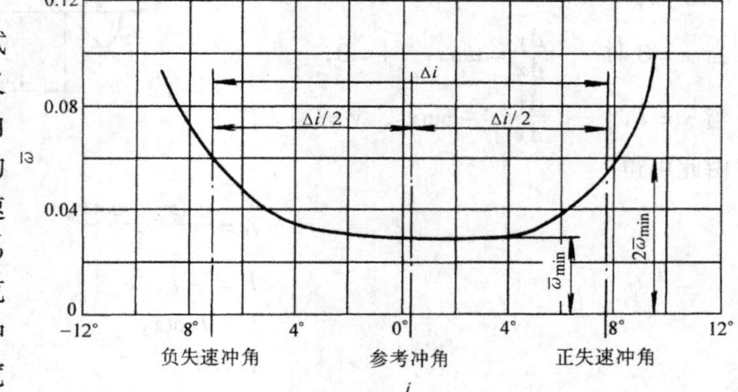

图 6-24 参考工况定义图

NACA-65 平面叶栅试验资料与霍威尔试验资料另一个区别是，前者选定冲角 i、落后角 δ 和总压损失系数 $\bar{\omega}$ 作为基元叶片流动的基本参数。后者通过对大量平面叶栅试验数据进行分析和综合，总结出参考工况下冲角、落后角与叶栅几何参数及气动参数的一般关系式和图线。

试验发现，在一定的叶栅稠度和进口流动角的条件下，参考工况下的冲角随翼型弯曲角基本上是按线性变化，同时考虑叶片厚度的影响，参考工况下的冲角 i 为

$$i = i_0 + n\theta = (K_i)_\tau (i_0)_{10} + n\theta \tag{6-72}$$

式中 $(i_0)_{10}$——NACA-65 翼型在最大相对厚度为 0.1 和零弯曲角时的基准冲角；

$(K_i)_\tau$——翼型最大相对厚度不等于 0.1 时的修正系数；

n——直线斜率。

同理，参考工况下的落后角 δ 用下式表示

$$\delta = \delta_0 + m\theta = (K_\delta)_\tau(\delta_0)_{10} + m\theta \tag{6-73}$$

式中　$(\delta_0)_{10}$——NACA-65 翼型在 $\bar{\tau}=0.1$ 和 $\theta=0$ 时的基准落后角；

$(K_\delta)_\tau$——$\bar{\tau}\neq 0.1$ 时的修正系数；

m——直线的斜率。

考虑到 $\theta=\Delta\beta-i+\delta$，则

$$\theta = \frac{\Delta\beta - i_0 + \delta_0}{1-m+n} = \frac{\Delta\beta - [(K_i)_\tau(i_0)_{10} - (K_\delta)_\tau(\delta_0)_{10}]}{1-m+n} \tag{6-74}$$

令 $\bar{K}_\tau[(i_0)_{10}-(\delta_0)_{10}] = (K_i)_\tau(i_0)_{10}-(K_\delta)_\tau(\delta_0)_{10}$

则

$$\theta = \frac{\Delta\beta - \bar{K}_\tau[(i_0)_{10}-(\delta_0)_{10}]}{1-m+n} \tag{6-75}$$

式中角度参数的单位为度，气流转折角 $\Delta\beta=\beta_1-\beta_2$，余下的三个因子 $\bar{K}_\tau$、$[(i_0)_{10}-(\delta_0)_{10}]$ 和 $(1-m+n)$ 根据试验数据整理综合在图 6-25、图 6-26 和图 6-27 上，而翼型的

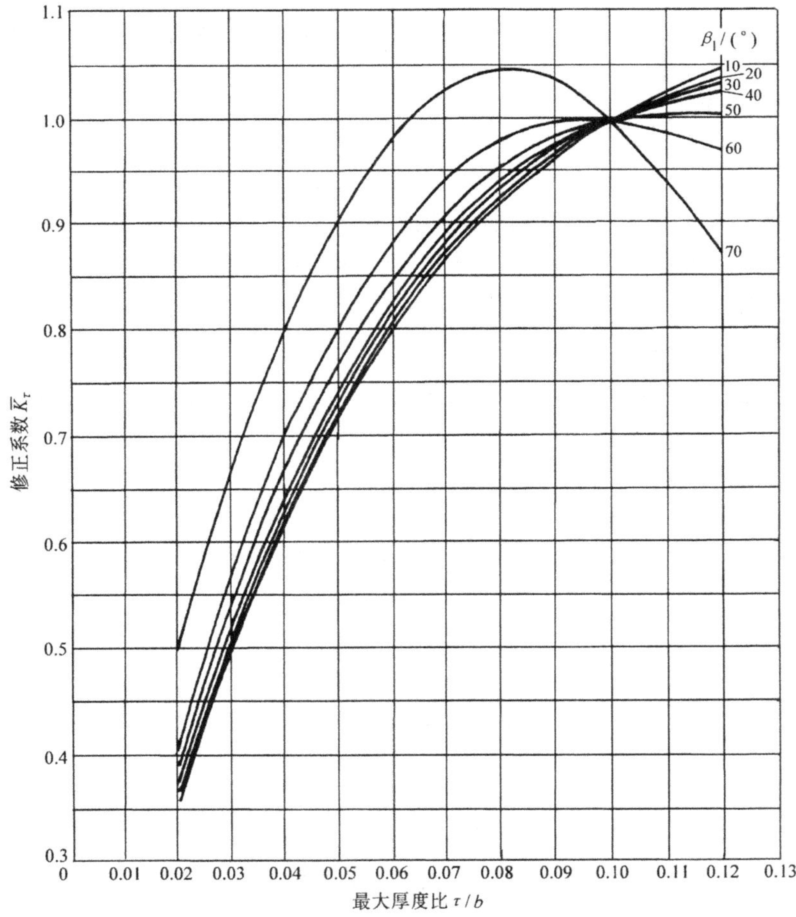

图 6-25　修正系数 $\bar{K}_\tau$

安放角仍按卡特公式计算

$$\beta_b = \beta_1 - i - \theta/2 \tag{6-76}$$

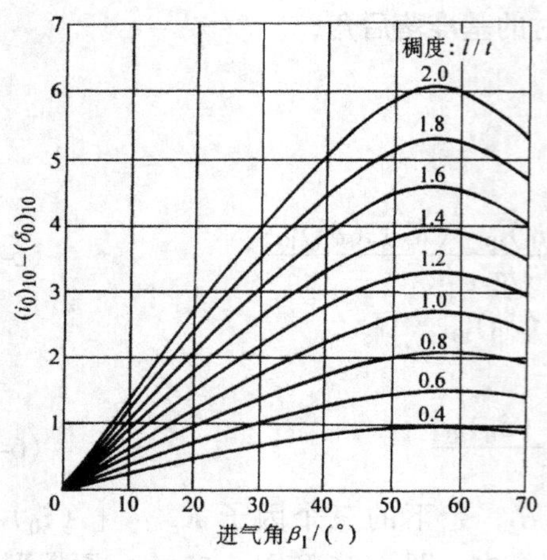

图 6-26　$(i_0)_{10}-(\delta_0)_{10}$ 与 β_1、l/t 的关系

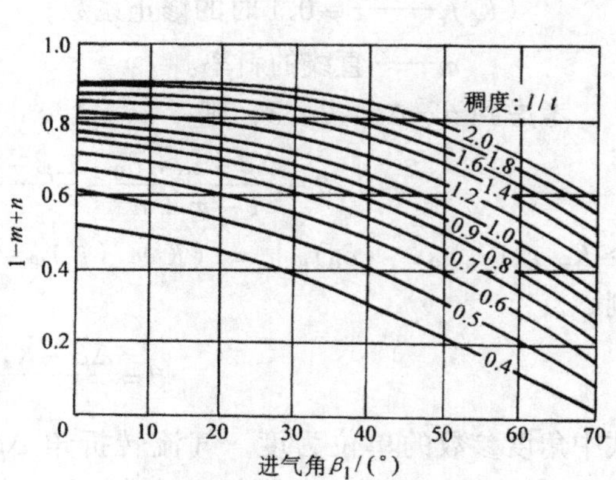

图 6-27　$1-m+n$ 曲线

值得注意的是，这一节 NACA 数据中的角度 β_1、β_2、β_b 等均是指与轴向的夹角，这里的定义值与前述的角度成互余关系。在 NACA-65 的翼型中，还引入一个与翼型弯曲角 θ 相应的翼型弯度 C_{10}，二者的关系是

$$C_{10} = 9.066\tan\frac{\theta}{4} \tag{6-77}$$

做试验所用的 NACA-65 翼型截面形状如图 6-28 所示。NACA-65 翼型在 $C_{10}=1.0$，载荷分布系数 $a=1$ 时，中线坐标（x_c，y_c）和相对厚度 $\bar{\tau}=0.1$ 时的厚度 y_1 分布示于表 6-7 中。

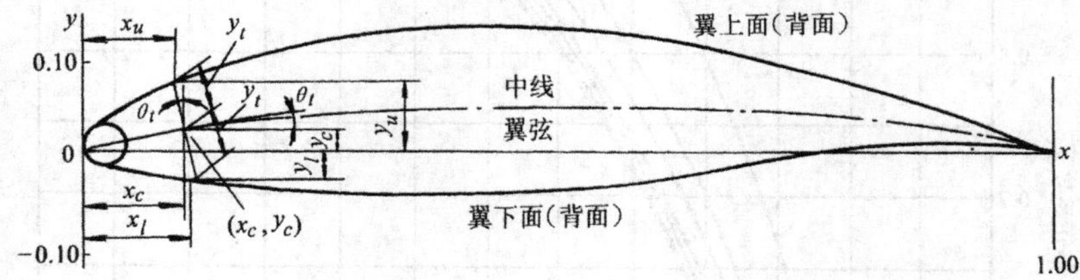

图 6-28　NACA-65 曲线

$C_{10}\neq 1$ 时翼型的 y_c 值为

$$y_c = \left(\frac{y_c}{l}\right)_{C_{10}=1} C_{10}\, l \tag{6-78}$$

而

$$\frac{\mathrm{d}y_c}{\mathrm{d}x_c} = \left(\frac{\mathrm{d}y_c}{\mathrm{d}x_c}\right)_{C_{10}=1} C_{10} \tag{6-79}$$

$\bar{\tau}\neq 0.1$ 时

$$y_t = 10\left(\frac{y_t}{l}\right)_{\bar{\tau}=0.1} l\bar{\tau} \tag{6-80}$$

此时，翼型压力面（下标 p）和吸力面（下标 s）的坐标由下式计算

$$\left.\begin{aligned} x_p &= x_c + y_t\sin a,\ y_p = y_c - y_t\cos a \\ x_s &= x_c - y_t\sin a,\ y_s = y_c + y_t\cos a \end{aligned}\right\} \tag{6-81}$$

式中 $a=\arctan\ (\mathrm{d}y_c/\mathrm{d}x_c)$。

表 6-7　NACA-65 翼型坐标

序号	$(\frac{x_c}{l})\times100$	$(\pm\frac{y_t}{l})\times100$	$(\frac{y_c}{l})\times100$	$\frac{\mathrm{d}y_c}{\mathrm{d}x_c}$	序号	$(\frac{x_c}{l})\times100$	$(\pm\frac{y_t}{l})\times100$	$(\frac{y_c}{l})\times100$	$\frac{\mathrm{d}y_c}{\mathrm{d}x_c}$
1	0	0	0		14	40	4.996	5.355	0.03225
2	0.5	0.772	0.250	0.42120	15	45	4.963	5.475	0.01595
3	0.75	0.932	0.350	0.38875	16	50	4.812	5.515	0.0
4	1.25	1.169	0.535	0.34770	17	55	4.530	5.475	-0.01595
5	2.5	1.574	0.930	0.29155	18	60	4.146	5.355	-0.03225
6	5.0	2.177	1.580	0.23430	19	65	3.682	5.150	-0.04925
7	7.5	2.647	2.120	0.19995	20	70	3.156	4.860	-0.06745
8	10	3.040	2.585	0.17485	21	75	2.584	4.475	-0.08745
9	15	3.666	3.365	0.13805	22	80	1.987	3.980	-0.11030
10	20	4.143	3.980	0.11030	23	85	1.385	3.365	-0.13805
11	25	4.503	4.475	0.08745	24	90	0.810	2.585	-0.17485
12	30	4.760	4.860	0.04925	25	95	0.306	1.580	-0.23430
13	35	4.924	5.150	0.06745	26	100	0.0	0.0	

第三节　轴流式叶轮的设计计算

一、轴流式叶轮的损失

在第二章中已讨论过流体机械的能量损失，对于轴流式叶轮，那里所讨论的观点也都是有效的。但在讨论轴流式叶轮的设计时，为方便计，也可以用不同方法对水力损失进行分类。应该指出，由于轴流式叶轮结构中没有离心式叶轮进口处那样的密封装置，因此一般不讨论它的容积损失。

（一）翼型损失

翼型损失是指翼型表面附面层所引起的摩擦损失和尾迹涡流损失（图 6-29），亦即翼型的阻力 F_x（其值由阻力系数 c_x 决定）所引起的损失。

（二）二次流损失

轴流式叶轮中的二次流损失的概念与径流式和混流式叶轮相同，但二次流的形态则有所不同，图 6-30a 所示为轴流式叶轮内的二次流。在径流式叶轮中引起滑移现象的轴向旋涡，在轴流式叶轮中则是一种二次流动。

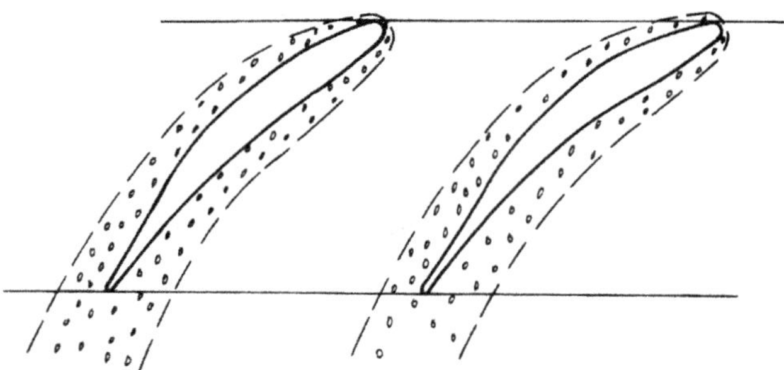
图 6-29　翼型损失

（三）叶端损失

叶端损失（参见图 2-52）在轴流式叶轮的损失中占有较大的比重。图 6-30b 所示为通过叶端间隙的流动所引起的旋涡，这也是一种二次流，所以也可以将其归入二次流损失中去。

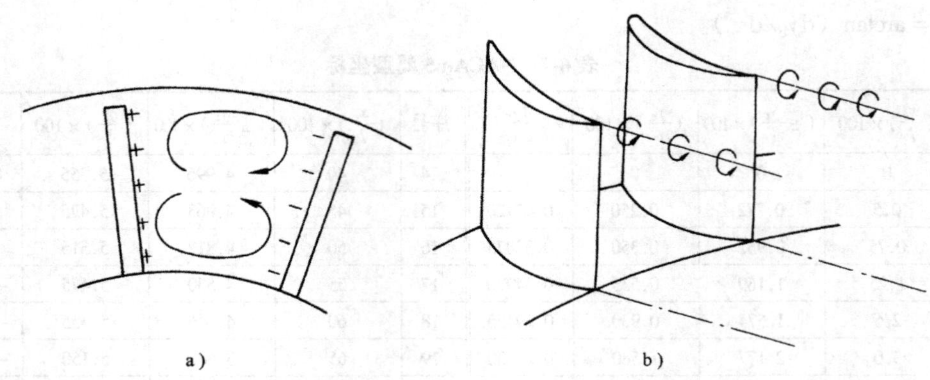

图 6-30　轴流式叶轮内的二次流

（四）环面损失

这是外壳与转子之间所形成的环形通道表面上由于摩擦和涡流引起的损失，图 6-31 是这种损失的示意图。从图 6-36 中可以看出，级中的环面损失本来只与端面附近的基元级有关，然而在实际计算中，为方便起见，将此项损失分摊于每一基元级。

二、叶轮主要结构参数的确定

叶轮主要结构参数是指轮毂比 $\bar{d}_h$、叶片数 Z 和叶轮直径 D_t，这些参数选择合适与否，对叶轮的性能有很大的影响。从设计程序来说，也只有确定了这些参数以后，才能进行叶栅的计算。

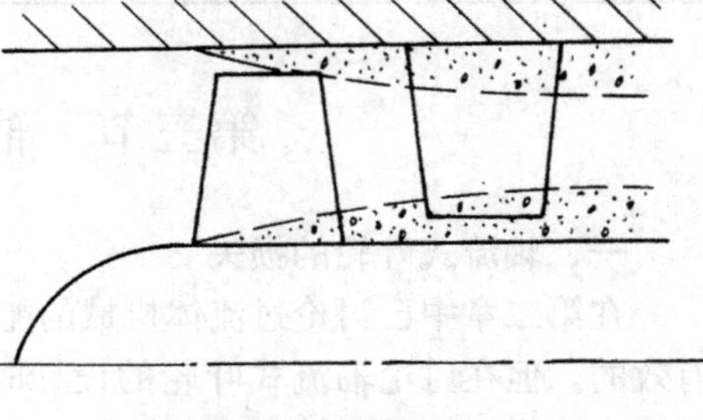

图 6-31　环面损失

（一）轮毂比 $\bar{d}_h$

轮毂比是轮毂直径与叶轮外径的比值，$\bar{d}_h = d_h/D_t$，这是轴流式叶轮的重要结构参数，对效率、强度、结构和空化性能均有较大影响。

对于液体介质，由于功率和压力较大，因此叶片强度的问题比较突出。显然，轮毂比越大，则叶片越短，强度和刚度都较好。另外，对于动叶可调（转桨式）叶轮，需要在轮毂内布置转叶机构，也需要足够的空间。从强度和结构方面看，轮毂比不能过小，所以能量头（水头、扬程、风压）越高，轮毂比应该越大。

从流动方面看，轮毂比过大过小都是不利的。轮毂比大，则同样叶轮直径的条件下，过流通道较窄，边界的摩擦损失所占比重增加，效率将会降低。当流量相同时，过流速度随轮毂比的增大而增加，也将降低叶轮的空化性能。为通过相同的流量，叶轮直径必将随轮毂比增加而增加，从而降低了整机的经济性。对于尺寸很大的水轮机，这是特别突出的问题。水轮机的重要经济指标单位流量 Q_{11} 随轮毂比的增加而下降。显然，流量越大，轮毂比应该越小。

但轮毂比过小也是不利的。首先会使轮毂处的能量转换不足。为说明这一点，可将轴流式叶轮的欧拉方程式

$$h_{th} = \frac{h}{\eta_h} = \frac{gH}{\eta_h} = \frac{p}{\rho\eta_h} = u\Delta c_u = u\Delta w_u$$

代入叶栅流体动力基本方程式（6-49），可得

$$c_y \frac{l}{t} = \frac{2gH}{w_{\infty z}\eta_h u}\frac{\sin\beta_\infty}{1+\tan\lambda/\tan\beta_\infty} = \frac{2p}{w_{\infty z}\eta_h Z\rho u}\frac{\sin\beta_\infty}{1+\tan\lambda/\tan\beta_\infty} \tag{6-82}$$

由此式可见，对于一定的叶栅（升力系数和稠密度在一定的范围内），轮毂比（与轮毂处的圆周速度 u_h 成正比）过小则不能满足要求的扬程和风压。另一方面，轮毂比较小时，将使叶片长度和扭曲程度增加，给制造增加困难，也使效率降低。

综上所述，轮毂比与能量头、流量和转速（u）有关，所以应是比转速的函数。由于水轮机、泵和通风机的使用条件不同，轮毂比具体数值稍有差别。

对于轴流式水轮机，轮毂比可以按图 6-32 的数据根据最大水头确定，也可按下式根据比转速确定

$$\bar{d}_h = 0.25 + \frac{94.64}{n_S} \tag{6-83}$$

式中比转速的单位为（$m-hp$）。

对于轴流泵，建议按表 6-8 根据比转速确定轮毂比。

对于轴流式通风机，图 6-33 给出了轮毂比与比转速的关系。

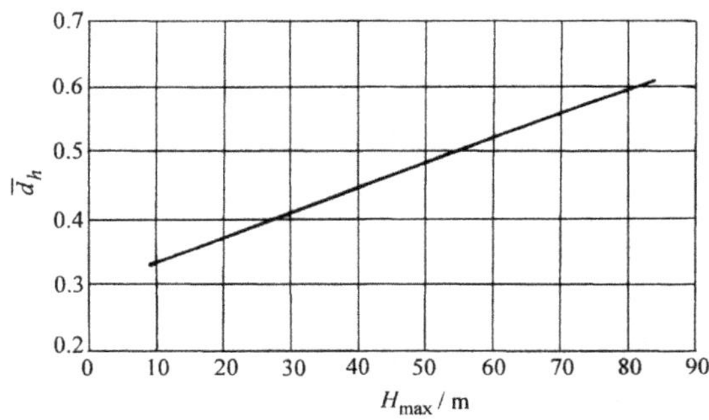

图 6-32　水轮机轮毂比与最大水头的关系

表 6-8　轴流泵的轮毂比与比转速的关系

n_S	500	550	600	800
$\bar{d}_h$	0.6	0.55	0.5	0.4

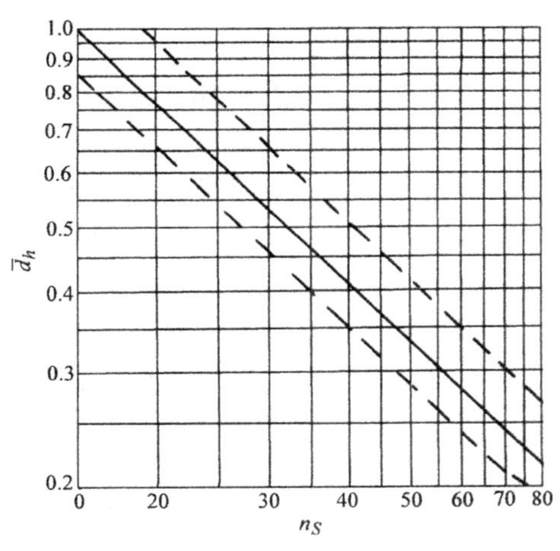

图 6-33　轴流通风机的轮毂比与比转速的关系

（二）叶轮外径 D_t

当轮毂比确定后，叶轮外径即决定了圆周速度 u 和通流面积。前面分析轮毂比的选择观点都可用于对外径的分析，显然，外径的大小也是比转速的函数。在设计实践中，有两种决定叶轮外径的方法。第一种方法利用圆周速度系数

$$k_u = \frac{u_t}{\sqrt{2gH}} = \frac{u_t}{\sqrt{2p_{tF}/\rho}} \tag{6-84}$$

来确定外径处的圆周速度 u_t。轴流泵和通风机的 k_u 与 n_S 的关系分别表示在图 6-34 和图 6-35 中。

对于轴流泵，还可以从空化性能的角度确定外径。此时仍利用式（4-81）计算进口当量直径 D_e，式中系数 k_0 的值建议取为 4.0～4.5，即

$$D_e = (4.0 \sim 4.5)\sqrt[3]{\frac{q_V}{n}}$$

叶轮外径与当量直径之间的关系为

$$D_t = \frac{D_e}{\sqrt{1-\bar{d}_h^2}} \tag{6-85}$$

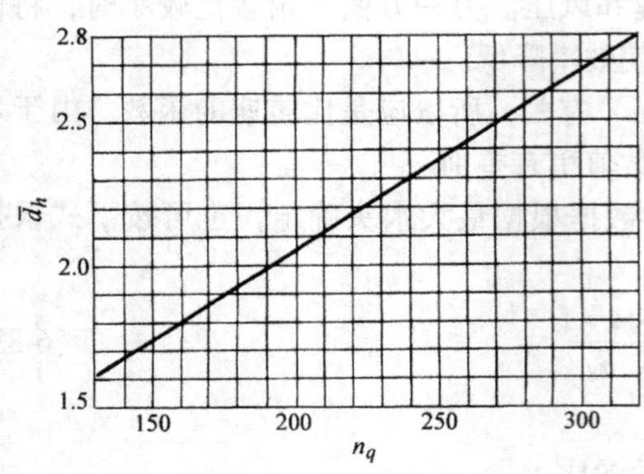

图 6-34　轴流泵的圆周速度系数

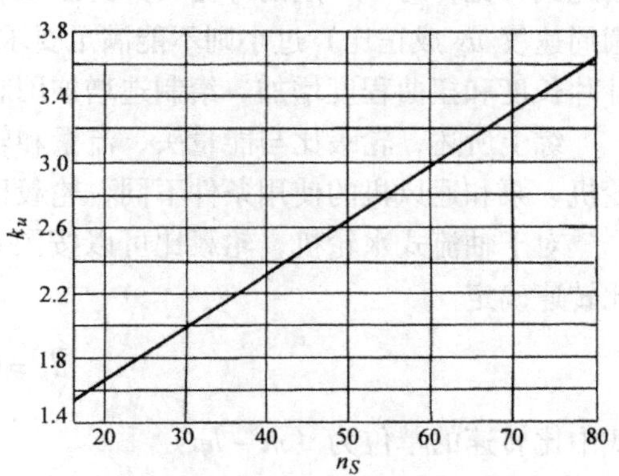

图 6-35　轴流通风机的圆周速度系数

（三）叶片数 Z

叶片数的多少与叶栅稠密度密切相关，由式（6-82）可见，叶栅稠密度也是比转速的函数，也可以按照比转速的大小选择叶片数。对既定的设计参数，叶栅稠密度的选择应使叶栅工作在最优工况附近，亦即使满足式（6-82）的升力系数是叶栅的最优升力系数或额定的升力系数。对水力机械而言，叶栅稠密度不仅影响效率，而且对空化性能有很大的影响，也是叶片强度的决定性因素之一。

对于轴流式水轮机，泵和通风机，建议分别按表 6-9、表 6-10 和表 6-11 选择叶片数。

表 6-9　轴流式水轮机叶片数与水头的关系

最大水头/m	10	15	20	30	40	50	60	70
叶片数 Z	4	4	4	5~6	6~7	7	8	8

表 6-10　轴流泵叶轮叶片数与比转速的关系

比转速 n_S	500~600	700~900	>1000
叶片数 Z	5~6	4	3

表 6-11　轴流通风机叶轮叶片数与轮毂比的关系

轮毂比 $\bar{d}_h$	0.3	0.4	0.5	0.6	0.7
叶片数 Z	2~6	4~8	6~12	8~16	10~20

三、基于孤立翼型试验数据的设计方法

当能量头比较小时，叶栅稠密度也较小，栅中翼型相互影响比较小，就可以采用基于孤立翼型试验数据的设计方法。这个方法在轴流泵的设计中获得了广泛的应用，对风压较低的通风机，也常常采用此法。由于采用公式的形式以及试验数据的不同，设计的具体方法还有多种。这里将以轴流泵叶轮的设计为例，介绍一种设计方法。

（一）叶栅中翼型的升力系数与孤立翼型升力系数的关系

设一个翼型单独绕流时的升力系数为 c_{y1}，在叶栅中绕流时升力系数为 c_y。当栅中翼型相互影响不是很大时，可以在试验测定的 c_{y1} 的基础上，利用修正系数（也称干涉系数）求得的 c_y 值，即

$$c_y = Lc_{y1} \tag{6-86}$$

图 6-36 是目前广泛采用的平板直列叶栅的修正系数，图上用曲线的形式给出了用理论方法计算所得的栅中平板和孤立平板翼型升力系数的比值 L。从图 6-36 中可见，该系数值与相对栅距 t/l 以及翼型安放角有关。当栅距很大时，修正系数接近于 1。当相对栅距在 1 附近时，修正系数的值较大，表明栅中翼型可以得到更大的升力。所以设计时希望 t/l 的值在 0.8～1.2 之间。

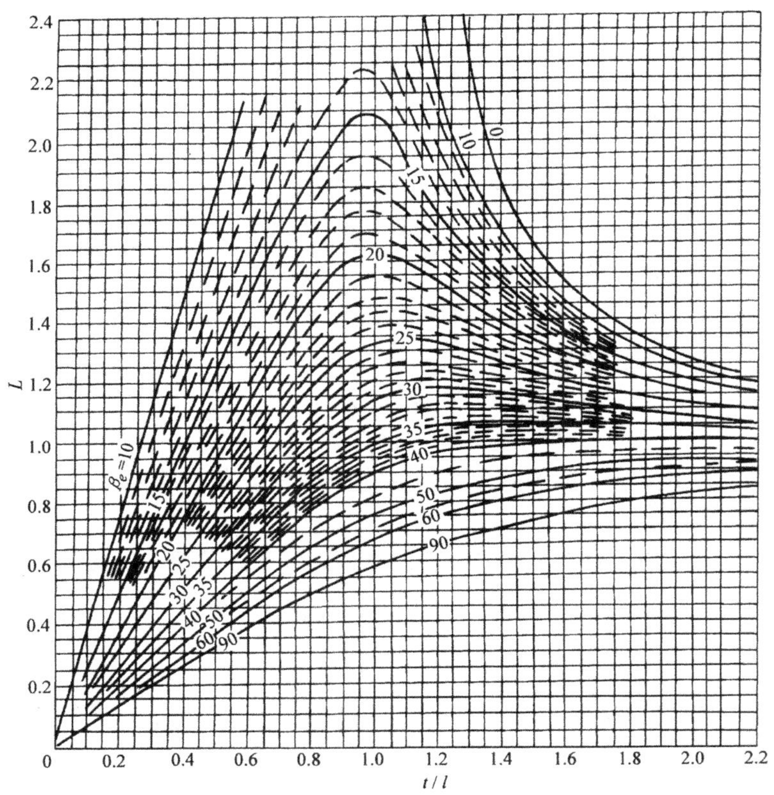

图 6-36　平板直列叶栅的修正系数

实际上叶轮中所用的翼型并不是平板，为了利用平板叶栅的修正系数，应将翼型叶栅转化为等价的平板叶栅，转化的方法如下（图 6-37）：

通过翼型的后缘点 A 和翼型骨线的中点 C 作一直线，再由翼型的前缘点 D 作翼弦 AD 的垂线 DB，与直线 AC 交于 B 点，则 AB 直线就是所求的等价平板，由该平板按与翼型叶栅相同的栅距 t 组成的叶栅，就是等价平板叶栅。其相对栅距为 t/l_b，t 为所计算的叶栅的栅距，l_b 为等价平板的长度。等价平板在栅中的安放角为 β_{eb}。

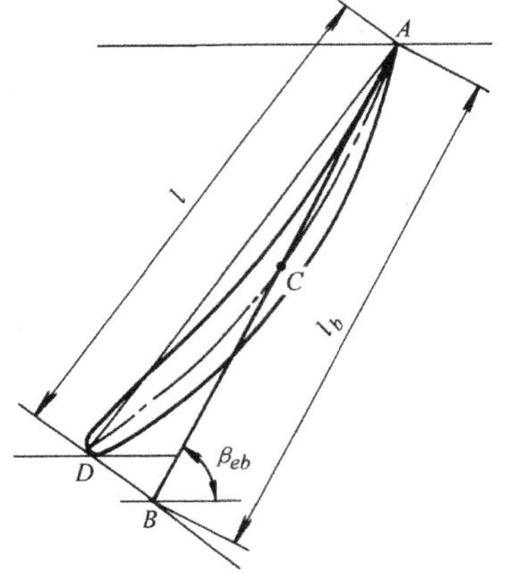

图 6-37　等价平板叶栅的作法

按等价平板叶栅求得的修正系数 L 与实际的修正系数仍有一定的差别，Квятковский 根据试验资料推荐采用一个校正系数，即取

$$c_y = mLc_{y1} \tag{6-87}$$

校正系数 m 由下式确定

$$m = 0.042\bar{\tau} + 0.71 \tag{6-88}$$

以上经验公式是根据 $t/l = 0.86 \sim 0.95$ 的几个叶栅总结出来的，超出此范围的校正系数尚需进一步研究。

（二）叶轮的效率与空化性能

效率和空化余量是衡量轴流式叶轮质量的两个最重要的指标，在进行叶轮叶栅的设计时，应力求提高这两个指标。

1. 叶轮的水力效率

在叶栅绕流时（图 6-16），叶栅对流体所做的功为

$$\mathrm{d}P = F_u uZ$$

而流体克服迎面阻力所消耗的能量为

$$\mathrm{d}P_x = F_x w_\infty Z$$

所以（基元级）叶栅的水力效率为

$$\eta_c = \frac{\mathrm{d}P - \mathrm{d}P_x}{\mathrm{d}P} = 1 - \frac{F_x w_\infty Z}{F_u uZ} = 1 - \frac{w_\infty \sin\lambda}{u\sin(\beta_\infty + \lambda)}$$

由此式可见，为提高基元级的效率，应该尽量减少 λ 值，也就是选用高质量的翼型并使其工作在最优攻角附近。

上式只是基元级叶栅的效率，并非叶轮的效率，叶轮的效率可以通过积分求得，即

$$\eta_{hc} = \frac{\int_{r_h}^{r_t} \eta_c 2\pi r w_z \mathrm{d}r}{q_V}$$

式中 r_h 和 r_t 分别为轮毂和轮缘半径。如果轴面速度沿半径均匀分布（例如等环量流型中），则上式成为

$$\eta_{hc} = \frac{2\int_{r_h}^{r_t} \eta_c r \mathrm{d}r}{r_t^2 - r_h^2} \tag{6-89}$$

由此式可见，轮缘处翼型的质量（$l/\tan\lambda$）对整个叶轮的影响最大，而轮毂处翼型的影响则较小。所以，设计时应特别注意轮缘处的叶栅应工作在高质量区。

必须指出，上面计算的效率中，仅仅考虑了翼型损失，没有考虑二次流损失、叶端损失和环面损失，因此这样计算的结果并不是叶轮的真正效率。

2. 升力系数与空化性能的关系

对于孤立翼型绕流，作用于翼型的升力应为翼型两面平均压力差 Δp 与翼型面积的乘积

$$F_y = \Delta pbl$$

根据式（6-38）可得

$$\Delta p = c_y \frac{w_\infty^2}{2}\rho$$

但空化的发生与平均压力差并无直接关系，空化的初生只与翼型表面的最低压力有关。根据式（4-9a），翼型的初生空化指数

$$\bar{K}_i = -\bar{C}_{p\min} = \left(\frac{w_{\max}}{w_\infty}\right)^2 - 1$$

所以翼型表面的相对于环境压力的最大压力降可表示为

$$\Delta p_{\max} = \bar{K}_i \frac{w_\infty^2}{2}$$

此最大压力降通常是未知的，令

$$K = \frac{\Delta p_{\max}}{\Delta p}$$

则可得

$$\bar{K}_i = Kc_y \tag{6-90}$$

因此，翼型空化性能与其升力系数有关，同时与其系数 K 的值有关。翼型的 K 值越小，则空化性能越好。当翼型在叶栅中工作时，其系数值稍有降低，但降低值不易掌握。通常取其值与单翼相等，是偏于安全的。

在风洞中研究的翼型，通常没有给出系数 K 的值，设计中可取 $K = 1.1 \sim 1.6$。有些在水洞中试验的翼型，给出了系数 K 值，设计时可以参考。例如

对 RAF-6 翼型(№31)　$K = 1.05$

对于 В И Г М 翼型　$K = 0.63$

实际上，上面的初生空化指数 $\bar{K}_i$ 就是式（4-20）必需空化余量 Δh_r 表达式中的系数 λ_2。所以，根据系数 K 值即可计算泵的空化余量。

（三）轴流泵叶轮的设计计算程序

设计时，泵的流量 q_V、扬程 H 和空化余量 NPSH$_r$（或者［NPSH］）是由用户提出的，是设计的原始依据。

1. 确定转速与比转速

轴流泵通常用电机直接拖动，设计者可先初定一个电机转速 n，然后据此计算比转速 n_S 和空化比转速 C，应使 n_S 在 500～1200 的范围内同时使 $C < 1000$，否则应适当降低转速。

2. 估算效率

泵的效率只能根据经验或统计资料确定，水力效率可用下面的经验公式估算

$$\eta_h = 1 - \frac{0.42}{(\lg D_0 - 0.172)^2}$$

式中　D_0——叶轮进口直径（mm）。

3. 确定叶轮几何参数

按前述方法确定叶轮的轮毂比 $\bar{d}_h$、叶片数 Z 和外径 D_t 等几何参数。

4. 确定计算截面

通常可取 5 个截面进行叶栅的计算，或者说计算五个基元级的叶栅。计算截面可在半径方向均匀分布，若考虑叶片的调节，轮缘和轮毂都需制成球面（图 6-38），则可这样选定轮毂和轮缘的计算截面

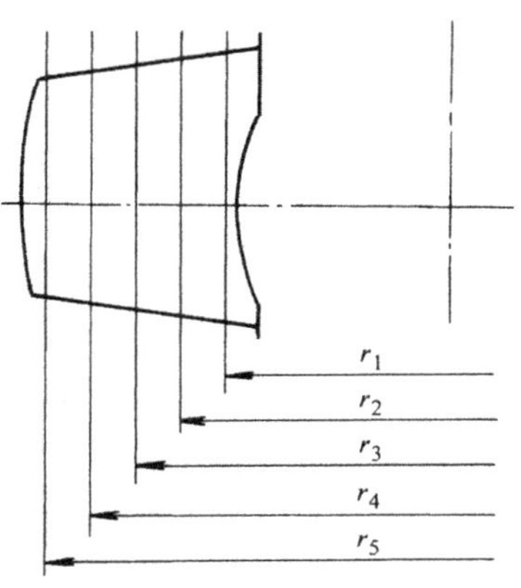

图 6-38　叶轮的计算截面

$$r_5 = \frac{D_t}{2} - (0.015 \sim 0.025) D_t, r_1 = \frac{d_h}{2} + (0.015 \sim 0.025) D_t$$

其余截面均匀分布，但最好将半径值取为整数。

5. 选定流型

轴流泵中通常采用等环量流型，此时轴面速度是均匀分布的。若选用其他流型，应根据径向平衡条件确定环量（扬程）和轴面速度的分布规律。

6. 作各计算截面的速度三角形

轴流泵叶轮进口一般是法向（轴向）的，即使在带有进口导叶调节器的情况下，在设计工况仍是法向进口（导叶转动角度为0）。根据各断面的轴面速度及扬程的分布可作出进、出口速度三角形如图6-39所示。当轴面速度均匀分布（等环量流型）时

$$c_z = w_z = \frac{4q_V}{\pi(D_t - d_h^2)}$$

$$c_{u2} = \frac{gH_{th}}{u} = \frac{gH}{u\eta_h}$$

根据速度三角形可求得 w_∞ 和 β_∞。

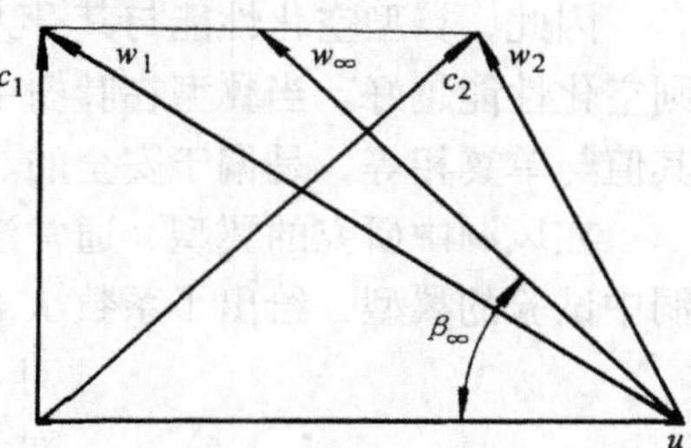

图6-39 进、出口速度三角形

7. 选择翼型

根据翼型资料选择翼型，各截面最好选择同一系列的翼型。

8. 选定翼型相对厚度

轮毂处的翼型厚度由强度条件决定，最大厚度可用下式粗略估算

$$\tau_{\max} = (0.012 \sim 0.015) kD_t \sqrt{1.5H}$$

式中 τ——叶片厚度（mm）；

D_t——叶轮直径（m）；

H——水头（m）；

k——系数。

对不锈钢，$k=1$，对其他材料，$k=\sqrt[3]{[\sigma_1]/[\sigma_2]}$，$[\sigma_1]$ 和 $[\sigma_2]$ 分别是不锈钢和其他材料的许用应力。

轮缘处的厚度应尽可能薄，通常根据工艺条件决定。叶片的相对厚度在轮毂处一般为 $\overline{\tau}=0.09 \sim 0.12$，在轮缘处一般为 $\overline{\tau}=0.02 \sim 0.05$。叶片厚度从轮毂到轮缘应均匀变化。

9. 进行叶栅的计算

叶栅的计算是利用叶栅的流体动力基本方程式（6-49）或式（6-50），用逐次逼近的方法对各截面分别进行的。其步骤是：

首先在综合分析的基础上预先选定叶栅稠密度 l/t，用基本方程式计算叶栅的升力系数 c_y，经修正得到单翼的升力系数 c_{y1}，根据 c_{y1} 在翼型的特性曲线上确定相应的攻角 α 及滑翔角 λ。要求攻角应在高质量区内，否则，应修改 l/t 继续计算。

一般首先计算轮缘截面，因为这里的翼型对效率影响最大，故应慎重对待，力争攻角 α 在高质量区，l/t 的值也比较合适。必要时可改变翼型。

然后计算轮毂截面，轮毂截面通常难以得到满意的攻角，因为这里圆周速度低，通常会使升力系数以及攻角值偏大。由于这里对效率影响较小，所以可以降低要求，轮毂处的叶栅

稠密度通常根据轮缘处的数值决定

$$\left(\frac{l}{t}\right)_E=(1.25\sim1.3)\left(\frac{l}{t}\right)_A$$

最后计算中间各截面。各截面的翼型安放角 $\beta_b=\beta_\infty+\alpha$。

所有的参数，包括 l/t、$\bar{\tau}$、α 和 β_b 都应该从轮缘到轮毂均匀变化，这样才能使叶片表面光滑，为此，可作图进行检查（图 6-40）。

10. 叶片成形

各截面叶栅计算完成以后，就确定了截面上翼型的形状及安放角度，通过几何计算即可绘出各截面的翼型图。而叶片的整体形状，还与各截面翼型的相对位置有关。轴流泵叶片通常是可调节的，所以应首先确定翼型的转动中心。各截面翼型的转动中心通常取在离翼型前缘点的距离为(30% ~ 40%) l 的地方。旋转中心一般通过骨线，也可偏向工作面。在叶片成形时，将各截面翼型的转动中心放在同一条径向线上，就得到整个叶片的形状。为了在图样上表示叶片表面，应线画出叶片的平面(垂直于叶轮轴线的平面)和轴面(子午面)投影图(参阅第二章第一节)。然后用两组平面去截叶片表面。一组平面是轴面(子午面)，两相邻平面的夹角大约 10°。将轴面与翼型剖面的交线表示在翼型剖面图上。另一组是垂直于叶轮轴线的平面，将其与叶片表面的交线投影到平面图上。这样绘制的图形，称为叶片木模图，如图 6-46 所示。

（四）轴流泵叶轮计算实例

例 6-1 试设计轴流泵叶轮，已知设计参数为 $q_V=0.25\text{m}^3/\text{s}$，H = 4.5m。

1）选定转速 $n=1450\text{r/min}$，求得比转速 $n_S=855$，适合于设计成轴流泵。

2）估计水力效率 $\eta_h=0.83$，则理论扬程 $H_{th}=5.4\text{m}$。

3）计算并选定叶轮外径 $D_t=300\text{mm}$；轮毂比 $\bar{d}_h=0.45$；叶片数 $Z=3$。

其余的计算列于表 6-12。图 6-40 为计算参数沿半径的分布，图 6-41 为叶片木模图。

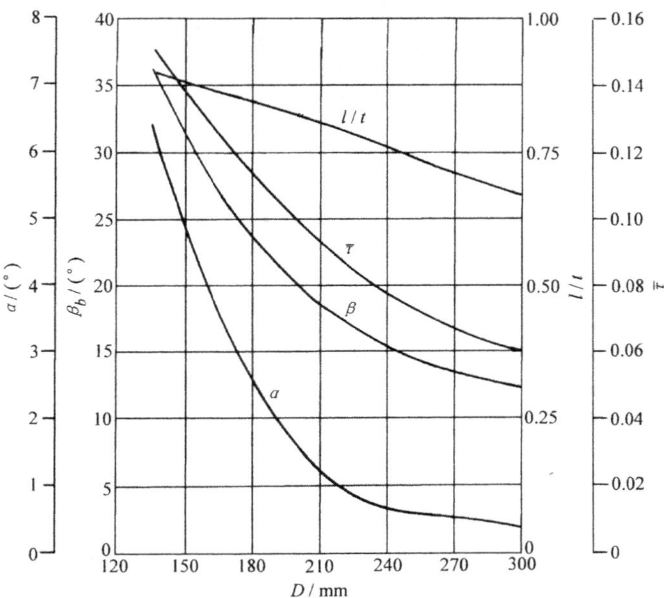

图 6-40 各参数沿半径的分布

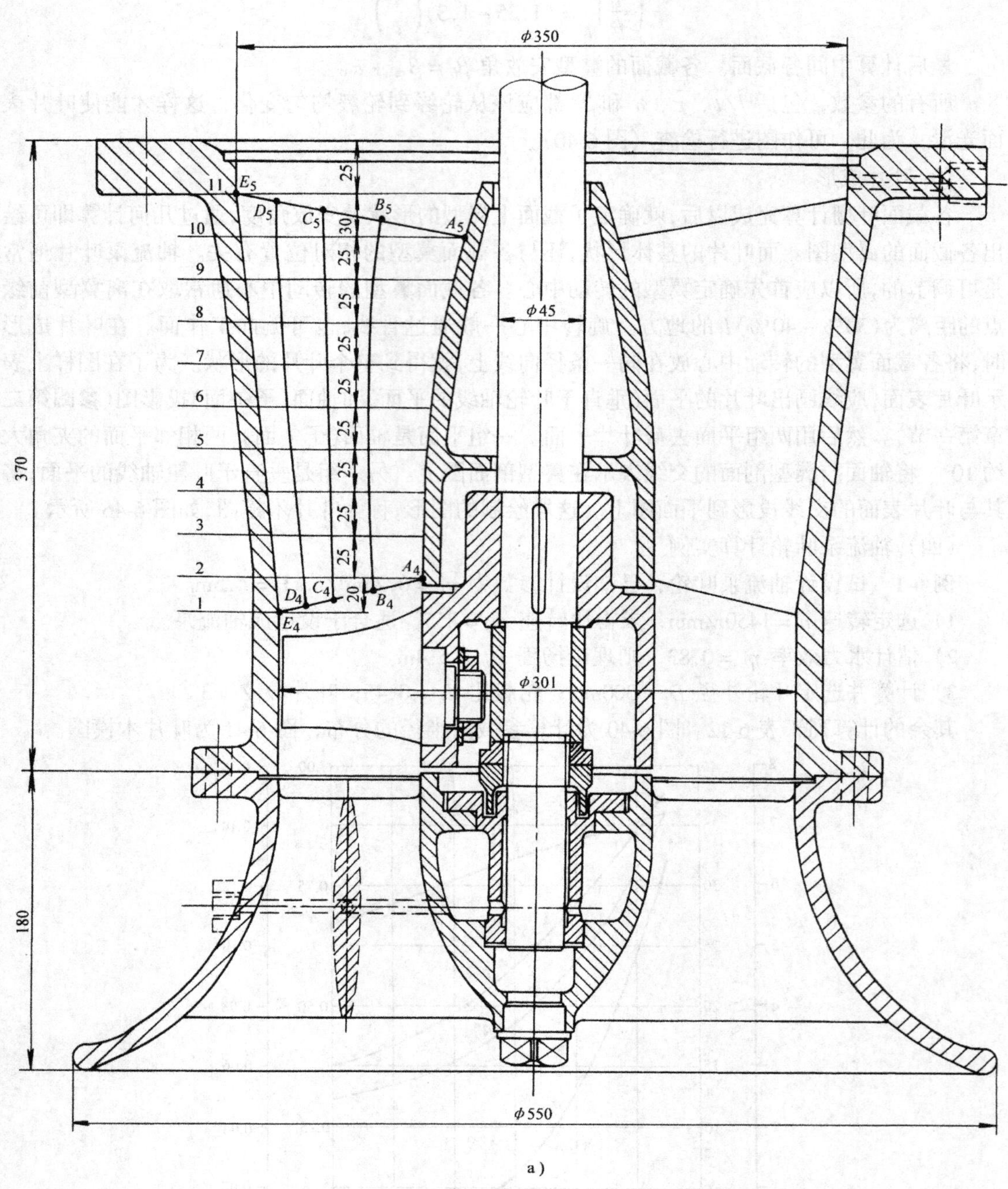

a)

图 6-41 轴流泵叶轮和

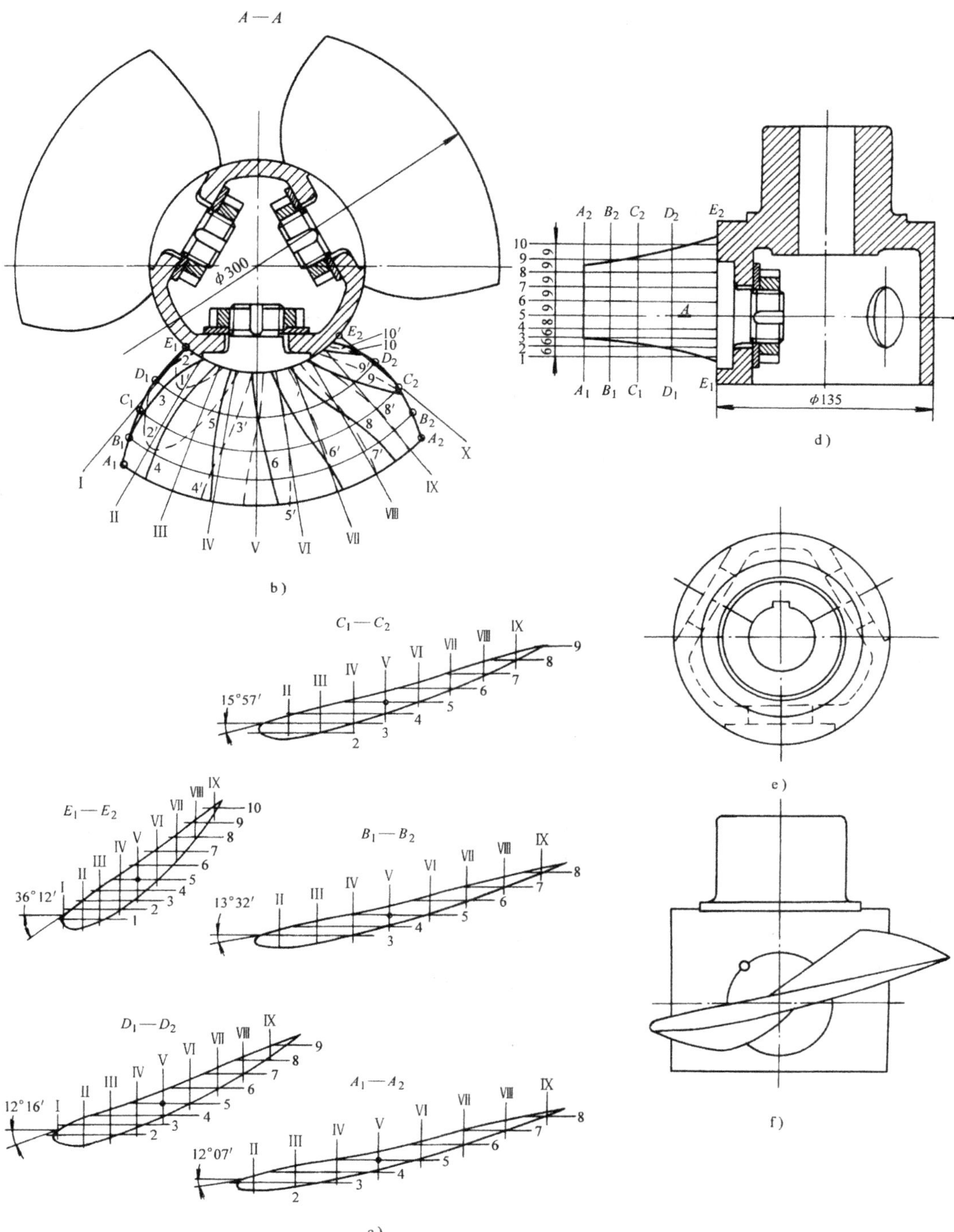
A — A
φ300
E_1
D_1
C_1
B_1
A_1
E_2
D_2
C_2
B_2
A_2
b)
A_2 B_2 C_2 D_2 E_2
A_1 B_1 C_1 D_1 E_1
φ135
d)
e)
C_1 — C_2
15°57′
E_1 — E_2
36°12′
B_1 — B_2
13°32′
D_1 — D_2
12°16′
A_1 — A_2
12°07′
c)
f)

导叶的木模图

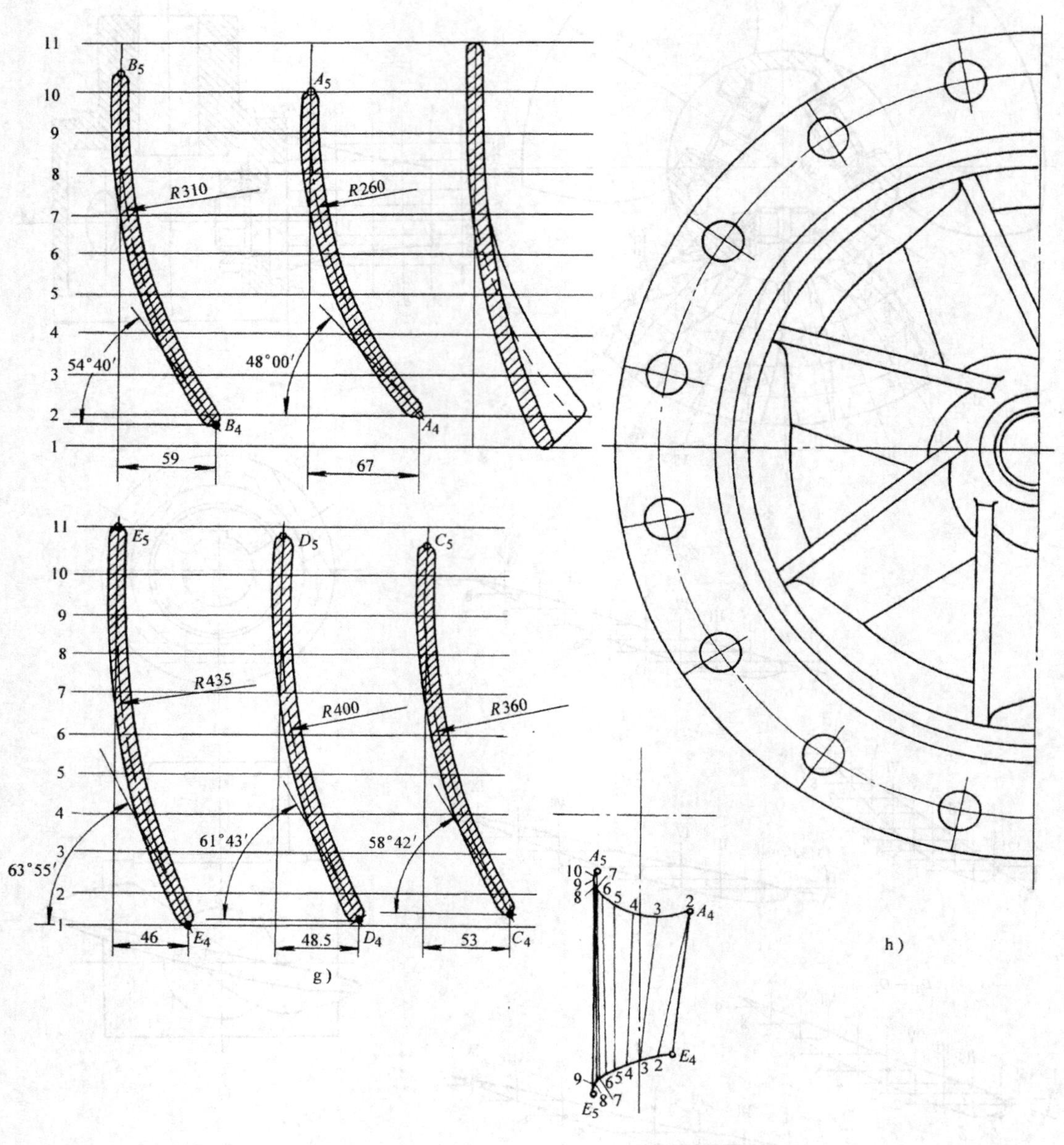

图 6-41　轴流泵叶轮和导叶的木模图（续）

表 6-12　例题的计算过程

序号	计　算　项　目	单位	计　算　截　面				
			E	D	C	B	A
1	D	m	0.135	0.190	0.233	0.268	0.300
2	$u=\pi Dn/60$	m/s	10.27	14.45	17.70	20.40	22.80
3	$c_{u2}=gH_{th}/u$	m/s	5.17	3.66	3.00	2.60	2.33
4	$\tan\beta_\infty=c_m/(u-c_{u2}/2)$		0.574	0.349	0.272	0.231	0.206
5	β_∞	(°)	29.85	19.27	15.22	13.0	11.75
6	λ（假定）	(°)	1	1	1	1	1
7	$c_y l/t$［式（6-55）］		1.128	0.522	0.333	0.246	0.198
8	l/t（选取）		0.900	0.830	0.770	0.715	0.670
9	c_y		1.25	0.629	0.433	0.344	0.296
10	$c_{y1}=c_y/L$　$(L=1)$		1.25	0.629	0.433	0.344	0.296
11	选翼型　（哥廷根翼型）		387	490	490	490	490
12	y_{max}/l　（选取）		0.1505	0.1100	0.0850	0.0670	0.0600
13	$t=\pi D/z$	mm	141	199	244	280	314
14	l	mm	128	166	188	200	209
15	$y_{max}=(y_{max}/l)\,l$	mm	19.1	18.2	16.0	14.0	12.6
16	y_{max}（取定）	mm	19.1	17.0	15.0	13.5	12.5
17	y_{max}/l		0.1505	0.1050	0.0800	0.0670	0.0600
18	$\tan\lambda=0.012+0.06\,(y_{max}/l)$		0.021	0.018	0.017	0.016	0.016
19	λ	(°)	1.2	1.05	0.97	0.92	0.88
20	α	(°)	6.35	2	0.73	0.53	0.37
21	$\beta_b=\beta_\infty+\alpha$	(°)	36.2	21.27	15.95	13.53	12.12

三、基于平面叶栅试验数据的设计方法

基于单翼试验数据的方法只适用于叶栅稠密度较低的情况，因为借用平板叶栅升力的修正系数并不能适应各种翼型。基于平面叶栅试验数据的设计方法直接利用叶栅的试验数据，计算结果比较可靠，所以可用在能量头较高（因此叶栅稠密度较大）的情况下。风压较高的轴流式通风机和轴流式压缩机广泛采用这个设计方法，这里将以轴流式通风机为例说明此法的应用。

利用平面叶栅试验数据进行叶轮流动计算的方法与前面所介绍的孤立叶型法基本相同。所不同的是叶栅法是把叶片各截面的计算工况作为叶栅的额定工况，把由所设计叶栅前后的速度三角形算得的流动转折角 $\Delta\beta$，作为叶栅额定工况下的气流转折角 $\Delta\beta^*$。根据 $\Delta\beta^*$ 和 β_2^* 即可利用图 6-20 查出最佳叶栅稠度 l/t。

（一）轴流式通风机的设计程序

（1）方案选择　通风机具体的结构方案选择问题涉及的因素较多，可根据用户的要求及制造厂的生产经验，参照性能良好的已有产品，初步选定方案，并参照同类产品估计效率。

（2）选择电动机及转速　风机的转速可根据用户使用要求选取。一般风机与电动机是直

联传动。为了正确选择电动机，需要进行轴功率的计算。风机在设计工况下运转时的轴功率为

$$P = \frac{q_V p_{tF}}{1000\eta}$$

根据所需要的轴功率 P，结合用户的情况，即可选择合适的电动机及相应的转数。

(3) 计算比转速 n_S

$$n_S = n\frac{\sqrt{q_V}}{\sqrt[4]{p_{tF}^3}}$$

(4) 确定叶轮外径及轮毂直径　由 n_S 查图 6-33 和图 6-35 选取轮毂比 $\bar{d}_h$ 及系数 k_u，则叶轮外径为

$$D_t = \frac{60k_u\sqrt{\dfrac{2p_{tF}}{\rho}}}{\pi n}$$

或对于标准状态下的空气取

$$D_t = \frac{77.4k_u\sqrt{p_{tF}}}{\pi n}$$

轮毂直径为

$$d_h = \bar{d}_h D_t$$

(5) 计算圆周速度 u_t 及压力系数 ψ

$$u_t = \frac{\pi D_t n}{60}$$

$$\psi = \frac{p_{tF}}{\rho u_t^2}$$

算出的圆周速度 u_t 应满足强度条件及噪声要求，否则应作适当调整。

(6) 求轴向速度 c_z

$$c_z = \frac{q_V}{\dfrac{\pi}{4}(D_t^2 - d_h^2)}$$

(7) 选取计算截面，分别计算各截面的 Δc_u 值

1) 采用等环量设计时，由 $p_{tF} = \rho u\Delta c_u\eta$ 知

$$\Delta c_u = \frac{p_{tF}}{\rho u\eta_h}$$

2) 采用变环量设计时，首先算出平均半径处之 Δc_{um}，取叶片的几何平均直径为

$$D_m = \sqrt{\frac{D_t^2 + d_h^2}{2}}$$

则有

$$\Delta c_{um} = \frac{p_{tF}}{\rho u_m\eta_h} = \frac{p_{tF}}{\rho\eta_h\dfrac{\pi D_m n}{60}}$$

设气流分布规律为 $\Delta c_u r^a = \Delta c_{um} r_m^a =$ 常数，则任一截面的 Δc_u 值为

$$\Delta c_u = \frac{\Delta c_{um} r_m^a}{r^a}$$

（8）作各截面的速度三角形，计算气流角 β_1，β_2 和气流转折角 $\Delta\beta$

（9）根据 $\Delta\beta = \Delta\beta^*$，$\beta_2 = \beta_2^*$，由图 6-20 查出最佳叶栅稠密度 l/t

（10）选择叶片数 Z，确定各计算截面的栅距 t

（11）求出各截面翼型弦长 l

（12）选取气流进口冲角 i^* 为提高叶根的升力系数，从轮毂到叶尖的冲角 i^* 可在 $+5°\sim-3°$范围内变化。

（13）按式（6-62）计算叶型转折角 θ

（14）进行其他参数的计算，并绘制叶型图

根据上述计算数据及所取叶型剖面的几何尺寸，绘制各截面的叶片型线，再按强度及结构工艺上的要求作适当修正。为了改善叶片的受力状况，各计算截面叶型的重心，应当位于同一半径上。

（二）轴流式通风机设计实例之一——（Howell 法）

例 6-2 试设计一轴流通风机，其全压为 $p_{tF} = 1850\text{Pa}$，流量为 $q_V = 38\text{m}^3/\text{s}$，介质为空气，标准进气状态。

用户特殊要求：①采用单级叶轮 + 后导叶型式；②叶轮外径 $D_t = 1.5\text{m}$；③叶轮轮毂直径 $d_h = 1.05\text{m}$；④电动机直接拖动，转速 $n = 960\text{r/min}$。

由要求知此时轮毂比为

$$\bar{d}_h = D_h/D_t = 1.05/1.5 = 0.7$$

采用等环量设计，即 $c_u r =$ 常数；且沿叶轮半径方向 p_{tF}不变。

假定沿叶高效率不变，选全压效率 $\eta = 0.85$。考虑到对叶轮 + 后导叶的级，其 $c_{u1} = 0$，$\Delta c_u = c_{u2}$。

轴向速度 c_z 为

$$c_z = \frac{q_V}{\frac{\pi}{4}(D_t^2 - d_h^2)} = \frac{38}{\frac{\pi}{4}(1.5^2 - 1.05^2)} = 42.14\text{m/s}$$

叶轮叶片几何尺寸计算步骤及结果见表 6-13。

表 6-13 叶轮气流参数及叶片几何尺寸计算表

公式 \ $\bar{r}$	Ⅰ	Ⅱ	Ⅲ	Ⅳ	Ⅴ	Ⅵ	Ⅶ	备注
	0.70	0.72	0.80	0.863	0.90	0.98	1.0	
$2r = 2\bar{r}r_t$	1.05	1.08	1.20	1.295	1.35	1.47	1.50	单位为 m
$u = \frac{2\pi rn}{60}$	52.78	54.29	60.32	65.03	67.86	73.89	75.40	单位为 m/s，n = 960r/min
$\Delta c_u = \frac{p_{tF}}{\rho u \eta}$	34.36	33.41	30.07	27.86	26.73	24.55	24.05	单位为 m/s，p_{tF}（r）= 常数 $\eta = 0.85$
c_z	42.14	42.14	42.14	42.14	42.14		42.14	单位为 m/s，按等环量设计时 c_z（r）= 常数

（续）

公式 \ $\bar{r}$	Ⅰ	Ⅱ	Ⅲ	Ⅳ	Ⅴ	Ⅵ	Ⅶ	备注
	0.70	0.72	0.80	0.863	0.90	0.98	1.0	
$\beta_1=\beta_1^*=\operatorname{arccot}\dfrac{u}{c_z}$	38°36′	37°49′	34°56′	32°55′	31°50′	29°42′	29°12′	
$\beta_2=\beta_2^*=\operatorname{arccot}\dfrac{u-c_{u2}}{c_z}$	66°23′	63°39′	54°20′	48°32′	45°42′	40°30′	39°22′	
$\Delta\beta^*=\Delta\beta=\beta_2-\beta_1$	27°47′	25°50′	19°24′	15°37′	13°52′	10°48′	10°10′	
$l/t=\dfrac{1}{\dfrac{1.03}{(\cot\beta_1-\cot\beta_2)}-\dfrac{2}{3}}$	1.666	1.570	1.280	1.116	1.039	0.903	0.874	式（6-62）的倒数或查图 6-25
i	3°	2°45′	1°49′	1°06′	0°39′	－0°15′	－0°30′	从轮毂到轮缘直线变化
$m=0.23\left(\dfrac{2a}{b}\right)^2-0.002\beta_2^*+0.18$	0.277	0.283	0.301	0.313	0.319	0.329	0.331	
$\theta=\dfrac{\Delta\beta^*-i}{1-\dfrac{m}{\sqrt{l/t}}}$	31°34′	29°48′	23°57′	20°38′	19°13′	16°54′	16°31′	式（6-68）
$x_1=0.5\theta$	15°47′	14°54′	11°59′	10°19′	9°36′	8°27′	8°16′	
$\beta_b=\beta_1+i+x_1$	57°23′	55°28′	48°44′	44°20′	42°06′	37°54′	36°58′	
$t=\dfrac{2\pi r}{Z}$	183.3	188.5	209.4	226.0	235.6	256.6	261.8	单位为 mm，$Z=18$
$l=(l/t)\cdot t$	305.4	295.9	268.0	252.2	244.8	231.7	228.8	单位为 mm
$R=\dfrac{l}{2\sin\dfrac{\theta}{2}}$	561.5	575.4	645.8	704.2	733.6	788.4	796.3	单位为 mm，见式（6-71）

选取叶片数 $Z=18$。

（三）轴流式通风机设计实例之二——（利用 NACA-65 叶栅试验资料）

例 6-3 试设计一单级轴流通风机，其全压为 $p_{tF}=2150\text{Pa}$，流量为 $q_V=700\text{m}^3/\text{min}$，介质为空气，进气温度为 $t=20℃$。

用户特殊要求：①电动机直接拖动；②叶轮外径 $D_t\leqslant0.7\text{m}$。

由于本例的目的是为了说明如何运用 NACA-65 平面叶栅试验资料设计轴流叶片，所以前面的方案设计从略，从方案设计中已得出如下参数：①转速 $n=2900\text{r/min}$；② $D_t=0.67\text{m}$；③ $d_h=0.47\text{m}$；④全压效率 $\eta=0.7$；⑤叶片数 $Z=12$；⑥流型：等环量；⑦轴向速度为 $c_z=64.88\text{m/s}$；⑧叶轮叶片几何尺寸计算步骤及结果见表 6-14。

表 6-14 叶轮气流参数及叶片几何尺寸计算表

过　　程	截			面				单位
r	0.235	0.2527	0.2709	0.2891	0.3044	0.3197	0.335	m
c_z	64.88	64.88	64.88	64.88	64.88	64.88	64.88	m/s
$u=\dfrac{2\pi rn}{60}$	71.21	76.74	82.27	87.8	92.44	97.09	101.74	m/s
$\Delta c_u=\dfrac{p_{tF}}{\rho u\eta}$	35.94	33.35	31.11	29.15	27.69	26.36	25.16	m/s

（续）

过　　程	截			面				单位
$\beta'_1=\arctan\dfrac{u}{c_z}$，$w_1$ 与轴向夹角	47.66°	49.79°	51.74°	53.54°	54.94°	56.25°	57.47°	
$\beta'_2=\arctan\dfrac{u-C_{2u}}{c_z}$，$w_2$ 与轴向夹角	28.53°	33.77°	38.26°	42.11°	44.94°	47.47°	49.73°	
$\Delta\beta=\beta'_1-\beta'_2$	19.13°	16.02°	13.48°	11.43°	10°	8.78°	7.74°	
l 由方案计算时确定	0.134	0.1287	0.1235	0.1182	0.1138	0.1094	0.105	m
$\dfrac{l}{t}=l/\dfrac{2\pi r}{z}$	1.0913	0.9727	0.8707	0.781	0.714	0.6535	0.5986	
τ/l 最大相对厚度（选取）	0.1	0.1	0.1	0.1	0.1	0.1	0.1	
由图 6-30 查 $\bar{k}_\tau$	1.0	1.0	1.0	1.0	1.0	1.0	1.0	
由图 6-31 查 $(i_0)_{10}-(\delta_0)_{10}$	2.85	2.555	2.35	2.05	1.85	1.70	1.55	
由图 6-32 查 $1-m+n$	0.64	0.58	0.52	0.44	0.42	0.37	0.325	
i（选取）	0	0	0	0	0	0	0	(°)
$\theta=\dfrac{\Delta\beta-\bar{K}_\tau[(i_0)_{10}-(\delta_0)_{10}]}{1-m+n}$	25.44°	23.22°	21.4°	21.32°	19.4°	19.14°	19.05°	
$\beta'_b=\beta'_1-i-\dfrac{\theta}{2}$，弦与轴向夹角	34.94°	38.18°	41.04°	42.88°	45.25°	46.68°	47.95°	
$R=\dfrac{l}{2\sin\dfrac{\theta}{2}}$	0.3043	0.3198	0.3326	0.3195	0.3377	0.329	0.3173	m
$C_{l0}=9.066\tan\left(\dfrac{\theta}{4}\right)$	1.011	0.9217	0.849	0.8458	0.7693	0.7589	0.7553	

第四节　导叶的设计计算

在本章开始讨论轴流级的叶栅配置方式时曾指出，除少数情况外，轴流式级是由叶轮（动叶栅）及一至两个静止叶栅组成，静止叶栅通常称为导叶。在轴流式水轮机中，导叶内的流动方向可以是径向的（参见图 1-11、图 1-19 和图 2-48），而其他各种轴流式级中，导叶内的流动方向都是轴向的，称为轴向导叶。径向式导叶在前一章中已作过讨论，这里将只简单讨论轴向导叶。

在第二章中曾从能量转换的角度简略讨论过静止叶栅的作用原理。叶轮前 c_{u1}的分布规律是由前导叶决定的。而叶轮后面 c_{u2}所对应的动能，需要在后导叶中转换为压力。对于多级式机器，当叶轮进口有预旋的时候，在整机的第一级前面，还有一组前导叶。以后各级的 c_{u1}则是由前一级的后导叶决定的。

一、前导叶的设计

采用前导叶可有两个不同的目的，一个是调节工况（请参阅第七章），另一个是在叶轮进口处造成所需要的 c_{u1}以满足叶轮的设计要求。

前导叶可采用机翼形或圆弧板形叶片。在单级轴流式通风机中，前导叶一般产生负预旋。前导叶是一种收敛叶栅，流速在导叶中略有增加，压力相应降低。

图 6-42 是前导叶简图。由于流动在进入前导叶之前是轴向的，所以流动角 $\alpha_0=90°$。叶片进口安放角 α_{b0}通常比流动角大一个冲角 i，于是有

$$\alpha_{b0}=\alpha_0+i \tag{6-91}$$

一般取 $i=2°\sim5°$。

前导叶出口安放角为

$$\alpha_{b1}=\alpha_1+\delta \tag{6-92}$$

式中落后角 δ 按式（6-60）计算或取 $\delta=2°\sim4°$，出口流动角 α_1 可根据叶轮设计需要的 c_{u1} 确定。

由于前导叶进口流动角 $\alpha_0=90°$，旋绕为零，故前导叶出口截面上的速度环量为

$$\Gamma_{up}=\pi Dc_{u1} \tag{6-93}$$

同理，叶轮出口截面的环量为

$$\Gamma_R=\pi D(c_{u2}-c_{u1}) \tag{6-94}$$

两式相除，有

$$\Gamma_{up}/\Gamma_R=c_{u1}/(c_{u2}-c_{u1})=n_1$$

即

$$\Gamma_{up}=n_1\Gamma_R$$

又因

$$\Gamma_R=\pi D(c_{u2}-c_{u1})=\frac{2\pi}{\rho\omega}p_{tF}$$

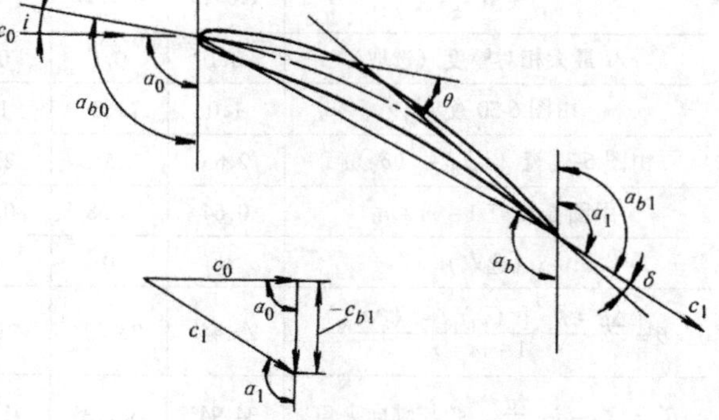

图 6-42　前导叶简图

故有

$$\Gamma_{up}=n_1\frac{2\pi}{\rho\omega}p_{tF} \tag{6-95}$$

式中的比值一般取为 $n_1=-0.5\sim-0.6$。利用式（6-93）和（6-95）即可求得所需之 c_{u1}。

前导叶的叶片数可略少于动叶数，其相对栅距一般取为：$t/l=0.8\sim1.5$；叶片的弦长取为 $l=(0.2\sim1)\ b$；b 为叶片的高度。

二、后导叶的设计

后导叶与前导叶不同，是扩压叶栅。后导叶将叶轮出口的旋绕速度的动能转化为压力。后导叶可以采用机翼型或者等厚圆弧板叶片。后导叶的设计可以和叶轮叶片一样，采用叶栅或孤立翼型的计算方法，也可以采用流线法。后者是轴流泵导叶设计中习惯采用的。

（一）后导叶的轴面投影图（子午型线）的确定

导叶设计前，需要事先大致确定其轴面投影图的形状（或称子午型线）。图 6-43 是一典型的轴流通风机的轴面图。

后导叶的子午型线常为与轴线平行的直线，在叶轮外径 D_t 和轮毂比 $\bar{d}_h$ 选定后，其子午型线随之确定。

在叶轮和导叶的叶栅之间保持一定的轴向间隙 Δ_2，它不得小于 $0.25l$，小的 Δ_2 将导致

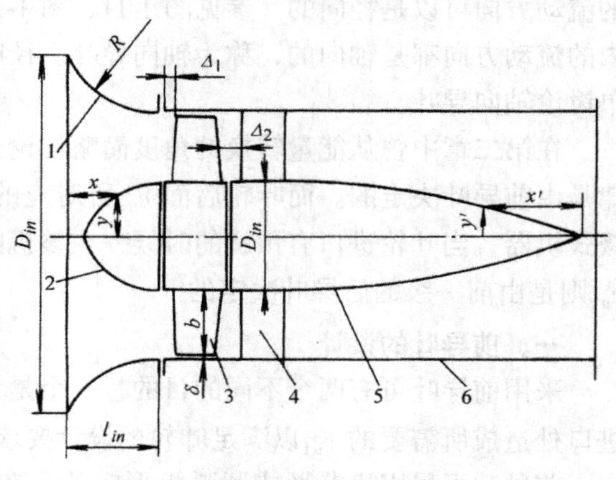

图 6-43　轴流通风机的子午型线

噪声增加，大的 Δ_2 会增大风机轴向尺寸。Δ_2 增加到 $0.5l$ 时对风机气动性能实际上没有影响。

图 6-44 是典型的轴流泵导叶轴面图。轴流泵叶轮之后通常接一扩散管，以降低后面的弯管中的流速。扩散管的扩散角应控制在 $\theta=6°\sim8°$之间。导叶叶片数稍多于叶轮，同时应使二者互质。在轴面图上，导叶进口边与叶轮出口边大致平行，二者的距离为 $\Delta_2=(0.05\sim0.1)D$（D 为叶轮直径）。

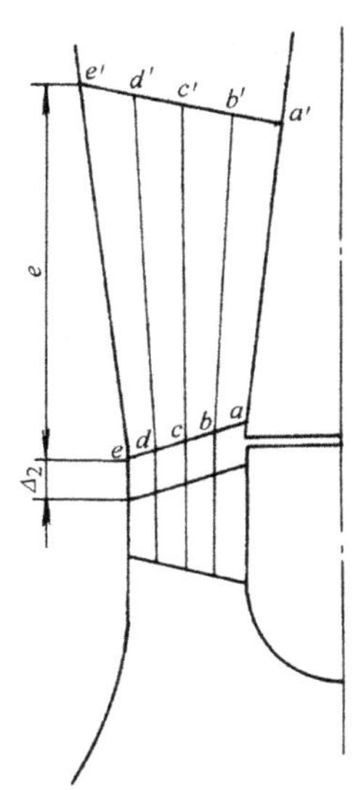

图 6-44　轴流泵导叶轴面图

（二）导叶进、出口速度

图 6-45 为后导叶简图。叶轮叶片出口和导叶叶片进口之间的流动遵循动量矩定理，在轴流式机器中，有 $r_2=r_3$，$c_{z2}=c_{z3}$，所以有 $c_{u3}=c_{u2}$，$\alpha_3=\alpha_2$。

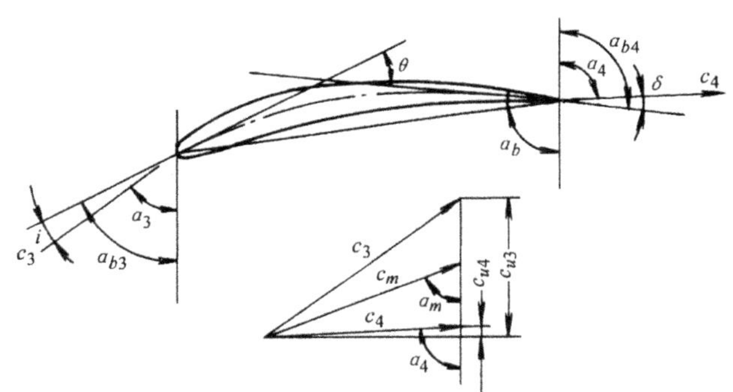

图 6-45　导叶简图

对多级机器的前级和中间级，导叶出口环量值应满足下一级叶轮对进口速度的要求。

当导叶出口截面的环量 Γ_4 选定后，可求得导叶出口速度

$$c_{u4}=\frac{\Gamma_4}{\pi D}\qquad c_{z4}=\frac{4q_V}{\pi(D_4^2-d_h^2)}\qquad \tan\alpha_4=\frac{c_{z4}}{c_{u4}}\tag{6-98}$$

（三）用孤立翼型法和叶栅法计算导叶叶片

当用叶栅法计算导叶叶片时，前面介绍的计算叶轮叶栅的一切讨论都是有效的，只需用绝对速度 c 取代相对速度 w 和用绝对流动角 α 取代相对流动角 β 即可。

（四）用流线法计算导叶叶片

轴流泵导叶叶片通常用流线法进行计算，下面以一例简述其计算过程。

例 6-4　根据例6-1的叶轮设计导叶。

计算过程如表 6-16 所示，导叶木模图亦如图 6-41 所示。

表 6-16　流线法设计导叶的计算过程

序号	计　算　项　目	单位	计　算　截　面				
			A_4A_5	B_4B_5	C_4C_5	D_4D_5	E_4E_5
1	D	mm	135	190	233	268	300
2	c_{m3}/c_{u3}		0.853	1.205	1.470	1.695	1.890
3	τ_3（假定）		0.835	0.85	0.875	0.91	0.925

（续）

序号	计算项目	单位	计算截面				
			A_4A_5	B_4B_5	C_4C_5	D_4D_5	E_4E_5
4	$\mathrm{tg}\alpha_3=\frac{c_{m3}}{\tau_3 c_{u3}}$		1.020	1.410	1.675	1.865	2.045
5	α_3	(°)	45.35	54.40	59.10	61.50	63.55
6	$t_3=\frac{\pi D}{2}$	mm	60.5	85.0	105.0	120.5	135.0
7	$\tau_3=1-\frac{ZS_3}{\pi D\sin\alpha_3}$		0.77	0.85	0.89	0.91	0.925
8	$\tan\alpha_3$		1.110	1.410	1.645	1.860	2.045
9	α_3	(°)	48.0	54.67	58.70	61.72	63.92
10	α_4	(°)	90	90	90	90	90

习 题 六

一、何谓轴流式流体机械的“级”？为什么说一个轴流级可以看成是由无穷多个基元级组成？

二、需要什么样的叶栅配置方式和导叶角度才可能出现反作用度 $\Omega>1$ 的情况？

三、轴流式流体机械的设计中常见的流型有哪几种？何为等环量级？为什么等环量级又可称为自由旋涡级？

四、对级压比高的压缩机，第一级是采用等环量级好还是采用等反作用度等值功级好？为什么？

五、利用翼型动力特性曲线设计叶片时，选择最大升力系数 c_y 的工况点作为设计点是否合适？为什么？

六、翼型的动力特性线与叶栅的额定特性线有何区别？额定特性线有何作用？

七、既定翼型叶栅的动力特性曲线是如何得出的？

八、各基元级的计算完成后，叶片是如何成形的？

九、某一轴流叶轮，轴向进气，介质为空气，密度 $\rho=1.2\mathrm{kg/m^3}$，转速 $n=960\mathrm{r/min}$，设沿叶高效率不变，$\eta=0.85$，要求全压为 $p_{tF}=1850\mathrm{Pa}$，若此叶轮的流型为自由旋涡，试问在半径 $r=540\mathrm{mm}$ 处，其气流的扭速应为多大？

十、在上题中，当 $c_z=42.2\mathrm{m/s}$ 时，此处的叶栅稠密度应多大为宜？在半径 $r=750\mathrm{mm}$ 处，叶栅稠密度又应为多大为宜？

第七章　流体机械的特性曲线与运行调节

第一节　流体机械特性曲线的定义与分类

在流体机械选型设计中，通常要选择流体机械的类型及型号、确定其基本参数以及规定设备在运行过程中最合理的利用条件。所有这些工作都离不开有足够完善的流体机械特性资料，这些资料多数情况下是以特性曲线的形式给出的。对不同的技术要求、不同的工作条件（或工况），特性曲线几乎能提供流体机械全部必要的指标。

由流体机械工作原理知，流体机械的性能取决于三个基本因素：

1）表征几何特性的几何参数，如活动导叶（或喷针）开口 a_0、转桨（动叶可调）式机器的叶片转角 φ；

2）工作介质的物性参数，如密度 ρ、气体常数 R、动力粘度 μ、绝热指数 κ 等；

3）运动参数，表征流体机械运行的特性，如转速 n、流量 q_V、功率 P、全压 p_{tF}（或扬程、水头 H，能量头 h）、效率 η、空化系数 σ 等。

对一台确定的机器，当几何参数（a_0、φ）和物性参数（ρ、R、μ、κ）一定时，机器的工况由 n、q_V 和 H（p_{tF}、h）三个参数决定，而 P、η、σ 等则是工况的函数。所以流体机械的特性曲线可表示为下面的广义函数

$$P、\eta、\sigma = f(a_0,\varphi,\rho,\kappa,q_V,H,n) \tag{7-1}$$

式（7-1）有七个自变量，但 q_V、H、n 三个参数通过欧拉方程式相联系，只有两个是独立的自变量。除原动机（如水轮机）和带可调节的进口导流叶片的工作机外，导叶开口 a_0 多数情况下可视为一定值；除部分动叶可调（转桨式）的轴流、混流式机器外，φ 亦可视为定值；除较高风压的通风机和压缩机情况外，流体介质密度 ρ 也多视为定值；对既定的介质，κ 为定值。所以，上式的自变量数目为 2 至 6 个。

众所周知，两个以上变量的函数曲线是难以在平面图上表示的，因此常常给几个自变量参数以定值，绘出余下几个变量间的关系曲线。这样可建立两大类型特性曲线：综合特性曲线和线型特性曲线。取两个参数为自变量，其余参数为常数，这样得到的关系曲线称综合特性曲线；取一个参数为自变量，其余为常数，绘制出的关系曲线称线型特性曲线。

理论上，所有的叶片式流体机械都可以作为原动机和工作机运行，所以都有原动机和工作机两种工况。只不过在工程实践中，大多数机器只是针对一种工况设计的，所以通常的特性曲线只包括一种工况。有一些机器是为两种工况设计的，如抽水蓄能电站的可逆式水泵水轮机。对于常规的机器，在起动、停机和事故情况下，也会出现从工作机向原动机或相反方向的工况变化，还会出现一些既非原动机也非工作机的工况。例如电力提灌站的压力管道上如果不设逆止阀，则当水泵机组事故失电后，压力管道中的液体将倒流，引起管道中压力波动和机组反转。此时水泵流量为负值，转速和功率也为负值，这时机器的运行就会从泵工况转变为水轮机或制动工况。又如两个通风机串联运行，当第二台通风机的电动机失电时，这

台通风机就会处于风压为负值的不正常运行工况下。这些工况下机器的特性对机器的安全稳定运行以及机组的控制调节都是很重要的，因此还需要有反应机器在各种工况下工作特性的全工况特性曲线。

另外，反映作用于机器零、部件上的力与力矩大小与工况关系的力特性曲线和原动机事故情况下最高可能达到的转速与工况关系的飞逸特性曲线等等，对于用户也都是重要的资料。

一、线型特性曲线

在线型特性曲线中，只有一个自变量，而将式（7-1）中其他自变量视为常数。选择不同的自变量，就得到不同的特性曲线，如工作特性曲线、转速特性曲线等。

（一）泵与风机的工作特性曲线

泵与风机的工作特性曲线比较简单，但应用广泛。第一章中曾作简单介绍（参见图 1-7），这里再作进一步的分析。

1. 理论扬程（全压）曲线

无穷叶片数的理论扬程（压力）曲线可以从欧拉方程式导出

$$gH_{th\infty} = \frac{p_{th\infty}}{\rho} = u_2 c_{u2\infty} - u_1 c_{u1}$$

为简单计，设 $c_{u1} = 0$，考虑到出口速度三角形的几何关系

$$c_{u2\infty} = u_2 - c_{m2}\cot\beta_2$$

及

$$c_{m2} = \frac{q_{V,th}}{A_2}$$

可得

$$gH_{th\infty} = \frac{p_{th\infty}}{\rho} = u_2^2 - u_2 \frac{q_{V,th}}{A_2}\cot\beta_2$$

显然这是一个直线方程，该直线与纵轴的交点（$q_{V,th} = 0$）为

$$gH_{th\infty} = \frac{p_{th\infty}}{\rho} = u_2^2$$

该直线的斜率 $-u_2 q_{V,th}\cot\beta_2/A_2$ 则与 β_2 有关。根据 β_2 的不同，可有三种情况如图 7-1 所示，可见 β_2 对特性曲线有很大的影响。对于图中 $\beta_2 \geqslant 90°$ 的情况，随着 $q_{V,th}$ 的增加，功率 P 很快增加，易于使原动机过载，这也是泵中 $\beta_2 < 90°$ 的原因之一。

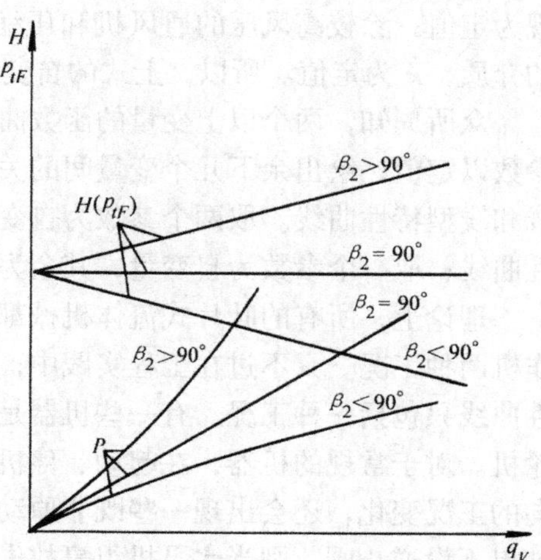

图 7-1　性能曲线与叶片角的关系

有限叶片数时的理论扬程（全压）曲线，可由 $H_{th\infty}$（$p_{th\infty}$）曲线加以修正得到。注意用不同的修正方法得到的曲线也不相同。图 7-2 表示了这种情况，图中曲线 1 为 $H_{th\infty}$（$p_{th\infty}$）曲线，曲线 2 是使用式（2-108）进行修正所得，曲线 3 是用式（2-110）进行修正所得，前者与 $H_{th\infty}$（$p_{th\infty}$）线相交于横轴上，后者与 $H_{th\infty}$（$p_{th\infty}$）平行，距离为 ΔH（Δp）。

2. 实际扬程（全压）曲线

由理论扬程（全压）曲线扣除各种损失即可得实际扬程（全压）曲线，但由于不能用理论方法精确求得损失值，因此实际性能曲线只能用试验方法求得。但分析各种损失，还是可以从理论上定性地得到实际特性曲线的形状。下面以常用的离心式泵或通风机为例，说明分析方法，借以加深对内部损失的认识（图 7-3）。

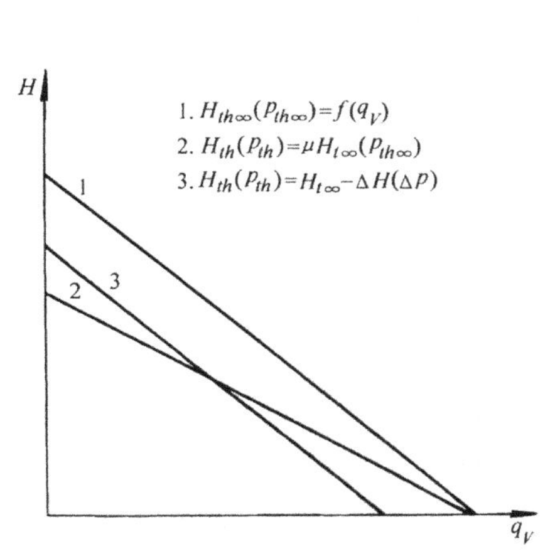

图 7-2　不同修正方法所得的理论扬程（压力）曲线

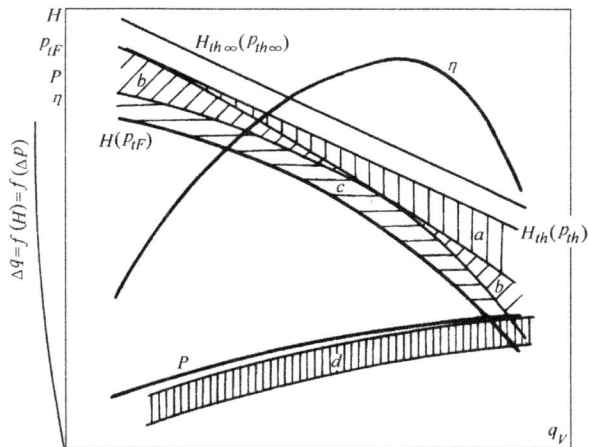

图 7-3　泵与通风机的实际性能曲线

a—摩擦损失　b—冲击损失　c—泄漏损失　d—机械损失

首先依前述方法求出有限叶片的理论扬程（全压）H_{th}（p_{th}）线，然后在纵坐标方向减去流动损失，即可得实际扬程（全压）与理论流量之间的关系 H（p_{tF}）$-q_{V,th}$曲线。流动损失分成两部分：①以磨擦损失为代表的与流量的平方成正比的损失，零流量时没有这部分损失，故摩擦损失为图中 a 区。②冲击损失，在设计工况下，入流满足无冲击进口，叶轮出口满足涡壳的无冲击入流条件，因而没有冲击损失。在非设计工况下，冲击损失值与流量偏离值的平方 $(q_{V,d}-q_{V,th})^2$ 成正比，其中 $q_{V,d}$为设计流量，因此冲击损失为图中 b 区。

为了得到实际的扬程（全压）曲线 H（p_{tF}）$-q_V$，应从 $q_{V,th}$中扣除泄漏损失。由于 Δq_V 与$\sqrt{H}$(或$\sqrt{p_{tF}}$)成正比，故 Δq_V 与 H（p_{tF}）的关系为纵轴左边的曲线。将 H（p_{tF}）$-q_{V,th}$曲线各点在横轴方向移动 Δq_V，即得实际扬程（全压）曲线 H（p_{tF}）$-q_V$。图 7-3 中 c 区表示泄漏损失。

由 $P=\rho g q_{V,th}H_{th}+\Delta P_m$ 可以求出功率曲线 $P-q_V$，其中机械摩擦功率 ΔP_m 与流量无关，为一常量，即图 7-3 中的 d 区。为了考虑泄漏，同样要将曲线在横轴方向移动 Δq_V。

由 $P-q_V$、H（p_{tF}）$-q_V$ 两条曲线可求得 $\eta-q_V$ 曲线。

由于理论扬程（全压）曲线斜率的正负与 β_2 角是否大于 90°有关，因此前向叶轮和后向叶轮的特性曲线形状是不同的。图 7-4 给出了它们的对比，前向叶轮的扬程（压力）曲线不是单调下降的，而是有一个极值点。在该点以左，扬程（压力）随流量增加而增加，这一段有可能成为不稳定工作区。在后向叶轮中，当 β_2 比较大时，也可能出现这样的不稳定区，这也是泵设计中将 β_2 限制在 40°以下的原因之一。

（二）水轮机的工作特性曲线

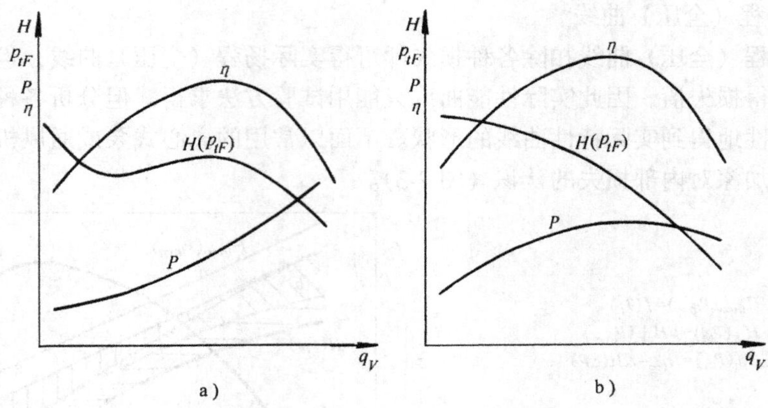

图 7-4　前向与后向叶轮的性能曲线的比较

a）前向曲线　b）后向曲线

图 7-5 为水轮机两种不同形式的工作特性曲线。这些曲线都是在转速和水头为常数的条件下绘出的。在这样的条件下，流量和功率都是导叶开口的函数，所以也可以 a_0 为自变量。

在水轮机的工作特性曲线上，有三个重要的特征点。图 7-5a 中，当功率为零的时候，流量并不为零。此处的流量 $q_{V,xx}$ 称为空载流量，所对应的导叶开口称空载开口。这时的流量很小，水流作用于转轮的力矩仅够克服阻力而维持转轮以额定转速旋转，没有输出功率。图 7-5b 中效率最高点对应的流量为最优流量，记为 $q_{V,0}$，在图 7-5a 中，该点位于曲线与过原点的直线的切点处。图 7-5a 中功率有极大值，此功率值 P_{np} 称为极限功率，对应的流量 $q_{V,np}$ 称为极限流量。当流量大于极限流量时，效率随流量的增加而降低，且效率降低的程度超过流量增加的程度，所以水轮机的输出功率反而减小了。水轮机不允许在该点右边的工况下工作。因为在那样的工况下，水轮机的输出功率随导叶开口和流量的增加反而降低，这样的特性将使调速器不能正常工作。工程上，为安全起见，要求留出 5% 的功率储备量，即水轮机实际最大功率为

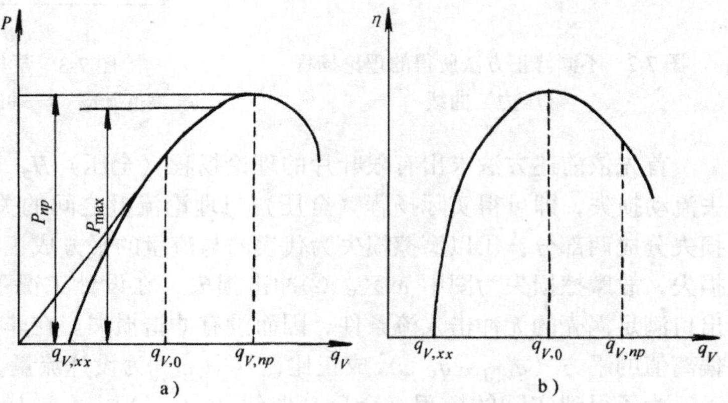

图 7-5　水轮机的工作特性曲线

a）P-q_V 曲线　b）η-q_V 曲线

$$P_{max} = 0.95 P_{np}$$

（三）水轮机的转速特性曲线

图 7-6 为水轮机的转速特性曲线，这是当 H 和 a_0、φ 为常数时，其他参数与转速的关系曲线。在水轮机的模型试验中，总是保持一定的水头，通过改变轴上的负荷（力矩）来改变

转速。故整理模型试验的数据时，以转速特性曲线最为方便。水轮机的其他特性曲线，实际上都是从转速特性曲线换算而得的。在图 7-6 上，有两点值得注意：

1）轴上的负荷力矩随转速的增加近似线性下降，当负荷力矩为零时，转速达最大值 n_R，这种在一定的水头和开口下的最大转速称为飞逸转速，也是在电站中出现事故（水轮机甩负荷后调速器不能关闭导叶）的情况下可能达到的最大转速。这个转速是进行转动部件强度校核的依据。

2）图 7-6 中表示了不同比转速水轮机的流量随转速变化的不同规律。可以看出，高比速机器流量随转速增加而增加，低比速流量随转速的增加而减小，中比速机器流量几乎不随转速变化。

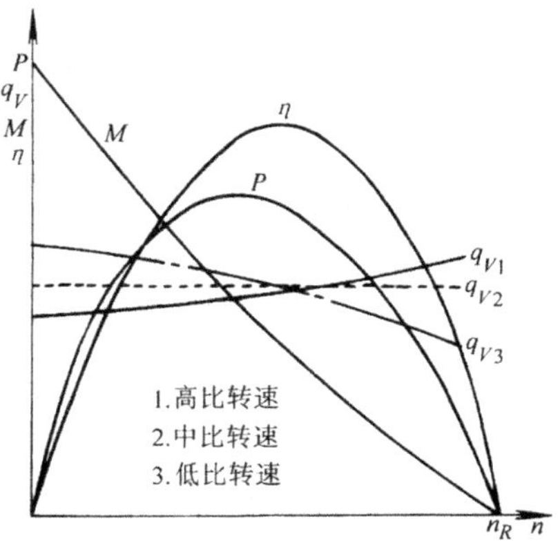

图 7-6 水轮机的转速特性曲线

（四）不同比转速机器工作特性曲线的比较

在工作特性曲线中，效率随流量（或负荷）变化的情况是值得注意的，为了获得较好的综合效益，不仅希望机器在最优工况具有很高的效率，而且希望机器能在比较宽的工作范围内保持较高的效率。通俗的说法，就是希望效率曲线比较“平”。效率随机器负荷变化的特性，实际上是机器流动特性的综合反映。由于机器过流部件的形状与比转速有密切的关系，因此工作特性曲线也随比转速的变化而呈现有规律的变化。图 7-7 用相对坐标（额定值的百分数）表示了不同水轮机的效率随流量和功率的变化情况，图 7-8 表示了泵与风机的扬程（全压）和效率随流量变化的情况。由图 7-7、图 7-8 可见，低比速机器的效率随负荷的变化较小，高效工作区较宽；高比速的机器的效率随负荷的变化较为剧烈，高效工作区较窄。主要的原因是高比转速水轮的流道宽，轴面上不同的流线上流动情况差别较大，在非设计工况下，易于产生二次流动而使损失增加。对于水轮机，非设计工况下尾水管的损失较大，高比转速水轮机尾水管损失所占比重大，故效率变化较大。从以上两图还可见，动叶可调（转桨式）的机器，非设计工况下的效率降低显著小于其他机器，原因已在第二章作过分析。转桨式水轮机由于高效工作区较宽，效率变化较小，所以当流量增加时，功率将保持不断增加，不会出现前面所说的极限功率。所以对转桨式水轮机而言，不存在受调节性能限制的最大功率。

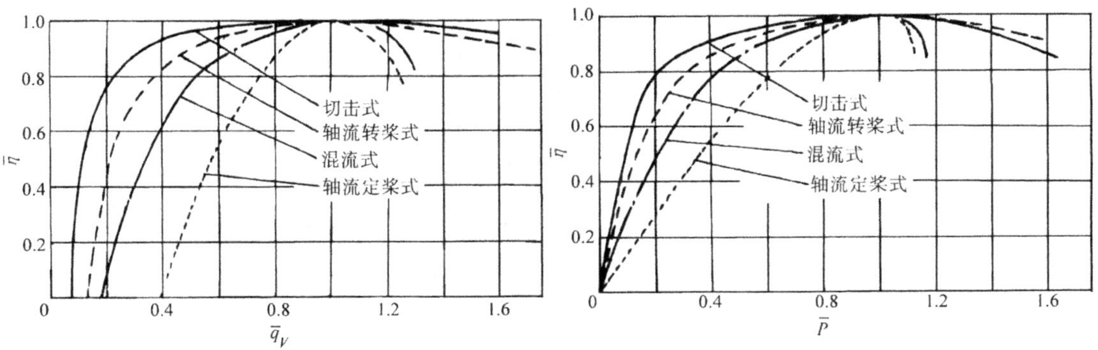

图 7-7 各种水轮机工作特性的比较

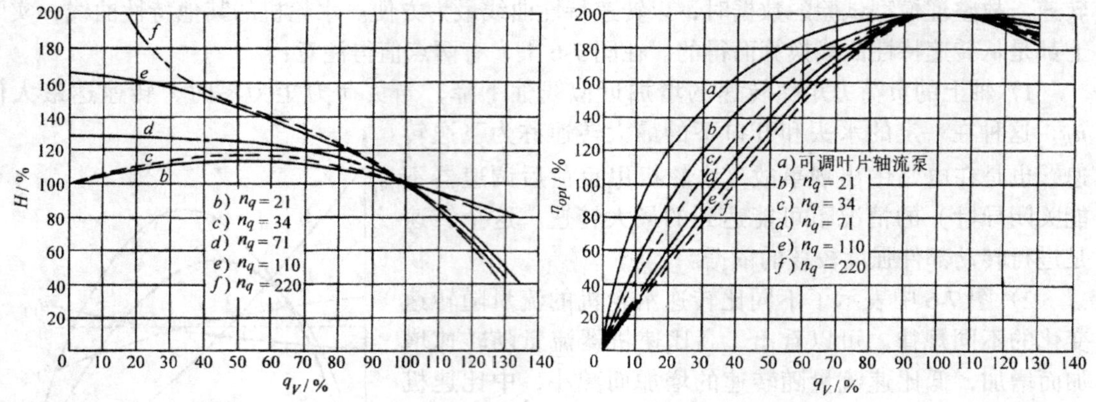

图 7-8　不同比转速的泵与风机的工作特性曲线的比较

二、综合特性曲线

综合特性曲线是取式（7-1）右端变量中的两个为自变量，令其余为常数得到的关系曲线。综合特性曲线实际上表示的是一个三维曲面，借用地形图中的等高线的方法可以在平面图上表示这个曲面。图 7-9 给出了一个示例，将各 n = const 线投影到 H-q_V 平面上就成为泵（或风机）的一种综合特性曲线。

（一）工作机的综合特性曲线

在叶片（动叶）固定并且没有进口导向叶片的工作机中，改变转速是常用的一种调节方法，故综合特性曲线通常是在 q_V（q_m）- H（p，h，ε）坐标下的一族等转速线。图 7-10 为一离心泵的综合特性曲线，理论上，图中的等效率线应该与相似抛物线重合。实际上，在额定转速附近，二者确实相当接近。但当转速变化较大时，二者有很大的差别，这是由于雷诺数的变化引起效率改变，也是由于（轴承等处的）机械损失并不服从流动相似定理。图 7-11 为一离心式压缩机的综合特性曲线，由于介质的可压缩性，不同转速下的 $q_V-\varepsilon$ 曲线的形状是有差别的。

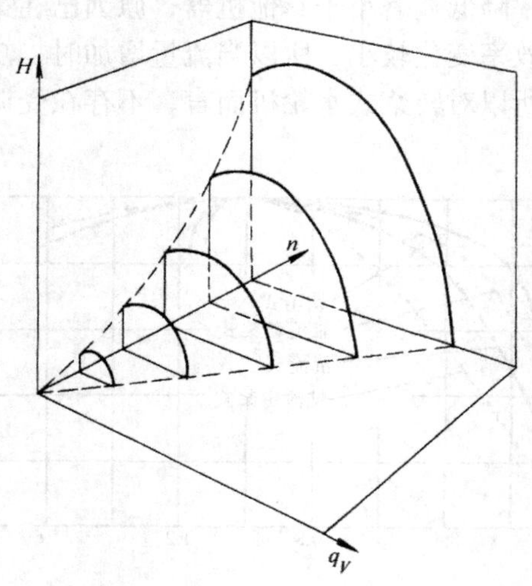

图 7-9　泵（风机）的特性曲面

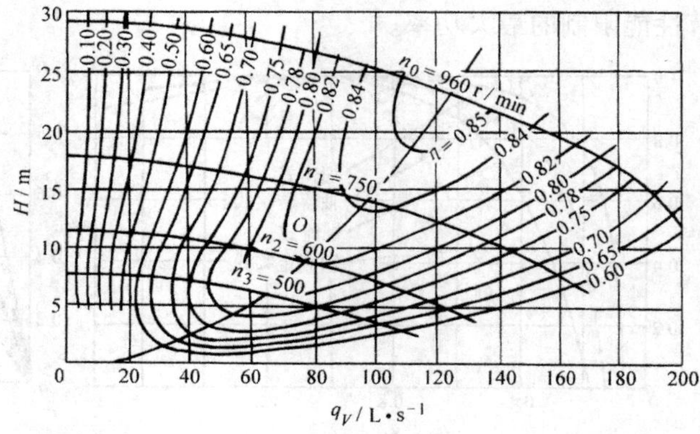

图 7-10　离心泵的综合特性曲线

工作机的综合特性曲线也常以相对参数（设计工况参数的百分数）为坐标，这样绘出的曲线可以适用于一系列几何相似的机器。

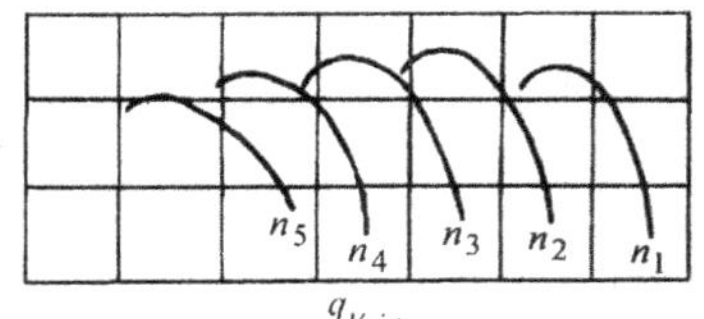

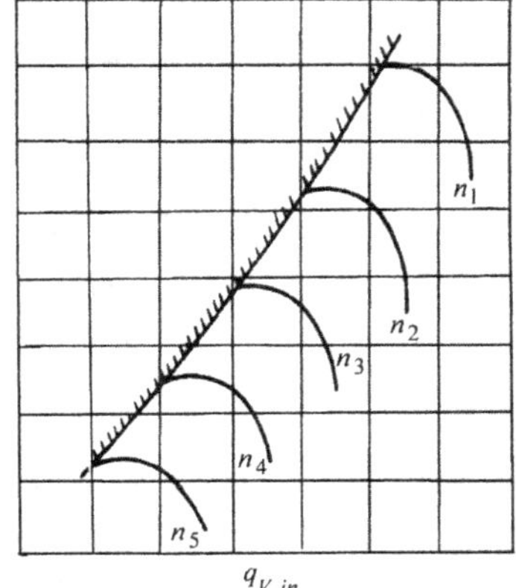

图 7-11　压缩机的综合特性曲线

对于动叶可调或者有可转动的进口导流叶片的泵和风机，调节工况时用改变叶片角度的方法比改变转速更方便，所以其综合特性曲线中用等叶片角度线取代等转速线。图 7-12 为一可调叶片的轴流泵的综合特性曲线，图 7-13 则为一台带有进口导流器的轴流鼓风机的综合特性曲线。后者采用了相对值坐标，可以适用于一系列几何相似的机器。

（二）原动机（水轮机）的综合特性曲线

1. 运转特性曲线

对于在电站运行的水轮机，其综合特性曲线一般以水头 H 为纵坐标、功率 P 为横坐标（或以水头 H、流量 q_V 为纵、横坐标），称为运转特性曲线，如图 7-14 所示。图 7-14 上绘制的几组等值线包括等效率曲线 $\eta=f(H, P)$，等吸出高度曲线 $H_S=f(H, P)$ 和功率限制线。功率限制线由两部分组成，图 7-14 中一段有阴影的竖直线，是与发电机额定功率相对应的水轮机输出功率限制线；另一段有阴影的斜线，是水轮机的输出功率限制线，混流式水轮机受 5% 功率储备限制，转桨式水轮机受额定水头下发出额定出力时的流量限制或受空蚀条件限制，切击式水轮机则受最大喷针开口限制。

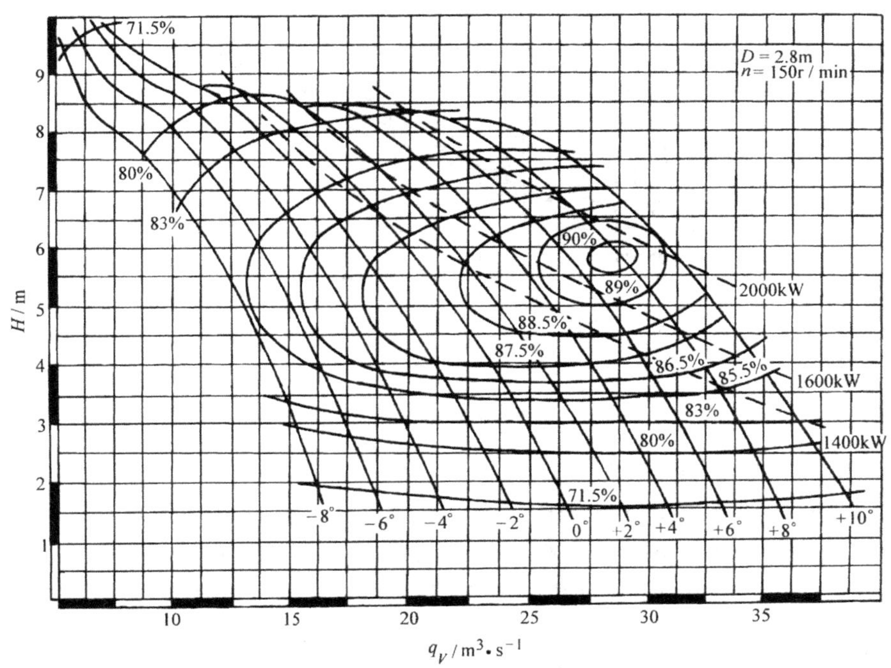

图 7-12　轴流泵的综合特性曲线

2. 综合特性曲线

水轮机的综合特性曲线以单位转速n_{11}和单位流量Q_{11}为纵、横坐标，在图7-15上绘制等效率线、等开口线和等空化系数线。对混流式水轮机，还有表示5%的功率储备工况的功率限制线；对转桨式水轮机，还有等叶片转角线。由于以单位参数为坐标，因此曲线对一系列几何相似的水轮机都是适用的。为了方便综合特性曲线的应用和相似换算，在综合特性曲线图上还应标注模型试验条件，包括模型的转轮直径D_m、模型水力部件的图形及几何尺寸以及试验水头H_m。这种特性曲线对于水电站的建设和设计单位进行选型计算是特别方便的，因此应用极为广泛。图7-15是混流式水轮机的综合特性曲线。

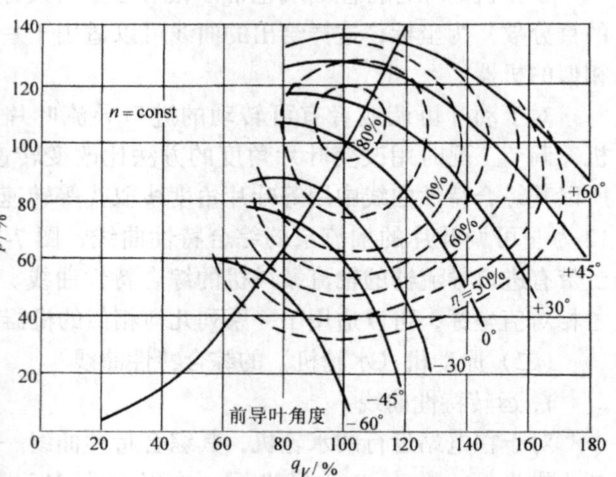

图7-13 带进口导流器的轴流鼓风机的综合特性曲线

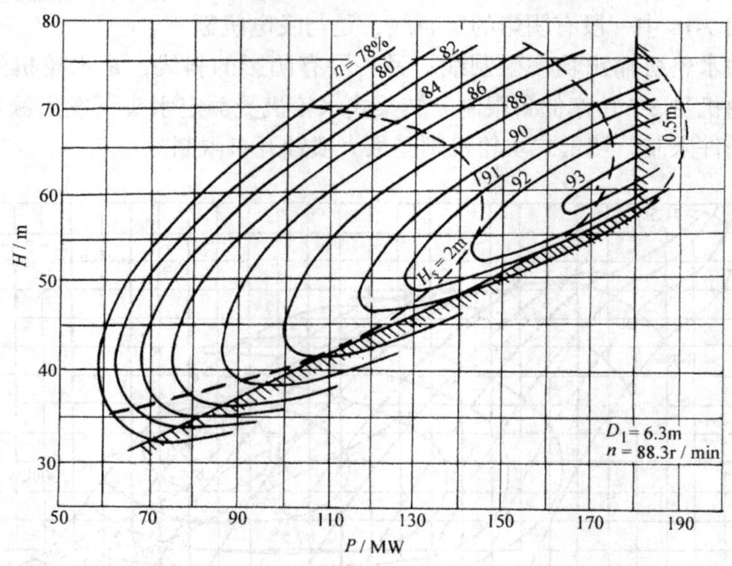

图7-14 水轮机的运转特性曲线

3. 综合特性曲线与比转速的关系

综合特性曲线与比转速仍是相关的。图7-16给出了不同比转速的水轮机的模型缩合特性曲线的对比。图7-16a为不同型式水轮机的等活动导叶开口线a_0 = const的对比，由图中可见，在相同的相对开口下，n_S高的水轮机的流量较大，同时流量随转速变化的变化率随n_S的增加逐步由负值变为正值（请与图7-6对照）。图7-16b为不同型式水轮机的等效率曲线η = const的对比，不同比速机器的等效率线所围区域大小和位置与n_S的关系，也都可根据n_S与叶轮的几何形状的关系予以说明。

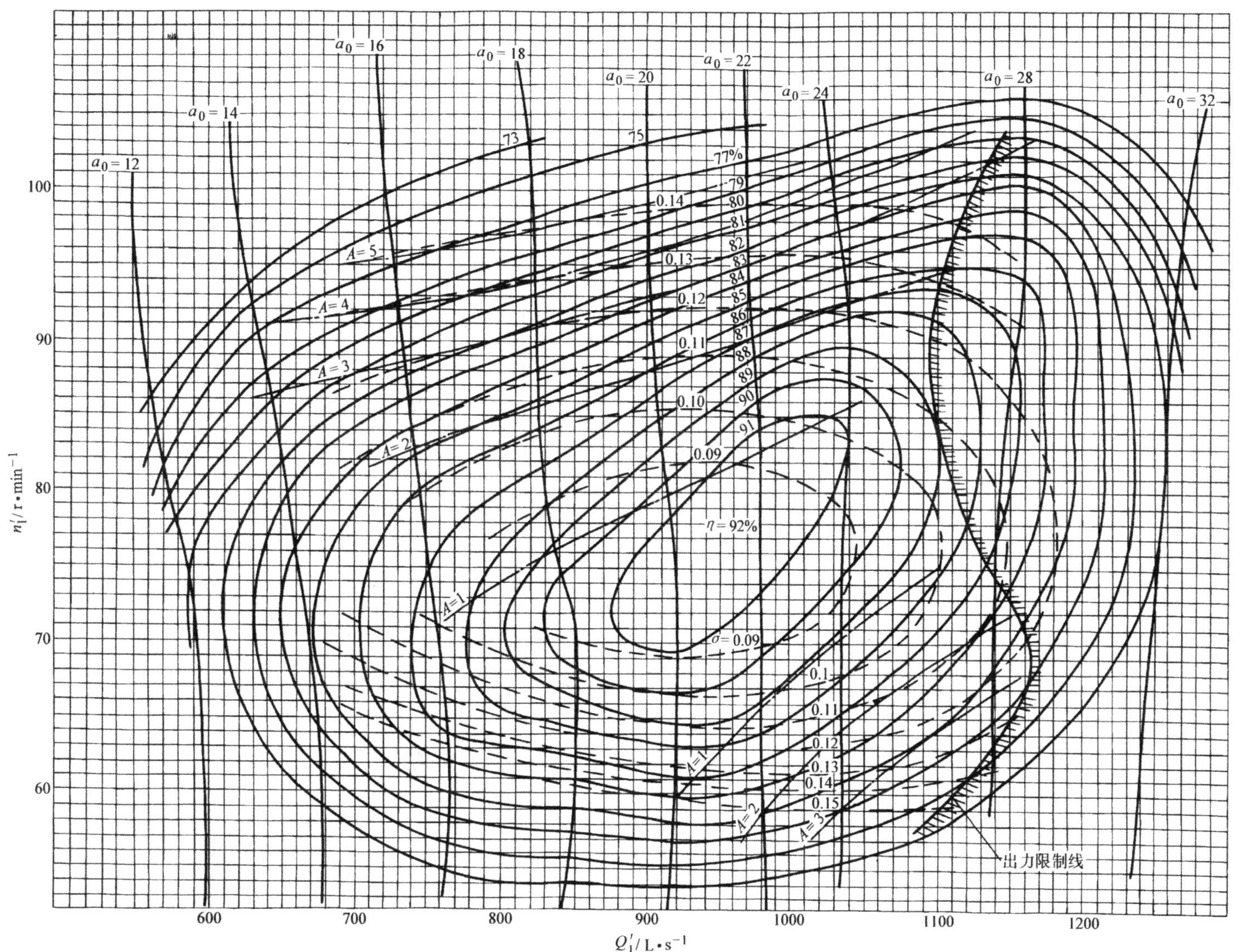

a)

图 7-15 混流式水轮机综合特性曲线

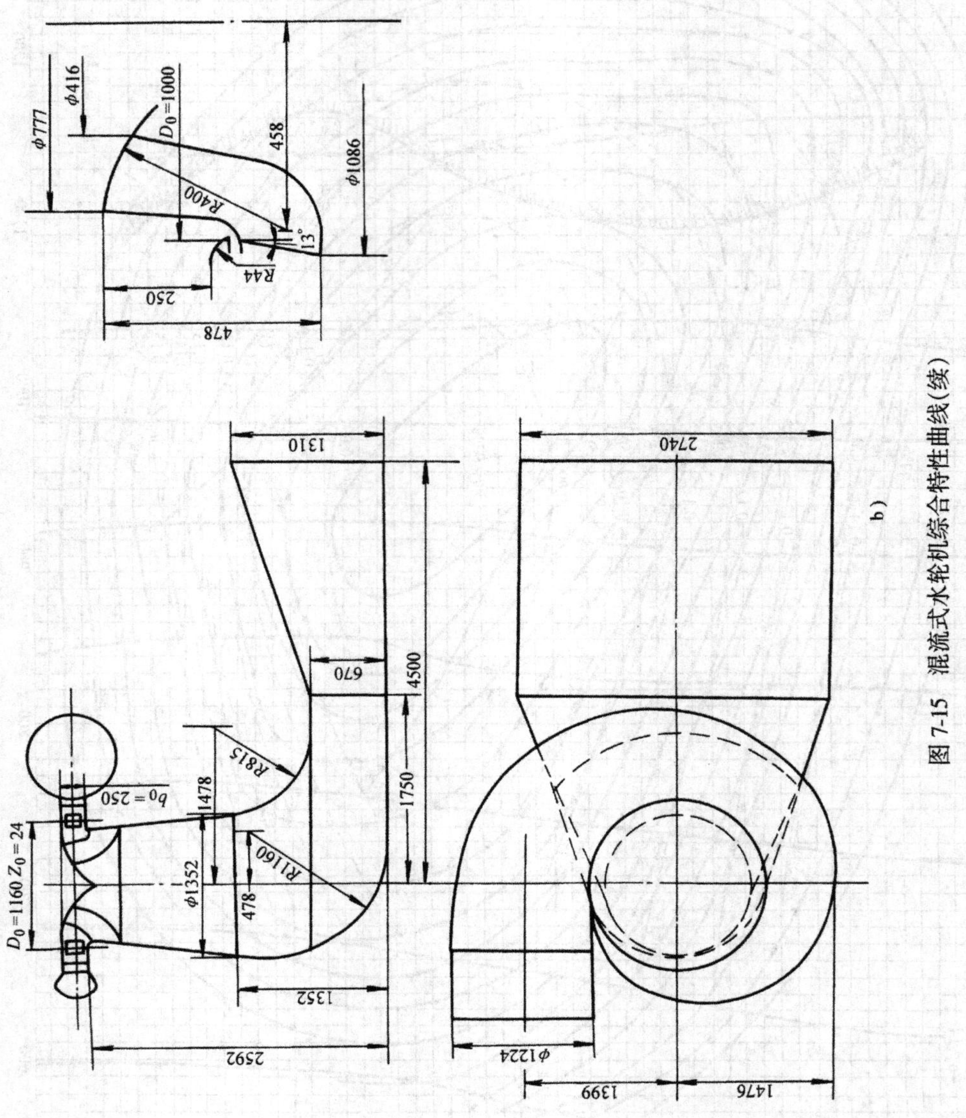

b)

图 7-15　混流式水轮机综合特性曲线(续)

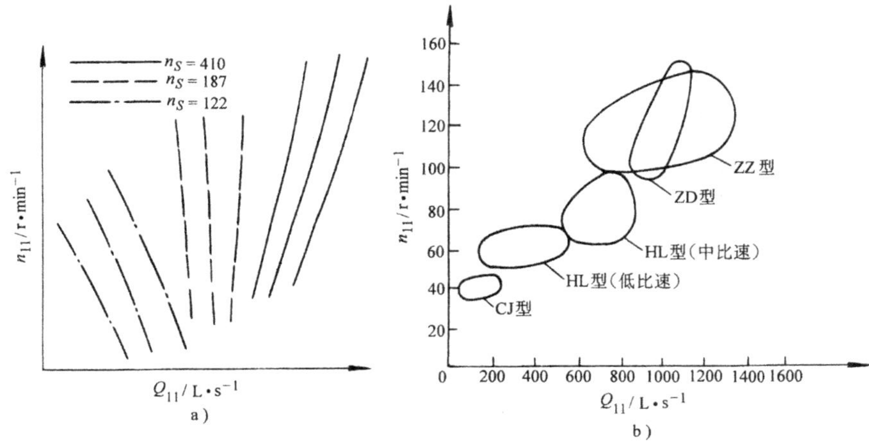

图 7-16　不同型式水轮机综合特性曲线的对比

a）等开口线的对比　b）等效率线的对比

第二节　模型试验及特性曲线的绘制

由于流体机械内流体流动的复杂性，目前还只能用试验的方法求得机器的全面性能。由于原型试验在技术上和经济上都很困难，同时又由于模型试验技术的进步，所以实际上通常是用模型试验来获得机器的性能。目前国际上提倡用模型试验作为水轮机的验收试验。除获得机器的全面性能外，模型试验还常用于对设计方案进行筛选和定型，还常常用于研究内部的流动过程，例如叶片表面的速度和压力分布规律等。

一、试验装置

不同类型的流体机械，因工作环境、工作介质和工作要求不同，故试验装置结构也有不同。通常按循环管路系统型式分为三种，即开式试验（装置）台、闭式试验台和半开式试验台。此外，为了研究叶轮叶片翼型的动力特性，还需专门的试验设备（风洞或水洞）。

（一）流体机械开式试验台

流体机械开式试验台装置系统的进口、出口均是敞开的，即与大气相联通。这种试验台主要用于流体机械能量特性试验即效率特性试验，此外还可进行强度及力特性试验以及过流部件结构试验研究等。

1. 泵的开式试验台

图 7-17 所示的泵开式试验台是流体机械开式试验台的例子，它由吸入调节阀、管路、弯头、模型泵、流量计、出水管调节阀、水池等组成。

泵能量试验时需测定的基本参数和可用的测量方法为：

1）流量 q_V，可用涡轮流量、电磁流量计、孔板、文吐利管等测得；

2）扬程 H，可用连接水泵进、出口的差压计测得，也可独立测定进、出口处的压力，再由其差值计算；

3）轴功率 P，可用扭矩仪、电动机天平等测定轴上的力矩，也可测定电动机的功率。

4）转速 n，采用数字转速表、离心式转速表或闪频测速仪测得：

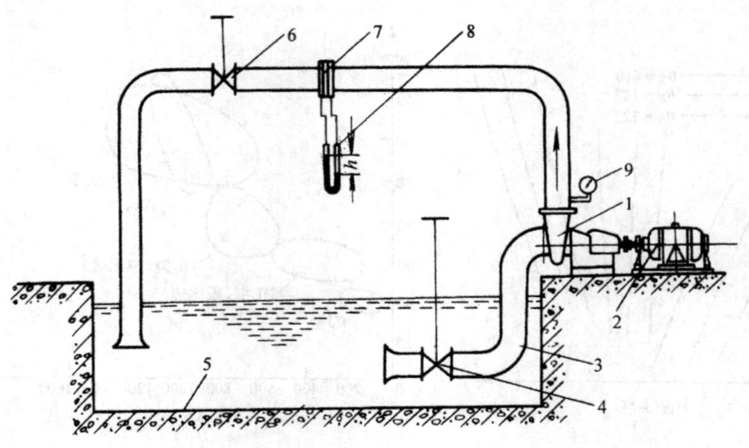

图 7-17 泵的开式试验台

1—待试泵 2—测功电动机 3—吸入管 4—吸入调节阀 5—水池
6—出口调节阀 7—流量计 8—差压计 9—压力表

5）泵效率由下式计算

$$\eta = \frac{\rho g q_V H}{P} \tag{7-2}$$

风机能量试验时需测定的基本参数和所用的方法为：

1）压力 p，通常采用液柱压力计、皮托管（复合压力计）或补偿微压计测量；

2）流量 q_V，采用皮托管或进口集流器测得；

3）转速 n，采用数字转速表、离心式转速表或闪频测速仪测得；

4）功率 P，主要采用扭矩法或电测法。

5）风机的效率按下式计算

$$\eta = \frac{P_{tF} q_V}{P} \tag{7-3}$$

2. 水轮机开式试验台

当在开式实验台上进行水轮机的能量试验时需测量的基本参数有：

1）流量 q_V，可由堰顶水位差 h 求得；

2）工作水头 H，可由压力计的读数得到；

3）转速 n，由转速计确定；

4）功率 P 的测量可采用间接测量法，通过计算得到 P（W）

$$P = \frac{2\pi n}{60} M = \frac{\pi}{30} Mn \tag{7-4}$$

式中 M——转矩（N·m），可由平衡转矩的力（测功砝码重量）F 与力臂（测功臂）长 L 之乘积求得，即 $M = FL$，对一确定的试验台 L 为一定值。

5）由上述所得数据可计算出效率 η

$$\eta = \frac{P}{\rho g q_V H} = \frac{\pi L}{30 \rho g} \frac{pn}{q_V H} = K \frac{pn}{q_V H} \tag{7-5}$$

式中 K——试验装置系数，$K = \pi L/(30\rho g)$。

在进行水轮机的能量试验时，应先选定若干活动导叶开口值，然后针对每一个开口值进行试验。试验时保持水头基本不变，逐步改变轴上的负荷，使转速随之改变，形成一系列工况，然后测定各工况的待测参数并换算成单位参数。

（二）流体机械闭式试验台

流体机械闭式试验台装置系统是循环封闭系统，即与大气相隔绝。这种试验台既可进行能量试验，又可进行特殊要求的试验，如水泵或水轮机的空化特性试验等。

1. 水轮机闭式试验台

图 7-18 所示的水轮机闭式试验台是流体机械闭式试验台的代表，在闭式实验台上，特别便于进行空化试验。

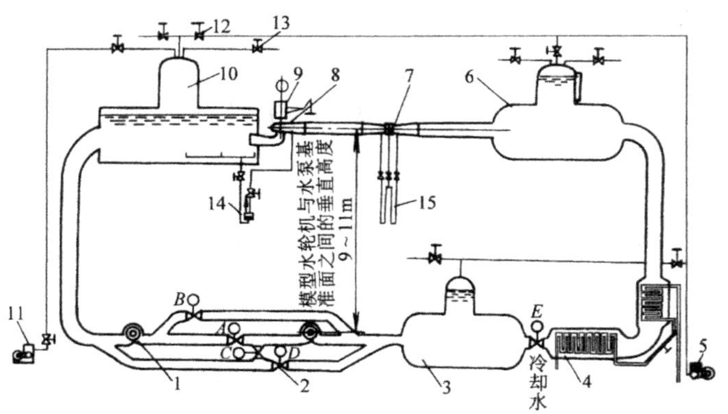

图 7-18 水轮机闭式试验台

1—水泵 2—电动阀门 3—空气溶解箱 4—冷却器 5—空压机 6—压力水箱 7—双向文吐利 8—模型水轮机 9—测功电动机 10—尾水箱 11—真空表 12—电动阀门 13—手动阀门 14—水头测量仪表 15—流量测量仪表

在进行空化试验时，用真空泵从尾水箱顶部抽气，使箱内压力降低，从而使水轮机出口压力逐渐下降而在转轮内出现空化现象。水轮机空化试验需测得的参数除了包括在能量试验中所测参数外，还需测得尾水箱内的真空值 $H_V = p_V/\rho g$ 以及吸出高度 H_S。由下式计算得到电站（装置）空化系数

$$\sigma = \frac{H_a - H_{Va} - H_V - H_S}{H} \tag{7-6}$$

式中 H_a——试验台所在地的大气压；

H_V——尾水箱水面真空度；

H_{Va}——试验水的汽化压力；

H——为试验水头。

以上各量均以水柱高度计（m）。

2. 泵的闭式实验台

泵空化试验采用的方法与水轮机空化试验方法相同。在泵闭式试验台上进行空化试验时，用真空泵从系统中抽气，使系统内压力降低，从而使泵进口压力逐渐下降而出现空化现象。泵空化试验需测得的参数除了包括在能量试验中所测参数外，还需用真空表测得泵进口法兰处的真空度或压力。在闭式试验台上进行空化试验是比较方便的，但如果受设备条件的限制，也可以在开式试验台上进行空化试验。国家标准 GB3216-82 对泵的空化试验方法和程序做了详细的规定。

闭式试验台可以完成开式试验台所完成的试验任务，但由于对闭式试验台的循环系统和测试系统要求很高，故其建造费用远高于开式试验台的建造费用，且运行费用也较高。

（三）风洞（水洞）试验装置

图 6-18 所示的叶栅试验装置，也就是一个风洞试验台。风洞（或水洞）试验主要是改变流体在洞内的流速，进而测量翼型表面的压力分布值和流场分布情况，为翼型研究提供实

测数据资料。

水洞试验装置在结构上也可分为开式台和闭式台，图 7-19 为一闭式水洞试验台示意图。

二、流体机械综合特性曲线的绘制

水轮机的综合特性曲线比较复杂，使用也比较广泛，因此这里主要讨论水轮机综合特性曲线的绘制方法，其他各种综合特性曲线也可用类似的方法绘制。

（一）混流式和轴流定桨式水轮机综合特性曲线的绘制

通过水轮机模型试验可以获得水轮机各种参数，为了反映水轮机各参数的变化规律，还必需将试验数据进行整理，并作出表格，根据表格中各种数据就可绘制水轮机综合特性曲线。下面介绍绘制水轮机综合特性曲线的方法及步骤。

根据模型试验实测所得的数据，首先绘制在导叶开口 a_0、水头 H 为常数条件下的转速特性曲线。为绘制综合特性曲线方便，应用相似定律换算成以单位参数表示的转速特性曲线

$$\left.\begin{aligned}\eta &= f(n_{11})\\ Q_{11} &= f(n_{11})\end{aligned}\right\} \tag{7-7}$$

如图 7-20 所示，针对不同导叶开口 a_0，可求绘制不同的单位转速特性曲线。为得到综合特性曲线图上的等效率线和等开口线，可在转速特性曲线图上按选定的效率值画一割线，与不同的单位转速特性曲线 $\eta = f(n_{11})$ 相交于 1、1′，2、2′，3、3′…各点（图 7-20a、b、c）。找出交点的单位转速 n_{11} 值所对应的单位流量 Q_{11} 值，此 n_{11} 与 Q_{11} 值即综合特性曲线图上欲求的等效率线和等开口线交点的坐标。将一系列这样的点描绘在图 7-20d 上，用光滑的曲线连接有相同效率值的点就得到等效率线，连接具有相同开口值的点就成为等开口线，如图 7-20d 所示。综合特性曲线上的等开口线实际上就是转速特性曲线上的 Q_{11}-n_{11} 线，只是纵、横坐标交换了，所以也可以直接根据后者的节点坐标绘出等开口线。

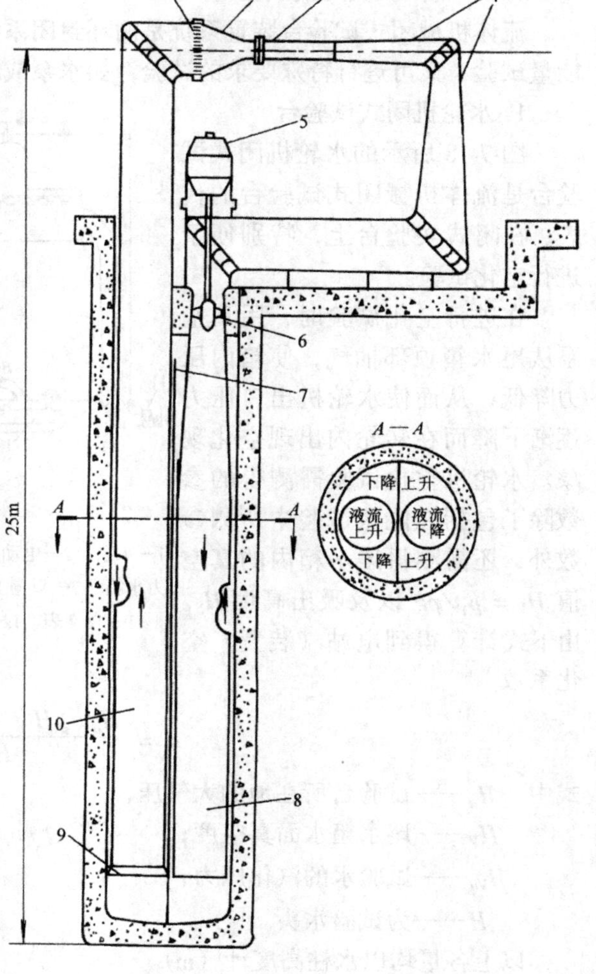

图 7-19　闭式水洞试验装置

1—整流器　2—喷嘴　3—工作段　4—扩散器　5—直流电动机　6—轴流泵　7—吸收器　8—下降管　9—整流环　10—上升管

综合特性曲线图上的 5% 功率限制线不能直接利用试验测得的数据绘制，通常利用工作特性曲线来绘制，即利用不同单位转速 n_{11} 下的 $P_{11} = f(Q_{11})$ 曲线来绘制。具体方法是：

先在模型综合特性曲线上确定一单位转速 n_{11} 为常数的水平线，此线与各等效率线有若干交点，每一点都有其对应的单位流量 Q_{11} 和效率 η 值。将每一点的 Q_{11} 和 η 带入单位功率表达式 $P_{11} = Q_{11}\rho g\eta$，计算出每一点的单位功率 P_{11}，然后可绘出流量（工作）特性曲线 P_{11}

$=f(Q_{11})$，如图 7-21 所示。每一个单位转速值 n_{11} 均有与其对应的曲线，曲线最高点即为极限单位功率 $P_{11,np}$，取 $P_{11,\max}=0.95P_{11,np}$，该功率值对应的单位流量为 $Q_{11,\max}$，即为该单位转速下允许的最大单位流量，也称为限制单位流量，对应的工况称为限制工况。将各不同单位转速 n_{11} 下对应的限制单位流量点连成曲线，即得 5% 功率限制线，通常在此曲线的右侧画上阴影线，如图 7-15 所示。

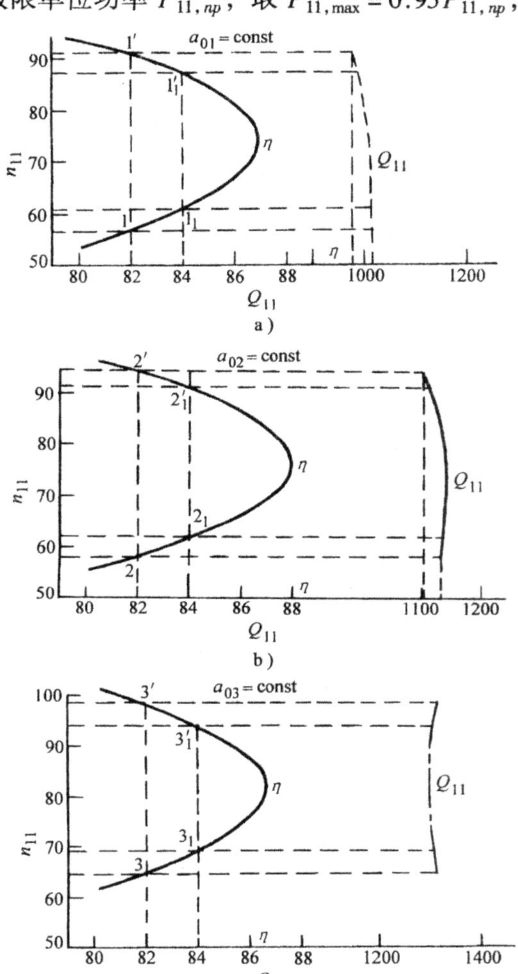

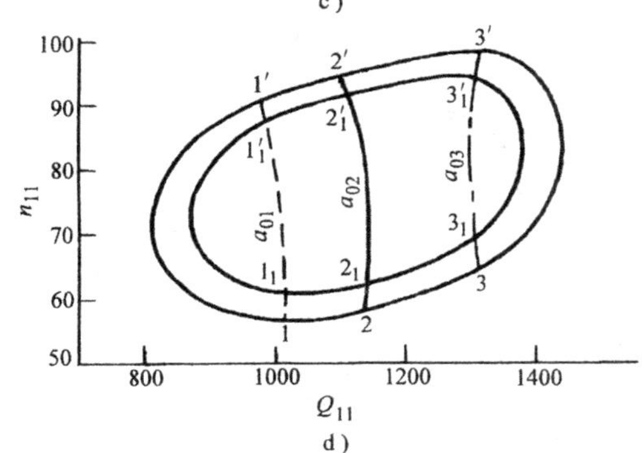

图 7-20　混流式和轴流定桨式水轮机综合特性曲线的绘制

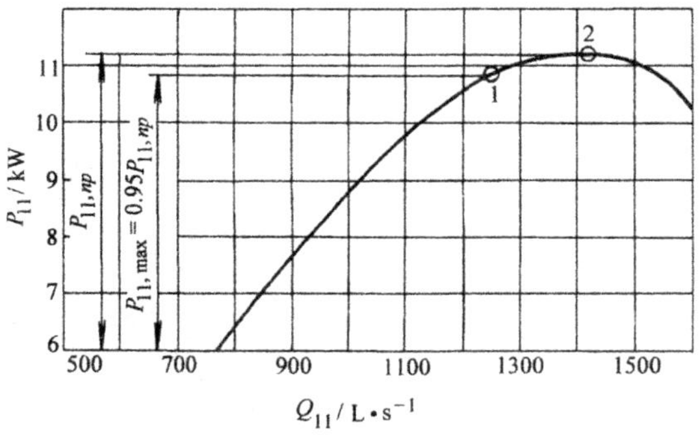

图 7-21　混流式水轮机的流量特性曲线

为绘出综合特性曲线图上的等空化系数线（$\sigma=\mathrm{const}$），需先根据能量试验的结果选定若干单位转速进行空化试验。在这些选定的单位转速和导叶开口值下，分别测定空化系数的值，然后绘制如图 7-22 所示的辅助曲线 $\sigma=f(Q_{11})$，即可用类似于绘制等效率线的方法绘制出等空化系数线 $\sigma=\mathrm{const}$。

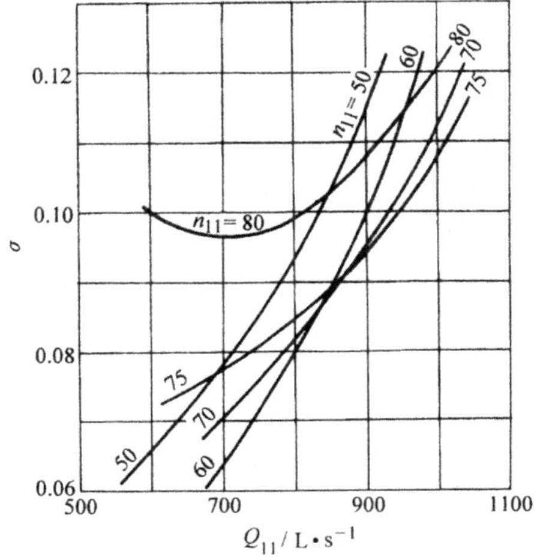

图 7-22　绘制等空化系数线的辅助曲线

（二）轴流转桨式水轮机综合特性曲线的绘制

转桨式水轮机比定桨式多了一个变量——叶片转角 φ，在模型试验中，应对一组 φ 值分别进行能量试验并绘制综合特性曲线，如图 7-23 所示。但在电站运行中，φ 与 a_0 并不是相互独立的，要求它们之间满足一定的关系。从图 7-23 可见，各定桨综合特性曲线是相互重迭的，图上同一个点处（即确定的 n_{11}，Q_{11}），可有不同的 φ 与 a_0 值的组合。显然，不同的组合实际上代表了不同的工况，它们的效率是不同的。对一定的（n_{11}，Q_{11}）点，使效率最高的 φ 与 a_0 值是一定的，这样的工况称为协联工况。在协联工况下，φ 与 a_0 满足一定的关系，称为协联关系。协联关系可以用作图法求得，作图的同时也获得了转桨式水轮机的综合特性曲线。

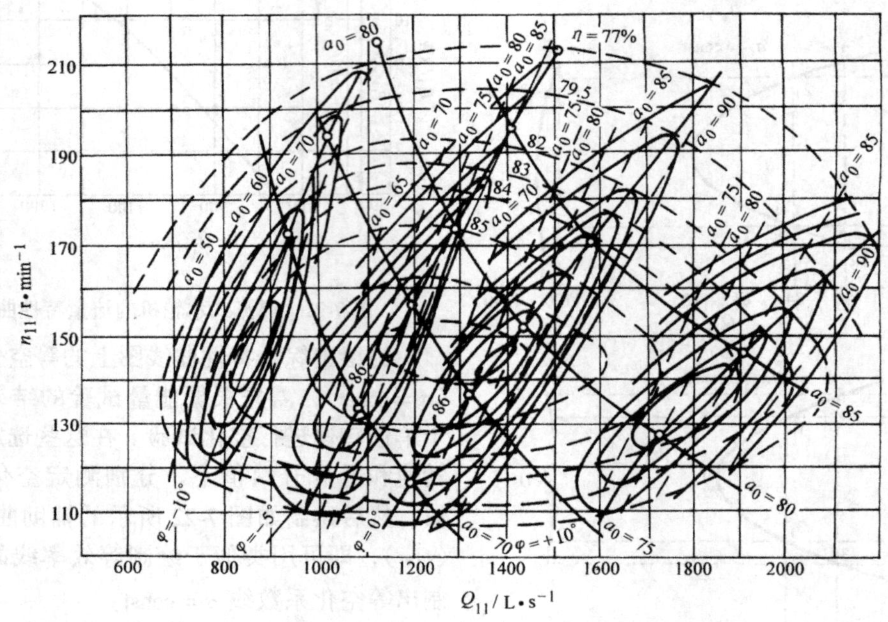

图 7-23　不同叶片转角的定桨式综合特性曲线

在某一单位转速下（$n_{11}=\text{const}$），对不同转角 φ 作出辅助曲线 $\eta=f(Q_{11})$ 和 $a_0=f(Q_{11})$，如图 7-24 所示。作 $n_{11}=\text{const}$ 线，它与各转角 φ 的各导叶开口线 a_{01}、a_{02}、a_{03}、a_{04}、…等相交，根据交点的 Q_{11} 值即可绘出各转角 φ 的曲线 $a_0=f(Q_{11})$。同样方法也可绘出各转角 φ 的曲线 $\eta=f(Q_{11})$。

在图 7-24 上做出各叶片转角 φ 的 $\eta=f(Q_{11})$ 曲线的包络线，得出转桨式的效率曲线 AA，曲线 AA 与单个转角对应的效率曲线相切于点 a、b、c，它们表示在某一单位转速 n_{11} 及叶片转角 φ 时的最高效率点，即协联

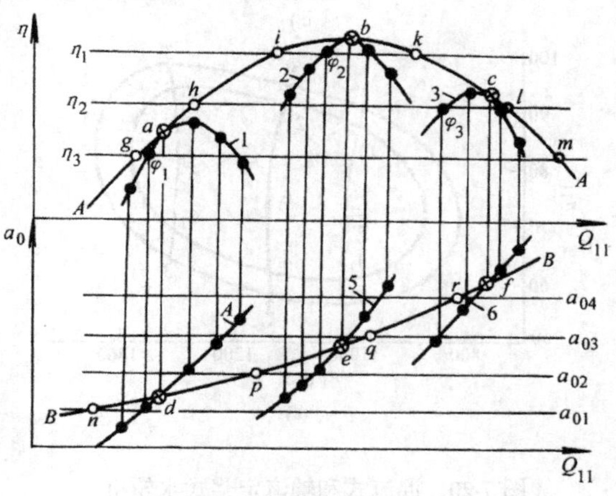

图 7-24　确定协联工况点的辅助曲线

工况点，这样就确定了协联工况点的 n_{11}、Q_{11}、φ 和 η 各值。在图 7-24 上根据切点 a、b、c 所对应的导叶开口值（d、e、f 各点），可以作出曲线 BB，称此线为最优开口线，这样就最后确定了协联工况下 φ 与 a_0 的关系。根据 AA 与 BB 线，用与前面相同的方法，即可作出转桨式的等效率线、等开口线和等 φ 角线。

在综合特性曲线上绘制等空化系数（σ = const）线的方法是：先按每一叶片转角 φ 分别做空化试验，得到各转角 φ 下的等空化系数线，再将各不同转角 φ 下的等空化系数线与 φ 线的一系列交点中空化系数 σ 值相等的点连接成曲线，即得出转桨式水轮机的等空化系数 σ 曲线。

还应指出，转桨式水轮机模型综合特性曲线图上不绘制 5% 功率限制线。这是因为转桨式水轮机效率曲线比较平坦，在通常的使用范围内，当流量增加时，效率的降低值始终小于流量的增加值，功率总是随着流量的增加而增加，其工作特性曲线上没有极值点，也就没有出力限制工况点。转桨式水轮机运行工况仅受空化与效率条件的限制。

第三节　流体机械与管网系统的联合工作

任何一台流体机械都不可能孤立地工作，介质进入机器前和流出机器后总是要经过管道、阀门等等装置，这就是管网系统。例如，在燃气轮机装置中，压缩机后面的管网系统包括气体管道、回热器、燃烧室及燃气透平等装置。又例如泵管网（装置）系统包括泵前后的附件、吸入管路和压出管路、吸入池和压出池等。泵的附件是指装在泵或管路上的流量计、滤网、底阀、修理阀、调节阀等，见图 7-25。管网系统可在机器之前，也可在机器之后，更一般的情况是部分管网装置在机器之前，而另一部分则在机器之后。在流体机械的特性曲线上，工况是可以连续变化的，机器在实际的运行条件下究竟在哪一个工况下工作，不仅与机器本身的特性有关，而且与管网特性有关。设计时，总是希望机器在最高效率的工况（设计工况）下工作，但实际上机器能否在设计工况下工作，还要由管网系统决定。同时，运行中管网系统的参数及外界条件可能是不断变化的，这将使机器的工况在一定的范围内变化，于是就产生了所谓变工况问题。

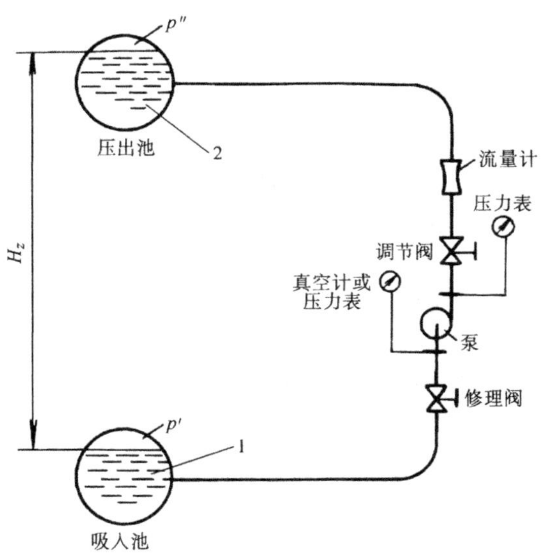

图 7-25　泵的管网系统（装置）

为了确定流体机械的实际运行工况点及其变化，必需研究管网的特性以及机器特性与管网特性的相互作用。原动机（水轮机）的管网特性相对比较简单，本节将主要讨论工作机与管网联合工作的问题，这些讨论原则上也适用于原动机。

一、管网特性曲线

以图 7-25 所示的系统为例说明管网的一般特性。当机器将单位质量的介质从容器 1（高程 Z_1，压力 p_1）输送到容器 2（高程 Z_2，压力 p_2）时，介质的能量增加了（包括重力势能

和压力能）

$$h_{st} = g(Z_2 - Z_1) + \frac{p_2 - p_1}{\rho}$$

同时介质在流动过程中还需克服阻力损失，由流体力学知，损失将与流量的平方成正比。记将单位质量介质从容器 1 输送到容器 2 所需的能量为 h_G，称为管网能量头或管网阻力，则

$$h_G = g(Z_2 - Z_1) + \frac{p_2 - p_1}{\rho} + \sum\Delta h = h_{st} + Kq_V^2 \tag{7-8}$$

式中 $\sum\Delta h$——管网中流动损失的总和；

h_{st}——称为管网的静能头；

K——阻力系数。

对于泵，习惯用扬程的概念，$H_G = h_G/g$ 称为装置扬程，上式即为第一章的式（1-3）。对于通风机，管网阻力通常用压力表示，即 $p_G = \rho h_G$。

上式表示的 $h_G = f(q_V)$ 关系曲线，即为前述的管网特性曲线或装置特性曲线的一般形式，可用图 7-26 表示。在不同的具体条件下，可以忽略式中不同的部分，例如对于气体的输送，重力势能项一般可以忽略不计。

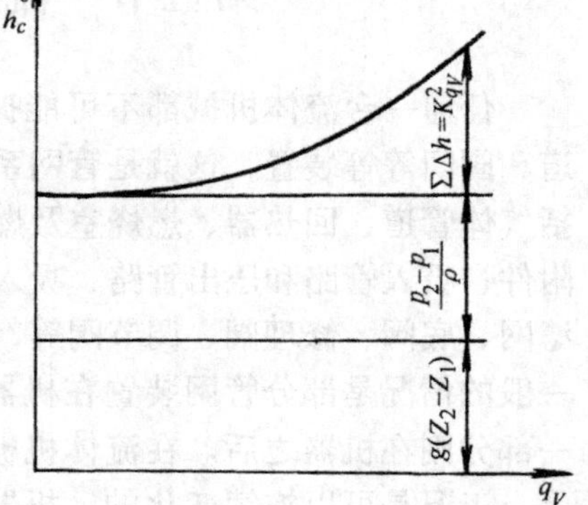

图 7-26 管网特性曲线

式（7-8）中的 h_{st} 和 K 在某些具体条件下可以忽略不计，这样管网特性曲线又会有不同的形状。如果管网阻力很小而忽略不计，则管网性能曲线成为一条等值的水平线。例如压缩机向某一储气筒送气，储气筒的容积很大，其中压力基本上保持不变，而压缩机和储气筒之间的连接管道又很短时，就属于这种情况。又如化工和冶金工业中，压缩气体通过某些阻力基本上保持一定的液体层时，也属于这些情况，再如排灌泵站中，如果管路很短，则阻力忽略不计，管网的静能量头此时即为上、下游的水位差。此时管网特性曲线退化为

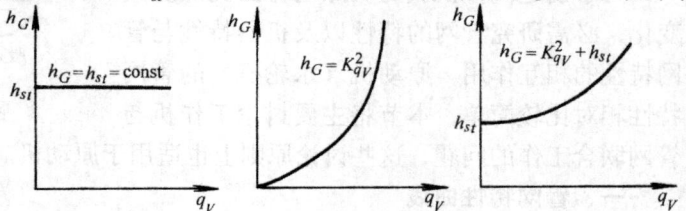

$$h_G = h_{st}$$

当两端容器的高度差和压力差均可忽略不计时，$h_{st} = 0$，管网能量头仅包括与流量平方成正比的损失项。大部分被输送介质为气体的管网都有这种特性，如输气管道，燃气轮机装置及高炉鼓风等。长距离的输油管路等也属于这种情况。这时管网特性曲线退化为

$$h_G = Kq_V^2$$

以上两种情况只是管网特性曲线的特例，h_{st} 和 K 均不为零才是一般情况。实际工程中，这种一般情况也很多。三种情况下管网特性曲线的对比如图 7-27 所示，以下将在一般情况下讨论流体机械与管网的联合工作。

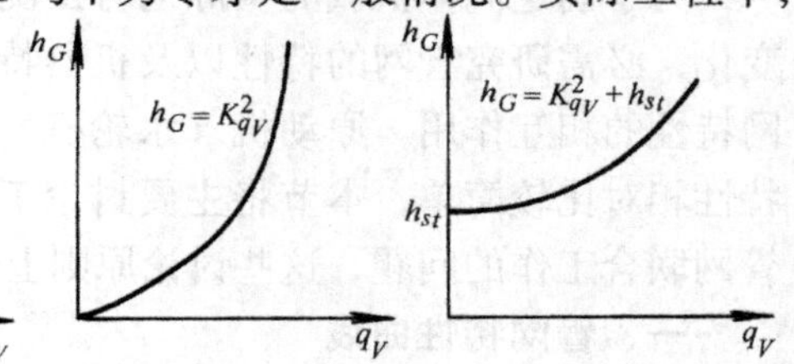

图 7-27 不同的管网特性曲线

二、流体机械与管网系统的联合工作

当流体机械在管网系统中工

作时（例如图 7-25 所示的系统），机器的实际工作点（工况点）应该由能量和质量平衡条件决定。将单位质量介质从容器 1 输送到容器 2 所需的能量为 h_C，显然，这些能量只能是机器对介质所做的功，即等于机器的能量头 h，此为能量平衡。同时，根据连续性原理，流过机器和管路的质量流量是相等的，此为质量平衡。这表明满足能量和质量平衡的点（q_m，h）必定是机器的特性曲线和管网特性曲线的交点。

图 7-28 将机器（泵、风机或压缩机）的特性曲线与管路的特性曲线画在一个坐标系中，图中两条曲线的交点 A 就是机器的实际工作点。可见，流体机械在管网中的实际工作点不仅与机器的特性有关，还与管网的特性密切相关。如果在设计时未能准确估计管网的特性，机器将不能在设计工况下工作。

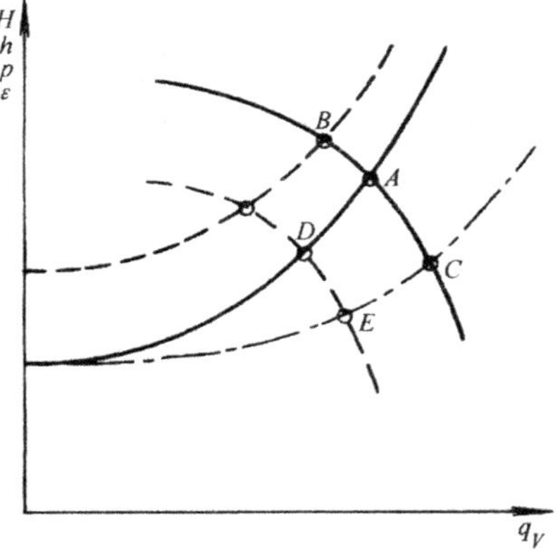

图 7-28　流体机械的工作点

如果通过改变阀门开度（即改变了阻力系数 K）或改变容器内的压力（即改变了静能量头 h_{st}）而改变了管网特性曲线，则交点也会改变（图中 B、C 等点），机器的工况也就改变了。这是实践中调节机器工况的最简单易行的办法。同理，如果改变了机器的特性曲线（例如通过改变转速），机器的工况也会改变（图中 D，E 等点）。这正是通过转速调节机器工况的情况。

图 7-29 中机器的特性曲线有极值点，它和管网特性曲线有两个交点。理论上，机器在这两个点上运行时，均可满足前述的能量与质量平衡条件，但这两个平衡却有着本质的区别。这里用小扰动分析法来研究二者的区别，实际上，机器与管网系统中，总存在着各种各样的扰动因素，因此机器和管网的特性曲线都不能严格地保持不变。介质的温度、密度、机器的转速、管网内的压力脉动、管路与阀门的振动引起的阻力变化等等扰动，都会使系统离开原来处于平衡状况的工作点位置。如果小扰动过去后，工况仍能回复到原来的平衡工作点，则这种工况就是稳定的。否则，就是不稳定的。如果没有自动调节，这种稳定性就取决于工作机与管网二者特性曲线的关系了。

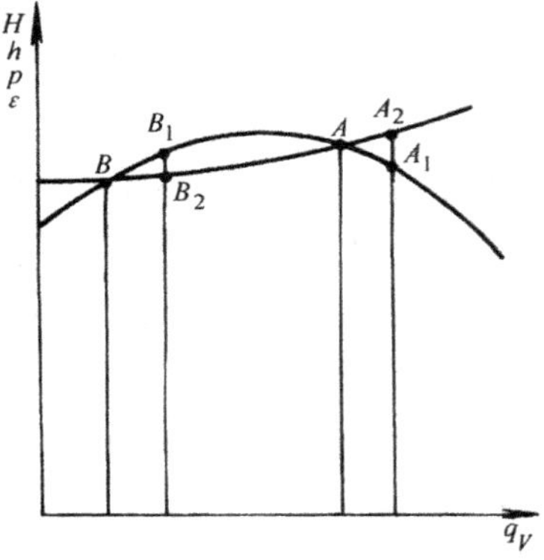

图 7-29　稳定与不稳定工作点

假设机器在图 7-29 中的 A 点工作，系统处于平衡状态（这里“系统”指作为一个整体的机器与管网）。如果由于扰动使流量增加，即由原来的 q_V 增大为 $q_{V,1} > q_V$，那么机器的工况点将由 A 点移至 A_1 点，而管网的工况点由 A 移至 A_2 点。由图可见，此时机器的能量头小于管网的能量头（阻力），介质获得的能量 h_{A1} 小于输送介质所需要的能量 h_{A2}。由于机器传递给介质的能量不足以以这样的流量输送介质，整个系统的流量必将减小，使得系统的流量由 $q_{V,1}$ 回到 q_V，于是系统的工况点又自动回到原来的工作点 A。同样，若小扰动的结果使流量瞬间有所减小，系统的流量由 q_V 减小为 $q_{V,2} < q_V$，系统的工况点也将自动回到 A。可见，系统在 A 点的工作是稳定的，A 点是稳定的平衡工作点。

如果系统的平衡位置位于 B 点，在用前面的方法分析后可知此时的平衡是不稳定的。如果因为扰动使系统的流量有所增加，则因为 $h_{B1} > h_{B2}$，系统的流量将自动继续增加，使工作点不断右移，直至到达 A 点达到新的平衡。同样，若扰动使系统的流量有所减小，则系统的流量将自动继续减小，在图 7-29 所示的范围内将不可能达到平衡。实际上，最终的平衡流量将为负值，系统中介质将向相反的方向流动。所以实际上，系统不可能在 B 点连续工作，B 是不稳定平衡点。

对比 A、B 两点可知，若管网特性曲线的斜率大于机器特性曲线的斜率，则交点是稳定平衡点，反之，则为不稳定平衡点。如果机器的特性曲线是单调下降的，或者机器的特性曲线虽有极值点，但管网特性曲线中静能量头 h_0 较小（小于 $q_V=0$ 时机器的能量头)，则二者的特性曲线将只有一个交点 A，不会出现不稳定平衡点 B。单调下降的机器特性曲线被称为稳定的特性，而有极大值的特性被称为不稳定的特性。

第四节　旋转失速和喘振

旋转失速和喘振现象主要存在于工作机的运行过程中，这两个现象之间有一定的关系。喘振虽然在泵中也可能发生，但主要是出现在以气体为工作介质的机器中，并且对机器的安全运行危害极大，因此必需采取措施防止。下面对旋转失速和喘振现象讨论分析主要以工作机为例进行。

一、旋转失速

图 7-30 表示流量变化时叶轮进口流动的情况。当机器在设计点工作时（图 7-30a)，介质的入流角基本上等于叶轮叶片的进口安放角，流体顺利地进入流道，一般不出现附面层分离现象，损失小。但当流量增大时（图 7-30b)，介质的轴面速度 c_{m1}增大，冲角 i 减小变成负值。这时流体射向叶片的背面，在工作面上出现流动分离现象。但流量增加时流速增加，由于介质在流线形通道中的惯性作用，一定程度上限制了分离的扩大化。此外，由于流量增加时叶轮出口压力下降，也减小了流动的逆压梯度，使分离不易扩大。所以在这种情况下，除了机器的能量头及效率都有些下降外，工作的稳定性尚不致于遭到破坏。当流量减小时（图 7-30c)，流体轴面速度 c_{1m}减小，冲角 i 增大，这时流体射向叶片的工作面，使背面上出现分离而且很容易扩张开来。所以流量减小时，流动分离发展明显。当流量减小到某临界值时，流动分离严重扩张，以至充满流道的相当大部分区域，使损失大大增加，破坏了正常流动，这个现象称为“失速”。

借用图 7-31 来解释旋转失速现象。当流量下降、冲角增大时，由于各种原因，如进口介质密度的不均匀性，或加工误差造成的各叶片几何结构的微小差异等，总会在一个或几个叶片上最先发生流动分离现象（或称脱离现象)，形成一个或几个分离区，即所谓“分离团”。或者说，失速总是首先发生在部分叶片上。当叶片 2 的背面上最先出现附面

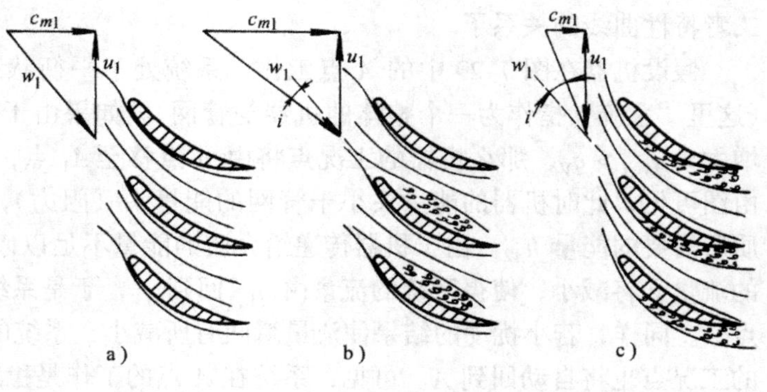

图 7-30　流量变化时叶轮进口的流动

a）设计工况　b）流量增大　c）流量减小

层分离后，该叶片附近的流动情况恶化，流量明显减小，在此受到阻滞的流体（图 7-31 上阴影部分区域）将流向附近的区域，从而使它附近的流动方向发生改变，引起流向叶片 3 的流体冲角增大，叶片 1 上的冲角减小。于是促成叶片 3 背面上出现分离，而解除了叶片 1 上发生的分离。而叶片 3 上的流动分离又解除了叶片 2 上的分离，而促成叶片 4 上的分离。依次类推，就引起了分离团相对于叶栅向图上的下方（与 u 的方向相反）传播。由试验得知，叶轮中分离团相对于叶片的移动传播速度小于转子旋转的圆周速度（u），所以从绝对坐标系来观察，分离团是以某一旋转速度向转子转动的方向移动，这种现象即称之为“旋转失速”。

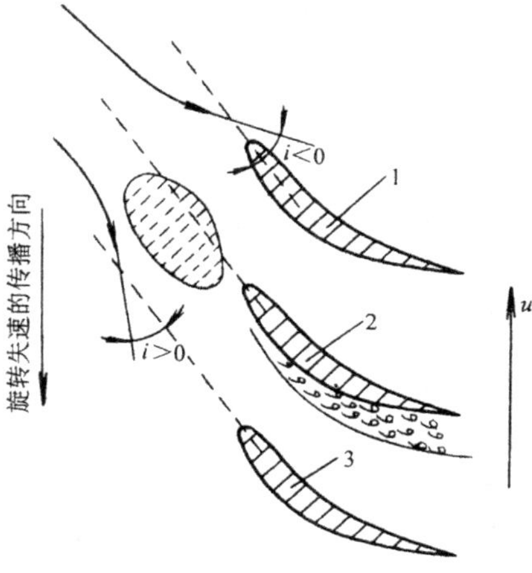

图 7-31 旋转失速示意图

根据失速的强烈程度，又可以分为“渐进失速”和“突变失速”两种。当流量离开设计值，逐渐减小时，叶片流道中开始出现了分离区，并逐渐增大所占据的面积，团数也逐渐增多。在特性线上表现为工作点由 A 点逐渐向 B 点移动，能量头也逐渐降低，成为一条平滑而连续的曲线，如图 7-32a 所示，这种进展缓和的失速称之为“渐进失速”。另一种失速进展得快，当流量降至某临界值后，突然出现大面积的分离团，占据了通流面积相当大的比例，这时机器性能突然明显下降，其在性能曲线上表现为不连续性，如图 7-32b 所示，这种失速称为“突变失速”。

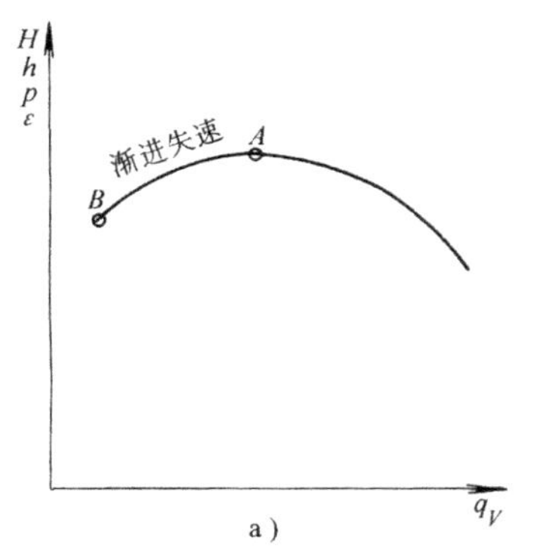

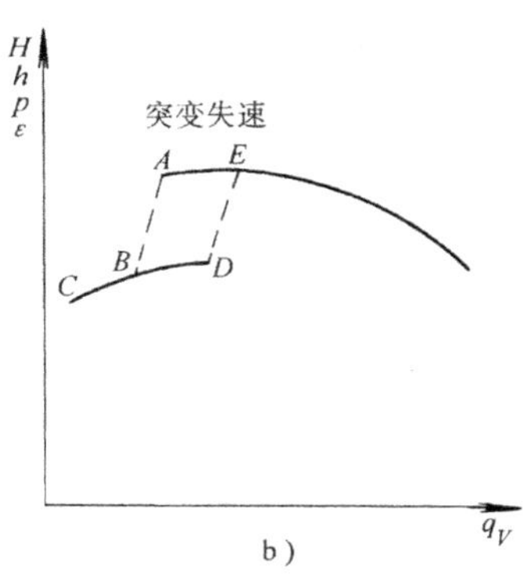

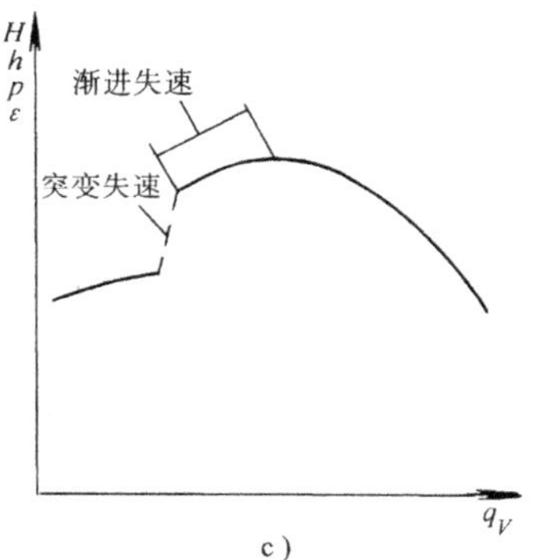

图 7-32 失速时的特性曲线

a）渐进失速 b）突变失速 c）渐进与突变失速

产生突变失速时，工作点会从一条特性曲线上的 A 点跳至另一条曲线上的 B 点。当流量再减小，则工作点由 B 向 C 的方向移动。假使这时又慢慢增大流量，则工作点反过来，由 C 向 B 回移。但到达 B 点后，工作点并不马上跳回至原正常工作的性能曲线上的 A 点，而是移到 D 点后，才跳回到原来曲线的 E 点。这说明失速解除的流量要大于进入失速的流量，这种情况称为“滞后现象。”

出现断裂的两条特性曲线，反映了叶轮中两种不同的气流结构。一条是正常流动时的特性曲线，一条是突变失速后的特性曲线，特性曲线的不连续性正是突变失速的一种表现形式。实际运转时，压缩机不可以在失速的性能曲线上工作，所以试验时大多只作出一条正常工作时的性能曲线。

在有的机器中，可以先产生渐进失速，当流量进一步减小时，才再出现突变失速，这时在性能曲线上的表现如图 7-32c 所示。

泵的旋转失速现象没有压缩机那样严重。在离心泵中一般不会出现突变的旋转失速，所以离心泵的特性曲线可以从 $q_V=0$ 的点（关死点）开始，如图 7-33 所示。轴流泵的典型特性曲线则如图 7-34 所示，曲线上的 AB 段是流动分离或失速的表现，与压缩机相同。而在曲线的 BC 段上，扬程随着流量的减小而急剧上升，则是由于“二次回流”现象造成的。

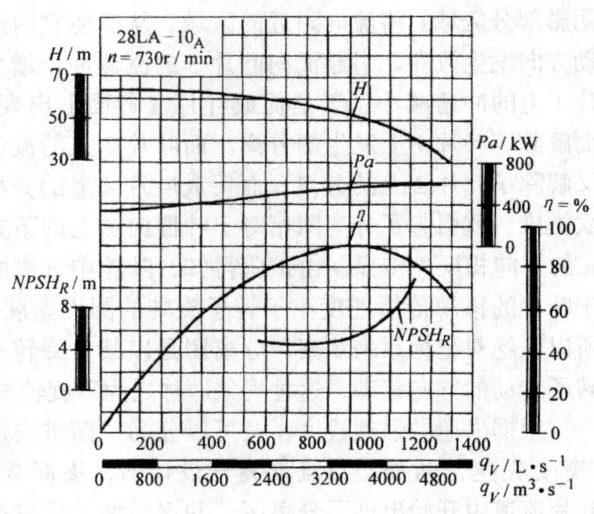

图 7-33　离心泵的特性曲线

图 7-35 说明了二次回流现象及其成因。图 7-35b 为轮缘 a 和轮毂 e 处的出口速度三角形，其中实线代表设计工况，此时 $u_{2a}>u_{2e}$ 而 $c_{u2a}<c_{u2e}$，满足 $u_2c_{u2}=$ const 条件，两处扬程相等。当流量减小时（虚线），c_{u2a} 有很大增加，成为 c'_{u2a}，而 c'_{u2e} 则比 c_{u2e} 大不了多少。这是因为二者的 β_2 不一致引起的，故此时 $u_{2a}c'_{u2a}>u_{2e}c'_{u2e}$ 而使两处扬程不相等。在压水室压力作用下，水流沿轮毂处由压水室回流到叶轮（图 7-35a），再一次从叶轮获得能量，因而造成了扬程的上升。由于扬程的升高是以非正常的方式进行的，引起了功率损失的增加，故功率曲线也升高了。由于这个原因，轴流泵关死点的扬程与功率都很大（约为设计点的两倍），因而轴流泵不允许在关闭出口阀门的条件下启动，也不允许在很小的流量下运行。

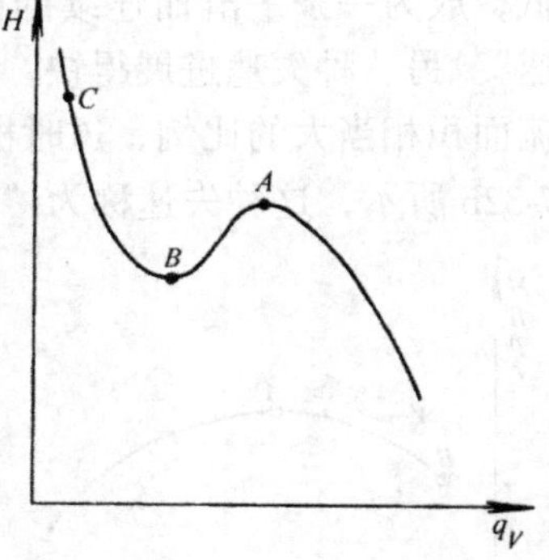

图 7-34　轴流泵的特性曲线

二、喘振现象

喘振是工作机在运转过程中常见的一种有害的现象。喘振现象的发生与机器、管网和介质的特性都有关系。

（一）泵的不稳定运行

图 7-36 为一供水装置简图，泵向水塔送水，而水塔又向用户供水，设用户的耗水量为 $q_{V,i}$。设开始时水塔的水位高度为 i，此时管网特性曲线为Ⅰ，泵的工作点为 A。若 $q_{V,A}>q_{V,i}$，则水塔中的水位将升高，管网特性曲线也向上移动，泵的流量逐渐减小。如果用户耗水量很小，水位继续上升，则当水位上升至 k 点时，管网特性曲线为Ⅲ，此时管网特性曲线与泵特性

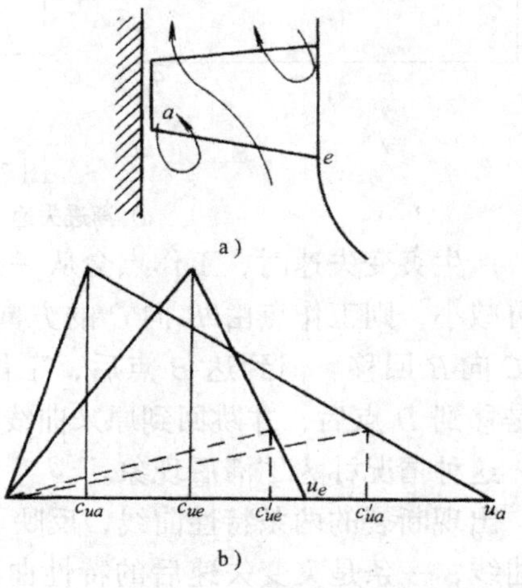

图 7-35　二次回流及其成因分析

曲线相切于 M 点，若仍有 $q_{V,M} > q_{V,i}$，则水池水位继续上升，管网特性曲线与泵特性曲线相脱离，泵的扬程低于水塔的水位。如果系统上未设置逆止阀，水将从水塔经泵倒流入吸水池，泵的流量成为负值。如有逆止阀，则泵的流量将为零。于是水塔水位就开始下降，管网特性曲线重新与泵特性曲线相交于两点，但直到水位降低到 j 之前，由于泵的流量小于或等于零，泵的扬程仍低于装置扬程，故泵仍不能将水送入水塔。直到水塔水位降到 j 时，泵才重新开始送水，此时管网特性曲线为Ⅱ，流量为 $q_{V,B}$，水塔水位复又上升。上述过程将不断重复，使系统的流量和压力不断波动，这对系统是有害的。

对于这里讨论的供水系统的例子，发生这样的不稳定运行有两个条件，一个条件是泵的特性曲线是不稳定的（即有极大值，俗称驼峰）。如果泵的特性曲线为图 7-36 中虚线所示所稳定的特性曲线，则泵的工作点可随着水位的提高连续地减小到零，这个过程中总会有一点使进、出水塔的流量相等，水塔的水位就不再上升了。第二个条件是管网特性曲线的静扬程（装置静扬程）大于泵的关死扬程。因为即使泵的特性是不稳定的，只要装置静扬程不超过泵的关死扬程，就不会出现这种情况。假如用关闭阀门的方法减小流量，则管网特性曲线将为Ⅳ，可见工况是稳定的。

（二）风机、压缩机的喘振

前面讨论的是输送不可压缩介质时的不稳定问题，对于可压缩介质，情况又有差别。这差别一方面表现在风机、压缩机的叶轮叶片出口角比较大，因而其特性曲线和泵不同，一般是不稳定的；另一方面，是由于介质的可压缩性对稳定性也有很大的影响。现利用图 7-37 说明介质的可压缩性对工作稳定性的影响，图中机器的特性曲线是不稳定的，两条管网特性曲线Ⅰ和Ⅱ分别与机器的特性曲线相交于 A、B 两点。根据前面的分析，这两个点都是稳定的平衡点。对于不可压缩介质，泵在这两个点都可以稳定地工作。而对于可压缩介质，压缩机却不能在 B 点稳定工作。对于这个区别，可以进行以下的分析。

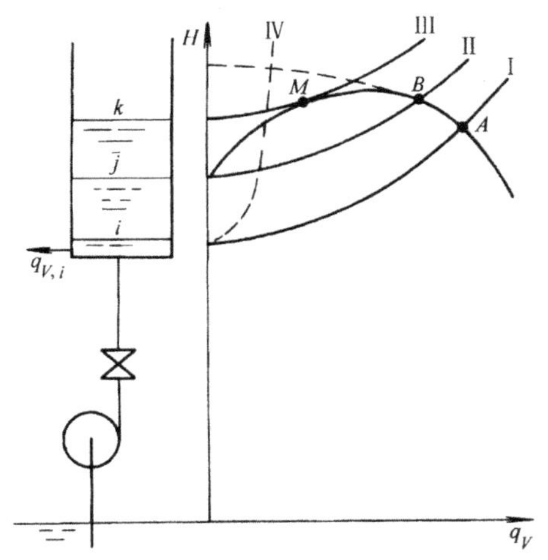

图 7-36　泵向水塔供水时的不稳定工况

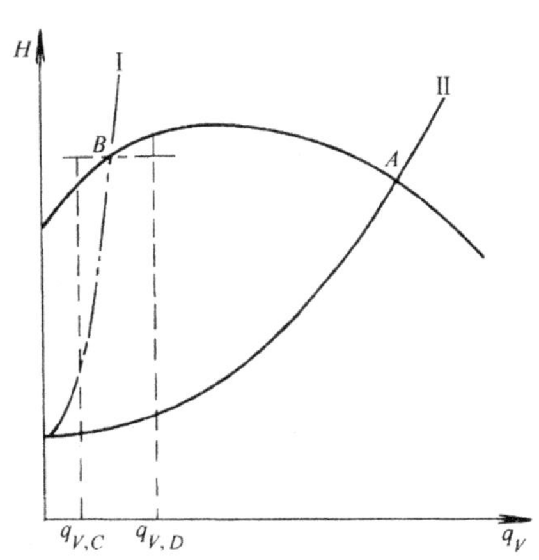

图 7-37　两种不同的稳定工作点

当机器在 B 点工作时，假定由于扰动，流量有所减小，对于泵的工作而言，泵的扬程和装置扬程都会减小，并且装置扬程减小的更多，所以泵的扬程将大于装置扬程，流量会自动增加，回到原来的工作点，正如前面所分析的一样。但是对于可压缩介质，当气体被压缩后将储藏弹性能，当流量减小时（例如减小到 $q_{V,C}$），其压力并不会立即减小，而是随着管路内气体质量的减少而逐步降低，降低的速度与管网系统的容积有关。如果系统容积较大，就会在短时间内使管路内气体的压力超过压缩机出口压力，就会造成气体的倒流，一直到管网中的压力下降至低于压缩机出口压力为止。倒流停止后，气流又在叶片作用下正向流动，压缩机又开始向管网供气，经过压缩机的流量又增大，压缩机恢复正常工作。但管网中的压力回升滞后于压缩机出口压力的上升，所以压缩机流量将超过平衡点，达到例如 $q_{V,D}$。由于流量超过了平衡点，一旦管网压力恢复，又将造成管网压力大于压缩机排气压力，于是流量再次减小。如此周而复始，在整个系统中发生了周期性的低频大振幅的气流振荡现象，这就是喘振。由前面的分析可见，当介质可压缩时，只要机器的特性曲线的斜率大于零（即极大值左边的区域），工作就可能是不稳定的。在压缩机的实际运行中，是否出现喘振，不仅与管网系统特性曲线有关，而且和系统的容积有关。而对于不可压缩介质，只有当机器特性曲线的斜率大于管网特性曲线的斜率时，才会出现不稳定现象。

图 7-38 所示分别为压缩机在正常工况和喘振工况下，压力和气流速度变化的波形示意图，二者的差别是明显的。在正常工况下（图 7-38a），其压力和速度的平均值高，二者脉动的振幅都小，说明流动是稳定而有规律的。在发生喘振时（图 7-38b），平均出口压力明显下降，压力和速度脉动的振幅大大增加，说明流动的规律性已完全破坏了。

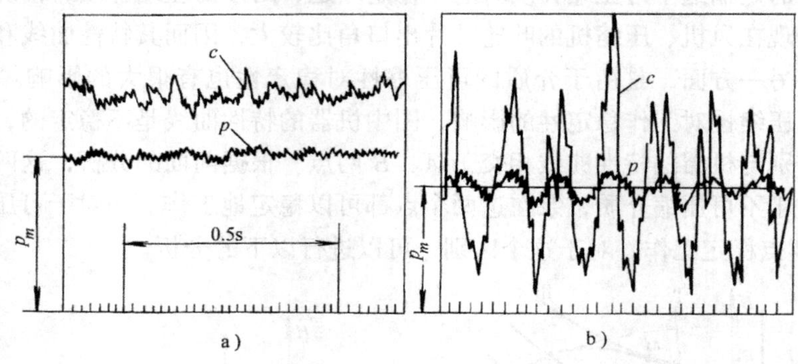

图 7-38　压力和速度变化波形图

a）正常工况　b）喘振工况

喘振工况是工作机运行中常见的极其有害工况，所造成的后果常常是很严重的，它会使工作机部件经受交变应力作用而断裂；装置剧烈振动，导致密封及推力轴承的损坏；使运动元件和静止元件相碰，造成严重事故，所以应尽力防止工作机进入喘振工况。

（三）防止不稳定或喘振工况的方法

从上面的分析中得知，工作机具有带驼峰的特性曲线即带有极大值的特性曲线是造成装置中不稳定运行和发生喘振的内在因素。但是，工况是否稳定，是否会产生不稳定或喘振现象，还要看管网特性情况和介质特性如何而定。因而，管网系统产生不稳定工况或喘振工况取决于三个因素，即工作机、管网和介质的特性。对于不同的介质，措施也有区别。

1. 泵

在泵的设计过程中，叶轮叶片出口角 β_2 通常取比较小的值，除如第二章分析的那样可以提高水力效率外，还可获得单调下降（或称陡降）的特性曲线，即在全部流量范围内都有 $dH/dq_V<0$。但对很低比转速的泵，适当增加 β_2 值可以减小叶轮外径，从而降低轮盘损失

而提高效率。所以当管网系统的静扬程低于泵的关死扬程时，也可以采用稍大的 β_2。

2. 压缩机和风机

喘振的发生首先是由于变工况时压缩机（或风机）叶栅中的气动参数和几何参数不协调，形成旋转脱离，造成严重失速的结果。但并不是所有的旋转失速都一定会导致喘振的发生，后者还和管网系统有关。所以说喘振现象的发生也同样包含着两方面的因素：从内部来说，它取决于压缩机在一定条件下流动大大恶化，出现了强烈的突变失速；从外部来说，又与管网的容量及特性曲线有关。前者是内因，后者是外界条件，内因只有在外界条件具备的情况下，才促使喘振的发生。

对压缩机，可以在不同转速下用实测法近似地得出各喘振点，如图 7-39 中 A、B、C、D 各点。将这些喘振点联接起来，就得到一条喘振界限线，在该线之右是正常工作区，在该线之左为喘振区。喘振界限可近似视为通过原点的一条抛物线，该线的方程式为

$$h_{pol} = Aq_{V,in}^2 \tag{7-9}$$

式中 h_{pol}——为压缩机多变能量头；

$q_{V,in}$——进气体积流量；

A——常数。

显然，为了保证压缩机在喘振区之外工作，就要求压缩机的最小流量满足如下条件

$$q_{V,\min} > \sqrt{\frac{h_{pol}}{A}} \tag{7-10}$$

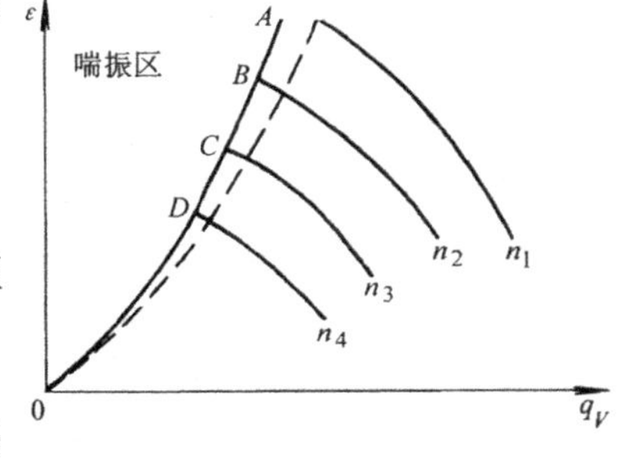

图 7-39 喘振界限

通常可根据上述条件来设计压缩机的防振调节系统。例如保证压缩机工作时的最小流量要大于喘振流量 $q_{V,S}$，通常要求 $q_{V,\min} > 1.05q_{V,S}$，日本甚至规定 $q_{V,\min} > 1.2q_{V,S}$。这样就可以在喘振界限线之右，画出一条最小工作流量线，如图 7-35 中的虚线所示。

为了防止风机、压缩机在运行时发生喘振，在设计时就要考虑喘振问题，要尽可能使压缩机有较宽的稳定工作区域。为了扩大风机、压缩机整机的稳定工况范围，应尽量设法使级的特性曲线平坦些，或使其具有陡降的特性曲线，避免出现带驼峰的特性。如在进行叶轮设计时，可采用与泵相同的设计思想，即采用较小的叶片出口角 β_2，因为这种叶轮轮具有较宽的稳定工作范围和平坦或陡降的性能曲线。对于多级风机、压缩机，喘振工况多出现在后几级，因而多级风机、压缩机的后几级多采用 β_2 角较小的叶轮，有关多级工作机的特性将在第五节详细讨论。

另外，在确定机器的设计点时，要离喘振点有一定的距离，一般要求喘振流量 <0.8 倍的设计工况流量。

除了加宽稳定工况区外，为了保证运行时避免喘振的发生，还可采用防喘放空、防喘回流等措施。前面已讲到喘振产生的原因是机器的流量减小所致，而采用这两种方法，就是要增加机器的过流量，以保证机器在稳定工作区运行。例如，在机器的出口管上安装放空阀，当管网需要的流量减小，或其他原因，使压缩机的流量减小到接近喘振流量时，通过自动（或手动）控制，打开放空阀，使机器出口的压力马上下降，机器的流量随即增大，从而避免了喘振。又例如用机器出口压力来自动控制回流阀，当出口压力接近喘振工况的压力时，回流阀自动打开，使一部分流体通过回流管回流到机器的进口，使机器的进口流量增大而避

免了喘振。

喘振的危害性及后果是严重的，我国一些使用透平机器的装置上已有多起因喘振导致事故的报导。所以运行人员对喘振的机理及现象也应有所了解，以便在喘振未出现或刚出现时就采取适当措施妥善处理。

根据经验，判断机器是否已出现喘振现象的方法大致有下面几点：

1）测听机器出流管流体的噪声，如离心式压缩机在正常稳定运行的工况下，其噪声较低且是连续性的，而当接近喘振工况时，由于整个系统中开始出现气流周期性的振荡，因而在管路中流体发生的噪声也时高时低，并作周期性变化。当进入喘振工况后，噪声立即明显增大，发生异常的周期性吼叫或喘气声，甚至出现爆音。

2）观测机器出口压力和进口流量的变化，在稳定工况下运行时，机器的出口压力和进口流量变化不大，变动也是有规律的，所测得的数据在平均值附近作小幅度摆动。当接近或进入喘振工况时，二者都发生了周期性大幅度的脉动，有时甚至可发现有流体从机器进口处被反推出来的现象。

3）观测机体和轴承的振动情况，当接近或进入喘振工况时，机体和轴承会发生强烈震动，其振幅要比平时正常运行时大得多。

由于引起喘振的原因可能是各种各样的，而后果又严重，因此应尽可能采用防喘振自动控制装置，使喘振自动消除。如果没有自控装置，则操作人员应及时辨别和发现喘振发生的预兆，发出警报，并及时进行手控。一般情况下并不一定要马上停车，而应立刻打开防喘振阀，首先消除对机器有严重破坏作用的喘振现象，然后马上检查发生喘振的原因，采取措施消除之，然后关闭防喘振阀，使机器又投入正常运行。假使喘振又反复出现，则要停机彻底检查。

还可采用一些调节方法防止和避免工作机发生不稳定工况或喘振工况，如转动进口导叶、转动扩压器叶片及改变转速等方法，将在本章第六节讲述。

第五节　流体机械的串联和并联运行

工作机为了得到较高的扬程（或压力）可采用多级式结构或串联方式运行，而为了得到较大流量则可采用并联方式运行。水电站的水轮机都是并联运行的，几乎没有采用串联方式运行的水轮机。由于原动机的并联运行相对比较简单，因而本节主要讨论工作机的串、并联工作特性。

一、工作机的串联运行

如果一台机器工作时，压力 p（或扬程 H）不能达到用户的要求，可将两台机器串联起来工作（图 7-40a）。显然，工作机串联运行的目的就是要获得更高的压力 p（或扬程 H）、或提高第二台机器的进口压力（例如为改善锅炉给水泵的空化性能，通常在其前串联一台转速和扬程均较低的泵）。

介质的特性对机器串联运行特性有很大影响，而机器的实际工作点，还与管网特性有关。下面将分别讨论不同介质时机器的串联特性以及机器与管网的共同工作。

（一）输送不可压介质时的机器特性

根据连续性原理，两台串联运行的机器的质量流量必然相等，当流体被视为不可压，即

介质密度 ρ 为定值时，其体积流量也相等。两台机器的总压力 p（或总扬程 H）则等于两台机器压力（或扬程）之和。为了保证两台机器都在高效区工作，要求它们最佳工况点的流量相等或相近。图 7-41 是两台泵串联运行情况，当两台泵的特性相同时，它们的特性曲线重合，而总扬程则为单台泵的两倍。通风机串联运行的情况与此相同，只需将纵坐标改为全压 p_{tF}即可。

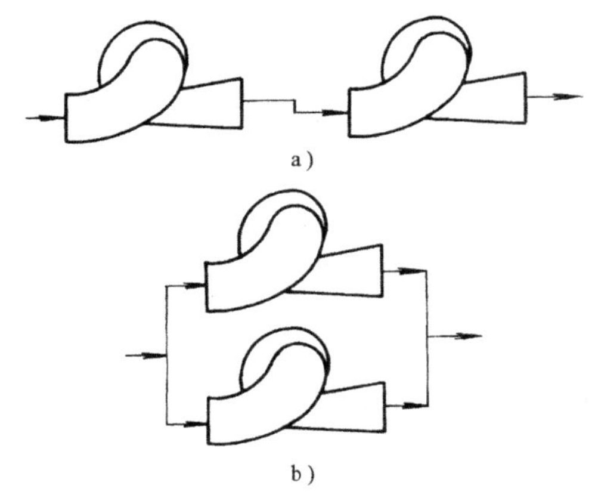

图 7-40　工作机的串联与并联工作

a）串联工作　b）并联工作

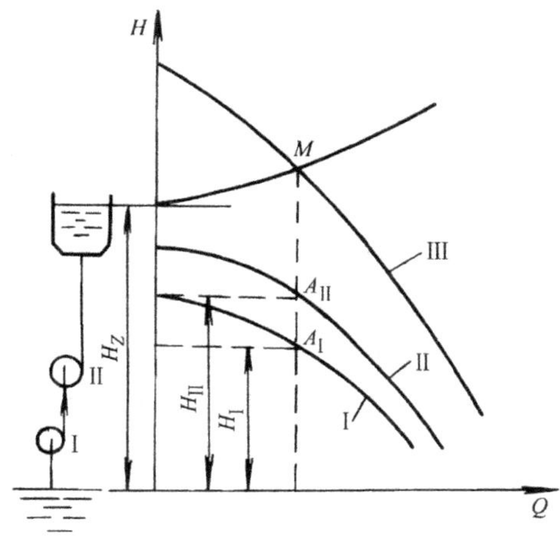

图 7-41　两台泵串联运行的特性

泵的实际工作点应根据管网特性与串联特性的交点 M 确定。M 点的流量即每一台泵的流量，两台泵的工作点分别为 A_{I}、A_{II}。

（二）输送可压缩介质时的机器特性

当两台特性相同的压缩机串联运行时，其质量流量仍然相等，但体积流量不再相同。第二台机器进口的压力和温度也不同于第一台，因此串联特性相当于两台不同特性机器的串联运行。两台压缩机进口的体积流量应符合 $q_{V,\text{II}} = (\rho_1/\rho_2)\ q_{V,\text{I}}$ 的关系，其中 ρ_1/ρ_2 为第一台压缩机进出口的密度比。第二台压缩机的参数根据 $q_{V,\text{II}}$ 和所需的压比 ε_{II} 来选择。

多级风机和压缩机的工作，相当于多台机器的串联运行。各级的特性将是不同的，总特性也与单级特性不同，因此可以根据串联运行的特性来分析多级鼓风机和压缩机的特性。

现以二级鼓风机为例（图 7-42），假定这两个级具有完全相同的特性，并用压升 Δp 和进口体积流量 $q_{V,in}$的关系来表示。如果不考虑经过第一级后的流体密度变化，即这两级的质量流量和体积流量都相等，由于两级的性能曲线相同，每级的压比也就相同，这样，只要把二级的 Δp 相加就可获得二级串联后的性能曲线。这时两级串联后的最大流量 $q_{V,\max,\text{I}+\text{II}}$，就等于单级时的最大流量 $q_{V,\max,\text{I}}$（即 $q_{V,\max,\text{II}}$），两级串联后的喘振流量，也即最小流量 $q_{V,\min,\text{I}+\text{II}}$，也等于单级时的喘振流量，$q_{V,\min,\text{I}}$（即 $q_{V,\min,\text{II}}$）。

但实际上密度是变化的，由于两级的质量流量应是相同的，则第二级进口处的体积流量就与第一级进口的体积流量 $q_{V,in,\text{I}}$ 不等，而取决于第一级出口处的气流密度。当气体经过第一级后其压力增加，密度 ρ 也增大，故第二级进口处气体的密度 $\rho_{in,\text{II}}$ 要大于第一级进口处的密度 $\rho_{in,\text{I}}$，则体积流量有如下关系

$$q_{V,in,\text{II}} = q_{V,in,\text{I}}(\rho_{in,\text{I}}/\rho_{in,\text{II}}) \tag{7-11}$$

故第二级进口处体积流量小于第一级进口处的体积流量，即 $q_{V,in,\mathrm{II}} < q_{V,in,\mathrm{I}}$。

当第一级进口体积流量减小时，由级性能曲线的形状可知，第一级出口压力和密度都将增大，那么第二级进口处的体积流量的减小将比第一级的更多。如果第一级进口体积流量再继续下降到某值，这时即使第一级体积流量尚未到喘振流量，而第二级可能已提早到达喘振流量了。一般多级压缩机中，只要任何一级达到喘振工况，就会影响整台机器的工作，也就是使整台机器进入喘振工况。这样，整机的喘振流量 $q_{V,\min,\mathrm{I}+\mathrm{II}}$ 就大于一个级单独工作时的喘振流量 $q_{V,\min,\mathrm{I}}$（即 $q_{V,\min,\mathrm{II}}$）。

当第一级进口流量增大时，由级性能曲线知其级压升 Δp 就下降。当流量增大到某值后，第一级的压升可能已很小，而由于级内流动有损失，使气体在第一级出口的温度大于进口，这样就有可能使第二级进口的气体密度 $\rho_{in,\mathrm{II}}$ 反小于第一级进口的 $\rho_{in,\mathrm{I}}$。由式（7-11）得知，这时第二级的进口体积流量可能反大于第一级进口的体积流量，因而当第一级尚未到达堵塞流量时，第二级就可能先于第一级到达堵塞工况点了。故二级串联后的堵塞流量即最大流量小于一个级单独工作时的堵塞流量 $q_{V,\max,\mathrm{I}}$。

由此可见，当二级串联工作时，由于流体介质密度变化的影响，使机器的喘振流量增大，堵塞流量减小，性能曲线的形状比单级时的陡，稳定工况范围比单级工作时的窄（见图 7-42 中的Ⅰ＋Ⅱ曲线）。显然，级数愈多，密度的变化及其影响也愈大，机器的性能曲线就愈陡，其稳定工况范围也就愈窄了。

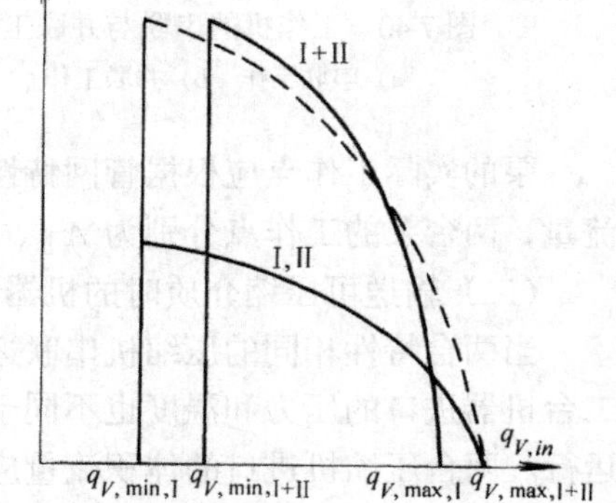

图 7-42　两级鼓风机的特性曲线

在带有中间冷却器时，从压缩机前一段出来的气体，经过冷却后，其温度接近前一段进口时的温度，也即经过了一段压缩但温度变化不大。这时若第一段进口的流量减小，使压力升高，则气体密度的增大比没有冷却器时的更厉害些，这样会使后段的体积流量减小得更明显，而更易发生喘振工况。

所以在多段的情况下，即使第一段进口的流量变化不大，也会引起末段体积流量相当大的变化，而可能越出 $q_{V,\min}$ 和 $q_{V,\max}$ 的界限。段数愈多，这种现象愈严重。

图 7-43 表示了具有两个中间冷却器的三段离心压缩机的性能曲线，图上比较了第一段单独工作情况下、第一和第二段串联工作，以及三段串联工作时的性能曲线。

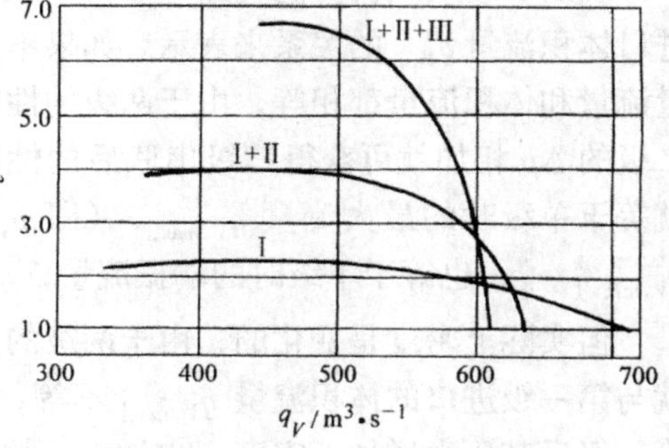

图 7-43　压缩机的级数（段数）对特性曲线的影响

从上面所述，可知多级鼓风机、压缩机的稳定工况范围较窄，且主要取决于最后几级。因此，为了扩大鼓风机、压缩机整机的稳定工况范围，应尽量设法使后面级的性能曲线平坦些。如在设计时，可对后几级采用 β_2 角较小的叶轮，因为这种级具有较宽的稳定工作范围和平坦的性能曲线。

利用图 7-44 来讨论两台串联的压缩机与管网的共同工作。图 7-44 中曲线Ⅰ为第一台压缩机的性能曲线，Ⅱ为第二台压缩机的性能曲线。曲线的横坐标为质量流量，纵坐标为压缩比。将二者的纵坐标“叠加”后得Ⅰ+Ⅱ，为串联后总的性能曲线。

如果压缩机是与某等压容器联合工作，且二者之间的连接管道甚短，则管网性能曲线接近为一水平线，如图 7-44 中 1 线。当要求容器内的压比从 ε_a 增大到 ε_b，而流量不变仍为 $q_{m,a}$，这时第一台压缩机的工况不变，流量仍为 $q_{m,a}$，压比为 ε_a；第二台压缩机的流量也为 $q_{m,a}$，压比为 ε_c。二者串联后总的压比 $\varepsilon_b=\varepsilon_a\varepsilon_c$，就能达到所需的要求。如果压缩机是与某管网，例如输送气体的装置联合工作，而管网的性能曲线是图 7-44 中的曲线 2。原来的压缩机单独工作时的流量为 $q_{m,a}$，压比为 ε_a。压缩机Ⅰ与Ⅱ串联后工作点移到 b'，这时的总压比为 $\varepsilon_{b'}$，而流量为 $q_{m,a'}$。而压缩机Ⅰ的工作点为 a'，流量为 $q_{m,a'}$，压比为 $\varepsilon_{a'}$；压缩机Ⅱ的工作点为 c'，流量为 $q_{m,a'}$，压比为 $\varepsilon_{c'}$。可见，这时串联工作的各台压缩机的工作点不同于其在同一管网中单独运行时的工作点。采用串联方法不仅增高了压力，也加大了流量。

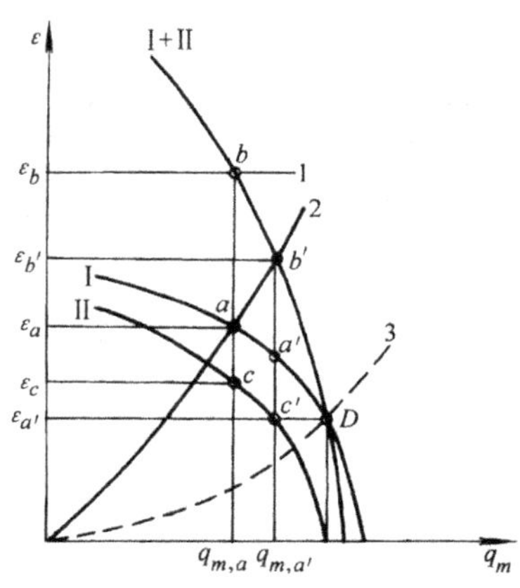

图 7-44　串联压缩机与管网的共同工作

从图 7-44 中还可以看到，如果管网阻力降低，例如管网性能曲线移到了 3 的位置，这时串联工作将是毫无意义的，因为压缩机串联后的工作点，同压缩机Ⅰ单独工作时的工作点是一样的，都在 D 点。这时压缩机Ⅱ的压比等于 1，并未起到增压的作用。因此，当二台压缩机串联时，如果管网中阀门开度加大，阻力系数降低，则最好将串联的第二台压缩机停下来，将第一台压缩机出口的气体由旁通阀直接送往用户。不然第二台压缩机非但没有起到增压作用，有时反会产生负压，消耗了第一台压缩机的部分功率。

压缩机串联增加了整个装置的复杂性（二台压缩机要用二台原动机），因此较少采用。一般在设计时，应考虑到用一台压缩机就能满足用户所需压力。如果这时不是重新设计机器，而是选用已有的压缩机产品，那么当选用一台压缩机满足不了要求时，也可考虑采用压缩机串联运行的办法。

二、工作机的并联运行

当一台机器的流量不能满足用户的要求时，可将两台机器并联工作，以加大流量（图 7-40b）来满足实际需要。并联运行是工程中常用的获得较大流量的方法，例如水电站、泵站和压缩空气站等等。并联运行不仅可以获得很大的流量，也是一种有效的调节方法（参见下一节）。并联运行的工作机的实际工况，同样也与机器及管网的特性有关。

并联运行的机器的进、出口压力是相等的，因此各台机器的压比（或水头、扬程、全压等）是相同的，流量则为各台机器流量的和。

图 7-45 以压缩机为例表示了工作机的并联特性，其实以下的讨论对泵和通风机也是适用的，值需将图 7-45 中纵坐标改为 H 或 p_{tF} 即可。图 7-45 中曲线Ⅰ和Ⅱ为两台压缩机各自的性能曲线，曲线Ⅰ+Ⅱ为并联后总的性能曲线。

并联运行的实际工作点，也与管网特性有关。如果和压缩机联合运行的是一等压容器，其压比为 ε_b，则在压缩机Ⅰ单独工作时，流量为 $q_{m,a}$，压比为 $\varepsilon_a=\varepsilon_b$；压缩机Ⅱ单独运行时，流量为 $q_{m,c}$，压比为 $\varepsilon_c=\varepsilon_b$。二台压缩机并联工作时，流量为 $q_{m,b}=q_{m,a}+q_{m,c}$，压比仍为 ε_b。如果与压缩机联合运行的是管网系统，其性能曲线如图 7-45 中曲线 2 所示，则当二台压缩机并联运行时，其工作点为 b'，流量为 $q_{m,b'}$，压比为 $\varepsilon_{b'}$。这时，压缩机Ⅰ的工作点移到 a' 点，流量为 $q_{m,a'}$，压比为 $\varepsilon_{a'}$（$=\varepsilon_{b'}$）；压缩机Ⅱ的工作点移到 c'，流量为 $q_{m,c'}$，压比为 $\varepsilon_{c'}$（$=\varepsilon_{b'}$）。可见，两台压缩机并联工作时，总的流量大了，但每台压缩机本身的流量却较单独工作时要小。所以，并联后的总流量，要比二者各自单独工作时的流量之和要小，且并联后各压缩机的工作点也不是单独运行时的工作点了。

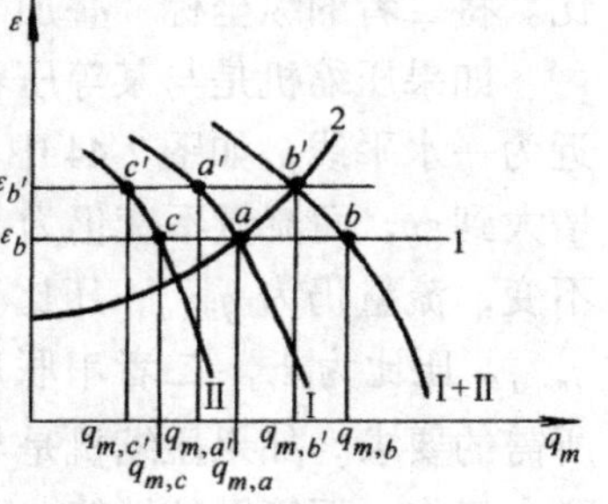

图 7-45　工作机并联运行特性曲线

如果管网系统阻力增加，若其性能曲线移到位置 3（图 7-46），整个系统的工作点为 S。由图 7-46 可见，这时压缩机Ⅱ已越过喘振界限线，进入喘振区了。实际上，这时压缩机Ⅱ已不能正常输气，而原来通过该压缩机的气体，就趋向于要从压缩Ⅰ中通过，于是增大了后者的流量，而导致压缩机Ⅰ出口压力的下降。这时压缩机Ⅰ的工况点由 a 点移到 a' 点，其压比则下降为 $\varepsilon_{a'}$。而在此压比下，压缩机Ⅱ又恢复供气，这时又回复到二台机器并联工作状态，于是总流量增大为 $q_{m,b'}=q_{m,a'}+q_{m,c'}$。但在 $q_{m,b'}$ 这个流量下，管网的工况点应为 E 点，显然，这种情况下管网的阻力大于压缩机并联后所产生的压力，于是流量又减小，使压缩机并联运行的工作点由 b' 回到 S 点，这时压缩机Ⅱ又进入喘振区，如此周而复始地循环。所以当管网阻力增大，管网性能曲线移到经过 S 点的位置 3 时，应关闭压缩机Ⅱ，而让压缩机Ⅰ单独工作，这时其工况点为 a'，流量为 $q_{m,a'}$，压比为 $\varepsilon_{a'}$。

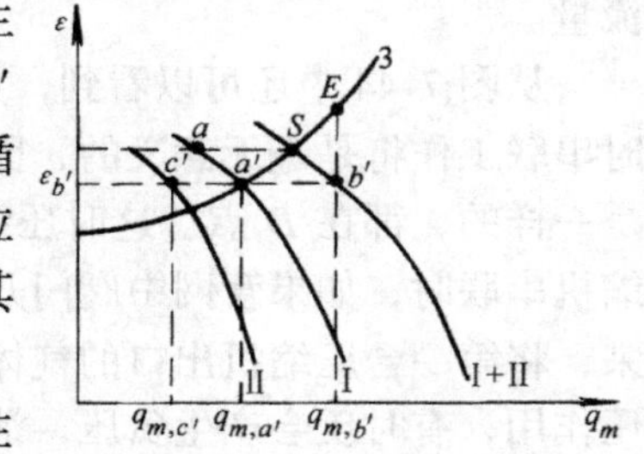

图 7-46　并联后管网阻力增大的工况

另外，当二台性能曲线完全相同的机器并联工作时，在运转过程中，若二者的转速不完全相同，也会带来工作的协调性问题。在图 7-47 中，当二台压缩机并联，并都在 100% 的额定转速下工作时，则负荷分配相等，二台机器的工作流量都为 q_m。如果由于某种原因例如调速器性能不同，压缩机Ⅰ在 102% 转速下工作，而压缩机Ⅱ在 98% 的转速下工作，此时通过这两台压缩机的流量将不同，分别为 q'_m 及 q''_m。显然 q''_m 将比 q'_m 小得多，因此有可能使压缩机Ⅱ的工况点接近或进入喘振界限。当系统的工作点位于压缩机性能曲线靠近左面的较平坦的一段时，上述问题就显得更为突出。

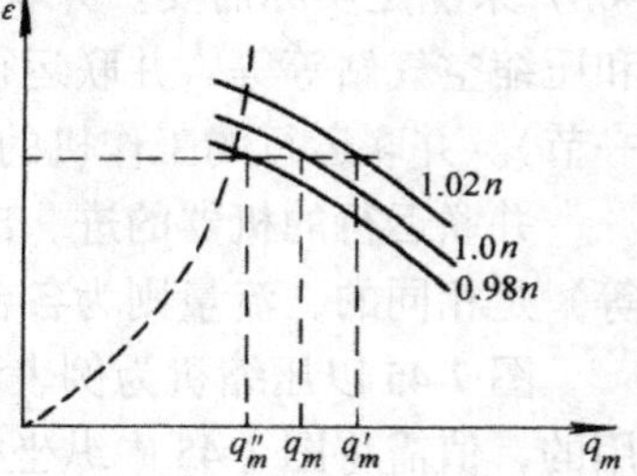

图 7-47　转速有差异时并联运行的机器工作的协调

工作机并联工作一般用于下列几种情况：

1）系统需要很大流量，用一台机器可能尺寸过大或制造上有困难时，可考虑用多台机器并联运行。

2）必需加大系统对流体的输送量，而不对现有的工作机作重新设计或改建；

3）用户对的流量需求量经常变动，可用改变运行机组台数调节流量。

第六节　流体机械的工况调节

在第三节已提到，在流体机械与管网系统联合工作时，一般要求流体机械的工作点定在设计工况点上。但是在实际运转中，由于用户的要求不一样，流体机械工作点可能有变动。例如对于工作机而言，要求的流量或压力（或压比、或扬程）有所增减，这时就需要改变工作机或管网的性能曲线，移动工作点，以满足用户要求。又如，原动机在用户负荷改变时，需调整原动机的特性曲线，移动运行工作点，保证转速恒定，以满足工作机（如发电机）的需要。这种改变流体机械或管网特性曲线的位置，以适应新的工作要求的方法就称为流体机械的工况调节。

根据用户的要求不同，按调节的任务可分为：

（1）压力调节　控制机器出口压力满足用户要求，流量则由管网特性确定。

（2）流量调节　控制通过机器的流量满足用户要求，出口压力由管网决定。

（3）流量和压力调节　既需要满足流量要求，又需要满足压力要求。除了特殊情况外，为同时满足流量和压力的要求，通常需要同时改变机器和管网的特性曲线。

（4）比例调节　保证压力比例不变（如防喘振调节），或保证所输送两种介质的流量百分比不变。

常用的调节方法有：①出口节流；②进口节流；③采用可转动的叶片（动叶）；④采用可转动的进口导叶；⑤采用可转动的扩压器叶片；⑥变速调节；⑦改变台数调节。

下面将分别对这几种调节方法进行讨论。

一、出口节流调节

出口节流是一种很简便的调节方法，在小型泵、通风机和鼓风机中被广泛采用。图7-48a、b、c为三个装置示意图，图7-48d为装置的工作情况。若管网特性曲线为Ⅰ，则机器的工作点为A，流量为$q_{V,A}$。若欲减小流量，可减小机器出口处节流阀的开度，于是管网系统阻力加大，曲线变成Ⅱ，机器的工作点变为B。反之，若加大节流阀的开度，则管网特性曲线变为Ⅲ，机器工作点变为C。调节时，流量随阀门开度而改变。至于节流阀后的压力的变化，则取决于管网的特性。在图7-48a、b中，如果上游水池和容器足够大，同时水池和大容器后的管路很短，阻力可忽略不计，则节流阀后的压力可视为不变，对系统来说，可以认为只有流量变化，压力保持不变。但在一般的情况下（图7-48c），若不忽略阻力，则系统压力将随流量而变化。

这种调节方法只改变管网性能曲线，机器的性能曲线完全没有变动，所以对压缩机来说，喘振界限及稳定工况范围都没有变化。

采用这种人为地加大管网阻力的调节方法，当然是不经济的，节流阀的压力降完全是一种能量损失，使整个装置的效率降低。同时调节也使机器的工作点偏离设计工况，造成机器效率下降。所以这种调节方式不适于大功率的装置，但由于简单，投资少，所以在小型装置中广泛应用。

二、进口节流调节

将调节阀门装在机器的进口处，就成为进口节流调节。进口节流调节仅用于气体介质（可压缩），因为对于输送液体介质的泵而言，进口节流和出口节流的调节效果是相同的，但进口节流的损失将降低装置有效空化余量，危及泵的安全运行，所以不宜采用。对于可压缩介质而言，进口节流和出口节流的效果是不同的。进口节流阀的开度改变不仅改变了管网特性（阻力），同时也改变了机器进口处介质的密度和压力，从而改变了机器的特性，使调节更有效。

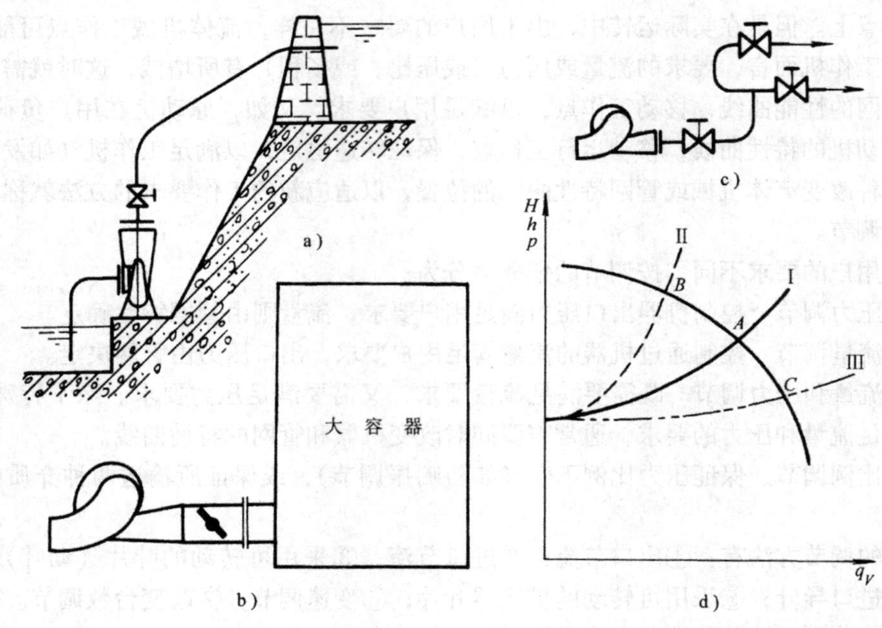

图 7-48　出口节流调节

a）排灌泵站　b）带大容器的压缩机装置　c）有较长管路的装置　d）节流调节的工作点

现在以压缩机为例，先来分析进气节流对工作机性能的影响。在图 7-49 中，曲线 1 为调节阀门全开时的压缩机性能曲线，这时进口压力 $p_{in}=p_a$。调节时关小阀门，经过节流 $p_{in}<p_a$。在固定的阀门开度下，p_{in}的大小是随流量的大小而变化的。流量大，流速高，阀门的压力损失也愈大，p_{in}就愈低，p_{in}的降低量基本上与流量的平方成正比，即 $p_a-p_{in}\approx Aq_V^2$。图 7-49 中曲线 2 就是某阀门开度下，p_{in}与流量关系曲线。若压缩机转速不变，压缩机进口压力下降时，出口压力也下降，于是进口节流后压缩机性能曲线的位置就由 1 移到 3。若阀门关得更小，则 p_{in}更降低，这时 p_{in}与流量的关系曲线为图 7-49 中曲线 4，而压缩机性能曲线则移到 5 的位置。由此可见，改变进气节流阀门开度，可以相应地改变压缩机性能曲线的位置，这正是进口节流调节的依据。

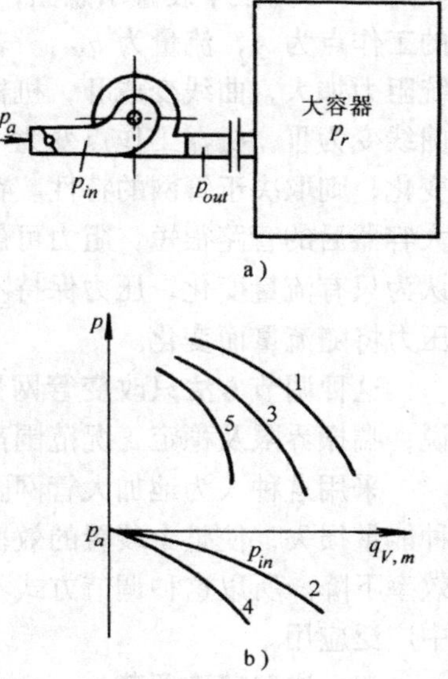

图 7-49　压缩机的进气节流

a）进气节流示意图　b）特性曲线

如果压缩机的出气管与压力为 p_{st}的某大容器相联接，设计工况下，阀门全开，这时系统的工作点为 S（图 7-50a），流量为 $q_{m,S}$。如果用户要求容器中压力不变，而流量要减小为 $q_{m,S'}$，则可关小进口阀门进行调节，使压缩机性能曲线由位置 1 移到位置 3，系统工作点也移到 S'。这时流量已由 $q_{m,S}$减小为$q_{m,S'}$，而压力仍为 p_{st}，因而满足了用户提出的要求。如果用户希望容器中压力降低为 $p_{S'}$，而流量不变，这时，由图 7-50b 可见，当容器压力由 p_{st}下降到$p_{S'}$时，同样可用减小进气节流阀门开度的办法，使压缩机性能曲线由 1 位置移到 3 位置，这时系统工作点也由 S 点变到S'点，满足了用户对压力和流量所提出的要求。

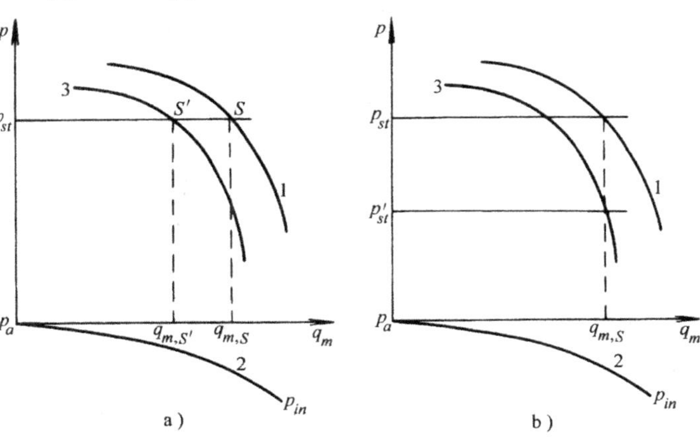

图 7-50　进口节流的调节过程

进气节流调节还有可能在流量和压力变化后，保持工况相似。气体经过进口节流阀后，其流速增加、压力下降、温度也略有降低。但离开节流阀一段距离后，因流动摩擦，温度又会恢复到节流前的值，即 $T' = T$。由此可见，风机在节流前后满足三个相似条件：几何相似（同一台风机）、绝热指数 κ 相等（同一种工质）、特征马赫数相等，即

$$\frac{u_2}{\sqrt{\kappa RT}} = \frac{u'_2}{\sqrt{\kappa' R' T'}} \Rightarrow \frac{u_2}{\sqrt{T}} = \frac{u'_2}{\sqrt{T'}} \tag{7-12}$$

如果容积流量也相等（即 $q'_V = q_V$），则风机进口节流与不节流的两种工况是相似的。其主要参数压力比 ε，多变效率 η_{pol}和能量头 h 对应相等，即 $\varepsilon' = \varepsilon$，$\eta'_{pol} = \eta_{pol}$，$h' = h$。而质量流量 q'_m，排气压力 p'_{out}，功率 P'都与p_{in}/p_a 成比例地减小，即

$$\begin{aligned} p'_{out} &= p_{out}(p_{in}/p_a) \\ q'_m &= q_m(p_{in}/p_a) \\ P' &= P(p_{in}/p_a) \end{aligned} \tag{7-13}$$

图 7-51 中将风机的性能曲线表示在 q_m-p_{out}坐标系中。M 是节流阀全开时，性能曲线 p_{out}-q_m 上的任一点，设绝对压力为零的点是 O，那末 OM 直线上所有工况点都是相似的，因它们的主要参数之间满足上述的相似关系。

利用上述相似关系，若已知阀门全开时（即不节流）的风机性能曲线 p_{out}-q_m，阀门为某一固定开度的阻力曲线 p_{in}-q_m，就可求得节流后的风机性能曲线，如 M'为节流后风机性能曲线与直线 OM 的交点，那么它与 M 点是相似的工况点。

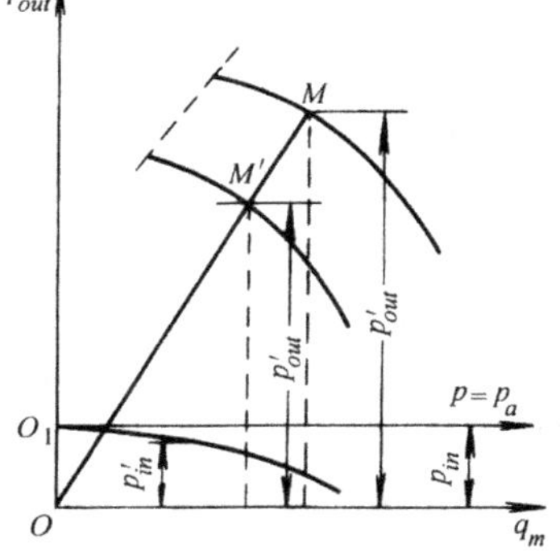

图 7-51　进口节流调节时性能曲线上的相似工况点

对于可压缩介质，进气节流比出口节流的经济性要好。因为采用这两种方法同样把流量由 $q_{m,s}$减小到$q_{m,s'}$时，由于进气节流使进气压力下降，则进口气体密度减小，体积流量增大，与出口节流相比，工况点偏离设计点较少。

图 7-52 表示压缩机采用进口节流比出口节流少消耗的功率，当流量在 60% ~ 80% 范围内变化时，进口节流可少消耗功率 $\Delta P = 4\% \sim 5\%$。

进口节流的另一优点是：节流后喘振流量减小，使压缩机能在更小的流量下正常工作。此外，采用这种调节方法，可以不改变转速，又不要求机器具有转动叶片等复杂结构。因此，从整个装置的成本和构造来看也是有利的，所以这是一种比较简便而常用的调节方法。

对于不可压缩介质，进口节流和出口节流的效果是相同的，对液体介质，则不允许使用进口节流调节方法。

进口节流虽较出口节流经济些，但因采用进口节流阀，仍然带来一定的节流损失，此外，节流时要注意保证阀门后流场的均匀性，以免影响到后面叶轮的工作效率。

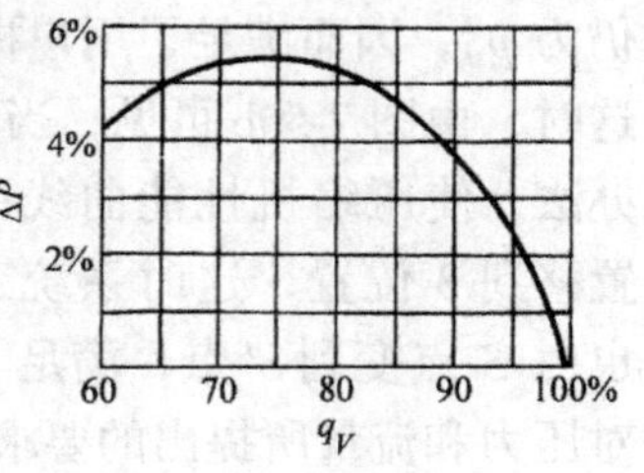

图 7-52　进口节流与出口节流的比较

（$p_{out}=0.26\text{MPa}$，$t_{in}=25℃$）

三、采用可转动的叶片（动叶）调节

对于轴流式和斜流式机器，可以在轮毂中安装转叶机构，根据需要改变叶轮叶片的角度（参阅第一章第三节和图 1-11、图 1-13、图 1-15、图 1-20 和图 1-21）。在第二章第五节中曾讨论过流量变化时转桨（叶）式叶轮的速度三角形，这里将进一步讨论在与管网系统共同工作时工况的变化。当转速（圆周速度）和流量一定时，改变叶片安放角必将引起能量头的变化。对于斜流式叶轮，β_2 的变化直接导致 c_{u2}的变化从而改变能量头；对于轴流式叶轮，叶片角度的变化将引起攻角的变化从而改变翼型的升力系数，最终仍是改变能量头。叶片角度变化与特性曲线的改变，反映在综合特性曲线图中。图 7-12 为轴流泵的综合特性曲线，图 7-53 则为轴流通风机的综合特性曲线。当管网特性曲线不变时，转动叶片使机器的特性曲线移动，于是工况点（交点）随之改变。

根据第二章的分析，改变叶片角度可在比较宽的流量范围内减小叶轮叶片、压水室和尾水管内的冲击损失，因此可在调节过程中保持机器有较高的效率。由于不再需要节流阀，避免了节流阀处的压力损失。将图 7-53 与图 7-48 对比可以看到，在节流调节时，当流量减小时，机器的能量头增加，因此功率随之增加，而在转动叶片调节时，流量减小时能量头也降低，故功率消耗减少。改变叶片角度的调节方法可以减少功率消耗，经济性较好。缺点是结构比较复杂，而且不能用于使用最广泛的离心式和混流式机器中。

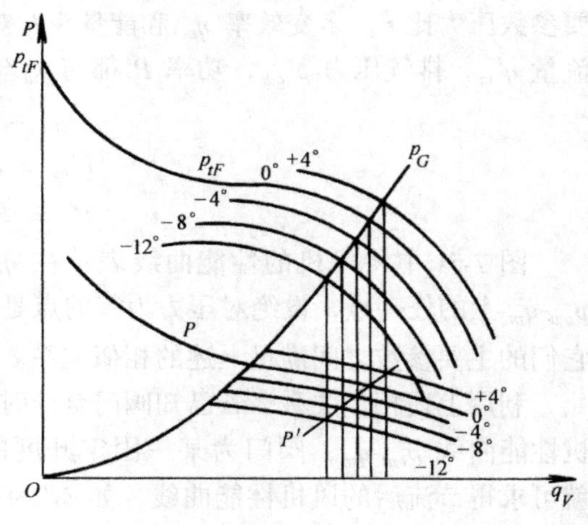

图 7-53　动叶可调轴流风机的特性曲线

常用的转叶机构有以下三种类型：

1）在机器停止运行时，逐个改变叶片安装角，叶片可用普通螺栓和销钉固定。

2）停车时，通过控制杆转动套在主轴上的套筒（沿着轴转动），同时改变全部动叶的安装角。

3）在机器工作时，通过自动机构任意改变动叶安放角，其操作方法可用油压式、机械式、电气式等。

当调节不频繁时，可采用类型 1）或 2），类型 3）虽然使用方便，但结构复杂，价格昂贵，通常用在大型机器中。

四、采用可转动的进口导叶调节（预旋调节）

这是一种改变叶轮前进口导叶的角度，使流体产生预旋的调节方法。这种进口导叶可以绕本身的转轴转动，叶片转动后，使进入叶轮的介质的绝对速度具有一个圆周方向的分量（c_{u1}），称为预旋绕或预旋、预绕。规定与叶轮旋转方向一致的预旋（$c_{u1}>0$），为正，相反方向的预旋（$c_{u1}<0$）为负。在水轮机中这是最主要的调节方法，在转桨式水轮机中，则是同时转动导叶叶片和转轮叶片来进行调节。第二章中曾经详细讨论过水轮机活动导叶的调节原理并给出了流量调节方程式（2-33）。显然，在水轮机中，预旋只能是正的。

根据欧拉方程式，当工作机的进口有预旋的时候，有

$$h_{th} = c_{u2}u_2 - c_{u1}u_1 = u_2\left(c_{u2} - \frac{D_1}{D_2}c_{u1}\right) \tag{7-14}$$

可以看出，预旋值对能量头影响的大小还与比值 D_1/D_2 有关。该比值大时，预旋的影响较大。所以高比转速的机器采用预旋调节方法效果较好，若低比速机器用这种方法，则调节范围是很有限的。因此预旋调节特别适合于单级轴流式和混流式机器。对于原动机，有 $D_1 \geqslant D_2$，所以调节效果比工作机好，被广泛采用。

图 7-13 是一台带进口导叶的轴流式鼓风机的性能曲线，图 7-54 是一个带进口导叶的离心压缩机级的性能曲线。由图 7-13 可见，当正预旋增加时，机器的性能曲线下移，当管网性能曲线不变时，流量将会减小。反之，机器的性能曲线上移，流量加大。当预旋从正变到负时，机器的性能曲线向大流量区域移动，喘振流量和最大流量都增加。机器的最高效率仍以设计点附近为最高，但当前导叶转动角度不大时，最高效率的改变并不算大，同时效率曲线的形状和平坦程度变化也不大。对比图 7-13 和图 7-54 还可见，以上分析的这些变化，在轴流式机器中都表现得比离心式机器明显，这正是由于它们的比转速不同的缘故。

图 7-55 是预旋调节与节流调节的对比。图 7-60a 中点 A 为设计工况点，当采用节流调节法时，小流量点为 B，大流量点为 C。若管网性能曲线不变，用预旋调节法时，小流量工况为点 D，大流量工况点为 E。图 7-55b 中给出了这五个点的速度三角形的对比。可以看出，预旋调节时，进口流动角不随流量变化或变化较小。这可以减少流量变化时进口冲击损失，所以调节时效率下降较少。对于液体介质，这还有利于改善泵在非设计工况的空化性能。对于可压缩介质，预旋调节的大流量工况的进口相对速度 w_1 较大，容易产生超音速流动。

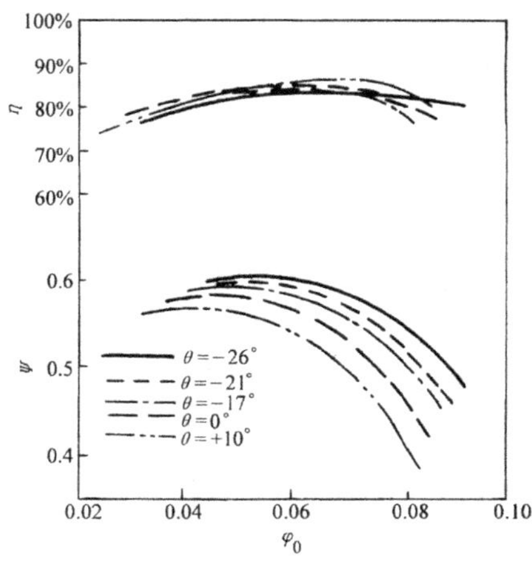

图 7-54　预旋对离心式压缩机级性能的影响

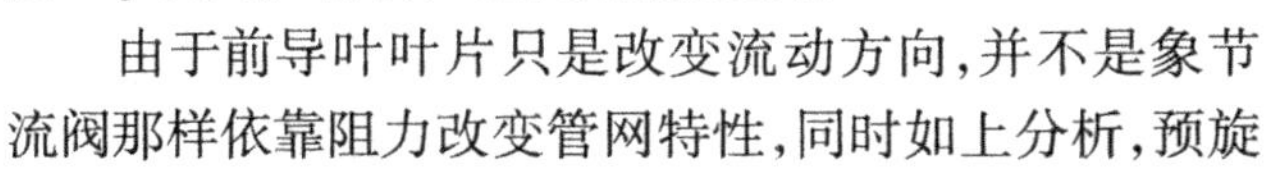

由于前导叶叶片只是改变流动方向，并不是象节流阀那样依靠阻力改变管网特性，同时如上分析，预旋调节可减少叶轮进口冲击损失，所以预旋调节比进口节流调节的经济性要好。图 7-56 为某压缩机采用预旋调节比进口节流节省的功率。当流量减小为 60%时，减少功率消耗约为 $\Delta P=17\%$。

预旋调节的缺点是可转动导叶的结构比较复杂，特别对多级机器，如每级前都采用可动导叶，则整个装置的结构太复杂。而如只对第一级采用可动导叶来调节，效果又不太明显。另外，预旋调节在低比速机器中的调节范围较小，因此应用受到限制。

五、采用可转动的扩压器叶片调节

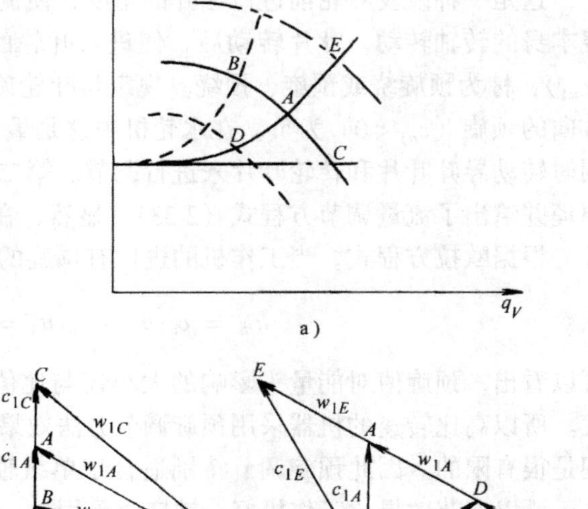

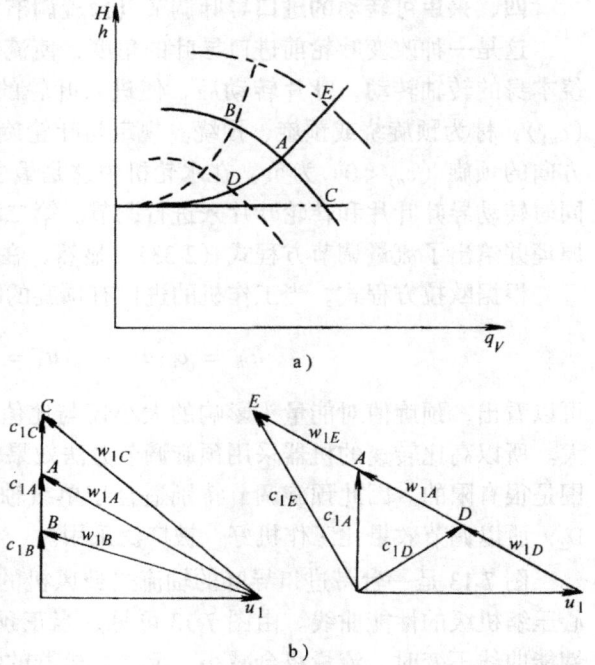

图 7-55 预旋与节流调节的对比

a) 工况点 b) 速度三角形

在离心式压缩机和泵中，与无叶扩压器的相比，带叶片扩压器（径向导叶）的机器有较陡的性能曲线，且当流量变化时，在导叶叶片头部出现冲击，使流动恶化、效率下降。特别是在压缩机中，流量减小时，易于导致喘振的。如果在流量变化时，能相应改变扩压器叶片的进口几何角 α_{3b}，以适应改变了的工况，使冲角不离开设计值，则就可避免上述缺点，扩大了稳定或高效工况范围。

图 7-57 为某离心式增压器性能曲线随扩压器叶片角度的变化情况。由图 7-57 知，当减小叶片进口几何角 α_{3b}时，可使性能曲线向小流量区大幅度移动，而使喘振流量大为减小，而同时工作机性能曲线近似平移，使最高效率和能量头基本不变，因而它能很好地满足流量变化的工况。

根据欧拉方程式，转动扩压器叶片对叶轮的工作没有直接的影响，这与转动进口导叶来调节的原理是完全不同的。转动扩压器叶片只是改变扩压器内的损失，从而间接地改变了机器的工况。所以，此方法一般总是与其他调节方法联合使用。特别是将它与改变转速的调节方法联合使用，如用改变转速的方法改变工况（变速调节方法将在后面介绍），然后转动扩压器叶片来适应改变了的工况，可取得很好的效果。

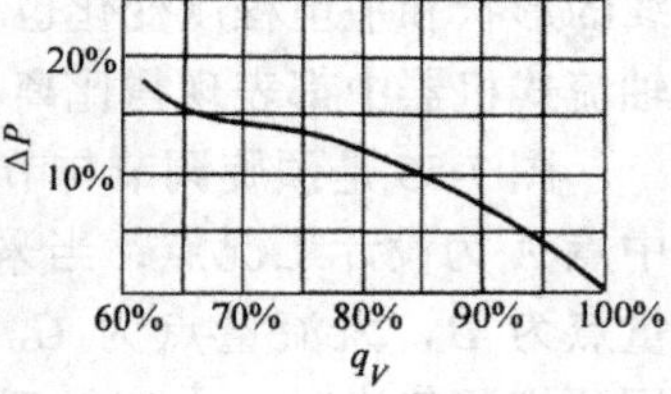

图 7-56 预旋调节与进口节流的比较

图 7-58 中表示了转速分别为 3450r/min 及 2800r/min，同时改变扩压器叶片位置（这里用扩压器的开度来表示）时压缩机性能曲线的变动情况。图 7-58 中的百分数表示叶片扩压器的开度，开度愈小表示扩压器的叶片安装角 α_{b3}愈小。由图 7-58 可见，二者配合后，可以大幅度地扩大稳定工况范围，即使在工况变化比较明显的情况下，也能满足用户的要求。

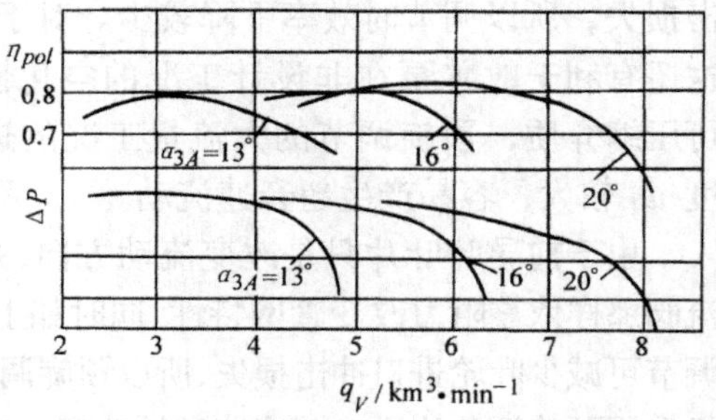

图 7-57 离心增压器性能曲线随扩压器叶片位置的变化

扩压器叶片的转动，可采用专门的传动机构，使压缩机在运行时，能根据工况变化，随时加以调节。不过这类装置的结构比较复杂，特别当各级都要调节时就更为复杂。

如果压缩机长期在某些个改变后的工况下运行，那么在设计中，可以预先给定几个扩压器叶片的位置。当需要在某一工况下运行时，可以停车调整好扩压器叶片的位置，再起动运行，使其能适应在新的工况下工作。

六、变速调节

转速变化时，流体机械性能曲线也将变动，图 7-10 为离心泵不同转速时的特性曲线，图 7-59 则为离心压缩机变转速的特性曲线。和前面讨论过的转动叶轮叶片、改变预旋和进口节流的情况一样，当管网特性曲线不变而改变机器特性曲线时，工况也就随之改变，达到调节的目的。

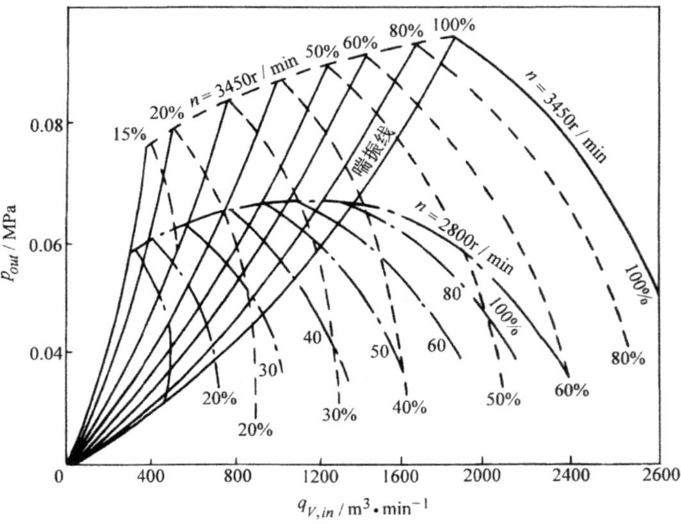

图 7-58 同时改变转速和扩压器叶位置时的性能曲线

由于能量头 h 近似地与转速平方成正比关系，所以改变转速可取得大范围的调节功能。此外，对可压缩介质，变转速调节还可以大幅度地扩大稳定工况区。如图 7-59 所示，在设计工况下，如转速为 n，工作点为 S，这时流量为 $q_{V,s}$，压力为 p_s。若要压力保持不变，只要改变转速，就可以使流量在 $q_{V,A}$ 至 $q_{V,B}$ 的大范围内变动而保持稳定工作。另外，转速调节并不引起其他附加损失，是一种很经济的调节方法，只是调节后新的工作点不一定在最高效率点，而使效率有些下降。

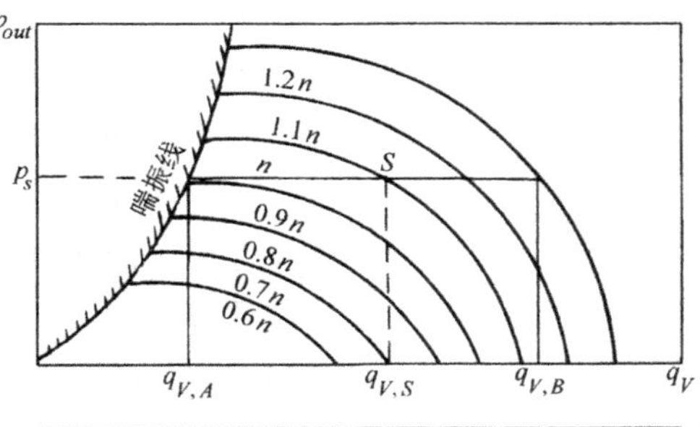

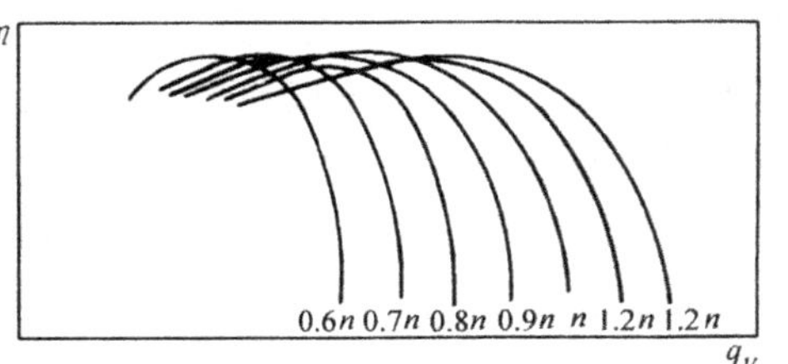

图 7-59 离心压缩机的变转速特性

图 7-60 对改变转速、预旋及进口节流三种调节方法的经济性作了比较。曲线 1 表示预旋调节比进口节流所节省的功率，曲线 2 表示变转速调节比进口节流所节省的功率。这三种方法中，显然以变转速调节的经济性最好。

变转速调节不要求机器中装备调节用的可动元件，因此可使工作机的结构简化，制造方便。

变转速调节特别适合于用可变转速的原动机拖动的流体机械。有不少大型泵、风机和压缩机用汽轮机拖动，也有许多农用泵用柴油机拖动，这就可以很方便地满足转速改变的要求。假使用电动机拖动，为了能够变速，就要采用直流电动机、交流变频或者液力传动等技术措施，这会使设备复杂化，造价升高。对小功率的风机水泵，变速仍是困难的。

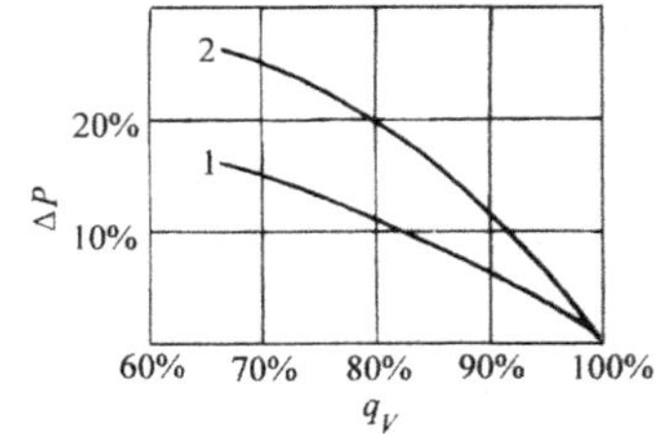

图 7-60 三种调节方法经济性的比较

如果在调节时，需要提高转速，那么在设计中就要事先考虑到这个可能。在选择原动机（如汽轮机）时，应考虑到增速的余地。同时要注意到叶轮的强度及止推轴承的负荷等因素，以免增速时可能超出许可值而发生事故。

七、改变台数调节

对水电站、水泵站和大型压缩空气站，当机组台数大于1时，可以采用改变运行的机组台数的方法调节流量。这个方法不需要任何附加的装置，经济性很好。但此法只能作有级的调节，不能平滑地调节。

最后，对上述几种调节方法作一综合评价：

1）改变转速的调节方法，经济性最好，调节范围宽。它最适合于由蒸汽轮机、燃气轮机等转速可变的原动机拖动的情况。在大功率电力拖动的场合，变转速的成本较高，在重要装置中必需进行调节时，变转速调节主要用于离心式泵与透平压缩机。因为离心式叶轮叶片不能转动，预旋调节的效果又不好，所以倾向于采用变转速调节。

2）转动叶轮叶片的调节方法的经济性和调节范围都与变转速调节方法相当，所以在大功率电力拖动的场合被普遍采用。特别是在水力机械（泵、水轮机）中，因为水力机械转速较低，不适合用汽轮机拖动。同时水电站和水泵站也没有蒸汽源，所以转动叶片的调节方式是水力机械中用得最广泛的调节方式。这个方法的缺点是机器结构比较复杂，同时不能用于离心式（泵）和混流式（水轮机）中。

3）预旋（转动进口导叶）调节法的调节范围较宽，经济性也较好。缺点是结构比较复杂，而且对低比转速的工作机效果较差，一般用在大型轴流和混流式机器中。由于原动机中进口导叶位于转轮的高压侧，故调节效果好，所以水轮机均采用这种方法。

4）进口节流调节方法，方法简便、经济性较好，并且具有一定的调节范围，目前转速不变的压缩机、鼓风机经常采用此法调节。但由于空化性能的限制，水泵不宜采用此方法调节，而只能采用出口节流调节方法。

5）转动扩压器叶片的调节方法，能使压缩机性能曲线平移，扩大稳定工况，对减小喘振流量很有效，经济性也好。但结构比较复杂，适用于压力稳定，流量变化大的变工况。由于转动扩压器叶片既不能改变叶轮的工况，也不能改变管网的特性，因此单独采用这个方法的调节范围很有限，常与其他调节方法联合使用。

6）出口节流调节方法最简单，但经济性也最差，但对于功率不大的水泵来说，这却是使用最广泛的方法。在通风机及小功率的离心式鼓风机中也有应用。

7）改变开机台数的调节方法，简单而有效，是所有装机台数大于1的地方都会采用的调节方法。

实际上，各种方法都有其优点和缺点，工程中常常同时采用几种方法进行调节，互相取长补短，方能最有效地满足用户对变工况的需要。

习 题 七

一、HL240/D41水轮机模型 $D=350\text{mm}$，试根据其综合特性曲线求该水轮机在 $H=20\text{m}$，$a_0=24\text{mm}$ 条件下的转速特性曲线，即 M、P、q_V、$\eta=f(n)$ 曲线。

二、同上模型，试作出 $H=20\text{m}$，$n=680.5\text{r/min}$ 时的工作特性曲线，即 P、$\eta=f(q_V)$ 和 $\eta=f(P)$ 曲线。

三、给定了某混流式水轮机综合特性曲线和最优工况点 O 的进出口速度三角形（图7-61），试根据这两个三角形作出工况点 A 和 B 的进出口速度三角形，说明与 O 点相比，三角形中哪些量改变了，哪些保持不变？

四、某锅炉引风机的转速 $n=730\mathrm{r/min}$，其特性曲线见图 7-62。现因锅炉提高出力，需要风机在工况点 B（风量 $q_V=14\times10^4\mathrm{m^3/h}$，风压 $p_{tF}=2450\mathrm{Pa}$）运行，若采用提高转速的方法达到此目的，问应将转速提高到多少？

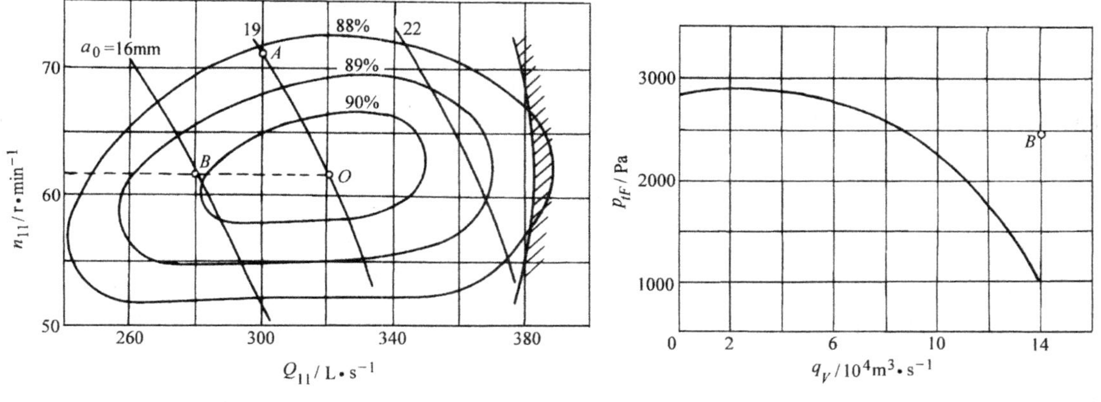

图 7-61　第三题插图　　　图 7-62　第四题插图

五、某泵在管路装置中运行，管路特性曲线的方程为 $H_G=20+2000q_V^2$（q_V 的单位为 $\mathrm{m^3/s}$），泵的特性曲线如图 7-63 所示，问管路中的流量是多少？若用两台这样的泵并联运行，流量又为多少？

六、并联运行的两台风机的特性曲线如图 7-64 所示，管路特性曲线的方程为 $p_{tF}=4q_V^2$（q_V 的单位为 $\mathrm{m^3/s}$），问管路里的风量为多少？两台风机各自的工况如何？

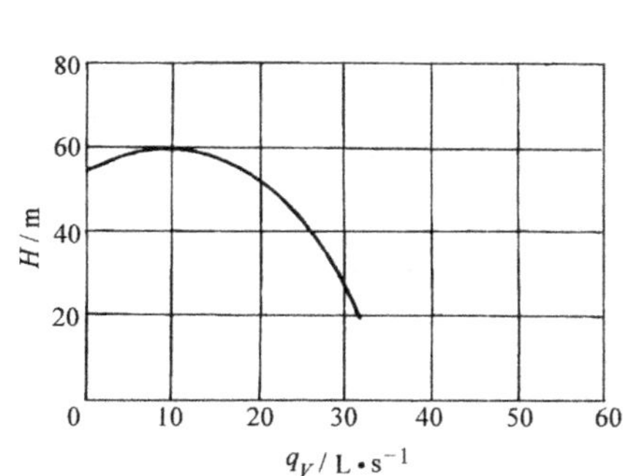

图 7-63　第五题插图

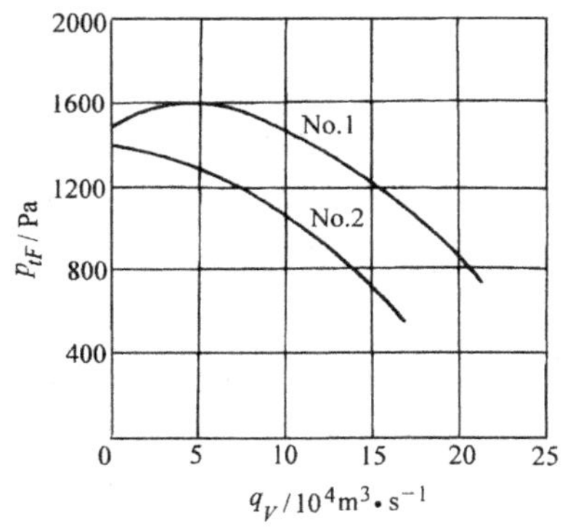

图 7-64　第六题插图

第八章　叶片式流体机械的选型

叶片式流体机械广泛应用于国民经济的各领域和人民生活的各方面，在需要应用流体机械的工程项目规划与设计时，必需选择合适的流体机械产品，这就是选型工作。如果在现有的产品目录中找不到合适的产品，就需要重新设计制造。如果设计工作从流动计算开始，则为了保证达到规定的性能，一般需要经过多轮模型试验工作才能定型，然后正式生产。显然，这是一个时间和资金消耗都很大的过程。在工程实践中，对于一般的工程项目，实际上并不需要进行这样的设计研究，通常可以在现有的研究成果中找到合适的模型，然后通过相似换算得到满足需要的几何尺寸。这样，不需要进行模型试验，就可以进行产品设计了，这就是相似设计。不过在实际工程中，"选型"一词常常也包含"相似设计"的意思。

选型和相似设计是工程建设中很重要的工作，对于那些以流体机械为主要设备的建设项目，如电站、泵站、化工、冶金、动力等等工程项目，流体机械的选型和相似设计工作对整个项目的投资额度、建设周期和运行的安全性都有直接而重大的影响。

相似设计的基础是相似理论，选型的基础是产品的标准化，而叶片式流体机械标准化的基础仍是相似理论。

第一节　流体机械产品的标准化与系列化

对于一台既定的流体机械产品，其工作介质的性质及设计参数如流量 q_V（或 q_m）、能量头 h（或 H、p_{tF}）功率 P 以及空化余量 NPSH（或 σ）等是确定的，虽然可以通过各种方式对工况进行调节，但调节的范围总是有限的，而且一般说来，调节过程伴随着效率和空化性能的降低。再考虑到结构、材料、强度和空化等等限制条件，一种具体的产品只能用于某一类特定的条件，包括流量、功率和能量头等参数以及介质性质和工作环境等条件。

流体机械的使用部门对流体机械的要求是各种各样的，从用户的立场出发，希望产品的品种规格越多越好，这样，每一个用户都可以选择最适合的产品，例如，世界上几乎没有两个水文和地质条件完全相同的水电站，所以每个电站都应该装备不同的水轮机产品。但产品的品种规格的数目越多，制造的成本就越高。对每个用户都要专门研究、试验与设计一种产品，并准备生产该产品所必须的图纸、模具、工艺规程及工卡具以及专门的加工设备等，这就增加了生产费用，提高了制造成本，降低了产品的质量，最终对用户也是不利的。因此，从制造者的立场出发，则希望最大限度地减少产品的品种规格数目，增加每一种产品的生产批量，以利于降低制造成本，提高产品质量。

流体机械产品的标准化工作，就是根据最佳总体经济效益的原则，对流体机械产品的系列、品种、规格以及结构型式的数量作出统一的规定，以协调用户与制造商的相互矛盾的要求，达到既便于设计生产又能满足使用要求的目的。对有关产品的系列、品种、规格及结构型式进行规定，就形成了流体机械的系列型谱，它是流体机械"系列化、通用化、标准化"的基础。

在各种叶片式流体机械中，泵与通风机应用范围最广，生产数量也最多，中小型水轮机的产量也相当大，这些产品的标准化尤其重要。而大型水轮机和参数较高的压缩机等产品，由于对用户的经济效益影响大，同时产品数量很少，所以难以进行标准化，而相似设计则显示出其重要性。

制订叶片式流体机械的系列型谱时，必需考虑两个因素，一个是机器的流动特性，如流量、能量头（压力、水头、扬程）、转速和功率等。另一个是结构、强度、材料及其它使用要求。在本书中，将主要讨论流动特性问题。

考虑流动特性，制订型谱时主要应该规定：

1. 模型的数量

模型是相似换算的基础。模型通常用其比转速为标志，不同比转速的机器的应用范围是不同的（参见图 3-10 至图 3-12）。制订系列型谱时应首先规定模型的数量，在满足用户需要的比转速范围内用必要数量的模型来构造系列型谱。由同一模型换算而成的各种不同尺寸的机器通常称为一个“系列”，所以规定模型的数量也就是规定系列的数量。当比转速由低到高变化时，叶片式流体机械将从径流（离心）式经混流（斜流）式变为轴流式，故系列的规定也包含了“型式”的规定。

2. 叶（转）轮的标准直径

一个系列中不同尺寸的产品形成了“品种”，产品的尺寸可用叶轮直径表示。如果直径值可以连续变化，产品的品种数将为无穷多，同样无法合理地进行生产。显然，对每一产品系列应规定一系列叶轮直径，即将品种压缩到合理的数目。为协调制造商和用户双方的要求，一个合理的办法就是根据允许的效率降低值规定直径的间隔。以水轮机转轮直径系列为例，目前水轮机转轮直径一般为 0.25 ~ 10m。每相邻两转轮直径的比值必须合理地确定，比值 δ 越大，制造厂的生产就越简化，但却越难以完全满足各种水电站具体条件的要求。即相邻两水轮机直径彼此相差过大，用户就只能选择直径比所需要的大得多的水轮机。这样就会使水轮机经常运行在比最优负荷小的负荷区，使平均运转效率降低；若用户选择较小直径的水轮机，则水轮机不能保证所需要的功率。

假定同一系列水轮机中，相邻两直径之比 $\delta = 1.1$，那末在同一水头下，直径较大的水轮机的流量和功率都为直径较小的水轮机的 $\delta^2 = 1.21$ 倍。若直径相邻的两台水轮机在同一水头分别发出 10MW 和 12MW 的功率，而电站需要 11MW 的水轮机，此时，只能采用比电站所要求的功率不足或功率过剩的水轮机。显然，一般选功率较大的水轮机。这样水轮机将在比最优负荷较小的负荷下工作，在指定的功率范围内（一般取 50% ~ 100% 功率范围），其平均运转效率 η_{av} 将降低。图 8-1 中曲线 1 为最合适的水轮机的工作特性，曲线 2 是选用的直径较大的水轮机的工作特性，在同一负荷范围内显然曲线 2 的平均效率 η_{2av} 将小于曲线 1 的 η_{1av}。这样，规定了允许的效率下降值，就可以确定相应的比值 δ。

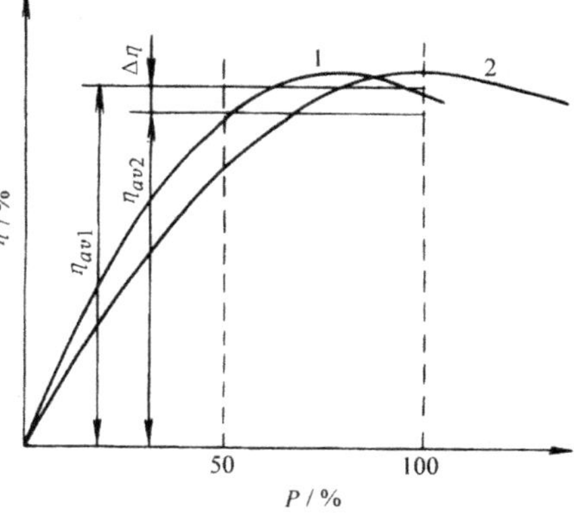

图 8-1 不同直径水轮机在同一负荷范围内的平均运转效率

泵、通风机和水轮机等不同的流体机械，由于其使用环境及制造工艺不同，所以标准化的具体做法也不相同，下面将分别进行讨论。

第二节 中、小型水轮机的系列型谱

我国 1992 年制订了新的部颁标准 JB6310—92 “中小型轴流式、混流式水轮机转轮系列型谱”和 JB/T6474—92 “中小型轴流式、混流式水轮机产品系列型谱”。水轮机系列型谱包括了型号编制、转轮参数、主要结构型式及特性曲线等内容。

一、水轮机型号的编制方法

水轮机型号由三部分代号组成，每部分之间用“—”分开，形如Ⅰ—Ⅱ—Ⅲ。第Ⅰ部分由汉语拼音字母和阿拉伯数字组成，拼音字母表示水轮机型式，如表 8-1 所示，阿拉伯数字表示转轮型号，一律用统一规定的比转速代号。比转速值根据最优单位转速下的限制工况的参数计算。新的标准规定的转轮型号同时给出了研制单位的转轮编号。如 HL220/A153，其中 A153 为研制单位的转轮编号。

表 8-1 水轮机型式代表符号

水轮机型式	代表符号	水轮机型式	代表符号
混流式水轮机	HL	切击（水斗）式水轮机	CJ
轴流转桨水轮机	ZZ	斜击式水轮机	XJ
轴流定桨式水轮机	ZD	双击式水轮机	SJ
斜流式水轮机	XL	可逆混流式水泵水轮机	HLN
贯流转桨式水轮机	GZ	可逆轴流转桨式水泵水轮机	ZZN
贯流定桨式水轮机	GD	可逆斜流式水泵水轮机	ZLN

第Ⅱ部分由二个汉语拼音字母组成，第 1 个字母表示水轮机主轴布置型式，第 2 个字母表示引水室的特征，如表 8-2 所示。

表 8-2 主轴布置型式和引水室特征代表符号

名　称	代表符号	名　称	代表符号	名　称	代表符号
立轴	L	明槽	M	卧轴	W
明槽有压	MY	金属蜗壳	J	罐式	G
混凝土蜗壳	H	虹吸式	X	灯泡式	P
轴伸式	Z	竖井式	S		

第Ⅲ部分表示转轮的标称直径，以 cm 为单位。不同型式水轮机的转轮标称直径 D 有不同的规定，对于混流式水轮机，D 指转轮叶片进水边与下环交点处的直径，对轴流和斜流式水轮机指与转轮叶片轴线相交处的转轮室内径，对水斗式水轮机则是指转轮节圆直径。

型号第Ⅲ部分中，对冲击式水轮机（水斗式水轮机）标称直径的表示方法为

$$\frac{\text{水轮机标称直径}}{\text{作用在每个转轮上的射流数目} \times \text{射流直径}}$$

水轮机型号示例如下：

①HL220—LJ—550

表示混流式水轮机，转轮型号为 220，立轴、金属蜗壳，转轮直径为 550cm。

②ZZ560—LH—800

表示轴流转桨式水轮机，转轮型号为560，立轴、混凝土蜗壳，转轮直径为800cm。

③XLN200—LJ—300

表示斜流可逆式水轮机，转轮型号为200，立轴，金属蜗壳，转轮直径300cm

④GD600—WP—250

表示贯流定桨式水轮机，转轮型号为600，卧轴、灯泡式引水，转轮直径为250cm。

⑤2CJ30—W—$\frac{120}{2\times10}$

表示一根轴上有两个转轮的切击（水斗）式水轮机，转轮型号为30，卧轴，转轮节圆直径为120cm，每个转轮具有两个喷咀，射流直径为10cm。

二、中小型轴流式、混流式水轮机转轮的系列型谱

JB6310—92规定的入谱的转轮的主要参数列于表8-3、表8-4和表8-5。

表8-3 轴流式入谱转轮主要参数

推荐使用水头/m	转轮型号	模型转轮直径 D_m/mm	导叶相对高度 $\overline{b}_0$	轮毂比 $\overline{d}_h$	叶片数	最优工况			限制工况				备注
						单位转速 n_{11}/r·min^{-1}	单位流量 Q_{11}/m^3·s^{-1}	效率 η/%	比转速 n_S/m·kW	单位流量 Q_{11}/m^3·s^{-1}	效率 η/%	空化系数 σ_m	
3—8	ZD760	250	0.45	0.35柱	4	–	–	–	–	–	–	–	暂用参数见表8-4
	ZZ600	195	0.488	0.292/0.333	4	142	1.03	85.5	552	2.0	77	0.7	暂用
6～15	ZZ560a	460	0.4	0.33/0.38	4	140	1.06	89.0	569	2.0	84.2	0.83	暂用
12～22	ZZ560	460	0.4	0.35/0.40	4	140	1.08	88.3	554	1.9	84.0	0.71	
18～30	ZZ500	460	0.4	0.40/0.44	5	128	0.98	89.5	479	1.65	86.7	0.585	
26～40	ZZ450/D32B	350	0.375	0.45/0.50	6	120	0.92	90.5	430	1.5	87.3	0.54	

表8-4 ZD760转轮主要参数

转轮叶片角 φ		+5°	+10°	+15°
最优工况	单位转速 n_{11}/r·min^{-1}	165	148	140
	单位流量 Q_{11}/m^3·s^{-1}	1.67	1.795	1.965
	空化系数 σm	0.99	0.99	1.15

表8-5 混流式入谱转轮主要参数

推荐使用水头/m	转轮型号	模型转轮直径 D_m/mm	导叶相对高度 $\overline{b}_0$	最优工况			限制工况				备注
				单位转速 n_{11}/r·min^{-1}	单位流量 Q_{11}/m^3·s^{-1}	效率 η/%	比转速 n_S/m·kW	单位流量 Q_{11}/m^3·s^{-1}	效率 η/%	空化系数 σ_m	
20～45	HL240	460	0.365	72	1.10	91.0	240	1.24	90.4	0.2	暂用
35～60	HL260/A244	350	0.315	80	1.08	91.7	263	1.275	86.5	0.15	
50～80	HL260/D74	350	0.28	79	1.08	92.7	261	1.247	89.4	0.143	
70～105	HL240/D41	350	0.25	77	0.95	92.0	239	1.123	87.6	0.106	
90～125	HL220/A153	460	0.225	71	0.955	91.5	218	1.08	89	0.08	
110～150	HL180/A194	350	0.20	70	0.65	92.6	180	0.745	90.5	0.078	
	HL180/D06A	400	0.225	69	0.69	91.5	185	0.830	87.9	0.053	
135～200	HL160/D46	400	0.16	67.5	0.548	91.6	160	0.639	89.4	0.045	

（续）

推荐使用水头/m	转轮型号	模型转轮直径 D_m/mm	导叶相对高度 $\bar{b}_0$	最优工况 单位转速 n_{11}/r·min^{-1}	最优工况 单位流量 Q_{11}/m^3·s^{-1}	最优工况 效率 η/%	限制工况 比转速 n_S/m·kW	限制工况 单位流量 Q_{11}/m^3·s^{-1}	限制工况 效率 η/%	限制工况 空化系数 σ_m	备注
180～250	HL120	380	0.12	62.5	0.32	90.4	113	0.38	88.4	0.063	暂用
	HL110	540	0.118	61.5	0.313	90.4	110	0.38	86.8	0.055	暂用 H_{max} = 220
230～320	HL90/D54	400	0.12	62	0.203	91.7	94	0.266	87.8	0.033	暂用
300～400	HL90/D54	400	0.12	62	0.203	91.7	94	0.266	87.8	0.033	

中、小型水轮机转轮直径 D 尺寸系列规定如下（单位：cm）：25、30、35、42（40）、50、60、71、84（80）、100、120、140、160、180、200、225、250、275、300、330。

对大、中型水轮机，标准直径系列还包括：380、410、450、500、550、600、650、700、750、800、850、900、950、1000

三、中小型轴流式、混流式水轮机产品系列型谱

中小型水轮机产品的系列型谱是在转轮系列的基础上制订的，标准中规定了产品系列的装置形式、尺寸系列和使用范围，适用于单机容量为10MW及以下的轴流式和混流式水轮机。标准规定的装置形式如图8-2所示，轴流式和混流式水轮机产品系列品种表分别如表8-6和表8-7所示。

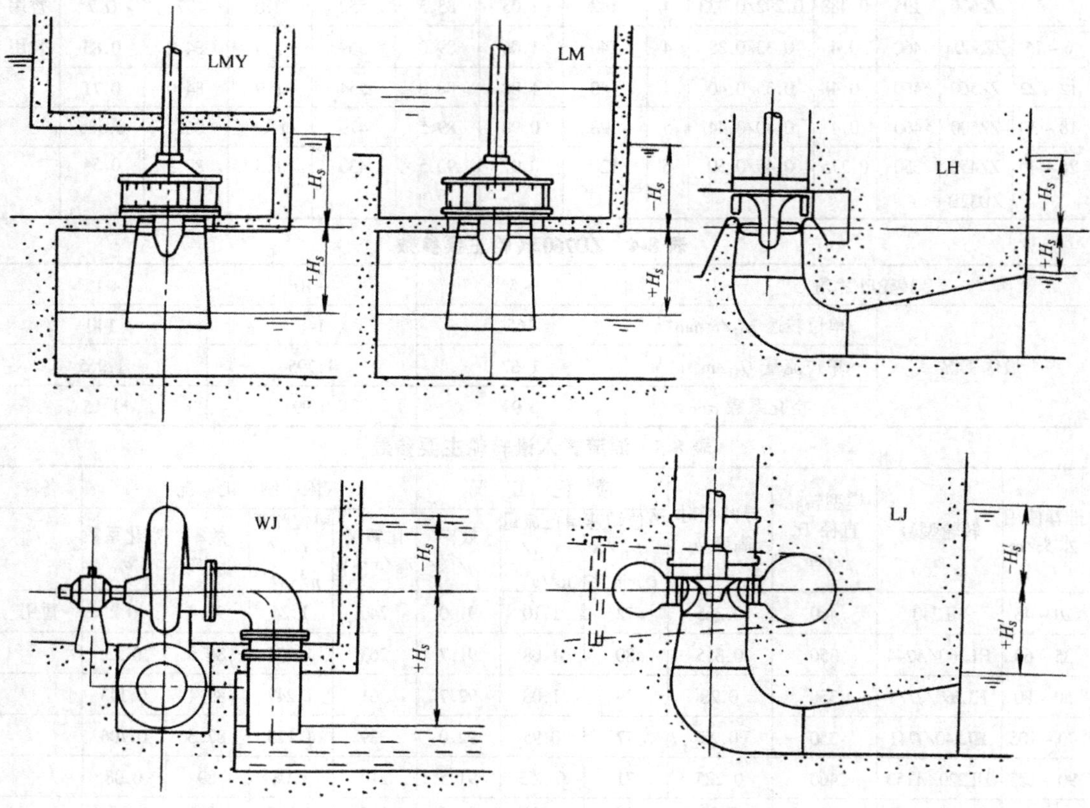

图8-2　轴流式、混流式水轮机装置型式

表 8-6　中小型轴流式水轮机产品系列品种表

	转轮型号	水头范围/m	轴流式转轮直径尺寸系列/cm														系列品种数	
			330	300	275	250	225	200	180	160	140	120	100	80	60	40		
轴流式	ZD760	3~8		LH	LH	LH	LH	LH	LH	LH	LH	LMY LM	LMY LM	LMY LM	LMY LM	LMY LM	13	64
	ZD560	6~22	LH	LH	LH	LH	LH	LH	LH	LH	LH	LMY LH	LMY LH	LMY LH	LMY LH	LMY LH	14	
	ZZ600	3~8	LH	LH	LH	LH	LH	LH	LH	LH	LH						9	
	ZZ560a	6~15	LH	LH	LH	LH	LH	LH	LH	LH	LH						9	
	ZZ560	12~22	LH	LH	LH	LH	LH	LH	LH	LH	LH						9	
	ZZ500	18~30		LH	LH	LH	LH	LH	LH								6	
	ZZ450/D32B	26~40				LH	LH	LH	LH								4	

表 8-7　中小型轴流式水轮机产品系列品种表

	转轮型号	水头范围/m	混流式转轮直径尺寸系列/cm																系列品种数	
			250	225	200	180	160	140	120	100	84	71	60	50	42	35	30	25		
混流式	HL240	12~45	LJ	LJ	LJ	LJ	LJ	LJ	LJ	LJ	WJ	WJ	WJ	WJ	WJ	WJ	WJ	WJ	16	58
	HL260/A244	35~60			LJ	LJ	LJ	LJ	LJ	LJ									6	
	HL260/D74	50~80					LJ	LJ	LJ	LJ									4	
	HL240/D41	30~105						LJ	LJ	LJ	WJ	WJ	WJ						6	
	HL220/A153	50~125							LJ	LJ	WJ	WJ							4	
	HL180/A194	110~150							LJ	LJ									2	
	HL180/D06A	20~150							LJ	LJ	WJ	WJ	WJ	WJ	WJ				7	
	HL160/D46	135~200							LJ	LJ									2	
	HL120	120~250							LJ	LJ									2	
	HL110	30~190									WJ	WJ	WJ	WJ	WJ				5	
	HL90/D54	150~400							LJ	LJ	WJ	WJ							4	

第三节　水轮机的选型计算

一、原始资料、选型任务及原则

（一）水轮机选型的原始资料

水轮机的选型计算，就是根据水电站设计部门提供的原始资料和参数，选择合适的水轮机型号和计算水轮机的性能参数。

选择和换算水轮机的主要原始资料和参数有：

1）水电站的水头和流量。水电站的水头和流量都是变化的，在选型计算时，必须考虑水头和流量的一些特定的值，这包括：

①最大水头 H_{max}和最小水头 H_{min}　在运行范围内，水轮机水头的最大与最小值；

②设计水头 H_d 水轮机在最高效率点运行时的净水头；

③额定水头 H_r 水轮机在额定转速下，输出额定功率时的最小净水头；

④加权平均水头 H_w 在电站运行范围内,考虑负荷和工作历时的水轮机水头的加权平均值；

⑤最大流量 $q_{V,\max}$ 流经电站的流量的最大值；

⑥额定流量 $q_{V,r}$ 水轮机在额定水头、额定转速下，输出额定功率时的流量。

2）上下游水位标高（海拔高程）。

3）水电站的装机容量，机组台数，及初步选择的水轮机转轮型号、参数、直径和转速。

4）调节保证要求值。

5）水电站的水质资料，如河流含砂量及砂粒大小等。

6）水轮机输水管道尺寸及布置情况。

7）水电站的运行情况，如水电站在电力系统中担任峰荷或基荷的情况，是否要作调相机运行等。

8）水电站允许的最大挖深值。

9）运输及安装条件。

（二）选型计算的任务

根据上述原始资料选择水轮机，确定水轮机的基本性能参数，主要内容有：

1）水轮机的类型和转轮型号。

2）水轮机的结构型式。

3）保证发出额定功率的转轮直径。

4）水轮机的额定转速和飞逸转速。

5）所有运行水头和功率下水轮机的效率和吸出高度值，即绘出水轮机的运转特性曲线。

6）轴向推力及叶片力矩的计算。

7）调节保证计算。

8）辅助设备的选择。

以上内容为水电站水轮机初步设计的一部分。水轮机初步设计还包括水轮机的通流部件如蜗壳、坐环、导水机构、尾水管等的初步计算及初步绘制水轮机剖面图等。

（三）选型的一般原则

选型设计计算是水电站设计中一项重要的任务，这个问题解决得正确与否对水电站的投资、建设速度、发电量以及电站的经济效益都有很大影响。选型并不是简单地查产品目录，从现代水轮机选型设计的内容来看，它是一门系统工程学，因为要在很多的错综复杂的技术经济因素（例如电站水资源综合利用、制造、运输、安装、土建、电力用户、运行方式等）中寻求优良的方案，就要求进行科学的运筹，这只有使用现代优化理论才能满意地完成。

选型计算应考虑以下一些原则：

所选定的水轮机应有高的效率，不仅要选择 $\eta_{\max}$高的转轮型号，而且还要根据水轮机的工作特性曲线选择平均效率 η 最高的转轮型号，使在负荷和水头变化的情况下具有高的运行效率。因此，应尽可能选择 $\eta=f$（P）和 $\eta=f$（H）曲线变化平缓的水轮机（参见图 7-7和图 7-16）。

所选定的水轮机的尺寸应较小，即应尽可能选用比转速 n_S 高的水轮机，使水轮机的转速高，转轮直径小。为此，计算时的单位流量 Q_{11}值应尽可能选用型谱规定的限制工况的单

位流量 $Q_{11,max}$值，以充分利用水轮机的过水能力，减小水轮机的尺寸。同时还要使所选择的水轮机经常在最优区工作，即经常工作的单位转速 n_{11}应等于或稍高于最优单位转速 $n_{11,0}$。

所选定的水轮机应有良好的空化性能，对混流式水轮机还应有较好的工作稳定性（压力脉动小）。

对一个水电站，可能会有两个或多个选型方案，例如，可能是同一类型水轮机的不同转轮型号方案，还可能是不同类型水轮机（如转桨式与混流式）的方案。根据不同方案的选型计算，考虑水电站的各种具体条件，对各个方案进行全面的综合分析比较即可定出合理的方案。

大型水电站要求机组在较大的范围内有良好的运行性能。大型水力枢纽大多有兼顾防洪、灌溉、通航、发电及其他多方面的综合利用要求，因此往往难以适应机组的定型设计。各个大型水电站的水文和地质等条件又是相当复杂而不相同的，大型电站的水轮机的效率、流量、空化等指标对整个水力工程的效益影响很大。由于这些原因，大型机组完全套用定型设计的可能性较小，应尽量根据电站的具体条件进行机组的选型设计计算，确定最经济合理的水轮机组，并使水力资源得到良好的开发利用。

小型机组需要的数量多，给机组的通用化创造了有利条件。在小型水利工程的投资中，机组所占比例相对较大，故降低机组造价的意义较大，而成批生产则是降低机组造价的重要途径。因此，小型机组应尽量选用通用的标准系列产品。另外，大中型机组一般为立式，且装机较低，小型机组一般为卧式，且不宜装机于下游水位以下。因此对于小型机组，发电机系列的转速在一定程度上决定了水轮机的型式和使用水头范围，而大、中型机组发电机的某些参数则往往是根据水轮机的性能确定的。

所选定的水轮机组应是制造可行，运输困难少，现场安装方便的。

在选型计算中，所选机组应能有利于缩短建设周期。水库初期蓄水时水位较低，水轮机组要考虑低水头运行的可能性，这对于大型水电站特别要引起注意。

上述一般原则在具体问题上可能有矛盾，应根据具体情况抓住主要的因素合理地进行选型计算。

二、用系列型谱使用范围图和系列使用范围图进行选型

这是中、小型水轮机选型中常用的方法。为了便于选择水轮机，将系列型谱中规定的各系列水轮机适用的水头、流量和功率的范围绘制在一张图以水头为横坐标，以流量为纵坐标的图上，称之为系列型谱使用范围图（图 8-3）。在图 8-3 上，各系列适用的水头界限由允许的经济吸出高度和转轮的强度条件确定，并用相应的竖直线表示。每个系列水轮机使用范围的流量界限由系列型谱规定的最大直径和最小直径确定，在图 8-3 上用倾斜的平行线表示。在对数坐标系中，等功率线成为倾斜的直线。这样，只要根据水头和流量（或功率）就可在图上选出合适的水轮机系列。各系列的使用范围有一定的重迭，所以有时可能得到两三种不同系列的水轮机，这就要经过计算和综合比较来确定选取其中的一种。

为了便于在选定水轮机系列后，进一步确定转轮直径、转速、吸出高度等参数，还可将各个系列中不同直径（品种）的产品的使用范围图绘制在一张图上，如图 8-4 所示，每个品种（直径 D）适用于由长条平行四边形所限定的功率和水头应用范围，直径值标注在其右边。平行四边形的上下两边界是功率界限，每个长条平行四边形用竖直线划分为若干个小的平行四边形，其中数字为相应的最优同步转速，左右边界为水头适用范围。按给定的水头 H，可从系列使用范围图下面的 $h_s = f（H）$ 曲线查得相应的理论吸出高 h_s 值。

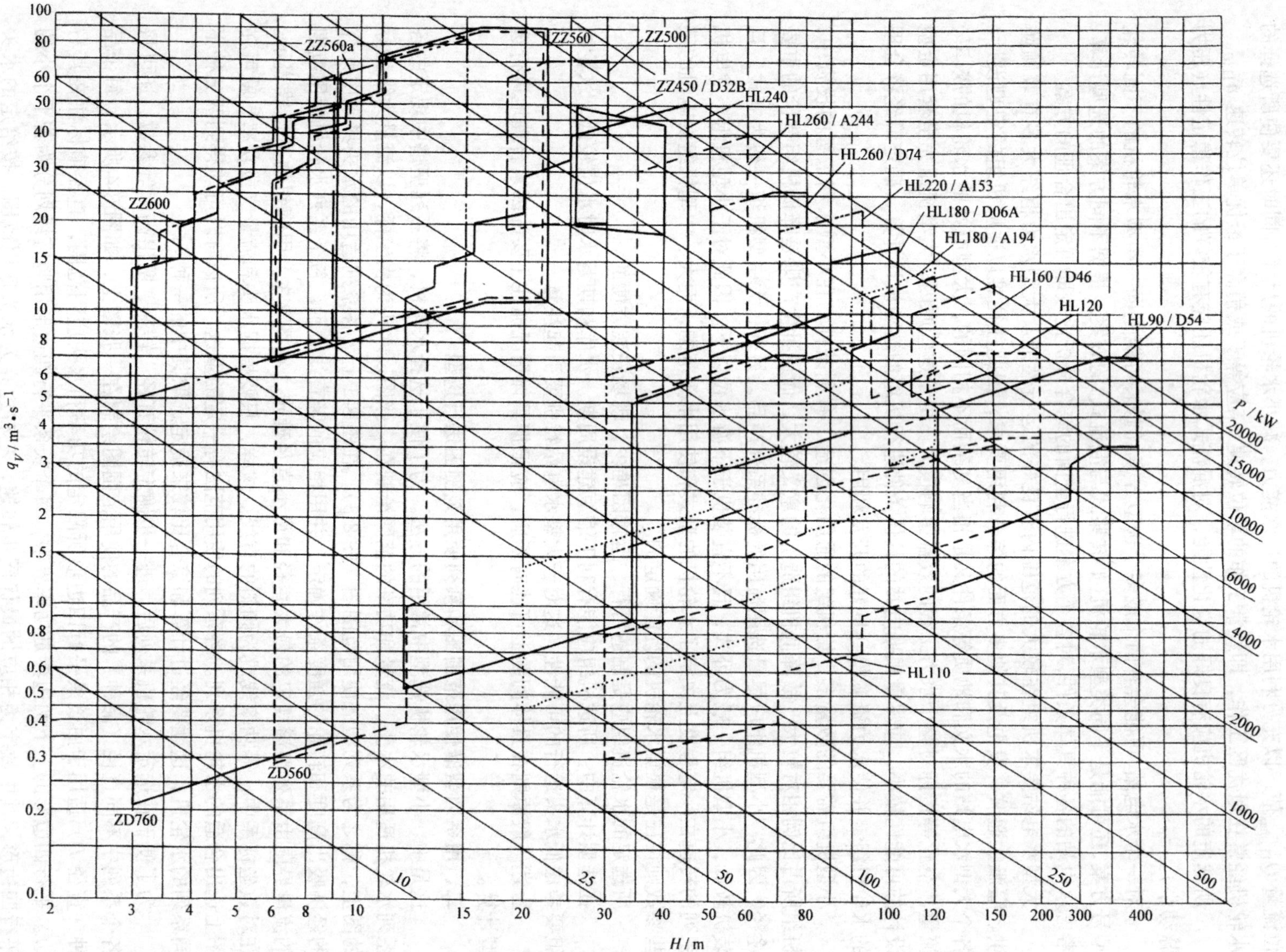

图 8-3 中小型轴流式、混流式水轮机产品系列型谱使用范围图

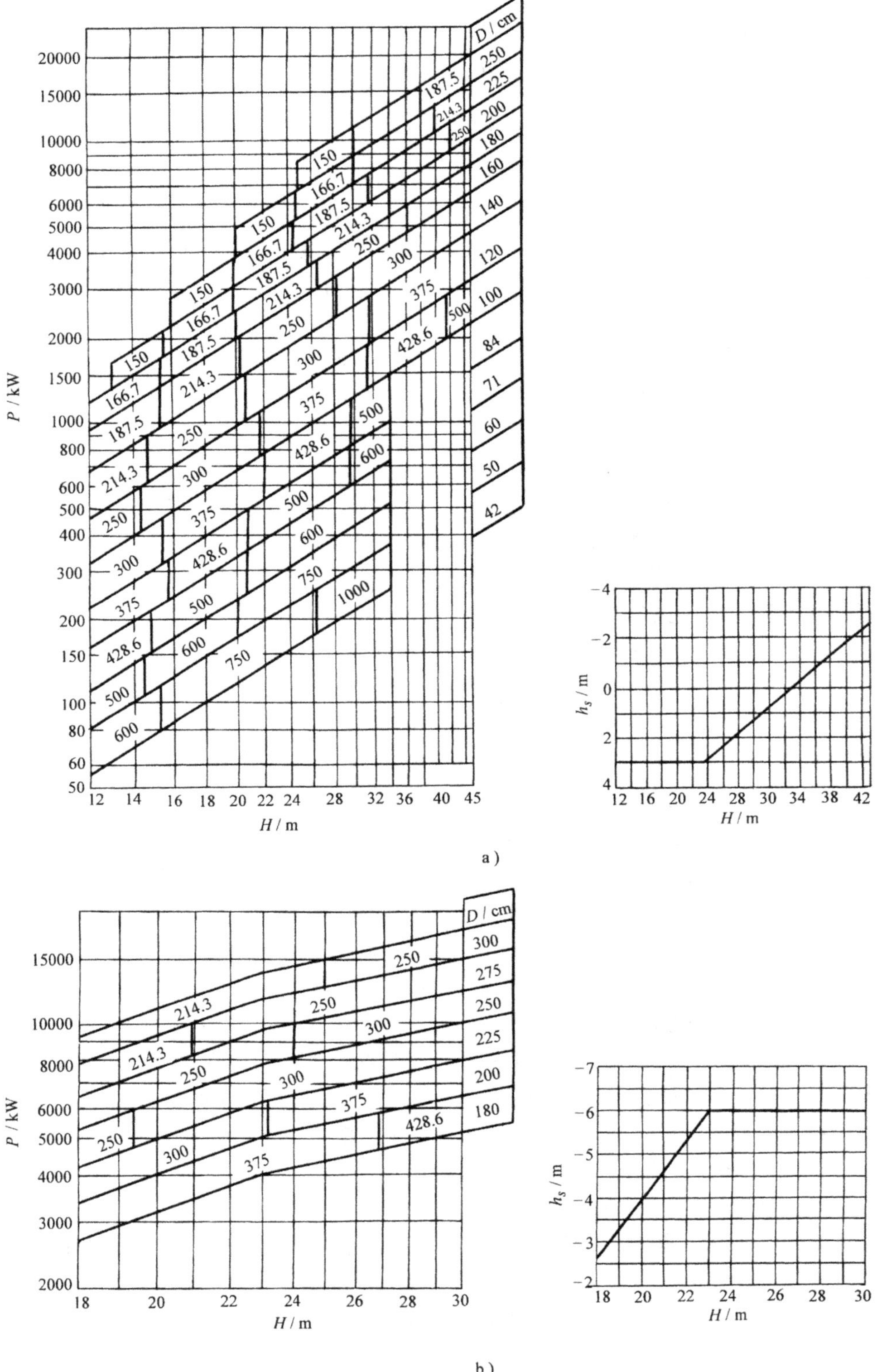

图 8-4 水轮机的系列使用范围图

a）HL240/D41 系列使用范围图 b）ZZ500 系列使用范围图

查得 h_s 值后，按下式确定最大允许吸出高度 H_S

$$H_S = h_s - \frac{\nabla}{900} \tag{8-1}$$

式中　∇——水电站位置（下游水位）的海拔高程。

三、根据综合特性曲线进行选型计算

上述利用使用范围图的选型方法非常简单易行，进行中、小型水轮机选型时广泛使用这种方法。但对大、中型水轮机的选型计算，因选型结果对电站运行影响很大，需要进行详细的技术经济分析，利用上述方法是不够的。这时主要利用水轮机的综合特性曲线来进行选型计算。可以根据相似公式由模型参数换算出原型水轮机的参数值，同时，又可把选出的原型水轮机的参数换算成模型数值，放置在模型综合特性曲线上检查所选择的水轮机工作条件是否理想，若满足要求，则这些参数即为所选择水轮机的参数值。

主要计算方法和步骤如下：

1. 选择水轮机的系列

根据水电站的水头和水轮机的型谱参数（表 8-3 至表 8-5），或者参与投标的制造商提供的资料，选择水轮机的类型（轴流、混流等）及转轮系列。

2. 转轮直径 D 的计算

根据相似理论的有关公式，转轮直径可如下计算 D（m）

$$D = \sqrt{\frac{P}{9.81 Q_{11} H^{3/2} \eta}} \tag{8-2}$$

式中　$9.81 = \rho g/1000$。式（8-2）中的各参数都应根据水轮机的综合特性曲线同时考虑电站和水轮机的具体情况慎重决定。通常作如下考虑：

1）功率 P 为原始参数中水轮机的单机额定功率（kW）。

2）单位流量 Q_{11} 应为设计单位流量，对混流式和定桨式水轮机，取最优单位转速 $n_{11,0}$ 与 5% 出力限制线的交点所对应的单位流量 $Q_{11,\max}$。受电站开挖深度限制时，按允许的最大吸出高度 H_S 来选定 Q_{11} 值，但不宜小于最优单位转速 $Q_{11,0}$ 值，否则是不合理的。对转桨式水轮机，Q_{11} 值取最优单位转速 $n_{11,0}$ 与允许的吸出高度 H_S 所对应的等空化系数线的交点处的单位流量值。如水电站没有提出允许吸出高度 H_S 的具体要求，则可采用表 8-3 中推荐的限制工况的 Q_{11} 值，该值保证水轮机在此工况具有合理的效率值并具有经济的吸出高度。

3）水轮机的效率 η 本应采用真机在额定工况点的效率，但在求得真机转轮直径之前，无法求得效率修正值，故只能预先给定近似值，即可用比该工况点模型效率稍大一些的数值。一般对大中型水轮机，混流式预先取 $\eta = 0.90 \sim 0.91$，转桨式水轮机预先取 $\eta \approx 0.86 \sim 0.88$；对中小型水轮机，取 $\eta \approx 0.82 \sim 0.85$。

4）H 应为原始参数中的额定水头 H_r

计算得到的 D 值，按规定的尺寸系列化整为相近的标准直径，通常应取标准直径稍大于计算所得的直径数值。

当额定转速大于 428r/min 时，额定转速的级差较大，往往为满足转速而允许采用非标准直径。对大功率的机组，由于经济效益巨大，也可采用非标准直径。

最后选取 D 值时还应该根据 D 估算出水轮机的质量（重量）和成本，综合发电成本及电站投资和电能效益进行比较，得到最经济的直径。还应根据 D 估算出水轮机的最大运输件（如混流式转轮，轴流式转轮体等）的尺寸和质量，论证运输和加工的可能性。

3. 转速 n 的计算

转速按最优单位转速 $n_{11,0}$和加权平均水头 H_w计算，即 n（r/min）

$$n = \frac{n_{11,0}\sqrt{H_w}}{D} \tag{8-3}$$

按式（8-3）计算得到结果，应取相近的发电机同步转速 n，所取同步转速可略大于计算得到的转速。同步转速 n 与发电机磁极对数 p 的关系为 $n=3000/p$。如水轮机与发电机由增速器联结，则水轮机转速乘以增速比应等于发电机的同步转速。

还应指出，最后应综合考虑发电机成本、电能得失及空化情况等来确定机组的转速 n。

4. 效率修正

根据模型最优工况下的效率 $\eta_{m,\max}$，按式（3-38）至式（3-43）各式计算出真机的最高效率 $\eta_{\max}$，于是，真机与模型因直径及水头不同的效率修正值 $\Delta\eta_1$ 为

$$\Delta\eta_1 = \eta_{\max} - \eta_{m,\max} \tag{8-4}$$

若真机与模型的某些通流部件，（如引水室、尾水管等）不相似，则还需要考虑异形部件对效率的修正值 $\Delta\eta_2$ 和因加工质量引起的效率修正值 $\Delta\eta_3$，具体计算可参阅其他文献。

因此，真机的效率为

$$\eta = \eta_m + \Delta\eta_1 + \Delta\eta_2 + \Delta\eta_3 \tag{8-5}$$

效率下降取负值，效率增加取正值。

通常采用等值法进行效率修正，即认为所有的工况的效率修正值都相同。对混流式水轮机一般按最优工况点计算 $\Delta\eta$，对转桨式水轮机分别按各个叶片转角 φ 的最优点计算 $\Delta\eta$。其他工况都用相同的 $\Delta\eta$ 按式（8-5）计算真机效率。

5. 单位转速与单位流量的修正

按上述计算出真机的效率后，即可按公式

$$\Delta n_{11} = n_{11} - n_{11,m} = \left(\sqrt{\frac{\eta}{\eta_m}} - 1\right) n_{11,m} \tag{8-6}$$

$$\Delta Q_{11} = Q_{11} - Q_{11,m} = \left(\sqrt{\frac{\eta}{\eta_m}} - 1\right) Q_{11,m} \tag{8-7}$$

计算出单位转速和单位流量的修正值 Δn_{11}和 ΔQ_{11}，计算时式（8-6）和式（8-7）中的 η、$n_{11,m}$和 $Q_{11,m}$均取最优工况点之值，其他工况点均用此修正值进行等值修正。实际计算时，因 ΔQ_{11}占单位流量中的比例很小，故通常可不修正 Q_{11}值。如计算得到的 $\Delta n_{11}/n_{11m} < 3\%$，则也可以不修正 n_{11}值。

于是，真机的单位转速 n_{11}和单位流量 Q_{11}为

$$\left.\begin{aligned} n_{11} &= n_{11,m} + \Delta n_{11} \\ Q_{11} &= Q_{11,m} + \Delta Q_{11} \end{aligned}\right\} \tag{8-8}$$

6. 检查所选择的 D 和 n 的正确性

按最大水头 $H_{\max}$求出相应的最小单位转速 $n_{11,\min}$，按最小水头 $H_{\min}$求出相应的最大单位转速 $n_{11,\max}$，在水轮机的综合特性曲线上分别作出对应于上述 $n_{11,\mathrm{main}}$、$n_{11,\max}$为常数的两条直线。若这两条直线之间包含了综合特性曲线的最优区，则可认为所选择的 D 和 n 是比较正确合理的。否则，就应考虑适当修改所选择的直径 D 和转速 n 值。较精确地分析水轮机

选择的正确性，应根据真机的运转特性曲线进行，运转曲线的绘制将在本节稍后叙述。

7. 允许吸出高度 H_S 的计算

水轮机在不同工况下的空化系数 σ 是不同的，所以应根据不同的水头 H_{max}、H_r、H_w、H_{min}下的功率 P，也就是根据相应的 n_{11}和 Q_{11}值，从综合特性曲线上查得相应的空化系数 σ 值，按式（4-50）计算出相应的允许吸出高度，即

$$H_S = 10 - \frac{\nabla}{900} - K_\sigma \sigma \tag{8-9}$$

式中的空化安全系数 K_σ，对于低水头转桨式水轮机 $K_\sigma \approx 1.1 \sim 1.2$，对高水头转桨式水轮机 $K_\sigma \approx 2.0$。对于混流式水轮机，当水头 $H = 30 \sim 250\text{m}$ 时，$K_\sigma \approx 1.15 \sim 1.2$，当 $H > 250\text{m}$ 时，$K_\sigma = 1$。近年来，国际上有增加空化安全系数 K_σ 的明显趋势，特别是对于大型混流式水轮机，认为空化安全裕量应取 100%左右，即 $K_\sigma \approx 2.0 \sim 2.2$。

也可按式（4-51）计算，即

$$H_S = 10 - \frac{\nabla}{900} - (\sigma + \Delta\sigma) H \tag{8-10}$$

式中 $\Delta\sigma$ 为各种设计水头下水轮机空化系数的修正值，当转轮使用水头在型谱规定范围内时，一般可按图 4-22 的曲线选取。

对各个不同水头下计算出的 H_S 值，通常取其中的最小值，即为允许的最大吸出高度值。当然，吸出高度 H_S 值的最后确定，还必需考虑土建施工投资大小和运行条件等进行方案的技术经济比较。如水中含砂量较大，为了避免空蚀和泥砂磨损的相互影响和联合作用，吸出高度 H_S 值应取得安全一些，同一型号的转轮用于较高水头时，空蚀安全裕量也应适当加大。

8. 飞逸转速计算

第七章曾指出，当作用于水轮机轴的外力矩（负荷）为零时，水轮机的转速将达到极大值——飞逸转速。显然，该转速与 H、a_0、φ 等参数有关。在水轮机的实际运行中，当发生事故，发电机从系统解列，同时调速器或导水机构又发生故障，不能关闭导叶时，就会出现飞逸转速。当发生飞逸时，旋转零件中由离心力引起的应力达极大值。若飞逸转速接近转子的临界转速，还会发生共振现象，这对机组及整个电站的安全都是很大的威胁，因此设计时必须按飞逸转速进行强度计算。

不同水轮机的飞逸转速的值是不相同的。每一种机器的飞逸转速是通过模型试验求得的。通常用单位飞逸转速

$$n_{11,R} = \frac{n_R D}{\sqrt{H}} \tag{8-11}$$

代表一个系列的机器的飞逸转速。显然，$n_{11,R}$只和 φ 及 a_0 有关，而和 H 无关。

混流式及轴流定桨式水轮机的飞逸工况的单位参数只与导叶开度有关，图 8-5 以导叶开度为参变量表示了 HL/260/D74 转轮的飞逸特性曲线 $n_{11,R} = f(Q_{11})$，由图可见在大开度下的飞逸转速是最危险的。系列型谱资料中给出了每一个转轮的最大单位飞逸转速的值以及飞逸特性曲线。相应于出力限制线的开度下的单位飞逸转速与最优单位转速之比 $K_R = n_{11,R}/n_{11,0}$称为飞逸系数。混流式水轮机的 $K_R = 1.6 \sim 2.1$，随比转速升高而升高。对于轴流定桨式，$K_R = 2.1 \sim 2.3$。

在设计过程中关心的是真机最大可能的飞逸转速 $n_{R,\max}$，对混流式及轴流定桨式水轮机它出现在最大水头及最大开度时，可按最大单位飞逸转速和最大水头求得

$$n_{R,\max} = n_{11,\max}\frac{\sqrt{H_{\max}}}{D} \tag{8-12}$$

转桨式水轮机的飞逸特性除与 a_0 有关外，还与 φ 有关。视 φ 与 a_0 间的协联关系是否保持，转桨式水轮机的飞逸特性有所不同。

当机组甩负荷时，如果导水机构及转叶机构失灵，二者失去协联关系，此时的飞逸特性是对各种 φ 角在不同的开度下试验得到的。图 8-6 中的实线表示这种情况，由图可见，在某一不大的 φ 下（图中为 $-10°$），飞逸转速达到最大值。当 φ 角很小或很大时，飞逸转速接近于零。

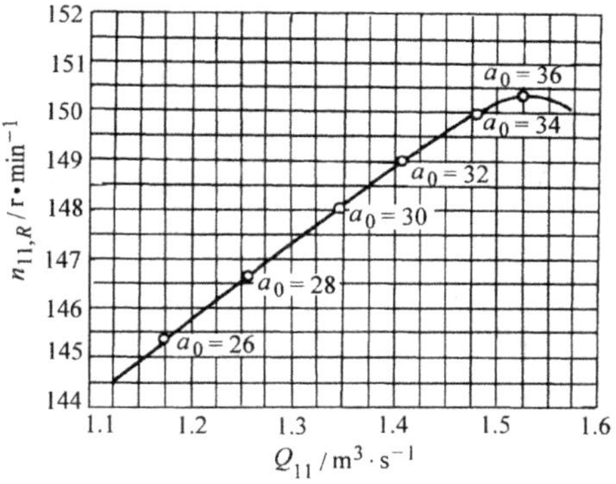

图 8-5　HL260/D74 转轮的飞逸特性

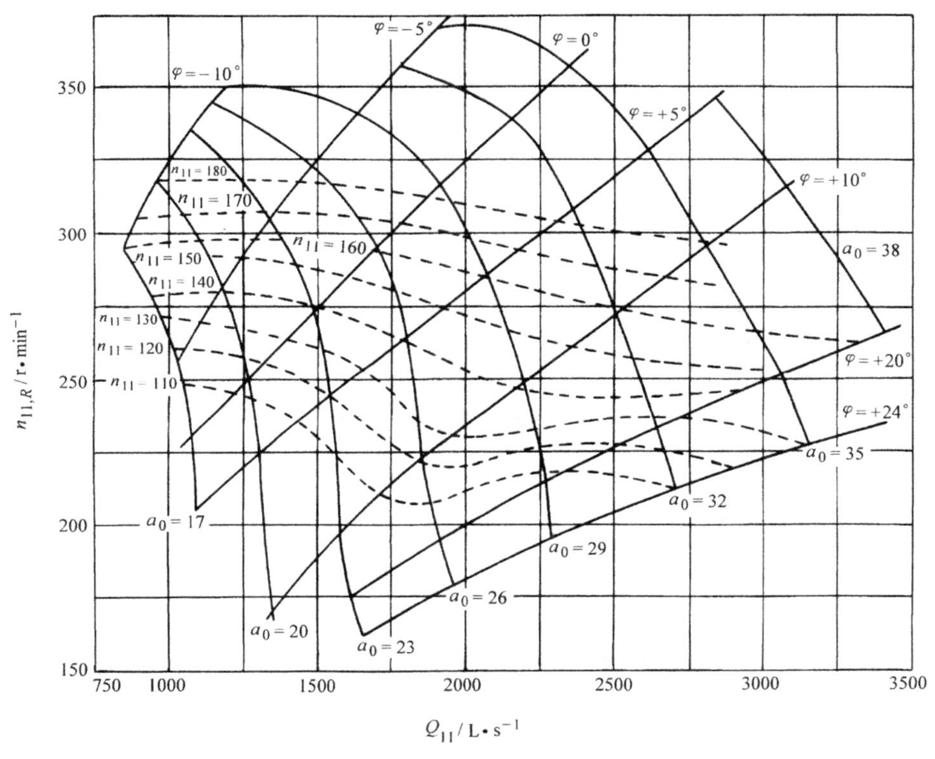

图 8-6　ZZ560 转轮飞逸特性曲线

如果当机组甩负荷时，调速器失灵，导叶及叶片都不能动作，但保持着协联关系，则此时的飞逸特性如图 8-6 中虚线所示。由于协联关系是随 n_{11}（对真机即为随 H）而变化的，故在不同的协联关系下得到不同的曲线。保持协联关系时的飞逸转速稍低于协联关系破坏时，前者 $K_R=2.0\sim2.2$，而后者 $K_R=2.4\sim2.6$。对于真机，可按不同水头下的协联关系分别求出 n_R，然后绘出 $n_R=f(H)$ 曲线（图 8-7），取其中的最高值，即可求得真机运行中保持协联关系时的最大飞逸转速。

9. 轴向水推力及叶片水力矩的计算

混流式水轮机转轮上的轴向水推力是由作用于转轮(上冠、下环、前后盖板)的内外表面的轴向水压力及作用于叶片上的水压力的轴向分量形成的。当转轮结构尺寸确定以后，轴向水推力可由计算求得。由于一些因素(例如泄漏量的影响等)难以精确估计，因此计算所得数据往往并不精确。在重要的应用场合，还应进行专门的试验研究。

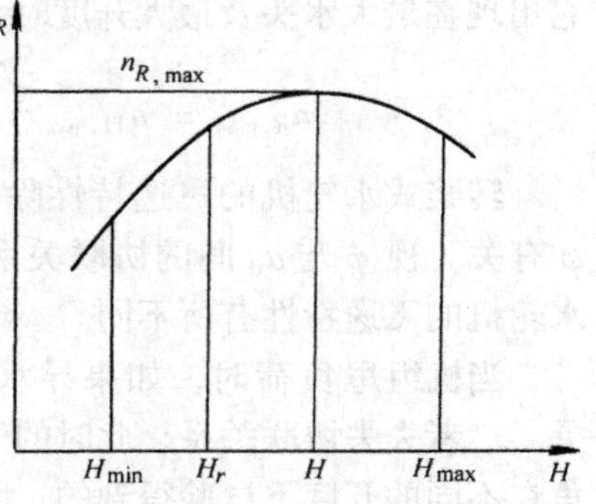

图 8-7 转桨式水轮机的 $n_R=f(H)$ 曲线

在初步设计时，可用下式计算 F_h (t) 作用于混流式转轮上的轴向水推力

$$F_h = K\frac{\pi}{4}D^2H_{\max} \tag{8-13}$$

式中 K 是一个系数，其值与转轮型号及上冠减压孔面积有关，可由模型试验确定。当减压孔面积不小于止漏环(密封环)间隙面积的 5~6 倍时可利用表 8-8 中的数据。

表 8-8 混流式转轮的水推力系数

型号	HL310	HL240	HL230	HL220	HL200
K	0.37~0.45	0.34~0.41	0.18~0.22	0.28~0.34	0.22~0.28
型号	HL180	HL160	HL120	HL110	HL100
K	0.22~0.28	0.2~0.26	0.1~0.13	0.1~0.13	0.08~0.11

轴流式转轮的轴向水推力的主要组成部分是作用于叶片上的水压力的轴向分量，在初步设计时，也可按式(8-13)计算，只是其中的系数 K 按表 8-9 选取

表 8-9 轴流式转轮的水推力系数

叶片数	4	5	6	7	8
K	0.85	0.87	0.90	0.93	0.95

在立式机组中，总的轴向力 F 还包括转子重量 W_r

$$F = F_h + W_r \tag{8-14}$$

F 值是设计推力轴承及平衡装置的基础。

以上的计算是很粗略的，较精确的计算应借助于每一个转轮的试验资料。对于轴流式转轮，为了计算叶片强度及转轮接力器的油压，必须知道作用于叶片上的力及力矩。轴流式叶片的受力如图 8-8 所示，作用于叶片上的水压力 F_1 可分解成轴向分量 F_{z1} 和圆周分量 F_{u1}。力 F_1 的作用点与叶片轴之间的距离为 e。作用于转轮的总轴向力为 $F_h = ZF_{z1}$ (Z 为叶片数)，由模型试验确定。为了便于换算，引入单位轴向力的概念

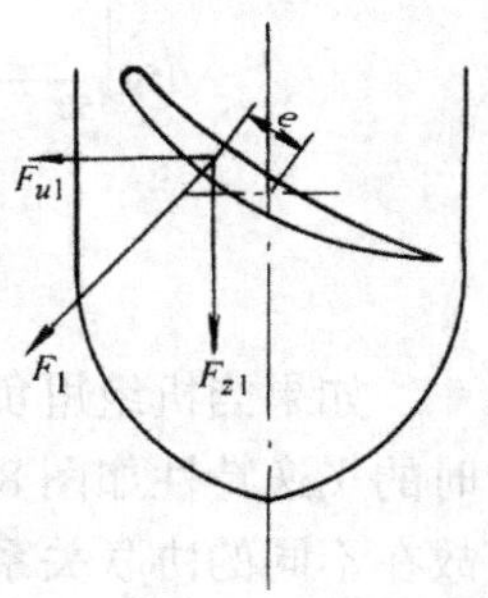

图 8-8 作用于轴流式叶片上的力

$$F_{h,11} = \frac{F_h}{D^2H} \tag{8-15}$$

图 8-9 给出了一个轴流式转轮在不同 φ 角下的轴向力特性。$F_{h,11}$随 φ 角的减小而增加，同时随转速的增加而减小。当转速超过飞逸转速时会成为负值，这种情况可能在电站甩负荷而迅速关闭导叶时出现，此时负的 F_h 会使机组转动部分上抬而造成事故。

作用于单个叶片上的水力矩为

$$M_h = F_1 e$$

式中 F_1 和 e 值都随工况变化且难以用理论方法计算，因此实际上 M_h 值也是由模型试验求取并表示成单位水力矩

$$M_{h,11} = \frac{M_h}{D^3 H} \tag{8-16}$$

对相似水轮机的相似工况点，$M_{h,11}$是常数，图 8-10 和图 8-11 分别表示 ZZ560 水轮机的单位水推力和单位水力矩特性曲线，根据模型试验的 $F_{h,11}$和 $M_{h,11}$即可换算出真机的轴向水推力和叶片水力矩。

通过以上水轮机的选型计算，得到了所选水轮机的一些基本参数。但还必须考虑水电站的具体情况和设计制造厂家的设计制造情况，由水电站设计部门与水轮机设计制造部门充分协商研究，才能最后确定方案。

10. 水轮机质量（重量）估算

不包括调速设备及其他辅助设备的水轮机净重按下列经验公式估算

$$W = KD^a H^b \tag{8-17}$$

式中　W——水轮机净重（t）；

K——与水头有关的系数；

a——与直径 D 有关的指数；

b——与水头有关的指数。

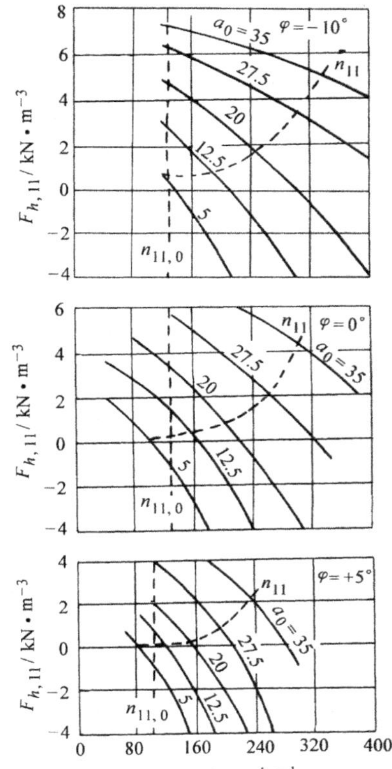

图 8-9　轴流式水轮机不同叶片转角下的轴向力

对于具有金属蜗壳的混流式水轮机，K、a 和 b 值可按表 8-10 查取，水头低于 40m，采用混凝土蜗壳的混流式水轮机净重可按式（8-17）计算后再扣除金属蜗壳的质量，金属蜗壳重量按下式计算

$$W_W = M^{\frac{1}{2.5-0.0528\ln M}} \tag{8-18}$$

式中　$M = H_{max} D^3 Q_{11}$，Q_{11}为设计水头额定功率下的单位流量（m^3/s）

表 8-10　金属蜗壳的混流式水轮机的 *K*、*a* 和 *b*

水头 H/m	20~200	>200	直径 D/m	1.4~7.5	7.5~10.0
K	8.1	6.6	a	$\frac{11}{5+0.1(75-D)}$	$\frac{11}{5+0.05(7.5-D)}$
B	0.16	0.20			

采用混凝蜗壳的轴流式水轮机的 K、a 和 b 值，可由表 8-11 查得，当轴流转桨式水轮机采用金属壳时，水轮机净重按式（8-17）计算后再加上金属蜗壳的重量。

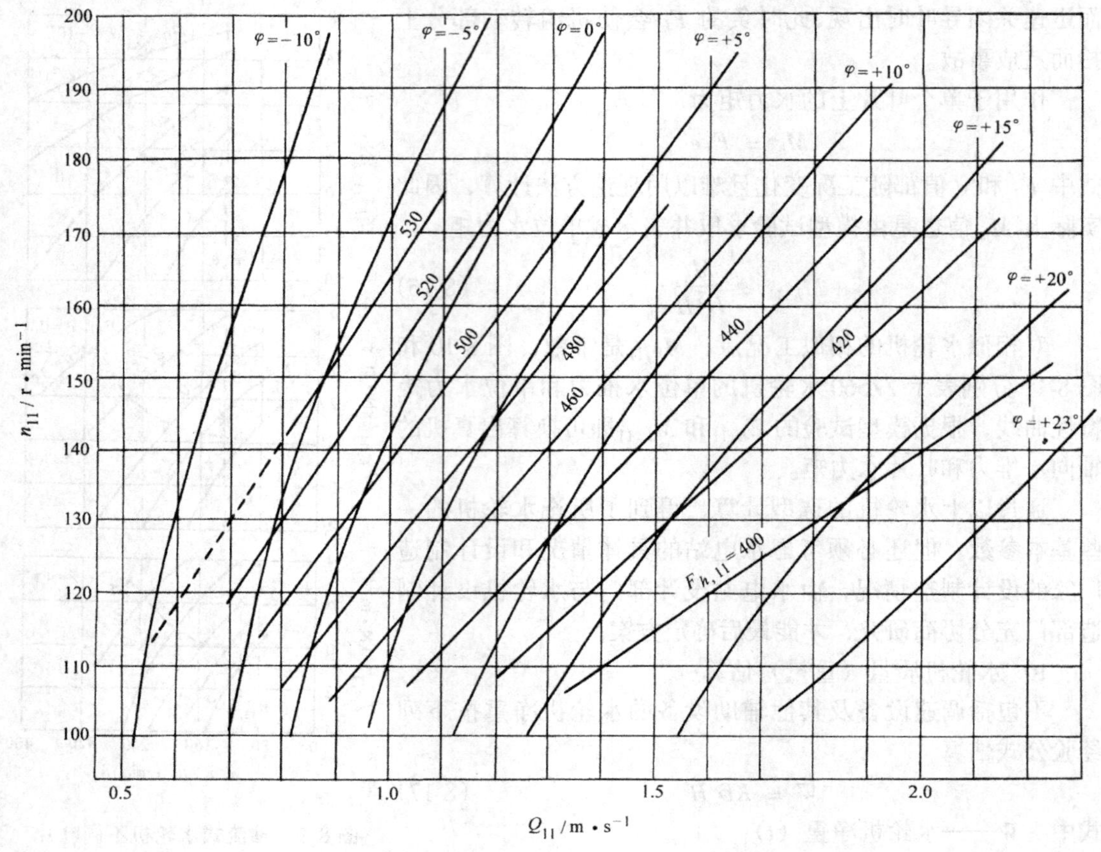

图 8-10　ZZ560 单位水推力特性

表 8-11　混凝土蜗壳的转桨式水轮机的 K、a 和 b

H/m	K	B	D/m	1.8～6.5	6.5～11.3
< 80	2.45	0.4	a	2.14	$\frac{10.7}{5+0.05(6.5-D)}$

四、水轮机运转特性曲线的绘制

水轮机在水电站运行时，转速 n 是固定的额定转速，功率 P 和水头 H 变化时，流量 q_V、效率 η 和空化系数 σ 随之变化。在转速不变的情况下，水轮机的各主要工作参数之间的关系，可概括地表达在水轮机的运转特性曲线上

为了掌握真机在各种实际运转工况下的能量、空化特性，以进一步检查所选择水轮机的直径和转速等参数的正确性，通常在前述的参数选择换算之后，作出真机的运转特性曲线，即在给定直径 D 和转速 n 的条件下，以水头 H 为纵坐标，功率 P 为横坐标，作出等效率曲线 $\eta=\text{const}$，功率限制线和等吸出高度曲线 $H_S=\text{const}$，绘制的方法和步骤如下：

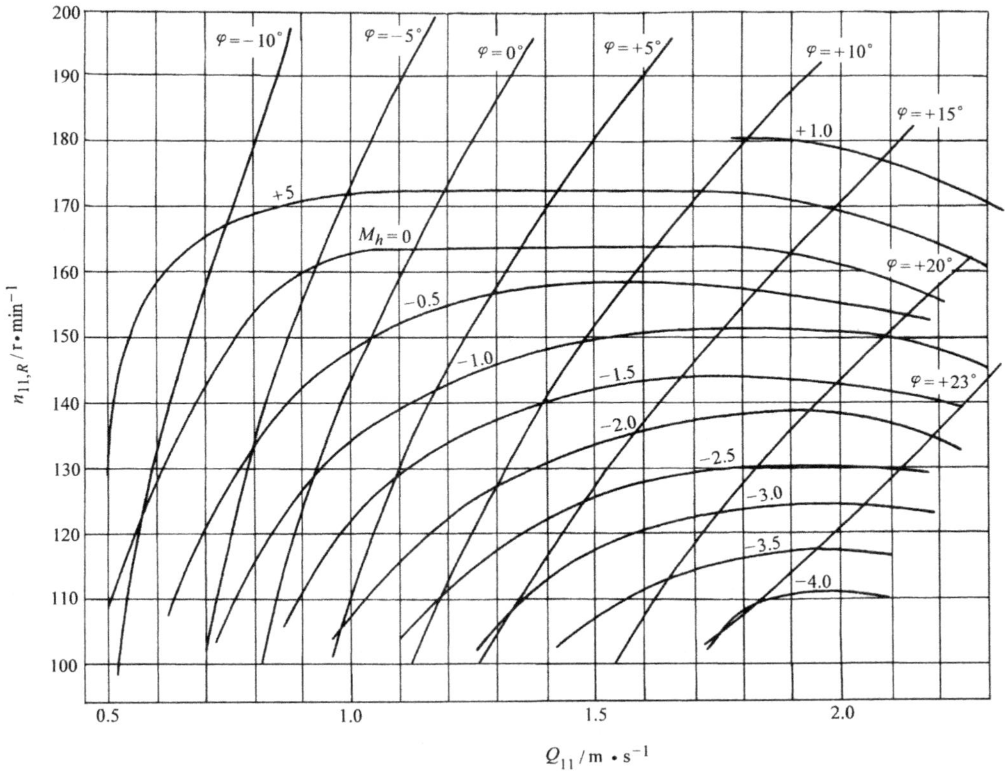

图 8-11　ZZ560 单位水力矩特性

1. 工作特性曲线 $\eta = f(P)$ 的绘制

在一定水头 H 下，效率 η 和功率之间的关系 $\eta = f(P)$ 曲线，称为工作特性曲线。在给定的真机水头范围内（包括 H_{min}、H_r、H_{max}在内）选取若干个（一般为 5～6 个）水头值，对每一个水头可由式 P（kW）

$$P = 9.81\eta Q_{11} D^2 H^{3/2} \tag{8-19}$$

得到该水头下的 $\eta = f(P)$ 曲线，如图 8-12 所示。

真机的每一个水头对应着一个单位转速 n_{11}，其对应的模型单位转速为 $n_{11m} = n_{11} - \Delta n_{11}$。在模型的综合特性曲线上对应于该单位转速的水平线上查出一系列 η_m 及 $Q_{11,m}$ 的值。经过修正得到真机效率 η 和单位流量 Q_{11}，代入式（8-19）进行计算。修正的方法如前所述。由于计算的数据很多，可以列表进行。计算对混流式或轴流定桨式水轮机可按表 8-12 进行，对轴流转桨式水轮机可按表 8-13 进行，表中有下标 m 者为模型值，其余为真机值。

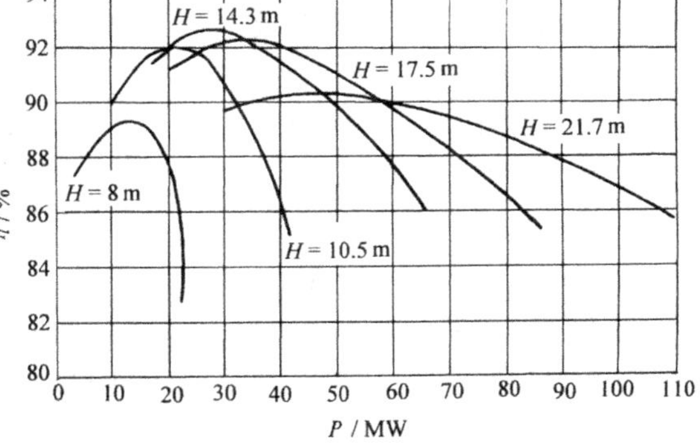

图 8-12　水轮机的工作特性曲线

表 8-12　混流式或轴流定桨式水轮机工作特性曲线的计算

H											
$H^{3/2}$											
$n_{11}=nD/\sqrt{H}$											
$n_{11,m}=n_{11}-\Delta n_{11}$											
工作特性计算	η_m	$Q_{11,m}$	Q_{11}	η	P	η_m	$Q_{11,m}$	Q_{11}	η	P	
	⋮										
5%出力限制线											

表 8-13　轴流转桨式水轮机工作特性曲线的计算

H	H_1						H_2						…
$H^{3/2}$													
$n_{11}=nD/\sqrt{H}$													
$n_{11,m}=n_{11}-\Delta n_{11}$													
φ	η_m	$\Delta\eta$	η	$Q_{11,m}$	Q_{11}	P	η_m	$\Delta\eta$	η	$Q_{11,m}$	Q_{11}	P	
−10°													
−15°													
0°													
5°													

2. 等效率线的绘制

将前述各水头 H 下的工作特性曲线 $\eta=f(P)$（图 8-12）中效率相等的点（H，P）绘在 H—P 坐标系中，并以光滑曲线相连即得等效率曲线 $\eta=\text{const}$，各线的效率值间隔一般为 1%。这样就得到水轮机运转特性曲线中的等效率曲线族（图 8-13）。

每一条等效曲线 $\eta=\text{const}$ 的上、下方的转向点表示能得到该效率值的最高和最低水头，等效率曲线在该点与相应的水头线相切。为了求得该点，可作辅助曲线 $\eta_{max}=f(H)$，如图 8-14 所示。该曲线表示各水头下能得到的最高效率值，按指定的效率从曲线查得相应的两个水头值，并在 H—P 坐标系中作出相应的水平线，则所指定效率值的 $\eta=\text{const}$ 曲线的上、下方应与分别该两水平线相切，这样即可近似确定等效率曲线的转向点。

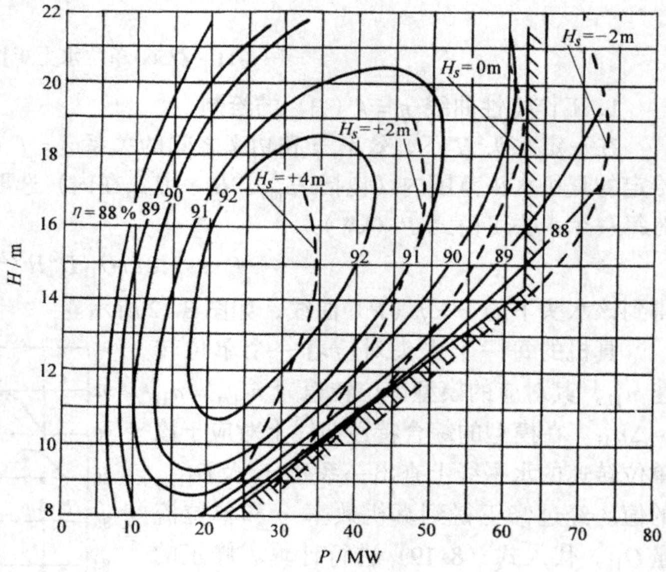

图 8-13　ZZ560—LH—800 水轮机运转特性曲线

3. 功率限制线的绘制

混流式或轴流定桨水轮机的功率限制线在运转特性曲线图的最小水头 H_{min} 至额定水头 H_r 范围内，根据转轮综合特性曲线的 5% 功率限制线上的参数换算确定，这些参数可从表 8-12 中最下面一栏的计算数据中得到。在图 8-13 所示的运转特性曲线图上相应表示为一条斜的阴影线。一般为简便起见，将 H_{min} 及 H_r 所对应的 P 值所决定的两点连成斜直线即可。在额定水头 H_r 至最大水头 H_{max} 范围内，则受发电机功率的限制，功率限制线如图 8-13 中的竖直阴影线所示，在功率限制线的左边是水轮机的允许工作区。

对于轴流转桨式水轮机的运转特性曲线，在 H_{min} 至 H_r 范围内的出力限制线，应根据综合性曲线上的导叶最大开度 a_{0max} 线上的参数换算确定（a_{0max} 是相应于 H_r 时能保证水轮机额定功率的开度）。在 H_r 至 H_{max} 范围内，则由发电机功率限制或由设计的转轮叶片等转角 φ 线上的参数换算得出。转桨式水轮机有时也根据允许的吸出高度 H'_S 值换算，定出运转特性曲线上的功率限制线。

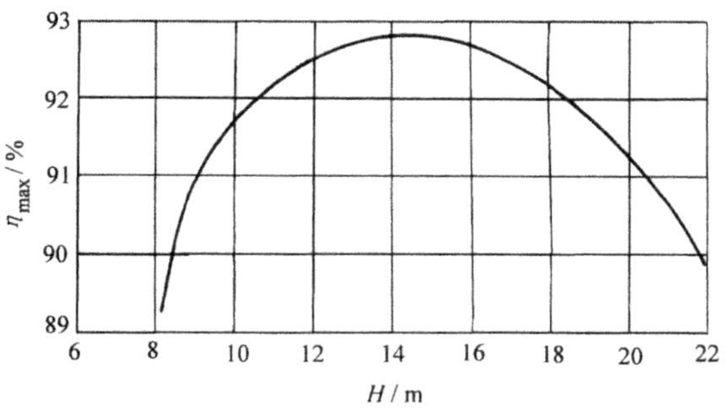

图 8-14　$\eta_{max}=f(H)$ 辅助曲线

在运转特性曲线中，功率限制线上的功率是保证功率。

4. 等吸出高度线的绘制

按前述表 8-13 或表 8-14 中各个水头下的对应 P、Q_{11} 值，可作出各种水头下的 $P=f(Q_{11})$ 曲线（图 8-15），然后按各种水头所对应的 n_{11m}，从综合特性曲线上查出 σ 值，按式（8-9）或式（8-10）计算出各个对应点的 H_S 值，即可作出各种水头下的 $H_S=f(P)$ 曲线（图 8-16），然后将 H_S 值相等的点（H，P）绘在图 8-13 中的坐标系中，并以光滑曲线相连，即得到等 H_S 线。一般每隔 $\Delta H_S=1\text{m}$ 作一条等吸出高线 $H_S=\text{const}$，如图 8-13 虚线所示，具体计算可列表进行（表 8-14）。

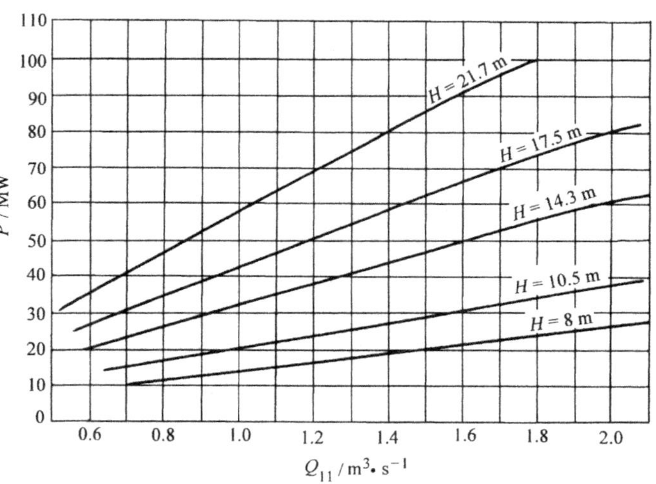

图 8-15　各水头下的 $P=f(Q_{11})$ 曲线

根据所绘制出的水轮机运转特性曲线的主要工作区包含最优效率区的情况，可判断所选水轮机的转轮型号、直径 D、转速 n 等是否合理，以及是否需要选择其他型号的转轮、直径 D、或转速 n，或者对不同的方案进行比较。

最后确定的水轮机运转特性曲线，是组织和指导真机合理运行的基本资料之一。

例 6-1　某水电站的原始参数为：最高水头 $H_{max}=35\text{m}$，最低水头 $H_{min}=25\text{m}$，额定水头 $H_r=28\text{m}$，平均水头 $H_w=31\text{m}$，总装机容量 6MW，电站海拔高程 $\nabla=174\text{m}$。试为该电站进行选型计算。

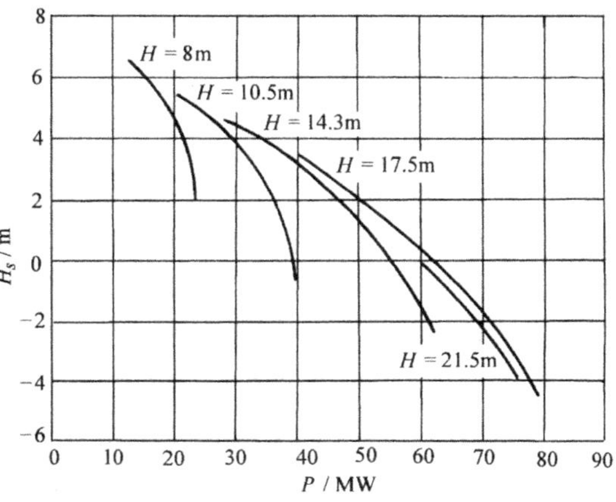

图 8-16　各水头下的 $H'_S=f(P)$ 曲线

表 8-14　等吸出高线计算表

H	n_{11}	σ	$Q_{11}/\mathrm{m^3s^{-1}}$	P/kW	$\sigma+\Delta\sigma$ 或 $K_\sigma\sigma$	$(\sigma+\Delta\sigma)\ H$ 或 $K_\sigma\sigma H$	H_S/m·
…	…	…	…	…	…	…	…
…							

解： 1）机组台数的确定。

因电站容量较小，机组台数应选得少一些。但考虑运行、检修方便，不能只装一台机，因此决定机组台数 $Z=2$，单机额定容量为 $P=3\mathrm{MW}$。

2）水轮机型号及装置型式的选择。

根据电站水头，利用表 8-5 或图 8-3 都可确定 HL240 是合适的机型。根据水头和功率，确定采用立式、金属蜗壳，所以采用的机型为 HL240—LJ。

3）水轮机主要参数的选择。

根据该机型的综合特性曲线（图 8-17）计算水轮机的主要参数。

①取发电机的效率 $\eta_g=0.95$，则水轮机的额定功率为 $P_r=3000/0.95\mathrm{kW}=3160\mathrm{kW}$。

②由综合特性曲线查得模型机限制工况的单位参数为：$Q_{11,\max}=1.24\mathrm{m^3/s}$，$n_{11,0}=72\mathrm{r/min}$，$\eta_m=0.904$。估计真机效率为 $\eta=0.924$。

③计算转轮直径。根据以上参数有

$$D=\sqrt{\frac{P_r}{9.81\eta Q_{11}H_r^{1.5}}}=\sqrt{\frac{3160}{9.81\times0.924\times1.24\times28^{1.5}}}=1.38\mathrm{m}$$

取标准直径 $D=1.4\mathrm{m}$。

④效率修正。模型的最高效率 $\eta_m=0.92$，用莫迪公式计算真机效率

$$\eta_p=1-(1-\eta_m)\left(\frac{D_m}{D_p}\right)^{0.2}=1-0.08\left(\frac{0.46}{1.4}\right)^{0.2}=0.936$$

效率修正值为

$$\Delta\eta=\eta_p-\eta_m=0.016$$

⑤单位转速修正值 $\Delta n_{11}=n_{11,m}\left(\sqrt{\frac{\eta_p}{\eta_m}}-1\right)=72\left(\sqrt{\frac{0.936}{0.92}}-1\right)=0.648$

由于 $\Delta n_{11}<0.03n_{11,m}=2.16$，故不必修正单位转速。

⑥确定机组转速

$$n=\frac{n_{11,0}\sqrt{H_w}}{D}=\frac{72\sqrt{31}}{1.4}=286\mathrm{r/min}$$

根据计算结果应该选择同步转速 $n=300$，这里考虑到供货方有转速 $n=272.7$，功率 3000kW 发电机的现货且价格较为优惠，故选择机组转速为 $n=272.7\mathrm{r/min}$。

⑦校核工作范围。真机的最大单位流量（在额定水头和额定功率时的单位流量）为

$$Q_{11,\max}=\frac{P_r}{9.81D^2\eta H^{1.5}}=\frac{3160}{9.81\times1.4^2\times0.918\times28^{1.5}}=1.21$$

此值接近但未超过模型的最大单位流量，因而是合适的。

真机在平均水头工作时的单位转速为

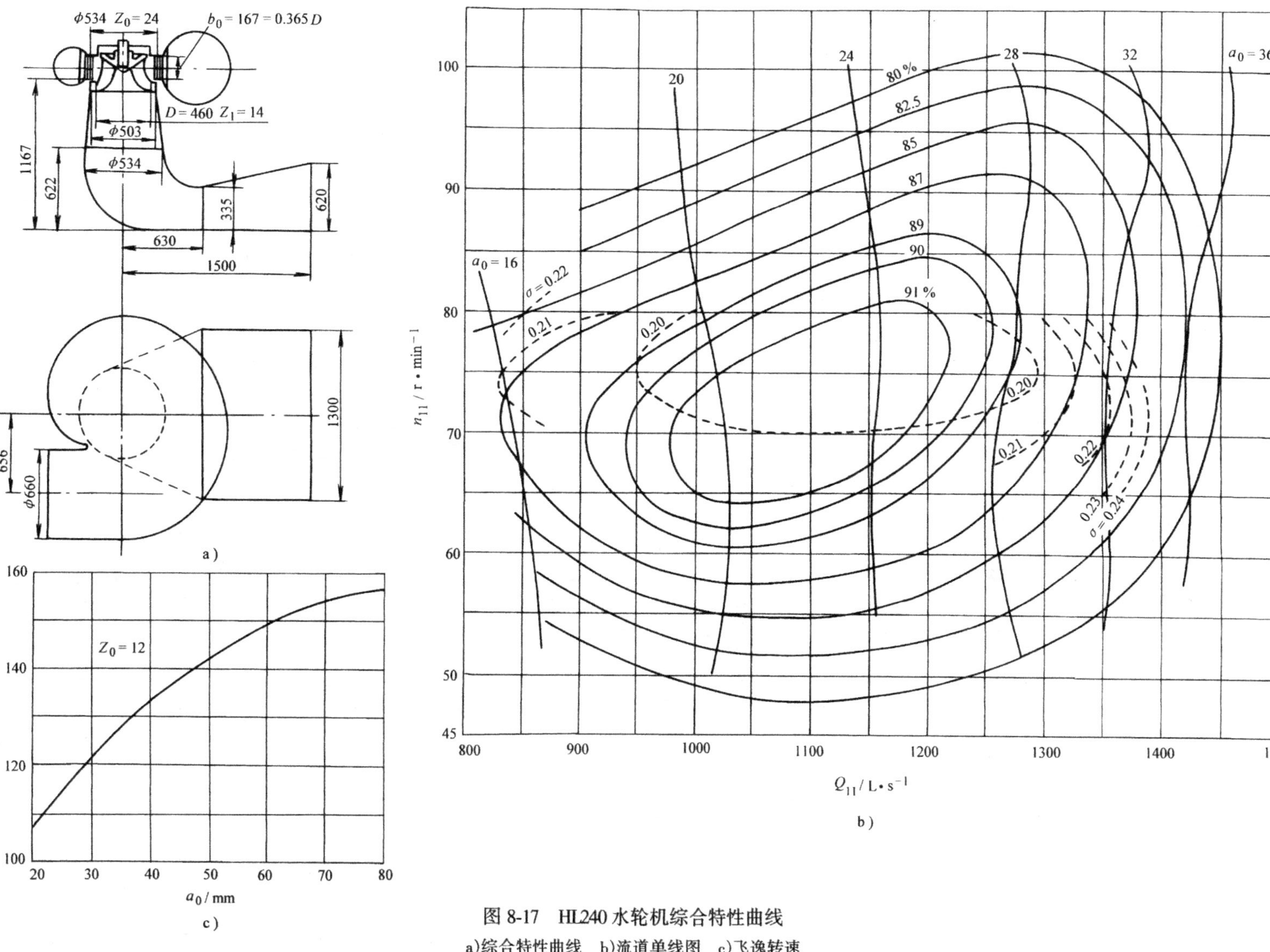

图 8-17 HL240 水轮机综合特性曲线

a)综合特性曲线 b)流道单线图 c)飞逸转速

$$n_{11} = \frac{nD}{\sqrt{H_w}} = \frac{272.7 \times 1.4}{\sqrt{31}} = 68.6$$

此值不符合最优单位转速，但尚在高效区内，所以以上参数选择尚属合理。

⑧确定吸出高度。由综合特性曲线查得，在最高水头时（$n_{11} = 64.4$），空化系数 $\sigma = 0.213$，由图 4-22 查得 $\Delta\sigma = 0.04$，故

$$H_S = 10 - \frac{\nabla}{900} - (\sigma + \Delta\sigma) H_{\max} = 10 - \frac{174}{900} - (0.213 + 0.04) \times 35 = 0.86\text{m}$$

由综合特性曲线可见，由于空化试验的数据不够多，空化系数的值难以准确确定，为安全计，实际吸出高度再减去 0.5m，取为 $H_S = 0.36\text{m}$。

⑨飞逸转速的确定。由图 8-17 查得最大单位飞逸转速 $n_{11,R} = 150$，由此求得真机的最大飞逸转速为

$$n_R = \frac{n_{11,R}\sqrt{H_{\max}}}{D} = \frac{150 \times \sqrt{35}}{1.4} = 634\text{r/min}$$

⑩确定最大轴向水推力。由表 8-8 查得水推力系数 $K = 0.34 \sim 0.41$，取其平均值计算，有

$$F_h = K\frac{\pi}{4}D^2 H_{\max} = 0.37 \times \frac{3.14}{4} \times 1.4^2 \times 35 = 20.2\text{t}$$

根据上面的计算，所选择的水轮机的主要参数为：

水轮机型号：HL240—LJ—140；转轮直径：$D = 1.4\text{m}$；机组转速：$n = 272.7\text{r/min}$；飞逸转速：$n_R = 634\text{r/min}$；允许吸出高：$H_S = 0.36\text{m}$；轴向水推力：$F_h = 20.2\text{t}$。

第四节　叶片泵的系列型谱与选型计算

一、离心叶轮的切割

制订离心泵的系列型谱时利用了切割定律，所以在介绍泵的系列型谱之前先介绍切割定理。

工程中常有这样的情况，用户需要购买一台流量为 q_V，扬程为 $H(p_{tF})$的泵(或通风机)，但市场上供应的品种不一定正好满足这个要求。如果现有的机器的特性曲线如图 8-18 所示，并不正好通过点 $A(q_V, H)$，那么由相似原理可知，理论上可以通过改变转速的办法满足用户的要求。但这对用交流电机拖动的机器，实行起来有一定的困难。工程上有一个简单易行的办法，那就是切割叶轮。即车削叶轮外径，使其从 D_2 变为 D'_2，同样可以使特性曲线通过要求的工况点。切割叶轮的方法，在离心泵中应用很广泛。

（一）切割定律

离心式叶轮的切割定律是指在同一个转速下，叶轮切割前后的外径与对应工况点的流量、扬程和功率之间的关系可用经验公式表示为

$$\frac{q'_V}{q_V} = \frac{D'_2}{D_2}\frac{A'_2}{A_2} \tag{8-20}$$

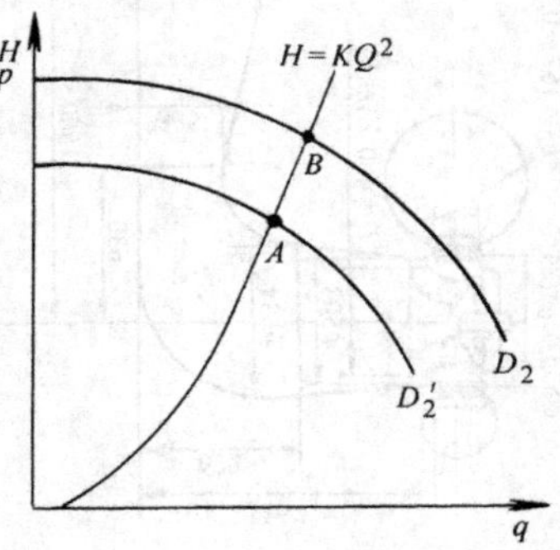

图 8-18　叶轮切割的特性曲线

$$\frac{H'}{H} = \left(\frac{D'_2}{D_2}\right)^2 \frac{\tan\beta'_{b2}}{\tan\beta_{b2}} \tag{8-21}$$

式中　A——叶轮出口的轴面流动过流面积；

β_{b2}——出口叶片安放角。带“′”号的量为切割后的数值。

上述经验公式在应用中不太方便，因为切割后叶片角和过流面积的变化计算很繁琐，同时在确定 D'_2 的值之前也无法确定 A' 和 β'_{b2} 的值。考虑到一般离心式叶轮的切割量不大，切割后叶片出口安放角变化甚微，即 $\beta'_{b2} \approx \beta_{b2}$。并且叶轮的轴面流道宽度 b 总是设计成自轮心向外逐渐变窄，所以叶轮出口处的过流面积由 D_2 到 D'_2 间变化也很小。此外，经验表明，对上述叶轮当外径车削量不太大时，在切割对应工况下工作的叶轮效率几乎不变。在这些前提下，可以得出切割前后对应工况点参数间的关系为

$$\frac{q'_V}{q_V} = \frac{D'_2}{D_2} \tag{8-22}$$

$$\frac{H'}{H} = \left(\frac{D'_2}{D_2}\right)^2 \tag{8-23}$$

$$\frac{P'}{P} = \left(\frac{D'_2}{D_2}\right)^3 \tag{8-24}$$

上述关系式称为切割定律。利用切割定律，在工作转速不变的条件下，可把叶轮尺寸 D_2 时的性能曲线，换算成叶轮外径车削至 D'_2 后的性能曲线，如图 8-18 所示。

由以上式子可以看出，切割后流量、扬程均会下降，但扬程下降较多，所以叶轮切割后比转速将会增加。

（二）切割抛物线及其应用

由式（8-22）和式（8-23）可知，切割前后的对应工况点的流量与扬程之间满足

$$H = KQ^2$$

的关系，这是一个抛物线方程，称为切割（车削）抛物线。实践证明，当车削量不是太大时，效率近似相等，因此切割抛物线也是等效率抛物线。

将切割定理三式及切割抛物线与变转速时的换算公式及相似抛物线对比，发现它们在形式上是完全相同的。这并不是偶然的，当叶轮出口面积和叶片出口安放角不变时，容易证明由切割定理所确定的切割前后对应的工况点上，出口速度三角形是相似的，因而流量与 u_2 成正比。同时，在通常情况下，泵的进口为法向，即 $c_{u1}=0$。这时，根据欧拉方程式，扬程与 u_2^2 成正比。考虑到转速不变时，u 与 D 成正比，这就证明了切割定理。

但必需指出，切割前后对应的工况并不是相似的工况。因为这时已不满足几何相似的条件。切割后的 D'_2 小于 D_2，但 D'_1 仍等于 D_1，没有把整个叶轮按同一比例缩小，因此在切割抛物线上各工况点，除叶轮出口处外，叶轮内其余各对应点的速度三角形并不相似。

利用切割抛物线很容易进行切割计算。设泵的特性曲线和要求的工况点 A（q'_V，H'）为已知（图 8-18），过 A 点作车削抛物线，交叶轮车削前的特性曲线于 B 点。B 点的坐标为（q_V，H），于是有

$$D'_2 = D_2 \frac{q'_V}{q_V} = D_2\sqrt{\frac{H'}{H}} \tag{8-25}$$

将叶轮直径车削至 D'_2，则可满足使用要求。但一般情况下，叶轮切割前后出口处的轴

面液流过流断面和叶片安放角未必完全相等。同时以上的计算中没有考虑效率变化，这就会与上述的结果发生偏差，车削时要慎重考虑到这点。必要时，可进行迭代计算或试验验证。

（三）离心式叶轮的最大允许切割量和切割高效区

如将叶轮周边切去过多，就不能保证切割前后叶轮外缘的通流面积和叶片安放角不变，切割定律各式也就不能应用。更重要的是，切割破坏了流动相似的条件，进、出口边的速度三角形不可能同时保持相似，因此将引起叶轮进口冲击损失增加。同时也会引起压水室的工况偏离最佳工况，产生相应的能量损失。故切割后效率一般会下降，比转速越高，效率下降越多。比转速很低的泵，切割后效率可能有所增加。综上所述。切割叶轮外径应有一个最小允许极限值 $D'_{2,\min}$，同时允许切割量与比转速 n_S 有关，最大允许切割量可参考表 8-15。比转速 $n_S>350$ 的泵一般不切割。

表 8-15　比转速和最大允许切割量的关系

n_S	60	120	200	300	350
$(D_2-D_{2\min})/D_2$	0.20	0.15	0.11	0.09	0.07

离心式工作机可以用切割叶轮的方法，使其在两条分别对应于 D_2 及 $D'_{2\min}$ 的 $H—q$ 曲线所围成的带形区域中任意工况点上工作。但考虑到运转的经济性，按一般规定，泵与风机工作时的效率不应比其最高效率低 7%。因此在上述带形区域中，可用两条 $\eta=0.93\eta_{\max}$ 的等效率曲线（切割抛物线）围成一个四边形区域 *ABCD*，泵在这个四边形中的任意一工况点工作均认为是合适的（图 8-19）。这个四边形称为离心泵的切割高效工作区，这个高效区正是制订泵的系列型谱的基础。

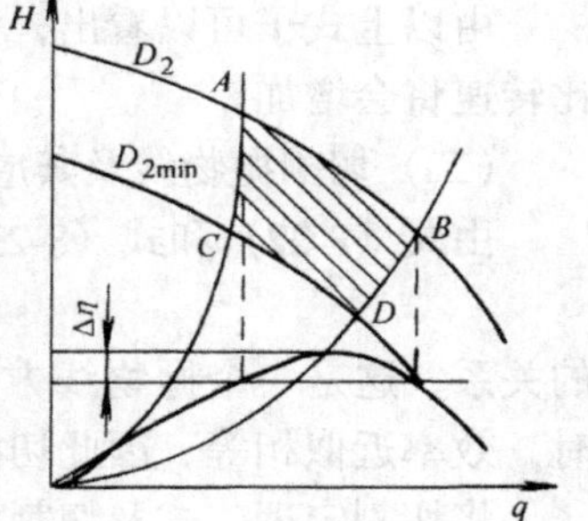

图 8-19　离心泵的切割高效区

二、叶片泵的系列型谱

叶片泵由于使用面广，生产批量较大，因此标准化的要求更为迫切。目前我国大多数泵类产品已经标准化了，但各类泵产品之间及同类泵产品的各个系列之间，其分类方法、型号表示方法等还未能统一。泵的产品系列的划分方法也和水轮机不同，是按照液体运动特点（离心、轴流等），结构型式（悬臂、中开等等）以及用途（锅炉给水泵、输油泵等等）综合划分的。和水轮机制造业不同，我国泵制造业还未能制定全国统一的、包括各种泵类产品的型谱，也没有统一的型号命名方法，下面以我国农业用泵为例，说明泵的分类及型号表示法与水轮机不同的一些特点。

（一）农用水泵的分类方法

农用水泵即排灌机械，是我国机械产品分类中的一个大类。在该大类中，再作如下的划分 。

1. 小类

按工作原理（水流运动方向）、使用范围和结构特点等原则混合划分，将农用泵分成以下九个小类：

①离心泵，②混流泵，③轴流泵，④井用泵，⑤地表潜水泵，⑥喷管机械，⑦水轮泵，⑧手动泵，⑨特种泵。

2. 系列

每一小类的产品又分成若干系列。每一系列的产品的基本结构、型式特征、设计依据及用途相同，且主要性能参数按一定规律分布。按零、部件的通用关系和动力配套型式的不同，系列有基本系列和派生（或变型）系列之分。例如离心泵小类可以划分为以下系列：

1）单级单吸离心泵基本系列；派生系列：微型泵、管道泵、柴油机泵。

2）单级双吸泵基本系列；

3）多级泵基本系列；派生系列：小型多级泵。

4）自吸泵基本系列；派生系列：内混式、外混式、水环式。

3．型号与规格

同一系列的产品，按主要参数值的不同，分成若干型号（品种）。主要参数在不同的系列中是不同的，例如可以是流量、井径或柴油机功率等等。同一型号，可以通过改变转速、切割叶轮等，形成不同的规格。不同的型号中，规格的划分也是不同的。例如，在单级离心泵中，划分型号的主要参数是进出水管口径、标准叶轮直径及材质，按不同的转速及叶轮切割划分规格。以柴油机为动力的泵，按柴油机功率划分型号，按柴油机配带的不同的泵划分规格。多级泵中，以进出口径及流量划分型号，按级数划分规格。

与以上分类方法相适应，还规定了命名方法。由于不同系列的主要参数不相同，其命名方法也有差别。

（二）其他泵类产品命名方法举例

以上介绍的农用泵的分类与命名方法是比较系统的方法，但在生产中还未得到完全的贯彻。至于其他用途的泵，更未形成统一的分类与命名方法。但在长期的生产中，形成了一些比较稳定的系列。每一系列的产品均有自己的使用范围、结构方式、材质等，而且主要性能参数按一定规律分布，零部件有一定的通用性，每一系列产品都有自己的命名方法。

表 8-16　泵型式的代表符号

泵 型 式	代表符号	泵 型 式	代表符号
单级单吸清水离心泵	IS，IB，IH	船用立式泵	CL
单级双吸离心泵	S，Sh	船用串、并联泵	CBL
单级双吸立式离心泵	SLA	冷凝泵	NB，NL
节段式多级离心泵	D，TSW，TSWA	自吸泵	ZX
锅炉给水泵	DG，CHTA	立式混流泵	HL
高速多级泵	GD	立式蜗壳式叶片半调节混流泵	HLB
离心输油泵	Y，SY，DY	立式半叶片调节轴流泵	ZLB
高压增压节段式离心泵	GZ	立式全叶片调节轴流泵	ZLQ
耐腐蚀泵	DF	单级悬臂式旋涡泵	W
热水循环泵	R，IR	多级自吸旋涡泵	WZ

泵的型号一般由两至四部分组成，每部分之间用“—”或空格分隔。第一部分由字母和数字组成，字母表示泵的型式和用途（即系列名称），表 8-16 给出了一些例子。其余部分多为数字，也可能有字母。各部分的数字可以表示泵的吸入口直径、出水口直径、叶轮直径、设计点流量、扬程、级数或者比转速等不同的意义。在第二部分及以后部分的字母通常表示

材料、密封型式、叶轮切割等意义。

以下是一些泵的型号的示例：

1）IB50—32—160：IB 表示单级单吸悬臂式农用离心泵系列，后面的数字表示：吸入口径 50mm，吐出口径 32mm，叶轮直径 160mm。该型号的产品还有转速 $n = 2900$r/min 及 1450/r/min 两种规格。除 IB 系列外，IS、IH、IR 等系列的命名方法是相同的。这些型号中字母 I 表示采用国际标准化组织（ISO）的标准，字母 B、S、H、R 分别表示农用、工业、化工和热水等应用领域。

2）150S—78：S 表示单级双吸离心式清水泵 S 系列，数字表示吸入口径 150mm，扬程 78m。

3）DG J 46—30×5：DG 表示多级节段式中低压锅炉给水泵系列，字母 J 表示采用机械密封，数字表示设计流量 46m³/h，单级扬程 30m，5 级（即总扬程 150m）。

4）3BF—13A：BF 表示单级单吸耐腐蚀离心泵，数字表示吸入口径 3in（80mm），比转速 $n_S = 130$，字母 A 表示叶轮经过一次切割。

5）200YⅡ—150×2A：字母 Y 表示单级油泵，数字 200 表示吸入口径 200mm，数字 150 表示单级扬程 150m，数字 2 表示级数，数字Ⅱ表示材料代号，字母 A 表示叶轮经过一次切割。

6）ZLB1.3—7.2：半调节叶片立式轴流泵，流量 1.3m³/s，扬程 7.2m。

（三）叶片泵的系列型谱

和水轮机的情况一样，泵的系列也是标准化的基础，但“系列”一词的意义却有不同。由于泵的应用范围很广，各种不同的应用场合，都对泵的结构、材料、驱动方式等有不同的要求，所以泵产品的“系列”的概念中更多的强调结构、材料、零部件的通用化程度等因素，不再以水力模型（比转速）作为划分系列的依据。泵产品的系列是指结构形式、用途、材料相同，除过流部件外，其他零部件（如托架、轴承、密封等部件）通用程度高，基本参数（流量、扬程）按一定规律分布的产品。泵的一个系列内的产品并不都是几何相似的，而是由若干个水力模型（比转速按一定的规律变化）的不同尺寸构成系列中的全部产品。不同的系列中，则可能有相同的水力模型。

将一个系列的泵产品的使用范围绘制在一个坐标系中，就成为泵的系列型谱图。此图与水轮机的系列使用范围图的意义相同。图 8-20 所示为国际标准（ISO 2858）单级悬臂式离心泵的系列型谱图，图中每一产品的使用范围是一个曲线构成的四边形。该曲线四边形就是图 8-19 中的切割高效区，上面一条曲线就是泵的特性曲线，下面一条曲线是切割后形成的特性曲线，左右边界线是切割抛物线。图 8-20 中框内数字代表泵的型号，图 8-20 中带下划线的型号转速为 1475r/min，不带下划线的转速为 2950r/min。我国的泵产品中，IS、IB、IH、IR 等系列都符合这个标准。

从图 8-20 还可以看出，系列内产品的流量、扬程参数的排列有着严格的规律。流量间隔比（两种相邻尺寸规格泵设计点流量之比）X_q 为 2.0，扬程间隔比 X_H 为 1.6，整个系列总共用 7 个比转速的水力模型，其比转速间隔比为 $X_{ns} = 2^{0.5} = 1.6^{0.75} = 1.4$。

图 8-21 为我国制定的双吸泵系列型谱，图中型号的意义如前所述。图 8-21 中的性能参数是该系列降速运行的性能，因此扬程比型号中所表示的低。型谱中的比转速值是近似值。

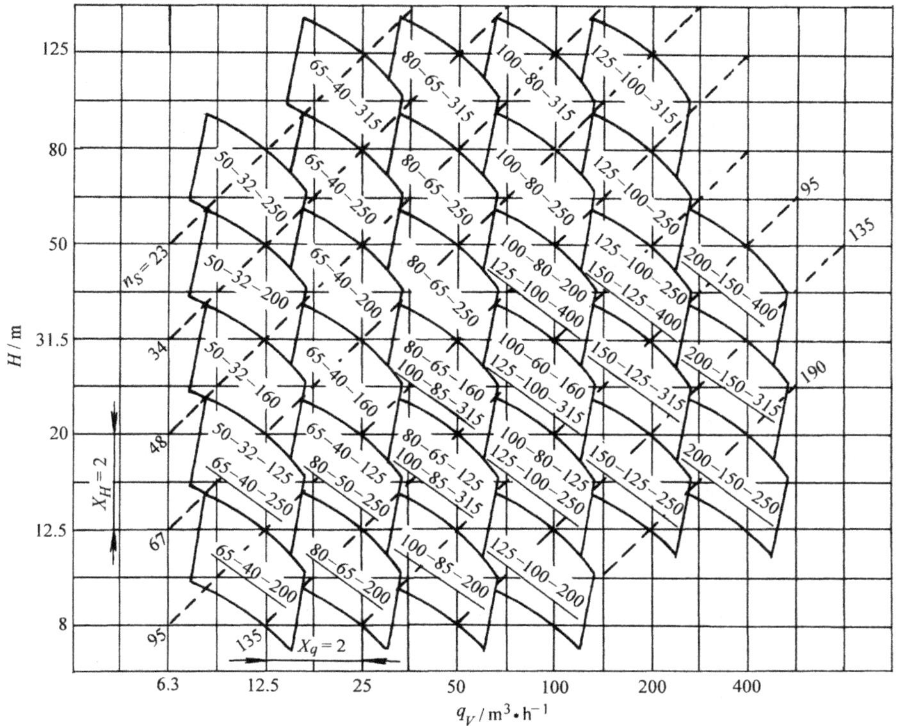

图 8-20　单级离心泵系列型谱图

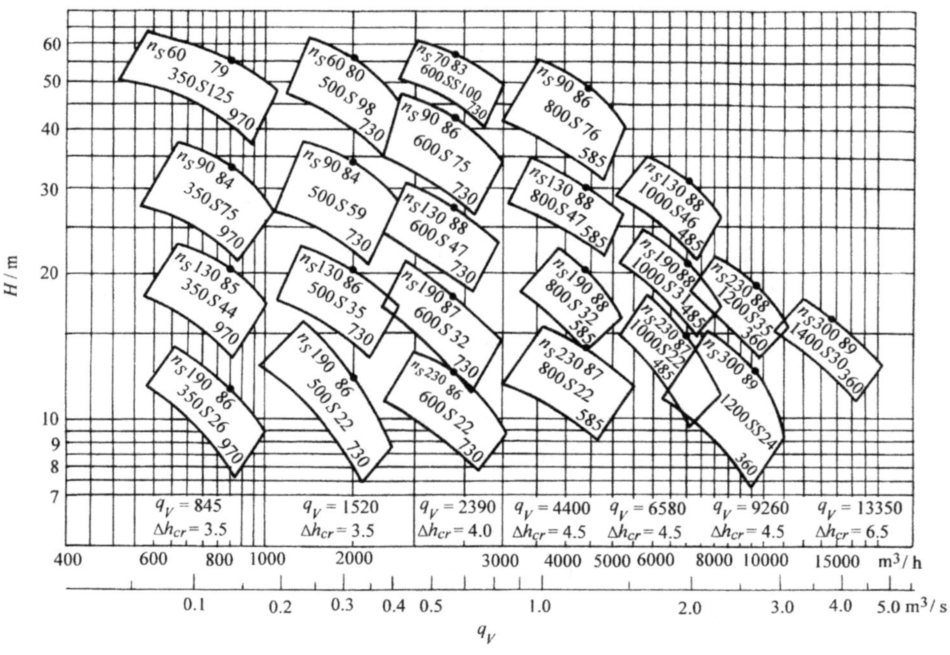

图 8-21　单级双吸离心泵系列型谱图

三、叶片泵的选型计算

(一) 原始资料及选型原则

泵的应用极为广泛，不同的应用领域有不同的要求，所以泵选型的方法是多种多样的。不过可以大体上将所有的应用领域分成两类。第一类主要是各种工业装置，例如热电站、化工装置等。这些装置对所用的泵的结构、材料等有特别的要求，所以对每一类型的装置都有专门设计的系列产品，如锅炉给水泵、化工流程泵等等。这样选型就比较简单，只需（而且必需）在相应的专门系列中去选择即可。第二类是对结构、材料等没有特别要求的场合、例如农业排灌、城市给排水和水利工程等泵站。这里将主要讨论第二种情况。

1. 泵选型的原始资料

泵的选型是根据泵站或泵装置系统的设计部门提供的原始资料和参数，选择合理的泵型号和计算泵的各种性能参数，主要的原始资料有：

1）泵站或泵装置系统的最大扬程 H_{max}，设计扬程 H_d，最小扬程 H_{min}和平均扬程 H_{av}等；泵站进水池和出水池的高程，泵站和泵装置系统要求的最大流量 $q_{v,max}$，最小流量 $q_{v,min}$和设计流量 $q_{v,d}$等。

2）泵站或泵装置系统的总容量（功率）。

3）泵站或泵装置系统输送介质资料，如为水时，水中含砂量及砂粒大小等。

4）泵站或泵装置系统的管道尺寸及布置情况。

5）泵站或泵装置系统的运行情况。

2. 泵选型的原则

通常泵选型完成后，应满足以下要求：

1）能满足泵站或泵装置系统抽送流量及扬程要求。

2）所选用的泵应是效率高的，并使出现机率较多的工作点在高效率范围内，同时泵不发生空蚀和动力超载的现象。

3）按所选的泵机组建造的泵站或安装完成的泵系统，其机电设备和土建投资应是最省的。

4）便于操作维修，节省能源，其运行费用和管理费用应是最小的。

5）对一个泵站或装置系统尽量选用同型号的泵，而且希望选用标准化、系列化的产品。

以上各点是一般性的要求，而且这些要求难以同时都得到满足。对具体的泵站或一个泵系统的选择设计，要根据实际情况进行选型计算。

(二) 叶片泵选型的计算

1. 根据泵系列型谱图或泵产品特性曲线进行选型

当泵的尺寸不是很大时，应尽可能在现有的系列型谱中选型，因为成批生产的产品成本较低，维修也比较方便。这时可利用系列型谱图或产品的特性曲线进行选型，其选型的方法和步骤如下：

1）根据设计扬程，在泵系列型谱图（如图 8-20、图 8-21）上或泵的产品特性曲线图上，初步选出扬程符合要求而流量不等的几个产品型号。

2）根据泵站或泵装置系统的设计流量及每种泵型号的设计流量，计算出每各型号泵所需要的台数。

3）根据初步选出的型号，确定管径及管路的具体布置，作出管路系统的特性曲线，并由性能曲线和管路特性曲线，求出在最大、平均、设计和最小实际扬程时的工作点。要求平均扬程所对应的工作点落在泵的高效率范围内，其他工况的效率也尽可能高。在各种扬程下，流量应能满足泵站的设计需要。多数情况下，泵站设计规程要求在设计扬程下，泵的流量不得小于泵站的设计流量。泵在所有的工况下，特别是在最高和最低扬程的工况下不应发生空化，动力机不过载，构件（特别是叶片）的强度满足要求。如果不符合要求，可采用调节措施或另选泵型，使其尽量在合理的范围之内运行。

4）根据选型的原则，对各种方案进行技术经济比较，选出其中较好的一种型号；

5）对所选定的型号，进行各种扬程下性能参数的计算，绘出其运转特性曲线，并将吸水高度（安装高度 H_{sz}）也绘在运转特性曲线图上。图 8-22 所示为离心泵的运转特性曲线，它是以扬程为横坐标，以流量、轴功率、效率和几何吸水高度为纵坐标绘制的。泵在直径和转速一定的情况下就有一组运转曲线。图 7-12 所示的轴流泵的综合特性曲线，由于是适用于一种型号的特性，故也可以视为运转特性曲线。由于轴流泵叶片角度可以调节，不同的叶片角特性曲线将有所不同，因此绘出了叶片角位置，并绘出了轴功率线。

对以上的选型计算，还可作如下初步分析：

1）关于泵型的选择，对于低扬程大流量的排灌站，多选用轴流泵和混流泵，扬程高时多选离心泵。但是各型泵之间的扬程，流量范围是部分重叠的，其中轴流泵和混流泵之间重叠更大。因此，在选型时要进行分析比较后确定。由于混流泵的高效率范围比轴流泵宽；流量变化时，泵轴功率变化较小，动力机经常在额定功率附近运行，比较经济；适应流量范围广，在需要小流量的场合可以连续运转；抗空蚀性能好，土建投资也较省；安装检查修方便。所以在选型时，若混流泵和轴流泵都可使用的场合，应优先选用混流泵。

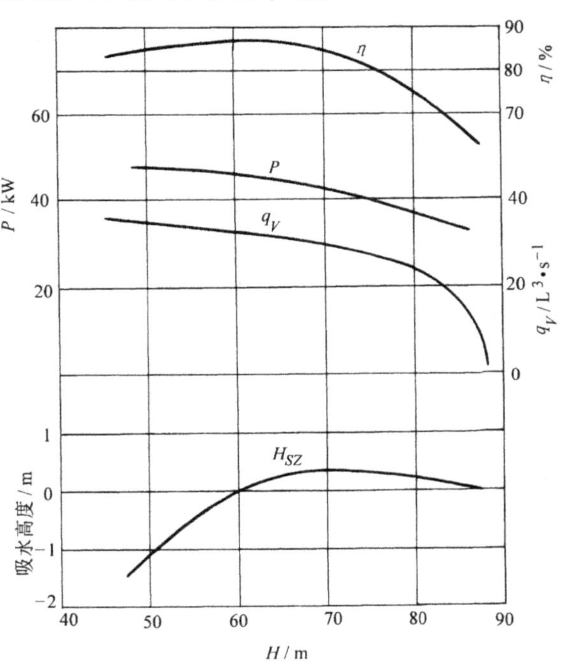

图 8-22　离心泵运转特性曲线

2）泵的结构型式对泵站布置或泵装置的设计有较大影响，卧式泵安装精度要求较低，检修方便，造价也低，但在泵起动前必须充水，泵站占地面积大，它适用于吸水池水位变化不大的泵站。立式泵占地面积小，起动方便，但安装要求高，检修不便，适合在吸水池水位变动大的地方使用。

3）机组台数对投资、运行管理等均有影响。当台数少时，单机容量大，机电设备少；反之，单机容量小，机电设备多，而且直接影响泵站的土建投资。在运行管理上，台数多时，泵站流量调节较灵活，但小机组的效率低，运行费用和管理费用均要增加。而台数少时，泵站流量调节受到一定限制，一旦机组发生故障对泵装置系统影响较大。

4）对于多级的抽水站，各级泵站联合运行时泵的流量要协调一致，不论哪一级站都不应有弃水或供水不足现象，因此，第一级站的机组台数应当多于末级站的机组台数。

2. 根据水力模型性能参数进行选型计算

这种方法为设计新的产品型号或专门的泵产品采用。对大型泵的选型设计用此种方法能在保证性能良好条件下确定泵的设计参数，主要方法如下：

1）根据泵的水力模型特性曲线，选取模型设计点的扬程和流量 H_m、q_{Vm}，由给定的真机要求的扬程 H 和流量 q_V，则可得系数

$$K_H = \frac{H_m}{H};\quad K_q = \frac{q_{Vm}}{q_V}$$

2）由第三章知，模型和真机相似时，有如下关系

$$K_H = \frac{n_m^2 D_m^2}{n^2 D^2} \tag{8-26}$$

$$K_q = \frac{n_m}{n}\left(\frac{D_m}{D}\right)^3 \tag{8-27}$$

式中下标"m"表示模型，真机的参数不带下标。

3）由于 K_H 和 K_q 是已知的，则联立求解式（8-26）、式（8-27），可得到所设计泵的转速 n 和转轮直径 D 为

$$D = D_m\sqrt{\frac{\sqrt{K_H}}{K_q}} \tag{8-28}$$

$$n = \frac{n_m}{\sqrt{K_H}}\frac{D_m}{D} \tag{8-29}$$

4）根据选定的 n 和 D，计算在最大扬程、设计扬程、最低扬程和平均扬程各点的流量，功率和吸水高度值。

5）进行泵效率的修正计算，可用式（3-44）、式（3-45）或式（3-47）计算。

6）绘制泵运转特性曲线，进行分析比较，最后确定泵的型式。

7）配套动力机的功率计算，当泵选定后，与其配套的动力机的功率即可计算，目前泵的配套动力机主要有两种：电动机和柴油机。

电动机配套功率由下式确定

$$P_D = K_1\frac{P}{\eta_{dr}} \tag{8-30}$$

式中 P——泵的轴功率（kW）；

η_{dr}——传动效率，电动机通常是直接传动，可取 $\eta_{dr}=1$；

K_1——电动机的功率储备系数，当泵轴功率 $P<10$kW 时，$K_1=2.0\sim1.15$；当 $P\geqslant10\sim50$kW 时，$K_1=1.15\sim1.10$，当 $P=50\sim100$kW 时，$K_1=1.10\sim1.05$。

柴油机配套功率的确定

$$P_D = K_2\frac{P}{\eta_{dr}} \tag{8-31}$$

对于柴油机，传动效率可取为：对联轴器传动，$\eta_{dr}=0.99\sim0.995$；对齿轮传动，$\eta_{dr}=0.9\sim0.99$；对皮带传动，$\eta_{dr}=0.9\sim0.98$。功率储备系数的取值为：当 $P<50$kW 时，$K_2=1.15\sim1.10$；当 $P=50\sim100$kW 时，$K_2=1.08\sim1.05$；当 $P>100$kW 时，$K_2=1.05$。

（三）泵吸水高度的计算

泵安装高度（即吸水高度）计算的准确与否，对泵运行中的空化影响较大，对于大型的排灌站，安装高度直接影响土建工程的投资额。

泵的安装高度可用式（4-62）或式（4-63）计算，对于式中的安全余量 K，部标准 JB1039-67、JB1040-67 规定为 $K=0.3\text{m}$，而工程实际中通常取 $K=0.5\sim1.5\text{m}$。

第五节　通风机的系列型谱与选型

一、通风机的系列型谱

通风机的系列与型号表示方法

通风机与泵一样，是应用十分广泛的通用机械，其三化（标准化、通用化、系列化）水平对降低制造成本有重要的意义。通风机与泵不同的地方，是其结构种类相对较少，因此在制订系列型谱时，仍以气动模型（比转速）为依据，不象泵那样强调结构型式和材料。但应指出，通风机选型时，仍应十分重视应用条件。例如在除尘时，就应考虑磨损问题，选用除尘风机，而不应选用普通风机。

通风机产品的型号表示方法规定，系列产品的型号用“型式”表示，单台产品型号用“型式”和“品种”表示。离心式和轴流式风机的型式表示方法略有不同。

1. 离心式通风机的型号表示方法

表 8-17 为离心式风机的型号表示方法。

该型号表示方法中各项的意义是：

1）用途代号用一至两个汉语拼音字母表示，表 8-18 给出了部分代号的意义。

2）压力系数的 5 倍化整后用一位数表示，个别前向叶轮的压力系数的 5 倍数大于 10 时，可用两位数表示。

3）比转速采用两位整数。对于两叶轮并联或双吸叶轮，用 $2\times n_S$ 表示。

表 8-17　离心风机的型号组成

型号	
型式	品种
□ □ □ □ 第一个□——用途 第二个□——压力系数乘 5 后化整数 第三个□——比转速 第四个□——设计序号	No □ □——机号

4）若产品型式中有重复的代号或派生型时，在比转速后加注序号，用罗马数字Ⅰ、Ⅱ等表示。

5）设计序号用阿拉伯数字“1”、“2”等表示，供对该型产品有重大修改时用。若性能参数、外形尺寸、地基尺寸、易损件没有更改时，不应使用设计序号。

6）机号用叶轮直径的分米（dm）数表示。

表 8-18 通风机的用途代号

序号	用途类别	代号		序号	用途类别	代号	
		汉字	简写			汉字	简写
1	工业冷却水通风	冷却	L	8	排尘通风	排尘	C
2	一般用途空气输送	通用	T（省略）	9	煤粉吹风	煤粉	M
3	防爆气体通风换气	防爆	B	10	高温气体输送	高温	W
4	船舶用通风换气	船通	CT	11	空气动力	动力	DL
5	矿井主体通风	矿井	K	12	柴油机增压	增压	ZY
6	锅炉通风	锅通	G	13	化工气体输送	化气	HQ
7	锅炉引风	锅引	Y	14	空气调节用	空调	KT

2. 轴流式通风机的型号表示方法

轴流式通风机的型号表示方法如表 8-19 所示。

表 8-19 轴流式通风机的型号组成

型号					
型式					品种
□	□	□	□	□	No □
叶轮数	用途	轮毂比	转子位置	设计序号	机号

轴流式通风机型号表示方法中各项的意义是：

1）单叶轮风机的叶轮数省略，双叶轮用数字“2”表示。

2）用途代号按表 8-18 的规定。

3）叶轮轮毂比为叶轮底径与外径之比，取其百分数中的两位整数。

4）转子位置代号，卧式用“A”表示。立式用“B”表示，产品无转子位置变化者可不予表示。

5）若产品的型式中有重复的代号或派生型时，在设计序号前加注序号，用罗马数字Ⅰ、Ⅱ等表示。

6）设计序号的表示方法同离心式风机。

3. 通风机的传动方式与出口位置

离心式风机的传动方式用字母 A 至 F 表示，其意义如下（图 8-23）：

A——表示通风机无轴承，与电动机直联传动；B——表示叶轮悬臂安装，皮带轮在轴承之间传动；C——表示叶轮悬臂安装，皮带轮在轴承外侧传动；D——表示叶轮悬臂安装，联轴器传动；E——表示叶轮双支承，皮带轮悬臂传动；F——表示叶轮双支承，联轴器传动。

其中 A、D、F 三类传动方式的通风机转速等于电动机转速，且随所选电动机而各异。其余传动方式（B、C、E）通过调整皮带轮传动比的大小，设计中则可灵活地选择通风机转速。

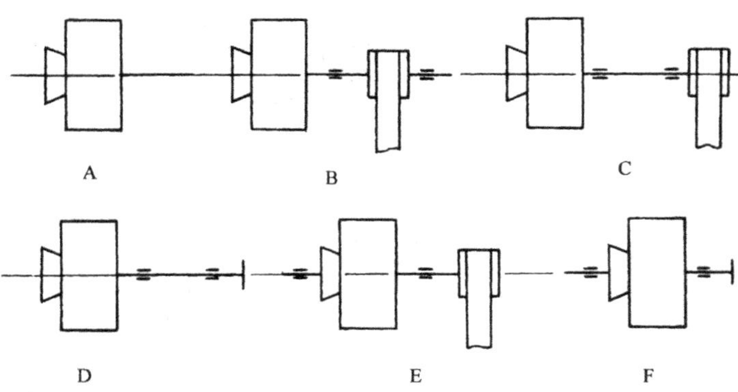

图 8-23　离心通风机的传动方式

为使用方便，离心风机的出风口位置往往做成可以自由转动的结构，一般情况下，规定有 8 个基本方向，可用表示叶轮旋转方向的“左”或“右”加上一个角度值表示，如图 8-24 所示。从进风口方向观察，叶轮顺时针转动为“右”，否则为“左”。

轴流式风机的传动方式也分为六种，如图 8-25 所示。轴流式风机的风口位置也用角度表示，但要在角度之前加注“入”或“出”说明是进风或出风口，如图 8-26 所示。

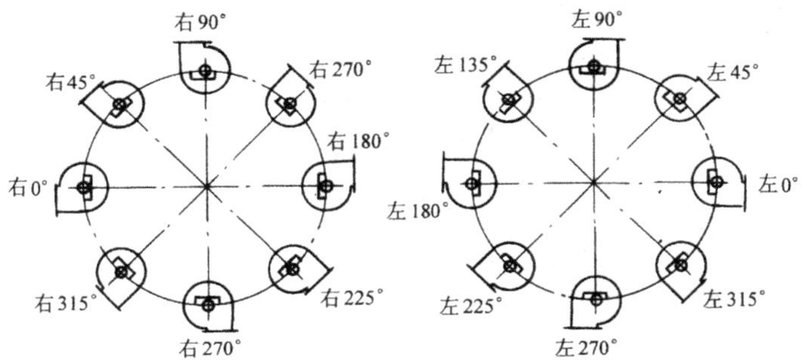

图 8-24　离心式风机的出风口位置

二、系列产品对数坐标曲线

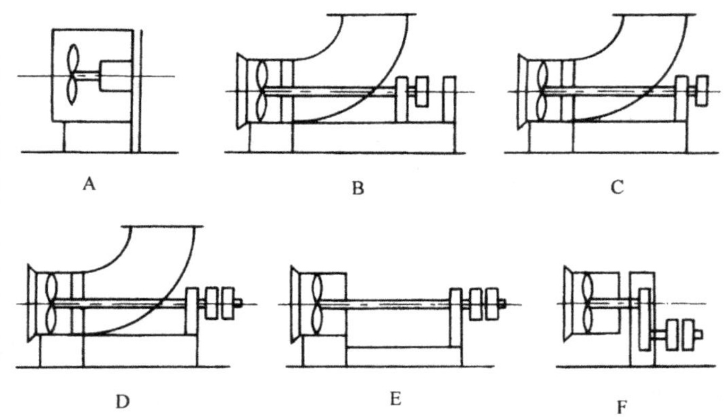

图 8-25　轴流式风机的传动方式

对数坐标曲线表示了在标准进口状态下对应于无量纲性能曲线上相同工况点的所有同系列通风机的叶轮直径 D_2、转速 n、圆周速度 u_2 以及相应的流量 q_V、全压 p_{tF}、功率 P 的相互关系，即同系列通风机主要参数 n、D_2、u_2、q_V、p_{tF}及 P 之间的关系。这种曲线可供用户方便地选择所需要的通风机，制造商则可利用这种曲线合理地确定该系列产品的型谱，即确定机号和转速，为产品标准化、通用化、系列化创造了一定的条件。

（一）对数坐标曲线的原理

在对数坐标曲线中是以流量 q_V 为横坐标、全压 p_{tF}为纵坐标，故等流量线、等压线都是

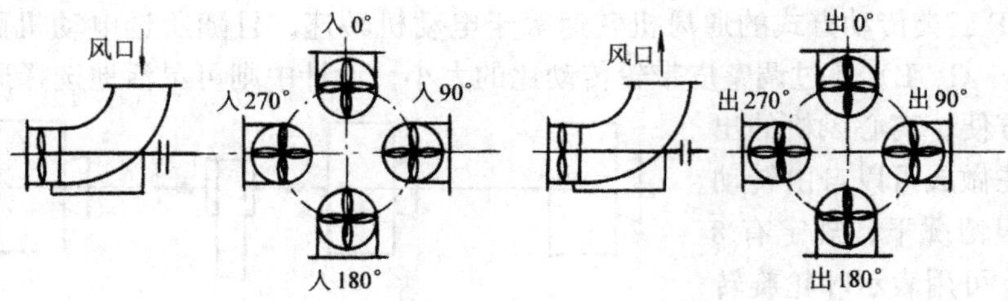

图 8-26　轴流式风机风口位置

平行于坐标轴的，等圆周速度线也平行于横坐标，如图 8-27 所示。

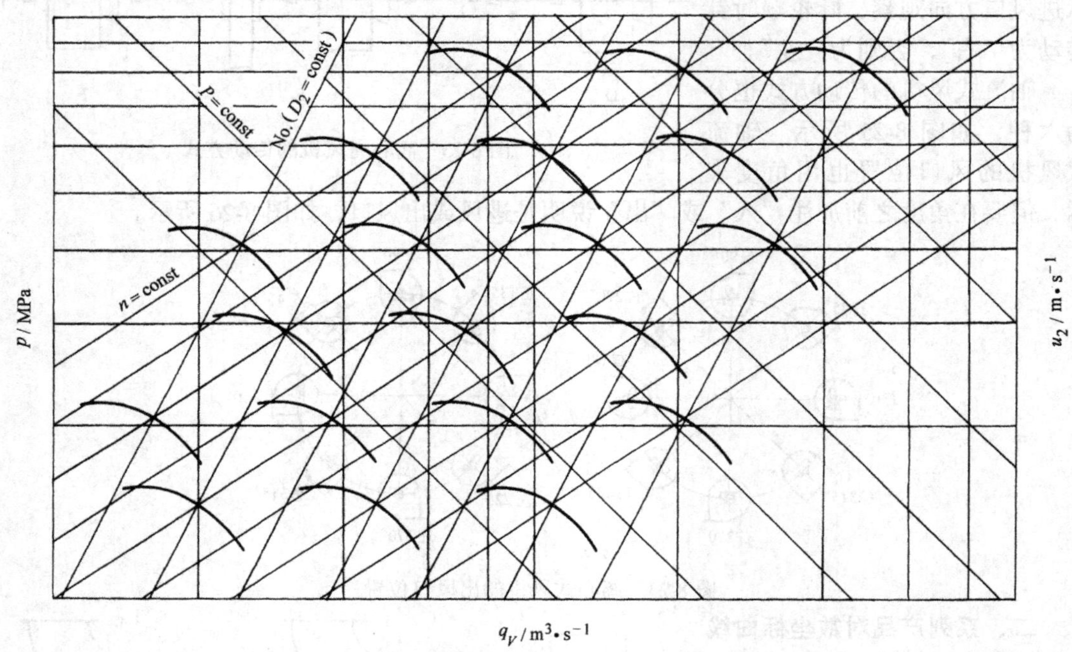

图 8-27　通风机系列的对数坐标曲线

1. 等转速线，等直径线，等功率线的斜率

根据流量系数的定义式（3-17）可得

$$D_2 = \sqrt[3]{\frac{4 \cdot 60}{\pi^2}\frac{q_V}{n\varphi}} = 2.9\sqrt[3]{\frac{q_V}{n\varphi}} \tag{8-32}$$

$$n = \frac{4 \times 60}{\pi^2}\frac{q_V}{D_2^3\varphi} = 24.4\frac{q_V}{D_2^3\varphi} \tag{8-33}$$

根据压力系数的定义式（3-18）可得（在标准状态下，$\rho = 1.2\text{kg/m}^3$）

$$p_{tF} = \Psi\rho u_2^2 = \rho\Psi\left(\frac{\pi n D_2}{60}\right)^2 = 3.286 \times 10^{-3}\Psi D_2^2 n^2 \tag{8-34}$$

将式（8-32）代入式（8-34）得

$$p_{tF} = 3.286 \times 10^{-3}\Psi\left(2.9\sqrt[3]{\frac{q_V}{n\varphi}}\right)^2 n^2 = 27.6 \times 10^{-3}\Psi\sqrt[3]{\frac{n^4 q_V^2}{\varphi^2}}$$

令 $c_1 = 27.6 \times 10^{-3}\Psi\varphi^{-2/3}$，对于同系列风机的相似工况，$c_1$ 为一常数。于是

$$p_{tF} = c_1 n^{4/3} q_V^{2/3}$$

两边取对数后得

$$\log p_{tF} = \log c_1 + \frac{4}{3}\log n + \frac{2}{3}\log q_V \tag{8-35}$$

当转速 n 为常数时，上式为一线性方程，直线与横轴的夹角 α_1 为

$$\alpha_1 = \arctan\frac{2}{3} = 33.7°$$

即等转速线与流量 q_V 轴的夹角为 33.7°，如图 8-28 所示。

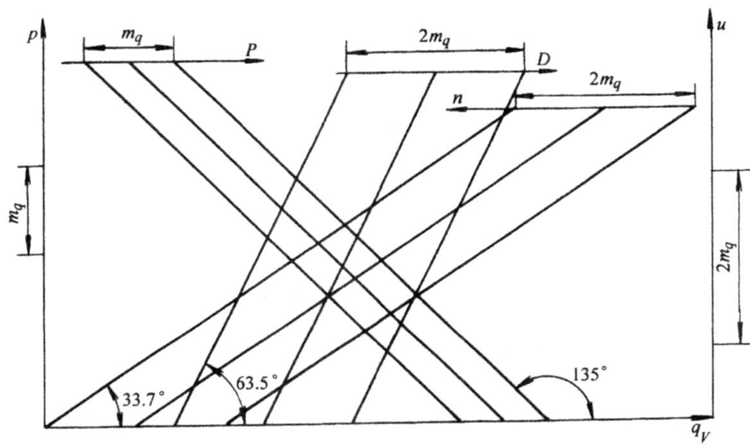

图 8-28　对数坐标曲线中各参数坐标的比例关系和各等参数线的倾斜角

若将式（8-33）代入式（8-34）则得

$$p_{tF} = 3.286 \times 10^{-3} D_2^2\left(24.4\frac{q_V}{D_2^3\varphi}\right)^2 = 1.95\Psi\varphi^{-2}D_2^{-4}q_V^2$$

同理令 $c_2 = 1.95\Psi\varphi^2$，则有

$$p_{tF} = c_2 D_2^{-4} q_V^2$$

两边取对数有

$$\log p_{tF} = \log c_2 - 4\log D_2 + 2\log q_V \tag{8-36}$$

显然，当 D_2 为常数时，上式仍为线性方程，直线斜角 α_2 为

$$\alpha_2 = \arctan 2 = 63.5°$$

即等直径线与 q_V 坐标轴的夹角为 63.5°（图 8-28）。

已知轴功率公式

$$P = \frac{p_{tF}q_V}{1000\eta}$$

两边取对数有

$$\log p_{tF} = \log P + \log(1000\eta) - \log q_V \tag{8-37}$$

当功率为常数时，上式也是一线性方程，直线斜角 α_3 为

$$\alpha_3 = \arctan(-1) = 135°$$

即等功率线与流量坐标轴夹角为 135°。等功率线只是近似的，因为各条性能曲线上全压效率并不相同，不同机号的传动方式不同，故机械效率也不同。

2. 各参数坐标长度的比例关系

以流量坐标 m_q 为基准，压力坐标 $m_p = m_q$。

1）由式（8-35）可见，当 p_{tF} = 常数时，转速坐标长度 m_n 为流量坐标长度的两倍，但二者方向相反。

$$m_n = 2m_q$$

2）由式（8-36）可见，当 p_{tF} = 常数时，直径坐标长度 m_D 为流量坐标长度的两倍，方向相同。

$$m_D = 2m_q$$

3）由式（8-37）可见，当 p_{tF} = 常数时，功率坐标长度 m_p 等于流量坐标长度，方向相同。

$$m_p = m_q$$

4）由

$$p_{tF} = \Psi \rho u_2^2$$

两边取对数有

$$\log p_{tF} = \log \bar{p} + \log \rho + 2\log u_2$$

显然，Ψ、ρ 都是常数，故圆周速度坐标长度 m_u 为压力坐标长度 m_p 的两倍，而 $m_p = m_q$，故 m_u 也是 m_q 的两倍。

（二）绘制系列对数坐标曲线的步骤

1）根据模型试验并经过生产验证的无量纲性能曲线，近似地确定该系列通风机的流量范围、压力范围，再根据此范围确定对数坐标的原点，纵坐标表示全压，横坐标表示流量，同时注出数据、单位。

2）找出某一机号在某一转速下最高效率点 A 的全压及流量坐标，并以此点为基点，通过此基点分别作与横坐标（流量坐标）夹角为 33.7°的直线（即转速 n 线）、63.5°的直线（直径 D_2 线）、135°的直线（功率 P 线）。

3）根据 m_n、m_D、m_p 与 m_q 的长度比例关系及所需的该系列机号、转速、功率分别画出与 n 线、D_2 线，P 线平行的一组等 n 线，一组等 D_2 线、一组等 P 线。

4）以基点 A 即最高效率工况点为基准，然后取原始无量纲性能曲线最高效率的 90% 为使用范围，并在此段流量、压力曲线上取几个点 A_i，通过流量、压力方程分别换算成有量纲的流量、压力，再将它们表示在对数坐标内，并圆滑连接起来，然后将此段曲线用样板（因同系列内所有机号的压力曲线形状相同）分别以所有直径 D_2 线与转速 n 线的交点为基准，画出所有性能曲线。

5）根据最大允许的圆周速度计算出最高效率点的压力，此最高压力线即为最大圆速度线，通过机号与最高转速直线交点画出与横坐标平行的圆周速度线，以它与右侧纵坐标的交点为基准，按 $m_u = m_q$ 的长度比例关系画出等 u_2 线。

6）功率 P 的修正。A 点的效率是最高的，其余的点 A_i 的效率均比 A 点效率低，这些点的功率 P_{Ai} 可按下式计算。

$$P_{Ai} = P'_{Ai} \frac{\eta_A}{\eta_{Ai}} \tag{8-38}$$

式中　P'_{Ai}——按 A 点的功率坐标查出的 A_i 点的功率值；

η_A，η_{Ai}——A 点和 A_i 点的效率。

7）如果系列产品机号太多，图线幅面过大，则可将小机号的 D_2 线与大机号的 D_2 线重迭。例如 No.20 与 No.10，No.16 与 No.8 分别重迭，但在等直径 D_2 线上要注明重迭的两个机号。在保持重迭机号的全压 p_{tF}，圆周速度 u_2 不变的条件下，在 $D_g=2D_l$（下标 g 表示大，l 表示小）时，它们的流量、功率、转速之间的关系如下

因
$$\frac{p_{tFg}}{p_{tFl}}=\left(\frac{D_g}{D_l}\right)^2\left(\frac{n_g}{n_l}\right)^2=2^2\left(\frac{n_g}{n_l}\right)^2=1$$

故
$$\frac{n_g}{n_l}=\frac{1}{2},n_g=\frac{1}{2}n_l$$

又因
$$\frac{q_{Vg}}{q_{Vl}}=\left(\frac{D_g}{D_l}\right)^3\left(\frac{n_g}{n_l}\right)=2^3\times\frac{1}{2}=4$$

则
$$q_{Vg}=4q_{Vl}$$

又由
$$P=\frac{p_{tF}q_V}{1000\eta}$$

得
$$P_g=4P_l$$

因此机号重迭时，除压力 p_{tF}、圆周速度 u_2 坐标不变外，其他的参数，如流量、转速、功率线都要分别重迭，同时应注明相应的参数，如图 8-29 所示。

8）在一个系列中，由于几何形状不完全相似，如叶片厚度、间隙不成比例，还有雷诺数的影响，小机号通风机的无量纲性能曲线不同于大机号，这时若将它们仍用一个对数坐标曲线表示会引起很大的误差。为此，可采取分组的方法绘制对数坐标性能曲线，如 No.5 以下为一组，No.5 以上为另一组。

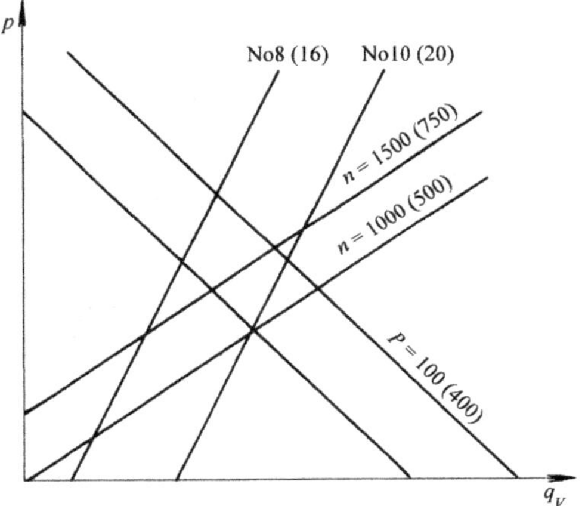

图 8-29　机号重迭的对数坐标示意图

三、通风机的选型

（一）选型前的准备

1. 风机的设计参数

1）确定流程所需要的实际流量。以锅炉送、引风机为例，有些炉型已有计算的流量，但往往不够准确，故最好在锅炉的额定负荷时进行实测。新设计的锅炉用的风机风量，可用理论计算求得，但过剩空气系数必须实测或参考其他资料确定。

2）风机的压力必须实测，然后求其全压。

3）风、烟温度应选用平时运行中的最高值，在选定前应经过实测或查阅过去的运行记录。

4）实测原有风机的叶轮外径（可测备品）或进一步校核图样。

5）如果仍利用原有电动机时，应查对原有电动机的转速和容量（功率）。

6）在实测原有风机的流量、压力时，应同时测定其运行效率，以便作经济比较。

7）根据原有风机历年来的运行情况和存在的问题，对以上原始数据（包括锅炉压力）

进行分析和多方面的考核，最后确定风机的设计参数，以避免采用新风机后所选用的流量和压力不能满足实际运行的需要。但也要防止过大的富裕量，以致使风机长期处在不经济的低效率区运行。

2. 参数的换算

通风机实际工作时的大气条件是以地点和时间为转移的。而产品性能曲线或性能表中所列性能参数是指通风机在标准状态下（即大气压为760mm汞柱，大气温度为20℃，相对湿度为50%的空气状态。其空气密度为1.2kg/m^3）输送空气时的性能参数，如果使用条件有出入时，应根据相似理论，按下列各式将选型的参数换算为标准状况的数值，然后按换算后的性能参数进行选型。

当已知被输送气体的密度时，可如下换算

$$\left.\begin{aligned} q_{V0} &= q_V \\ p_{tF0} &= p_{tF}\frac{\rho_0}{\rho} \end{aligned}\right\} \tag{8-39}$$

当输送空气时，若已知进口处大气压力和温度时，可如下换算

$$\left.\begin{aligned} q_{V0} &= q_V \\ p_{tF0} &= p_{tF}\frac{p_{a0}}{p_a}\frac{273+t}{273+20} \end{aligned}\right\} \tag{8-40}$$

式中 p_a——大气压（Pa）；

t——温度（℃）。

式中带下标0的参数为标准状态或性能参数表中的数值，不带下标的参数为实际工作状态下的数值。

3. 考虑介质的可压缩性影响的修正

当压力超过2500Pa时，有效功率和效率的计算应该考虑介质可压缩性的影响。在通风机的工程实践中，仍然按不可压缩介质进行计算，但可通过压缩性系数对有效功率进行修正。我国有关标准规定用下式进行修正计算

$$Pe = \frac{q_V p_{tF}}{1000}K_{pt} \tag{8-41}$$

$$Pe_{sF} = \frac{q_V p_{tF}}{1000}K_{pt、sF} \tag{8-42}$$

$$K_{pt} = \frac{\kappa}{\kappa-1}\frac{p_1}{p_{tF}}\left[\left(1+\frac{p_{tF}}{p_1}\right)^{\frac{\kappa-1}{\kappa}}-1\right] \tag{8-43}$$

$$K_{pt,sF} = \frac{\kappa}{\kappa-1}\frac{p_1}{p_{sF}}\left[\left(1+\frac{p_{sF}}{p_1}\right)^{\frac{\kappa-1}{\kappa}}-1\right] \tag{8-44}$$

式中 K_{pt}——全压修正系数；

$K_{pt,sF}$——静压修正系数；

Pe——全压有效功率；

Pe_{sF}——静压有效功率；

p_1——进口压力。

（二）按无量纲特性曲线选型

通风机和泵一样，是通用机械，现有产品的型号规格很多。在一般情况下，应优先选用成批生产的产品。图 8-30 为 G4-73 系列的无量纲特性曲线。图 8-30 上同时给出了过流部件的几何尺寸，这些尺寸都是叶轮直径为 100 时的数值，所以实际上是相对值。这种图称为空气动力略图。

按无量纲特性曲线选型时，首先要确定所需的风机的比转速

$$n_s = 5.54 \frac{n\sqrt{q_V}}{p_{tF0}^{0.75}} \tag{8-45}$$

这样求得的比转速的数值是目前风机的型号中所采用的数值。

因此，欲确定比转速，必先选定风机的转速。转速可根据用户的习惯和要求初步选定。选定的原则是所选的风机的尺寸不要太大，叶轮的圆周速度不要太高，如果初定的转速不合适，可以调整以后重新进行选型。

计算出比转速以后，查找各类通风机的无量纲特性曲线，尽可能多地找出与计算所得的比转速相近且效率较高的风机系列，再进一步找出各类风机在该比转速下的无因次特性参数 φ、Ψ、η，然后根据风压、风量计算出风机所需要的叶轮直径。

按流量要求所需的叶轮直径

$$D_{2,q} = \sqrt[3]{\frac{24.32q_{V0}}{n\varphi}} \tag{8-46}$$

按压力要求所需的叶轮直径

$$D_{2,p} = \frac{27}{n}\sqrt{\frac{p_{tF}}{\rho\Psi}} \tag{8-47}$$

如果所选的模型的比转速与计算值相等，这两个直径应该是相等的。但一般情况下两个比转速不会严格相等，因此这两个直径值也有差别，但仍应十分接近，否则应另选其他的模型。

确定了叶轮直径以后，还要进一步核算风机是否能达到所要求的流量和压力。根据计算结果，可能同时有几种风机满足要求，这就要进行比较，择优选用。

值得注意的是，离心式风机的空气动力略图和无量纲特性曲线都是按不带进气箱的单吸入式结构绘制的。如果用户需要制成双吸入结构时，则应以风量的 1/2 代入进行初步计算，而风机所需的功率则为计算值的两倍。同时，由于双吸入式结构一般要带进气箱，致使效率略有降低，因此功率还要增大一些。

（三）根据系列对数坐标曲线或产品性能参数表选型

图 8-31 为锅炉离心通风机 G4-73 系列系性能选择曲线，亦即系列对数坐标曲线。由于该曲线图上已经给出了每一个品种的特性曲线，所以利用该图进行选型时就不必进行计算，根据所需的风压和风量就可以方便地找到满足要求的产品。

（四）变型选型

当按照所需的比转速找不到合适的模型风机时，可选用比转速相近的风机加以变型，即先根据所需的风压确定叶轮直径，然后根据所需的风量修正叶轮和机壳的宽度。

变型选型的方法和步骤如下：

1）将实际需要的流量和全压换算到标准状态的流量和全压并选定风机转速，计算风机的比转速。

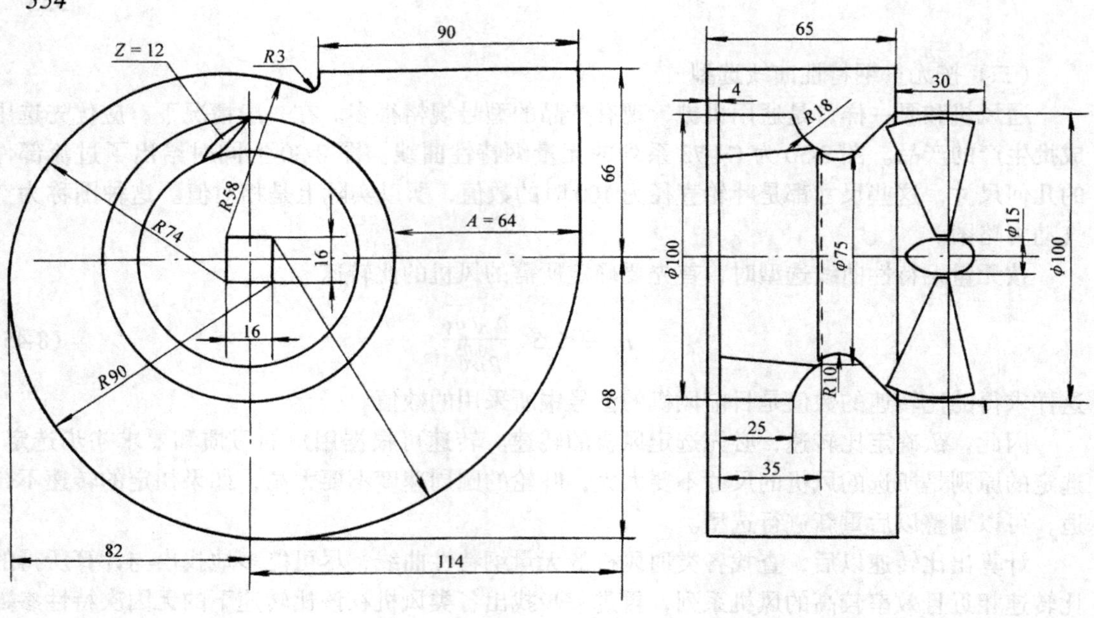

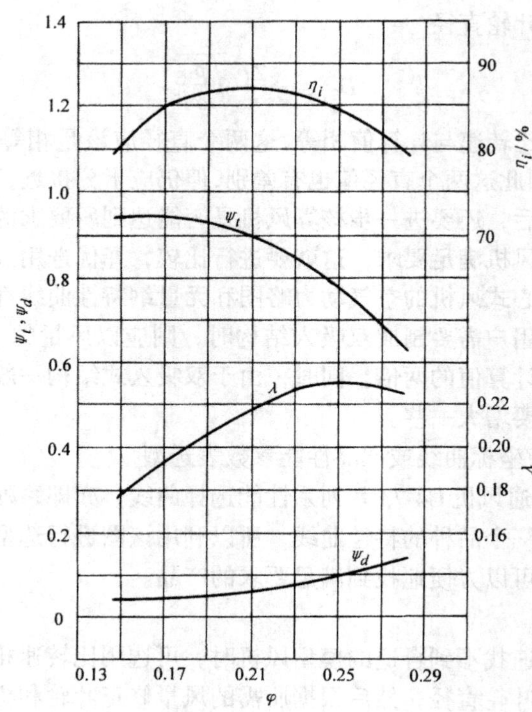

图 8-30 无量纲特性曲线和空气动力略图

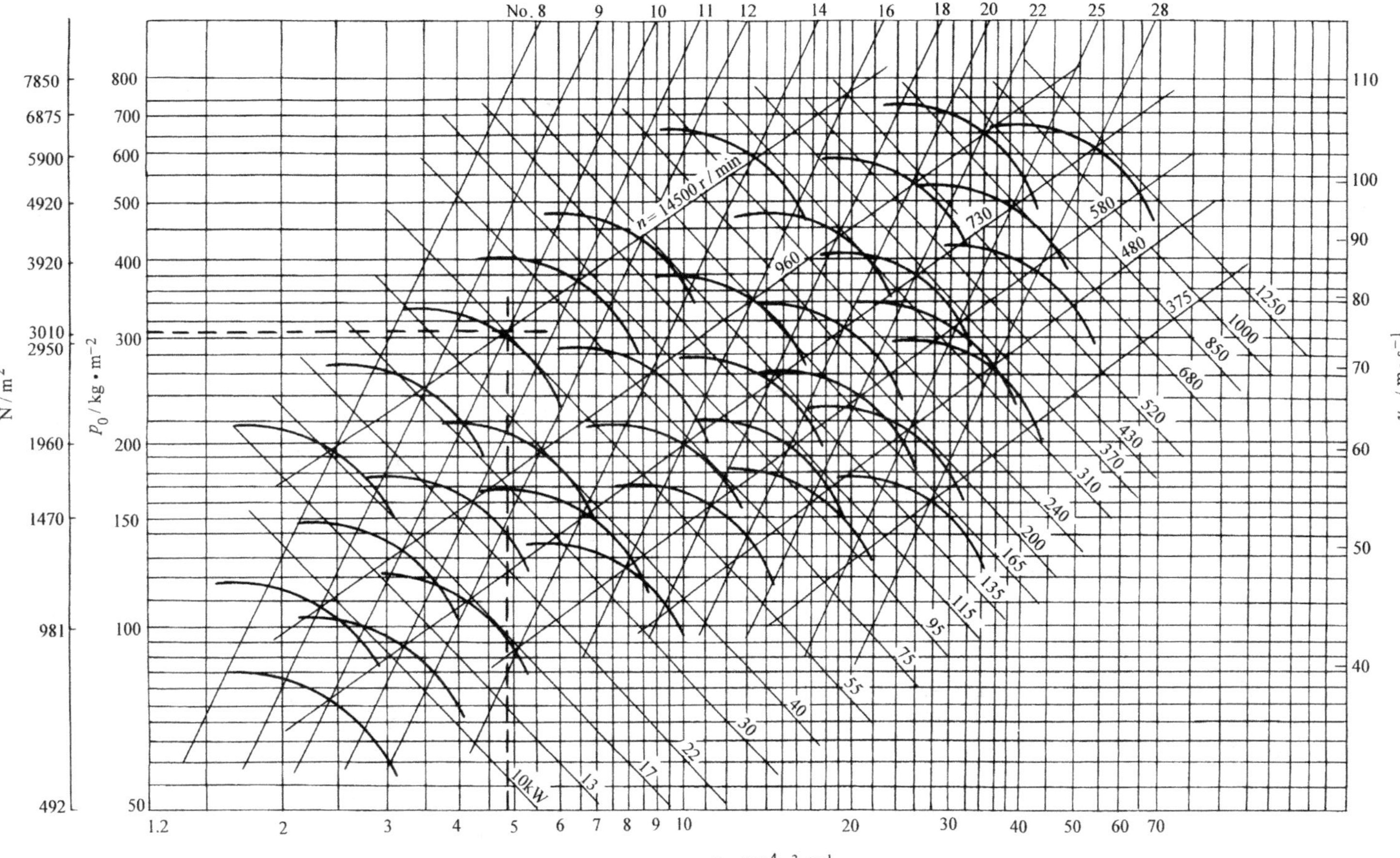

图 8-31 锅炉离心通风机 G4-73 系列性能选择曲线

(轴向导流，导叶片全开 0 时，进口温度 20℃，进口压力 760mmHg，介质密度 1.2kg/m³)

2）选择比转速与计算值相近、效率较高的风机作为模型，从其无量纲特性曲线找出最优工况下的特性参数 φ 和 Ψ。

3）按式（8-42）和式（8-43）式分别计算叶轮直径 $D_{2,q}$和 $D_{2,p}$，并取后者为所选风机叶轮的直径。

4）叶轮宽度的修正

当 $D_{2,q} < D_{2,p}$时，需减小叶轮的宽度，当 $D_{2,q} > D_{2,p}$时，需增加叶轮的宽度。宽度的修正有两种方法，二次方关系式为

$$b_{2,q} = \left(\frac{D_{2,q}}{D_{2,p}}\right)^2 b_{2,p}$$

一次方关系式为

$$b_{2,q} = \frac{D_{2,q}}{D_{2,p}} b_{2,p}$$

当需要加宽叶轮时，为保证所需的风量，应按二次方关系修正宽度。当减小宽度时，为了更为可靠，建议按一次方关系修正宽度。无论增加还是减小宽度，为不使性能偏差过大，宽度变化率都应控制在 10% ~ 15%之内，即

$$\left|\frac{b_{2,q} - b_{2,p}}{b_{2,p}}\right| \leq 0.1 \sim 0.15$$

叶轮加宽后，刚度降低，应进行强度校核，必要时可增加叶片厚度。

5）宽度变化后的流量系数为

$$\varphi_q = \varphi_p \left(\frac{b_{2,q}}{b_{2,p}}\right)^3$$

（五）风机选型实例

例 8-2 为 2t/h 的工业锅炉选择一台引风机，已知最大负荷及考虑裕量以后，确定该风机的参数为：流量 $q_V = 6800\text{m}^3/\text{h} = 1.89\text{m}^3/\text{s}$，风压 $p_{tF} = 2010\text{Pa}$，进口温度 $t_{in} = 200℃$进口压力 $p_{in} = 96000\text{Pa}$

解： 1）使用条件下的空气密度

$$\rho = \frac{p_{in}}{RT_{in}} = \frac{96000}{287 \times (273 + 200)}\text{kg/m}^3 = 0.707\text{kg/m}^3$$

2）换算到标准状态的全压

$$p_{tF,0} = \frac{\rho_0}{\rho} = \frac{1.2}{0.707} \times 2010\text{Pa} = 3412\text{Pa}$$

3）选定工作转速 $n = 2800\text{r/min}$。

4）计算比转速

$$n_s = 5.54 \frac{n\sqrt{q_V}}{p_{tF0}^{0.75}} = \frac{5.54 \times 2800 \times \sqrt{1.89}}{3412^{0.75}} = 47.8$$

5）决定选用 Y5-48 型离心通风机。查得该风机的无量纲特性曲（图 8-32）线最高效率点的参数为

$$\varphi = 0.1225 \qquad \Psi = 1.072 \qquad \eta_i = 0.835$$

6）计算叶轮直径

$$D_{2,q}=\sqrt[3]{\frac{24.32q_{V0}}{n\varphi}}=\sqrt[3]{\frac{24.32\times1.89}{2800\times0.1225}}\text{m}=0.512\text{m}$$

$$D_{2,p}=\frac{27}{\pi}\sqrt{\frac{p_{tF0}}{\rho_0\Psi}}=\frac{27}{2800}\sqrt{\frac{3412}{1.2\times1.072}}\text{m}=0.497\text{m}$$

综合两个结果，决定取 $D_2=0.5\text{m}$，即选用 Y5—48—No5 风机，转速 $n=2800\text{r/min}$。

7）叶轮圆周速度

$$u=\frac{\pi nD_2}{60}=\frac{3.14\times2800\times0.5}{60}\text{m/s}=73.3\text{m/s}$$

8）选配电动机。风机的内功率为

$$P_i=\frac{p_{tF}q_V}{1000\eta_i}=\frac{2010\times1.89}{1000\times0.835}\text{kW}=4.5\text{kW}$$

取带传动效率 $\eta_{dr}=0.95$，电机功率储备系数 $K_D=1.3$，则所需电动机功率为 6.15kW。查电机手册。选取电动机型号为，Y132S2—2，功率 7.5kW。

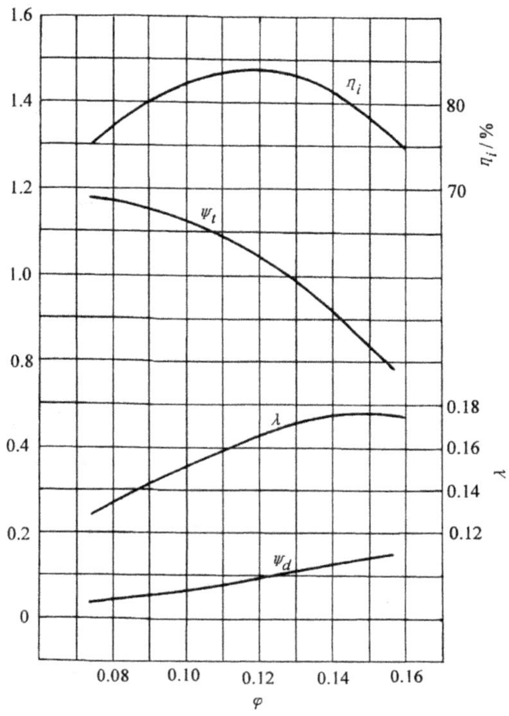

图 8-32　Y5-48 锅炉引风机无量纲特性曲线

习　题　八

一、为锅炉选配一台通风机，其进口状态为：大气压力 $p_a=96000\text{Pa}$，温度 $t=20℃$。风机的参数为：流量 $q_V=49400\text{m}^3/\text{h}$，全压 $p_{tF}=2590\text{Pa}$。如拟采用 G4-73 系列锅炉通风机，试利用对数坐标性能曲线进行选型。

二、某水泵性能参数如下表所示：

流量/LS^{-1}	0	1	2	3	4	5	6	7	8	9	10	11
扬程/m	33.8	34.7	35	34.6	33.4	31.7	29.8	27.4	24.8	21.8	18.5	15
效率/%	0	27.5	43	52.5	58.5	62.4	64.5	65	64.5	63	59	53

管路特性曲线方程为 $H_G=20+0.078q_V^2$（m）（式中流量单位为 L/s），系统需要的流量为 6L/s，叶轮直径 $D_2=168\text{mm}$。试问：

1）如用切割叶轮的方法提高泵工作的经济性，切割后的叶轮直径应为多少（忽略切割引起的效率降低）？

2）比较节流调节和切割叶轮两种方法的节能效果。

三、某水电站最高水头 $H_{max}=28\text{m}$，最低水头 $H_{min}=20\text{m}$，额定水头 $H_r=23\text{m}$，平均水头 $H_W=25\text{m}$，总装机容量 45MW，试为该电站进行选型计算。

四、根据例 8-1 的计算结果，绘制真机的运转特性曲线。

参 考 文 献

1 Pfleiderer C, Petermann H. Strömungsmaschinen. Berlin: Springer－Verlag, 1991

2 Bouricet J C, Subsea A. Multiphase Pumping Unit: A Comprehensive Challenge. Proceedings of Seond International Conference on Pumps and Fans. Vol. 1. Beijing: Petroleum Industry Press of China, 1995

3 Allaire P E, Kim H C, etc. Prototype Continuous Flow Ventricular Assist Device Supported on Magnetic Bearings. Atrificial Organs. 1996, 20 (6): 582～590

4 Eckert B, Schnell E. Axial-und Radialkompressorn 2. Auflag. Berlin: Springer-Verlag

5 童景山等．流体热物理性质的计算．北京：清华大学出版社，1982

6 郭立君主编．泵与风机．北京：中国电力出版社，1996

7 潘文全等编．流体力学基础．北京：机械工业出版社，1982

8 赵学瑞等编．粘性流体力学．北京：机械工业出版社，1983

9 庞麓鸣等编．工程热力学．北京：高等教育出版社，1981

10 查森．叶片泵原理及水力设计．北京：机械工业出版社，1988

11 曹鹍等编．水轮机原理及水力设计．北京：清华大学出版社，1991

12 徐忠等编．离心式压缩机原理（修订本）．北京：机械工业出版社，1990

13 李超俊等编．轴流压缩机原理与气动设计．北京：机械工业出版社，1987

14 李庆宜等编．通风机．北京：机械工业出版社，1987

15 乐志成等．轴流式压缩机．北京：机械工业出版社，1980

16 吴克启等．透平压缩机械．北京：机械工业出版社，1989

17 王丰．相似理论及其在传热学中的应用．北京：高等教育出版社，1990

18 （印度）V.P. 瓦山德尼博士著．水力机械理论．范华秀等译．北京：机械工业出版社，1992

19 关醒凡．泵的原理与设计．北京：机械工业出版社，1987

20 关醒凡．现代泵技术手册．北京：宇航出版社，1995

21 潘永密等编．化工机器．北京：化学工业出版社，1983

22 Whitfied A, Baines N. Design of Radial Turbomachines. London: Longman Group UK Limited, 1990

23 Cumpsty N A. Compressor Aerodynamics. New York: Longman Scientific & Technical, 1989

24 Yahya S M. Turbines Compressor and Fans. New Delhi: Tata McGram-Hill Publisshing Company Limited, 1983

25 Balje O E. Turbomachines A Guide to Design Selection and Theory. New York: John Wiley & Sons Inc. 1981

26 Turton R K. Prineiples of Turbomachinery. London: E. & F. N. Spon, 1984

27 Селезнев К П, Галеркин ю ъ. Центрабежные Компресоры. Ленинград: Машинастраение, 1982

28 Рис В Ф. Центрабежные Компресорые Машины. Ленинград: машинастраение, 1981

29 商景泰等编．通风机手册．北京：机械工业出版社，1993

30 生井武文，井上雅弘．ターボ送风機と压缩機．东京：コロナ社，1988

31 国家自然科学基金委员会．工程热物理与能源利用．北京：科学出版社，1995

32 （德国）Pfleiderer C．叶片泵与透平压缩机．奚启棣译．北京：机械工业出版社，1983

33 刘大垲主编．水轮机（第三版）．北京：中国电力出版社，1997

34 舒士甄，蒋磁康等．叶轮机械原理．北京：清华大学出版社，1991

35 叶衡．泵与风机——原理、例题和习题．北京：水利电力出版社，1989